全国地层多重划分对比研究

（53）

云南省岩石地层

主　编：张远志
副主编：张定辉　刘世荣
编著者：张远志　张定辉　刘世荣　薛国安　黄铭卿
杨宗仁　彭厚斋　李　云　张绍华　贺天全

中国地质大学出版社

内 容 简 介

本书按全国地层多重划分对比（清理）研究的统一要求，对云南地层进行了清理研究。其中包括中元古代的昆阳群、晚元古代至第三纪的地层。以岩石地层单位划分对比为基础，对少数研究较详细的生物地层也适当地进行了清理。清理主要剖面1720条，选用1121条。清理地层单位817个，包括采用的岩石地层单位311个，构造-地（岩）层单位7个；新建岩石地层单位13个；不采用地层名称499个。建立了云南省岩石地层单位序列。

本书可供从事区域地质、矿产普查勘探专业的教学和科学研究人员及相关部门使用和参考。

图书在版编目(CIP)数据

云南省岩石地层/张远志主编．—武汉：中国地质大学出版社，1996．6(2013．1 重印)
(全国地层多重划分对比研究；53)
ISBN 978-7-5625-1115-1

Ⅰ．云…
Ⅱ．张…
Ⅲ．地层学－云南省
Ⅳ．P535．274

中国版本图书馆 CIP 数据核字(2008)第 062435 号

云南省岩石地层　　张远志　主　编

责任编辑：刘粤湘　　责任校对：徐润英

出版发行：中国地质大学出版社(武汉市洪山区鲁磨路 388 号)　　邮编：430074
电话：(027)67883511　　传真：67883580　　E-mail：cbb @ cug．edu．cn
经　　销：全国新华书店　　http：//www．cugp．cn

开本：787 毫米×1092 毫米　1/16　　字数：600 千字　印张：23．5　插页 1
版次：1996 年 6 月第 1 版　　印次：2013 年 1 月第 4 次印刷
印刷：武汉教文印刷厂　　印数：1601—2100 册

ISBN 978-7-5625-1115-1　　定价：70．50 元

序

100 多年来，地层学始终是地质学的重要基础学科的支柱，甚至还可以说是基础中的基础，它为近代地质学的建立和发展发挥了十分重要的作用。随着板块构造学说的提出和发展，地质科学正经历着一场深刻的变革，古老的地层学和其他分支学科一样还面临着满足社会不断进步与发展的物质需要和解决人类的重大环境问题等双重任务的挑战。为了迎接这一挑战，依靠现代科技进步及各学科之间相互渗透，地层学的研究范围将不断扩大，研究途径更为宽广，研究方法日趋多样化，并萌发出许多新的思路和学术思想，产生出许多分支学科，如生态地层学、磁性地层学、地震地层学、化学地层学、定量地层学、事件地层学、化学地层学、气候地层学、构造地层学和月球地层学等等，它们的综合又导致了“综合地层学”和“全球地层学”概念的提出。所有这一切，标志着地层学研究向高度综合化方向发展。

我国的地层学和与其密切相关的古生物学早在本世纪前期的创立阶段，就涌现出一批杰出的地层古生物学家和先驱，他们的研究成果奠定了我国地层学的基础。但是大规模的进展，还是从 1949 年以后，尤其是随着全国中小比例尺区域地质调查的有计划开展，以及若干重大科学计划的执行而发展起来的。正像我国著名的地质学家尹赞勋先生在第一届全国地层会议上所讲：“区域地质调查成果的最大受益者就是地层古生物学。”1959 年召开的中国第一届全国地层会议，总结了建国十年来所获的新资料，制定了中国第一份地层规范（草案），标志着我国地层学和地层工作进入了一个新的阶段。过了 20 年，地层学在国内的发展经历了几乎十年停滞以后，于 1979 年召开了中国第二届全国地层会议，会议在某种程度上吸收学习了国际地层学研究的新成果，还讨论制定了《中国地层指南及中国地层指南说明书》，为推动地层学在中国的发展，缩小同国际地层学研究水平的差距奠定了良好基础。这次会议以后所进行的一系列工作，包括应用地层单位的多重性概念所进行的地层划分对比研究、区域地层格架及地层模型的研究，现代地层学与沉积学相结合所进行的盆地分析以及1：5万区域地质填图方法的改进与完善等，都成为我国地层学进一步发展的强大推动力。为此，地质矿产部组织了一项“全国地层多重划分对比研究（清理）”的系统工程，在 30 个省、直辖市、自治区（含台湾省，不含上海市）范围内，自下而上由省（市、区）、大区和全国设立三个层次的课题，在现代地层学和沉积学理论指导下，对以往所建立的地层单位进行研究（清理），追溯地层单位创名的沿革，重新厘定单位含义、层型类型与特征、区域延伸与对比，消除同物异名，查清同名异物，在大范围内建立若干断代岩石地层单位的时空格架、编制符合现代地层学含义的新一代区域地层序列表，并与地层多重划分对比研究工作同步开展了省（市、区）和全国两级地层数据库的研建，对巩固地层多重划分对比研究（清理）成果，为地层学的科学化、系统化和现代化发展打下了良好基础。这项研究工作在部、省（市、区）各级领导的支持关怀下，全体研究人员经过5年的艰苦努力已圆满地完成了任务，高兴地看到许多成果已陆续要出版了。这项工作涉及的范围之广、参加的单位及人员之多、文件的时间跨度之长，以及现代科学理论与计算机技术的应用等各方面，都可以说是在我国地层学工作不断发展中具有里程碑意义的。这项研究中不同层次成果的出版问世，不仅对区域地质调查、地质图件的编测、区域矿产普查与勘查、地质科研和教学等方面都具有现实的指导作用和实用价值，而且对我国地层学的发展和科学化、系统化将起到积极的促进作用。

首次组织实施这样一项规模空前的全国性的研究工作，尽管全体参与人员付出了极大的辛勤劳动，全国项目办和各大区办进行了大量卓有成效和细致的组织协调工作，取得了巨大的成绩，但由于种种原因，难免会有疏漏甚至失误之处。即使这样，该系列研究是认识地层学真理长河中的一个相对真理的阶段，其成果仍不失其宝贵的科学意义和巨大的实用价值。我相信经过广大地质工作者的使用与检验，在修订再版时，其内容将会更加完美。在此祝贺这一系列地层研究成果的公开出版，它必将发挥出巨大社会经济效益，为地质科学的发展做出新的贡献。

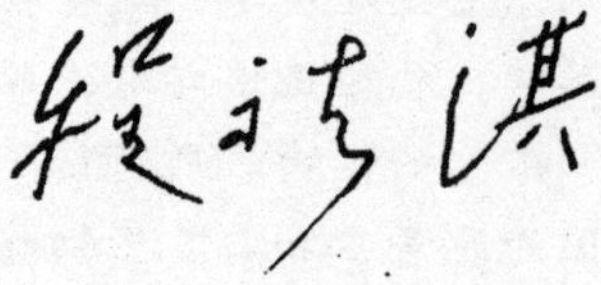

前　　言

地层学在地质科学中是一门奠基性的基础学科，是基础地质的基础。自从19世纪初由W史密斯奠定的基本原理和方法以来的一个半世纪中，地层学是地质科学中最活跃的一个分支学科，对现代地质学的建立和发展产生了深刻的影响，作出了不可磨灭的贡献，特别是在20世纪60年代由于板块构造学说兴起引发的一场“地学革命”，其表现更为显著。随着板块构造学的确立，沉积学和古生态学的发展，地球历史和生物演化中的灾变论思想的复兴和地质事件概念的建立，使地层学的分支学科，如时间地层学、生态地层学、地震地层学、同位素地层学、气候地层学、磁性地层学、定量地层学和构造地层学等像雨后春笋般地蓬勃发展，这种情况必然对地层学、生物地层和沉积地层等的传统理论认识和方法提出了严峻的挑战。经过20年的论战，充分体现当代国际地质科学先进思想的《国际地层指南》（英文版）于1976年见诸于世，之后在不到20年的时间里又于1979、1987、1993年连续三次进行了修改补充，陆续补充了《磁性地层极性单位》、《不整合界限地层单位》，以及把岩浆岩与变质岩等作为广义地层学范畴纳入地层指南而又补充编写了《火成岩和变质岩岩体的地层划分与命名》等内容。

国际地层学上述重大变革，对我国地学界产生了强烈冲击，十年动乱形成的政治禁锢被打开，迎来了科学的春天，先进的科学思潮像潮水般涌来，于是在1980年第二届全国地层工作会议上通过并公开出版了《中国地层指南及中国地层指南说明书》，阐述了地层多重划分概念。于1983年按地层多重划分概念和岩石地层单位填图在安徽区调队进行了首次试点。1985年《贵州省区域地质志》中地层部分吸取了地层多重划分概念进行撰写。1986年地质矿产部设立了“七五”重点科技攻关项目——“1∶5万区调中填图方法研究项目”，把以岩石地层单位填图，多重地层划分对比，识别基本地层层序等现代地层学和现代沉积学相结合的内容列为沉积岩区区调填图方法研究课题，从此拉开了新一轮1∶5万区调填图的序幕，由试点的贵州、安徽和陕西三省逐步推向全国。

1∶5万区调填图方法研究试点中遇到的最大问题是如何按照现代地层学的理论和方法来对待与处理按传统理论和方法所建立的地层单位？如果维持长期沿用的按传统理论建立的地层单位，虽然很省事，但是又如何体现现代地层学和现代沉积学相结合的理论与方法呢？这样就谈不上紧跟世界潮流，迎接这一场由板块构造学说兴起所带来的“地学革命”。如果要坚持这一技术领域的革命性变革，就要下决心花费很大力气克服人力、财力和技术性等方面的重重困难，对长期沿用的不规范化的地层单位进行彻底的清理。经过反复研究比较，我们认识到科学技术的变革也和社会经济改革的潮流一样是不可逆转的，只有坚持改革才能前进，不进则退，否则就将被历史所淘汰，别无选择。在这一关键时刻，地质矿产部和原地矿部直管局领导作出了正确决策，从1991年开始，从地勘经费中设立一项重大基础地质研究项目——全国地层多重划分对比研究项目，简称全国地层清理项目，开始了一场地层学改革的系统工程，在全国范围内由下而上地按照现代地层学的理论和方法对原有的地层单位重新明确其定义、划分对比标准、延伸范围及各类地层单位的相互关系，与此同时研建全国地层数据库，巩固地层清理成果，推动我国地层学研究和地层单位管理的规范化和现代化，指导当前和今后一个时期1：5万、1：25万等区调填图等，提高我国地层学研究水平。1991年地质矿产部原直管局将地层清理作为部指令性任务以地直发(1991)005号文和1992年以地直发(1992)014号文下发了《地矿部全国地层多重划分对比（清理）研究项目第一次工作会议纪要》，明确了各省（市、自治区）地质矿产局（厅）清理研究任务，并于1993年2月补办了专项地勘科技项目合同（编号直科专92-1)，并明确这一任务分别设立部、大区和省（市、自治区）三级领导小组，实行三级管理。

部级成立全国项目领导小组

组长	李廷栋	地质矿产部副总工程师
副组长	叶天竺	地质矿产部原直管局副局长
	赵　逊	中国地质科学院副院长

成立全国地层清理项目办公室，受领导小组委托对全国地层清理工作进行技术业务指导和协调以及经常性业务组织管理工作，并设立在中国地质科学院区域地质调查处（简称区调处）。

项目办公室主任	陈克强	区调处处长，教授级高级工程师
副主任	高振家	区调处总工，教授级高级工程师
	简人初	区调处高级工程师
专家	张守信	中国科学院地质研究所研究员
	魏家庸	贵州省地质矿产局区调院教授级高级工程师
成员	姜　义	区调处工程师
	李　忠	会计师
	周统顺	中国地质科学院地质研究所研究员

大区一级成立大区领导小组，由大区内各省（市、自治区）局级领导成员和地科院沈阳、天津、西安、宜昌、成都、南京六个地质矿产研究所各推荐一名专家组成。领导小组对本大区地层清理工作进行组织、指导、协调、仲裁并承担研究的职责。下设大区办公室，负责大区地层清理的技术业务指导和经常性业务技术管理工作。在全国项目办直接领导下，成立全国地层数据库研建小组，由福建区调队和部区调处承担，负责全国和省（市、自治区）二级地层数据库软件开发研制。

各省（市、自治区）成立省级领导小组，以省（市、自治区）局总工或副总工为组长，有区调主管及有关处室负责人组成，在专业区调队（所、院）等单位成立地层清理小组，具体负责地层清理工作，同时成立省级地层数据库录入小组，按照全国地层数据库研建小组研制的软件及时将本省清理的成果进行数据录入，并检验软件运行情况，及时反馈意见，不断改进和优化软件。在全国地层清理的三个级次的项目中，省级项目是基础，因此要求各省（市、自治区）地层清理工作必须实行室内清理与野外核查相结合，清理工作与区调填图相结合，清理与研究相结合，地层清理与地层数据库建立相结合，“生产”单位与科研教学单位相结合，并强调地层清理人员要用现代地层学和现代沉积学的理论武装起来，彻底打破传统观点，统一标准内容，严格要求，高标准地完成这一历史使命。实践的结果，凡是按上述五个相结合去做的效果都比较好，不仅出了好成果，而且通过地层清理培养锻炼了一支科学技术队伍，从总体上把我国区调水平提高到一个新台阶。

三年多以来，参加全国地层清理工作的人员总数达400多人，总计查阅文献约24 000份，野外核查剖面约16 472.6 km，新测剖面70余条约300 km，清理原有地层单位有12 880个，通过清查保留的地层单位约4721个（还有省与省之间重复的），占总数36.6%，建议停止使用或废弃的单位有8159个（为同物异名或非岩石地层单位等），占总数63.4%，清查中通过实测剖面新建地层单位134个。与此同时研制了地层单位的查询、检索、命名和研究对比功能的数据库，通过各省（市、自治区）数据录入小组将12 880个地层单位（每个单位5张数据卡片）和10 000多条各类层型剖面全部录入，首次建立起全国30个（不含上海市）省（市、自治区）基础地层数据库，为全国地层数据库全面建成奠定了坚实的基础。从1994年7月—11月，分七个片对30个省（市、自治区）地层清理成果报告及数据库的数据录入进行了评审验收，到1994年底可以说基本上完成了省一级地层清理任务。1995—1996年将全面完成大区和总项目的清理研究任务。由此可见，这次全国地层清理工作无论是参加人数之多，涉及面之广，新方法新技术的应用以及理论指导的高度和研究的深度都可以堪称中国地层学研究的第三个里程碑。这一系统工程所完成的成果，不仅是这次直接参加清理的400多人的成果，而且亦应该归功于全国地层工作者、区域地质调查者、地层学科研与教学人员以及为地层工作做过贡献的普查勘探人员。全国地层清理成果的公开出版，必将对提高我国地层学研究水平，统一岩石地层划分和命名指导区调填图，加强地层单位的管理以及地质勘察和科研教学等方面发挥重要的作用。

鉴于本次地层清理工作和地层数据库的研建是过去从未进行过的一项研究性很强的系统工程，涉及的范围很广，时间跨度长达100多年，参加该项工作的人员多达300～400人，由于时间短，经费有限，人员水平不一，文献资料掌握程度等种种主客观原因，尽管所有人员都尽了最大努力，但是在本书中少数地层单位的名称、出处、命名人和命名时间等不可避免地存在一些问题。本书中地层单位名称出现的“岩群”、“岩组”等名词，是根据1990年公开出版的程裕淇主编的《中国地质图（1∶500万）及说明书》所阐述的定义。为了考虑不同观点的读者使用，本书对有“岩群”、“岩组”的地层单位，均暂以（岩）群、（岩）组处理。如鞍山（岩）群、迁西（岩）群。总之，本书中存在的错漏及不足之处，衷心地欢迎广大读者提出宝贵意见，以便今后不断改正和补充。

在30个省（市、自治区）地层清理系统成果即将公开出版之际，我代表全国地层清理项目办公室向参加30个省（市、自治区）地层清理、数据库研建和数据录入的同志所付出的辛勤劳动表示衷心的感谢和亲切的慰问。在全国地层清理项目立项过程中，原直管局王新华、黄崇轲副局长给予了大力支持，原直管局局长兼财务司司长现地矿部副部长陈洲其在项目论证会上作了立项论证报告，在人、财、物方面给予过很大支持；全国地层委员会副主任程裕淇院士一直对地层清理工作给予极大的关心和支持，并在立项论证会上作了重要讲话；中国地质大学教授、全国地层委员会地层分类命名小组组长王鸿祯院士是本项目的顾问，在地层清理的指导思想、方法步骤及许多重大技术问题上给予了具体的指导和帮助；中国地质大学教授杨遵仪院士对这项工作热情关心并给以指导；中国地质科学院院长、部总工程师陈毓川研究员参加了第三次全国地层清理工作会议并作了重要指示与鼓励性讲话；部科技司姜作勤高工，计算中心邬宽廉、陈传霖，信息院赵精满，地科院刘心铸等专家对地层数据库设计进行评审，为研建地层数据库提出许多有意义的建议。中国科学院地质研究所，南京古生物研究所，中国地质科学院地质研究所，天津、沈阳、南京、宜昌、成都和西安地质矿产研究所，南京大学，西北大学，中国地质大学，长春地质学院，西安地质学院等单位的知名专家、教授和学者，各省（市、自治区）地矿局领导、总工程师、区调主管、质量检查员和区调队、地研所、综合大队等单位的区域地质学家共600余人次参加了各省（市、自治区）地层清理研究成果和六个大区区域地层成果报告的评审和鉴定验收，给予了友善的帮助；各省（市、自治区）地矿局（厅）、区调队（所、院）等各级领导给予地层清理工作在人、财、物方面的大力支持。可以肯定，没有以上各有关单位和部门的领导和众多的专家教授对地层清理工作多方面的关心和支持，这项工作是难以完成的。在30个省（市、自治区）地层清理成果评审过程中一直到成果出版之前，中国地质大学出版社，特别是以褚松和副社长和刘粤湘编辑为组长的全国地层多重划分对比研究报告编辑出版组为本套书编辑出版付出了极大的辛苦劳动，使这一套系统成果能够如此快地、规范化地出版了！在全国项目办设在区调处的几年中，除了参加项目办的成员外，区调处的陈兆棉、其和日格、田玉莹、魏书章、刘凤仁多次承担地层清理会议的会务工作，赵洪伟和于庆文同志除了承担会议事务还为会议打印文稿，于庆文同志还协助绘制地层区划图及文稿复印等工作。

在此，向上面提到的单位和所有同志一并表示我们最诚挚的谢意，并希望继续得到他们的关心和支持。

全国地层清理项目办公室（陈克强执笔）

目　录

第一章
绪　论

云南省简称滇，位于我国的西南部，面积 394 000 km²。云南属云贵高原，海拔较高，西北部为横断山脉南段，山高谷深，地势总体上北高南低。最高高程点为西北部与西藏自治区分界的梅里雪山主峰，海拔 6 740 m；最低高程点为东南部与越南相邻的河口，海拔 80 m。

云南地层发育，为中外地质学家所瞩目。早在 17 世纪 30 年代就有地学工作者涉足，地质调查工作始于 1925 年朱庭祜负责组建的云南地质调查所。1937—1945 年抗日战争期间，北京大学、清华大学、南开大学迁到昆明组成的西南联合大学，当时的云南省经济委员会地质调查组以及其他机构，进行了较多的地层古生物研究以及区域地质、构造地质、矿产资源调查工作。19 世纪后期至 1947 年间一些外国学者也在云南从事过地质调查。

中华人民共和国建国后，地质事业进入崭新时期。1957 年成立云南省地质局（现云南省地质矿产局，以下分别简称云南地质局、云南地矿局）。1958 年成立云南省地质局区域地质测量队（后改称第一、二区域地质测量队，第一、二区域地质调查队，区域地质调查队，现区域地质调查所；以下分别简称云南区测队，云南一、二区测队，云南一、二区调队，云南区调队，云南区调所），先后开展 1∶100 万、1∶20 万区域地质、矿产调查。到 1965 年完成全省 1∶100 万区调及地质图和说明书，并出版发行。1985 年完成了全省 1∶20 万区域地质、矿产调查，陆续出版了成套的区域地质、矿产图和调查报告，同时还进行了大量综合研究工作，提交了一批基础地质研究成果。省内地质、冶金、地震、石油、煤炭、建材、化工、核工业等系统所属地质队伍，以及省内、外教学和科研等单位，也先后在云南省进行了一些基础地质和专题研究工作。在此基础上，根据地质矿产部（以下简称地矿部）有关文件精神，由云南地矿局并责成云南区调队负责编著了《云南省区域地质志》，并且该书于 1990 年公开出版发行。

1986 年以来，云南区调队等有关单位开始云南的 1∶5 万区调工作，并结合全国 1∶5 万区调地质填图新方法的试点和推广运用，相继完成和出版了一批新的 1∶5 万地质图和报告或说明书，基础地质工作进入了一个新的阶段。

一、目的与任务

1990 年 11 月 21—23 日，地矿部直属单位管理局在贵阳召开“全国地层多重划分对比研究讨论会”，研讨如何在“八五”期间开展全国各时代地层多重划分对比研究与建立地层数据库问题。与会人员在听取了“全国各时代地层多重划分对比研究若干意见”的报告和有关专家、教授的发言后，经认真交流讨论一致认为：地矿部根据国内外研究现状，结合区调地质填图和基础地质研究的需要，不失时机地在“八五”期间开展全国地层多重划分对比研究，建立地层数据库，势在必行，意义重大，及时地反映了广大地质工作者，特别是地层工作者的宿愿。

“全国地层多重划分对比（清理）研究”经一年多的酝酿，1992 年 3 月 23—28 日在北京召开第一次工作会议，正式立项，并审定了《项目总体设计》，设立了全国、大区和省（市、区）三级地层清理研究管理系统，确定了各省（市、区）和各大区地层清理研究任务，建立了全国地层数据库专题，用现代地层学理论统一认识，落实了三级研究领导机构和人员组成等。全国项目办还编制了技术要求和管理办法，连同会议讨论的主要问题，以地直发［1992］014 号文下发了《地矿部全国地层多重划分对比（清理）研究项目第一次工作会议纪要》。“项目”在全国范围内全面展开。

云南省“八五”期间每年约有 10 个新的 1：5 万图幅开展区调地质填图，大面积涉及沉积岩区。按地矿部要求，1991 年新开展的 1：5 万区调地质填图，在沉积岩区要采用多重地层单位划分、岩石地层方法，如果地层单位划分和命名混乱的状况不尽快改变，必将影响 1：5 万区调地质填图的质量和速度，因此，开展云南省岩石地层单位清理研究，势在必行。

云南地矿局很重视地层清理研究工作，及时地将该项任务下达给云南区调队，要求 1990 年启动，1991 年正式开展工作，并将其列入了“八五”规划。

云南区调队经详细、认真研究，1990 年 10 月 18 日以云地区调字［1990］17 号文，成立“云南省岩石地层单位清理”项目组，由张远志、张定辉、刘世荣负责，张远志为项目第一负责人。项目组的任务是组织、协调、管理和完成“云南省岩石地层单位清理”工作，并对其质量负责。

项目组根据地直发［1991］005 号文《地质矿产部全国地层多重划分对比研究讨论会纪要》精神和云南地矿局下达的任务要求，于 1991 年 2 月编报了《云南省岩石地层单位清理研究设计书》，1991 年 6 月 19 日云南地矿局以云地地［1991］76 号文下发批复意见，项目组正式开始工作。按全国地层多重划分对比（清理）研究项目第一次工作会议精神，云南地矿局指示将项目名称改为“云南省地层多重划分对比研究”，项目组也相应改为“云南省地层多重划分对比研究组”（以下简称云南地层研究组）。1992 年 6 月项目组又编报了《云南省地层多重划分对比研究补充设计书》，12 月 20 日又上报了补充设计书的补充说明，云南地矿局 1993 年 1 月 5 日以云地地［1993］3 号文对补充设计予以批复，使云南同全国项目完全协调一致。

该项目的主要目的与任务是：以地层多重划分对比理论为指导，按新观点重新明确云南省现有地层单位的划分、对比标准，阐明定义、沿革、延伸范围及各地层单位的相互关系，提高科学性，消除混乱，使地层单位在划分、命名、理解和应用上有共同语言。并通过地层数据库的建立和使用，促进地层学研究和地层单位建立和管理的规范化、现代化。及时指导大范围 1：5 万区调地质填图，中、小比例尺地质编图，提高区域地层研究程度和水平，为我国区调地质填图和地层学研究与国际接轨，跨入国际先进行列奠定基础。

二、地层综合区划及区域地层发育概况

（一）地层综合区划

云南地层研究组，在各断代地层分区的基础上，按中国岩石地层区划简图及其说明，根据云南实际情况，经多次修改，将云南划分为2个地层大区，6个地层区，10个地层分区和13个地层小区，包括未划分地层小区的地层分区，共17个独立单元，见图1-1。地层大区、区和部分分区的界线充分考虑了地质构造特征，地层小区界线则主要按岩石地层的实际分布划分。地层大区、区、分区名称与全国和大区一致，既体现大区内展布，也照顾到省内；地层小区以省内为主，也适当考虑邻区。各地层分区的地层序列见附表。

（二）区域地层发育概况

云南地层的研究程度和工作程度，表现出东部高而西部相对较低；同沉积矿产相关的断代，如中元古代昆阳群，震旦纪—寒武纪、泥盆纪、二叠纪、三叠纪、白垩纪以及老第三纪等地层较高；交通条件好和城市附近较高等特点。

东部划属早元古代的地层除哀牢山岩群外，还有“苍山群”、“瑶山群”、“大红山群”、“苴林群”，以及西部划属中元古代的“高黎贡山群”、“西盟群”、“崇山群”、“大勐龙群”，都系中深变质岩，且构造复杂，地层层序问题较大，在未进行新的研究工作的情况下，难于得出结论。故未列入此次清理研究范围，不再述及。

中元古代地层时代可信的为东部的昆阳群，也经受变质，但地层层序清楚，具地槽型沉积特征。

晚元古代早期（800 Ma或850～1 000 Ma）地层，在云南不很清楚或者认识不一致。中、晚期，也就是震旦纪，华南地层大区的扬子地层区为地台型沉积，其他地区仍显示地槽型沉积特征。

早古生代，华南地层大区主要为地台型沉积，藏滇地层大区在中寒武世之后，也为地台型沉积。

晚古生代，云南境内达到最大的相对稳定时期，普遍发育地台型沉积，西部有活动型沉积条带存在，往往与特定的构造活动带相关，这种活动型沉积条带，与稳定型沉积似乎构成条、块相间的态势，不过还需深入工作和认识。藏滇地层大区的腾冲地层分区和保山地层分区的施甸地层小区见有冈瓦纳相冰海沉积。晚古生代末云南构造活动加强，断裂带活动和断陷作用明显。晚二叠世早期在长期活动的深大断裂带及其两侧，发生大规模强烈火山活动，喷发堆积厚度大的火山岩和火山碎屑岩，并表现出由海相到陆相喷发的特征。

中生代三叠纪地层自下而上为海相—海陆交互相—陆相沉积，表现为明显的海进—海退过程。中三叠世有火山喷发活动。晚三叠世晚期，云南地壳普遍上升，海水退出，海相沉积基本结束。

中生代侏罗纪、白垩纪和新生代老第三纪古新世—始新世中期，为断陷盆地（大盆地时期）陆相红色碎屑沉积，西部中侏罗世地层为海陆交互相或者陆相地层中具海相夹层，局部尚有火山活动。

新生代古新世盆地明显缩小，水体强烈蒸发，形成很好的膏盐沉积。始新世中晚期—渐新世，发育一套极粗的碎屑沉积，普遍不整合于中生代地层之上。新第三纪在分散的各山间盆地（小盆地时期）内堆积含煤地层，个别断陷盆地中有火山活动，存在少量火山岩。

第四纪时云南现代地形已形成，堆积物分布广泛，类型多样，多为半成岩或松散的碎屑

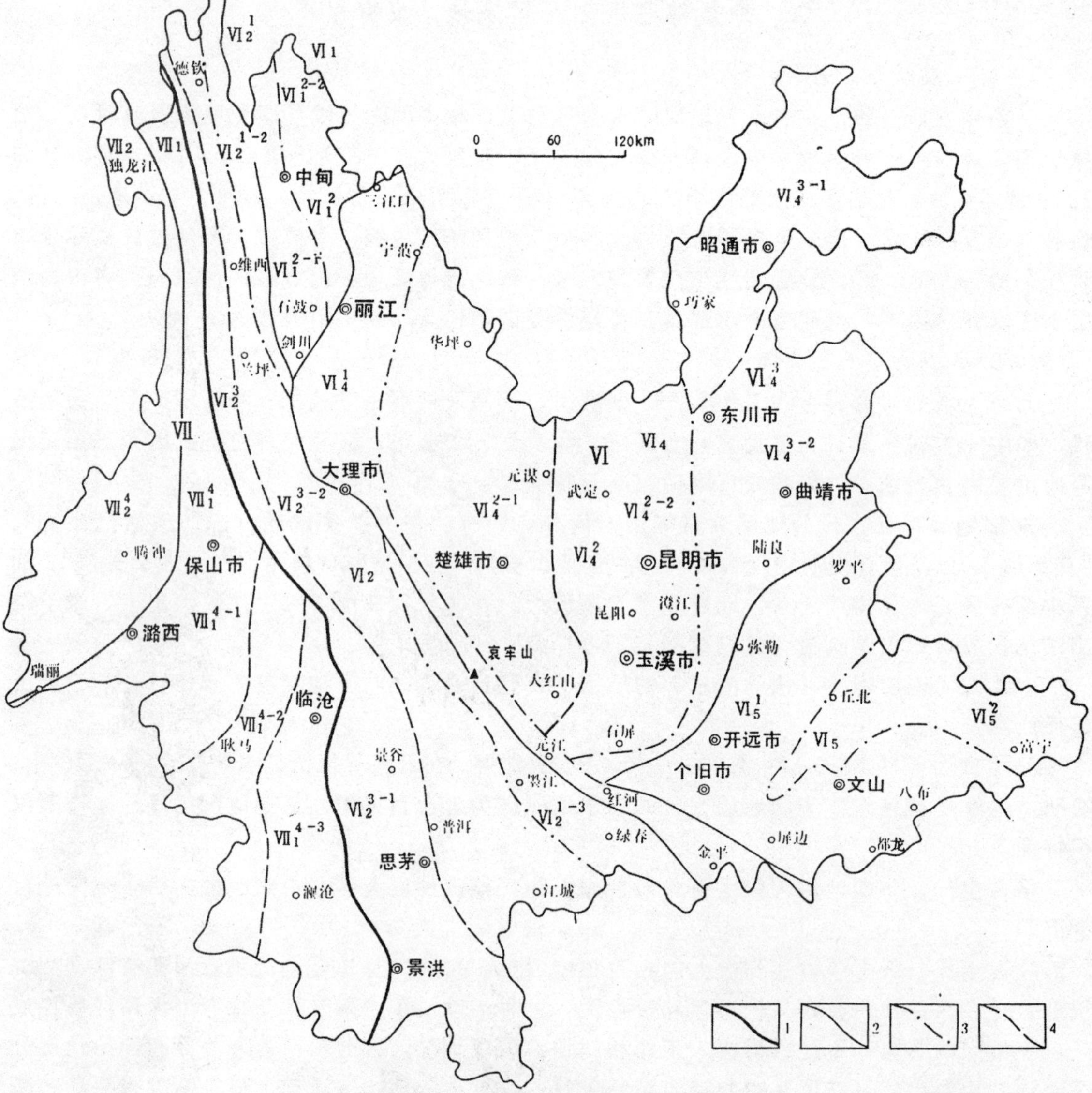

图 1-1 云南省岩石地层区划简图

1. 地层大区界线；2. 地层区界线；3. 地层分区界线；4. 地层小区界线

Ⅵ. 华南地层大区：VI_1. 巴颜喀拉地层区，VI_1^2. 玉树-中甸地层分区，VI_1^{2-1}. 中咱-石鼓地层小区、VI_1^{2-2}. 稻城-翁上地层小区；VI_2. 羌北-昌都-思茅地层区，VI_2^1. 西金乌兰-金沙江地层分区，VI_2^{1-2}. 奔子栏-江达地层小区、VI_2^{1-3}. 墨江地层小区，VI_2^3. 兰坪-思茅地层分区，VI_2^{3-1}. 景谷地层小区、VI_2^{3-2}. 漾濞地层小区；VI_4. 扬子地层区，VI_4^1. 丽江-金平地层分区，VI_4^2. 康滇地层分区，VI_4^{2-1}. 楚雄地层小区、VI_4^{2-2}. 昆明地层小区，VI_4^3. 上扬子地层分区，VI_4^{3-1}. 昭通地层小区、VI_4^{3-2}. 曲靖地层小区；VI_5. 东南地层区，VI_5^1. 个旧地层分区，VI_5^2. 右江地层分区(富宁)。Ⅶ. 藏滇地层大区：VII_1. 羌南—保山地层区，VII_1^4. 保山地层分区，VII_1^{4-1}. 施甸地层小区、VII_1^{4-2}. 耿马地层小区、VII_1^{4-3}. 澜沧地层小区；VII_2. 冈底斯-腾冲地层区，VII_2^4. 腾冲地层分区

物。北、西北部高山区，常见冰川堆积，西部腾冲有多期火山活动，也可见河流阶地、冲积、洪积和残积、坡积物及洞穴堆积等，古人类化石和古文化遗迹丰富。

构造活动带内，包括原来时代不同的地层，经受不同程度变质和多期变形，层理（S_0）在强烈变形置换中已难辨认，形成的构造岩石地层单位主要为同构造分割，无法恢复原沉积时的地层层序。

云南很多岩石地层单位在更大区域内有一定的代表性，震旦-寒武系界线层型为世界所瞩目，部分地层中还赋存丰富的沉积矿产。云南是我国乃至世界上研究地层、古生物以及一些沉积矿产的重要地区之一。云南还是元谋猿人的故乡，也是研究人类起源及进化的重要地区之一。

三、地层清理工作遵循的原则及有关规定

1. 清理研究遵循的原则

(1) 1981 年出版的全国地层委员会《中国地层指南及中国地层指南说明书》和 1987 年出版的《国际地层指南》，是这次岩石地层单位清理研究工作中，业务上的主要指导性文件。每个岩石地层体的划分、名称选择、层型和代表性剖面的确定，都严格按照两个指南所规定的原则、程序进行。

(2) 坚持同一个岩石地层单位宏观上岩石特征的一致性。不因所含古生物化石不同或时代归属不同，人为的肢解一个岩石地层单位；也不把所含古生物化石相同或时代归属相同的不同岩石地层体划为同一个岩石地层单位。充分注意岩石地层单位在剖面上的跨时性和在区域展布上的穿时性。

(3) 岩石地层单位的界线，一般划在岩性发生突变的位置，两个岩石地层单位间岩性呈过渡状态时，界线划在一种岩石出现或另一种岩石消失等明显变化之处，如果过渡带过宽，岩石组合上构成独立特征，可单独划分时，另划分一个单位。明显的长期地层沉积间断面应是组级单位的分界，组内不应有大的地层沉积间断。群内不应包含不整合界面。

(4) 对云南西部和侏罗、白垩纪坳陷陆相盆地中的岩石地层单位进行清理时，考虑其构造活动频繁、变质叠加次数多以及岩性变化大等实际情况，为便于 1∶5 万区调填图的使用，对组级岩石地层单位在掌握其岩性、岩相和变质程度一致性的尺度时，给予更大的宽容性。

(5) 坚持地层单位名称优先权与科学性相结合的原则。清理研究中尽可能不新建或少新建地层单位名称，按科学性原则必须新建的地层单位名称，也要遵照中国地层指南的规定程序。凡清理研究结果与原发表内容基本相同或仅作少量修改的地层单位，继续使用原名。同物异名的，一般按优先权原则取舍。虽发表较早但未指定层型或含义不确，而发表在后但含义正确、层型明确，并广为使用的，遵循科学原则而采用后者。

2. 清理研究的范围和内容

此次清理研究的范围是云南省境内中元古代的昆阳群，晚元古代至第三纪全部地层。以岩石地层单位划分对比为研究基础，注意岩石地层单位与其他地层单位的对应关系。对云南东部地台区少数生物地层研究详细的部分，进行适度的生物地层清理。对云南西部一般只进行岩石地层清理，其划分也把握在宜粗不宜细。清理研究的具体内容为：

(1) 清理研究岩石地层单位，包括名称及出处，原始定义、划分标准及演变历史，地质特征，分布范围与变化情况。确定采用的岩石地层单位名称，查明同物异名、异物同名，对停止使用的地层单位名称提出建议、列出名单。能进行生物地层清理的部分，重点是明确建立各生物带所依据的剖面，以及生物带在剖面上的准确层位和地层标志。

(2) 对在云南命名和拟采用的岩石地层单位的原始命名剖面，清理研究中发现在含义、划分、接触关系等有重大疑点或异议的，进行必要的实地核查。引用云南以外的地层单位，对其省内代表性剖面资料不足的，也进行实地核查。

（3）资料收集利用一般截止于1991年底，重要的新成果，延至1992年。

（4）印刷、填制全国地层清理项目办公室（以下简称全国地层项目办）统一下发的岩石地层单位卡片，每个岩石地层单位一套，最后按断代成册，作为原始资料归档。

（5）按全国地层多重划分对比研究项目各省成果报告编写要求及参考提纲，结合本省清理研究的实际，编写最终研究报告，提供评审验收和修改出版。

（6）建立云南省地层数据库，完成地层数据库第一阶段数据录入、检查、修改，输出打印全部地层卡片一套和上交数据磁盘（含采用和建议停止使用的地层单位）。并与地层清理研究成果同时验收。

（7）提出对中国地层指南的修改、补充建议。

3. 基本工作方法

由于地层多重划分对比研究是一项基础地质研究的系统工作，科学性强，涉及面广，资料延续时间长，工作十分繁重。研究中自始至终严格遵循《中国地层指南及中国地层指南说明书》和《国际地层指南》所规定的原则和地层单位命名程序，并运用现代地层学的新理论和新技术方法，还涉及沉积学、古生物学、地质年代学、层序地层学、变质地质学、构造地质学以及遥感地质、地球化学等学科，任务艰巨。此次清理研究的基本工作方法是：

（1）作为地矿部"地直科专92－01"和"DZ1992－01"重点项目的云南省Ⅱ级课题，省地矿局在区域地质调查所，抽调区调经验丰富的人员，组成专门的地层研究组，承担该项目。工作中还采用有效途径，反复征求勘查、科研、教学等部门的意见，并尽量与正在进行的1：5万区调填图工作相结合，使研究成果有广泛的代表性和适用性。

（2）在明确任务的基础上，反复认真学习地层清理的有关文件，派人员到外省学习、调研，参加全国、大区的会议，逐步深入掌握地层多重划分对比的概念，不断转变和更新观念，随时注意消除统一地层划分观点的影响。

（3）全面、认真、系统地收集已有地层资料，摸清家底，按云南实际，适时编写上报了《云南省岩石地层单位清理研究设计书》，继后按照"全国地层多重划分对比研究"项目第一次工作会议精神和"总体设计"的要求，及时编制上报了《云南省地层多重划分对比研究补充设计书》，分别经云南省地矿局批复执行，为项目工作创造了条件。

（4）对收集到的资料在初步清理的基础上，找出存在的问题，并采用室内研究与重点野外核查相结合的方式，进行深入清理、研究。1992年编制了云南省岩石地层单位序列表（讨论稿）和文字说明，提出了云南各断代和综合地层分区的建议。

（5）按全国统一格式，逐个填制岩石地层单位成套卡片，重新明确了正层型和主要参考剖面，确定了引入的地层单位名称，也介绍了可能延入邻区的地层单位。

（6）对所有地层单位的卡片输入计算机，制成文本，建立了云南省地层数据库。

（7）按统一参考提纲的内容要求，结合云南实际编写了《云南省地层多重划分对比研究报告》（供审稿）。对项目报告等成果进行了省内初步评审。

四、地层清理结果和工作量

全部工作先后由11人完成，历时近4年。清理结果和工作量，见表1－1。

表 1-1　云南省地层清理结果一览表

类别	清理总数（个）	采用岩石地层单位（个）									不采用地层单位（个）			层型（个）					卡片（张）								工作者
		总数	群	组	段	省内		省外	西区	东区	总数	西区	东区	正	副	选	次	小计	卡Ⅰ		卡Ⅱ	卡Ⅲ	卡Ⅳ	卡Ⅴ		不计	
							新												用	不用				用	不用		
第三纪	82	18		18		18			11	7	64	27	37	12	2	6	82	102	18	64	18		102	18	64	284	刘世荣
白垩纪	49	9		9		9			5	4	40	13	27	7		2	47	56	9	40	9	1	56	9	40	164	李云
侏罗纪	88	15	1	14		11		4	6	9	73	17	56	10	1	1	73	85	15	73	15	3	85	15	73	279	
三叠纪	127	54		54		40		14	28	26	73	35	38	30	1	10	137	178	54	73	54	2	178	54	73	488	薛国安
二叠纪	62	30		30		22	3	8	21	9	32	16	16	20		2	84	106	30	32	30	14	106	30	32	274	彭厚斋
石炭纪	61	32	3	29		26	5	6	20	12	29	12	17	26	2		77	105	32	29	32		105	32	29	259	杨宗仁
泥盆纪	121	51	2	42	7	44	3	7	19	32	70	17	53	36		5	103	144	51	70	51	1	144	51	70	438	黄铭卿
志留纪	29	15		15		12	2	3	4	11	14	1	13	11	1	1	46	59	15	14	15	1	59	15	14	133	张绍华
奥陶纪	46	25		25		19		6	5	20	21	7	14	16		3	73	92	25	21	25		92	25	21	209	
寒武纪	42	24	1	23		18		6	6	18	18	2	16	16		2	71	89	24	18	24		89	24	18	197	贺天全
震旦纪	31	18	3	14	1	14		4	9	9	13		13	11		1	27	39	18	13	18		39	18	13	119	张定辉
晚元古代	12	6	1	5		6			6		6	6		5	1		7	13	6	6	6		13	6	6	43	张远志
中元古代	58	14	1	13		14				14	44		44	5	1	8	31	45	14	44	14	1	45	14	44	176	张定辉
构造地层	9	7	3	4		7			6	1	2	2		6	1		1	8	7	2	7		8	7	2	33	张远志
合计	817	318	15	295	8	260	13	58	146	172	499	155	344	211	10	41	859	1121	318	499	318	23	1121	318	499	3096	
																			817					817			

第二章
前震旦纪

本章涉及的云南前震旦纪只有中元古代昆阳群。

昆阳群较集中地分布在两个地区（图 2-1）：一是由武定县向南经昆阳、玉溪至元江、石屏一带，南北长约 230 km，北端宽约 20 km，向南宽度增大，在昆阳以西一带宽 75 km，至元江—石屏宽达 100 km；二是东川由向北至四川境内，云南境内南北长 50 km，东西宽 70 km。由于这两区出露面积大，又赋存有重要的矿产资源，因此它们是以往昆阳群研究工作较集中的地区。此外，在滇东及滇东北还有昆阳群零星出露，但分布面积小，每处所包含地层少，且褶皱复杂，所以地层研究程度也低。

经过此次清理研究，前震旦纪拟采用的岩石地层单位有 14 个，其中群级 1 个，组级 13 个，建议不采用的地层单位有 44 个。

第一节　岩石地层单位

昆阳群　Pt_2K　（53-1401）

【创名及原始定义】　朱庭祜[①]（1926）命名于晋宁县昆阳镇（当时为昆阳县）。原始定义：昆阳附近为含矽质及泥质经变质作用之板岩、千枚岩、石英岩，呈黄、棕、黑各色，褶曲之多尤为显著，昆阳区外为或紫或绿色具有各色条纹颇为美观之板岩，厚 1 200 m。

【沿革】　创名时朱庭祜称昆阳层，划属寒武纪。1942 年 P Misch 将不整合于澄江砂岩之下的这套浅变质岩层改称昆阳系，划属下震旦纪。1944 年孟宪民等[②]将东川矿区含矿浅变质岩地层亦称为昆阳系，认为其时代属下震旦纪。1959 年花友仁将东川矿区浅变质岩地层划属前震旦系。1962 年全国地层委员会将易门、昆阳地区和东川地区不整合于澄江组之下的这套地层统称为昆阳群，划属前震旦系。

【现在定义】　以板岩、千枚状板岩、变质石英砂岩、粉砂岩、碳酸盐岩、硅质岩等为主，局部夹有海相火山岩、火山碎屑岩及砾岩、角砾岩，构成三个较完整的由粗碎屑岩—泥岩—

① 朱庭祜，1926，云南地质调查第二期报告（内刊）。

② 孟宪民等，1944，1∶5 万云南东川地质调查区域图（内刊）。

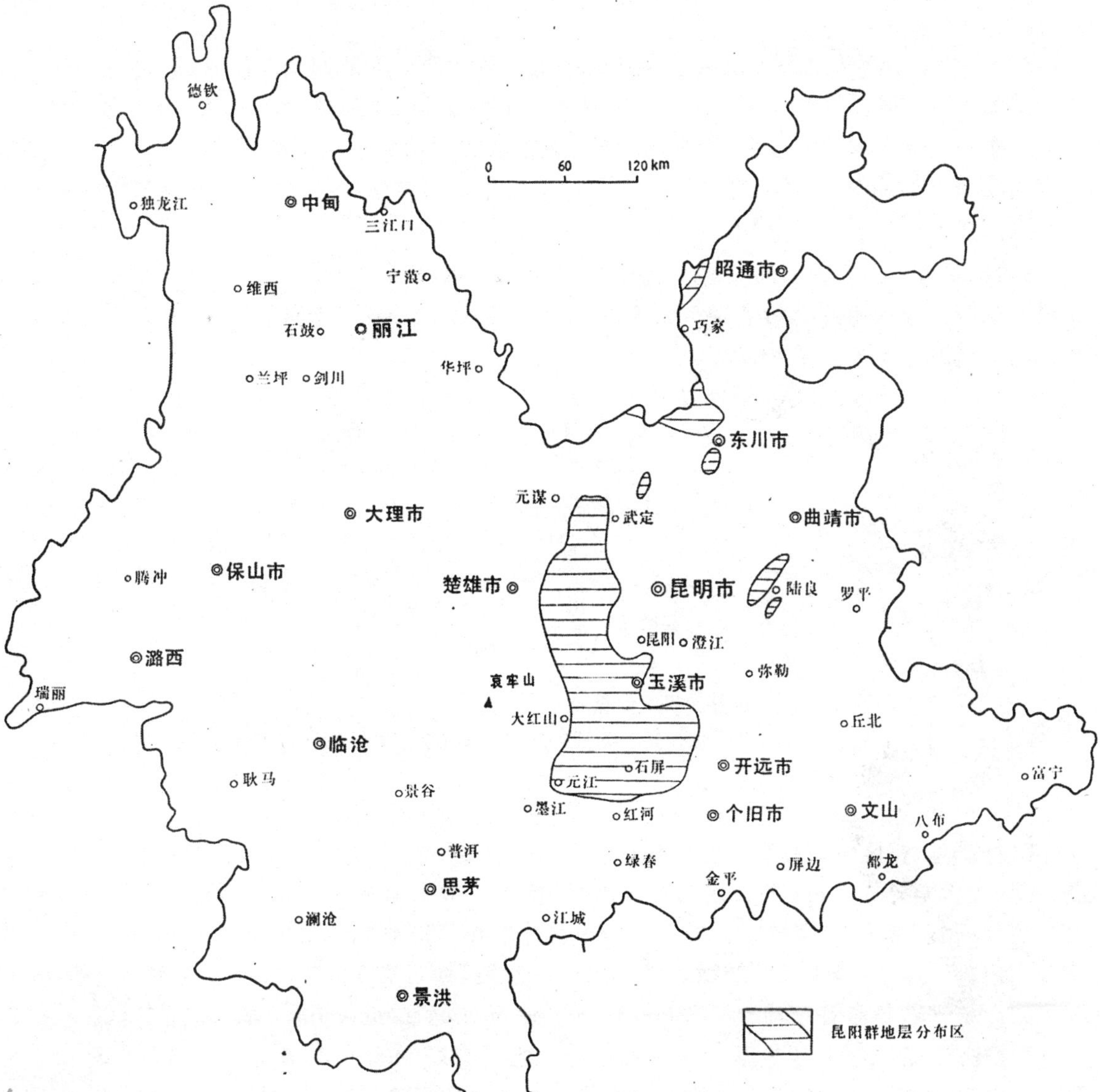

图 2-1 昆阳群露头分布图

碳酸盐岩沉积旋回。未见底，顶被震旦纪或更新地层不整合覆盖。该群自下而上包括有黄草岭组、黑山头组、富良棚组（限于滇中地区）、大龙口组、美党组、因民组、落雪组、鹅头厂组、绿汁江组、柳坝塘组（限于滇中地区）、大营盘组、小河口组、麻地组（后三个组限于东川地区）13 个组级岩石地层单位。

【地质特征】 岩石普遍遭受浅变质作用，变质程度比较均一。经受多次构造运动，其内褶皱、断裂相当发育，但地层叠置关系基本清楚。其中赋存有铜、铁、非金属等多种矿产资源。

黄草岭组 Pt_2h （53-1414）

【创名及原始定义】 温杰史[①]（1961）创名于峨山县城西北 18.5 km 黄草岭村。原始定义：下部为灰黑、灰、灰绿色条带状板岩，中部及上部为浅灰色石英岩与深灰色板岩互层，未见底，厚 1 465 m。

【沿革】 1962 年全国地层委员会将易门地区昆阳群最下部的浅变质碎屑岩层称易门组，包含了温氏黄草岭组。1969 年云南二区测队七分队将这段地层划分为两部分：下部以板岩、千枚岩为主的称黄草岭组；上部以砂岩为主及其上富含火山碎屑岩的称黑山头组及富良棚组。1972 年云南地质局昆阳群专题研究小组[②]（以下简称昆阳群专题组）肯定了云南二区测队七分队的划分意见，后被广泛采用。

【现在定义】 主要为黑、灰黑色绢云千枚状板岩及粉砂质千枚状板岩、千枚岩，下部为灰白、灰绿色含长石石英粉砂岩、石英岩夹粉砂质绢云母板岩。未见底，顶部板岩与黑山头组灰白色长石石英砂岩整合接触。

【层型】 正层型是峨山县黄草岭—旧寨剖面，位于峨山县城西北 18.5 km（102°18′，24°18′），由昆阳群专题组（1972）据云南二区测队七分队（1969）原测剖面经野外修测而成。

上覆地层：**黑山头组** 灰白色中薄层细粒长石石英砂岩

—————— 整 合 ——————

黄草岭组	总厚度＞661.3 m
4. 灰黑色绢云千枚状板岩，有石英团块，挤压褶皱强烈	153.1 m
3. 黑色粉砂质绢云千枚岩	277.0 m
2. 白色薄中层石英岩，中夹粉砂质绢云板岩	52.1 m
1. 上部灰绿、灰白色中厚层变质含长石英粉砂岩；下部灰黄、灰绿色薄层变质石英粉砂岩，具斜层理（未见底）	179.1 m

【地质特征及区域变化】 在命名地区为一套浅变质板岩、千枚岩及粉砂岩，岩性比较单调，常发育厚度小于 1 cm 的粒度韵律或色调韵律层。以大量灰白色长石石英砂岩或石英砂岩之底划分黑山头组与黄草岭组界线。该组往往分布在背斜轴部，零星出露于峨山、石屏、晋宁及东川汤丹等地，未见底。产微古植物化石，正层型附近有 *Taeniatum* sp.，*Polyporata microporosa* 等，石屏县普家冲有 *Leiopsophosphaera densa*，*Lophominuscula* sp. 等。

石屏车家城该组上部为厚 469 m 的板岩，之下有厚 288 m 浅灰色细晶白云岩夹泥质灰岩，二者呈渐变过渡，白云岩具铅、铜矿化。石屏县岔河该组自上而下是：厚大于 306 m 板岩；厚 92 m 浅灰色粉砂质大理岩夹粉砂岩，具角岩化；厚 115 m 浅灰绿色云母斑点角岩；厚大于 471 m 深灰或灰绿色板岩。东川汤丹该组为灰绿色绿泥绢云板岩夹灰白色泥质石英砂岩，下部夹厚 2～30 m 的肉红、灰白色砂质白云岩及瘤状灰岩透镜体，白云岩中有叠层石 *Conophyton baculum*，*C. lituus* 等。

在峨山县该组厚 661～774 m，晋宁县厚大于 1 003 m，石屏县厚 756～1 438 m，东川市厚大于 643 m。

黑山头组 $Pt_2h\hat{s}$ (53－1413)

【创名及原始定义】 云南二区测队七分队（1969）建组创名于峨山县城西北 18 km 之黑

① 温杰史，1961，关于昆阳群的划分和几个有关问题的初步意见（内刊）。

② 云南地质局昆阳群专题研究小组，1972，云南中东部昆阳群地层的划分及对比（内刊）。

山头（山名）。原始定义：主要由变质砂岩、粉砂岩、板岩组成，粒级层发育，在砂岩、粉砂岩中发育各种斜层理、小型冲刷面和波痕。据沉积旋回及作为各旋回起始的石英岩、砂岩的厚度，可将本组划为六个段。总厚 2 804～3 508 m。

【沿革】 全国地层委员会 1962 年所称易门组之上部即包含这部分地层。云南二区测队七分队建组时，将底界划在大量长石石英砂岩出现处，顶界划在富良棚组底部石英岩与板岩、粉砂岩互层之底。昆阳群专题组（1972）将云南二区测队七分队建立的富良棚组改称富良棚段，归入黑山头组，将原建黑山头组也降为段级单位。云南地矿局（1990）又将黑山头段改称寸竹段。吴懋德等（1990）将寸竹段分解为三个段，自下而上称寸竹段、河外段、塔冲段，并将该组顶界上移至石英岩消失处。

【现在定义】 由变质石英砂岩、石英岩、粉砂岩、板岩依次重复构成七个正向沉积旋回层，每一旋回都以较厚的砂岩或石英岩为底，向上变细，并包含若干个小旋回。广泛发育正向粒序层及斜层理、波痕。底以石英砂岩与黄草岭组板岩分界，顶以粉砂岩与板岩互层和富良棚组钙质板岩、钙质粉砂岩或泥灰岩分界，顶底均为整合关系。

【层型】 正层型是峨山县黄草岭—旧寨剖面（102°18′，24°18′），由云南二区测队七分队（1969）测制，昆阳群专题组（1972）补充修测。副层型是峨山县寸竹—富良棚剖面，位于富良棚村东 2 km（102°07′，24°19′），由云南二区测队七分队（1969）实测。下列为正层型。

上覆地层：舍资组　复矿砂砾岩

══════ 断　层 ══════

黑山头组	总厚度＞2 530.7 m
22. 灰白色绢云-黑云石英粉砂岩与绢云板岩互层，组成粒级层	159.8 m
21. 黑云绢云板岩与石英粉砂岩互层，二者构成粒级层	132.9 m
20. 上部绢云黑云板岩与绢云黑云石英粉砂岩互层，二者构成粒级层；下部灰、灰白色致密块状变质中细粒含长石石英砂岩	82.5 m
19. 浅灰色绢云黑云粉砂岩与板岩互层，组成粒级层，中、下部为中薄层变质石英粉砂岩	68.6 m
18. 浮土掩盖	158.1 m
17. 浅灰色薄—中层黑云石英粉砂岩与板岩互层，呈密集的粒级韵律，中间夹一层灰白色厚层中细粒含长石石英砂岩	250.2 m
16. 浅灰、深灰色中—厚层中细粒长石石英砂岩，中有两层各厚 1.1 m 及 1.4 m 的基性岩岩床	58.6 m
15. 浅灰色绢云黑云粉砂岩与板岩互层，二者构成粒级韵律	67.1 m
14. 黑灰色中薄层石英粉砂岩	58.4 m
12—13. 浅灰、灰、黑色绿泥绢云石英粉砂岩与绢云板岩互层，呈粒级韵律，偶夹深灰色变质石英粉砂岩	290.2 m
11. 浅灰、深灰色石英岩，下部薄层状，中部块状，石英岩中具斜层理	174.8 m
10. 黑灰色中薄层绢云板岩，上部常夹变质粉砂岩，下部为中—厚层黑云石英粉砂岩，其中有一层辉绿岩岩床	236.3 m
9. 黑灰色中薄层绿泥绢云板岩	38.7 m
8. 灰、深灰色中厚层粉砂质绢云板岩，上部板岩中有少数微细层理	85.4 m
7. 白、灰白色块状石英岩，上部为变质长石石英砂岩	173.9 m
6. 青灰色粉砂质绿泥绢云板岩，夹一层 1.3 m 的辉绿岩岩床	249.1 m

5. 上部黑灰色薄中层粉砂质石英绢云板岩和粉砂质绿泥绢云板岩；下部灰白色中薄层细粒长石石英砂岩 246.1 m

——————— 整 合 ———————

下伏地层：黄草岭组 灰黑色绢云千枚状板岩

【地质特征及区域变化】 该组以浅灰、灰白色石英岩大量存在及发育正向粒级韵律为特征，与上、下岩层划分标志明显。由于其岩石硬度较大，抗风化能力强于相邻岩层，往往形成陡崖、山峰等正地形，地貌标志也很明显。这些是划分该组良好的宏观特征。在峨山黄草岭、塔甸及石屏官子坡冲等地，于该组中、上部获微古植物化石，主要有 *Leiopsophosphaera pelucidus*，*Leiominuscula minuta*，*Trachysphaeridium simplex*，*T. hyalinum* 等。

该组分布在滇中禄劝至石屏一带及东川小江两岸，陆良、路南等地也有零星出露。各处岩性比较稳定，变化不大。峨山富良棚厚 3 152 m。石屏官子坡（顶被澄江组不整合覆盖）厚 1 691 m。晋宁三尖山（顶底不全）厚大于 1 600 m。东川汤丹厚 945 m，顶与大龙口组间可能有一沉积间断。

【其他】 该组石英砂岩、石英岩中 SiO_2 含量很高，是硅石矿床蕴藏的重要层位。顶部夹赤铁矿透镜体。

富良棚组 Pt_2f (53－1412)

【创名及原始定义】 云南二区测队七分队（1969）建组创名于峨山县塔甸之富良棚村。原始定义：下部为石英岩绢云板岩夹变质石英粉砂岩（常构成韵律层）；上部为泥灰岩、泥质灰岩；顶部为厚约 35 m 的安山质晶屑岩屑凝灰岩、安山质层凝灰岩、凝灰质板岩、绢云板岩和泥灰岩构成的火山喷发沉积旋回。再往上则与大龙口组泥灰岩过渡。

【沿革】 全国地层委员会（1962）所称易门组包含此地层，但当时未发现火山碎屑岩。1969 年云南二区测队七分队发现中性火山碎屑岩层后创建该组。昆阳群专题组（1972）将其改称富良棚段而置于黑山头组上部。吴懋德等（1990）将其下部石英岩、粉砂岩为主的岩层划出，其余仍称富良棚段，属黑山头组。本书该组顶、底界线划分与吴懋德等（1990）“富良棚段”基本相同。

【现在定义】 下部为绢云板岩、钙质板岩夹钙质石英粉砂岩，中部为泥灰岩，上部为安山质晶屑岩屑凝灰岩、安山质层凝灰岩、凝灰质板岩、绢云板岩、泥灰岩构成的数十个火山喷发沉积韵律层。底与黑山头组浅灰色石英岩、石英粉砂岩为整合接触，顶与大龙口组灰岩、泥质灰岩呈渐变关系。

【层型】 正层型是峨山县寸竹—富良棚剖面（102°07′，24°19′），由云南二区测队七分队 1969 年实测。

上覆地层：大龙口组 片理化绿泥石微粒石灰岩与绢云石灰岩互层

——————— 整 合 ———————

富良棚组 总厚度 170.4 m

22. 薄层变质安山质晶屑岩屑凝灰岩、安山质层凝灰岩、安山凝灰质绢云板岩、绢云板岩、泥灰岩构成的火山喷发沉积旋回。每旋回厚 5～70 cm，下为晶屑岩屑凝灰岩，向上递变为泥灰岩。共 29 个旋回层 50.3 m

21. 浮土掩盖 21.0 m

20. 灰绿色片理化泥灰岩 42.5 m

19. 灰绿色薄层绢云板岩夹灰绿色钙质石英粉砂岩及绢云石英粉砂岩。 56.6 m

—————— 整 合 ——————

下伏地层：黑山头组 灰、浅灰色薄层石英粉砂岩夹灰白色石英岩

【地质特征及区域变化】 位于厚度巨大的变质石英砂岩为主的黑山头组之上、以碳酸盐岩为主的大龙口组之下的一套泥灰岩、钙质板岩和火山碎屑岩层，是划分富良棚组的主要特征。上部岩层显现色调鲜艳的鸭蛋绿色，十分醒目，是野外识别该组的良好标志。峨山塔甸该组下部钙质板岩中含微古植物化石 *Leiopsophosphaera* sp.，*Microconcentrica* sp.，*Pseudozonosphaera* sp.。

该组分布在北起禄劝县码子箐，南至石屏县至元江县条形地带内。北部厚度变薄。易门县老乌山岩性变化较大，出露长 4.5 km、宽 1 km 的火山熔岩及火山碎屑岩层，主要岩性有暗灰色安山玄武质枕状熔岩、灰绿色安山玄武质火山集块熔岩、钢灰色铁质条带凝灰熔岩及灰绿色安山玄武质凝灰岩。火山岩中有火山弹，熔岩具流动构造，气孔发育，凝灰岩层具韵律结构。老乌山以南、正层型以北的玉溪市法冲，该组夹有火山角砾沉凝灰岩薄层。该组厚度变化不大，多在 151～216 m 之间，仅北端码子箐厚为 92 m。

【其他】 在峨山—玉溪一带，该组上部及下部有透镜状或脉状铁矿体及铁锰矿体。

大龙口组 Pt_2d （53 - 1411）

【创名及原始定义】 黄懿[①]（1940）创名于易门县城北三元宫至大龙口。曾将三元宫剖面中的三元宫石灰岩的 b 层名为大龙泉石灰岩，描述岩性为灰色薄层状石灰岩，厚大于 200 m,整合于陡咀坡石灰岩之上及陡岩山石灰岩（含环纹古藻类化石）之下。

【沿革】 冶金昆明地质勘探公司 303 队[②]（以下简称冶金 303 队）（1956）改称大龙口灰岩，扩大其含义为包含整体三元宫石灰岩在内，整合于易门板岩之上和三家厂板岩之下厚 1 300～2 000 m 的深灰色薄层灰岩。全国地层委员会（1962）改称大龙口组。云南二区测队七分队（1969）确立了该组岩层层序和地层位置。

【现在定义】 下、中部为深灰、灰黑色粉晶泥晶石灰岩夹数层绢云板岩、粉砂绢云板岩、泥质灰岩，局部含燧石团块；上部为浅灰色中厚层蠕条状藻屑灰岩、隐晶灰岩夹块状藻灰岩，顶部有黄色薄层泥灰岩。为热液型铁矿赋存层位。正层型处顶、底接触关系被掩盖，峨山石林村剖面该组顶与美党组、底与富良棚组均为整合关系。

【层型】 正层型是易门县三元宫剖面（102°10′，24°41′），由黄懿（1940）测制。次层型是峨山县小假足—咱拉黑剖面（102°07′，24°21′），由云南二区测队七分队（1969）测制。

【地质特征及区域变化】 其岩性明显分为两部分：下、中部为深灰色灰岩夹板岩，局部受次生白云岩化；上部为浅灰色蠕条状灰岩夹藻礁灰岩。含微古植物化石，主要有 *Microconcentrica atava*，*Nucellosphaeridium minutum*，*Asperatopsophosphaera umishanensis*，*Leiominuscula minuta* 等。上部含叠层石，主要有 *Conophyton cylindricus*，*C. baculum*，*Oshania yunnanensis*，*Baicalia baicalica*，*Gymnosolen altus*，*Jurusania alicia*，*Minjaria* sp. 等。

该组分布在易门向南至石屏、元江一带及东川汤丹等地。正层型之东南 20 km 峨山县石林村，该组上部岩层呈较深的灰、灰黑色，且无藻礁灰岩。在东川汤丹向北至达朵一线，该

---

① 黄懿，1940，云南易门铁矿，地质汇报，33 号（内刊）。

② 冶金昆明地质勘探公司 303 队，1956，易门铜矿储量计算报告，第一期（内刊）。

组底部有砾岩，上部为灰黑色碳泥质灰岩夹板岩，底与黑山头组砂岩之间有一沉积间断。石屏阿希者至元江老茶吉，该组上部夹多层白云岩及白云质同生角砾岩。

该组厚度：石屏甸中为 1 945 m，峨山石林村为 2 117 m，峨山小假足至咱拉黑为 2 183.7 m，易门葛根箐为 638 m，东川汤丹为 650 m。

【其他】 滇中地区该组中部及下部赋存铁矿，有新平县鲁奎山、峨山县他达等多个中型矿床及一些小型矿床，矿石矿物在原生矿中为菱铁矿，氧化带为赤铁矿、褐铁矿。

易门—峨山塔甸—元江一线，该组上部夹块状叠层石藻礁灰岩，显示其沉积环境为局限台地潮间带。这一线以东为深色含碳质薄层灰岩，不夹藻礁灰岩，应形成于浅海环境。

美党组 Pt_2m （53－1410）

【创名及原始定义】 云南二区测队七分队（1969）建组创名于峨山县城西北 42 km 之美党村。原始定义为板岩夹灰岩、小型聚环柱状藻灰岩。底与大龙口组灰岩呈整合关系。

【沿革】 全国地层委员会（1962）将大龙口组之上、绿汁江组之下的地层统称三家厂组。云南二区测队七分队（1969）将大龙口组灰岩之上、灰紫色角砾岩与含砾砂岩之下以板岩为主的地层命名为美党组。

【现在定义】 灰黑、灰绿色绢云板岩、含泥灰岩小扁豆体的钙质板岩，夹少量变质粉砂岩，下部夹厚层砾状灰岩、藻灰岩。正层型处顶底不明。易门铜厂—法家冲剖面见该组底与大龙口组整合接触，顶与因民组呈平行不整合（?）接触。

【层型】 正层型是峨山县咱拉黑—橄榄若剖面，起点在峨山富良棚之西北 5 km 咱拉黑（102°05′，24°22′），由云南二区测队七分队（1969）测制。

美党组	总厚度 280.0 m
11. 灰黑色绢云-黑云千枚岩，中夹石英粉砂岩扁豆体。下部夹数米绢云板岩及三层厚 2～5 cm 变质假鲕状绿泥菱铁矿岩	44.8 m
10. 深灰色绢云板岩夹少量变质粉砂岩	51.6 m
9. 上部灰绿色含泥灰岩扁豆体的钙质板岩，其下为黄色中厚层隐晶质灰岩；中部深灰色块状藻灰岩；下部浅灰色薄层砾状灰岩	13.3 m
8. 灰绿色薄层绢云板岩与变质粉砂岩互层	12.4 m
7. 浅灰色微粒灰岩与灰绿、紫红色钙质绢云板岩互层，灰岩常呈扁豆体及条带状	19.2 m
6. 灰绿色薄层绢云板岩与变质粉砂岩互层，顶部夹泥灰岩数层	9.3 m
5. 上部砾状-扁豆状灰岩；中部浅灰色藻灰岩；下部扁豆状灰岩与灰绿色钙质绢云板岩互层；底为厚层、块状灰岩	17.7 m
4. 灰黑色绢云板岩，顶部薄层绿泥石英粉砂岩与绢云板岩条带状互层	43.9 m
3. 浮土掩盖	52.4 m
2. 黑色绢云板岩夹浅灰、深灰色钙质绢云板岩，底部夹灰岩	15.4 m

═══════ 断 层 ═══════

【地质特征及区域变化】 以灰黑色绢云板岩为主，下部夹灰岩及藻灰岩，上部夹粉砂岩，板岩中含大量顺层分布的灰岩小扁豆体，风化形成串珠状空洞。含微古植物化石，主要有 *Taeniatum* sp.，*Trachysphaeridium planum*，*Asperatopsophosphaera umishanensis*，*Trematosphaeridium holtedahlii*，*Retinarites irregularis* 等，下部含叠层石 *Conophyton lituus*，? *Jurusania* f.，*Colonnella* cf. *discreta*。

该组分布在武定向南至元江、建水一带及东川汤丹等地。岩性比较稳定，各处无大的变化，仅在石屏龙马米中部有厚59 m延伸7.5 km的水下滑塌同生角砾岩。厚度变化为：建水县六家冲1 085 m，石屏县龙马米616 m，玉溪市大洛河1 042 m，易门县莫各顶606 m，武定县白石岩584 m，东川市汤丹467 m。

【其他】 石屏县黑泥山该组下部有含锰灰岩及含锰板岩，其中夹有两层厚分别为3 m的锰矿层。

因民组 Pt_2y （53-1409）

【创名及原始定义】 孟宪民、许杰[①]（1944）创名于东川矿区因民。原始定义指落雪灰岩之下、姑庄板岩之上的一套紫色板岩夹砂岩，厚百余米。

【沿革】 创名时称因民紫色层。李希绩等（1953）改称因民系，并认为是东川地区最老的地层。花友仁（1959）称因民层，置于落因系下部，认为其不整合于姑庄板岩之上。全国地层委员会（1962）改称因民组。

【现在定义】 下部为灰绿色砾岩夹灰紫色白云质粉砂岩及板岩；中部为紫红色铁质板岩及泥砂质白云岩夹板岩、赤铁矿层，具干裂纹、波痕、斜层理及色调粒级韵律，含黄铜矿、斑铜矿；上部为紫红、灰紫色砂质白云岩夹板岩，具色调粒级韵律及斜层理、波痕构造。底与美党组黑色板岩呈不整合接触，顶与落雪组灰白色砂质白云岩为整合过渡关系。

【层型】 选层型是东川矿区三风口—因民剖面（102°56′，26°17′），次层型之一是东川矿区播卡汤家箐沟剖面（103°02′，26°24′），次层型之二是东川落雪稀矿山九号硐铁南沿至铜南沿剖面（102°57′，26°15′），均由西南地质勘探公司314队陈天佑等[②]（1985）测制。

【地质特征及区域变化】 主要特征是以紫红色、灰紫色（风化带银灰色）板岩为主，夹泥质白云岩和白云质粉砂岩，具色调及粒级韵律层，中部夹铁质板岩和赤铁矿层，底有复成分砾岩。该组分布在武定向南至元江一线及东川地区。区域上该组岩性变化不大。武定县朱家坝及平地厂上部夹有变质砾岩，下部为块状角砾岩及砂砾岩夹变质砂岩及板岩，底平行不整合于美党组碳质板岩之上。易门铜厂下部为板岩夹中粗粒变质石英砂岩，底灰紫色含镜铁矿钠长石化角砾岩覆于美党组之上。

该组厚度：东川因民仅有中、上部，厚225 m；播卡汤家箐沟出露完整，厚267.5 m；武定朱家坝、平地厂出露完整，厚387.8 m；易门铜厂出露完整，厚384.2 m；元江红龙厂、青龙厂不完整，厚240 m。

【其他】 因民组上部赋存铜矿，是东川汤丹、因民等铜矿床的主要含矿层之一。中部是铁矿的赋存层位，在东川稀矿山、武定迤纳厂、禄丰鹅头厂、元江甘庄等地形成矿床。

落雪组 Pt_2l （53-1408）

【创名及原始定义】 孟宪民等（1944）创名于东川落雪矿区。原始定义指因民紫色层之上、桃园页岩之下的厚约220 m具马尾丝状矽质灰岩或白云岩。

【沿革】 创名时称落雪灰岩。花友仁（1959）改称落雪白云岩。全国地层委员会（1962）改称落雪组。

【现在定义】 为青灰、灰白、肉红色厚层至块状含藻白云岩，夹硅质白云岩和泥砂质白云岩，下部有硅质团块，底部粉砂泥质白云岩夹钙泥质板岩薄层，具硅质条带状和马尾丝状

---

① 孟宪民、许杰，1944，对东川及附近地区19个1∶5万图幅的区域地质调查。

② 陈天佑等，1985，云南东川矿区前寒武系昆阳群准层型剖面研究报告（内刊）。

构造。下部及底部为铜矿床的主要赋存层位。底与因民组灰紫色粉砂质白云岩夹板岩为整合关系，顶与鹅头厂组黑色含碳质板岩为整合关系。

【层型】 选层型为东川矿区三风口—因民剖面（102°56′，26°17′），由西南地质勘探公司314队陈天佑等（1985）实测。

【地质特征及区域变化】 青灰、浅灰色厚层状白云岩，有较密集的硅质条纹，含铜并蕴藏重要的铜矿床，是落雪组的主要特征。

该组分布在东川地区因民至落雪、汤丹、播卡一带，以及武定、禄丰向南经易门绿汁江至元江青龙厂、红龙厂一带。区域上岩性比较稳定，变化很小。含有较丰富的叠层石，主要有 *Gaoyuzhuangia* cf. *crassibrevis*，*Kussiella kussiensis*，*Cryptozoon* f. 等。

该组在东川因民厚 275.75 m，落雪稀矿山厚 355 m，汤丹厚 506 m，老屋脊厚 204.7 m，播卡厚 150 m。禄丰县小新厂厚 105 m。易门县里乐敏厚 401 m，铜厂厚 220 m。元江县红龙厂未见底，可测厚度 309 m。

【其他】 落雪组是滇中铜矿的主要产出层位。著名的东川式铜矿，包含东川矿区多个矿床以及禄丰小新厂、易门、元江红龙厂等铜矿床，都赋存于该组下部和因民组顶部。

鹅头厂组 Pt_2e （53－1407）

【创名及原始定义】 云南地质局[①]（1966）创名于禄丰县鹅头厂。原始定义指落雪组含铜白云岩之上、绿汁江组白云岩之下的一套灰黑色板岩，风化后呈灰白色，上部呈浅紫红色，夹条带状粘土岩。

【沿革】 全国地层委员会（1962）所称三家厂组上部即包含这部分地层。鹅头厂组创名后被广泛采用。

【现在定义】 以深灰至灰黑色板岩为主，常见由硅质或粉砂质组成的条带，或由深浅色交替形成的条纹条带，底部板岩含碳质和硅质，下部夹灰岩、泥质白云岩、硅质岩、硅质板岩，中下部夹变质砂岩。下与落雪组、上与绿汁江组均为整合过渡关系，底以大量黑色板岩出现、顶以大量板岩消失为界。

【层型】 选层型是禄丰县小新厂—黄龙寨河剖面（102°12′，25°24′），由吴懋德等（1990）测制。

【地质特征及区域变化】 该组岩性较稳定，区域上变化小。含微古植物化石 *Trematosphaeridium holtedahlii*，*T. minutum*，*Lignum* sp.，*Polyporata* sp.。

该组分布在禄丰至元江，东川因民至汤丹等地。在新平县杨武，为具有色调粒级韵律条纹板岩，其中夹有多层沉积角砾岩及砾岩透镜体，砾岩中含铁矿扁豆体。东川三风口，中部及上部板岩中有多层暗灰色凝灰质砂岩夹少量凝灰质砾岩、角砾岩。

该组在禄丰县鹅头厂厚 861.1 m；易门县铜厂厚 1 266 m，尚未见顶；元江县红龙厂厚 1 020 m；东川三风口厚 1 786 m。

【其他】 该组下部碳质板岩和白云岩中含铜，并形成铜矿床，已知有东川马泗洞、东川兴隆坪、禄丰鹅头厂铜矿。该组板岩有大量毫米级由粉砂质—粉砂硅质—泥质硅质组成的粒级韵律层，及灰绿—深灰—灰黑等色组成的色调韵律，具复理石特征，局部地区夹有多层滑塌沉积角砾岩、砾岩，显示为次深海槽盆相沉积。

绿汁江组 $Pt_2l\hat{z}$ （53－1406）

---

① 云南地质局，1966，1∶50万云南省矿产图（内刊）。

【创名及原始定义】 冶金303队（1956）创名于易门县绿汁江两岸。原指整合于三家厂板岩之上、被中生代红色岩层覆盖的一套以白云岩为主的地层。下部为薄层含泥质条带白云岩，中部为青灰色厚层状含燧石条带及结核白云岩，具纹层构造，上部为薄层白云质灰岩。

【沿革】 创名时称绿汁江白云岩。全国地层委员会（1962）改称绿汁江组。

【现在定义】 为青灰、浅灰至深灰色中厚层至块状白云岩，普遍含有硅质细条纹，中上部含少量硅质团块，中部及上部夹绢云板岩，上部夹泥质灰岩及灰岩。底以较厚的灰岩层与下伏鹅头厂组板岩呈整合过渡，未见顶。

【层型】 选层型是武定慢坡—鲁家村剖面（102°19′，25°28′），由吴懋德等（1990）实测。

【地质特征及区域变化】 该组以其整合于灰黑色板岩之上的一大套青灰、浅灰色含硅质条纹的中厚层至块状白云岩为特征，与昆阳群其他各组易于区分。含微古植物化石 *Trematosphaeridium holtedahlii* 等，产叠层石 *Conophyton garganicus*，*Pseudogymnosolen* sp.，*Microstylus* f.，*Cryptozoon* f. 等。

该组分布在武定、易门绿汁江至元江一带及东川青龙山至汤丹等地。岩性较稳定，区域变化小。仅东川地区以青灰色厚层至块状藻礁白云岩为主，夹薄层硅质白云岩及少量碳硅质板岩，顶与大营盘组底之红色角砾岩呈平行不整合接触。武定县慢坡该组厚1 833.5 m，易门绿汁江厚1 971 m，元江红龙厂厚1 755 m，东川青龙山厚1 277 m。

【其他】 该组有大量夹硅质薄层的原生白云岩，局部产叠层石，有藻礁白云岩夹层，说明其属浅海及局限台地相沉积。

柳坝塘组 Pt_2lb (53-1405)

【创名及原始定义】 邓家藩（1961）命名，云南地质局① 1966年介绍，创名地是晋宁县昆阳镇东南7.5 km之柳坝塘村。原指位于三尖山组板岩夹石英砂岩之上、不整合于澄江组之下的一套灰白、灰绿色薄层泥质条纹状细砂岩，且偶夹泥灰岩。

【沿革】 邓家藩在1961年昆阳群专题研究组初期工作时曾创用柳坝塘组，但未写入正式报告中。云南地质局（1966）在1∶50万云南省矿产图中正式引用此名，置于元古界昆阳群。云南二区测队七分队（1969）将其层位置于绿汁江组之上。云南地矿局（1990）将该组与东川对比统一用大营盘组一名。

【现在定义】 底部为紫红色铁质砾岩夹铁矿层；下部为黑色粉砂质泥质板岩、碳质板岩夹硅质岩和少量含锰板岩，近底部有灰、肉红色厚层状白云岩；上部为风化呈紫红、黄绿、蛋青色粉砂质板岩、硅质泥质板岩夹深灰色硅质岩。底与昆阳群较下层位呈微角度不整合接触，顶与澄江组呈不整合接触。

【层型】 选层型位于晋宁县柳坝塘村之南1 km（102°40′，24°38′），由云南二区测队七分队（1969）测制。

上覆地层：澄江组　绿色粗砂岩

～～～～～～ 不整合 ～～～～～～

柳坝塘组	总厚度 255.8 m
7. 紫红色板岩。板理发育，可劈成0.1～1 cm的薄板，发育浅蛋青色微细层理	46.8 m
6. 浮土掩盖	59.5 m

① 云南省地质局，1966，1∶50万云南省矿产图（内刊）。

5. 紫红、蛋青色硅质板岩夹黄色硅质岩。硅质板岩可劈成3～5 mm薄板，具微细层理。硅质岩单层厚20 cm　17.7 m

4. 黑色碳质粉砂质板岩。碳质污手，板岩可劈成2～10 mm薄片。中、上部夹硅质板岩，中部夹含锰粉砂质板岩　67.8 m

3. 灰白色绢云硅质板岩夹深灰色致密状硅质岩。板岩可劈成1～7 mm薄片，硅质岩单层厚10 cm左右　9.8 m

2. 浮土掩盖。在距第1层顶约10 m处有厚约2 m的硅质板岩露头，其下有厚约4 m的灰色厚层、块状微晶白云岩　48.1 m

1. 暗紫色铁质砾岩，砾石成分有石英岩、变质石英粉砂岩、板岩，砾石磨圆度差，砾径0.2～5 cm，砾石含量50%～60%，铁泥砂质胶结。夹沉积铁矿透镜体　6.1 m

~~~~~~~~~~ 不整合 ~~~~~~~~~~

下伏地层：黑山头组　灰色薄层状粉砂岩与暗紫色绢云板岩互层

【地质特征】　该组以碳质板岩夹硅质岩、硅质板岩，及以底含铁矿透镜体的铁质砾岩为其特征，仅分布在柳坝塘及安宁县军哨两处。军哨地表出露厚度仅64 m，钻孔厚度大于100 m，微角度不整合于美党组之上。下部白云岩中产叠层石 *Inzeria* f.，*Gymnosolen ramsayi*，*Baicalia rara*，*Katavia* f.。含古孢子 *Protoleiosphaeridium*? sp.。

【其他】　该组底夹有似层状赤铁矿层，深部原生矿为菱铁矿层。军哨处形成中型铁矿床。

大营盘组　Pt_2dy　(53-1404)

【创名及原始定义】　地质部西南地质科学研究所①（1965）创名于东川落雪大营盘至茂炉。原指位于小河口组石英砂岩之下、青龙山组白云岩之上的一套灰黑、深灰色含碳质绢云板岩和绢云板岩为主的岩层。

【沿革】　王可南等②（1963）将小河口组石英砂岩之下、青龙山组白云岩之上的板岩层称茂鹿组，地质部西南地质科学研究所（1965）改称大营盘组。四川地质局一区测队（1970）则称通安组第5段。

【现在定义】　上部为灰黑色绢云板岩夹碳质板岩，顶部夹灰色薄层泥灰岩及石英砂岩；下部为黑色碳质绢云板岩夹绢云板岩及少量硅质板岩、泥质岩屑砂岩，底为紫红色铁质角砾岩和含赤铁矿铁质板岩。普遍含黄铁矿星点，下部有黄铁矿薄层。顶部灰黑色板岩与小河口组灰白色石英砂岩呈整合关系，底部角砾岩平行不整合于绿汁江组白云岩之上。

【层型】　选层型是东川矿区小黑箐—普渡河剖面（102°52′，26°16′），由西南地质勘探公司314队陈天佑等（1985）测制。编著者略加简化。

上覆地层：小河口组　灰白色厚层石英砂岩

———— 整　合 ————

大营盘组　总厚度2 781.5 m

29—26. 灰黑色粉砂质绢云板岩夹具斜层理的石英砂岩和泥灰岩　42.8 m

25. 深灰、灰黑色薄层绢云板岩。具水平微层理　119.0 m

24. 黑色千枚状碳质绢云板岩。具条带状构造和水平层理，沿层含黄铁矿细点　180.0 m

---

① 地质部西南地质科学研究所，1965，云南东川前震旦系层序及几个地质问题（内刊）。

② 王可南等，1963，云南东川前震旦纪地层及构造。中国地质学会云南省分会著，首届学术年会论文选集（区域地质、地层古生物）（内刊）。
~~~~~~~~~~

23—22. 灰、深灰色条带状绢云板岩，其中浅色条带宽仅 0.5 cm。具水平层理、粒级韵律及冲刷构造 211.0 m

21. 灰黑色薄—中层绢云板岩 83.0 m

20. 灰黑、灰色薄层千枚状绢云板岩，中夹单层厚 2～5 cm 褐铁矿薄层及结核。具水平微层理 340.0 m

19. 灰黑色绢云粉砂条带状板岩，中夹具粒级韵律构造的粉砂岩透镜体 204.2 m

18. 黑色碳泥质绢云板岩，夹灰色粉砂质板岩微层，黄铁矿星点沿层分布。具同生流动构造 337.0 m

17. 灰黑色中薄层绢云板岩，夹 0.2～2 mm 的黄铁矿微层 105.0 m

16. 灰黑色薄层含碳质绢云板岩，夹 1～2 mm 厚的黄铁矿微层 648.0 m

15—9. 黑色碳质绢云板岩夹灰色板岩、红灰色铁质绢云板岩及少量粉砂质板岩，含黄铁矿星点。具斜层理、浪痕及冲刷槽模 131.0 m

8. 黑色薄层碳硅质板岩，单层厚 2～3 cm，夹 1～2 mm 厚黄铁矿薄层 26.0 m

7—6. 灰黑、黑色薄层硅质绢云板岩，上部含碳质，含黄铁矿细点。具水平层理 142.0 m

5. 灰黑色薄层碳泥质绢云板岩，含极细的黄铁矿星点。具水平层理 69.0 m

4. 灰、深灰色泥质岩屑粉砂岩，夹泥质岩屑石英砂岩。具水下滑动构造 56.5 m

3. 黑色碳泥质板岩，沿层有星点状、扁豆状、脉状黄铁矿，其中含银、钴、镍、金等元素 46.0 m

2. 紫红色铁质板岩、铁质角砾岩，夹赤铁矿透镜体。有水下滑动构造 41.0 m

——————— 平行不整合 ———————

下伏地层：绿汁江组　灰色泥质白云岩

【地质特征】　该组以浅变质灰黑色绢云板岩及碳质绢云板岩为主，夹少量硅质板岩及砂岩，局部砂岩含凝灰质。厚 2 781.5 m。仅分布在东川矿区西部及北部，北延入四川。经钻探，在小黑箐底部的铁质板岩及砾岩向深部有变薄尖灭现象。

【其他】　大营盘组底部铁质板岩中，夹赤铁矿透镜体，局部形成小型矿床。

小河口组　Pt_2x　(53－1403)

【创名及原始定义】　王可南等（1963）创名于东川矿区西北部普渡河汇入金沙江处小河口。原始定义：灰白、浅灰色厚层中粒石英砂岩，顶未完全出露，厚度大于 500 m，底与茂鹿组板岩整合关系。

【沿革】　建组后，被在东川的地质勘探队、云南昆阳群专题研究组（1972）、云南区域地层表编写组（1978）等相继采用。四川地质局一区测队（1970）称力马河组。李希绩等（1984）、吴懋德等（1990）和云南地矿局（1990）则将其与滇中黑山头组对比，未用此名。

【现在定义】　为灰、灰白色石英砂岩及石英岩，夹深灰色板岩，下部还夹深灰色砂质灰岩和红色铁质板岩，顶部为红色铁质砂岩及铁质板岩。顶 3.6 m 铁质角砾岩被麻地组底部灰绿色细碧岩平行不整合覆盖，底以灰白色厚层状石英砂岩整合于大营盘组灰黑色绢云板岩之上。

【层型】　选层型是东川矿区小黑箐—普渡河剖面（102°52′，26°16′），由西南地质勘探公司 314 队陈天佑等（1985）实测。编著者略加简化。

上覆地层：麻地组　灰绿色细碧岩

——————— 平行不整合 ———————

小河口组　　总厚度 765.8 m

49—48. 红色薄—中层状铁质砂岩夹红、灰绿色铁质绢云板岩，具 V 形冲刷槽沟，顶 3.6 m 为铁质角砾岩	55.6 m
47. 灰色薄—中层状石英砂岩夹红色铁质粉砂岩，具波状层理	46.0 m
46. 灰色中层状石英砂岩夹薄层绢云板岩	47.5 m
45. 灰白色块状石英岩	57.0 m
44. 深灰色薄层状石英砂岩夹黑色千枚状绢云板岩，砂岩具斜层理及大型波痕构造	112.5 m
43. 灰白色薄层石英砂岩夹板岩，含黄铁矿细点，具水平层理	115.0 m
42—40. 深灰色中、薄层石英砂岩，下部夹板岩	45.2 m
39. 灰、灰白色块状石英岩	21.0 m
38—37. 灰、灰白色中层—块状石英砂岩	36.0 m
36. 灰、灰白色泥质石英砂岩夹薄层板岩	15.5 m
35. 灰色厚层粉砂质石灰岩。具斜层理及波痕构造	18.0 m
34—33. 灰、红、深灰色绢云板岩，夹泥砂质赤铁矿、褐铁矿	17.5 m
32. 深灰色中层状含砂质灰岩，夹红色泥灰质薄层板岩、铁质板岩	33.5 m
31. 深灰、灰红色含铁砂质板岩，具条带状构造	50.5 m
30. 灰白色厚层状石英砂岩夹深灰色粉砂质板岩，具斜层理、波状层理	95.0 m

——————— 整　合 ———————

下伏地层：大营盘组　灰黑色粉砂质绢云板岩

【地质特征及区域变化】　该组主要为灰白、浅灰色变质石英砂岩、石英岩，与其上、下岩层易于划分。其分布仅限于东川矿区西北部普渡河畔，北延至金沙江北岸转向东延至东川龙头山。正层型处厚 765.8 m；其南大朵沟出露不全，厚仅 50 m；龙头山厚 1 200～1 800 m。

麻地组　Pt$_2$*md*　(53－1402)

【创名及原始定义】　黎功举等（1964）创名，张伟察等[①]（1972）正式引用。创名地是东川矿区西部普渡河东坡麻地村。原指灯影组底不整合面之下、小河口组上部火山岩砂岩板岩段之上的一套厚 1 000～1 400 m 的石灰岩层。

【沿革】　黎功举等（1964）将麻地村附近的碳酸盐岩层命名为麻地石灰岩段，归属小河口组。张伟察等（1972）改称麻地组。陈天佑等（1985）将小河口组上部的火山岩砂岩板岩段划归麻地组。

【现在定义】　上部为灰白、肉红色白云岩及深灰色灰岩夹砂质灰岩；下部为灰、灰白色石灰岩夹砂质灰岩、泥灰岩和少量钙质石英砂岩；近底部为灰白色砾状硅质灰岩夹灰绿色凝灰质千枚状板岩；底为 40 m 厚的灰绿色具枕状构造的细碧岩。顶部地层出露于向斜核部但不全，底部火山岩平行不整合覆于小河口组红色铁质角砾岩、铁质砂岩和板岩之上。

【层型】　选层型是东川矿区小黑箐—普渡河剖面（102°52′，26°16′），由西南地质勘探公司 314 队陈天佑等（1985）实测。编著者略加简化。

麻地组　　总厚度＞465.9 m

67. 灰白、肉红色白云岩，含圆柱状、圆锥状叠层石 *Colonnella* f.，*Conophyton* f.	＞180.0 m
66. 深灰色薄—中层石灰岩，夹砂质灰岩细层。具斜层理	77.5 m

① 张伟察等，1972，东川矿区 1：5 万地质填图工作报告（内刊）。

65. 灰白色薄层大理岩化灰岩，夹砂岩薄层。具斜层理及透镜状层理 7.5 m

64—61. 灰白色薄层含粉砂质灰岩，夹少量钙质石英岩。具斜层理及波痕构造 11.7 m

60. 灰色中层石灰岩，夹薄层砂质灰岩。具斜层理及鸟眼、蠕虫状等原生构造 33.5 m

59—56. 灰白色绢云粉砂质灰岩夹少量钙质石英岩。具斜层理及波痕、竹叶状原生构造 24.7 m

55—54. 灰色薄—中层灰岩夹灰绿色泥灰岩。具微细水平层理 15.5 m

53. 灰白、深灰色条带状灰岩。条带由深浅色调物质相间组成 22.0 m

52. 灰绿色薄层石英钠长绿泥千枚岩（变质基性火山岩或变质凝灰岩） 19.5 m

51. 灰白色砾状硅质灰岩夹灰绿色凝灰质千枚岩 34.0 m

50. 灰绿色细碧岩。具杏仁状构造 40.0 m

——————— 平行不整合 ———————

下伏地层：小河口组　红色铁质砂岩夹铁质绢云板岩，顶为铁质角砾岩

【地质特征及区域变化】 该组特征是以浅色白云岩及灰岩为主，底部有火山岩，平行不整合于以石英砂岩为主的小河口组之上。白云岩中产叠层石 *Conophyton* f.，*Colonnella* cf. *discreta*，*Schancharia tenuiseptata* 等，含微古植物化石 *Trematosphaeridium holtedahlii*，*Laminarites* sp.，*Polyporata* sp.。

该组分布仅限于东川矿区西部普渡河两岸，北延入四川。在大朵沟该组底细碧岩有枕状构造。

【其他】 底部火山岩为细碧岩且具枕状构造，应属海相喷发岩。白云岩中产叠层石，显示其为浅海—潮坪环境沉积物。

第二节　生物地层和年代地层

一、生物地层

昆阳群中含有丰富的微古植物及叠层石。其中微古植物经王福星等（1988）较系统地研究，将其自下而上划分为3个组合。

组合Ⅰ：为黄草岭组至大龙口组微古植物组合。主要分子有 *Leiominuscula* aff. *minuta*，*Oshania horridum* 等，有个别的大褶藻属 *Macroptycha* 和船形藻属 *Scaphita* 与简单鞘形体 *Culeusmorpha simplex*。该组合主要为球形藻群的分子，以纹饰简单为特征，开始出现个别的船形藻群分子。非丝状分子个体直径在30～40 μm。

组合Ⅱ：为美党组至绿汁江组微古植物组合。主要分子有球形藻群的 *Trachysphaeridium macroptychium*，*Asperatopsophosphaera bavlensis*，*Pseudozonosphaera asperella* 等，还有 *Matulamorpha sexangula*，*Sicyomorpha scitula* 等。该组合中球形藻群仍占一定份量，但同时出现了较多的船形、多角形藻群及未定群级分类位置的其他特异分子，并有震旦纪地层中常见的 *Lophosphaeridium* 的分子出现。这些分子以具有许多脊条纹饰、类似分隔膜壳的突出脊条为特点。非丝状膜壳平均直径在40～60 μm。

组合Ⅲ：为大营盘组及柳坝塘组微古植物组合。主要分子有 *Trachysphaeridium giganteum*，*Pseudozonosphaera asperella*，*Scaphita* 等，并较多地出现了震旦纪地层中常见的 *Macroptycha*，*Lophosphaeridium* 等分子。该组合以纹饰及瘤面和大褶发育为突出特点，非丝状膜壳平均直径为43 μm左右。

据大量剖面资料统计表明，昆阳群之微古植物在形态、纹饰、个体大小等方面的变化都有一定规律可循。纵向总趋势是由下至上属种类型由少增多，个体由小变大，纹饰由简单到复杂。特别是在上部开始出现一些震旦纪的分子，反映了微古植物由较原始状态逐渐向前进化的趋势。

二、年代地层

60年代以来特别是近15年，获得了一些有关昆阳群时代的同位素测年数据。比较可靠的数据有以下几个：

峨山县富良棚小假足ZK26号钻孔，由覃加铭采自富良棚组上部的玄武质凝灰岩和微纹状凝灰质灰岩岩芯样品，经地质部成都地质矿产研究所1977年测试，测得Rb－Sr全岩等时线年龄值为1 605±27 Ma。

东川月亮田，从鹅头厂组采方铅矿脉样品，经李璞用铅法测定年龄值为1 163 Ma。东川汤丹猫狸沟，采侵入鹅头厂组的辉长岩样品，经成都地质学院用K－Ar法测定年龄值为1 020 Ma。以上两个数据记载于曹仁关（1987）文章。

易门县三家厂7318坑道内，由路玄华采绿汁江组下部白云岩、碳质板岩及凝灰质泥灰岩等样品，经地质部成都地质矿产研究所1977年测试，测得Rb－Sr全岩等时线年龄值1 129±63 Ma。

晋宁县柳坝塘至唐家冲之间，云南地质科学研究所采柳坝塘组下部黑色碳质板岩样品，经该所1980年测试，测得Rb－Sr全岩等时线年龄值1 002±22 Ma。

安宁县军哨矿区，薛道政采柳坝塘组下部黑色碳质板岩样品，经云南地质科学研究所1982年测试，测得Rb－Sr全岩等时线年龄值992.2±10.1 Ma。

东川百合厂，采大营盘组沿层方铅矿样品，经云南地质科学研究所测试，获铅同位素年龄值1 263 Ma及1 333 Ma（陈天佑等，1985）。

以上同位素测年数据，说明昆阳群下部沉积或成岩年龄应大于1 605 Ma。滇中地区较昆阳群更老，所受区域变质较深的有大红山群和苴林群。大红山群有全岩Rb－Sr等时线年龄值1 706 Ma，似为其晚期混合岩化作用时限。苴林群有锆石U－Pb同位素年龄值1 725 Ma。这些资料显示，昆阳群底界年龄约为1 700 Ma。

昆阳群上部岩层有全岩Rb－Sr等时线年龄值1 129 Ma、1 002 Ma及992 Ma的数据；在武定不整合覆于其上的澄江组底部岩层的全岩Rb－Sr等时线年龄值为885 Ma。这些说明昆阳群顶界年限应为1 000 Ma左右。

分析以上同位素测年资料，可知云南昆阳群的时代当属中元古代。

第三节　划分对比及问题讨论

一、昆阳群的层序

20世纪50年代以来，对昆阳群内岩层叠置关系就有了两种不同的认识：一种意见即本书的划分方案；另一种意见则认为因民组为昆阳群最下层位，黄草岭组至美党组是上部岩层，即所称的倒置划分方案。两种不同认识的焦点是因民组底界与美党组是沉积接触关系，还是大的推覆构造所致的断层接触关系。

70年代初，云南二区测队七分队即在易门县铜厂附近发现了因民组平行不整合于美党组之上。但由于因民组底部是以角砾岩与美党组接触，这就降低了二者沉积接触关系的置信度。

近10年来，野外地质观察中获得了一些因民组与美党组接触关系的新资料。西南地质勘探公司314队在东川播卡汤家箐沟、茶花阱沟两处发现了因民组底部砾岩不整合于美党组黑色千枚状硅质绢云板岩之上；在东川中桔坡、洪门楼两处见因民组底部砾岩平行不整合于美党组板岩之上（陈天佑等，1985）。云南地矿局第一地质大队区调分队（1992）在武定县西部因民组与美党组长达20 km的界线上，于洒木古、核桃阱、平地场等三处发现因民组底部砾岩、砂砾岩平行不整合于美党组板岩之上。

基于这些资料可以认为，因民组底部砾岩确系平行不整合（局部不整合）于美党组深灰至灰黑色板岩、碳质板岩之上，二者之间是一个大范围存在的沉积间断。

上节中列述的王福星（1988）对云南昆阳群所含微古植物的研究，初步揭示出的由黄草岭组—美党组—因民组—绿汁江组—大营盘组、柳坝塘组，微古植物存在属种由少变多、纹饰由简单变为复杂、个体由小变大的规律，从生物进化角度也说明本书所确认的昆阳群层序是基本正确的。

上节中列举的同位素年龄测定资料，富良棚组为1 605±27 Ma，绿汁江组为1 129±63 Ma，鹅头厂组方铅矿脉为1 163 Ma。这同样显示出富良棚组及以下的黑山头组、黄草岭组，和其上的大龙口组、美党组年龄，要老于绿汁江组、鹅头厂组、落雪组和因民组。

二、柳坝塘组及大营盘组的时代

对柳坝塘组、大营盘组时代的看法，除本书所述之外，还存在不同的意见。一种意见（邢裕盛等，1989；吴懋德等，1990）认为柳坝塘组属青白口纪，大营盘组至麻地组仍属蓟县纪。另一种意见（云南地矿局，1990）认为大营盘组与柳坝塘组为同一岩石地层单位，统称大营盘组，其时代属青白口纪，顶界时限为900 Ma左右。这些意见的主要依据是：柳坝塘组底及大营盘组底分别有明显的沉积间断，与下伏地层呈平行不整合或局部为不整合接触；部分同位素测年数据；柳坝塘组的微体化石组合特征。这些意见虽各有所依据，但依据都不十分充分。所以，问题的解决尚有待进一步的研究。

三、小河口组及麻地组的层位归属

对东川地区的小河口组及麻地组的层位归属，还存在不同看法。云南地矿局（1990）认为小河口组、麻地组分别是黑山头组、大龙口组的构造重复，与大营盘组为断层接触。吴懋德等（1990）也认为小河口组、麻地组是黑山头组、大龙口组的构造重复，但认为二者与大营盘组是沉积接触，并据此引伸认为地层层序由下而上为大营盘组—黑山头组—大龙口组。要使认识逐渐趋于一致，只能通过今后对昆阳群层序学方面更深入的研究。

第三章
震旦纪—志留纪

云南震旦纪—志留纪地层分布广泛（图 3-1）。其沉积类型、生物、含矿性很有特征。晚震旦世晚期至早寒武世早期的中谊村段，是我国南方的重要磷矿层位。一些地层的研究程度比较高，如对扬子地台震旦系—寒武系界线层型及下寒武统的研究，对保山一带奥陶系、志留系的研究，对曲靖、昭通地区志留系的研究，在国内均有一定的影响。本次对比研究，依据岩石地层单位的时、空分布特征，共保留了采用岩石地层单位 88 个，其中群级单位 5 个（未含上跨至泥盆系的墨江群），组级单位 82 个，段级单位 1 个。

第一节　岩石地层单位

澜沧群　Pt_3L　（53-1381）

【创名及原始定义】　云南区测队（1965）创名于澜沧县。原始定义：主要岩石为绢云石英片岩、白云石英片岩、绢云微晶片岩、千枚岩及板岩等，局部尚夹有铁、磷以及硅质岩等。原岩为含长石英砂岩、长石石英砂岩、泥质砂岩、粉砂岩、页岩、碳质页岩等，具复理石特征。总体上仅相当于浅—中等变质程度。

【沿革】　创名之前，曾繁礽①（1940）、王超翔等②（1942）均将其划为元古代；云南地质局第 16 地质队③（1963）划为早古生代。云南区测队创名时划为寒武纪。云南区调队五分队（1979）、二分队（1979）将该群进一步划分并命名了 8 个组，自下而上为：阿克组、南勒组、巴夜组、南木岭组、勐井山组、曼来组、惠民组、南坑河组。五分队将该群划为元古代，二分队则划为晚元古代。云南省地质科学研究所④（1984）认为上列 8 个组中下部的 3 个组，可能为上部层位的构造重复，建议只保留和使用上部 5 个组，并认为该群是一个在地质历史上延续相当长的地质体，它的最主要发育时期是在晚元古代（10—6 亿年），有可能延至早寒

① 曾繁礽，1940，云南思茅沿线地质图说明书，前经济部地质调查所（内刊）。

② 王超翔等，1942，滇缅铁路沿线云县勐勇间地质矿产报告，前资源委员会西南矿产勘测处，临时报告 24 号（内刊）。

③ 云南地质局第 16 地质队，1963，云南省勐海县综合普查报告（内刊）。

④ 云南省地质科学研究所，1984，滇西南澜沧群南段地质特征的初步研究（内刊）。

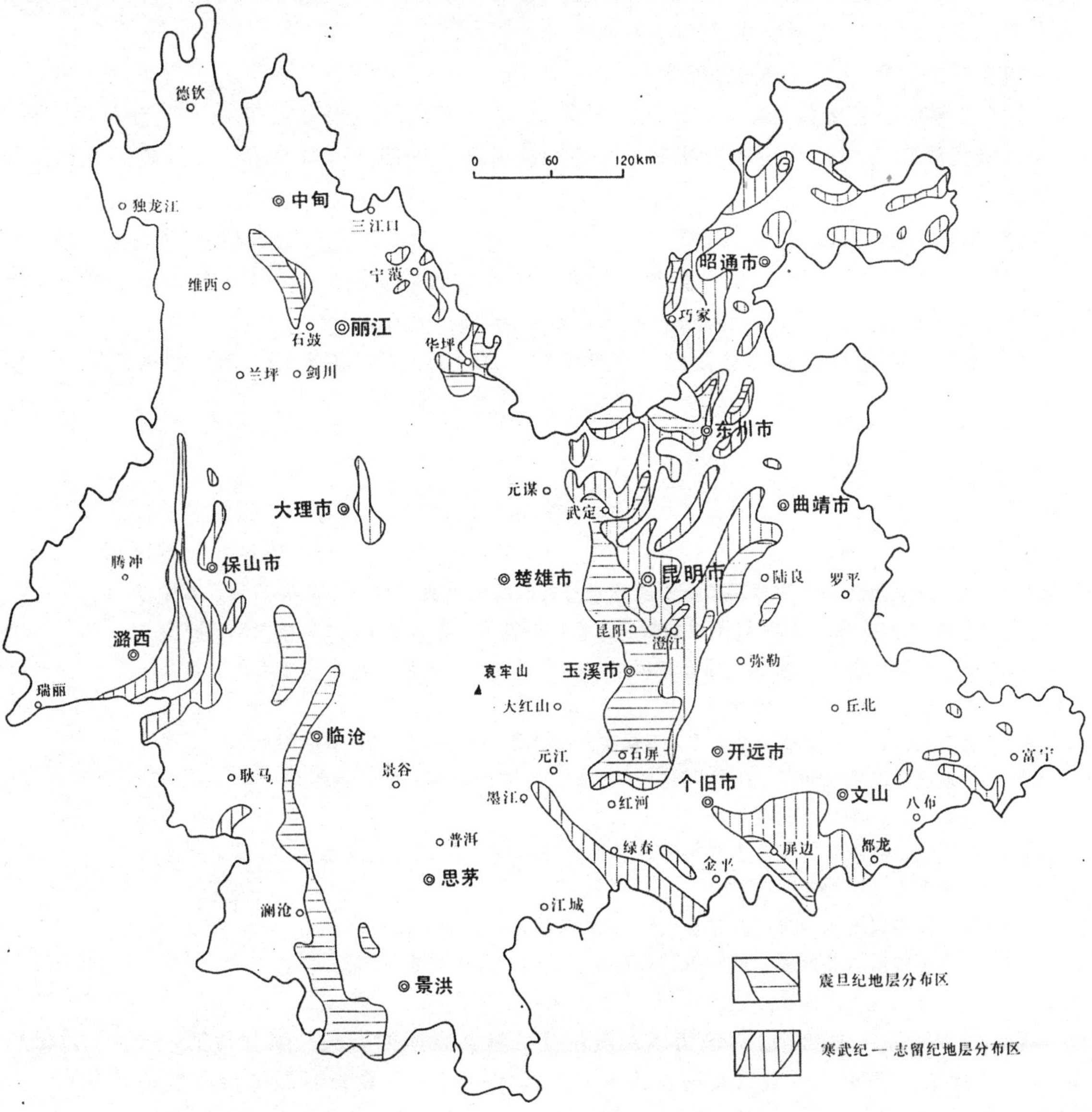

图 3-1　云南省震旦纪—志留纪地层露头分布图

武世。云南地矿局（1990）将该群自下而上划分成 3 个组：南木岭组、惠民组（含下段及上段）、西定组，置于中元古代晚期。此次对比研究，组级单位使用云南区调队五、二分队所创的名称，划分采用云南省地质科学研究所意见，只保留上部 5 个岩石地层单位，时代则以晚元古代为主。

【现在定义】　为一套具复理石特征的板岩、变质砂岩、微晶片岩、片岩、变基性火山岩夹沉积变质铁矿多层以及少量变粒岩所组成的浅变质岩系。未见底，顶被中生代红层不整合覆盖。自下而上划分为 5 个组：南木岭组、勐井山组、曼来组、惠民组、南坑河组。

【地质特征及区域变化】　该群为普遍遭受浅变质作用的细碎屑岩，并夹铁矿层及基性火山岩。分布在北起云县西南方，向南经双江、澜沧至勐海以西，并南延出国境，境内长 330 km，宽 25～50 km，出露面积约 4 400 km² 的范围。由于后期岩浆岩的侵入，澜沧群多处受到热动力变质作用，使岩石变质程度在各地有所差异。

南木岭组　Pt_3n　(53-1386)

【创名及原始定义】　云南区调队五分队（1979）创名于勐海县西南 26 km 南木岭。原始定义：碳泥质岩石和石英粉砂岩互层，下部夹硅质岩，中部夹中基性火山岩，岩石均已受浅变质。

【沿革】　创名后沿用至今。

【现在定义】　灰黑色碳质石英片岩和夹石英片岩的碳质层。与上覆勐井山组下部白色石英片岩极易区分，二者为整合接触；底因断层破坏而不完整。

【层型】　正层型是勐海县西定—南勒剖面（100°09′，21°56′30″），由云南区调队五分队（1979）测制。

上覆地层：勐井山组　含碳质石英岩

——————— 整　合 ———————

南木岭组　　总厚度 1 149 m

6. 深灰—灰黑色薄—中厚层碳质石英片岩与含碳绢云石英片岩，夹薄层绢云石英片岩及绢云片岩。顶部见一层条纹条带状磁铁矿透镜体，厚 1.2 m 左右，由磁铁矿和阳起石、黑硬绿泥石及少量石榴石相间组成条带状构造。近矿围岩为黑硬绿泥阳起石片岩。底有一断距很小的断层　523 m

5. 顶部灰白色绢云石英片岩；中、下部碳质石英片岩夹绢云片岩。剖面附近见一层透镜状黑硬绿泥石磁铁矿，多已风化为褐铁矿，矿体围岩为灰绿色阳起石片岩。块状构造　167 m

4. 浅灰、灰白色绢云石英片岩　135 m

3. 灰黑色含碳绢云石英片岩与绢云石英片岩、高岭石化绢云石英片岩互层。底部层间石英脉发育　53 m

2. 灰白色绢云石英片岩（有时含长石），夹灰黑色碳质绢云石英片岩　127 m

1. 灰黑色碳质石英片岩、碳质绢云石英片岩。底部见碎裂岩（未见底）　144 m

【地质特征及区域变化】　该组以灰黑色及普遍含碳质的石英片岩为特征，夹有少量磁铁矿层。其分布范围小，仅限于勐海县南木岭至勐板一带，在勐板岩层中碳质含量减少，岩石呈深灰色。

勐井山组　Pt_3m　(53-1385)

【创名及原始定义】　云南区调队五分队（1979）创名于勐海县西南 28 km 勐井山。原始定义：上部以泥质岩为主；下部以石英粉砂岩为主，间夹少许中基性火山岩，岩石均已受浅变质。

【沿革】　云南省地质科学研究所（1984）将建组时的勐井山组与曼来组的界线下移，原勐井山组上部的一部分上划为曼来组。本书同意此种划分。

【现在定义】　上部为绢云石英片岩、绢云片岩，顶部夹一层透镜状变基性熔岩和磁铁矿；下部为绢云石英片岩或片状石英岩。底、顶分别与南木岭组、曼来组呈整合接触。

【层型】　正层型是勐海县西定—南勒剖面（100°09′，21°56′30″），由云南区调队五分队（1979）测制。

上覆地层：曼来组　绢英片岩

——————整　合——————

勐井山组　　总厚度 787 m

13. 灰色绢云石英片岩，夹浅灰绿色绿帘阳起钠长绿泥片岩透镜体。尚见有条纹条带状黑硬绿泥石磁铁矿转块，推测存在透镜状铁矿　　92 m

12. 深灰色风化呈紫红、浅褐黄色绢云石英片岩夹绢云片岩，片理发育。石英呈细条纹状产出，条纹宽 0.5～1 mm，少数宽 2 mm　　145 m

11. 灰、灰绿色风化后呈紫红色含绿泥钠长（更长）绢云石英片岩、含绿泥绢云石英片岩，底部夹绿泥绢云片岩　　218 m

10. 浅灰、灰白色绢云石英片岩，下部高岭石化绢云石英片岩夹绢云片岩　　115 m

9. 灰白色绢云石英片岩与白色中—厚层片理化石英岩互层　　45 m

8. 白色高岭石化绢云石英片岩（或称片理化石英岩），夹灰白色绢云石英片岩　　123 m

7. 灰白色片理化含碳石英岩、含碳绢云石英片岩，片理不发育　　49 m

——————整　合——————

下伏地层：南木岭组　碳质石英片岩

【地质特征及区域变化】　该组出露范围局限，除正层型附近外，还在布朗山阿克（丫口）有所出露，在惠民的付腊温泉等处仅见顶部。各处岩层面貌基本一致，变化不大。

曼来组　Pt$_3$*ml*　（53－1384）

【创名及原始定义】　云南区调队五分队（1979）创名于勐海县西偏南 30 km 曼来村。原始定义：为一套以泥质岩为主，间夹石英粉砂岩细纹层及部分中基性凝灰岩，岩石均已受浅变质。

【沿革】　云南省地质科学研究所（1984）将建组时勐井山组上部的一部分划入曼来组，本书同意此种划分。

【现在定义】　变质泥质粉砂岩和变质泥质岩互层，夹少量薄层基性凝灰岩透镜体及条纹条带状磁铁矿。风化露头变为灰、红、褐、紫等杂色。底、顶分别与勐井山组、惠民组呈整合接触。

【层型】　正层型是勐海县西定—曼来—曼来傣剖面（100°09′，51°56′），由云南省地质科学研究所（1984）修测。次层型是勐海县西定—南勒剖面（100°09′，51°56′30″），由云南区调队五分队（1979）测制。

上覆地层：惠民组　绢云石英片岩

══════断　层══════

曼来组　　总厚度 1 849 m

15. 灰色风化后呈紫红、褐红、褐黄等不同色调的绢云石英片岩与绢云片岩互层，每一互层厚多为 20～30 cm。顶部见一薄层褐铁矿体　　134 m

14. 上部浅灰风化呈浅紫红色绢云片岩夹绢云石英片岩；中、下部为灰白色具平行细层纹构造的绢云石英片岩　　134 m

13. 灰色风化呈浅紫红、黄褐色白云片岩　　16 m

12. 上部灰色风化呈杂色的帘石白云片岩夹细条纹状含绿泥绢云片岩；下部浅灰色绢云片岩及绢云白云石英片岩互层　　158 m

11. 风化呈浅紫红、褐红色绢云片岩、绢云白云片岩，下部夹少量绢云石英片岩，部分

硅化和高岭土化 180 m

10. 风化呈浅灰紫、褐红色绿泥绢云片岩、绿泥绢云石英片岩 116 m

9. 灰、浅灰色风化呈紫红、浅黄色绢云片岩与绢云石英片岩互层，下部夹绢云绿泥片岩 142 m

8. 上部风化呈玫瑰色含铁锰质绢云绿泥片岩；下部浅灰、灰色绢云石英片岩 69 m

7. 上部绿灰色风化呈褐红、黄褐色含铁锰质绿泥绢云片岩、绢云石英片岩；下部浅灰色风化呈淡黄色绢云石英片岩 41 m

6. 风化呈褐红、褐黄色含铁绢云片岩。中部见一层厚 1.1 m 的内为砂质集合体的皮壳状褐铁矿 8 m

5. 灰绿色含铁绿泥绢云片岩，夹赤铁石英岩透镜体 36 m

4. 上部灰白、灰绿色风化呈褐红色含铁绢云片岩、绿泥绢云片岩；中部是一层厚 45 m 灰绿色钠长绿泥片岩，片理不发育；下部绢云绿泥片岩 165 m

3. 灰、黄灰色绿泥绢云片岩夹绢云石英片岩 240 m

2. 上部为铁矿层，厚 2.8 m，由含少量黑硬绿泥石的条纹条带状磁铁矿、磁铁石英岩、石英赤铁矿组成；下部为绿泥绢云片岩，底为硬绿泥石绢云片岩 10 m

1. 灰、深灰色风化呈紫红色绢云片岩夹绿泥绢云片岩和石英绢云片岩，偶见立方体状孔洞（未见底）。 400 m

【地质特征及区域变化】 曼来组显示出由两个从粗到细的次级沉积旋回组成，下旋回较粗，上旋回较细，以发育水平层纹和波状水平层纹为特征，构成相似于眼球状及风化后之杂色条带。说明为陆源遭受剧烈冲刷并快速搬运至动荡的海槽中迅速堆积的产物。

在勐海西定至南勒剖面，该组岩性与正层型相差甚小，顶被惠民组整合覆盖，底与勐井山组也是整合关系，该组总厚 1 065.7 m，底部 79 m 为铁帽。

惠民组 Pt_3h (53-1383)

【创名及原始定义】 云南区调队二分队（1979）创名于澜沧县东南 40 km 之惠民。原始定义：由变基性熔岩、变基性凝灰岩、绿泥片岩、云英片岩、铁矿层及大理岩组成，一般变质较浅。

【沿革】 云南省地质科学研究所（1984）沿用创名者划分方案。云南地矿局（1990）在该组之上建立了西定组。本书认为西定组可能是惠民组的一部分。云南地质局 805 地质队（1979）① 在惠民附近曾把该组上部单独划出，称回龙组，且将底部与曼来组合并，而统称勐满组，这种划分在区域延展上难以掌握。本书仍采用创名者的划分意见。

【现在定义】 由绢云石英片岩、绿泥石英片岩、绢云绿泥片岩、绿帘钠长绿泥片岩及钠长绿帘阳起片岩等岩石组合而成，常夹碳质石英片岩、硅质岩、铁质岩及大理岩透镜体。是澜沧群中最重要的含铁矿层位。底、顶分别与曼来组、南坑河组呈整合接触。

【层型】 正层型是澜沧县惠民矿区剖面（100°04′40″，22°16′30″），副层型是澜沧县南览河—老酒房剖面（100°02′30″，22°11′50″），两剖面均由云南区调队二分队（1979）测制。

澜沧县惠民矿区剖面

上覆地层：南坑河组 绢云石英片岩

——— 整 合 ———

① 云南省地质局 805 地质队，1979，澜沧县惠民铁矿区地质工作总结（内刊）。

惠民组上部　　厚度>1 683.5 m

32. 浅黄白色石英片岩夹少量白云母片岩、绿泥白云母片岩　　134.3 m
31. 绿泥片岩、云母绿泥石英片岩，底部夹条纹条带状菱铁矿　　128.8 m
30. 石英片岩、白云石英片岩，含碳质　　45.0 m
29. 钠长绿泥片岩、白云绿泥片岩、白云石英片岩，夹条纹条带状磁铁矿、菱铁矿多层　　54.5 m
28. 钠长绿泥片岩、绿帘钠长二云片岩　　42.4 m
27. 条纹条带状菱铁矿、磁铁矿与绿泥片岩互层，夹少量石英云母片岩　　38.5 m
26. 钠长阳起绿帘片岩及绿泥片岩　　46.5 m
25. 条纹条带状菱铁矿、磁铁矿　　19.9 m
24. 钠长绿帘绿泥片岩、石英绿泥片岩夹石英片岩及云母片岩　　42.8 m
23. 硅质岩夹菱铁矿、绿泥片岩、石英片岩及云英片岩　　38.5 m
22. 二云绿泥片岩及白云绿泥片岩　　24.4 m
21. 条纹、条带状菱铁矿、磁铁矿，夹少量钠长绿帘绿泥片岩　　41.6 m
20. 石英绿泥片岩、白云绿泥片岩及硅质岩　　20.2 m
19. 条纹、条带状菱铁矿、磁铁矿与绿泥片岩互层　　171.6 m
18. 上部绢英千枚岩夹条带状菱铁矿；下部变基性凝灰岩夹绿泥千枚岩　　57.5 m
17. 变基性熔岩　　15.2 m
16. 绿泥千枚岩夹磁铁矿、菱铁矿及变基性凝灰岩　　32.6 m
15. 上部含碳质石英千枚岩；下部云母方解片岩夹白云片岩　　38.5 m
14. 变基性熔岩　　15.5 m
13. 变基性凝灰岩夹绿泥片岩、方解白云绿泥片岩　　41.6 m
12. 变基性熔岩　　62.7 m
11. 条纹条带状菱铁矿夹少量绿泥千枚岩及绢云千枚岩　　69.5 m
10. 上部含碳质绢云千枚岩；下部钠长绢云千枚岩　　26.1 m
9. 绢云千枚岩及条纹条带状菱铁矿　　22.2 m
8. 变基性熔岩　　>80.0 m
7. 蛇纹石化二辉橄榄岩　　110.0 m
6. 变基性凝灰岩、变钠长斑岩夹绢云绿泥千枚岩　　41.0 m
5. 变基性凝灰岩、变钠长斑岩夹绿泥磁铁矿　　40.6 m
4. 蛇纹石化二辉橄榄岩　　98.0 m
3. 上部含菱铁矿绿泥片岩；中部绢云绿泥片岩；下部含凝灰方解石英片岩　　16.7 m
2. 含碳质石英片岩及云母片岩　　50.0 m
1. 含凝灰方解石英绢云片岩，中部夹含碳质云英片岩，底部绿泥石英片岩　　16.8 m

———— 整　合 ————

下伏地层：惠民组下部　绢云片岩

澜沧县南览河—老酒房剖面

惠民组下部　　厚度 1 019 m

10. 白云绢云绿泥石英片岩、绿泥绢英片岩夹少量灰色含石英大理岩　　100 m
9. 灰绿色斜长黑云微晶片岩、白云绢云石英片岩夹条带状含长绢英片岩及硅质岩　　41 m
8. 浅灰色方解绢云片岩、绢云片岩夹条带状长石绢英片岩　　46 m
7. 灰色白云绢云片岩夹长石绢英片岩及少量含石英大理岩　　73 m
6. 灰色绢云片岩及条带状白云绿泥绢英片岩　　155 m

——————— 断　层 ———————

5. 灰绿色绢英片岩与白云绿泥绢云片岩互层　72 m

4. 灰绿色条带状绢英片岩、绢云片岩，下部夹条带状铁矿薄层　147 m

——————— 断　层 ———————

3. 灰、深灰色条纹状中细晶大理岩　87 m

2. 灰色绢云片岩夹斜长绢英片岩，顶部夹少量碳质片岩薄层　231 m

1. 灰色斜长绢英片岩、绢英片岩　67 m

——————— 整　合 ———————

下伏地层：曼来组　片岩

【地质特征及区域变化】　该组主要由绢云绿泥片岩、绢云石英片岩、绿泥石英片岩、变基性熔岩及云母片岩组成，夹磁铁菱铁矿层、变基性凝灰岩、硅质岩及大理岩透镜体。顶与南坑河组、底与曼来组均为整合关系。

惠民组上部千枚岩及菱铁矿层中含微古植物化石 *Leiominuscula minuta*，*Lophominuscula inconferta*，*Margominuscula verrucosa*，*Zonosphaeridium verrucosum*，*Leiopsophosphaera minor*，*Bavlinella faveolatus*，*Microconcentrica* aff. *induplicata*，*Glococystoides yunnanensis*，*Asperatopsophosphaera partialis* 等。

该组主要分布在澜沧—勐海一带的惠民、西定等地。惠民、西定为该组分布中心地区，火山熔岩夹层多而厚，向四周则相变为火山沉积岩，乃至渐变为正常沉积岩。大理岩夹层厚度变化也很大，可由几十米减至数米。总厚度剖面测得 2 702.5 m。惠民地区由北而南厚度逐渐增大。

【其他】　惠民组上部赋存着与变基性岩、绿帘钠长绿泥片岩密切相关的变质火山沉积-改造型铁矿床。原生矿主要是菱铁矿，磁铁矿次之。已知的有惠民大型铁矿床及一些矿点。

南坑河组　Pt_3nk　(53－1382)

【创名及原始定义】　云南区调队二分队（1979）创名于澜沧县东南 34 km 之南坑河。原始定义：浅色不等粒石英微晶片岩、变质不等粒石英砂岩，夹少量绢云微晶片岩。下与惠民组整合接触，上往往被中侏罗统花开左组不整合覆盖。

【沿革】　建组创名后沿用至今。

【现在定义】　轻度变质的泥质粉砂岩、砂质粉砂岩夹薄层泥岩。岩石的两个特点是：不等粒结构和等厚薄层状构造，局部也有厚层至块状夹层。这种等厚薄层有些是原始沉积特征，也有是片理化造成的假象。底与惠民组关系认识不一致，暂定整合接触，顶常被中侏罗统不整合覆盖。

【层型】　正层型是澜沧县南坑河剖面，位于澜沧县东南 36.5 km 惠民公路沿南坑河段上（100°03′，22°17′），由云南区调队二分队（1979）测制。

上覆地层：花开左组　砂砾岩

~~~~~~~~ 不整合 ~~~~~~~~

南坑河组　总厚度 1 086.6 m

12. 浅灰色厚层块状变质细粒石英砂岩夹少量灰绿色绿泥绢云千枚岩　81.8 m

11. 浅灰色块状片理化变质石英粉砂岩，风化后显紫色，中部夹少量绢云千枚岩　80.4 m

10. 灰绿色绢云千枚岩　22.8 m
~~~~~~~~

9. 灰白色块状变质石英粉砂岩　28.0 m

8. 浅灰色片理化变质石英粉砂岩夹绢云千枚岩及白色厚层块状变质石英粉砂岩　161.1 m

7. 灰白色中厚层变质石英粉砂岩与灰色绢云千枚岩互层　39.8 m

6. 浅灰白色片理化变质石英砂岩，下部夹少量深灰色绢云片岩　36.7 m

5. 浅灰色厚层块状变质石英粉砂岩夹深灰色风化呈杂色的绢云片岩　175.8 m

4. 白色厚层变质石英粉砂岩与灰绿色绢云绿泥片岩互层，发育微型水平层纹　126.8 m

3. 深灰色绢云片岩，发育微型水平层理，风化后显土红、紫红色晕斑　22.8 m

2. 白色变质石英粉砂岩，发育微型水平层理，夹少量灰绿色绢云片岩　96.0 m

1. 深灰色绢云石英片岩　214.6 m

———— 整　合 ————

下伏地层：惠民组　绢云绿泥片岩

【地质特征及区域变化】　该组以浅灰、灰白色变质石英粉砂岩为主，夹绢云千枚岩或绢云片岩。具不等粒结构，即在粒径为 0.02～0.05 mm 的粉砂中散布着一些 0.2～0.5 mm 乃至 1～1.5 mm 的砂屑，且越近底部碎屑越粗、磨圆度越差。多数岩层发育着 3～5 mm、少数 8～10 mm 的薄层状构造。

该组出露较局限，集中分布在澜沧—勐海间和云县以西一带。区域上岩性稳定，变化很小。

【其他】　南坑河组与下伏惠民组的接触关系，过去有人根据两组岩性、岩相和变质程度有某些差异，曾一度怀疑二者为平行不整合或微角度不整合，并提出将南坑河组并入上覆地层。而云南省地质科学研究所（1984）认为，二者为整合渐变过渡。本书暂定为整合关系。需要指出的是，南坑河组在区域延展上有时发生与其他较新时代地层混淆，不好区分的现象；在澜沧县城周围公路上出露极似南坑河组的地层，但所获微古植物化石组合的时代很新，至晚古生代。可见南坑河组尚待深入研究。

勐统群　*ZM*　(53－1301)

【创名及原始定义】　云南区测队变质岩组①（1965）创名于昌宁县勐统街。原指昌宁县勐统街一带原岩以碎屑岩为主的浅变质岩系。

【沿革】　创名者（1965）对澜沧江变质岩进行专题调查研究，将勐统街一带的变质岩系与澜沧群、崇山群划分开，名之为勐统群。将勐统群置于崇山群之上、澜沧群之下，时代划属前寒武纪。云南区测队（1965）在 1∶100 万下关幅地质图说明书中，认为勐统群可能属奥陶纪至志留纪，图面处理为早古生代。云南区调队三分队（1980，1981）确立了勐统群地层层序，划分为四个组：立果组、储家山组、昌宁组、回头山组，储家山组又分为上段和下段，认为该群时代可能属寒武纪，也不排除部分属震旦纪的可能性。此次对比研究归入震旦纪。

【现在定义】　原岩以泥砂质细碎屑沉积岩为主的浅变质岩，有少量硅质岩和碳酸盐岩，总体构成一个由碎屑岩—碳酸盐岩的沉积旋回。岩层呈灰色。未见底，顶被中生代地层不整合覆盖。包含四个组，自下而上为：立果组、储家山组、昌宁组、回头山组。

【地质特征及区域变化】　该群普遍遭受轻度变质，变质程度由上而下有加深趋势，中上部砂泥质岩石变质为微晶片岩，下部则已变质为变粒岩及片岩。该群中部有厚 158～207 m 黑白条带相间的硅质岩层（储家山组上部），顶部有泥质条带灰岩（回头山组），岩性特征都很

① 云南地质局区测队变质岩组，1965，云南省澜沧江变质岩区（漕涧—临沧）专题报告（内刊）。

明显，是地层划分和区域对比的良好标志层。

勐统群分布在昌宁县至永德县的柯街断裂以东、昌宁断裂以西、南定河断裂以北地区，呈一南北长 125 km、东西宽 8～10 km 向东凸出弧形。岩性和厚度均较稳定，区域变化小。区内岩层受区域动力变质作用，小褶皱小断裂比较发育，但岩层的叠置关系基本清楚。

立果组　*Zl*　(53－1305)

【创名及原始定义】　云南区调队三分队（1980）创名于凤庆县习谦街西南 4 km 立果村。指整合伏于储家山组之下的一套条带状长英变粒岩夹云母片岩，未见底，厚度大于 254 m。

【沿革】　创名后沿用至今。创名时将该组连同勐统群内其他各组均暂置于寒武纪，此次对比研究归入震旦纪。

【现在定义】　灰色条纹状长英质变粒岩夹二云片岩，或夹黑云绢云微晶片岩，厚度大于 254 m，未见底，顶与储家山组二云片岩或黑云绢云微晶片岩呈整合接触。

【层型】　正层型为昌宁县施家山剖面，位于昌宁县城（老城）之南 6 km（99°37′，24°46′），由云南区调队三分队（1980）实测。

上覆地层：储家山组　灰色斜长二云片岩

——————　整　合　——————

立果组	总厚度＞254.5 m
7. 灰、灰白色具条纹状构造斜长变粒岩	36.7 m
6. 灰色含黑云白云母片岩夹灰色斜长二云片岩	15.3 m
5. 灰、灰白色含二云二长变粒岩，具条纹状构造	81.2 m
4. 灰色风化后呈浅黄色斜长含白云黑云英片岩夹灰色二云片岩	36.0 m
3. 灰、灰白色细粒黑云变粒岩，夹灰色云英片岩	20.3 m
2. 灰色二云英片岩夹二云片岩	44.5 m
1. 灰白色具条纹构造含二云母变粒岩（未见底）	＞20.5 m

【地质特征及区域变化】　该组以灰色变粒岩为主，夹二云片岩。是勐统群内变质程度最高的层位，零星分布在背斜核部，岩性稳定。

储家山组　*Zĉj*　(53－1304)

【创名及原始定义】　云南区调队三分队（1980）创名于昌宁县西北 4km 储家山（村）。原始定义：上段为灰白及黑白条带相间硅质岩夹片岩，下段为灰色黑云绢云微晶片岩及绢云石英微晶片岩，顶与昌宁组微晶片岩、底与立果组变粒岩均为整合关系。

【沿革】　创名后沿用至今。创名时将其时代暂置于寒武纪，此次对比研究归入震旦纪。

【现在定义】　该组中、下部为灰色绢云石英微晶片岩夹黑云绢云微晶片岩，上部为黑白条带相间硅质岩夹绢云微晶片岩或绢云石英微晶片岩。顶以硅质岩消失与昌宁组分界，底以条纹状长英质变粒岩之顶与立果组分界，与上覆、下伏岩层均为整合关系。

【层型】　正层型是昌宁县储家山剖面，位于昌宁县城（老城）之西北 4 km 储家山（99°35′，24°52′），由云南区调队三分队（1980）测制。

上覆地层：昌宁组　灰色斜长绢云片岩

——————　整　合　——————

储家山组　　总厚度 828.3 m

18. 灰色及黑白相间条带状硅质岩	32.1 m
17. 灰色绢英微晶片岩夹黑白相间条带状硅质岩	20.5 m
16. 上部为黑白相间条带状硅质岩夹灰色斜长绢英微晶片岩，下部为灰色斜长绢英微晶片岩	33.1 m
15. 上部为灰色、黑白相间条带状硅质岩，下部为浅灰色绢云微晶片岩	33.2 m
14. 灰色厚层黑白相间条带硅质岩夹少量绢云微晶片岩	39.4 m
13. 灰、浅灰色斜长绢云、黑云石英微晶片岩夹少量灰色绢云微晶片岩，下部含少量碳质	250.1 m
12. 灰、灰绿色绢英微晶片岩，下部夹少量灰色绢云微晶片岩	39.9 m
11. 浅灰、灰黄色绢云微晶片岩	118.0 m
10. 灰、灰黄色含黑云绢英微晶片岩	75.3 m
9. 上部灰白色白云绢英微晶片岩及灰、灰黄色绢英微晶片岩，下部灰色斜长绢英微晶片岩	83.8 m
8. 灰、灰黄色绢英微晶片岩夹少量灰色绢云微晶片岩	52.1 m
7. 灰、灰绿色含黑云绢云微晶片岩	50.8 m

——————— 整　合 ———————

下伏地层：立果组　灰、灰白色条纹状黑云斜长变粒岩

【地质特征及区域变化】　储家山组主要特征是上部为黑白相间条带状硅质岩，这是划分储家山组的重要依据。在昌宁县白沙坡剖面该组顶部硅质岩中含有微古植物化石，主要有 *Retinarites irregularis*，*Leiopsophosphaera effusus*，*Leiosphaeridia laccata*，*Protoleiosphaeridium densum*，*Kildinella hyperboreica*，*Trachysphaeridium rugosum*。这些多是国内外前寒武纪地层中常见的分子。

该组分布在昌宁县新街向南至永德县亚练、忙回一带，主要出露在勐统街以北。岩性稳定，区域上变化小。厚度由北向南呈增大趋势，昌宁储家山厚 828.3 m，至凤庆县忙岗厚为 901.2 m。

昌宁组　Zĉ　(53－1303)

【创名及原始定义】　云南区调队三分队（1980）创名于昌宁县城。原始定义：灰白色绢云石英微晶片岩，局部有含长绢云微晶片岩及砂质板岩，厚 917～1 247 m，与上覆、下伏岩层为整合关系。

【沿革】　创名后沿用至今。创名时将其时代暂置于寒武纪，此次对比研究归入震旦纪。

【现在定义】　灰白色至灰色绢云石英微晶片岩为主，夹有含长绢云微晶片岩，局部夹有砂质板岩。顶界为灰色泥质条带灰岩之底，底界为大量黑白条带相间硅质岩层之顶，上与回头山组、下与储家山组均为整合关系。

【层型】　正层型为昌宁县白沙坡剖面，位于昌宁县城（老城）之西 3 km（99°35′，24°50′），由云南区调队三分队（1980）测制。

上覆地层：回头山组　灰、浅灰色泥质条带灰岩

——————— 整　合 ———————

昌宁组	总厚度 1 248.0 m
19. 灰、浅灰色绢云微晶片岩，夹灰白色含斜长绢英微晶片岩	63.1 m
18. 上部灰白色含斜长绢英微晶片岩夹灰色绢云微晶片岩，下部灰白色夹灰色绢英微晶	

片岩 154.0 m

17. 灰白色斜长绢英微晶片岩及灰色绢云微晶片岩 65.7 m
16. 灰色厚层状含绢云石英微晶片岩夹少量灰白色斜长绢云微晶片岩 40.6 m
15. 灰白色斜长绢英微晶片岩夹灰色绢英微晶片岩 63.8 m
14. 上部灰色斜长绢英微晶片岩夹绢云微晶片岩，中部灰白色夹灰色绢英微晶片岩，下部灰色薄—中层状含黑云绢云微晶片岩 100.9 m
13. 灰色风化为粉红色绢英微晶片岩夹绢云微晶片岩 28.4 m
12. 灰白色夹灰色绢英微晶片岩及灰色绢云微晶片岩 84.7 m
11. 灰、灰白色绢英微晶片岩，上部夹绢云微晶片岩 86.7 m
10. 灰色绢英微晶片岩夹绢云微晶片岩 34.3 m
9. 灰色风化呈粉红色绢英微晶片岩 65.9 m
8. 灰色斜长绢英微晶片岩夹灰白色绢英微晶片岩 16.9 m
7. 灰色风化呈粉红色绢英微晶片岩，部分含灰白色斜长石 76.1 m
6. 灰白色夹灰色斜长绢英微晶片岩 33.8 m
5. 上部为灰色斜长绢英微晶片岩，下部绢云微晶片岩夹少量硅质岩 87.0 m
4. 灰、灰白色斜长绢英微晶片岩，顶部灰色绢云微晶片岩 79.2 m
3. 上部灰白色、灰色风化呈紫红色绢云微晶片岩，下部灰白色石英微晶片岩 102.5 m
2. 灰、灰白色绢英微晶片岩夹绢云微晶片岩，含少量黄铁矿斑点。底部含斜长石 64.4 m

——————— 整 合 ———————

下伏地层：储家山组　斜长绢云微晶片岩及黑白相间条带状硅质岩

【地质特征及区域变化】　该组为灰色绢英微晶片岩与绢云微晶片岩互层，少部分含斜长石，岩性组合单调，区域变化不大。在凤庆县荒田剖面，该组中部含微古植物 *Margominuscula* sp.，*Trematosphaeridium* sp.，*Protoleiosphaeridium densum*，*Retinarites irregularis*。

该组分布在昌宁县柯街向南至永德县斑卡一带。厚度由北向南呈减少趋势，昌宁县白沙坡厚 1 248 m，至凤庆荒田厚为 916.9 m。

回头山组　*Zh*　(53－1302)

【创名及原始定义】　云南区调队三分队（1980）创名于昌宁县城西 6 km 回头山。原始定义：纹层状泥质条带灰岩夹微晶片岩，厚 161～478 m，与下伏昌宁组整合关系。

【沿革】　创名后沿用至今。创名时将其暂置于寒武纪，此次对比研究归入震旦纪。

【现在定义】　灰色中厚层泥质条带灰岩夹绢云微晶片岩及绢英微晶片岩，灰岩具水平层理。底与昌宁组整合接触，以泥质条带灰岩之底为界；顶与三叠纪及更新地层不整合接触。

【层型】　选层型是昌宁县白沙坡剖面，位于昌宁县城（老城）之西 3 km（99°35′，24°50′），由云南区调队三分队（1980）实测。

上覆地层：上兰组　灰白色复岩屑砾岩

~~~~~~~~ 不整合 ~~~~~~~~

回头山组 总厚度 161.8 m

24. 灰色中厚层泥质条带灰岩，单层厚 40～80 cm 31.1 m
23. 灰、浅灰色绢云微晶片岩夹少量绢英微晶片岩 51.1 m
22. 灰色中—厚层泥质条带灰岩，具水平层理 19.5 m
21. 灰色厚层泥质条带灰岩，具水平层理，顶部为灰色灰质绢云微晶片岩 36.7 m
~~~~~~~~

20. 灰、浅灰色具水平层理的泥质条带灰岩，顶部为厚层细晶灰质白云岩　23.4 m

———— 整　合 ————

下伏地层：昌宁组　灰、浅灰色绢云微晶片岩夹含斜长绢英微晶片岩

【地质特征及区域变化】　该组是勐统群内唯一的碳酸盐岩层，以泥质条带灰岩为特征。仅出露在向斜核部，零星分布于昌宁县柯街、回头山、坦巴山、芒光和永德县白沙等地。由北向南厚度增大，昌宁县白沙坡厚 161.8 m，至勐统街厚达 478.5 m。

公养河群　Z∈G　(53－1204)

【创名及原始定义】　云南区测队（1965）创名于龙陵县公养河。原始定义：由长石石英砂岩、页岩、硅质页岩组成，为一套轻变质岩系，具类复理石沉积特征，厚达 6 450 m。

【沿革】　创名时分为上、下两段，上段划属寒武系，下段归入震旦系。云南地矿局（1990）将公养河群暂处理为震旦系—中寒武统。曹仁关（1991）在原下段靠近底部的细—中粒石英砂岩夹粉砂岩及板岩中发现了遗迹化石，研究者认为公养河群下段的时代，大部分属早寒武世，最底部及其以下可能属震旦纪。此次对比研究认为曹氏的意见较合理，予以沿用。

【现在定义】　为一套沉积巨厚的浅变质砂岩与泥板岩组成，夹少量硅质岩及灰岩，生物稀少，常具类复理石韵律。上部泥板岩与砂岩呈不等厚互层，夹有硅质岩或硅质页岩；下部为长石砂岩、长石石英砂岩、石英砂岩及岩屑砂岩，夹有泥质岩和薄层灰岩。

【层型】　选层型为龙陵县平达街桃子寨、踏善水剖面（98°59′，24°20′），由云南一区测队一分队 1966 年测制。

【地质特征】　主要出露于施甸县酒房街—龙陵县平达街—畹町市一带，向南延入缅甸境内。为一套巨厚的浅变质砂岩及泥岩，夹少量硅质岩及灰岩，具类复理石韵律。该组上部含海绵骨针 *Protospongia* sp.，三叶虫化石碎片和微古植物 *Baltisphaeridium* sp.，*Pseudozonosphaera verrucosa* 等。下部有遗迹化石 *Paracruziana longlingensis*。以泥板岩或砂岩为该群之顶与核桃坪组页岩分界，呈整合接触，未见底。据所获化石分析，该群时代为早、中寒武世，底部可能属晚震旦世。

【区域变化】　公养河群在区内，总体上自南往北沉积物变细，泥板岩及硅质岩逐渐增多，砂岩逐渐减少。南部曼海一带，出现大量的中至粗粒砂岩，局部有小型斜层理。东北部酒房街一带，则以泥板岩、硅质页岩为主，沉积韵律发育。这些反映出该群为次深海相为主的沉积。

核桃坪组　$\in_3h$　(53－1203)

【创名及原始定义】　罗惠麟（1967）创名于保山县瓦窑区河湾核桃坪，云南地质局等（1974）介绍。原始定义：代表滇西崮山期地层，下部为浅灰色板状泥岩、板岩夹少量白云质灰岩及泥质灰岩；上部为浅灰、深灰色中—厚层状灰岩、鲕状灰岩夹少量假鲕状豆状灰岩及板状泥岩，总厚达 1 627.4 m。

【沿革】　云南区测队（1965）归入公养河群最上部。罗惠麟（1967）将该群最上部含晚寒武纪崮山期三叶虫动物群部分划出，命名为核桃坪组。云南区调队三分队（1980）把该组一分为二，将其下部称为中、下寒武统双麦地群，上部称为上寒武统核桃坪组。此次对比研究采用罗惠麟原划分的核桃坪组。

【现在定义】　为一套浅灰、深灰、灰绿色页岩、粉砂岩及碳酸盐岩组成的地层。变质程度较浅。

【层型】 选层型为保山县瓦窑核桃坪—茅竹棚剖面（99°08′，25°26′），由云南区调队一分队（1979）测制。编著者略加简化。

上覆地层：沙河厂组　灰色石灰岩

——————— 整　合 ———————

核桃坪组　总厚度 867 m

3. 浅黄绿、灰绿色变质薄层粉砂岩、粉砂质页岩夹少量灰色薄层灰岩、泥灰岩。含三叶虫 *Bergeronites* sp. 和球接子　126 m

2. 浅灰绿色变质页岩、粉砂质页岩为主，偶夹同色粉砂岩与黑灰色泥灰岩。含三叶虫 *Cyclolorenzella* sp.，*Wayaonia hetaopingensis*，*Bergeronites* sp.，*Liaoningaspis* sp. 和球接子　436 m

1. 黄绿、灰绿色变质粉砂质页岩、粉砂岩。下部粉砂质增多，含三叶虫 *Cyclolorenzella* sp.（未见底）　305 m

【地质特征及区域变化】 分布零星，主要见于保山瓦窑至一碗水一带，龙陵地区公养河群之上亦有少量出露。有自北往南碳酸盐岩减少，碎屑岩增多之趋势。在核桃坪一带，为灰绿色页岩与粉砂岩互层，厚大于 867 m；往西南至保山一带，变为灰绿、黄绿色泥板岩夹少量泥质大理岩，厚 1 250 m 以上；至龙陵地区，变为灰绿、黄绿色泥板岩夹少量细砂岩、泥质灰岩，厚数百米。在保山、龙陵一带，本组已浅变质，化石较少。中、下部地层产三叶虫 *Bergeronites* sp.，*Liaoningaspis* sp.，*Cyclolorenzella* sp. 等。本组以下伏公养河群的大套泥板岩或变质砂岩结束、页岩出现为界；顶以浅黄绿、灰绿色薄层粉砂岩、粉砂质页岩为特征，与沙河厂组中厚层灰岩呈整合接触。据生物特征，该组时代属晚寒武世早期。

沙河厂组　$\in_3\hat{s}h$　(53－1202)

【创名及原始定义】 云南区调队三分队（1980）创名于保山县杨柳区沙河厂。原始定义：代表晚寒武世中期沉积，下段下部以灰绿、灰色粉砂质板状页岩为主，沉积韵律发育，下段上部以灰色鲕状灰岩为主夹泥质条带灰岩和泥质灰岩；上段以浅绿色页岩、粉砂岩为主，含大量三叶虫和腕足类化石。对比为长山阶。

【沿革】 曹仁关[①]（1964）将该套地层曾称为柳水组。云南区调队三分队（1980）创名为沙河厂组后，沿用至今。

【现在定义】 由灰色夹黄、浅黄、灰绿等色的灰岩、泥质灰岩、页岩、粉砂岩、板岩等组成的一套岩石地层。顶与保山组、底与核桃坪组均呈整合接触。

【层型】 正层型为保山县李家寺—沙河厂剖面（99°05′，25°11′），由云南区测队 1965 年测制。

上覆地层：保山组　黄灰、黄色粉砂质页岩夹泥质粉砂岩

═══════ 断　层 ═══════

沙河厂组　总厚度 509 m

11. 灰色致密块状灰岩，底部为鲕状灰岩　41 m

10. 灰色泥质条带灰岩　5 m

---

① 曹仁关，1964，云南施甸和保山晚寒武世三叶虫（内刊）。

9. 灰色鲕状灰岩夹浅黄色泥质粉砂岩，含生物介壳 9 m

8. 灰色致密块状灰岩，底部为灰色泥质条带灰岩 65 m

7. 黄、灰绿色粉砂质页岩及泥质粉砂岩，含丰富的三叶虫 *Kaolishania* sp.，*Praceratopyge* sp.，*Maladioides* ? sp.，*Pseudagnostus* sp.，*Dikelocephalites* sp.；腕足类 *Billingsella tonkinana*，*Eoorthis* sp.，*Apheoorthis* sp.，*Finkelnburgia* sp. 218 m

6. 灰色泥质灰岩及黄色粉砂质页岩 16 m

5. 灰色中厚层致密灰岩夹鲕状灰岩 27 m

4. 灰、浅灰色中厚层鲕状灰岩，底部夹一层 1.7 m 厚的含腕足类、介壳鲕状灰岩，产腕足类 *Eoorthis* sp. 128 m

——————— 整　合 ———————

下伏地层：核桃坪组　粉砂质页岩

【地质特征及区域变化】　分布较广，北自六库、保山、施甸，南至镇康，西至龙陵、潞西。有自北往南沉积变粗、碎屑岩增多、灰岩减少的趋势。六库地区，为灰—深灰色泥质灰岩夹钙质绢云板岩、绢云绿泥板岩，常含黄铁矿，化石很少，厚度大于 1 465 m，未见底。保山一带，为浅灰—深灰色灰岩、泥质灰岩与黄绿色页岩、粉砂岩互层，化石较多，厚度大于 1 924.9 m。在龙陵、潞西地区，变为灰—灰绿色绢云板岩及细—粉砂岩，夹少量碳酸盐岩，厚度大于 1 402 m。底以灰岩与下伏核桃坪组灰绿、黄绿色页岩或粉砂岩、板岩分界，顶以灰岩与上覆保山组页岩为界。底、顶均呈整合接触。本组含三叶虫化石，主要有 *Kaolishania* sp.，*Dikelocephalites*，*Chuangia* 等，属晚寒武世中期。

保山组　$\in_3 b$　**(53－1201)**

【创名及原始定义】　孙云铸①（1939）创名于保山县蒲缥孔雀寺。原始定义为含三叶虫的棕黄色页岩。

【沿革】　创名时称保山页岩。孙云铸（1947）进一步划分为孔雀寺层和保山层。中国地质学编辑委员会等（1956）称保山统。云南区测队（1965）称凤山阶。云南一区测队一分队（1966）称保山组，并分四个岩性段，沿用至今。此次对比研究后的保山组仅包括原划分的二、三、四段。

【现在定义】　指发育于保山地区奥陶纪老尖山组之下、上寒武统沙河厂组之上的一套地层，由页岩、粉砂质页岩、粉砂岩及少量灰岩、泥质条带灰岩组成。含丰富的三叶虫化石。底以灰岩结束、页岩开始出现为界，顶为泥质条带灰岩结束、紫红色页岩出现为界，均呈整合接触。

【层型】　选层型为保山县大官市—冷水箐剖面（99°07′，25°00′），由盛莘夫、李善姬②1959 年测制。

【地质特征及区域变化】　为云南西部寒武纪最晚期的岩石地层单位，总体上为一套沉积韵律清楚，底栖及浮游生物化石丰富，厚度较大、不等厚互层的细碎屑岩与碳酸盐岩。北部六库—保山地区，为灰、灰绿及深灰色页岩、粉砂岩夹泥质条带灰岩或呈不等厚互层，厚达 1 198 m 以上。往西南方向，紫红色夹层渐多，在施甸—龙陵—潞西地区主要为页岩与泥质灰岩互层，夹少量细—粉砂岩，厚 495～566 m。最南部的镇康地区，为一套紫红及黄绿色钙泥

① 孙云铸，1939，云南西部上寒武纪凤山期三叶虫群之发现，北京大学 40 周年纪念文集（内刊）。

② 盛莘夫、李善姬，1959，中国西南部下古生代分统中存在的问题和初步意见，黔南现场会议资料汇编（内刊）。

质粉砂岩、泥岩与白云质灰岩互层，厚1 000 m以上。本组所含生物以保山、施甸地区最为丰富，往南北两端急剧减少。主要有三叶虫 *Calvinella walcotti*，*Saukiella* sp.，*Quadraticephalus* 等，还有介形虫、笔石、腕足类和牙形石。据所含生物组合，该组时代属晚寒武世晚期。

老尖山组　O_1lj　(53-1101)

【创名及原始定义】　云南区调队三分队（1981）创名于保山县老尖山。原始定义指一套紫红及灰绿、黄绿等杂色石英砂岩、页岩组成不等厚互层的岩层。中部见灰紫色灰岩透镜体。

【沿革】　孙云铸等（1947）将整个下奥陶统划为施甸层。盛莘夫①（1963）将原施甸层上部浅色部分仍称施甸组，将下部杂色部分新创名为兵斗组。经云南区调队三分队（1981）核实，兵斗组无确切层型剖面，废弃了兵斗组名称，在相当层位由上而下新创名了老尖山组、漫塘组、岩箐组。上列三个组，从岩石地层单位的标准看，岩性差别不大，均为紫红色、灰色、白色等杂色粉砂岩、页岩、细粒石英砂岩，无明显划分标志。此次对比研究扩大老尖山组含义，将这套岩层统称老尖山组。

【现在定义】　施甸组浅色粉砂岩、页岩、泥灰岩层之下，保山组浅色页岩、粉砂岩、泥灰岩层之上的紫红、灰、灰黄等杂色页岩、粉砂岩、细粒石英砂岩不等厚互层。靠下部夹泥灰岩。与上覆施甸组为整合接触，与下伏保山组主要也为整合接触。

【层型】　正层型为保山县老尖山剖面（99°04′，25°09′），由云南区调队三分队1981年测制。

【地质特征及区域变化】　分布于保山、凤庆、施甸、镇康等地。上部为杂色（紫红、灰绿、黄绿色等）钙质页岩、粉砂岩夹细粒石英砂岩；中部为灰白和少许紫红色细粒石英砂岩夹粉砂岩及页岩；下部为杂色（紫红、灰、灰白色）页岩、粉砂岩夹泥质灰岩。区域上施甸柳水、里巴拉一带粒度相对较粗，上下均为紫红、黄绿色细砂岩。向南至镇康郭家营岩石轻微变质，主要为紫红、灰黄、灰白色变质粉砂岩夹绢云粉砂质板岩。岩石具斜层理、交错层理，虫迹构造发育。可能为台地前缘斜坡相—陆架内缘斜坡相。沉积厚度保山老尖山1 471 m、施甸里巴拉大于956 m、镇康郭家营大于564 m。与上覆施甸组浅灰色粉砂岩、泥（页）岩夹泥灰岩为整合接触；与下伏保山组灰色粉砂岩、细砂岩、页岩夹泥质条带灰岩多为整合接触，部分地段可能有小的间断，为平行不整合接触。

本组含三叶虫 *Basiliella* sp.，*Symphysurus* sp.，*Neseuretus* sp.，*Ampyx* sp.；笔石 *Pseudoclimacograptus* sp.，*Didymograptus* sp.，*Acanthograptus* sp. 等，时代为早奥陶世。

大矿山组　O_1d　(53-1102)

【创名及原始定义】　云南区测队一分队（1963）创名于潞西县大矿山，云南地矿局1990年介绍。原始定义为紫红、灰白色中厚层状石英砂岩、长石石英砂岩、砾岩、砂砾岩。

【沿革】　创名时和测制弯腰树剖面（1965）时均未记入文献，之后没有新的资料。云南地矿局1990年介绍后被沿用。

【现在定义】　为紫红、灰白色中厚层中粗粒长石石英砂岩、石英砂岩、砂砾岩，夹少许细砂岩及砂质泥岩。生物化石破碎稀少。上覆地层为潞西组砂泥质白云岩、灰岩，为整合接触；下伏地层为公养河群灰绿色、浅灰色长石石英砂岩夹页岩，为平行不整合接触。

【层型】　选层型为潞西县弯腰树剖面（98°37′，24°25′），由云南区测队1965年测制。

【地质特征及区域变化】　分布十分局限，仅见于潞西县勐旺街、弯腰树、大矿山几处。

---

①　盛莘夫，1963，滇西地层时代划分中的几个问题（油印本）。

一般上部为紫红色薄—中层细—粗粒石英砂岩夹薄层砂质泥岩；中部为紫红色中—厚层含砂泥质砾岩夹薄层泥岩、粉砂岩；下部为紫红色中—厚层中粗粒石英砂岩、长石石英砂岩。区域上岩性变化不大，仅厚度由南往北渐薄，弯腰树厚259.8 m，大矿山仅厚128 m。

本组生物化石稀少，仅在弯腰树剖面上获腕足类 *Orthis* sp.，海林檎 *Echinosphaerites* sp.，双壳类 *Cypricardinia* sp.，三叶虫 *Prosopiscus* sp.，笔石 *Dendrograptus* sp.，时代为早奥陶世。

潞西组　*Ol*　(53－1103)

【创名及原始定义】　云南区测队一分队（1963）创名于潞西县弯腰树，胡荣民[①]（1976）介绍。原始定义为灰黑色薄—中层状含泥质白云岩夹泥质粉砂岩。风化后显黄褐色、灰色条带状构造。

【沿革】　创名初期未正式使用。云南区测队（1965）、云南一区测队一分队（1966）仅划分到（年代地层单位）统。胡荣民介绍此名时将其上部划出称芒究组。云南地矿局（1990）沿用胡氏划分标准。此次对比研究认为原芒究组与潞西组区别不大，均为含砂泥质碳酸盐岩夹少量砂页岩，区域上划分标志也不明显。仍使用潞西组为宜。

【现在定义】　大矿山组紫红色砂泥岩之上、仁和桥组灰黑色笔石页岩之下的深灰色薄—中层含砂泥质白云岩、灰岩，夹少量泥质粉砂岩及页岩。上与仁和桥组、下与大矿山组均为整合接触。

【层型】　正层型为潞西县弯腰树剖面（98°37′，24°25′），由云南区测队1965年修测。

【地质特征及区域变化】　出露范围很窄，仅见于潞西县大矿山、象达街、勐旺、弯腰树等地。正层型剖面一带为灰黑色薄—中层含砂泥质灰岩、白云岩，夹少量页岩、粉砂岩，具灰色条带构造，厚84 m。但往北至大矿山变为黄色薄—中层石英砂岩夹少量黄、灰绿色页岩，厚度大于200 m。顶以灰黑色含锰线之笔石页岩出现与上覆仁和桥组分界，底以紫红色砂泥岩出现与下伏大矿山组分界，两者均为整合接触。含三叶虫 *Nankinolithus* sp.，*Hammatocnemis* sp.，*Calymenesuntingi*，*Neseuretus birmanicus* 等，时代为中—晚奥陶世。

施甸组　*Oŝ*　(53－1104)

【创名及原始定义】　J C Brown（1913）创名于施甸县城附近。原始定义：主要岩性为青灰、红、黑色灰岩、泥灰岩及黑色、灰色、浅绿色页岩。厚6 700英尺。

【沿革】　创名时称施甸层。尹赞勋等（1937）将施甸层含义限定为奥陶系下部（下统），将其上部（中—上统）创名横水塘灰岩。孙云铸等[②]（1947）改层为组，由下而上称：下统施甸组、中统下蒲缥组、上统上蒲缥组。盛莘夫[③]（1963）将施甸组含义限定为原划施甸组（层）上部浅色部分，归为中奥陶统，将下部杂色部分创名为兵斗组，时代归为早奥陶世。本书认为，原划下蒲缥组与施甸组岩性面貌特征基本一致，均为浅灰色、灰绿色粉砂岩，扩大施甸组含义，将原划下蒲缥组及盛莘夫限定后的施甸组层位合并统称施甸组。

【现在定义】　蒲缥组、老尖山组杂色层（紫红、灰绿色等）之间的浅色（灰、灰白、灰绿色等）泥（页）岩，夹砂岩、粉砂岩、泥灰岩。上、下均为整合接触，分界标志明显。

【层型】　选层型为施甸县仁和桥—小水井剖面（99°09′，24°46′），由尹赞勋等1937年实

---

① 胡荣民，1976，云南的奥陶系，云南省各时代地层总结，云南省地质科学研究所（内刊）。
② 孙云铸等，1947，云南保山地质概要，北京大学地质系研究录，32：1—25（内刊）。
③ 盛莘夫，1963，滇西地层时代及划分中的几个问题（未刊）。

测，云南区调队三分队 1981 年补充测制。

【地质特征及区域变化】 施甸组分布于保山、施甸、凤庆、镇康一带。总的地质特征是：下部为灰、黄、黄绿色中—厚层粉砂岩、泥（页）岩夹细粒石英砂岩及少许泥灰岩；上部为灰、黄、黄绿色中—薄层粉砂岩、泥（页）岩夹泥灰岩，局部地段为泥（页）岩与泥灰岩互层。基本上构成了一个下粗上细的大旋回。厚度变化较大，选层型剖面厚度大于 110 m，剖面附近为 52～400 m。区域上，南部凤庆、镇康一带粒度相对较粗，以细砂岩及粉砂岩为主，泥灰岩夹层少见。厚度较稳定，为 469～564 m。顶与上覆蒲缥组杂色（紫红、灰绿等）粉砂岩、泥（页）岩为整合接触。选层型剖面未见底，但区域上普遍见与下伏老尖山组杂色（紫红、灰绿等）粉砂岩、细砂岩、泥（页）岩呈整合接触。

施甸组由上而下主要有笔石 *Climacograptus peltifer*，*Glyptograptus teretiusculus*，*Didymograptus murchisoni*，*D. geminus*，*D. stabilis*，*D. bifidus*，*Amplexograptus confertus*，*Phyllograptus anna* 等，还有三叶虫 *Basiliella yunnanensis*，*Pliomerina martelli*，*Pseudoabsilicus* sp.，*Hammatocnemis* sp.，*Neseuretus birmanicus* 等。时代为早奥陶世晚期—中奥陶世早期。

蒲缥组 O*p* (53 - 1105)

【创名及原始定义】 Brown（1913）创名于保山县（永昌府）蒲缥。原始定义指蒲缥附近的奥陶纪地层。主要岩性为红、黄、绿、灰色页岩夹砂岩及灰岩。

【沿革】 创名时称蒲缥层。尹赞勋等（1937）将上部创名为横水塘灰岩，下部称施甸层。孙云铸等（1947）实测保山县蒲缥奥陶系剖面，将原划蒲缥层一分为三：上奥陶统上蒲缥组、中奥陶统下蒲缥组、下奥陶统施甸组。上述划分曾被广泛应用。胡荣民（1976）将上蒲缥组顶部的灰黑色笔石页岩另名为弯腰树组。云南地矿局（1990）据生物资料及岩石组合特征将上、下蒲缥组分界线划在中奥陶世，即上蒲缥组时代为中—晚奥陶世，下蒲缥组为中奥陶世。用同一地理名称同时命名两个岩石地层单位，不符合地层指南。本书改称蒲缥组，并缩小其含义。现蒲缥组仅相当于孙云铸等（1947）所划的上蒲缥组中下部，相当于胡荣民（1976）、云南地矿局（1990）所划的上蒲缥组。

【现在定义】 仁和桥组灰黑色笔石页岩之下，施甸组浅色（灰、灰黄、灰绿）粉砂岩、页岩之上的杂色（紫红、灰绿、灰黄等）粉砂岩、页岩夹泥灰岩。顶以灰黑色笔石页岩出现与仁和桥组分界，底以紫色层消失与施甸组分界。上、下均呈整合接触。

【层型】 选层型为保山县蒲缥剖面（99°05′，25°00′），孙云铸等 1947 年测制，云南区测队 1965 年重测。

上覆地层：仁和桥组 灰黑色笔石页岩

——————— 整 合 ———————

蒲缥组 总厚度 632 m

9. 黄色粉砂质泥岩，含三叶虫 *Telephina* cf. *chinensis* 及腕足类等 130 m

8. 紫红、黄色粉砂质泥岩夹粉砂岩，底部含泥质结核。含三叶虫，上部主要有 *Nankinolithus nankinensis*，*Dalmanitina* cf. *mucronata*；中部有 *Geragnostus sinensis*，*Zbirovia*? *sinensis*，*Encrinurella pupiaoensis*，*Illaenus* sp.，*Dionide* cf. *decorata*，*Cyclopyge recurvus*，*Hammatocnemis decorasus*，*Xenocyclopyge radiata*；下部有 *Nankinolithus nankinensis*，*Cyclopyge* cf. *quadrangularis*.。另有海林檎 *Heliocrinus fiscella*，腹足类 *Ecculiomphalus* sp.，头足类 *Trocholites* cf. *yunnanensis* 等 442 m

7. 紫红色砂质泥岩夹紫红、黄色薄泥灰岩。泥岩中含泥灰质条带及结核。上部泥岩与泥灰岩组成韵律，1 m 之内变化 15 次以上。含三叶虫 *Cyclopyge* sp.，*Geragnostus girvanensis* var. *sinensis*，*Microparia* cf. *speciosa*，*Nankinolithus nankinensis*，*Dionide* cf. *decorata*，*Cyclopyge* cf. *quadrangularis*，*Lonchodomas yohi*，*Zbirovia sinensis*，*Geragnostus sinensis*，*Hammatocnemis* sp. 60 m

—————— 整　合 ——————

下伏地层：施甸组　灰、灰黄色砂质泥灰岩夹钙质页岩

【地质特征及区域变化】　分布于保山、施甸、凤庆、镇康等地。总的特征主要为一套紫红、灰绿、黄绿色相间的杂色钙质粉砂岩、页岩、泥灰岩。韵律层发育。区域上以施甸为中心向南北有变粗变厚的趋势。施甸柳水、里巴拉一带泥灰岩夹层很多，有的几乎全为泥灰岩层，厚 125～194 m。保山老尖山基本由粉砂岩组成，未见泥灰岩夹层，厚 305 m。保山蒲缥剖面以粉砂岩、泥岩为主夹泥灰岩，厚 632 m。镇康勐堆亦主要为粉砂岩、页岩，未见泥灰岩夹层，厚 620 m。本组与上覆仁和桥组灰黑色笔石页岩及下伏施甸组浅色粉砂岩、泥（页）岩夹泥灰岩均为整合接触。

该组生物化石丰富，主要有 *Nankinolithus nankinensis*，*Encrinurella pupiaoensis*，*Telephina* sp.，时代为中—晚奥陶世。潞西、施甸一带上覆仁和桥组底部有一部分含晚奥陶世化石，与下伏潞西组界线在晚奥陶世内。而保山一带，仁和桥组与下伏蒲缥组界线与年代界线近于一致，即在志留纪—奥陶纪之间。故本组顶界由西南向东北有逐渐抬高的穿时现象。

仁和桥组　OS*r*　(53－1001)

【创名及原始定义】　尹赞勋等（1937）创名于施甸县仁和桥。原始定义为黑色砂质页岩、黑灰色页岩或泥岩，含笔石及腕足类化石。下伏为横水塘灰岩。厚 275 m，时代为志留纪。

【沿革】　创名时称仁和桥系。孙云铸等（1947）总结前人成果，据生物化石及岩石组合将仁和桥系一分为二：上仁和桥组为粉红色泥质页岩；下仁和桥组为深灰、灰黑色页岩、砂质页岩。该划分标准和名称被广泛沿用。胡荣民（1976）据生物化石从下仁和桥组底部划出一部分归晚奥陶世，称弯腰树组。经多年调查研究，上仁和桥组和下仁和桥组确属两个截然不同的岩石地层单位。前者为笔石页岩相，后者为混合相和壳相。用同一地理名称命名两个岩石地层单位，不符合地层指南要求。此次研究改仁和桥系为组，同时缩小其含义。研究后的仁和桥组相当于孙云铸等（1947）下仁和桥组，胡荣民（1976）下仁和桥组及弯腰树组。

【现在定义】　灰、灰黑、黄褐色笔石页岩、砂质页岩。与上覆栗柴坝组、下伏蒲缥组均以笔石页岩消失，杂色（紫红、灰绿等）泥质灰岩、砂页岩出现为划分标志。上、下均呈整合接触。

【层型】　正层型为施甸县仁和桥—小水井剖面（99°09′，24°46′），由尹赞勋等 1937 年测制，云南区调队三分队 1980 年补充测制。

【地质特征及区域变化】　分布于保山、泸水、凤庆、施甸、镇康一带。岩性主要为灰黑、深灰色泥质、粉砂质、碳质笔石页岩，顶部偶夹泥灰岩透镜体。区域上保山老尖山一带为紫红、灰色条带状粉砂岩、页岩。泸水一带为黑色硅质笔石页岩。镇康一带页岩较少，粉砂岩夹层稍多。页岩中普遍发育有深浅色相间的水平层纹，且韵律层发育。含星点状及条带状黄铁矿。厚度以施甸为中心向南北增厚，施甸厚 75～232 m，保山、泸水厚 256～315 m，镇康厚 194～459 m。可能为台盆相。与上覆栗柴坝组灰、肉红色泥质网纹状灰岩及下伏蒲缥组杂色砂岩夹泥灰岩均为整合接触。

生物几乎全为笔石，云南地矿局（1990）由上而下划分了13个笔石带，时代为晚奥陶世—早志留世。仅潞西、施甸、凤庆一带有底部两个笔石带。向东北至保山仅见 *Glyptograptus persculptus* 带以上分子。本组底界由西南向东北可能有逐渐抬高的穿时现象。

栗柴坝组　S*l*　（53－1002）

【创名及原始定义】　云南地质局20地质队（1963）创名于保山栗柴坝，王举德[①]（1977）介绍。原始定义：下部为韵律沉积黄绿色薄层状粉砂质页岩与紫红色泥灰岩互层；中部为浅黄绿色中层状粉砂质泥灰岩；上部为浅黄色粉砂质泥灰岩与浅灰、浅褐黄色中层状白云质灰岩互层。上覆为中泥盆统灰岩，下伏为上仁和桥组砖红色灰岩。时代为晚志留世。

【沿革】　云南西部保山一带原划分的上仁和桥组与泥盆系之间的这段地层，过去长时期仅用年代地层单位上志留统称之。创名后，倪寓南等（1982）将其与丽江、宁蒗一带的等同，由上而下划分为中槽组、下胖罗组。实际上保山、镇康一带与丽江、宁蒗完全不同。此次研究保留栗柴坝组名称并扩大其含义。清理后的栗柴坝组相当于原划分的上仁和桥组及栗柴坝组。

【现在定义】　为肉红、红、紫红、灰色泥质灰岩、泥质网纹状灰岩、泥灰岩、灰岩，夹钙质泥页岩及粉砂岩。顶以紫红色、肉红色灰岩、泥页岩消失，大套灰色灰岩出现与上覆向阳寺组分界；底以紫红、砖红、灰色灰岩、泥页岩消失，深灰、灰黑色笔石页岩出现与下伏仁和桥组分界。上、下均呈整合接触。

【层型】　正层型为保山县栗柴坝剖面（99°09′，25°14′），由云南区测队1965年修测。

【地质特征及区域变化】　分布于保山、泸水、施甸、凤庆、镇康等地。总的上部为紫红、砖红色夹灰色泥质条带灰岩、网纹状灰岩、陆屑粉晶灰岩，夹钙质泥页岩；中下部为灰色、少许紫红色钙质泥页岩夹泥质条带状、网纹状灰岩。若风化程度浅，则主要为泥质灰岩。区域上，由于个别地段风化程度深，主要表现为泥页岩。前人一段时期曾将下部误认为笔石页岩相，实际主要为一套混合相地层。如保山杨柳坝、镇康勐堆、泸库澡塘，从上到下几乎全为泥质灰岩、陆屑粉晶灰岩，生物以牙形石为主。仅施甸县仁和桥半坡为一套紫红、灰紫色钙质泥页岩夹泥质灰岩，含大量笔石。但沿走向追索，泥灰岩及泥页岩往往成相变。保山泸水一带厚272～554 m，施甸一带厚59～200 m，镇康一带厚177 m。与上覆向阳寺组灰色灰岩及下伏仁和桥组深灰、灰黑色笔石页岩均为整合接触。

生物化石主要有牙形石 *Hindeodella equidentata*，*Neoprioniodus multiformis*，*Ozarkodina media*；笔石 *Monoclimacis vomerina*，*M. vomerina subgracilis*，*Pristiograptus dubius*，三叶虫 *Proetus* sp.，*Meitanillaenus* sp. 等，时代为中—晚志留世。

石鼓群　*ZŜ*　（53－1306）

【创名及原始定义】　Misch[②]（1947）创名于丽江县石鼓镇。原指丽江县石鼓以西一带浅变质岩系。

【沿革】　创名时称石鼓片岩，划属元古代，并认为等于昆阳系或似昆阳系底部。云南区测队（1965）在《1∶100万下关幅地质图说明书》中改称石鼓群，并划分为4个岩性段，认为其时代属早古生代，可能属奥陶纪—志留纪。云南区调队四分队（1984）和云南区调队二分队（1985）将该群划分为3个组7个非正式段，即羊坡组（分为一段、二段、三段）、陇巴

---

① 王举德，1977，云南的志留系，云南省各时代地层总结，云南省地质科学研究所（内刊）。
② Misch，1947，丽江地质志，国立大学（北大）（油印本）。

组（分为一段、二段）、塔城组（分为一段、二段），认为其时代可能属早寒武世。云南地矿局（1990）将该群置于震旦系。

【现在定义】 上部以微晶片岩为主夹变质火山碎屑岩及基性火山岩，中部以千枚岩为主夹少许碳酸盐岩，下部以变粒岩、片岩为主夹少量片麻岩。测量厚度大于12 300 m，未见底，被早泥盆世冉家湾组平行不整合覆盖。由下而上划分为三个组：羊坡组、陇巴组、塔城组。

【地质特征及区域变化】 该群主体是一套受浅变质的砂泥质碎屑岩，变质程度有由上而下逐渐加深的趋势。由于遭受较强烈的变形，岩层内小断层、小褶皱和劈理相当发育，这可能是该群厚度巨大的原因之一。

该群分布在丽江县石鼓镇至塔城一带金沙江两岸，呈北西—南东向延展，长112 km，宽16～28 km，两侧为大的走向断层分割，使顶底关系不明。分布区内有一条大的走向断层贯穿全区，使确立完整的地层层序增加了困难。

羊坡组 *Zy* （53-1309）

【创名及原始定义】 云南区调队四分队（1984）创名于丽江县石鼓镇西9 km羊坡村。其原义分为三段，自上而下是：第三段为斜长二云石英片岩、绢云白云斜长石英片岩；第二段为灰色条纹状石榴二云石英片岩；第一段为斜长二云石英片岩、石榴二云变粒岩夹十字石红柱石石榴二云石英片岩、含蓝晶石十字石黑云变粒岩、片麻岩、角闪片岩。厚度大于6 573 m。

【沿革】 云南区调队四分队（1984）创名后沿用至今。

【现在定义】 下部为含石榴石斜长变粒岩、斜长二云变粒岩与含石榴石斜长二云片岩、二云石英片岩互层，夹少量片麻岩及斜长角闪岩，部分变粒岩含十字石；上部及中部以二云石英片岩和含石榴石斜长二云石英片岩为主，夹少量斜长二云片岩、变粒岩。未见底。与上覆的陇巴组呈断层接触，或者与早泥盆世石英质砾岩平行不整合接触。

【层型】 正层型是丽江县羊坡剖面，位于丽江县石鼓镇西9 km羊坡东北1 km（99°53′，26°53′），由云南区调队四分队（1984）测制。

上覆地层：冉家湾组　浅灰色片理化石英质砾岩

——————— 平行不整合 ———————

羊坡组	总厚度＞6 571.7 m
19. 上部为浅灰绿色白云绢云石英片岩、白云绢云微晶片岩及二云石英片岩；中、下部为灰绿色绿泥石英微晶片岩	568.3 m
18. 浅灰、浅灰绿色斜长白云石英片岩夹斜长二云石英片岩及少量斜长变粒岩	445.6 m
17. 浅灰、浅灰绿色斜长二云石英片岩夹斜长二云片岩及二云变粒岩	764.6 m
16. 浅灰色含榴斜长二云石英片岩夹白云斜长绢云片岩	347.8 m
15. 中、上部为灰色条纹状含黑云白云斜长石英片岩及含黑云白云石英片岩；下部为灰色条纹状二云石英片岩、石榴白云石英片岩	430.0 m
14. 中、上部为灰色条纹状石榴二云石英片岩及含榴含二云石英片岩；下部为灰色条纹状含榴含二云斜长石英片岩	270.3 m
13. 灰色条纹状石榴二云石英片岩及含二云石英片岩	254.9 m
12. 浅灰色含二云石英片岩夹灰白色石英岩	346.2 m
11. 浅灰色条纹状白云石英片岩	＞424.5 m

═══════ 断　层 ═══════

10. 灰色斜长二云石英片岩	＞378.8 m

9. 灰色二云变粒岩夹斜长黑云石英片岩及少量二云斜长片麻岩　138.8 m

8. 灰色石榴斜长二云石英片岩，部分具条纹状构造　140.2 m

7. 灰色石榴白云二长变粒岩、黑云变粒岩、二云变粒岩，具条痕状、条带状构造　248.1 m

6. 灰色条痕状石榴白云石英片岩、含榴二云片岩及含十字石蓝晶石黑云变粒岩　103.5 m

5. 灰色似眼球状石榴二云变粒岩夹含红柱石斜长二云石英片岩、含榴斜长白云片岩及含石英石榴斜长角闪岩　149.5 m

4. 灰色似眼球状石榴斜长二云片岩、石榴黑云变粒岩夹石榴角闪片岩　>237.3 m

3. 灰色条带状、似眼球状黑云斜长变粒岩、含榴二云斜长片麻岩夹石榴斜长二云片岩及帘石角闪片岩。此层顶、底均为断层　>160.1 m

2. 上部为浅灰色斜长白云片岩，中、下部为灰、浅灰色石榴斜长二云片岩、石榴二云斜长片麻岩及黑云变粒岩　>346.5 m

1. 上部为黑云斜长石英片岩；中、下部为灰色石榴斜长二云片岩、石榴斜长黑云片岩。未见底　>816.7 m

【地质特征及区域变化】　该组分布在丽江县金沙江以西，南起石鼓沿江向西北至巨甸的依陇。在长 84 km、宽 12 km 分布区内岩性较稳定，只是受变质程度由上向下呈递增趋势。

陇巴组　*Zlb*　(53-1308)

【创名及原始定义】　云南区调队二分队（1985）创名于丽江县巨甸陇巴村。原始定义自上而下分为两段：二段上部为灰、深灰色绢云石英微晶片岩、千枚岩夹变质石英粉砂岩，下部为深灰、灰黑色碳质板岩、含碳质千枚岩、千枚岩夹变质石英粉砂岩；一段为灰绿、深灰色绢云石英微晶片岩、钠长黑云绢云石英微晶片岩、含绿泥绢云石英微晶片岩、千枚岩。

【沿革】　建组创名后沿用至今。

【现在定义】　上部以深灰、褐灰色绢云石英千枚岩为主，夹绢云千枚岩及少量变质石英粉砂岩；中部以深灰色石英绢云千枚岩为主，夹很少的绢云石英千枚岩；下部以深灰、灰黑色碳质石英绢云千枚岩与黑色碳质板岩互层，向下碳质板岩增多。顶与塔城组含长石石英岩整合接触，底与羊坡组断层接触。

【层型】　正层型是丽江县陇巴剖面，位于丽江县陇巴西南 3 km 至金沙江边（99°31′，27°26′），由云南区调队二分队（1985）测制。

上伏地层：塔城组　浅灰色微片理化含绢云母长石石英砂岩

——————整　合——————

陇巴组　总厚度 3 439.6 m

14. 灰褐色二云英微晶片岩　585.8 m

13. 褐灰、灰色绢云英微晶片岩，下部含少量褐铁矿　248.6 m

12. 灰、深灰色绢云千枚岩，底部含碳质　135.2 m

11. 上、中部为深灰、灰色绢云英千枚岩，具微斜层理；下部为银灰色绢云千枚岩夹变质石英粉砂岩　187.3 m

10. 深灰、灰色石英绢云千枚岩　458.3 m

9. 上部及底部为深灰、灰色绢云石英千枚岩，下部为深灰色石英绢云千枚岩　248.2 m

8. 深灰、灰色含石英绢云千枚岩、石英绢云千枚岩，顶部含碳质　583.2 m

7. 上部及底部为石英质绢云千枚岩，下部为绢云千枚岩夹变质石英粉砂岩。呈深灰色　424.3 m

6. 上部深灰色绢云石英千枚岩；中部灰黑色碳质含粉砂绢云千枚岩，夹褐黄灰色绢云石

英千枚岩，含U0.03%；下部黑色碳质绢云石英千枚岩、石英绢云千枚岩 135.2 m

5. 顶部灰黑色碳质粘板岩；上部深灰色石英绢云千枚岩；中部灰色绢云石英千枚岩；下部深灰色含粉砂质粘板岩；底部灰色石英质绢云千枚岩夹少量碳质粘板岩 109.5 m

4. 上部灰黑色含碳质绢云千枚岩；中部灰黑色碳质粘板岩夹深灰色石英绢云千枚岩；下部灰黑色含硅泥质碳质板岩、含粉砂碳质板岩、含碳质石英绢云千枚岩 324.0 m

═════ 断 层 ═════

【地质特征及区域变化】 该组整体颜色较深，下部灰黑色为主，向上变为深灰色—褐灰色，下部的碳质千枚岩、碳质粘板岩是划分该组的重要标志。分布在丽江县石鼓柏木至塔城托落底的金沙江两岸北西向延长 64 km，东西宽 6 km 的范围内。在陇巴出露厚 3 439.6 m，向东南至巨甸，下部未出露，厚仅 2 430 m。

塔城组 *Zt* (53-1307)

【创名及原始定义】 云南区调队二分队（1985）创名于丽江县金沙江西岸之塔城。原始定义：自上而下分为两段：二段为灰、灰绿色绢云石英微晶片岩、千枚岩、千板岩，夹紫灰色变质砂岩及灰绿、绿色变余基性火山岩、变质玄武岩；一段为灰、深灰、灰绿色绢云石英微晶片岩、绢云微晶片岩夹千枚岩、绢云石英片岩，底为浅灰色变质绢云含长石英岩。

【沿革】 建组创名后沿用至今。

【现在定义】 底部为灰色片理化绢云含长石英岩；下部为深灰、灰绿、灰色黑云钠长或含绿泥绢云微晶片岩、绢云石英片岩；上部为灰、灰绿色黑云绢云微晶片岩及同色绢云石英微晶片岩为主，夹少量蚀变钠质基性岩，部分微晶片岩含黑硬绿泥石。与下伏陇巴组呈整合接触，未见顶。

【层型】 正层型是丽江县陇巴剖面，位于丽江县陇巴西南 3 km 向东至金沙江边（99°31′，27°26′），由云南区调队二分队（1985）测制。

塔城组 总厚度 2 306.2 m

29. 灰绿色石英绢云千枚岩。未见顶 60.0 m

28. 灰、深灰色含黑云绢英微晶片岩，下部部分岩石含绿泥石及钠长石 126.0 m

27. 深灰色含绿泥钠长绢英微晶片岩，具缟状水平层理 79.7 m

26. 上部深灰色钠长绢云微晶片岩夹绿泥钠长绢英微晶片岩，部分具缟状水平层理；下部深灰色绢英微晶片岩 554.6 m

25. 灰、灰白色含绢（白）云石英微晶片岩 69.0 m

24. 灰绿色钠长绿泥绢云微晶片岩 170.0 m

23. 深灰色含黑云钠长绢云微晶片岩，具缟状水平层理 256.2 m

22. 浅绿色含黑云钠长绢云微晶片岩，底部含绿泥绢英微晶片岩 258.9 m

21. 褐灰色绢云英片岩 35.2 m

20. 深灰色钠长绢（白）云微晶片岩，含少量黄铁矿晶体 86.2 m

19. 上部褐灰色绢英微晶片岩；下部深灰、浅黄色石英绢云千枚岩、绢云英微晶片岩 196.3 m

18. 上部灰色含电气石钠长绢英片岩；下部深灰色绢云千枚岩 176.8 m

17. 灰色绢英微晶片岩，上部含绿泥石、钠长石，下部含黑云母 79.1 m

16. 深灰色绢云含长石英岩 61.1 m

15. 上部深灰色含黑云绢英微晶片岩；中部浅褐灰色薄层状绢云含长石英岩；下部浅灰色中厚层状微片理化含绢云长石石英岩夹微片理化绢云含长石英岩 97.1 m

——————— 整 合 ———————

下伏地层：陇巴组 灰褐色二云英微晶片岩

【地质特征及区域变化】 该组主要特征是呈互层的绢英微晶片岩和石英绢云微晶片岩中，较普遍的含有绿泥石及钠长石，上部夹有蚀变钠质基性岩，这些显然由火山碎屑岩及火山岩变质而成；下部夹较多的片理化绢云含长石英岩。该组分布在丽江石鼓核桃坪向西北至托落底的金沙江两岸长93 km、宽3～8 km范围内。在陇巴该组底与下伏陇巴组整合接触，顶部被金沙江河床沉积物掩盖。出露厚2 306.2 m，向南至巨甸路线剖面厚达5 870 m。

银厂沟组 $\in_2y$ (53-1206)

【创名及原始定义】 云南区调队四分队（1984）创名于中甸县银厂沟。原始定义：白云岩与板岩呈不等厚互层，夹少量粉砂岩，白云岩略多于碎屑岩。

【沿革】 创名后沿用至今。

【现在定义】 灰—深灰色薄—中层粉砂岩、泥岩及白云岩互层（白云岩居多），组成两个下粗上细的沉积旋回。含三叶虫、腕足类化石。未见底。上与三家村组呈整合接触。

【层型】 正层型为中甸县金江区银厂沟剖面（99°53′，27°12′），由云南区调队四分队（1984）测制。

上覆地层：三家村组 浅灰—深灰色薄—中层白云岩

——————— 整 合 ———————

银厂沟组	总厚度 310.0 m
6. 灰、灰白色中—薄层白云质粉砂岩夹白云岩及粉砂质板岩，具波痕	32.8 m
5. 深灰色薄—中层白云岩	19.9 m
4. 灰白色白云质粉砂岩及板岩夹白云岩	85.1 m
3. 灰—深灰色薄—中层白云岩	65.9 m
2. 灰—深灰色薄—中层粘板岩与白云岩互层，下部夹角砾状白云岩。含核形石 *Osagia* sp. 及腕足类 *Eoorthis* aff. *edwardsi*	91.7 m
1. 深灰色薄—中层粉砂岩与泥板岩互层，含三叶虫 *Kunmingaspis qianbeiensis*，*K. longa*，*Kailiella*? *angusta*，*Pesudosolenoparia* cf. *yankongensis*，*P.* aff. *angusta*，*Wuxunaspis*? *guizhouensis*，*Douposiella* cf. *pseudoqingzhenensis* 及腕足类。未见底	>14.6 m

【地质特征及区域变化】 银厂沟组分布范围局限，仅见于巨甸—石鼓一带。为一套浅海相碳酸盐岩及砂页岩沉积，厚310 m。岩石经轻变质，区内岩性变化不大。所含生物与保山地区截然不同，而与滇东相近。以三叶虫、腕足类及核形石为主。顶以三家村组白云岩出现为界，分界清楚，呈整合接触。下部受构造影响，出露不全。据所含化石，该组时代属中寒武世。

三家村组 $\in_3s$ (53-1205)

【创名及原始定义】 云南地矿局（1990）创名于中甸县金江区银厂沟附近。原始定义：主要为灰白—深灰色中—薄层状白云岩，局部夹少量泥板岩及粉砂岩。

【沿革】 云南区调队四分队（1984）统称上寒武统，此次对比研究沿用三家村组。

【现在定义】 灰白—深灰色中—薄层白云岩，局部夹少量泥板岩及粉砂岩。未见顶，下与银厂沟组呈整合接触。

【层型】 正层型为中甸县金江区银厂沟剖面（99°53′，27°12′），由云南区调队四分队

(1984）实测。

三家村组　　总厚度 355.9 m

9. 灰白一深灰色薄一中层白云岩（局部含燧石团块)，顶部夹 4 m 灰绿色泥板岩，有铅矿体赋存其中，未见顶　　48.1 m

8. 浅灰色薄层含粉砂质白云质泥板岩　　17.5 m

7. 浅灰一深灰色薄一中层白云岩　　290.3 m

———— 整　合 ————

下伏地层：银厂沟组　灰、灰白色中一薄层白云质粉砂岩夹白云岩及粉砂质板岩

【地质特征及区域变化】　三家村组分布相同于银厂沟组。是一套白云岩为主的沉积，无生物化石。经受轻微变质。在金江厚 389 m，往北厚度增大，变质加深，在中甸小羊街为白云岩、白云质灰岩夹微晶片岩，厚 552 m 以上。根据岩石特征，可与四川及黔北有化石依据的上寒武统娄山关组（原二道水组）对比。本组地层在区内出露不全，上与奥陶系关系不明。以浅灰一深灰色、薄一中层白云岩之底与下伏银厂沟组分界，且呈整合接触。

海东组　O_1h　(53-1107)

【创名及原始定义】　盛莘夫（1974）创名于大理海东，胡荣民（1976）介绍。原始定义指一套石英砂岩。

【沿革】　孙云铸（1945）将大理向阳、海东地区的奥陶系砂页岩命名为向阳组，分为上部页岩和下部石英砂岩两部分。盛莘夫（1974）将向阳组含义限定为上部页岩，将下部砂岩划出并命名海东组。云南区测队（1963）曾将此部分命名为合山组，因与广西二叠系合山组重名，故此次对比研究采用海东组。

【现在定义】　向阳组灰黑色页岩之下的灰色厚层细粒含长石英砂岩、石英砂岩。未见底。上与向阳组呈整合接触。

【层型】　正层型为大理市向阳玉龙、名庄、江上剖面（100°15′，25°43′)，由孙云铸 1945 年测制，云南一区测队五分队 1973 重测。

【地质特征及区域变化】　主要分布于中甸一大理。为灰、灰白、灰黑色中厚层变质石英砂岩、含长石英砂岩，夹少许粘板岩及粉砂岩，正层型剖面上厚度大于 390 m。区域上岩性稳定，仅中甸一带具轻微变质，为灰色薄一厚层变质长石石英砂岩、石英砂岩、石英岩，夹微片理化绢云石英粉砂岩、绿泥绢云千枚岩，局部夹白云质灰岩透镜体，厚 393～500 m。与上覆向阳组为整合接触。大理、中甸地区均未见底。与下伏三家村组可能为整合接触。

该组生物稀少，仅见 *Lingula* sp.，*Orthis* sp.，时代属早奥陶世。

向阳组　O_1x　(53-1108)

【创名及原始定义】　孙云铸（1945）创名于大理向阳。原始定义指大理洱海东岸向阳附近的奥陶纪地层。包括上部页岩层和下部砂岩层。与上覆石炭系石灰岩呈不整合接触。页岩中产三叶虫化石 *Calymene birmanica* 等。时代为奥陶纪。

【沿革】　云南区测队（1965)、盛莘夫（1974）将向阳组含义限定在上部页岩部分，时代归为中奥陶世。云南一区测队五分队（1973）重测大理市向阳剖面，将其分为四段：一段砂岩；二、三段页岩；第四段含砾砂岩、砂岩，夹泥灰岩，时代归为早奥陶世。胡荣民（1976）将向阳组含义限定在二、三段及第四段底部含砾砂岩层，时代归为早奥陶世；将第四段中上部以上的部分与金平地区对比为铜厂组、白马寨组，时代归为中奥陶世。云南地矿局

(1990) 和此次对比研究沿用这一划分方案，但将其上覆砂岩夹砂质灰岩、灰岩部分对比为金平地区的南板河组。

【现在定义】 为灰黑、灰绿、深灰色页岩夹细粒石英砂岩，或不等厚互层。顶部夹含砾砂岩、细砾岩。顶以含砾砂岩或中粗粒砂岩消失，泥灰岩、砂质灰岩夹层出现与上覆南板河组分界；底以大套石英砂岩、长石石英砂岩出现与下伏海东组分界。上、下均呈整合接触。

【层型】 正层型为大理市向阳玉龙、名庄、江上剖面（100°15′，25°43′），由孙云铸 1945 年测制，云南一区测队五分队 1973 年重测。

上覆地层：南板河组　灰黄色细粒石英砂岩夹砂质灰岩

———————— 整　合 ————————

向阳组　总厚度 714.2 m

11. 黄灰色厚层细砾岩、砂砾岩、含细砾粗砂岩，底部夹灰绿色页岩。产笔石 *Didymograptus murchisoni*，*D. bifidus*，*D. artus*，*D.* cf. *nanus*，*Phyllograptus angustifolius*，*Ph. nobilis*，*Pseudoclimacograptus formosus*　87.4 m

10. 上部灰黑、灰绿色页岩、砂质页岩，间夹泥质砂岩。产笔石 *Glyptograptus dentatus*，*Pseudoclimacograptus* cf. *formosus* var. *gracilis*。下部黄绿、灰色中厚层细粒石英砂岩夹少量灰黑色粉砂质页岩　40.4 m

9. 上部灰黑、黄绿色页岩、砂质页岩，夹少量中层砂岩。页岩中产笔石 *Didymograptus nanus*，*D.* cf. *pendens*，*Tetragraptus* sp.；三叶虫 *Cyclopyge* sp.，*Hanchungolithus* sp.。下部灰绿色中厚层石英砂岩夹灰绿色页岩　59.3 m

8. 上部灰黑色页岩、砂质页岩夹薄—中层砂岩。产笔石 *Didymograptus nanus*，*D.* cf. *pendens*，*Amplexograptus* sp.，*Pseudoclimacograptus* sp.，*Orthograptus* sp.。下部灰绿色厚层细粒石英砂岩夹灰绿色页岩、砂质页岩　112.7 m

7. 灰绿色厚层细粒石英砂岩夹灰绿色页岩　70.4 m

6. 灰黑、灰绿色页岩、粉砂质页岩夹灰绿色中层细砂岩、粉砂岩。产笔石 *Didymograptus nanus*，*D. bifidus*，*D. arctus*，*D.* cf. *linealis*，*D. canadensis*，*Orthograptus* sp.，*Cryptograptus schaeferi*，*Pseudoclimacograptus* sp.；三叶虫 *Hanchungolithus multiseriatus*，*Hoekaspis daliensis*，*Neseuretus* aff. *birmanicus*，*Remopleurides* cf. *striatus*，*Isoteloides* sp.　40.4 m

5. 灰白色中厚层细粒石英砂岩夹少量页岩　79.0 m

4. 浅灰、灰绿色中厚层含云母细粒石英砂岩，其上为灰、灰绿色页岩、粉砂质页岩。产三叶虫 *Omeipsis* sp.，cf. *Hoekaspis* sp.；腕足类 *Dinorthis* sp.　23.3 m

3. 上部黄绿色薄—中层细粒石英砂岩、砂质页岩，产二叶石 *Cruziana* sp. 及大量双壳类。中部灰黑、灰绿色薄层砂质条带状泥质粉砂岩及粉砂质页岩，产三叶虫 *Isoteloides* sp.，*Neseuretus* sp.；腕足类 *Dinorthis* sp. 及大量双壳类。下部黄绿色厚层泥质砂岩夹灰绿色页岩、砂质页岩　66.3 m

1. 灰色中厚层泥质粉砂岩夹灰黑色页岩，产三叶虫 *Isoteloides* sp.，*Hoekaspis* cf. *elongostus*，*Neseuretus birmanicus*；头足类 *Cameroceras mathieui*；腕足类 *Metorthis* sp.，*Lingulepis* sp.；双壳类 *Sphenotus* sp. 等，且沿层面分布　135.0 m

———————— 整　合 ————————

下伏地层：海东组　灰色细粒石英砂岩

【地质特征及区域变化】 分布于大理、金平、中甸一带。总的为灰绿、灰黑色页岩夹石英砂岩或不等厚互层。沉积韵律十分发育，具类复理石特征。底部一般为粉砂岩、页岩不等厚互层；中部为灰黑色页岩、板岩与粉砂岩、细粒石英砂岩不等厚互层；顶部为含砾不等粒砂岩夹板岩、页岩。大理地区上述三分性比较明显。金平、中甸地区岩石轻微变质，生物化石比较稀少，岩性上下差别不大。大理地区厚714 m，中甸、金平地区超过千米，达3 000 m以上。顶与南板河组粉砂岩、砂岩夹泥灰岩，底与海东组石英砂岩均为整合接触。

产笔石 *Didymograptus murchisoni*，*D. bifidus*，*Pseudoclimacograptus formosus*，*Phyllograptus anna*；三叶虫 *Neseuretus birmanicus*，*N. tungtzuensis*，*Hanchungolithus multiseriatus*，*Illaenus* sp. 等，时代为早奥陶世。

南板河组　*On*　(53-1109)

【创名及原始定义】　云南二区测队八分队（1975）创名于金平县营盘街南板河。原始定义为灰、褐灰色钙泥质粉砂岩、砂岩夹粉砂质、泥质灰岩，厚138～351 m。

【沿革】　胡荣民（1976）曾将其改名为铜厂组。云南地矿局（1990）和此次对比研究沿用南板河组及划分标准。

【现在定义】　灰色钙泥质粉砂岩、砂岩夹含砂泥质灰岩。顶以碎屑岩消失，斑块状含燧石结核灰岩及含硅质、砂泥质条带灰岩出现与上覆大坪子组分界；底以灰岩夹层消失，中粗粒长石石英砂岩、含砾砂岩出现与下伏向阳组分界。厚351 m。上与大坪子组，下与向阳组均为整合接触。

【层型】　正层型为金平县营盘街南板河—梭山河剖面（102°58′，22°51′），由云南二区测队八分队1975年测制。

【地质特征及区域变化】　该组呈北西—南东向条带状分布于中甸、大理、金平一带。总的为灰色钙泥质粉砂岩、细砂岩夹灰岩、泥灰岩。金平一带岩性变化不大，但厚度变化较大。上述正层型剖面处厚351 m，但剖面不远处仅厚13.8 m。大理一带上部灰岩成分增加，几乎全由陆屑粉晶泥灰岩、瘤状灰岩组成，仅下部为粉砂岩夹砂泥质灰岩，厚136 m。中甸一带岩石轻微变质，为变质石英砂岩、粉砂岩、板岩夹大理岩或灰岩，厚147～230 m。与上覆大坪子组含燧石结核、含砂泥质条带灰岩及与下伏向阳组中粗粒长石石英砂岩、砂砾岩均为整合接触。

该组在金平一带产三叶虫 *Calymenesun tingi*，cf. *Eatillaenus caecoides*；头足类 *Orthoceras* sp.；腕足类 *Orthisextensa*；海林檎 *Sinocystis yunnanensis*。大理一带含牙形石 *Eoplacognathus* sp.，*Belodella* sp.，*Cornuodus longibasis*，*Protopandrodus varicostatus*，*Ozarkodina* sp. 等。金平一带属中奥陶世，大理一带为中—晚奥陶世，是一穿时地层单位。

大坪子组　*OSdp*　(53-1110)

【创名及原始定义】　云南二区测队八分队（1975）创名于金平县铜厂乡大坪子。原始定义为含燧石结核、条带灰岩，含砂泥质条带灰岩、白云质灰岩。

【沿革】　胡荣民（1976）曾将其易名为平坝河组及白马寨组，但未被广泛采用。

【现在定义】　为含燧石条带灰岩、含砂泥质条带灰岩、泥灰岩。顶以白云岩、白云质灰岩出现与上覆康廊组分界，呈平行不整合接触；底以粉砂岩、砂岩出现与下伏南板河组呈整合接触。

【层型】　正层型为金平县大坪子剖面（102°59′，22°49′），副层型为金平县营盘街南板河—梭山河剖面（102°58′，22°51′），均由云南二区测队八分队1975年测制。

【地质特征及区域变化】　大坪子组分布于中甸、大理、金平北西向条带上。总的特征为含砂泥质条带、燧石结核或条带灰岩。金平一带中下部为含燧石条带结核灰岩、白云岩化灰岩；上部为含砂泥质条带灰岩。大理一带与金平相似，下部为深灰色薄—中层含燧石结核灰岩、泥晶灰岩、陆屑粉晶灰岩；上部为灰岩、白云质灰岩夹砂泥质条带灰岩。中甸一带岩石遭受变质，为中晶大理岩、条带状大理岩夹少许白云岩及微晶片岩。大理最厚，为 387～720 m；金平最薄，为 32～158 m；中甸为 123～490 m。与下伏南板河组整合接触；与上覆康廊组平行不整合接触，局部整合接触。

金平地区产珊瑚 *Ageiolites oculiporoides*，*A. mirabilis*。大理地区产牙形石 *Spathognathodus celloni*，*Ozarkodina adiutricis*，*Hadrognathus* sp. 等，时代分别为晚奥陶世和晚奥陶世—早志留世。

康廊组　**Sk**　(53－1005)

【创名及原始定义】　云南一区测队五分队（1973）创名于洱源县康廊。原始定义为白云质灰岩、白云岩，底部有 20 m 含砾砂岩，超覆在挖色花岗岩体之上，上覆为青山组。时代属早泥盆世。

【沿革】　云南地矿局（1990）将其归入宾川群底部，时代为中—晚志留世。此次对比研究将康廊组含义缩小为原白云质灰岩、白云岩，时代为中—晚志留世。

【现在定义】　白云质灰岩、白云岩。顶以块状灰岩出现与青山组分界，呈整合接触。底以含砾砂岩出现与向阳组分界，呈平行不整合接触。

【层型】　正层型为洱源县横箐—青山（康廊）剖面（100°14′，25°51′），由云南一区测队五分队 1973 年测制。

上覆地层：青山组　深灰色灰岩

———————— 整　合 ————————

康廊组	总厚度 1 097.1 m
8—7. 灰色厚层白云质灰岩、白云岩，具硅质结核或团块。产珊瑚化石 *Squameofavosites* sp.，*Holmophyllum* sp.，*Dentilasma honorabilis*，*Cystiphyllum* sp. 等。夹多层层孔虫礁白云质灰岩	329.1 m
6—3. 浅灰色中—厚层白云岩、白云质灰岩，微含砂质	753.5 m
2. 硅质条带白云岩、白云质灰岩，含泥质	14.5 m

－－－－－－－ 平行不整合 －－－－－－－

下伏地层：向阳组　含砾砂岩

【地质特征及区域变化】　分布于中甸、大理、金平地区。白云质灰岩、白云岩等碳酸盐岩，多为后期白云岩化的产物。区域上可见中甸一带岩石轻微变质，为结晶白云岩夹大理岩、结晶灰岩及泥岩。金平地区上部白云质灰岩夹白云岩化灰岩；下部为含硅质、泥质白云质灰岩、白云岩，局部夹少许灰黑色页岩及粉砂岩。厚度由北向南逐渐增大，中甸 402～500 m，大理 603～1 097 m，金平 792～1 206 m。洱源正层型剖面上，底与向阳组含砾砂岩为平行不整合接触。但区域上，下伏地层尚有大坪子组砂质、硅质条带灰岩、白云质灰岩，二者间部分地区为整合接触，部分地区为平行不整合接触。

含牙形石 *Ozarkodina orfuformis*，*Neoprioniodus costatus*，*Spathognathodus inctiatus*，*S. crispus*，*Pelekysgnathus* sp.；珊瑚 *Syringopora* sp.；三叶虫 *Kailia intersulcata*，*Encrinuroides* sp. 等，时代为中—晚志留世。大理五福山上覆青山组下部仍含晚志留世牙形石，两组界线应

在晚志留世内。

稗子田组　S_2b　(53－1006)

【创名及原始定义】　四川区域地层表编写组（1978）创名于四川省盐源县稗子田。原始定义：以灰、深灰色网纹状泥质灰岩、泥灰岩为主，时夹碳质灰岩。与下伏龙马溪组碳质、硅质页岩及上覆中槽组砂泥岩为整合接触。

【沿革】　云南省宁蒗、丽江东部地区中志留统泥质网纹状灰岩与四川省盐源地区十分相似。倪寓南等（1982）曾将这段岩层创名下胖罗组。据命名优先的原则，此次对比研究采用稗子田组命之。

【现在定义】　以灰、深灰色网纹状泥质灰岩、泥灰岩为主，时夹碳质灰岩、角砾状灰岩等。含珊瑚、三叶虫、腕足类、笔石等化石。与下伏新滩组含笔石页岩、硅质岩及上覆中槽组深灰色砂泥岩均为整合接触。

【层型】　正层型为四川省盐源县稗子田剖面。省内主要参考剖面为丽江县下胖罗剖面（100°30′，27°20′），由云南一区调队四分队1977年测制。

【地质特征及区域变化】　仅见于宁蒗及丽江东部局部地段。岩性比较稳定。主要为灰色中厚层泥质网纹状灰岩、泥质条带灰岩，局部地段下部夹少许薄层硅质岩及黑色有机质泥灰岩。厚7.2～125.5 m。上覆地层为中槽组夹页岩之灰岩及泥灰岩，下伏地层为新滩组灰色薄层状笔石页岩夹泥灰岩，分界标志比较明显。

组内生物化石主要有笔石 *Cyrtograptus* sp.，*Monograptus* sp.；牙形石 *Pterospathodus amorphognathoides*，*Belodella* sp.，*Ozarkodina* sp.，*Neoprioniodus* sp.，*Panderodus gracilis*，*P. unicostatus*，*Apsidognathus tuberculatus* 等，时代为中志留世。

中槽组　$S_3\hat{z}$　(53－1007)

【创名及原始定义】　四川区域地层表编写组（1978）创名于四川省盐源县树棵乡中槽。原始定义为深灰、灰黑色砂质泥岩与硅质泥质结晶灰岩呈不等厚互层，夹石英细粉砂岩。

【沿革】　省内宁蒗及丽江东部地区的志留纪地层，长期都未进行详细研究和岩石地层单位划分，只作过一般的年代地层划分。倪寓南等（1982）据岩石组合特征将上志留统深灰色含泥质及硅质条带状灰岩、白云岩、页岩对比为四川盐源地区中槽组。

【现在定义】　深灰、灰黑色砂质泥岩与硅泥质结晶灰岩呈不等厚互层，夹石英细、粉砂岩及硅质岩。含笔石、腕足类等化石。与下伏稗子田组呈整合接触，顶部出露不全。

【层型】　正层型为四川省盐源县树棵乡中槽剖面。省内主要参考剖面为丽江县下胖罗剖面（100°30′，27°20′），由云南一区调队四分队1977年测制。

【地质特征及区域变化】　仅见于丽江下胖罗、宁蒗泸沽湖局部地区。一般上部为深灰色薄层钙质页岩；下部为灰、深灰色灰岩、泥质灰岩夹页岩。灰岩具黑色硅质条纹。局部地段夹硅质岩。厚41～61 m。顶与上覆青山组灰岩间被辉绿岩床侵入，推测二者间为整合接触。底与下伏稗子田组泥质网纹状灰岩亦为整合接触。局部地段如泸沽湖附近，该层位为白云质灰岩、白云岩夹灰岩及页岩、砂砾岩，岩性较为特殊，与中槽组差别较大，而与丽江西部及中甸、大理一带的康廊组相近，这可能是该区处于不同相区过渡交叉相变地带的缘故。

组内含笔石 *Pristiograptus* ex gr. *dubius*，*P.* cf. *meneghini*，*Monograptus* sp. 等。下胖罗剖面上部见有鱼骨碎片及鱼鳍与上述笔石共生。阿冷初一带上覆青山组底部有几十米厚的薄层灰岩夹页岩，岩性与中槽组相似，含竹节石 *Paranowakia bohemica* 及珊瑚化石。中槽组时代主要为晚志留世，局部地段可能延至早泥盆世。

汤池组　O_1t　(53-1111)

【创名及原始定义】　边兆祥[①]（1940）创名于宜良县凤鸣村。原始定义：大部为灰绿、黄灰色页岩，间有小部分砂岩。与下伏石田系半结晶灰岩呈平行不整合接触。含三叶虫化石，时代为早奥陶世。

【沿革】　创名时称汤池系、汤池页岩。郭文魁（1941）将昆明地区下奥陶统砂岩、页岩统称红石崖页岩。卢衍豪（1959）将昆明市二村红石崖页岩剖面下部灰色页岩划出对比为汤池组，把上部杂色砂、页岩称红石崖组，后被沿用。云南二区测队七分队（1971）曾将汤池组顶界上移至紫色层内。此次对比研究采用卢氏划分意见。

【现在定义】　灰绿色页岩夹黑色含锰砂岩或呈互层。与下伏龙王庙组及上覆关底组均为超覆的平行不整合关系。昆明地区上与红石崖组杂色砂、页岩呈整合接触，且砂岩中也不含锰。

【层型】　选层型为宜良县汤池镇石板沟剖面（103°15′，25°03′），由云南二区测队七分队1973年测制。

上覆地层：关底组　灰绿色粉砂岩、砂岩

——————— 平行不整合 ———————

汤池组　总厚度 98.3 m

21—14. 灰绿、灰黑色页岩与褐灰色细粒石英砂岩、粉砂岩近等厚互层，中间部分被掩盖　76.8 m

13—11. 褐色含锰砂岩夹灰绿色页岩，产双壳类 *Modiolopsis* sp.，*Cypricardinia prisca*；腕足类 *Orthis* sp.　11.2 m

10—1. 灰绿色页岩、褐黄色细粒石英砂岩互层，夹多层褐黑色锰土层，砂岩局部含锰。产三叶虫 *Psilocephalina* sp.；双壳类 *Cypricardinia prisca*；腕足类 *Orthis* sp.　10.3 m

——————— 平行不整合 ———————

下伏地层：龙王庙组　灰色白云岩

【地质特征及区域变化】　分布于宜良、昆明、曲靖、武定等地。命名地宜良一带均未见顶，为关底组杂色砂泥岩平行不整合覆盖。上部为灰绿色页岩夹褐黄色细粒石英砂岩；下部为互层状灰绿色页岩及褐黄、灰色细粒石英砂岩夹褐黑色锰土层，厚27.6～109.8 m。昆明地区顶底出露较全。上部为灰绿色页岩夹灰白色细粒石英砂岩；下部以灰、灰绿、灰白色细粒石英砂岩为主夹灰绿色页岩，厚72～113 m。顶与红石崖组紫红、灰绿等杂色条带状砂页岩呈整合接触，底与双龙潭组泥质灰岩为平行不整合接触。武定、曲靖、马龙下部石英砂岩含锰，局部含胶磷矿。厚50.5～119.1 m。顶被梁山组不整合覆盖，底与双龙潭组砂泥质灰岩或西王庙组白云岩平行不整合接触。

汤池组含三叶虫 *Psilocephalina shui*，*Taihungshania miqueli*，*Symphysurus kuoi*，*Tungtzuella yunnanensis*；二叶石 *Cruziana* sp. 等，时代为早奥陶世。

红石崖组　$O_1h\hat{s}$　(53-1112)

【创名及原始定义】　郭文魁（1941）命名于昆明市二村红石崖。原始定义：主要由绿色和紫色页岩组成，常见砂岩夹层。厚272 m。据化石和页岩特征由上而下分六层：红色页岩及

---

① 边兆祥，1940，云南宜良嵩明间大煤山煤田，地质汇报，33号，51—58（内刊）。

砂岩，上部砂页岩，造崖砂岩，紫色页岩，下部砂页台，底部砾岩。

【沿革】 创名时称红石崖层。卢衍豪（1959）将上部杂色（紫红、灰绿色等）条带状砂岩、页岩称红石崖组，后被广泛采用。云南二区测队七分队（1971）以古生物标准划分，曾将下界提高到紫色层中。此次对比研究采用卢氏划分意见。

【现在定义】 杂色（紫红、灰绿色等）条带状页岩、砂岩。下与汤池组砂岩、页岩呈整合接触，顶常被海口组超覆，出露不全。

【层型】 正层型为昆明市二村红石崖剖面（102°35′，25°12′），由郭文魁1941年测制。

上覆地层：海口组 石英砂岩

——————（超覆）平行不整合 ——————

红石崖组	总厚度 227.4 m
14. 紫红、灰绿色云母质页岩夹淡红色云母砂岩，含二叶石 *Cruziana* sp. 及虫管构造	80.0 m
13. 淡红色长石砂岩	10.0 m
12. 绿色页岩夹砂岩，含 *Didymograptus deflexus*，*Taihungshania brevica*，*T. omeishanensis*；*Orthis* sp.，*Lingula* sp.	20.0 m
11. 粉白、黄灰色厚—薄层砂岩，具十字交错斜层理及黑色镜铁矿，夹少量绿色页岩，常见双壳类化石	45.0 m
10. 浅绿灰色和黑灰色云母质页岩	25.0 m
9. 白色细粒含云母砂岩及紫、绿色砂质云母页岩，砂岩中具十字交错斜层理及波痕	20.7 m
8. 紫红色含云母页岩，部分变化为绿色者中含二叶石 *Cruziana* sp.	26.7 m

———————— 整 合 ————————

下伏地层：汤池组 灰色砂岩及灰绿色云母质页岩

【地质特征及区域变化】 红石崖组分布于昆明、宜良、武定、禄劝、曲靖、东川、鲁甸等地。总的为紫红、灰绿、灰白等杂色条带状互层粉砂岩、页岩、长石石英细砂岩。区域上由南向北、由西向东，有粒度由粗变细、厚度变薄、紫红色条带逐渐减少的趋势。昆明、武定、禄劝一带厚189～389 m。鲁甸、巧家、昭通，主要为杂色条带状粉砂岩、页岩，砂岩夹层较少，灰岩夹层增多，厚92～98 m。向北至永善、大关，向东至镇雄，紫色层完全消失，相变为湄潭组灰、灰绿色页岩、粉砂岩。顶与上覆巧家组灰白色石英砂岩为整合接触，局部地段为关底组、海口组平行不整合覆盖。底与汤池组整合接触，或超覆于寒武系之上。

组内生物化石主要有 *Taihungshania brevica*，*T. omeishanensis*，*Psilocephalina* sp.，*Didymograptus fuminensis*，*D. deflexus*，*D. geminus*，*D. obesus* 等，时代属早奥陶世。

巧家组 Oq (53-1114)

【创名及原始定义】 郭文魁等① (1942) 创名于巧家县牛角厂。原始定义：下部主要为薄层灰岩，间夹页岩，其间数层几乎全由腕足类化石碎片组成；中部为白色砂岩，中部与下部间每夹鲕状铁质页岩一层，铁质富集时可成铁矿；上部为灰绿色页岩夹砂岩。顶部有结核状灰岩数层。含 *Yangtzeella poloi*，*Bathyurus* sp. 等，时代为早奥陶世晚期—中奥陶世早期。

【沿革】 创名时称巧家层，置于艾家山系下部。张文堂（1962）改称巧家组。胡荣民（1976）据巧家组上部所含化石，将其一分为二，分别称上巧家组、下巧家组，后被沿用。由

① 郭文魁等，1942，云南永善鲁甸巧家地质矿产，前资源委员会西南矿产测勘处临时报告，26号（内刊）。

于上、下岩性差别不大，中部所夹赤铁矿层也不稳定，此次对比研究恢复原定义，采用巧家组。

【现在定义】 为灰绿、灰白色页岩、粉砂岩、砂岩夹灰岩、白云岩，或不等厚互层。中夹黄红色鲕状赤铁矿层或铁质页岩。顶以页岩消失，泥质灰岩、白云岩出现与上覆大箐组分界；底以杂色（紫红、灰绿等）条带状砂页岩出现与下伏红石崖组分界。上、下均呈整合接触。

【层型】 正层型为巧家县牛角厂剖面（103°11′，27°02′），由郭文魁等1942年测制。

上覆地层：大箐组 泥质灰岩

——————— 整 合 ———————

巧家组	总厚度130.6 m
9. 暗绿色页岩夹泥质灰岩	20.0 m
8. 灰绿色粘土状页岩夹薄层砂岩，产三叶虫 *Bathyurus* sp.，*Calymenesun* sp.；腕足类 *Orthis* sp.，*Strophomena* sp.	40.0 m
7. 白、黄、绿色砂岩，产三叶虫 *Ampyx* cf. *macalumi*，*Basiliella yunnanensis*，*Calymenesun tingi*，*Illaenus* sp.	16.0 m
6. 黄红色鲕状铁质页岩，含腕足类 *Yangtzeella poloi*	6.0 m
5. 暗灰色薄层灰岩夹页岩，含腕足类 *Clitambonites* sp.	18.0 m
4. 黄色纹层状结晶灰岩夹页岩	5.1 m
3. 黑色页岩夹砂岩，含二叶石 *Cruziana* sp.，底部有0.5 m厚的结晶灰岩	10.5 m
2. 黄红色砂岩	15.0 m

——————— 整 合 ———————

下伏地层：红石崖组 杂色（灰绿、紫红、灰等）页岩、砂岩

【地质特征及区域变化】 巧家组分布于昆明、武定、禄劝、曲靖、会泽、鲁甸、巧家等地区。总体上地质特征是：上部为灰、灰绿色砂页岩夹泥质灰岩、泥质瘤状灰岩、生物碎屑灰岩；中部为蓝、灰绿色粉—细砂岩、黄红色铁质砂页岩夹鲕状赤铁矿层；下部为灰绿、灰白色细砂岩夹灰岩、白云质灰岩。厚190～276 m。区域上向南至武定、马龙、寻甸等地，上部多被剥蚀，仅保留中、下部白云岩、泥质灰岩夹砂岩、页岩，以及底部石英砂岩、粉砂岩。厚181～260 m。再南延至石屏县双箐一带，仅残存底部的石英砂岩、粉砂岩。厚64 m。向北可见粒度变细，钙质泥岩、泥灰岩、生物灰岩夹层增多，厚度变薄趋势。如昭通烂田坝几乎全为钙质泥岩、泥灰岩、生物碎屑灰岩，厚仅100 m左右。顶与大箐组、底与红石崖组均为整合接触。

中部赤铁矿层在巧家新店子、河柴山一带较为稳定，有2～3层，每层厚0.5～1 m左右，个别层厚可达3 m。但向南至会泽消失了。北部昭通一带个别地区仅见一层，大部分地区未见。

巧家组含三叶虫 *Calymenesun tingi*，*Birmanites* sp.，*Neseuretus* sp.；笔石 *Didymograptus murchisoni*，*D. nanus*，*Glyptograptus teretiusculus*；腕足类 *Yangtzeella* sp.，*Clitambonites* sp.，时代为早奥陶世晚期—中奥陶世早期。

大箐组 OS*d* (53-1115)

【创名及原始定义】 郭文魁等（1942）创名于巧家县牛角厂。原始定义：此层属于艾家山系上部，为灰岩，厚220 m。灰岩下部含泥质，呈薄层或结核状构造，中部富含铁质，上部变为薄层。于巧家大箐在其顶部首次获 *Stereoplasmoceras pseudoseptatum*，故曰大箐灰岩层。

【沿革】 张文堂（1962）改称大箐石灰岩组。贵州地质局等（1965）、云南二区测队七分队（1976）、云南二区测队一分队（1978）基本维持原含义，仅个别者将其顶部泥质白云岩部分划为早志留世龙马溪组。胡荣民等（1982）曾将其分两段，上段称王家河坝组，下段称大箐组。本书仍维持其原含义，但时代应归为中奥陶世—早志留世。

【现在定义】 巧家组砂页岩之上的一套白云质灰岩，顶底为灰岩。上为嘶风崖组杂色砂页岩平行不整合覆盖。

【层型】 正层型为巧家县牛角厂剖面（103°11′，27°02′），由郭文魁等1942年测制。

上覆地层：嘶风崖组 泥质石英砂岩

——————— 平行不整合 ———————

大箐组	总厚度 220 m
12. 薄层灰岩，产头足类 *Stereoplasmoceras pseudoseptatum*	55 m
11. 暗灰、浅灰色厚层—块状白云质结晶灰岩，富含铁质	150 m
10. 灰、浅灰色薄层含泥质灰岩，显龟裂纹构造	15 m

——————— 整 合 ———————

下伏地层：巧家组 暗绿色页岩夹结核状灰岩

【地质特征及区域变化】 出露范围为昭通、鲁甸、巧家、会泽一带。正层型剖面大部为白云质灰岩、灰岩。在距牛角厂不远的新店子、河柴山等处，该组主要为一套灰—深灰色中厚层微晶—中晶白云岩，厚85～313 m。故后来沿用的大箐组，是指白云岩、白云质灰岩的含义。区域上局部地段中、下部夹少量灰岩，灰岩具龟裂纹构造，这可能是与东部镇雄永善地区的宝塔组横相上的交叉相变有关。本组在昭通西部及四川金阳一带，由下而上可划为三部分：下部为白云岩；中部为含燧石结核、条带白云岩夹少许钙泥质粉砂岩；上部为白云岩、泥质白云岩、白云质内碎屑灰岩；顶为钙泥质粉砂岩夹生物灰岩。厚432～450 m。上部含腕足类 *Marcklandella qianbeiensis*，笔石 *Climacograptus* sp.，珊瑚 *Paraeofavosites* sp.；中部含笔石 *Dicellograptus ornatus*，*Orthograptus truncatus*，三叶虫 *Triarthrus* cf. *sichuanensis*。其他剖面上尚见腕足类 *Dalmanella* sp.，*Mimella* sp.，珊瑚 *Plasmoporella* cf. *arcatabulata*，*Leolasma* sp.，头足类 *Stereoplasmoceras pseudoseptatum*，时代为中奥陶世—早志留世。顶部部分地区为缩头山组平行不整合覆盖，部分地区与嘶风崖组或黄葛溪组平行不整合接触。

澄江组 $Z_1\hat{c}$ （53-1321）

【创名及原始定义】 谢家荣（1941）创名于澄江县城附近。原始定义指伏于冰碛层之下的长石质粗砂岩。

【沿革】 创名时称澄江长石质粗砂岩，划属震旦纪。Misch（1942）改称为澄江砂岩系，划属中震旦世。全国地层委员会（1962）将澄江砂岩与上覆冰碛层统称澄江组，划属下震旦统。云南地质厅石油地质队二分队①（1962）将澄江组一名限用于南沱冰碛岩之下的砂岩，为此次对比研究采用。

【现在定义】 暗红、紫红、土红色长石石英粗砂岩、石英砂岩夹黄绿色页岩，砂岩中含小泥砾，发育交错层理。顶被南沱组冰碛砾岩不整合覆盖，正层型处未见底。区域上该组下部普遍有紫红色或浅灰色砾岩层，不整合于老岩层之上。

① 云南地质厅石油地质队二分队，1962，云南东部寻甸—华宁普查报告（内刊）。

【层型】 选层型为澄江县城北凤凰山—解家坟剖面（102°55′，24°41′），由云南地质厅石油地质队二分队（1962）实测。

上覆地层：南沱组 紫红色冰碛砾岩

~~~~~~~~~~ 不整合 ~~~~~~~~~~

澄江组	总厚度 616.6 m
4. 暗红色厚层含长石石英粗砂岩，含少量泥砾	68.1 m
3. 棕红色中层粗粒石英砂岩夹薄层状黄绿色粗粒石英砂岩。交错层理很发育，含较多的泥砾，泥砾多为方块或棱角状	159.9 m
2. 紫红色中薄层细砂岩夹薄层黄色泥质页岩。砂岩中多含暗红色泥砾	208.2 m
1. 土红色薄中层细中粒石英砂岩夹黄绿色页岩。砂岩中含较小的泥砾，并发育交错层理（未见底）	180.4 m

【地质特征及区域变化】 该组以紫红、灰紫色中厚层—块状中、细粒长石石英砂岩、岩屑砂岩为主，具大型斜层理、交错层理为特征，常具波痕、泥裂等层面构造。在昆明野猪阱，该组中含微古植物 *Polyporata* sp.，*Trachysphaeridium simplex*，*Retinarites irregularia*，*Dictyosphaera* sp.。

澄江组分布在元谋—绿汁江—元江一线以东的滇东区。大部分地区岩性较稳定。在武定猫街—绿丰罗茨一带，该组下部有厚133～290 m 的灰绿、灰褐色具气孔构造碱性玄武岩和粗安岩夹凝灰岩及凝灰质砂岩，火山岩与紫红色长石石英砂岩相间互层。在巧家县渭姑，该组下部夹英安斑岩、酸性凝灰岩，上部为紫红色中粗粒岩屑石英砂岩与中—酸性熔岩、玄武岩、火山角砾岩、凝灰岩互层。

该组厚度由西向东有薄—厚—薄的变化趋势。石屏西瓜箐厚 521 m，建水田房厚 2 154.6 m，峨山厚 612 m，玉溪橡子山厚 1 798.6 m，晋宁王家湾厚 279.8 m，宜良西边村厚大于439.7 m，武定猫街一带厚 562～1 539.2 m。禄劝金沙江畔付腥田厚 1 844 m，顶部长石砂岩含铜。巧家渭姑厚大于 702 m。

陆良组 Z_1l (53－1323)

【创名及原始定义】 刘鸿允等（1983）创名于陆良县。原始定义分上、下两段：下段为灰、灰绿色泥岩及硅质粉砂岩夹紫红色岩屑细砂岩及多层凝灰岩、凝灰质粉砂岩，下部有黄白色中粗粒岩屑砂岩，底为砾岩；上段为灰紫、浅灰色细—中粒岩屑长石砂岩夹灰绿色泥质粉砂岩。顶与牛头山组呈过渡关系，底角度不整合于昆阳群板岩之上。

【沿革】 创建陆良组时，划属下震旦统。鄢芸樵等（1986）将这套地层划分为两个组：相当于陆良组上段的称鼠街组，相当于陆良组下段的称小北山组，认为陆良组底砾岩只是小北山组的层间砾岩，将牛头山组、鼠街组、小北山组划属青白口系。云南地矿局（1990）采用刘鸿允等（1983）的划分方案。

【现在定义】 上部为灰—灰紫色岩屑砂岩夹灰、灰绿色泥质粉砂岩及泥岩；下部为灰—灰白色含砾岩屑砂岩及泥质粉砂岩、硅质粉砂岩，夹灰紫色粉砂质泥岩及多层凝灰岩。底为8.7 m 厚的砾岩不整合于昆阳群板岩之上，顶与牛头山组为渐变过渡。

【层型】 正层型为陆良县牛头山地区剖面，位于陆良县城西北 12 km 水井子—望香台（103°37′，25°06′），由刘鸿允等（1983）测制。

【地质特征】 该组仅出露于牛头山区，岩性稳定，总厚度 1 391.8 m。据鄢芸樵等
~~~~~~~~~~

(1986)研究，该组下部产微古植物 8 个属 9 个种，主要有 *Leiopsophosphaera solida*，*L. minor*，*Trachysphaeridium planum*，*T. simplex*，*T. incrassatum*，*Microconcentrica* sp.，*Zonosphaeridium* sp.，*Nucellosphaeridium yunnanense*，*Orygmatosphaeridium minutum*，*Laminarites antiquissimus*，*Lignum nematoidum*。

牛头山组　Z_1nt　(53－1322)

【创名及原始定义】　刘鸿允等（1963）创名于陆良县与马龙县交界处的牛头山（也称牛首山）。刘鸿允等 1983 年进一步阐明该组原始定义为：下部为杂色（灰绿、黄绿、灰紫、棕红等色间互）泥岩、硅质及长石质粉砂岩互层，夹硅质岩、凝灰质砂岩及细粒长石砂岩；中部灰绿及黄绿色泥岩、粉砂岩互层，夹流纹质凝灰岩与细粒岩屑砂岩；上部灰绿、黄绿色粉砂岩、细粒长石砂岩与灰绿色酸性凝灰岩、肉红色硅质岩及泥质硅质岩互层。下与陆良组整合，上为南沱组不整合覆盖。

【沿革】　创建牛头山组时，划属下震旦统。云南地质局（1966）将这套地层划归元古界昆阳群湾子洼组。云南二区测队七分队（1972）将牛头山组含义扩大为包含其以下近 1000 m 厚的地层，分为上、中、下三段，划属元古界。刘鸿允等（1983）进一步明确牛头山组原含义，将其下近 1000 m 厚的地层命名为陆良组，均划属下震旦统。

【现在定义】　以灰绿、黄绿色为主下部杂以灰紫、棕红色的泥岩、粉砂岩互层，夹有较多的硅质岩、流纹质凝灰岩、细粒长石砂岩。底与陆良组灰紫色中粒砂岩整合过渡，顶与南沱组冰碛砾岩不整合接触。

【层型】　正层型为陆良县牛头山区剖面，位于陆良县城西北牛头山庙—鼠街（103°34′，25°10′），由刘鸿允等（1983）重测。

【地质特征及区域变化】　该组仅分布在牛头山区及会泽驾车湾白屋基附近，另在澄江补益村有少量出露。岩性组合特征显著，区域变化很小。牛头山区厚 496 m。会泽驾车湾白屋基厚 345.7 m，底与澄江组整合，顶被南沱组冰碛砾岩不整合覆盖。

南沱组　Z_1n　(53－1320)

【创名及原始定义】　Blackwelder (1907) 创名于湖北宜昌市莲沱王丰岗南沱。原始定义：指伏于大套石灰岩之下的砂质和泥质岩石组成的南沱层（Nantou Formation）。出露于南沱陡壁之下的缓坡上，这套岩层的底部由长石石英砂岩和砾岩组成。下部呈紫褐色，向上渐变成白色和紫色石英岩，厚度约 45 m；上部出露 35 m 厚的硬质块状泥砾层或冰碛岩，既不呈片状也不成层。这是一套绿色粗砂质粘土岩，结构杂乱，碎屑呈棱角状和无分选性的地层系列。

【沿革】　创名者原称南沱层。边兆祥[①]（1940）与王曰伦在宜良二龙戏珠发现震旦纪紫红色砾岩及页岩，认为可能相当于南沱冰碛层。谢家荣（1941）将澄江附近长石质粗砂岩之上的砾岩称“冰碛层”。Misch（1942）称之为“南沱冰碛岩及其上覆紫色页岩”，划属上震旦统。全国地层委员会（1962）将冰碛砾岩与上覆紫色页岩统称南沱冰碛层，划属下震旦统澄江组上部。云南地质厅石油地质队二分队（1962）改称南沱组，属早震旦世。刘鸿允等（1963）将南沱组分为冰碛岩段和紫色页岩段，划属晚震旦世。此次对比研究采用南沱组。

【现在定义】　灰绿、紫红色冰碛泥砾岩，上部夹薄层砂岩透镜体，泥砾岩中的砾石无分选性，其表面见擦痕，厚 63 m。上覆为陡山沱组，呈平行不整合接触，以白云岩的底面为界。底平行不整合于莲沱组之上，以泥砾岩的底面为界。

---

① 边兆祥，1940，云南宜良嵩明间大煤山煤田，地质汇报，33 号（内刊）。

【层型】 选层型为湖北宜昌县莲沱王丰岗剖面，位于宜昌县莲沱镇王丰岗（111°09′，30°51′），由李四光（1924）测制。次层型是云南晋宁王家湾剖面（102°44′，24°34′），由曹仁关等（1980）测制。

【地质特征及区域变化】 云南东部南沱组岩性明显可分为上、下两部分，上部为紫红色间以绿色的纹层状页岩，下部为块状泥砾岩。泥砾岩之砾石成分复杂，有近源的石英岩、砂岩、板岩、千枚岩，也有远源的花岗岩、辉绿岩、凝灰岩等。砾石磨圆度较差，分选很差，砾径从数毫米至数十厘米，最大者大于1 m，胶结物为紫红色泥质及粉砂、细砂质。砾石表面常见多组擦痕、压坑、磨光面等冰川活动特征现象。该组底平行不整合或不整合于澄江组之上，局部直接超覆于昆阳群之上。顶与观音崖组整合接触。晋宁王家湾剖面该组上部含微古植物 *Polytorata* cf. *obsoleta*，*Trematosphaeridium minutum*，*Trachysphaeridium* sp.。

南沱组分布在元江洼垤街—玉溪—嵩明—东川一线以东的滇东地区。下部砾岩、上部页岩的层序稳定，总厚度在9.6～183.5 m之间。各地总厚度变化以及上、下部厚度之比例则无规律可循，这可能是当时堆积基底起伏不平以及各处冰川携带物数量多寡不均所致。石屏斐尼砾岩厚10.7 m，页岩厚108.4 m；石屏大桥砾岩厚33.9 m，页岩厚7.3 m；玉溪小石桥总厚9.6 m；晋宁王家湾砾岩厚7.71 m，页岩厚16.77 m；马龙鲁泽砾岩厚122.7 m，页岩厚60.8 m；巧家东坪小坡角砾岩厚3.2 m，页岩厚14.9 m。

【其他】 南沱组下部泥砾岩显块状构造，砾石无分选，磨圆度多较差，砾石表面常有多组擦痕、压坑、磨光面等冰川活动痕迹；上部纹层状页岩，具有密集的毫米级色调韵律（紫红、灰红、灰绿色交替）和粒度韵律（含泥粉砂、含粉砂泥、泥质三者交替），水平层理，显冰湖沉积特点；在江川九溪、石屏大桥，分别保存有冰碛砾岩之下的澄江组砂岩顶面上的冰溜面和冰擦痕。这些都显示滇东南沱组下部为冰川堆积物，上部为冰湖沉积物，属大陆冰川沉积。

需要一提的是，曹仁关等（1992）记叙了华坪县通达观音崖组底砾岩平行不整合面之下，伏有可见厚度为1.58 m的紫红、暗紫、灰绿色薄层页岩夹粉砂岩、细砂岩，并认为是南沱组上部岩层。除此书外，还没有在昆明以西存在南沱组的报导。本书认为上述发现还有待进一步研究。

陡山沱组 Z_2d (53－1319)

【创名及原始定义】 系由李四光、赵亚曾（1924）创名的陡山沱岩系（Toushantou series）演变而来。命名地点在湖北宜昌市陡山沱。原始定义："中震旦系，陡山沱岩系：它主要含页岩和薄层石灰岩。在下部主要为页岩，……含有盘状黑色燧石的硬质页岩是这个地层下部的突出特征。……顺次地向上追索，页岩渐渐变得富于钙质。它们先后顺序是：最初为泥质的层纹状蓝色硬石灰岩，其次局部呈鲕状的纯石灰岩层，最后是薄层状白云岩局部被砂质页岩覆盖。"

【沿革】 创名时称陡山沱系，后被改称为组。刘鸿允等（1963）首先将陡山沱组一名引用于滇东地区，之后被云南区测队（1965）和云南二区测队所属各分队在1∶20万区调报告中采用。刘鸿允等（1973）将马龙等地与陡山沱组层位相当而有较多石英砂岩的地层命名为纳章组，以后不同作者对这一地层有不同的称呼：王家湾组、鲁拿寺组、观音崖组、纳章组、陡山沱组。本书认为，滇东已研究过的大量晚震旦世早期地层剖面中，只有东川莱园大黑山村有与湖北峡东陡山沱组相似的地层，其他处地层则与盐源—丽江地区的观音崖组更相似。

【现在定义】 灰、褐灰、灰白色白云岩为主。下部为灰—褐灰色白云岩，含泥质和硅质磷质结核；中部为灰黑色页片状含粉砂质白云岩；上部灰、灰白色中—厚层状白云岩夹硅质层及含燧石团块。其顶部以一层黑色碳质页岩与上覆灯影组分界，呈过渡关系。底部以一层含砾白云岩消失与下伏南沱组分界，呈平行不整合接触。

【层型】 选层型是湖北宜昌县莲沱田家园子剖面，位于宜昌县莲沱陡山沱的长江对岸田家园南山坡（111°05′，30°50′），由赵自强等（1985）实测。次层型是云南东川市菜园大黑山村剖面（103°02′，26°10′），由云南区调队八分队（1980）实测。

【地质特征】 在云南仅分布于东川菜园大黑山村附近。为浅灰色薄层状泥质白云岩夹灰黑色薄层状碳泥质白云岩，底为0.2 m厚的黄色含砾砂岩（局部含孔雀石）。厚11.2 m，底不整合于澄江组灰紫色长石石英砂岩之上。

观音崖组 Z_2g （53－1318）

【创名及原始定义】 张云湘等（1958）创名于四川会理县力马河南小关河附近的观音崖。原始含义：为紫、灰紫色板状页岩夹黄色页岩，向上过渡为与泥质灰岩或白云质灰岩之互层，厚150 m。位于以石英砂岩及石英砂砾岩为主的乌拉砂岩之上，灯影白云岩之下。

【沿革】 云南地质局区测队（1965）首次引进观音崖组一名，指永仁—宁蒗一带不整合于前震旦纪变质岩或岩浆岩之上、整合于灯影组白云岩之下的一套碎屑岩层，划属上震旦统。云南区域地层表编写组（1978）将该组下部碎屑岩层称陡山沱组，将上部粉砂岩夹灰岩划属灯影组。云南区调队四分队（1980）将下部碎屑岩部分称观音崖组，将其上的地层都划归灯影组。杨暹和等①（1981）将华坪及滇东区灯影组之下、南沱组之上或直接不整合于变质岩、岩浆岩之上的地层统称观音崖组。

【现在定义】 岩性以紫红、灰黄等色砂岩、页岩为主，上部夹灰岩及白云岩，厚10～522 m，含微古植物化石。底部常有白色含砾石英砂岩，划分标志清楚。与下伏澄江组砂岩、晋宁期石英闪长岩、花岗岩均呈平行不整合或不整合接触，与上覆灯影组灰色厚层白云岩或白云质灰岩呈整合过渡。

【层型】 选层型是四川省盐边县把关河剖面，由四川地质局一区测队一分队（1972）测制。次层型是云南华坪县瓦拉坪剖面（101°01′，26°37′），由云南地质局一区测队二分队（1966）测制。

【地质特征及区域变化】 观音崖组分布在华坪—永宁一带及滇东地区。在华坪一带，该组下部为黄绿、紫红色中层状中粒海绿石砂岩、长石石英砂岩及长石砂岩，中、上部为紫、灰绿色板状泥质页岩夹泥质灰岩、钙质白云岩及粉砂岩，中部夹透镜状石膏层，下部含胶磷矿角砾。底不整合于苴林群变质岩之上。

次层型之西北宁蒗县天生桥，该组下部以白色厚层块状石英砂岩为主。由次层型往东，石英砂岩数量逐渐增多，碳酸盐岩逐渐减少。元谋车良地该组下部为灰白色厚层状石英砂岩及少量长石砂岩夹细砾岩，中、上部为紫红、灰绿色页岩夹泥灰岩。晋宁王家湾该组整合于南沱组之上和灯影组之下，顶部及底部都是白色石英砂岩、长石石英砂岩，其余部分为褐灰、灰紫色钙质页岩及灰岩夹少量白云岩、粉砂岩。宜良柴石滩、会泽小白龙该组为浅灰、灰紫色中粒岩屑砂岩夹泥质粉砂岩及少量砂砾岩。

该组中含微古植物，主要有 *Trachysphaeridium simplex*，*T. hyalinum*，*Pseudozonosphaera sinica*，*Asperatopsophosphaera tenera*。还有藻类化石 *Acus muricatus* 等。

---

① 杨暹和等，1981，震旦系，西南地区地层总结，地质部成都地质矿产研究所（内刊）。

该组厚度变化总趋势是由西向东逐渐变薄。宁蒗天生桥厚度大于470.5 m，华坪瓦拉坪厚527 m，元谋车良地厚218 m，晋宁王家湾厚120 m，宜良柴石滩厚110.6 m，会泽小白龙厚72.4 m，石屏大桥厚53.9 m。

【其他】 华坪—永胜一带该组中部夹石膏层，永胜104号磁异常2号井内砂质白云岩中夹硬石膏22层，总厚24.9 m。在镇雄羊二井、嵩明新庄一井内也有石膏夹层。滇东、滇东北该组是石英砂岩矿床的主要赋存层位，可作优质玻璃原料，有大型矿床数个。

该组内的高纯度石英砂岩、石膏夹层及所含微古植物面貌、岩石组合特征，说明沉积于滨海滩及局限台地潮坪相环境。

灯影组　Z∈*d*　(53－1315)

【创名及原始定义】 系由李四光、赵亚曾（1924）创建的"灯影石灰岩"演变而来。创名地点在湖北宜昌市西北20 km长江南岸石牌村至南沱村的灯影峡。原始定义："上震旦系灯影石灰岩：白色块状呈峭壁形的石灰岩，多少带白云质；在风化表面上有坚硬的矽质夹层突出。""在很多地方包含特殊而且成群的层状体，有时呈似圆筒状，但更多的是不对称圆锥状。""是震旦纪浅水中繁殖的钙质藻类遗骸，""特地命名为 *Collenia cylindrica*，*Collenia angulata*。""灯影石灰岩，从灯影峡下口的寒武纪页岩下突起。"

【沿革】 创名时称灯影灰岩。Misch（1942）引用灯影灰岩一名指滇东南沱冰碛岩层及上覆紫色页岩之上、产燧石岩系之下的地层，划属上震旦统。全国地层委员会（1962）改称灯影组，划属上震旦统。刘鸿允等（1963）将下部以碎屑岩为主部分称陡山沱组，上部碳酸盐岩部分称灯影组，顶部至筇竹寺组黑色页岩层底之间的含磷地层称渔户村组。罗惠麟（1984）改称东龙潭组，将渔户村组自下而上划分5个段：旧城段、白岩哨段、小歪头山段、中谊村段、大海段。本书按地层清理中南大区领导小组意见，将陡山沱组（观音崖组）之上、牛蹄塘组（筇竹寺组）之下的以碳酸盐岩为主的地层称灯影组；将云南该组上部磷矿层单独保留一个段，即中谊村段。

【现在定义】 岩性三分明显：下部灰白色内碎屑白云岩；中部为黑色薄层含沥青质灰岩，含燧石条带及结核；上部灰白色中—厚层状白云岩，含燧石层及燧石团块。含核形石、大型藻类及小壳化石。上以黑色碳质页岩的出现与牛蹄塘组分开，呈平行不整合接触；其下以碳质页岩出现与陡山沱组分界，呈过渡关系。

【层型】 正层型是湖北宜昌县南沱—石牌青树包灯影峡剖面，位于南沱的南东约2.5 km长江南岸（111°09′，30°49′），由赵自强等（1985）测制。次层型是云南晋宁王家湾剖面（102°44′，24°34′），由曹仁关等（1980）测制。

【地质特征及区域变化】 云南境内灯影组以灰白、浅灰色厚层—块状白云岩为主，夹含藻白云岩、硅质白云岩及硅质岩、磷块岩。自下而上可分为四部分：下部为灰白、浅灰色中厚层状含硅质条纹粉晶白云岩夹泥质白云岩，含石盐假晶；中下部为灰白、浅灰色具葡萄状、花边状构造的含藻白云岩夹燧石条带及团块；中上部为浅灰、灰白色中厚层状含硅质密集平纹白云质灰岩及白云岩，局部含内碎屑或夹钙质页岩；上部以浅灰色含磷白云岩及硅质白云岩为主，底有紫红、灰绿色泥质粉砂岩或泥质白云岩，上部夹磷块岩。该组底与观音崖组、陡山沱组整合接触，或超覆于南沱组乃至更老岩层之上。顶与早寒武世黑色页岩为整合或平行不整合关系。上部含丰富的小壳化石，中、下部含核形石、变形石，自下至上均含微古植物。

滇东是震旦系—寒武系界线层型重点研究地区，该组上部生物地层研究比较详细，这些将在后文叙述。中、下部所含微古植物化石主要有 *Asperatopsophosphaera umishanensis*，*Tra-*

chysphaeridium rude, *T. planum*, *Leiopsophosphaera densa*, *Trematosphaeridium holtedahlii*;核形石有 *Osagia minuta* 等；花纹石有 *Vermiculites irregularis* 等。

灯影组分布在滇东广大地区及华坪—宁蒗一带。滇东区其岩性变化不大，北部地层厚度较大，向南逐渐变小。巧家东坪小坡角厚 1 256.3 m，东川菜园厚 1 048.34 m，会泽大海厚 655.46 m，晋宁王家湾厚 617.88 m，石屏大桥厚度大于 130 m，石屏小河底电站厚 129.6 m。华坪—宁蒗一带该组厚 1 720.4 m，上部夹含磷粉砂岩多层，但无可采磷矿。

中谊村段 $Z\in^{\hat{z}}$ (53-1316)

【创名及原始定义】 罗惠麟[①]（1975）创名于晋宁县昆阳镇之北中谊村。经创名者 1980 年修订的含义是：蓝灰色薄—中层状鲕状、假鲕状磷块岩，中部夹 1.6 m 厚的灰色薄层状含磷砂质粘土质页岩（习称白泥层），将磷矿分为上下两部分。产丰富的小壳化石、遗迹化石及微化石。顶与大海段白云岩呈整合关系，底与小歪头山段砂质白云岩为渐变过渡关系。

【沿革】 创名时称中谊村磷块岩段，1980 年改称中谊村段，属渔户村组。本次对比研究并入灯影组。

【现在定义】 灯影组顶部的蓝灰色薄—中层状鲕状、假鲕状硅质磷块岩、白云质磷块岩，中部夹含磷砂质粘土质页岩或含磷白云岩。产丰富的小壳化石、遗迹化石和微化石。其顶、底与灯影组白云岩均为整合关系。

【层型】 正层型是晋宁梅树村小歪头山—八道湾剖面（以下简称梅树村剖面）(102°34′，24°43′)，由罗惠麟等（1982）修测。

【地质特征及区域变化】 中谊村段的特征是磷块岩层，灯影组上部的可采磷块岩层是划分中谊村段的唯一标准。该段磷块岩按赋存磷酸盐矿物的不同基质，可分为 3 个主要类型，即硅质磷块岩、白云质磷块岩、砂质磷块岩。该段生物化石类型较多，数量较大，尤以小壳动物化石特别丰富，罗惠麟等作过深入研究，本书将在后文引述。

该段分布在昆阳磷矿区—武定一线以东、华宁—玉溪一线以北的滇东地区。王家湾剖面夹少量白云岩，梅树村剖面夹 1.6 m 厚页岩，其他剖面均夹较多的白云岩、硅质岩或灰岩、粉砂岩。该段厚度由南至北为：华宁火特 49.13 m，晋宁王家湾 43.8 m，晋宁梅树村 11.6 m，会泽大海 38 m，禄劝岔河厂 92.37 m，永善肖滩 77.21 m。

【其他】 据罗惠麟等（1984）研究成果，中谊村段的沉积环境是海相潮间—潮下带高能环境，古气候为温和半干旱。

云南东部是我国南方重要优质磷矿产基地之一，有大型磷矿床 46 个，中型矿床 13 个，小型矿床及矿点 48 个，除一个小型矿床外，其余矿床均赋存于中谊村段。

筇竹寺组 $\in_1 q$ (53-1215)

【创名及原始定义】 卢衍豪（1941）创名于昆明市城西 7 km 的筇竹寺，称筇竹寺统。原始定义：主要由页岩组成。在观音山、龙潭街、宜良、路南地区，见假整合于震旦纪灰岩之上，为滇东下寒武统的下部，主要含 *Pseudoptychopara* 及 *Redlichia walcotti* 生物群。

【沿革】 创名时称“筇竹寺统”。中国地质学编辑委员会等（1956）改称筇竹寺组。江能人（1964）将卢氏所划的底界上移，改称“筇竹寺阶”。黄源铱等[②]（1966）亦称筇竹寺组。

---

① 罗惠麟，1975，滇东渔户村组的时代兼论西南区寒武系下界，西南地层古生物通讯，7 号，56—65（内刊）。

② 黄源铱等，1966，滇东寒武系的分层及对比。中国古生物学会昆明组，1966 年建水现场会议文集，卷 1（内刊）。

云南地质局等（1974）将筇竹寺组范围扩大，包括了震旦系顶部的一部分。罗惠麟①（1976）赞同江能人（1964）的划分标准。罗惠麟等（1982）将该组进一步划分为八道湾段（后改称石岩头段）和玉案山段。本次对比研究沿用卢氏的划分方案。

【现在定义】 位于灯影组白云岩之上、沧浪铺组厚层块状砂岩之下的一套以黑色页岩、粉砂岩为主的地层。生物化石丰富。黑色页岩中富含多金属硫化矿物。最底部普遍有一层含海绿石的结核状磷块岩，与灯影组白云岩呈整合或平行不整合关系。顶部以黑色页岩与沧浪铺组灰色钙质石英砂岩分界，呈整合关系。

【层型】 正层型为昆明市筇竹寺剖面（102°37′，25°07′），为卢衍豪（1941）实测，罗惠麟等（1994）重测。

【地质特征及区域变化】 该组在云南东部分布甚广，岩性稳定，相变不大，具有独特的识别标志，可进行大区域划分对比。岩性为一套灰黑一灰绿色页岩及粉砂岩，下部黑色粉砂岩常含白云质。上与沧浪铺组呈整合关系，底与灯影组呈整合或平行不整合。生物化石种类繁多，下部以小壳化石为主，中、上部以三叶虫为主，还有古介形虫、腕足类、海绵、疑源类及同足类等。下部化石主要有 *Paragloborilus subglobosus*，*Siphogonuchites triangularis*，*Sinosachites flabelliformis* 等，中部主要有 *Parabadiella conica*，*Wutingaspis kunyangensis*，上部主要有 *Eoredlichia intermedia*，*Wutingaspis tingi*，*Yunnanocephalus yunnanensis* 等。依据其生物组合及底部和下部岩层同位素年龄测定数据（详见后文），该组时代属早寒武世早期。

筇竹寺组在云南东部南起华宁，经昆明、东川，北至永善，延绵 500 余公里，延入四川境内。在昆明筇竹寺厚 251.18 m。晋宁梅树村厚 126.4 m。往北至武定—会泽地区，厚一般在 200～400 m 左右。曲靖地区厚 402.47 m（马龙矿山）。南部的华宁厚 165.6 m。滇东北永善—巧家地区，在金沙厂厚 200 多米，巧家新店子及小河街一带最薄，厚仅 100 m 左右。

【其他】 该组底部黑色碳质粉砂岩、页岩中，钒、银、钼、镍、铀的含量普遍较高，局部地点含量达到工业指标。该层局部含碳很高而成石煤。在武定、禄劝至会泽一带，该组底层含钾磷块岩，含 P_2O_5 达 15%～25%，含钾达 5%～10%。

牛蹄塘组 $\in_1 n$ （53－1217）

【创名及原始定义】 刘之远（1942）创名于贵州省遵义县牛蹄塘。原始定义：指覆于新土沟石灰岩之上，厚约 150 m 的黑色页岩地层。下以石灰岩（实际为白云岩）消失和黑色页岩出现与新土沟石灰岩分界。上以黑色页岩消失和黄色页岩出现与明心寺层分界。

【沿革】 地质部第四普查勘探大队滇黔队②（1964），使用筇竹寺组。西南石油综合研究大队③（1971）首次引入牛蹄塘组一名用于镇雄地区，后被沿用。

【现在定义】 指整合于灯影组与石牌组之间的一套下部为黑色高碳质页岩，偶夹黑色硅质页岩；中、上部为黑色碳质页岩，夹灰绿色含碳质粉砂岩和粉砂质泥岩。下以黑色高碳质页岩的出现与灯影组分界；上以灰、灰绿色含钙质砂质页岩的出现与石牌组分界。

【层型】 选层型为贵州省金沙县岩孔剖面。次层型为云南镇雄县羊场老房子—岔河剖面，及镇雄县羊场羊一井钻孔剖面（104°34′，27°38′），为云南地质局第八地质队④（1973）实测。

---

① 罗惠麟，1976，云南的寒武系，云南各时代地层总结，云南省地质科学研究所（内刊）。

② 地质部第四普查勘探大队滇黔队，1964，云南石油地质工作总结报告（1958—1963）（内刊）。

③ 西南石油综合研究大队，1971，川滇黔有关油气地质控制的一些认识（内刊）。

④ 云南地质局第八地质队，1973，镇雄县羊场构造，芒部构造、威信县背斜实测地层剖面、踏勘小结及镇雄县芒部构造，石油地质详查报告（内刊）。

【地质特征及区域变化】 牛蹄塘组在云南仅分布于镇雄羊场以西老房子至河沟头一带。岩性主要由深灰、灰黑、黑色薄层粉砂岩、细砂岩及页岩组成。下部以粉砂岩为主，含灰质及黄铁矿结核为特征；中部以页岩为主；上部为薄层细砂岩与粉砂岩组成条带状互层。产丰富的三叶虫 *Hebediscus* sp.，*Tsunyidiscus* sp.，*Eoredlichia* 等和古介形虫。在该组的最下部黑色碳质粉砂岩夹灰岩透镜体中，含有磷结核，钒的含量较高。分别与上覆石牌组、下伏灯影组呈整合关系，分界明显。该组地层仅上部层位出露于地表，以实测剖面为准，下部以钻孔（羊1井、羊2井）资料为准，厚度总计为365.1 m。

石牌组 $\in_1\hat{s}$ **（53－1216）**

【创名及原始定义】 由李四光等（1924）创名的“石牌页岩”演变而来。创名地点在湖北宜昌市北20 km长江南岸石牌村。原始定义：“指宜昌石灰岩与灯影石灰岩之间一套灰色砂质和云母质、易剥离的页岩，富含石灰质（钙质），其中夹有数层鲕状石灰岩，且愈向上灰岩夹层愈多，含三叶虫 *Redlichia* 等，厚200 m，下与灯影石灰岩呈平行不整合分界，上与宜昌石灰岩呈整合分界，顶、底界线清楚，时代为早寒武世。”

【沿革】 该组仅分布于镇雄地区。地质部第四普查勘探大队滇黔队（1964）称沧浪铺组。西南石油综合研究大队（1971）以贵州的金顶山组、明心寺组来代表该套地层。贵州石油勘探指挥部地质102队①（1972）将其解体，分为金顶山组和明心寺组，一直被后人沿用。此次对比研究对剖面进行认真研究，结合野外核查对比，认为可与湖北石牌组对比，并首次引进石牌组一名。

【现在定义】 为一套灰绿—黄绿色粘土岩、砂质页岩、细砂岩、粉砂岩夹薄层状灰岩、生物碎屑灰岩，产三叶虫化石。底以砂质页岩与牛蹄塘组（水井沱组）的黑色石灰岩夹碳质页岩分界，顶与清虚洞组（天河板组）灰色泥质条带灰岩分界。

【层型】 正层型为湖北宜昌县石牌村—天河板剖面。次层型为云南镇雄县羊场老房子—岔河剖面（104°34′，27°38′），为云南地质局第八地质队（1973）实测。

【地质特征及区域变化】 该组在本省主要为黄绿、灰绿及灰色中—厚层细砂岩，及薄层粉砂岩夹少量粉砂质泥岩、泥灰岩和灰岩。岩性稳定。含丰富的三叶虫化石及古杯类等。省内仅见于镇雄羊场附近。往北、东北方向，分别延入四川和贵州境内。底部以深绿灰色钙质页岩出现，牛蹄塘组黑色页岩结束为界。顶界以钙质砂质页岩结束，沧浪铺组石英砂岩出现为界。均呈整合关系。厚154.4 m。

【其他】 过去曾被划分为金顶山组和明心寺组，但本省这套地层上、下岩性，野外难以划分。经研究对比，认为与湖北石牌组对比较恰当。

沧浪铺组 $\in_1c$ **（53－1213）**

【创名及原始定义】 丁文江等（1937）创名于马龙县城西南沧浪铺。原始定义：主要由杂色砂岩及页岩组成。

【沿革】 创名时称沧浪铺系。熊秉信（1940）称沧浪铺系马村层。卢衍豪（1941）认为该套地层与上、下有明显差别，称沧浪铺统。中国地质学编辑委员会等（1956）改称沧浪铺组。卢氏（1962）沿用沧浪铺组。江能人、张文堂等（1964）称沧浪铺阶。黄源铱等（1966）将沧浪铺组分为上、下段。张文堂等②（1973）认为可划分为两部分，上部称乌龙箐

---

① 贵州石油勘探指挥部地质102队，1972，云南镇雄罗坎公社羊场寒武系柱状剖面图（内刊）。
② 张文堂等，1973，云南东部的寒武纪地层，西南地层古生物通讯，3号，1—21（内刊）。

段，下部称红井哨段，一直被广泛沿用。此次对比研究沿用沧浪铺组。

【现在定义】 为一套灰绿、紫红、黄绿等杂色砂岩、粉砂岩、页岩。一般可分为下部灰绿、紫红色砂岩、粉砂岩及页岩；上部黄绿色粉砂质页岩、粉砂岩。分界清楚，上界以灰岩出现为界，下界以黑色页岩结束为界，均呈整合接触。

【层型】 正层型为马龙县沧浪铺（红井哨—乌龙箐）剖面（103°31′，25°23′），为张文堂[①]（1964）实测。

【地质特征及区域变化】 该组地层分布较广，遍及滇东地区。岩性稳定，为一套灰绿、黄绿夹少量紫红色砂泥质沉积物，局部夹灰岩薄层，下粗上细，含丰富的生物化石。主要化石有 *Redlichia noetlingi*，*Malungia laevigata*，*Drepanuroides latilimbata*，*Palaeolenus lantenoisi*，*Megapalaeolenus deprati* 等，还有腕足类、软舌螺等。该组下部在省内东厚西薄，昆明、武定及禄劝地区沉积较薄，一般 90 m 左右。会泽、马龙、宜良地区，一般厚 150 m 左右，马龙红井哨可达 206 m，永善肖滩厚为 83.5 m。镇雄地区厚 193.1 m。上部在马龙乌龙箐厚 141 m；往西至昆明、武定地区厚 38～70 m，寻甸、马龙至宜良地区厚 110～200 m，昭通锌厂沟最厚为 277.5 m；往南、北渐减至 175 m 左右，镇雄地区厚 163.4 m。南部华宁一带，该组上部砂岩增多。石屏该组相变为紫红色及杂色砾岩夹中粒砂岩，厚仅 40～60 m。在富民地区夹铁矿层，石屏地区含磷，这是值得注意的含矿层位。丽江地区，为一套紫红、灰绿色砂、页岩，有少量化石，但出露不全，缺失上部层位。该组据所含生物组合，时代属早寒武世中期。

清虚洞组 $\in_1 qx$ **（53－1214）**

【创名及原始定义】 尹赞勋等（1945）创名于贵州湄潭城东清虚洞。原始定义：发育于高台石灰岩之下和金顶山层黄色云母砂岩或砂质页岩之上的由黑灰、深灰色石灰岩、污斑石灰岩和不纯石灰岩组成，厚 100 余米的地层序列。

【沿革】 地质部第四普查勘探大队滇黔队（1964）在调查镇雄地区下古生代地层时，称沧浪铺组。云南地质局第八地质队（1973）首次引入清虚洞组一名用于镇雄地区。后被广泛沿用。

【现在定义】 自下而上为深灰色鲕状灰岩夹砂质页岩，豹皮状灰岩、含白云质生物屑灰岩，灰岩夹钙质白云岩，白云岩和泥质白云岩夹粉砂岩及鲕状白云岩。下以鲕状灰岩出现和粉砂质页岩消失与沧浪铺组分界。上以含云母砂质白云岩出现和鲕粒及泥质团块白云岩消失与石龙洞组分界。

【层型】 选层型为贵州省湄潭县茅坪梅子湾剖面。次层型为云南镇雄羊场老房子—岔河剖面（104°34′，27°38′），为云南地质局第八地质队（1973）实测。

【地质特征及区域变化】 该组在云南主要由深灰色厚层泥质条带灰岩、厚层白云质灰岩组成，夹粉砂岩和砂泥质条带或薄层，厚 191 m。下与沧浪铺组、顶与石龙洞组均呈整合接触。含有少量的三叶虫及腕足类化石，主要有 *Redlichia* sp.，*Yuehsienszella* sp. 等。在省内仅出露于镇雄羊场附近，为贵州的西延部分。往南逐步减薄至消失。其时代属早寒武世。

龙王庙组 $\in_1 l$ **（53－1212）**

【创名及原始定义】 卢衍豪（1941）创名于昆明市城西约 14 km 的龙王庙村，原始定义：

---

① 张文堂，1964，中国下、中寒武统的界线并讨论一些褶颊虫类三叶虫，中国科学院南京地质古生物研究所（内刊）。

由砂岩、页岩及厚层石灰岩组成。昆明附近其上为泥盆纪石英砂岩或中石炭世灰岩不整合覆盖，其中有 *Micmacca transversa*，*M. elongata*，*Redlichia chinensis* 等化石。

【沿革】 创名时称龙王庙统。中国地质学编辑委员会等（1956）称龙王庙组，孙云铸（1961）认为是馒头阶。黄源铱等（1966）沿用龙王庙组。后一直被沿用。

【现在定义】 指一套岩性稳定的灰—深灰色中—厚层状灰岩、泥质灰岩，夹少量含生物化石的砂、页岩薄层之地层序列，以灰岩出现为本组的底界，下与沧浪铺组呈整合接触。正层型处顶被泥盆系所覆盖。区域上，该组之上与陡坡寺组砂、页岩及泥质灰岩呈整合接触。

【层型】 正层型为昆明西山龙王庙剖面（102°38′，24°56′），为卢衍豪（1941）实测。

【地质特征及区域变化】 该组广泛分布于滇东地区。岩性以碳酸盐岩为主，夹少量砂、页岩薄层。昆明、武定、宜良、华宁等地以灰岩为主，夹白云质灰岩及白云岩，还夹少量含生物化石的页岩。马龙白塔铺一带，则以砂泥质白云岩为主，夹较厚的富含化石之砂页岩。南部石屏、建水地区，为灰色中—厚层状砂泥质白云岩夹多层砂岩。滇东北永善、巧家一带，为一套岩性单一的白云岩或白云质灰岩，局部夹白云质粉砂岩，金砂厂以北还夹少量石膏层。该组与上、下地层均呈整合接触。

所获生物化石较为单调，昆明、曲靖地区以三叶虫为主，还有少量腕足类。三叶虫主要有 *Redlichia*（*Pteroredlichia*）*murakamii*，*Eoptychoparia yunnanensis*，*Hoffetella elongata* 等。巧家—永善地区化石更为单调而稀少，炎山街以北，基本上未见化石，仅在巧家、会泽个别地点含少量三叶虫。该组时代属早寒武世晚期。

该组在昆明附近厚 106.6 m。武定地区较薄，厚仅 40～50 余米。嵩明、宜良、华宁地区一般厚 100～150 m。马龙白塔铺一带增厚至 208 m。石屏、建水地区减薄，厚仅 35～44 m。滇东北金沙厂厚 160 m，巧家大包厂厚 111 m。

石龙洞组 $\in_1\hat{s}l$ （53－1211）

【创名及原始定义】 系由王钰（1938）创建的“石龙洞石灰岩”演变而来。创名地点在湖北宜昌市西北约 18 km 长江南岸石龙洞。原始定义：指石牌页岩之上，覃家庙薄层石灰岩之下，由一套灰—深灰色厚层状石灰岩、鲕状石灰岩、薄层泥质石灰岩及白云质石灰岩组成，含三叶虫化石，厚 183.1 m。

【沿革】 地质部第四普查勘探大队滇黔队（1964）将滇东北这套以碳酸盐岩为主的地层划归沧浪铺组上部，地质部第八普查勘探大队一分队①（1970）称中寒武统。贵州石油勘探指挥部地质 102 队（1972）改称高台组。罗惠麟（1976）划为清虚洞组最上部。云南地矿局（1990）划为高台组最下部。本书认为这套地层有别于高台组，而与石龙洞组相同，因而首次引用石龙洞组一名用于滇东北镇雄一带。

【现在定义】 指王钰 1938 年石龙洞对岸石厂附近剖面 1—6 层，为一套灰—深灰色厚层石灰岩、鲕状石灰岩、薄层泥质灰岩，含古杯类及三叶虫化石，厚 183.1 m。

【层型】 正层型为湖北宜昌县石龙洞附近天河板—石龙洞剖面。次层型为云南镇雄县羊场老房子—岔河剖面（104°34′，27°38′），为云南地质局第八地质队（1973）实测。

【地质特征及区域变化】 该组仅围绕羊场背斜分布。为灰色薄—厚层白云岩、泥质白云岩夹泥岩、页岩，厚 67 m 左右，本省未获生物化石。其顶、底分界清楚，上部灰色白云岩与陡坡寺组泥岩或粉砂岩为界，下部灰色白云岩与清虚洞组灰黑色厚层鲕状灰岩为界，呈整合

---

① 地质部第八普查勘探大队一分队，1970，云南镇雄羊场芒部背斜石油地质踏勘小结（内刊）。

接触。该组在省内分布于镇雄境内，范围小，但往北和东北方向与四川、贵州紧相连，岩性变化不大。与昆明—曲靖地区的龙王庙组灰岩、泥质灰岩为同期沉积。

陡坡寺组　$\in_2 d$　(53－1210)

【创名及原始定义】　系卢衍豪、王鸿祯（1939）创名，谢家荣（1941）介绍，创名地位于宜良陡坡寺。原始定义：主要岩性为黄灰色灰质页岩和砂岩夹薄层石英岩，其中发现 *Anomocare*，*Anomocarella*，*Ptychoparia* 等三叶虫，厚近 150 m。

【沿革】　创名时称陡坡寺层，认为可能属中寒武世。中国科学院昆明地质研究所等（1959）使用迎春里组和东华村组。江能人等（1964）称云山村组。黄源铱等（1966）称陡坡寺组，后被广泛应用。

【现在定义】　指在双龙潭组泥质白云岩之下，龙王庙组白云岩之上的一套地层序列。岩性为灰、黄、黄绿等色组成的薄层砂岩、页岩、瘤状灰岩互层。下部以龙王庙组白云岩消失，本组粉砂岩、粉砂质页岩出现为界，上部以本组砂岩、页岩消失，双龙潭组泥质白云岩或娄山关组白云岩开始出现为界，均呈整合关系。

【层型】　正层型为宜良县陡坡寺剖面（103°11′，24°49′），为卢衍豪、王鸿祯 1939 年实测。参考剖面为宜良县龙肇寺剖面（103°11′，24°49′），罗惠麟等（1994）实测。

【地质特征及区域变化】　该组主要为一套灰、黄绿色薄层砂岩、页岩与薄层碳酸盐岩互层。在区域上上覆地层分别有西王庙组、双龙潭组、娄山关组，下伏地层分别有龙王庙组、石龙洞组，均呈整合关系，且分界明显。该组生物化石十分丰富，以三叶虫为主，有 *Kunmingaspis yunnanensis*，*Chittidilla plana*，*Sinoptychoparia tuberculata* 等。时代属中寒武世早期。

该组分布于滇中、滇东北地区，在靠古陆边缘的宣威及晋宁地区缺失，各地岩性变化颇大。在富民—昆明—杨林，为灰、黄灰色泥质碳酸盐岩夹钙质粉砂岩及页岩，或呈互层，厚 100 m 左右。宜良、华宁等地，砂泥质略多，厚 29～59 m。石屏为灰黄色泥质白云岩夹含砾砂岩、页岩等，厚 20～32 m。曲靖一带为灰绿及黄色砂、页岩夹灰岩，厚 23～30 m。武定一带为砂页岩与碳酸盐岩互层，厚 50～70 m。镇雄地区为黄灰、深灰色薄—中层状泥质白云岩夹页岩，向东北白云质增多，向西北泥质增多，互呈消长关系，厚 50～110 m。永善—巧家等地，以灰—深灰色薄层白云岩为主夹少量灰、灰绿色富含化石的砂、页岩，厚 29～64 m。会泽地区，以黄绿、灰色砂、页岩为主夹少量白云岩，厚 70～95 m。

【其他或问题讨论】　该组的同物异名有云山村组，东华村组，建议停止使用。

双龙潭组　$\in_2 \hat{s}$　(53－1208)

【创名及原始定义】　江能人等（1964）创名于曲靖城南约 6 km 的双龙潭附近。原始定义：为一套灰岩夹砂页岩。

【沿革】　黄源铱等（1966）将原建组剖面上的双龙潭组下部划归陡坡寺组。云南地矿局（1990）及此次对比研究均采用江能人等创名时的划分方案。

【现在定义】　由灰、灰黄色中—薄层白云岩与泥质白云岩，夹钙质砂岩及页岩组成，白云岩中常含石盐假晶。其顶部为不同时代地层所覆。底以陡坡寺组的灰、黄、黄绿色砂岩、页岩结束，灰色灰岩、白云岩出现为界，呈整合关系。

【层型】　正层型为曲靖双龙潭（龙王庙）剖面（103°45′，25°27′），为江能人等（1964）实测。

【地质特征及区域变化】　该组仅出露于滇中地区，岩性较稳定，为灰、灰黄色中—薄层白云岩与泥质白云岩夹钙质砂岩及页岩，白云岩中含石盐假晶。与下伏陡坡寺组呈整合接触，顶部被奥陶纪—泥盆纪地层所超覆。

该组生物化石稀少，西部未获化石。曲靖双龙潭有三叶虫 *Protohedinia yunnanensis*，*Manchuriella shuanglongtanensis*，*Szeaspis xiaoxiangensis* 等。时代属中寒武世中、晚期。

在曲靖该组厚 265.6 m。寻甸、宜良一带，厚度增大至 200～300 余米。华宁、石屏地区厚为 100～176 m。向武定、禄劝地区，碎屑岩夹层及紫色层增多，逐渐相变为西王庙组。

西王庙组　$\in_2 x$　(53-1209)

【创名及原始定义】　张云湘等（1958）创名于四川省会理县城北 5 km 的清水河西王庙。称西王庙层。原始定义：紫红色及灰绿色细砂岩夹钙质板岩。厚 256 公尺。与下伏五里牌层灰岩及上覆二道水白云质灰岩均为整合接触。

【沿革】　创名时称西王庙层。四川地质局凉山地质队等①（1961）将永善地区的该地层称红色砂岩，四川地质局一区测队五分队（1970）称西王庙组，并首次将这一地层名称引用于云南东北部，后被云南地质工作者采用。

【现在定义】　岩性为紫红、砖红色夹灰绿色粉砂岩及泥岩为主，夹有细砂岩、灰岩、白云岩及石膏层，含少量三叶虫化石。与下伏陡坡寺组白云岩、灰岩及上覆娄山关组白云岩均为整合接触，界线清楚。

【层型】　选层型为四川省普格县大槽河剖面，为四川一区测队（1963）实测。次层型为云南永善县肖滩剖面（103°28′，28°07′），为四川地质局凉山地质队等（1961）实测。

【地质特征及区域变化】　该组在云南分布于永善—巧家—武定一带，岩性稳定，为一套紫红、砖红、灰绿等色的粉砂岩、细砂岩及白云岩，并夹优质可采的石膏矿层。底与陡坡寺组、顶与娄山关组分界明显，均呈整合接触。巧家大包厂与龙家村一带白云岩增多；会泽、东川地区，相变为杂色长石石英细砂岩为主，武定地区则为杂色石英粉砂岩与粉砂质泥岩互层，间夹白云岩及石膏层，往东南逐渐相变为双龙潭组。巧家新店子沉积最厚，为 252 m，永善地区厚 126～157 m，巧家大包厂与龙家村一带厚 166～179 m，会泽、东川厚仅 70 多米，武定厚 169.89 m。

【其他】　该组普遍产石膏矿，永善肖滩、长坪，巧家马鹿梁子及大包厂，会泽李开坪，东川王家山与三十六湾等地的矿质最佳，石膏呈灰、深灰、灰绿等色，一般含矿 1～7 层，矿层总厚 3～70 余米。

娄山关组　$\in O l$　(53-1207)

【创名及原始定义】　丁文江（1930）创名于贵州遵义与桐梓间娄山关附近。原始定义指娄山关附近的一套石灰岩，其时代为寒武纪。

【沿革】　西南石油综合研究大队（1971）首次将“娄山关群”引入滇东北地区，四川地质局一区测队五分队（1970）将永善地区的这套地层称“二道水组”。云南地质局第八地质队（1973）在镇雄地区将“娄山关群”分为上、中、下三段。罗惠麟（1976）称为“娄山关群”或“肖滩组”。云南地矿局（1990）将镇雄地区的该套地层称娄山关群，永善地区的则称二道水组。本书认为镇雄、永善等地的这套地层岩性一致，统称为娄山关组。

【现在定义】　指陡坡寺组（或石冷水组）与桐梓组间的一套灰、浅灰色薄层—块状微—细粒白云岩、泥质白云岩夹角砾状白云岩，局部含燧石的地层序列。下以灰、浅灰色中层至块状白云岩出现或黄色薄层泥岩、粉砂和砂质白云岩的消失与陡坡寺组（或石冷水组）分界。

---

① 四川地质局凉山地质队，1961，四川雷波标准地层剖面下古生界初步报告（内刊）。

上以桐梓组生物碎屑灰岩的出现为界。

【层型】 选层型为贵州省金沙县岩孔剖面，由贵州省地质局108队一分队（1976）实测。次层型为云南镇雄县羊场老房子—岔河剖面（104°36′，27°36′），由云南地质局第八地质队（1973）实测；永善县肖滩剖面（103°28′，28°07′），由四川地质局凉山地质队等（1961）实测。

【地质特征及区域变化】 该组地层主要分布于滇东北地区，岩性单一，生物稀少。下部为薄—中厚层泥质白云岩夹少量含砂质白云岩，上部为中—厚层白云岩夹燧石条带或结核。永善地区局部含泥质或燧石条带，具角砾状构造或含石盐假晶。底与陡坡寺组或西王庙组、顶与桐梓组均呈整合接触。

该组在镇雄地区含三叶虫 *Solenoparia*? 及 *Ptychopariidae* 化石碎片，还有少量古杯类及腕足类化石；在永善含 *Eoorthis doris* 等少量腕足类化石。上述化石时代属中、晚寒武世。鉴于东延至贵州境内，该组顶部含早奥陶世化石，则娄山关组时代应为中、晚寒武世至早奥陶世。镇雄地区，上部具波痕及鲕状构造。永善—巧家地区，顶部经后期剥蚀，多被更新地层所覆。在镇雄地区该组发育最全，厚317～598 m。永善肖滩厚238 m。向南厚度逐渐减薄，昭通锌厂沟厚168 m，巧家新店子及大包厂厚147 m，会泽砖瓦厂厚76 m，会泽迤车厚仅21 m。

【其他】 该组在盐津附近夹含盐角砾状白云岩，并有卤水泉分布。

桐梓组 O_1tz （53－1116）

【创名及原始定义】 张鸣绍、盛莘夫（1940）创名于贵州省桐梓县红花园剖面。刘之远1948年介绍。原始定义为：下段以灰色页岩为主，间夹薄层灰岩；上段以灰岩为主，间夹灰色及黄色页岩。厚80 m。

【沿革】 云南地质局第八地质队①（1973）、四川地质局一区测队六分队（1973）首先将这一名称引用于威信、盐津一带。将娄山关组白云岩、白云质灰岩之上，红花园组生物碎屑灰岩之下的生物碎屑灰岩、生物碎屑白云岩（顶底常夹页岩及砂岩）对比为桐梓组。本次对比研究基本沿用这一划分标准。

【现在定义】 整合于娄山关组白云岩之上、红花园组生物碎屑灰岩之下，为灰—深灰色中—厚层白云岩、生物碎屑灰岩及含砾屑、鲕豆粒白云岩。其中常见燧石团块及结核。顶部及下部常夹灰、灰绿色页岩。

【层型】 正层型为贵州省桐梓县红花园剖面（106°51′，28°05′）。次层型为云南威信县石坪上剖面（105°02′，27°49′），由云南地质局第八地质队1973年测制。

【地质特征及区域变化】 省内仅见于威信、盐津县局部地方。岩性主要为生物碎屑灰岩、生物碎屑白云岩。局部地段顶底常夹页岩及钙质砂岩。厚7.3～33.6 m。威信、盐津往西、往南厚度逐渐变薄至缺失，可见红花园组直接覆于娄山关组白云岩之上。顶底均为整合接触。

生物化石主要有三叶虫 *Psilocephalina* sp.，腕足类 *Sinorthis typica*，时代为早奥陶世。

红花园组 O_1hh （53－1117）

【创名及原始定义】 张鸣绍、盛莘夫（1940）创名于贵州省桐梓县红花园剖面。刘之远1948年介绍。原始定义为：灰色厚层状灰岩，含燧石。厚35～60 m。

【沿革】 四川地质局一区测队六分队（1973）首先在盐津、威信等地引用本组名。胡荣民1976年将滇东北湄潭组页岩之下、娄山关组白云岩之上的生物碎屑灰岩对比为红花园组。

---

① 云南地质局第八地质队，1973，镇雄县羊场构造、芒部构造，威信县背斜实测地层剖面、踏勘小结及镇雄县芒部构造石油地质详查报告（内刊）。

滇东北部分地区发育有桐梓组，故胡荣民所划分的红花园组在局部地段包括了桐梓组。此次对比清理沿用红花园组。

【现在定义】-整合于桐梓组之上、湄潭组之下，由灰、深灰色中—厚层灰岩、生物碎屑灰岩组成。常含燧石结核，下部偶夹页岩，含丰富的头足类、海绵及三叶虫。

【层型】 正层型为贵州省桐梓县红花园剖面（106°51′，28°05′）。次层型为云南威信县石坪上剖面（105°02′，27°49′），由云南地质局第八地质队（1973）实测。

【地质特征及区域变化】 省内仅零星见于威信、盐津、昭通。岩性总的为深灰、灰色厚层状生物碎屑灰岩。局部地段夹白云岩、泥页岩，具燧石结核或条带。最大厚度仅18 m。盐津城北比较特殊，为灰黑色钙质页岩夹生物碎屑灰岩透镜体，厚仅6 m。上覆湄潭组为灰绿、灰色页岩，下伏桐梓组为灰色生物碎屑灰岩、生物碎屑白云岩夹灰色页岩。上、下均为整合接触，分界清楚。昭通、镇雄大部分地区缺失桐梓组，红花园组直接平行不整合覆于娄山关组白云岩之上，分界也比较清楚。

组内含三叶虫 *Psilocephalina* sp.，头足类 *Hopeioceras* cf. *porcata*，海绵 *Calathium* sp.，时代为早奥陶世。

湄潭组　O_1m　(53－1118)

【创名及原始定义】 俞建章（1933）创名于贵州湄潭县五里坡。原始定义指黄汲清1929年所测五里坡剖面宜昌灰岩之上，*Lesuerilla* 层之下，含 *Phyllograptus wulipoensis* 的绿色页岩。厚度不详。

【沿革】 四川地质局一区测队六分队（1973）首次将该组名引入盐津、威信地区。胡荣民（1976）将滇东北地区红花园组生物碎屑灰岩之上，十字铺组页岩之下的灰岩、页岩、粉砂岩对比为湄潭组。该划分包含了云南地质局第八地质队（1973）所称的牯牛潭灰岩、扬子贝层、红石崖组几部分。此次对比研究将顶部灰岩（即牯牛潭灰岩）并入上覆十字铺组。

【现在定义】 整合于红花园组生物碎屑灰岩之上，十字铺组鲕状、豆状灰岩之下，以灰绿、黄绿色页岩、砂质页岩为主，夹泥质灰岩、钙质砂岩、粉砂岩。含丰富的笔石、腕足类、三叶虫等化石。

【层型】 正层型为贵州省遵义市十字铺剖面（106°53′，27°43′）。次层型为云南威信县玉京山—白果树剖面（105°05′，27°53′），由云南地质局第八地质队（1973）实测。

【地质特征及区域变化】 主要见于威信、镇雄、昭通一带。岩性为灰、灰绿、黄褐色页岩、粉砂岩夹细砂岩，局部夹灰岩透镜体。与上覆十字铺组及下伏红花园组均为整合接触，分界标志明显。区域上由威信、镇雄向西至永善三道水、四川金阳一带，湄潭组粒度明显变粗，页岩成分减少，几乎全为粉砂岩—砂岩组成。厚度由东向西也渐薄，威信一带厚211.1～306 m，永善一带仅厚148.2 m。

组内生物主要有三叶虫 *Taihungshania intermedia*，*Illaenus* sp.，*Omeipsis* sp.，*Neseuretus* sp.，*Hanchungolithus multiseriatus*，*Paramegalaspis* sp.；笔石 *Didymograptus* cf. *bifidus*，*D. nanus*，*D. murchosoni*，*D.* cf. *uniformis*；头足类 *Cycloceras* sp.，*Palaeocycloceras* sp.；腕足类 *Sinorthis typica* 等，时代为早奥陶世。

十字铺组　$O\hat{s}z$　(53－1119)

【创名及原始定义】 乐森珥（1928）创名于贵州遵义市十字铺。原始定义：上部为浅色砂页岩；中部为褐黄色页岩及青色鲕状灰岩；下部为浅褐色页岩、灰岩。总厚12.5 m。

【沿革】 四川地质局一区测队六分队（1973）首次在盐津引用该组名。胡荣民（1976）

将滇东北宝塔组之下的粉砂岩、页岩夹灰岩层对比为十字铺组，时代置于中奥陶世。以后各家基本按此标准划分。此次对比研究将胡荣民原划归湄潭组顶部的灰岩（即牯牛潭灰岩）并入十字铺组。

【现在定义】 指位于湄潭组页岩之上，宝塔组龟裂纹灰岩之下的灰绿、黄绿色钙质页岩（或泥灰岩）、灰色厚层灰岩、鲕状灰岩。灰岩常集中于底部。含三叶虫、笔石、腕足类等化石。

【层型】 正层型为贵州遵义十字铺剖面（106°53′，27°43′）。次层型为云南威信县玉京山一白果树剖面（105°05′，27°53′），由云南地质局第八地质队 1973 年测制。

【地质特征及区域变化】 主要分布于昭通、镇雄、威信、永善等地。威信、镇雄地区一般上部为灰、灰绿色薄层状钙质粉砂岩、页岩夹泥灰岩；下部为含燧石结核灰岩、瘤状灰岩、鲕状灰岩，夹少量页岩及粉砂岩。中上部偶夹赤铁矿层或铁质灰岩薄层。厚 32～70 m。区域上往西至永善长坪、三道水等地粒度变细，粉砂岩、页岩成分减少，几乎全为灰岩、泥灰岩，仅夹少许页岩、粉砂岩薄层，厚度增大到 103 m。

组内生物化石主要有三叶虫 *Illaenus* sp.，笔石 *Didymograptus* sp.，*Glyptograptus* sp.，腕足类 *Rafinesquina trentonensis* 等，时代为早奥陶世晚期—中奥陶世早期。

宝塔组 O*b* （53-1120）

【创名及原始定义】 系由李四光等（1924）所创名的“宝塔石灰岩”直接引伸而来，这是我国唯一用化石形态特征创名的一个地层单位名称。创名地点在湖北秭归新滩龙马溪雷家山（曾误称艾家山）。原始定义：“宝塔石灰岩，一种致密灰色石灰岩，几米厚，以含多量巨大直角石即 *Orthoceras sinensis* 个体为特征。”

【沿革】 云南地质局第八地质队（1973）首次将滇东北十字铺组砂页岩之上的灰岩、龟裂纹灰岩对比为宝塔组，时代置于中奥陶世晚期。此次对比研究据中南大区意见将原划的涧草沟组泥灰岩和下伏灰岩、龟裂纹灰岩合并统称宝塔组，停用涧草沟组一名。

【现在定义】 指整合于庙坡组或十字铺组页岩之上，龙马溪组黑色页岩之下的一套含海生动物化石鹦鹉螺类、三叶虫等，上部以灰带灰绿色泥质瘤状灰岩为主，下部以中厚层、厚层紫红、灰绿色“龟裂纹”灰岩为主，夹薄层泥质灰岩的地层体。

【层型】 选层型为湖北省新滩下滩沱沿江剖面（110°49′，30°56′）。次层型为云南威信县玉京山一白果树剖面（105°05′，27°53′），由云南地质局第八地质队 1973 年实测。

【地质特征及区域变化】 主要分布于镇雄、威信、永善、昭通。特征主要为浅灰、深灰色中—厚层状龟裂纹灰岩、灰岩。顶部为浅灰色薄层状泥灰岩夹泥岩。厚 50 m 左右。区域上向西至永善长坪，底部常夹白云岩或白云质灰岩，与西南部巧家、鲁甸等地大箐组白云岩呈相变关系，厚度增至 140 m。上覆为龙马溪组深灰、灰黑色钙质、泥质页岩；下伏为十字铺组粉砂岩、页岩。顶、底均为整合接触，分界标志明显。灰岩龟裂纹构造系胶体脱水收缩而成。另见少许蛇曲状槽模。生物单调。为海水极浅、气候炎热的半闭塞台地相沉积。

组内生物化石主要有头足类 *Sinoceras chinensis*，*Orthoceras* sp.，*Michelinoceras* sp.；三叶虫 *Nankinolithus* sp.，*Hammatocnemis* sp. 等，时代为中奥陶世晚期—晚奥陶世早期。

龙马溪组 OS*l* （53-1122）

【创名及原始定义】 系李四光、赵亚曾（1924）所创建的“龙马页岩”演变而来。创名地点在湖北秭归县新滩龙马溪。原始定义：“龙马页岩是黑色带些沥青质页岩，比上覆新滩页岩要硬得多，含大量剑笔石、栅笔石、单笔石和少量零星的直角石在一起。黑色页岩的厚度不超过 32 m，但它向上消失于巧克力色的风化黑蓝色页岩中。……不知道是否应将这层黑蓝色页岩包括在龙马页岩中，……有待于它含笔石性质的进一步证明。无论如何，龙马页岩总厚度不会超过200 m。”“龙马页岩为早期蓝多列脱世（早志留世）。”

【沿革】 云南地质局第八地质队（1973）、云南二区测队七分队（1978）将云南东北部昭通、镇雄、威信一带黄葛溪组（曾称大关群）之下的一套深灰、灰黑、灰绿、蓝灰色薄层条带状泥页岩、泥灰岩称为龙马溪组，时代置于早志留世。此次对比研究将上述龙马溪组的下部的深灰、灰黑色碳质、硅质页岩、粉砂岩夹泥灰岩称为龙马溪组。将原龙马溪组上部浅色泥页岩部分对比划分为新滩组。

【现在定义】 指整合于宝塔组瘤状灰岩之上、新滩组黄绿色页岩之下的一套富含笔石的黑色碳质页岩、硅质岩、碳质硅质页岩，夹硅质灰岩透镜体。含腕足类化石。

【层型】 正层型为湖北秭归县新滩龙马溪村边剖面。次层型为云南威信县店子山剖面（105°19′，27°49′），由云南地质局第八地质队1973年测制。

【地质特征及区域变化】 主要分布于镇雄、盐津、昭通等地区。总的特点是深灰、灰黑、黑色含钙质、粉砂质、碳质页岩和粉砂岩，局部含硅质。北部的永善、盐津、威信含碳质较高和较普遍，均为灰黑、黑色薄层状含碳质粉砂质页岩。局部夹黑色薄层状硅质粉砂岩或薄层硅质岩“石球”。粉砂岩中含黄铁矿晶粒。镇雄南部、昭通西部地区为白云质粉砂岩、粉砂质页岩夹薄层状泥灰岩、灰岩，含碳质较少，颜色较浅，为灰、深灰、灰黑色。靠近鲁甸、巧家该层位即逐渐相变为大箐组白云岩、白云质灰岩、泥质白云岩。厚度由东北往西南逐渐变薄，永善三道水厚189 m，盐津城北厚191 m，彝良牛街厚85 m，大关黄葛溪厚21 m。应为半闭塞滞流还原环境的产物。与上覆新滩组及下伏宝塔组均为整合接触。下界标志明显；上界不太明显，主要是据颜色深浅及是否含有机质来划分。

组内生物化石主要有笔石 *Dicellograptus complanatus* var. *ornatus*, *D. szechuanensis*, *Orthograptus rigidus* var. *maxima*, *O. truncatus* var. *intermedius*, *Climacagraptus scalaris*, *Paraorthograptus typicus* 等，时代为晚奥陶世—早志留世。

新滩组 S_1x （53－1008）

【创名及原始定义】 由Blackwelder（1907）创建的“新滩页岩”（Sintan shale）演变而来。创名地点在湖北秭归县新滩。原始定义：“厚层绿色页岩，局部夹薄层石英岩和结晶灰岩。页岩甚软，常含砂质，无化石，最底部在苏家坝一带是黑和棕色的粘土页岩，在天目树坪最顶部是红色页岩。在大宁县其上部偶见含橄榄绿色石英岩和泥质石灰岩。在大庙寺不仅含绿色而且含具有薄煤层的棕色和灰色泥岩。沿长江出现于巫山峡、宜昌峡和新滩。以最后地名作为此地层名称。”

【沿革】 云南二区测队七分队（1978）将昭通、镇雄一带下志留统黄葛溪组之下的深灰、灰黑、灰绿、蓝灰色薄层条带状泥页岩、泥灰岩称为龙马溪组。此次对比研究将原龙马溪组上部浅色（灰绿、蓝灰、浅灰）页岩、粉砂岩夹泥灰岩称为新滩组。

【现在定义】 为黄绿色页岩、薄层粉砂岩夹少量薄层细砂岩，含笔石。下与龙马溪组黑色页岩分界，上与罗惹坪组泥质粉砂岩、泥质灰岩及灰岩透镜体分界，皆为整合接触。

【层型】 正层型为湖北秭归县新滩剖面（110°49′，30°56′）。次层型为云南大关县黄葛溪剖面（103°50′，27°50′），由云南二区测队七分队1976年测制。

【地质特征及区域变化】 仅见于滇东北昭通、镇雄一带及丽江东部、宁蒗少数地段。主要为灰、灰绿色薄层、条带状钙质泥页岩夹薄层泥质灰岩、泥灰岩。条带宽1～5 cm，风化后为薄层泥页岩。最大厚度116 m。上覆为黄葛溪组厚层瘤状灰岩，下伏为龙马溪组深灰、灰黑色钙质、碳质、硅质页岩夹粉砂岩及泥灰岩。

主要生物化石有笔石 *Glyptograptus* sp.，*Climacograptus* sp.，*Orthograptus* sp.；珊瑚 *Ketophyllum intermedium*；三叶虫 *Meitanillaenus binodosus*，*Kosovopeltis guangyuanensis*，*Encrinuroides* sp.，*Gaotania ovata* 等，时代为早志留世。

黄葛溪组　S_1h　(53-1009)

【创名及原始定义】　云南二区测队七分队（1976）创名于大关县黄葛溪。原始定义：由下而上为灰、深灰、灰黑色瘤状灰岩；深灰色不等粒结晶灰岩；灰白色白云质石英粉砂岩；灰、灰黄、灰绿色灰岩、砂泥质灰岩。时代为早志留世。顶以紫红色砂泥岩层出现与上覆嘶风崖组分界，底以瘤状灰岩层消失，薄层状粉砂岩、泥页岩出现与下伏新滩组分界。

【沿革】　黄葛溪组相当于郭文魁等[①]（1942）所划的大关层底部。林宝玉（1984）曾将该组顶界提高到上红层底部。云南地矿局（1990）曾将该组含义限定在下部结晶灰岩及瘤状灰岩部分，并将上部并入嘶风崖组。本书仍维持其原始含义。

【现在定义】　下部为深灰、灰色厚层结晶灰岩及瘤状灰岩；上部为灰白、浅灰色白云质石英粉—细砂岩夹泥质灰岩、泥岩。上覆为嘶风崖组底部紫红色泥岩、砂岩；下伏为新滩组灰绿、灰色条带状、薄层钙质泥岩、泥灰岩、泥质粉砂岩。均呈整合接触。

【层型】　正层型为大关县黄葛溪剖面（103°52′，27°50′），由云南二区测队七分队1976年测制。

【地质特征及区域变化】　层型所在地及其附近，岩性可分两部分：下部为深灰色厚层状瘤状灰岩、泥质灰岩及结晶灰岩；上部为白、灰白色厚层状白云质石英细—粉砂岩夹少许泥岩及灰岩。厚154.9 m。砂岩中发育斜层理、交错层理。区域上在威信、镇雄局部地区，却只见上部，但厚度变化不大，为113～157 m。顶与嘶风崖组为整合接触；底在昭通以北、以东广大地区与新滩组整合接触。

组内含三叶虫 *Encrinuroides meitanensis*；笔石 *Didymograptus conferthus* var. *nankingensis*；珊瑚 *Favosites* sp.，*Halysites elongatus*；腕足类 *Zygospiraella duboisis* 等，时代为早志留世。

【问题讨论】　颜色是滇东北地区志留系岩石地层单位划分的重要标志。若从沉积相考虑，似乎该组上部具交错层理、斜层理的白云质石英细—粉砂岩层应单独划出或并入上覆嘶风崖组。

嘶风崖组　S_2s　(53-1010)

【创名及原始定义】　云南二区测队七分队（1976）创名于大关县黄葛溪。原始定义：底部为紫红色粉砂质泥岩；下部为褐黄、灰绿色薄层状含泥质灰岩为主夹泥质粉砂岩、页岩；中部黄、黄绿色页岩为主夹灰岩、粉砂岩；上部为灰绿、紫红色页岩为主夹砂岩及灰岩。含 *Codonophyllum*-*Nalivkinia* 动物群，时代为中志留世早期。

【沿革】　本组相当于郭文魁等（1942）所称大关层的中下部。林宝玉（1984）曾将上部黄绿、紫红色页岩夹粉砂岩、灰岩部分对比为四川白沙组，将中、下部并入黄葛溪组。云南地矿局（1990）曾将其限定在下部泥质灰岩、粉砂岩、页岩加黄葛溪组上部，将其上部新命名为牛滚凼组。本书仍沿用原始含义及划分标准。

【现在定义】　顶、底为紫红、暗紫红色页岩、粉砂岩；中部为灰绿、黄绿色页岩夹砂岩、

① 郭文魁等，1942，云南盐津大关彝良间地质矿产，前资源委员会西南矿产测勘处临时报告，17号（内刊）。

灰岩。一般以顶底部紫红色层为划分标志，以紫红色层的消失和出现而与上覆大路寨组、下伏黄葛溪组分界。上、下一般均呈整合接触。

【层型】 正层型为大关县黄葛溪剖面（103°52′，27°50′），由云南二区测队七分队1976年实测。

【地质特征及区域变化】 分布于滇东北地区的昭通、镇雄、鲁甸、永善、大关等地。正层型所在地附近顶底均为紫红、暗紫红色粉砂岩、页岩；中部为灰绿、黄绿、灰、黄褐色石英粉砂岩、页岩夹灰岩及细砂岩，局部夹少许紫红色层。砂岩中偶见含胶磷矿、磷灰石及细小砾石。厚165.3 m。区域上向东北至大关双河等地，沉积物粒度变细，灰岩及页岩成分增多，几乎全为页岩及泥灰岩。向西南则粒度变粗，灰岩、页岩成分减少，粉砂岩、砂岩成分增多。顶底紫红色标志层由西南向东北，随着粒度变细而逐渐模糊和消失。如永善长坪全为深灰、灰黑、黄绿色泥岩、粉砂岩夹灰岩。厚度由西南至东北逐渐减薄。鲁甸埂底最厚，为220 m，威信县苏麻坪仅104 m。与上覆大路寨组灰绿色钙质页岩、粉砂岩、页岩为整合接触。北部大部分地区与下伏黄葛溪组浅色钙质粉砂岩、页岩为整合接触。西部、南部大部分地段与下伏大箐组为平行不整合接触。

组内含腕足类 *Nalivkinia elongata*，*Nucleospira pulchra*，*N. calypta*，*Striispirifer qijiangensis*；珊瑚 *Codonophyllum* sp.，*Mesofavosites* sp.，*Brachyelasma sibiricum*，*Ketophyllum intermedium* 等，时代为中志留世。

大路寨组　S_2d　(53-1011)

【创名及原始定义】 云南二区测队七分队（1976）创名于大关县黄葛溪。原始定义：底部为灰色钙质石英砂岩及薄层瘤状泥质灰岩；中下部为灰绿色钙质泥质粉砂岩夹泥灰岩；上部为灰、灰绿色薄—中层状泥质灰岩、结晶灰岩；顶部为灰色中层—块状泥质灰岩。含 *Sichuanoceras*-*Coronocephalus* 动物群，时代为中志留世。

【沿革】 大路寨组相当于郭文魁等（1942）所称大关层的上部，长期未单独划分。创名后被采用。此次对比研究继续沿用。

【现在定义】 为灰、灰绿色钙质泥岩、页岩、粉砂岩夹泥质灰岩、泥灰岩。灰岩具瘤状构造及条带状构造。与上覆菜地湾组、下伏嘶风崖组均呈整合接触。

【层型】 正层型为大关县黄葛溪剖面（103°52′；27°50′），由云南二区测队七分队1976年测制。

【地质特征及区域变化】 分布于滇东北鲁甸、巧家、昭通、镇雄广大地区。总的面貌为灰绿色钙质泥质粉砂岩、页岩夹泥质灰岩、灰岩及少许细粒石英砂岩。一般上部泥质灰岩较多，细粒石英砂岩仅见于底部。区域上，彝良牛街、老街以东，灰岩夹层较少，主要为钙泥质粉砂岩夹页岩，厚70～379 m。牛街、老街以西及昭通牛栏江口以北，为钙质泥质粉砂岩、页岩夹泥质灰岩，灰岩成分相对增多，为不等厚互层状，厚50～368 m。牛栏江口以南则粉砂岩减少，主要为页岩夹泥质瘤状灰岩。再往南至巧家大包厂则以泥质瘤状灰岩为主夹粉砂岩、页岩，厚81～273 m。本组在大部分地区与上覆菜地湾组为整合接触，但在威信、永善、巧家以东局部地段，顶部为中泥盆统缩山头组或下二叠统梁山组平行不整合覆盖。

组内含生物有腕足类 *Atrypella* sp.；头足类 *Sichuanoceras stenosiphonatum*；笔石 *Monoclimacis vomerina*；珊瑚 *Erlangbanpora wangjiawanensis*；三叶虫 *Coronocephalus* cf. *tenuisulcatus* 等，时代为中志留世。

菜地湾组　S_3c　(53-1012)

【创名及原始定义】 云南二区测队七分队（1976）创名于大关县黄葛溪。整合伏于大路寨组之上，平行不整合伏于坡松冲组之下。下部为暗紫、灰绿色页岩；中部为暗紫红色泥质粉砂岩及粉砂质泥岩；上部为灰白、灰绿色泥质白云岩夹暗紫红色泥质粉砂岩及泥岩。底以紫红色层出现及下伏灰、灰绿色砂泥岩夹瘤状灰岩消失与大路寨组分界；顶以紫红色层消失，灰白色石英砂岩、砾岩、含砾砂岩出现与坡松冲组分界。时代为晚志留世。

【沿革】 相当于郭文魁等（1942）所划大关层之上的红色页岩层。王举德（1977）曾将其对比为黔北川南回星哨组。本书仍维持其原始含义及名称。

【现在定义】 为一套紫红、暗紫色夹灰绿色泥页岩、粉砂岩，偶夹石英砂岩及砂泥质白云岩。顶与坡松冲组为平行不整合接触，底与大路寨组为整合接触。

【层型】 正层型为大关县黄葛溪剖面（103°52′，27°50′），由云南二区测队七分队1976年测制。

【地质特征及区域变化】 正层型剖面处该组厚108.1 m。其下部暗紫红色层厚10.5 m，该部分在滇东北全区比较稳定；中部为暗紫红色及灰绿色泥质粉砂岩、粉砂质泥岩，厚80.6 m。该部分向东至大关双河全为紫红色粉砂质页岩。在大关吉利甫、岔河一带中夹1 m左右不等粒含铜砂岩；上部为灰白、灰绿、青灰色砂泥质白云岩夹紫红色泥质石英粉砂岩及粉砂质泥岩，厚17 m左右。该部分向东至大关岔河变为紫红色砂泥质白云岩，偶见含石膏及赤铁矿。菜地湾组由于坡松冲组平行不整合覆盖，各地出露厚度不一：大关田湾211.2 m，大关幸福洞57.7 m，大关吉利甫103.4 m，大关岔河109.8 m，昭通烂田坝87.9 m，金阳新寨63.5 m。

组内含三叶虫 *Coronocephalus changningensis*；腕足类 *Striispirifer shiqianensis* 等，时代为晚志留世。

关底组 S_3g （53-1013）

【创名及原始定义】 丁文江等（1937）创名于马龙县城西关底。原始定义为：杂色页岩及少许砂岩组成。厚约120～250 m。

【沿革】 原称关底群。李广源等①（1942）、孙云铸等（1946）将关底组与妙高组合并，称马龙群。云贵石油勘探处②（1965）曾将关底组及妙高组底部，称岳家大山群。方润森③（1979，1985）将关底组底部单独划出，称岳家山组。云南二区测队八分队（1978）、云南地矿局（1990）均将妙高组底部划为关底组上段。此次对比研究采用丁文江等1937年原划分标准及含义。

【现在定义】 为紫红、褐红、灰、灰绿等杂色页岩、粉砂岩夹少许灰岩及砂岩。顶以紫红、褐红色岩石消失，灰、灰绿色瘤状灰岩及页岩、粉砂岩出现与上覆妙高组分界；下以底砾岩层平行不整合于沧浪铺组砂页岩层之上。

【层型】 正层型为马龙县城西关底—易隆剖面（103°16′，25°22′），由丁文江等1937年测制。副层型为马龙县沧浪铺—黑牛山剖面（103°37′，25°27′），由丁文江等1937年测制。参考剖面是曲靖城西潇湘水库剖面。

上覆地层：妙高组 浅灰色结晶灰岩

——————— 整 合 ———————

① 李广源等，1942，云南东部曲靖沾益地质（未刊）。
② 云贵石油勘探处，1965，云贵地区古生代地层及对比（未刊）。
③ 方润森，1979，曲靖的志留系，云南省地质科学研究所（未刊）。

关底组 总厚度 200 m

1. 红褐、黄色页岩与粉砂岩互层，产 *Lingula* sp. 及 *Nucula* sp. 200 m

——————— 平行不整合 ———————

下伏地层：沧浪铺组 砂岩、页岩

【地质特征及区域变化】 正、副层型剖面由于研究年代久远，工作程度较低。潇湘水库剖面研究较详细，可见该组底部为灰色泥质灰岩及白云质角砾岩；中上部为紫红、灰绿色钙质页岩、细砂岩。该组主要见于曲靖、马龙、宜良、昆明等地，南延至元江东立吉。总的特点是以紫红、灰绿等杂色钙质泥质页岩、粉砂岩为主夹少许泥质灰岩、泥灰岩。区域上自北而南碎屑成分渐多、粒度渐粗、厚度渐薄。北部沾益菱角乡呵盆沟为灰绿、紫红色泥灰岩、页岩，厚 201 m。嵩明、宜良为紫红、灰绿色泥页岩夹白云质灰岩、白云岩，厚 40～66 m。南部元江东立吉全为杂色粉砂岩、页岩，厚 73 m。沉积中心在曲靖县城附近，最大厚度为 694 m。顶与上覆妙高组浅色（灰、灰黄、灰绿）钙质页岩、瘤状灰岩为整合接触；底与下伏沧浪铺组或龙王庙组、双龙潭组为平行不整合接触。平行不整合面上多有砂岩、砾岩、砂砾岩等。

关底组生物化石丰富。有三叶虫 *Encrinuroides* sp.；鱼类 *Xundianlepis sinensis*；头足类 *Sichunoceras* sp.，*Heyuncunoceras* sp.；牙形石 *Neoprioniodes bicurvotus bicurvotus*；珊瑚 *Favosites* cf. *orientalis*，*Ketophyllum* sp.，*Holmophyllum* sp.；腕足类 *Atrypoidea dorsoconvexa*，*Protathyrisina unplicata*，*P. minor*，*P. plicata* 等。从各类生物化石出现、繁盛及所处层位看，本组时代为晚志留世。

妙高组 S_3m **(53-1014)**

【创名及原始定义】 丁文江（1914）创名于曲靖妙高山（廖角山），Grabau（1923—1924）介绍。原始定义：下部为灰岩、页岩，富含腕足类；上部为砂岩、页岩，富含斧足类。由下而上显示淡水环境增加。顶与中泥盆统砂岩，底与丐店组砂岩均为间断。时代为晚志留世。

【沿革】 原称妙高群。丁文江等（1937）经实地调查，证实原划的丐店组层序有误，将上覆砂岩层命名为玉龙寺组。即妙高组覆于关底组之上，伏于玉龙寺组之下。李广源等（1942）、孙云铸等（1946）曾将曲靖地区玉龙寺组以下志留纪地层（妙高组、关底组）统称马龙群（层），时代置于中志留世。云贵石油勘探处（1965）曾将妙高组分解为妙高组及潇湘水库组，且与上覆玉龙寺组一并称红庙群。云南地质局二区测队八分队（1978）、云南地矿局（1990）曾将妙高组底部划出归关底组，称关底组上段。从岩石地层单位划分的宏观标志看，此次对比研究仍沿用丁文江等（1937）的划分标准。

【现在定义】 为灰、灰绿色页岩与瘤状灰岩互层。顶以黑色易剥页岩出现与上覆玉龙寺组分界；底以紫红、褐红色页岩、粉砂岩出现与下伏关底组分界。均呈整合接触。

【层型】 正层型为曲靖岳家大山—廖角山（妙高山）剖面（103°46′，25°29′），由云贵石油勘探处 1965 年重测。

上覆地层：玉龙寺组 黑色页岩

———————— 整 合 ————————

妙高组 总厚度 605.6 m

16—15. 灰色钙质泥岩、粉砂岩夹厚层状泥灰岩。产腕足类 *Howellella tingi*，*Platyorthis planata*，*Protathyrisina* sp.，*Camarotoechia* sp.，*Lingula kutsingensis*，*Orbiculoidea* cf. *sinensis*；珊瑚 *Favosites* sp.，*Cystiphyllum* sp.；三叶虫 *Latiproetus* sp.；双壳类 *Follmanella* sp.，*Nucula* sp. 75.8 m

14—12. 灰、灰绿、黄绿色钙质页岩夹泥灰岩、瘤状泥灰岩。产腕足类 *Howellella tingi*，*H. laeviplicata*，*Protathyris praecursor*，*Protathyrisina minor*，*P. plicata*，*P. uniplicata*，*Lingula kutsingensis*，*Xinanospirifer minutus*，*Sepatrypa* aff. *secreta*，*Atrypella prunum*，*Camarotoechia* sp.，*Schizophorina hesta*，*Areostrophia delicata*，*Miaogaospirifer xinanensis*，*Plathyorthis planata*；双壳类 *Modiolopsis mientienensis*，*M. crypta*，*M. lavali*，*Actinopteria mansuyi*，*Praecardium distans*，*Follmanella mientienensis*，*Nuculana* sp.，*Orthonota* sp.；腹足类 *Hormotoma* sp.，*H. kutsingensis*，*Poleumita* sp.，*Holopea* sp.；珊瑚 *Favosites* sp.，*Troedssonites* sp.；三叶虫 *Latiproetus latilimbatus* 等 237.4 m

11. 黄褐、灰绿色页岩夹钙质泥岩及泥质粉砂岩，局部夹泥灰岩扁豆体。产介形类 *Pseudoentomozoe* aff. *corduroides*；双壳类 *Edmondia*? *mientienensis*；腕足类 *Lingula* sp. 292.4 m

———— 整　合 ————

下伏地层：关底组　紫红、灰紫、灰绿等杂色钙质泥岩

【地质特征及区域变化】　主要分布在曲靖、马龙、宜良，并向南延展至元江一带。曲靖潇湘水库，下部为深灰色薄层白云质灰岩、泥灰岩，夹黄绿、灰黑色页岩；上部为灰、深灰色瘤状灰岩、泥灰岩，夹黄绿、灰色页岩。曲靖向北岩性变化不大。曲靖向南至马龙、宜良，下部页岩成分增多，灰岩减少，为页岩夹泥灰岩；上部页岩成分减少，基本为瘤状灰岩、结晶灰岩、白云质灰岩，灰岩局部夹燧石条带。个别地段（嵩明者龙、元江邑慈碑）仅见下部层位，上部被剥蚀。宜良厚度最薄，向南、北逐渐增厚，变化范围为 243～1 384 m。底与下伏关底组紫红、灰绿等杂色砂页岩为整合接触。大部分地区顶与上覆玉龙寺组黑色易剥页岩为整合接触，局部地段与坡松冲组石英砂岩为平行不整合接触。

该组含丰富生物化石。主要有腕足类 *Protathyrisina minor*，*P. uniplicata*，*P. plicata*，*P. kutsingensis*，*Protathyris praecursor*，*Eospirifer uniplicatus*，*E. tingi*，*Schizophoria hesta*；珊瑚 *Parastriatopora* sp.，*Favosites forbesi*，*Cystiphyllum* sp.；头足类 *Euthyocycloceras qujingensis*；牙形石 *Distomodus kentuckyensis*，*Ozarkodina crispa* 等，时代为晚志留世。

玉龙寺组　S_3y　(53－1015)

【创名及原始定义】　丁文江等（1937）创名于曲靖城西面店村（丐店村）。原始定义：底部为黑色页岩，向上变为页岩与砂岩，含海相化石，也含淡水和微咸水相化石。

【沿革】　原称玉龙寺群。丁文江等（1937）、李广源等（1942）、孙云铸等（1946）、尹赞勋（1949）均把玉龙寺顶界定在上黑色页岩之上的泥盆系砂岩中。方润森（1979）将其顶界放在上黑色易剥页岩之下，且将该组归入泥盆纪。本书划分与云贵石油勘探处（1965）、云南二区测队八分队（1978）、云南地矿局（1990）划分一致，即把玉龙寺组的顶底界限定在上黑色易剥页岩之顶、下黑色易剥页岩之底。

【现在定义】　以黑、灰黑色易剥页岩为主夹深灰、灰黑色灰岩及少许砂岩。顶底均以黑色易剥页岩的出现和消失为划分标志。与上覆翠峰山组下西山村段砂页岩及下伏妙高组页岩、灰岩均为整合接触。下部含海相动物化石，向上则陆相鱼类、无颌类增多。

【层型】　正层型为曲靖城西面店村剖面（103°42′，25°29′），由丁文江等 1937 年测制。

上履地层：翠峰山组下西山村段　黄、灰绿色砂屑砂岩

——————整　合——————

玉龙寺组	总厚度 223 m
5. 黑色易剥页岩，具植物痕迹	38 m
4. 灰、灰绿色页岩，夹薄层灰岩，产 *Ambonychia? kutsingensis*，*Holopea* sp.	80 m
3. 灰色页岩，下部含 *Endmondia? mientienensis*，*Cytherella mientienensis*	65 m
2. 黄色砂屑砂岩和砂质页岩	10 m
1. 黑色页岩夹灰岩透镜体，产 *Cytherella? mientienensis*（未见底）	30 m

【地质特征及区域变化】　玉龙寺组主要见于曲靖、马龙、沾益、宜良一带，元江有零星分布。以曲靖之西和西南一带出露最完整。以灰黑、黑色页岩、水云母页岩为主，页岩易破碎剥离，俗称易剥页岩。中部夹泥灰岩、瘤状泥质灰岩，局部呈互层状。厚度以曲靖县城附近为中心向四周逐渐减薄，变化范围为 183～339 m。曲靖县城附近与上覆翠峰山组的下西山村段呈整合接触。在昆明、宜良等地大部分被泥盆纪、石炭纪地层超覆。与下伏妙高组呈整合接触。

该组主要生物化石有三叶虫 *Waburgella rugolosa sinensis*，*W. yunnanensis*；腕足类 *Spirifer asiatica*，*Protathyrisina uniplicata*，*P. minor*；牙形石 *Hindeodella equidentata*，*Dentacodina multidontata*，*Ozarkodinainclinata liaojiaoensis*，*O. crispa*；头足类 *Yunnanoceras impressum*，*Y. contractum*；珊瑚 *Squameofavosites* sp.；鱼类 *Arthrodira*，*Acanthodii*，*Antidrchi* 等。

【其他】　据该组所含生物，对其时代归属目前有三种意见：以下黑色易剥页岩底为底界，全部归入泥盆纪；以上黑色易剥页岩顶为顶界，归入晚志留世；上易剥页岩归为早泥盆世，下易剥页岩归为晚志留世。云南地矿局（1990）据王成源（1981）研究结果认为："在上易剥页岩底界之下 5 m 处的牙形石 *Ozarkodina crispa* 是 Ludlow 晚期的带化石"，故玉龙寺组全部属晚志留世的可能性最大。

屏边群　*ZP*　（53－1324）

【创名及原始定义】　云南区测队四分队（1964）创名。广西地质局① 等（1965）正式引用。创名地是云南屏边县。原始定义：分布于屏边一带、伏于下寒武统之下的浅变质岩系，下部为灰、浅紫色条纹状板岩夹灰白—灰黑色板岩，条纹状板岩由泥质、粉砂质条纹相间构成；中部为条纹状板岩夹杂色千枚岩；上部底具 5～20 m 厚之砾岩，其上为紫红色板岩、细粒长石石英砂岩，总厚达 7 000 m 以上。

【沿革】　创名者及广西地质局等（1965）将屏边群划属元古界。云南二区测队六分队（1972）将原 1∶100 万地质图上屏边群的中深变质岩部分划出另建瑶山群；将原屏边群上部砾岩（剖面中第 20 层）及其以上地层划属下寒武统，与原浪木桥组合并称猫猫头组；其余部分仍称屏边群，划属震旦纪。云南区域地层表编写组（1978）对屏边群的底界划分同云南二区测队六分队，顶界则恢复广西地质局等（1965）的划分，认为其时代可能属震旦纪。杨遇和等（1981）将屏边群顶界上移至原浪木桥组中部，分为 3 个岩性段。曹仁关等②（1989）对屏边群上部剖面进一步研究，在近顶部板岩中获微古植物化石，并将上部地层分为 5 个组。云南地矿局（1990）对该群顶、底界线的划分与云南区域地层表编写组（1978）相同，在群内

---

① 全称为广西壮族自治区地质局（下同）。

② 曹仁关等，1989，云南东南部震旦系的划分与对比，中国古生物学会第十五届学术年会论文摘要（内刊）。

划分3个岩性段，认为该群时代属震旦纪，上覆浪木桥组时代属早寒武世。本书基本同意后一划分。

【现在定义】 下部为灰绿色绢云千枚岩及粉砂质绢云千枚岩夹浅黄色石英粉砂岩和极少的白云岩条带；中上部为灰绿、深灰色绢云板岩、粉砂绢云板岩与灰色细砂岩、粉砂岩呈韵律性互层，夹多层含砾板岩；上部为灰黑、黄色绢云板岩、粉砂绢云板岩夹灰白色石英粉砂岩。未见底，顶被浪木桥组底砾岩平行不整合覆盖。

【层型】 选层型是屏边县鱼嘎底—猫猫头剖面，位于屏边县鱼嘎底—猫猫头沿途公路(103°37′，23°07′)，由云南二区测队六分队（1972）实测。

【地质特征及区域变化】 屏边群仅分布在屏边县猫猫头—河口县独甸乡，呈北西—南东向梭形地带，长53 km，宽1～10 km。岩性较稳定。剖面测得总厚度大于5 092 m。岩层均受过浅变质作用，且由下向上变质程度逐渐变弱。分布区内褶皱相当发育，剖面内小断层也频繁出现，测量所得地层厚度可能大于真厚度，所列地层层序也许有少部分不完全反映原始层序。该组近顶部含微古植物 *Leiosphaeridia* sp.，*Micrhystridium* sp.。

浪木桥组 Z∈*l* (53-1224)

【创名及原始定义】 广西地质局等（1965）创名于蒙自县浪木桥普基底。原始定义：以粉砂岩、页岩为主，下部夹含磷硅质岩及沉积磷矿层，产 *Kunmingella*，可与筇竹寺组相对比，厚度400～2 000 m。

【沿革】 中国科学院昆明地质研究所等（1959）称龙洋组，昆明工学院地质系①（1960）称白得群，云南二区测队六分队（1972）称猫猫头组。项礼文等（1981）将下部称浪木桥组，上部称猫猫头组。本书认为所划的猫猫头组和浪木桥组之间没有明显的分界和识别标志，并且两组岩性、岩相一致。因浪木桥组命名在先，故采用浪木桥组一名。

【现在定义】 为灰黑色含磷粉砂岩、硅质岩、碳质页岩，夹白云质灰岩及磷块岩透镜体，上部产三叶虫化石，底有厚20～25 m的块状砂砾岩。与下伏屏边群板岩呈平行不整合接触。

【层型】 正层型为蒙自县浪木桥普基底剖面（103°31′，23°11′），为广西地质局等（1965）实测。

上覆地层：冲庄组　黄绿色粉砂质页岩夹泥质云母粉砂岩，偶夹铁锰质砂岩

═══════ 断层接触 ═══════

浪木桥组	总厚度 78 m
4. 黑色碳质页岩，风化后呈黄绿色	23 m
3. 黑、深灰色薄板状硅质岩，夹深灰色灰岩透镜体及磷块岩	20 m
2. 灰黑色碳质页岩夹黄绿色泥质粉砂岩及深灰色灰岩透镜体，页岩风化呈灰白色	15 m
1. 灰、深灰、黄绿色砾岩层，砾石成分有石英岩、石英砂岩及深灰色板岩等，砾径大小不一，由几厘米至30 cm不等，磨圆度较好，个别具有棱角，泥质胶结	20 m

——————— 平行不整合 ———————

下伏地层：屏边群　灰色薄层千枚岩夹薄层变质石英砂岩

【地质特征及区域变化】 该组仅见于蒙自、屏边一带。底部至顶部，由砂砾岩—绢云板岩夹粉砂岩—白云质灰岩组成一个沉积旋回。底与屏边群平行不整合接触，顶与冲庄组整合

① 昆明工学院地质系，1960年，滇东南1∶50万地质图及矿产图说明书（内刊）。

接触。下部未获化石，上部含 *Metaredlichia* sp.，*Hsuaspis* sp.，*Hupeidiscus* sp. 等及古介形虫、腕足类化石。由北往南，颜色变暗，至白河桥为一套富含碳质的板岩及绢云石英板岩(微含磷)，顶为碳质白云岩，底为砾岩，组成一个由粗到细的沉积旋回。河口大树塘车站，几乎全部变为黑色碳质绢云板岩及黑色碳质硅质砂板岩。蒙自浪木桥一带厚仅 78 m，屏边县猫猫头最厚达 695.2 m，湾塘冲庄厚 342.6 m。

【其他】 该组下部地层中夹多层含磷粉砂岩及磷块岩透镜体，层位应与滇中灯影组上部相当。该组顶部页岩中含早寒武世早期三叶虫化石。故本书认为浪木桥组时代属晚震旦世晚期—早寒武世早期。

冲庄组 $\in_1\hat{c}\hat{z}$ (53-1223)

【创名及原始定义】 云南二区测队六分队(1972)创名于屏边县昆河铁路冲庄车站南约 1 km。原始定义：绢云板岩夹云母石英细—粉砂岩，偶夹灰岩，厚 570～1 012.6 m，含 *Palaeolenus*，*Ichangia* 等。

【沿革】 中国科学院昆明地质研究所等(1959)称龙洋组。昆明工学院地质系(1960)称白得群。广西地质局等(1965)统称大寨组。云南二区测队六分队(1972)认为原“大寨组”划分过粗，将其下部地层划出称冲庄组，后被沿用。本书将冲庄组含义缩小，仅限于原冲庄组的中、下部以灰白色砂岩、粉砂岩为主的地层，其上的黄绿色页岩为主的岩层划入大寨组。

【现在定义】 灰白、黄白色石英砂岩、长石石英砂岩或同色同成分的粉砂岩，夹黄绿色绢云板岩、粉砂质板岩，偶夹灰岩小透镜体。产三叶虫及腕足类。底以灰白色厚层石英砂岩(或粉砂岩)为界与浪木桥组呈整合接触。顶以大量浅色砂岩消失为界与大寨组呈整合接触。

【层型】 正层型为屏边县湾塘冲庄剖面(103°43′，23°09′)，为云南二区测队六分队(1972)实测。

上覆地层：大寨组 浮土掩盖，见砂岩碎块

………… 接触关系不明 …………

冲庄组 总厚度 168.9 m

14. 顶部灰白色薄层细粒石英砂岩夹黄绿色条带状绢云板岩，中下部为灰绿色条带状绢云板岩夹薄层细粒石英砂岩，局部夹灰岩小透镜体，底部含 *Palaeolenus* sp.，*Redlichia* sp. 83.5 m
13. 灰白色薄—中厚层细粒石英砂岩夹灰绿色绢云板岩，局部互层 21.3 m
12. 灰白色带褐色含铁粗粒石英砂岩，产三叶虫 *Ichangia* sp. 1.2 m
11. 黄褐、灰白、灰绿色中—厚层细粒石英砂岩，局部夹粉砂质板岩 50.1 m
10. 灰绿色厚层绢云母泥质石英粉砂岩 6.5 m
9. 灰白色厚层石英粉砂岩 6.3 m

———— 整 合 ————

下伏地层：浪木桥组 灰绿、黄绿色粉砂质绢云板岩夹薄层或条带状片理化石英粉砂岩

【地质特征及区域变化】 该组在滇东南仅零星出露于文山—马关一线以西地区。岩性稳定，由石英砂岩、长石石英砂岩、粉砂岩夹绢云板岩、粉砂质板岩所组成，偶夹灰岩条带或透镜体。顶、底分界清楚，与上覆大寨组、下伏浪木桥组均呈整合关系。该组含三叶虫 *Ichangia* sp.，*Yinites yunnanensis*，*Palaeolenus lantenoisi*，*Redlichia* (*Pteroredlichia*) *chinensis* 等。由

北往南厚度增大，粒度变细，颜色变深。屏边冲庄厚 168.9 m，猫猫头厚大于 143.3 m，白寨厚 446.26 m。向西至蒙自大丫口厚大于 247.2 m，大寨厚仅有 95.05 m。

据所含化石，冲庄组时代应属早寒武世中期。

大寨组　∈*d*　(53－1222)

【创名及原始定义】　广西地质局等（1965）创名于蒙自县芷村西南大寨附近。原始定义：底部为灰白、黄色薄层状细砂岩，其上为黄红色砂质页岩、页岩夹粉砂岩，产 *Redlichia* sp.，*Palaeolenus* sp.，*Micmacca* sp. 等，厚 128 m。根据所产化石可与沧浪铺组及龙王庙组对比。

【沿革】　昆明工学院地质系（1960）将上部称徐庄阶，下部称白得群。云南地质局等（1974）将其上部称大丫口组，下部称大寨组。后一直被沿用。此次对比研究认为原创名大寨组是一个岩石地层单位，而大丫口组的建立仅依据生物化石的不同，故应恢复原大寨组岩石地层单位的含义。

【现在定义】　为黄绿、黄、黄红色页岩、粉砂质页岩，夹少量同色粉砂岩。产大量三叶虫。底与冲庄组、顶与田蓬组均呈整合关系，分界清楚。

【层型】　正层型为蒙自县大寨剖面（103°30′，23°16′），为广西地质局等（1965）实测。

上覆地层：田蓬组　深灰色薄层泥质条带灰岩

——————— 整　合 ———————

大寨组　　　　　　　　　　　　　　　　　　　　　　　　总厚度 190.5 m

36. 土红、红色薄层页岩，层面具同心层纹构造，产三叶虫 *Kaotaia magna*，*K.* sp.，“*Ptychoparia*” sp.　　8.3 m

35. 浮土掩盖　　4.5 m

34. 黄红色页岩，层面上具同心纹结构及交错层理，产三叶虫“*Ptychoparia*” sp.　　9.4 m

33. 浮土掩盖　　7.1 m

32. 黄绿、褐灰色中厚层轻变质云母粉砂岩，产三叶虫“*Ptychoparia*” sp.　　0.8 m

31. 浮土掩盖　　9.8 m

30. 黄色中厚层粉砂岩，层面有大量云母碎片，夹灰绿色泥质条带　　4.5 m

29. 黄色薄层粉砂岩，局部地段具微层理，含少量云母，产三叶虫“*Ptychoparia*” sp.　　11.0 m

28. 浮土掩盖　　23.2 m

27. 黄色薄层砂质页岩，底部含少量云母，富产三叶虫 *Mengzia* sp.，*Kunmingaspis*? sp.　　12.7 m

26. 浮土掩盖　　4.8 m

25. 黄色薄层砂质页岩，底部被浮土掩盖，产三叶虫 *Mengzia mengziensis*，*M.* sp.，*Kunmingaspis* sp.　　14.5 m

24. 黄色轻变质粉砂质泥岩　　27.9 m

23. 黄色微带红色含云母粉砂质页岩，产三叶虫 *Mengzia mengziensis*，*M.* sp.，*Probowmaniella dazhaiensis*　　14.0 m

22. 黄绿色微带红色页岩，夹砂岩条带或透镜体，产三叶虫 *Mengzia* sp.　　7.6 m

21. 黄红色页岩，部分被浮土掩盖。产三叶虫 *Redlichia* (*Pteroredlichia*) *murakamii*，*R.* (*P.*) *chinensis*　　12.3 m

20. 绿黄色轻变质粉砂质页岩，下部被浮土掩盖，产三叶虫 *Redlichia* (*Pteroredlichia*) *chinensis*，*R.* sp.　　18.1 m

——————— 整　合 ———————

下伏地层：冲庄组　灰白、黄色薄层细粒长石石英砂岩

【地质特征及区域变化】 本组地层仅发育于文山—马关一线以西的地区。为黄绿、黄、黄红色页岩、粉砂质页岩，夹少量粉砂岩。顶以砂、页岩结束与田蓬组灰岩、泥质条带灰岩为界，底以砂页岩出现与冲庄组长石石英砂岩分界，均呈整合接触。

该组下部含 *Redlichia*（*Pteroredlichia*）*murakamii*，*R.*（*P.*）*chinensis* var. *lui* 等三叶虫；上部含 *Mengzia mengziensis*，*Probowmaniella dazhaiensis*，“*Ptychoparia*” 等三叶虫。时代属早寒武世晚期—中寒武世早期。

该组岩性较稳定，相变不大。在屏边湾塘冲庄夹少量灰岩条带或透镜体，蒙自大丫口夹少量铁锰质粉砂岩。区域上厚度变化较大，屏边冲庄厚 251.7 m，蒙自大寨厚 190.5 m，蒙自大丫口仅厚 23.4 m，总体上显示自北而南明显减薄。

田蓬组　$\in_2t$　（53－1221）

【创名及原始定义】 广西地质局等（1965）创名于富宁田蓬街附近。原始定义：为深灰色泥质灰岩、白云质灰岩、砂质泥岩及页岩，厚 500～1 000 m。含 *Kaotaia*－“*Ptychoparia*”，*Bailiella* 两个化石带，相当于华北的毛庄组至徐庄组，滇东北的云山村组至双龙潭组。

【沿革】 昆明工学院地质系（1960）划为徐庄阶。广西地质局等（1965）命名为田蓬组后，一直被广泛用于滇东南地区。

【现在定义】 为一套浅灰、灰绿、灰黑色泥质条带灰岩、白云质灰岩及页岩、粉砂质泥岩的互层。产丰富的生物化石。

【层型】 正层型为富宁县田蓬—博莱田剖面（105°26′，23°18′），为广西地质局等（1965）实测。

上覆地层：龙哈组　浅灰、灰色中—厚层白云质灰岩及泥质条带灰岩，夹黄色云母粉砂质泥岩

——————— 整　合 ———————

田蓬组	总厚度 1 134 m
10. 灰绿、灰黄色含云母泥岩、粉砂质泥岩夹 4 m 厚的灰岩一层	144 m
9. 浅灰、灰黑色薄—中层泥质条带灰岩	50 m
8. 灰绿色页片状含云母页岩夹一层 4 m 厚的浅灰色薄板状灰岩，产三叶虫：*Bailiella* cf. *lantenoisi*	60 m
7. 浅灰、灰黑色厚层白云质灰岩、泥质条带灰岩夹浅灰色薄层含云母粉砂质泥岩	100 m
6. 浅灰绿色含云母泥岩，产丰富的三叶虫：*Manchuriella* sp.，*Proasaphiscus* sp.，“*Ptychoparia*” sp.	28 m
5. 深灰色中厚层鲕状灰岩	20 m
4. 灰黑色薄板状含云母泥岩夹一层 4 m 厚的灰色中层灰岩	82 m
3. 浅黄绿色薄板状含大量云母的泥质粉砂岩夹浅黄色粉砂质泥岩及粉砂质结核，结核中产化石碎片	150 m
2. 浅灰色薄板状含云母粉砂质泥岩夹灰黑、粉红色云母质泥岩	200 m
1. 浅灰色块状含云母粉砂质泥岩。未见底	300 m

【地质特征及区域变化】 该组在滇东南分布较广，由泥质条带灰岩、白云质灰岩及泥岩、粉砂岩组成，呈不等厚互层。顶、底分界清楚，底以下伏大寨组黄绿色页岩结束为界，顶以上覆龙哈组白云质灰岩出现为界，均呈整合接触。含有丰富的三叶虫化石，下部主要有 *Kaotaia magna*，*Kunmingaspis yunnanensis*，*Mengzia mengziensis*；上部含 *Bailiella lantenoisi*，

Wuania taitzuensis, *Manchuriella liaotungensis*。时代属中寒武世。自西北往东南沉积增厚，在富宁田蓬厚 1 259 m 以上。往西北至文山胡广寨渐变为灰—灰白色中厚层—块状白云岩夹砂页岩，厚 332 m。蒙自地区为泥质条带灰岩、白云岩、粉砂岩、泥质粉砂岩、粉砂质板岩，厚仅 77～215 m。

龙哈组　∈*l*　(53-1220)

【创名及原始定义】　广西地质局等（1965）创名于富宁县田蓬区龙哈附近。原始定义：灰、深灰色白云质灰岩、白云岩夹泥质灰岩、砂质泥岩、粉砂岩，厚 600～800 m，产 *Solenoparia* 等三叶虫，与华北张夏阶相当。

【沿革】　昆明工学院地质系（1960）称田蓬阶。何昌祥等[①]（1962）划归张夏阶。广西地质局等（1965）命名为龙哈组后一直被广泛用于滇东南地区。此次对比研究沿用。

【现在定义】　深灰、浅灰色厚层白云岩、白云质灰岩夹少量薄层粉砂岩、粉砂质泥岩、页岩，厚度较大，生物较少。底部以厚层白云质灰岩出现与田蓬组分界，顶部以厚层状白云岩或白云质灰岩结束与唐家坝组分界，均呈整合关系。

【层型】　正层型为富宁县田蓬—博莱田剖面（105°25′，23°19′），为广西地质局等（1965）实测。

【地质特征及区域变化】　该组广泛分布于滇东南地区，往南延入广西和越南。为一套厚度较大，生物较少的碳酸盐岩沉积，以浅—深灰色中厚层—块状白云质灰岩为主，夹泥质灰岩及少量泥质粉砂岩及粉砂质泥岩。底与田蓬组、顶与唐家坝组均为整合接触。

该组产三叶虫及腕足类化石。三叶虫主要有 *Solenoparops meridionalis*，*Taitzuia* sp.，*Manchuriella*? *oblongata*，*Damesella brevicaudata* 等。时代属中寒武世中晚期。

该组岩性及厚度变化有自西北往东南碎屑岩夹层增多，厚度增大的规律。在富宁、马关地区为深灰—浅灰色中—薄层白云质或泥质灰岩夹少量砂页岩，生物较多，厚在 732 m 左右。文山以西变为灰色中厚层—块状白云岩，局部具鲕状结构，生物减少，厚 674 m。蒙自地区厚 588 m，广南地区则以白云岩为主夹少量白云质灰岩及泥质粉砂岩，厚 1 956.8 m。

唐家坝组　$\in_3 t$　(53-1219)

【创名及原始定义】　广西地质局等（1965）创名于富宁县田蓬区唐家坝附近。原始定义：浅灰、深灰色泥质灰岩、白云岩夹灰绿色泥质粉砂岩、粉砂质泥岩，厚 400～1 500 m，产 *Kaolishania* 等化石，与华北长山阶相当。

【沿革】　昆明工学院地质系（1960）划归崮山阶和长山阶，广西地质局等（1965）将下部称歇场组，中、上部称唐家坝组，后一直被沿用。本书认为歇场组与唐家坝组总体岩性相近，难以划分，故统称唐家坝组。

【现在定义】　为一套灰、深灰色薄层泥质条带灰岩，夹大量灰绿、黄绿色泥岩、粉砂质泥岩、粉砂岩及少量浅灰色厚层白云质灰岩。底与龙哈组、顶与博莱田组均呈整合接触。

【层型】　正层型为富宁县田蓬—博莱田剖面（105°23′，23°21′），为广西地质局等（1965）实测。

上覆地层：博莱田组　浅黄色薄板状含云母粉砂质泥岩夹深灰色灰岩

---

① 何昌祥等，1962 年，云南东南部之寒武纪地层。载：中国古生物学会等，中国古生物学会第二次代表大会第九次年会论文集（内刊）。

——————— 整　合 ———————

唐家坝组　　总厚度 1 521 m

47. 深灰色中—厚层泥质条带灰岩、灰岩夹灰绿色灰质泥质粉砂岩，产三叶虫：*Shirakiella* sp.　　107 m

46. 浅灰绿色薄板状粉砂质泥岩，含串珠状粉砂质结核　　59 m

45. 深灰色厚层具不规则泥质条带灰岩，夹灰绿色泥质粉砂岩，产三叶虫：*Kaolishania* sp.，*Irvingella* sp.，*Chuangia nais*　　179 m

44. 浅灰色厚层白云质灰岩，风化后呈刀砍状　　30 m

43. 灰黑色厚层具不规则泥质条带的砂质灰岩夹土黄色含云母粉砂质泥岩，产三叶虫：*Irvingella* sp.　　100 m

42. 浅灰色厚层钙质白云岩　　30 m

41. 灰黑色含少量泥质的灰岩　　60 m

40. 浅灰色厚层白云质灰岩夹两层各 1 m 的鲕状灰岩　　90 m

39. 灰绿色薄板状含云母泥质粉砂岩　　20 m

38. 浅灰黄色厚层状钙质白云岩　　12 m

37. 黄色含少量云母的粉砂质泥岩，含化石碎片　　30 m

36. 浅灰色厚层白云质灰岩　　40 m

35. 黄绿色薄板状泥岩　　27 m

34. 黄绿色薄板状泥质粉砂岩，含三叶虫化石碎片　　28 m

33. 灰黑色中层灰岩　　50 m

32. 灰黑色含泥质灰岩与浅灰绿色薄板状含云母泥质粉砂岩互层，产三叶虫：*Shirakiella* sp.　　30 m

31. 浅灰色薄板状及厚层泥质灰岩夹一层 4 m 厚的深灰色泥质灰岩，产三叶虫：*Shirakiella* sp.　　40 m

30. 浅灰色薄板状及厚层泥质灰岩夹两层 3～8 m 厚的薄板状含云母泥质粉砂岩，产腕足类：*Apheoorthis* sp.　　70 m

29. 深灰色厚层灰岩夹 2 m 厚的泥质粉砂岩　　40 m

28. 浅黄绿色含云母粉砂质泥岩　　30 m

27. 灰黑色厚层灰岩　　15 m

26. 浅黄绿色薄板状含云母粉砂质泥岩，产三叶虫：*Shirakiella* sp.　　30 m

25. 浅灰绿色粉砂质泥岩，泥质云母粉砂岩与灰黑色泥质灰岩互层，产三叶虫：*Irvingella* sp.，*Shirakiella* sp.，*Lioparia* sp.　　100 m

24. 灰黑色厚层含少量泥质条带灰岩　　80 m

23. 上部浅灰色薄板状含云母泥岩，下部灰色厚层泥质条带灰岩夹少量白云质灰岩，产三叶虫：*Lioparia* sp.　　42 m

22. 浅灰绿色含云母粉砂质泥岩，产丰富的三叶虫：*Blackwelderia* sp.　　40 m

21. 浅灰—深灰色厚层白云质灰岩　　62 m

20. 黄绿色薄层含云母粉砂质泥岩，含串珠状结核。产三叶虫：*Blackwelderia* sp.，*Parablackwelderia spectabilis*，*Paracoosia mansuyi*，*Paralorenzella tonkinensis*　　80 m

——————— 整　合 ———————

下伏地层：龙哈组　深灰色中—厚层泥质灰岩

【地质特征及区域变化】　该组在滇东南地区分布甚广。主要为泥质条带灰岩夹厚层白云质灰岩及粉砂质泥岩。底与龙哈组中、厚层状白云岩（或灰岩）整合接触，顶以泥质条带灰岩与博莱田组呈整合接触。

该组产丰富的三叶虫及腕足类化石。下部有三叶虫 *Blackwelderia paronai*，*Parablackwelderia spectabilis*，*Paralorenzella tonkinensis* 等；上部产三叶虫 *Chuangia nais*，*Irvingella* sp.，*Kaolishania* sp.，*Guangnania xiyangjiensis* 等及腕足类 *Billingsella simplex* 等。时代属晚寒武世。

区域上岩性变化较为显著，由西北往东南砂、页岩夹层增多，碳酸盐岩减少，厚度减薄，生物渐多。在文山胡广寨一带为泥质条带灰岩与白云质灰岩互层。在富宁地区沉积最厚，有1 521 m。文山平坝一带厚 735.9 m，广南珠街一带厚 1 178.6 m。

【其他】 过去划分的"歇场组"和"唐家坝组"。实际上是一个岩石地层体，它们之间没有明显的岩性界线，而是以生物来划分，本书按岩石地层划分原则，将唐家坝组含义扩大，包含原"歇场组"岩层。

博莱田组 ∈O*b* (53-1218)

【创名及原始定义】 广西地质局等（1965）创名于麻栗坡县南利至博莱田。原始定义：灰紫、灰绿、灰色云母质泥岩、粉砂岩、泥质条带灰岩，产 *Prosaukia* 及 *Calvinella* 等化石，厚 1 000～2 000 m。与华北凤山阶相当。

【沿革】 昆明工学院地质系（1960）划归凤山阶。广西地质局等（1965）命名为博莱田组后被广泛应用。

【现在定义】 中、下部为浅灰、灰绿、灰紫色砂质泥岩、泥质粉砂岩夹少量深灰色泥质灰岩、灰岩；上部为灰白、浅灰色厚层灰岩、灰色白云岩、白云质灰岩夹板岩。底以大量砂质泥岩的出现与下伏唐家坝组泥质条带灰岩整合接触。

【层型】 正层型为富宁县田蓬—博莱田剖面（105°13′，23°23′），为广西地质局等（1965）实测。

【地质特征及区域变化】 该组分布于滇东南地区。为砂质泥岩、泥质粉砂岩、白云岩夹泥质灰岩及灰岩。底以大量砂质泥岩出现与唐家坝组泥质条带灰岩为界，顶以厚层白云岩与上覆下木都底组鲕状灰岩或生物碎屑灰岩为界，均呈整合接触。含丰富的生物化石，主要有三叶虫 *Saukia* sp.，*Calvinella walcotti*，*Paralorenzella tonkinensis* 等；腕足类 *Palaeostrophia orthia*，*Billingselle* sp. 等。

区域上岩性及厚度变化较明显。正层型处厚 2 653 m。广南地区为白云岩夹少量碎屑岩，厚度减薄为 249～381 m。屏边及蒙自地区，主要为灰色中—厚层白云岩与白云质灰岩，生物稀少，厚 550 m 左右。

【其他】 该组地层过去被认为仅是上寒武统上部的一个岩石地层单位。近期 1∶5 万区调工作，在博莱田组顶部白云岩中发现牙形石 *Eoplacognathus* sp.，*Scolopodus* cf. *primitivus*，*Drepanodus subarcuatus* 及腕足类 *Sinorthis* sp.，因此，博莱田组的时代应为晚寒武世—早奥陶世早期。

下木都底组 O_1*xm* (53-1124)

【创名及原始定义】 云南二区测队[①]（1974）创名于屏边县下木都底。原始定义为灰、深灰色中厚层状灰岩、鲕状灰岩、生物碎屑灰岩，夹少量白云质灰岩及页岩。厚 100～389 m。

【沿革】 创名前被对比为三峡地区的南津关组，创名后云南二区测二分队（1976，

① 云南地质局二区测队，1974，滇中东古生界的某些新资料，西南地层古生物通讯，4 号，76—87（内刊）。

1978），胡荣民（1976）也曾对比为南津关组。云南地矿局（1990）采用下木都底组名称及划分标准。此次对比研究沿用。

【现在定义】 博莱田组白云岩、白云质灰岩之上，独树柯组石英砂岩之下的一套灰色鲕状灰岩、生物碎屑灰岩、泥质灰岩，夹少许白云质灰岩及泥页岩。顶以灰岩消失，石英砂岩出现与独树柯组分界；底以生物碎屑灰岩、鲕状灰岩消失与博莱田组分界。均呈整合接触。

【层型】 正层型为屏边县下木都底—贵州寨剖面（103°51′，23°08′），由云南二区测队六分队 1972 年实测。

上覆地层：独树柯组 长石石英砂岩

——————— 整 合 ———————

下木都底组	总厚度 87.6 m
5. 灰色中厚层或厚层含生物碎屑鲕状灰岩，含不规则泥质团块	10.9 m
4. 灰黑色泥质页岩，含 *Lingula* cf. *kuani*	7.1 m
3. 灰色中—厚层含生物碎屑鲕状灰岩，夹黑色页岩、薄层白云岩，含三叶虫 *Dictylocephalus* sp.	27.9 m
2. 中上部白云岩，底部灰岩	24.3 m
1. 生物碎屑白云质鲕状灰岩与白云岩互层	17.4 m

——————— 整 合 ———————

下伏地层：博莱田组 白云岩

【地质特征及区域变化】 分布于文山、马关、广南、富宁一带。总的面貌为深灰、灰色中厚层状生物碎屑灰岩、鲕状灰岩。其间夹层成分各地稍有变化。区域上屏边一带夹少许白云岩及页岩。文山一带夹泥质灰岩及少许砂岩。广南一带夹白云岩。蒙自戈姑一带夹较多的钙质长石石英砂岩、粉砂岩。厚度以文山、富宁为最厚，为 220～391 m。屏边、蒙自一带较薄，为 88～177 m。与上覆独树柯组及下伏博莱田组均为整合接触。

生物化石主要有三叶虫 *Dictylocephalus* sp.，腕足类 *Porambonites hupeihensis* 等，时代为早奥陶世。

独树柯组 $O_1d\hat{s}$ （53－1125）

【创名及原始定义】 云南二区测队（1974）创名于文山县平坝乡独树柯。原始定义为黄白色石英砂岩夹灰绿色页岩。厚 55～355 m。时代为早奥陶世。

【沿革】 创名前被对比为三峡地区的分乡组。创名后胡荣民（1976），云南二区测二分队（1976，1978）也将其对比为分乡组。云南地矿局（1990）采用该名称及划分标准。此次清理沿用。

【现在定义】 下木都底组、闪片山组灰岩、生物碎屑灰岩之间的一套黄白、灰绿色石英砂岩夹粉砂岩及页岩。厚 126 m。与上覆、下伏均为整合接触。

【层型】 正层型为文山县平坝乡独树柯剖面（104°05′，23°07′），由云南二区测队二分队 1976 年修测。

【地质特征及区域变化】 分布于文山、马关、砚山、广南、富宁一带。总的为灰白、灰绿色中厚层—块状石英砂岩，夹少许粉砂岩及泥页岩。局部地方下部偶夹泥灰岩。厚度变化不大。文山、屏边一带为 100～126 m，富宁、广南一带为 55～136 m，西畴较厚，为 355 m。

主要生物化石有三叶虫 *Asaphopsis*，ex gr. *granulatus*，*Szechuanella* sp.，

Psilocephalina tata, *Asaphellus tungtzuensis*，腕足类 *Finkelnburgia* sp. 等，时代为早奥陶世。

闪片山组　$O_1\hat{s}p$　(53-1126)

【创名及原始定义】　云南二区测队（1974）创名于文山县古木乡闪片山。原始定义为老寨组、独树柯组砂页岩之间的一套富含化石的灰、深灰色中层—块状生物碎屑灰岩、鲕状灰岩。厚 15～374 m。时代为早奥陶世。

【沿革】　创名后，胡荣民（1976）、云南二区测队二分队（1976，1978）将其对比为黔北红花园组。云南地矿局（1990）采用该名称及划分标准。此次对比研究沿用。

【现在定义】　独树柯组砂页岩之上、老寨组石英砂岩之下的灰、深灰色生物碎屑灰岩、鲕状灰岩、泥质灰岩、白云质灰岩。厚 33.3 m。顶与老寨组石英砂岩，底与独树柯组砂页岩均为整合接触。

【层型】　正层型为文山县古木乡闪片山—老寨剖面（104°10′，23°17′），由云南二区测队二分队 1976 年修测。

【地质特征及区域变化】　分布于文山、马关、砚山、广南、富宁等地。总的特征是灰、深灰色中层—块状生物碎屑灰岩。但在砚山一带为薄—中层泥质灰岩夹白云质灰岩及少许泥质粉砂岩。厚度由南往北逐渐变厚。屏边、马关一带厚 33～64 m，砚山、广南厚 374～402 m。

组内生物化石比较丰富。主要有三叶虫 *Bathyuriscops* cf. *kantsingensis*, *Psilocephalina pingbaensis*；海绵 *Calathum kueichowense*；头足类 *Archaeoscyphia* sp. 等，时代为早奥陶世。局部地段海绵成礁体产出，可能为高能礁滩相产物。

老寨组　O_1l　(53-1127)

【创名及原始定义】　云南二区测队（1974）创名于文山县古木乡老寨村。原始定义为灰白、灰黄色中厚层状石英砂岩，夹灰绿、黄绿色页岩。上为冷水沟组泥灰岩，下为闪片山组生物碎屑灰岩。

【沿革】　创名后，胡荣民（1976）、云南二区测队二分队（1976，1978）将其对比为黔北湄潭组。云南地矿局（1990）采用老寨组名称及划分标准。此次对比研究沿用。

【现在定义】　为灰白、灰黄色中厚层石英砂岩，含长石石英砂岩，夹灰绿、黄绿色页岩。厚 813 m。顶以石英砂岩与冷水沟组分界；底以石英砂岩与闪片山组分界。均为整合接触。

【层型】　正层型为文山县古木乡闪片山—老寨剖面（104°10′，23°17′），由云南二区测队二分队 1976 年修测。

【地质特征及区域变化】　分布于马关、文山、广南、富宁一带。总的以灰白、灰黄色中厚层状石英砂岩、长石石英砂岩为主夹灰绿色页岩。区域上由文山向东北至砚山、富宁，岩石粒度相对变粗，几乎全为长石石英砂岩组成，页岩夹层很少。向西至石屏粒度则相对变细，顶部夹泥灰岩或泥灰岩透镜体。厚度则由南往北有逐渐变薄的趋势。屏边厚 826 m，文山厚 817 m，砚山、广南、富宁多数地段仅厚 189～289 m。顶部多数地段为坡脚组或坡松冲组平行不整合覆盖，仅少数地段见冷水沟组直接整合其上。老寨组砂岩具较多斜层理、波痕、虫迹，局部见夹有少许磷块岩，砂岩中生物丰富，可能属沿岸滩坝相沉积。

生物化石以三叶虫为主，主要有 *Taihungshania brevica*, *T.* cf. *omeishanensis*, *T.* cf. *taningensis*, *T. miqueli*, *T. shui*, *Illaenus* sp., *Psilocephalina* sp., *Asaphopsis* sp. 等，时代为早奥陶世。

冷水沟组　O_2l　(53-1128)

【创名及原始定义】　云南二区测队（1974）创名于文山县攀枝花乡冷水沟。原始定义指文山县攀枝花冷水沟奥陶系剖面第7—16层黄、黄绿色粉砂岩、页岩、泥灰岩，产 *Telephina* sp.，*Calymenesun* sp.，*Aristocystis* sp.，*Glyptograptus* sp. 等，可与黔北十字铺组、庙坡组对比。未见顶。底以泥灰岩夹层的消失，中厚层—块状石英砂岩的出现与下伏老寨组分界。

【沿革】 创名后，云南二区测队二分队（1976）曾将其对比为黔北十字铺组。云南地矿局（1990）采用冷水沟组名及划分标准。此次对比研究沿用。

【现在定义】 黄、黄绿色粉砂岩夹石英砂岩、页岩、泥灰岩。未见顶。底以泥灰岩夹层消失，与老寨组中厚层—块状石英砂岩分界，且呈整合接触。

【层型】 正层型为文山县攀枝花乡冷水沟剖面（104°09′，23°19′），由云南二区测队二分队1976年修测。

【地质特征及区域变化】 本组仅零星分布于文山县攀枝花、广南县西洋街等少数地区。正层型剖面以粉砂岩为主夹砂岩及泥灰岩，而在广南县西洋街、文山县土库房则以泥质灰岩、结晶灰岩为主夹砂岩及粉砂岩。厚度为102～190 m。正层型剖面未见顶，西洋街及土库房则与坡松冲组石英砂岩呈平行不整合接触。底与老寨组石英砂岩为整合接触。

生物化石丰富。主要有三叶虫 *Calymenesun tingi*，*C. lengshuigouensis*，*Reedocalymene unicornis*；笔石 *Reticulograptus* sp.，*Orthograptus disjunctus*，*Pseudoclimacograptus* aff. *scharenbergi*；腕足类 *Sowerbyella* sp.，*Leptellina* sp.；海林檎 *Sinocystis yunnanensis* 等，时代为中奥陶世。

木同组　O_2m　（53－1129）

【创名及原始定义】 云南地矿局（1990）创名于富宁县花甲乡木同。原始定义：灰、灰黑色中厚层结晶灰岩及泥质灰岩。未见底。上覆为坡脚组页岩。

【沿革】 创名前曾与三峡地区对比使用宝塔组。因岩性及生物与宝塔组有差异，云南地矿局（1990）创名为木同组。

【现在定义】 灰色中厚层—厚层结晶灰岩、泥质灰岩。含头足类 *Sinoceras* aff. *chinense*，*Richardsonoceras asiaticum* 等。未见底，上被坡脚组平行不整合覆盖。

【层型】 正层型为富宁县花甲乡木同剖面（105°41′，23°51′），由云南二区测队二分队1978年测制。

【地质特征及区域变化】 仅分布在富宁县木同、弄三盘和文山县黑沂少数地区。总的特征是上部为灰色厚层结晶灰岩，夹少许绢云母页岩；下部为灰色中厚层泥质灰岩、结晶灰岩。底多为断层破坏，顶为坡脚组灰色、蓝灰色页岩平行不整合覆盖。最大厚度287 m。除前列化石外，尚含头足类 *Discoceras eurasiaticus*，*Lituites* sp.，珊瑚 *Propora* sp.，*Ningnanophyllum ningnanensis*，时代为中奥陶世。

第二节　生物地层和年代地层

一、生物地层

（一）晚震旦世晚期的生物地层单位

罗惠麟等1984年出版的《中国云南晋宁梅树村震旦系-寒武系界线层型剖面》一书，将梅树村剖面震旦系最上部至寒武系最下部所含的小壳动物化石群划分为三个组合、八个亚组合，另将单板类、腹足类单独划分为四个组合，将遗迹化石建立了四个序列。这些生物组合、序列以及与之相应的年代地层单位、岩石地层单位（系本次清理划分）列于表3-1。表中层号即梅树村剖面层号。现将各组合、序列的主要特征描述摘要于下。

Ⅰ. ***Anabarites-Circotheca-Protohertzina*** **组合**

为小壳化石最老化石带，代表带壳动物群发育的初级阶段。圆管螺壳大量繁盛。*Anabarites*属主要分布于此组合内，尚有*Turcutheca*，*Conotheca*，*Spinulitheca*，*Ovalitheca*，*Barbitositheca*，*Spirella*，*Torellella*，*Pseudorthotheca*，*Pupoella*，*Protohertzina*，*Olivooides*，*Archaeooides*等。

①*Anabarites primitivus*亚组合

位于中谊村段之下。化石个体小，数量较少，壳薄，表面纹饰简单，以*Anabarites primitivus*及*Circotheca*的个别种占优势。

②*Circotheca longiconica*亚组合

位于中谊村段下磷矿层。数量丰富，形体大，结构、纹饰分异均较明显。*Circotheca*处于顶峰期。*Conotheca*，*Turcutheca*，*Anabarites*，*Spinulitheca*，*Torellella*，*Protohertzina*与之伴生。

③*Barbitositheca ansatus*亚组合

位于中谊村段中部粘土质页岩层。繁生独特的体小、以较粗的横向纹饰为主的*Barbitositheca*和*Pupoella*。仍有少量的*Circotheca*，*Anabarites*，*Turcutheca*存在。

④*Anabarites trisulcatus*亚组合

位于中谊村段上部。圆管螺科大部已濒于衰亡，而*Anabarites*属则达到高峰。

单板类、腹足类第一组合带*Cassidina*组合的属种也较单调。

Ⅱ. ***Paragloborilus-Siphogonuchites*** **组合**

位于中谊村段顶部至灯影组顶部。小壳动物属种内容、结构构造单元分异都高。新生分子增加，包括了大部分可资邻区或洲际对比的典型属种。

⑤*Siphogonuchites triangulatus*亚组合

位于中谊村段上磷矿层上部。直管螺目已极少，软舌螺目、球管螺目相对增加。出现了以云南螺（*Yunnanotheca*）为代表的粗厚壳体且具口唇的类型。首次出现牙形石状的齿形壳类*Yunnanodus*。

⑥*Paragloborilus subglobosus*亚组合

位于中谊村段顶面至灯影组之顶。软舌螺类已极少，管壳类较多，齿形壳类中*Carinachites*，*Paracarinachites*，*Zhijinites*等仅存于此亚组合。

与这一组合相共生的单板类、腹足类极盛，由下而上建立了二个组合带，即*Yunnanospira-Planuspira*组合，*Rostroconus-Crestoconus*组合。分别与小壳化石第⑤、⑥亚组合相对应。前一组合内主要有*Protoconus*，*Aegides*，*Stoliconus*，*Stephaconus*，*Postestephaconus*，*Pileconus*，*Meishucunconus*，*Sacciconus*，*Igorella*，*Securiconus*，*Latouchella*，*Maidipingoconus*，*Yangtzespira*，*Yunnanospira*，*Planuspira*。后一组合内有*Stephaconus*，*Igorella*，*Securiconus*，*Crestoconus*，*Rostraconus*。

Ⅲ. ***Sinosachites-Eonovitatus*** **组合**

位于筇竹寺组下部。梅树村动物群发育末期。大部分成员消亡，属种大大减少，出现了一些衰老特异类型生物。其中*Lapworthella*，*Camenella*，*Tannuolina*，*Sachites*，Chancellorida类各种的发现，为进一步确认Tommotian动物群第二化石带*Dokidocyathus regularis*带应与本剖面第Ⅲ组合对比。

表 3－1　云南晋宁梅树村剖面岩石地层、生物地层、年代地层划分表

年代地层 系	年代地层 阶	岩石地层 组	岩石地层 段	层号	软舌螺类组合 组合	软舌螺类组合 亚组合	单板类、腹足类组合	遗迹化石序列
寒武系	梅树村阶 (557Ma)	筇竹寺组 (592Ma)		12－9	Ⅱ. *Sinosachites－Eonovitatus*	⑧*Sinosachites flabelliformis*	*Palaeocmaea*	④*Plagiogmus arcuatus*
寒武系	梅树村阶	筇竹寺组		12－9	Ⅱ. *Sinosachites－Eonovitatus*	⑦*Eonovitatus longevaginatus*	*Palaeocmaea*	④*Plagiogmus arcuatus*
寒武系	梅树村阶	灯影组		8	Ⅰ. *Paragloborilus－Siphogonuchites*	⑥*Paragloborilus subglobosus*	*Rostroconus－Crestoconus*	③*Didymaulichnus miettensis*
寒武系	梅树村阶 (600Ma)	灯影组	中谊村段	7	Ⅰ. *Paragloborilus－Siphogonuchites*	⑤*Siphogonuchites triangulatus*	*Yunnanospira－Planuspira*	③*Didymaulichnus miettensis*
震旦系	灯影峡阶	灯影组	中谊村段	6	Ⅰ. *Anabarites－Circotheca－Protohertzina*	④*Anabarites trisulcatus*	*Cassidina*	②*Cavaulichnus viatorus*
震旦系	灯影峡阶	灯影组	中谊村段	5	Ⅰ. *Anabarites－Circotheca－Protohertzina*	③*Barbitositheca ansatus*	*Cassidina*	①*Sellaulichnus meishucunensis*
震旦系	灯影峡阶	灯影组	中谊村段	4	Ⅰ. *Anabarites－Circotheca－Protohertzina*	②*Circotheca longiconica*	*Cassidina*	①*Sellaulichnus meishucunensis*
震旦系	灯影峡阶	灯影组	中谊村段	3	Ⅰ. *Anabarites－Circotheca－Protohertzina*	②*Circotheca longiconica*	*Cassidina*	①*Sellaulichnus meishucunensis*
震旦系	灯影峡阶	灯影组		2	Ⅰ. *Anabarites－Circotheca－Protohertzina*	①*Anabarites primitivus*	*Cassidina*	
震旦系	灯影峡阶	灯影组		1	Ⅰ. *Anabarites－Circotheca－Protohertzina*	①*Anabarites primitivus*	*Cassidina*	

注：各层高度与厚度无关

据罗惠麟等（1984，1988）资料编制

⑦*Eonovitatus longevaginatus* 亚组合

仅见少量圆管螺科软舌螺、似软舌螺、单板类和开腔骨类，层位及个体数量较少。主要属有 *Eonovitatus*，*Allatheca*，*Hyolithellus*，*Chancelloria*，*Archiasterella*，*Allonnia*，*Adversella*。

⑧*Sinosachites flabelliformis* 亚组合

以管壳类、开腔骨类、卡门壳类为主，软舌螺、似软舌螺极少，含有一些可进行洲际对比的属种：*Lapworthella*，*Tannuolina*，*Sachites*，*Sinosachites*，*Archiasterella*，以及 *Neoglobo-rilus*，*Coleoloides*，*Rhabdochites*，*Adversella*，*Onychia*，*Allonnia*，*Dimidia*。

单板类、腹足类 *Palaeocmaea* 组合不仅化石数量少，保存也较差，但个体较大。

罗惠麟等认为，基于梅树村剖面近半个世纪深入研究而建立的梅树村动物群三个小壳化石组合带和八个亚组合带，可在上扬子地台部分地区大范围对比，用它作洲际对比的可能性也确实存在。

梅树村剖面的遗迹化石从下而上可分为四个序列。

序列 1. *Sellaulichnus meishucunensis*

出现在中谊村段下磷矿层底部。单槽迹体较窄，弧度较大，横断面形态简单。此外尚有 *Chondrites*。

序列 2. *Cavaulichnus viatorus*

出现在中谊村段上磷矿层底部。单槽半弧形，槽内无纹饰。共生有星状的 *Asterineites*，单列的 *Neonereites uniserialis* 及双列的 *N. biserialis*。

序列 3. *Didymaulichnus miettensis*

一种具有全球对比意义的复杂双槽迹。中谊村段上磷矿层上部极丰富，迹体本身有时可由多门类小壳化石充填。伴生的有软体三叶虫眠痕 *Rusophycus cardiopetalus*，爬痕 *Cruziana cantabrica*，*C. carinata*。

序列 4. *Plagiogmus arcuatus*

出现在筇竹寺组下部。代表最古老三叶虫出现之前梅树村遗迹化石的最上序列。大型、单槽、复杂爬行迹，槽内有极细密的横纹。尚有 *Gordia maeandria*，*Skolithos* sp.。

梅树村剖面遗迹化石垂向分布有一定的规律：迹体由窄变宽；横断面渐变复杂；活动方式渐复杂化。

（二）寒武纪生物地层概况

80 年代初期以来，罗惠麟陆续发表了其对云南东部、东南部、西部寒武纪地层古生物研究的成果。其中主要的有：《中国云南晋宁梅树村震旦系-寒武系界线层型剖面》（罗惠麟等，1984)，《滇东南寒武系的划分与对比》（罗惠麟，1984)，《滇西寒武系的划分与对比》（罗惠麟，1985)，《中国下寒武统建阶层型剖面》（罗惠麟等，1994)。对滇东区早寒武世生物带研究最为深入。对滇东中、晚寒武世及滇东南、滇西寒武纪地层的生物分带性等也有明确的阐述。现将这些生物地层资料的主要部分，及其在本次对比研究后的岩石地层单位中的分布概括于表 3-2。

该表中滇东区，梅树村阶的②带、③带是以小壳化石为主（①带现已划为晚震旦世灯影峡阶)，亦称Ⅱ组合带、Ⅲ组合带，并分别各划分有两个亚组合（参见表 3-1)。滇东南区，以三叶虫为主共综合划分了 19 个生物带。滇西区，中下寒武统生物化石少，保存差，海绵骨针相对保存较好，上寒武统以三叶虫为主综合划分了 7 个生物带即②—⑧带。

表 3-2　云南寒武纪生物带与岩石地层、年代地层划分表

年代地层			扬子地层区		东南地层区		保山地层分区	
系	统	阶	岩石地层	化石带	岩石地层	化石带	岩石地层	化石带
寒武系	上统	凤山阶			博菜田组	⑲*Calvinella* 带 ⑱*Guangnania* 带	保山组	⑧*Calvinella* 带 ⑦*Quadraticephalus* 带 ⑥*Prosaukia* 带
		长山阶			博菜田组 / 唐家坝组	⑰*Prosaukia* 带 ⑯*Kaolishania* 带 ⑮*Irvingella* 带	沙河厂组	⑤*Kaolishania* 带 ④*Parachangshania* 带 ③*Chuangia* 带
		崮山阶			唐家坝组	⑭*Chuangia* 带 ⑬*Blackwelderia* -*Paralorenzella* 带	核桃坪组	②*Bergeronites* – *Cyclolorenzella* 带
	中统	张夏阶	双龙潭组	⑬*Protohedinia* 带	龙哈组	⑫*Damesella* 带 ⑪*Taitzuia* 带 ⑩*Solenoparops* 带	公养河群	①*Protospongia* 组合带
		徐庄阶	双龙潭组	⑫*Sinoptychoparia* 带	龙哈组 / 田蓬组	⑨*Bailiella* 带 ⑧*Kaotaia* 带	公养河群	
		毛庄阶	陡坡寺组	⑪*Chittidilla* 带	田蓬组 / 大寨组	⑦*Plesiagraulos* 带 ⑥*Mengzia* 带	公养河群	
	下统	龙王庙阶	龙王庙组	⑩*Hoffetella-Redlichia* (*Pteroredlichia*) *murakamii* 带	大寨组	⑤*Redlichia*(*Pteroredlichia*) *murakamii* 带	公养河群	
		沧浪铺阶	沧浪铺组	⑨*Megapalaeolenus* 带 ⑧*Palaeolenus* 带 ⑦*Drepanuroides* 带 ⑥*Yiliangella* 带	冲庄组	④*Megapalaeolenus* 带 ③*Palaeolenus* 带 ②*Ichangia* 带	公养河群	
		筇竹寺阶	筇竹寺组	⑤*Eoredlichia* 带 ④*Parabadiella* 带 ③*Sinosachites-Lapworthella* 带	浪木桥组	①*Hsuaspis* 带	公养河群	
		梅树村阶	灯影组	②*Paragloborilus-Siphogonuchites* 带	浪木桥组		公养河群	

据罗惠麟等(1984,1985,1992)资料编制

（三）奥陶纪及志留纪生物地层概况

据云南地矿局（1990）资料，云南奥陶纪、志留纪生物主要门类笔石、三叶虫、头足类、牙形石比较明显的有以下一些化石带或组合。

1. 笔石

西部保山地层分区和兰坪-思茅地层分区由上而下可划分下列 27 个笔石带：

㉗*Pristiograptus tumescens* 带
㉖*P. nilssoni* 带
㉕*P. pseudodubius* 带
㉔*Monograptus flexilis* 带
㉓*Cyrtograptus rigidus* 带
㉒*Monograptus flemingii belophorus* 带
㉑*Oktavites spiralis* 带
⑳*Monoclimacis griestoniensis* 带
⑲*Streptograptus crispus* 带
⑱*Spirograptus turriculatus* 带
⑰*Monograptus sedgwickii* 带
⑯*Demirastrites convolutus* 带
⑮*D. triangulatus* - *Pristiograptus gregarius* 带
⑭*Pristiograptus cyphus*/*P. leei* 带
⑬*Orthograptus vesiculosus* 带
⑫*Akidograptus* - *Diplograptus modestus* 带
⑪*Glyptograptus persculptus* 带
⑩*Diplograptus bohemicus* 带
⑨*Orthograptus fastigatus* var. *maxima* - *Climacograptus latus* 带
⑧*Climacograptus peltifer* 带
⑦*Glyptograptus teretiusculus* 带
⑥*Didymograptus murchisoni* 带
⑤*Amplexograptus confertus* 带
④*Glyptograptus austrodentatus* - *G. sinodentatus* 带
③*Didymograptus protobifidus* - *Callograptus* 带
②*Acanthograptus* 带
①*Callograptus curvithecalis* - *Dictyonema* 带

①—④带见于保山、施甸等地的老尖山组；⑤—⑧带见于施甸、保山、镇康一带的施甸组；⑨—㉑带广泛见于保山、施甸一带的仁和桥组；㉒—㉕带见于施甸等地的栗柴坝组下部；㉖—㉗带主要见于墨江一带的漫波组和镇康等地的栗柴坝组上部。

东部昆明、昭通地层小区和丽江地层分区由上而下可大致划分出 16 个笔石带或组合：

⑯*Pristiograptus varians* - *Monograptus* cf. *boucek* 组合
⑮*Monograptus riccartonensis* - *M. guizhouensis* 组合
⑭*M. sedgwickii* - *Oktavites communis* 带
⑬*Demirastrites triangulatus* 带
⑫*Pristiograptus cyphus*/*P. leei* 带
⑪*Orthograptus vesiculosus* 带
⑩*Akidograptus ascensus* 带
⑨*Glyptograptus persculptus* - *Climacograptus scalaris* 带
⑧*Paraorthograptus typicus* 带
⑦*Tangyagraptus typicus* 带
⑥*Dicellograptus szechuanensis* 带
⑤*Glyptograptus teretiusculus* 带
④*Didymograptus murchisoni* 带
③*Glyptograptus austrodentatus* - *G. sinodentatus* 带
②*Didymograptus hirundo* 带
①*D. deflexus* - *D. eobifidus* 带

①—③带主要见于云南东北部的湄潭组，其中①带还见于昆明、武定等地的红石崖组和文山、富宁一带的老寨组；④—⑤带见于昆明、武定、鲁甸、巧家、昭通、镇雄等地的巧家组、十字铺组；⑥—⑫带见于云南东北部的龙马溪组、新滩组；⑬—⑭带见于昭通、镇雄一

带的黄葛溪组；⑮组合见于昭通、镇雄一带的大路寨组，主要分子有 *Monograptus shiqianensis*，*Stomatograptus sinensis*；⑯组合见于宁蒗泸沽湖、丽江下胖罗、阿冷初等地的中槽组，主要分子有 *Pristiograptus dubius*，*P.* cf. *stparabilis*，*P. dubius ludlowensis*，*Monograptus* cf. *boucek*，*Saetograptus* cf. *chimaera salweyio*。

2. 三叶虫

三叶虫比较明显的有下列几个带和组合：

⑧*Coronocephalus－Chuanqianoproetus－Kailia* 组合

⑦*Songkania－Meitanillaenus* 组合

⑥*Dalmanitina* 带

⑤*Nankinolithus* 带

④*Birmanites hupeiensis* 带

③*Calymenesun tingi* 带

②*Tungtzuella－Asaphopsis* 带

①*Asaphellus－Dactylocephalus* 带

①带仅见于文山、富宁的下木都底组；②带见于昆明、文山、富宁等地的汤池组、独树柯组；③—④带广泛见于云南东部、东北部的巧家组、十字铺组上部，也见于云南西部保山、施甸一带的施甸组上部；⑤—⑥带见于云南东部的宝塔组上部、龙马溪组中部和云南西部的蒲缥组、仁和桥组；⑦、⑧组合见于曲靖一带的黄葛溪组、大路寨组。

3. 头足类

头足类较为明显的有以下几个组合或带：

⑥*Yunnanoceras* 组合

⑤*Euthyocyloceras* 组合

④*Heyuncunoceras* 组合

③*Sichuanoceras* 组合

②*Sinoceras chinense－Michelinoceras elongatum* 带

①*Hopeioceras* 带

①带仅见于昭通、镇雄、盐津一带的红花园组；②带广泛见于云南东北部宝塔组和云南西部的蒲缥组下部；③组合见于昭通、镇雄一带的大路寨组；④—⑥组合见于曲靖的关底组、妙高组和玉龙寺组。

4. 牙形石

牙形石有确切资料的有以下几个带：

③*Ozarkodina crispa* 带

②*Spathognathodus* cf. *sagitta* 带

①*Drepanodus－Cordylodus* cf. *proavus* 带

①带见于保山的老尖山组底部；②带见于昭通、镇雄一带的大路寨组；③带见于曲靖的玉龙寺组、妙高组，大理、中甸等地的康廊组上部，保山、施甸一带栗柴坝组上部。

二、年代地层

（一）震旦纪几个岩石地层单位的地质年代

1. 澄江组地质年代

在武定猫街水口肼剖面澄江组下部的夹层富钠粗安岩，经刘鸿允、孙家聪采样，中国科学院地质研究所 1982 年测试，测得全岩 Rb－Sr 等时线年龄值为 885 Ma。孙家聪在禄丰县罗茨鸡街马官营采侵入于澄江组次火山岩中的钠闪微岗岩体样品，经冶金部地质所 1983 年分析，测得全岩 Rb－Sr 等时线年龄值为 705±12 Ma。据此，云南澄江组应早于 705 Ma，其底部年龄约为 885 Ma。该组地质时代应是青白口纪晚期至震旦纪早期，考虑到云南的习惯用法，以及国内对青白口纪与震旦纪界线年龄值存有不同看法，本书暂以 $Z_1\hat{c}$ 为澄江组代号。

2. 牛头山组、陆良组地质年代

关于牛头山组及陆良组的时代，是一个有争议的问题，存在两种意见：一种意见认为属澄江运动之后的早震旦世；另一种意见认为属澄江运动之前的晚元古代早期。本书作者注意到以下几个事实：一是牛头山组及陆良组岩性组合及变质程度总体面貌，与澄江组有诸多相似之处，而与滇中前震旦系较高层位的柳坝塘组则相差较大；二是牛头山组及陆良组岩层产状稳定，倾角平缓，直接以平行不整合或以微角度不整合伏于南沱组之下，显示其与南沱组及以上地层同属扬子地台盖层的特点，而与属褶皱基底的柳坝塘组及以下地层在构造形态等方面区别甚大；三是陆良组位于牛头山组之下，二者为整合过渡关系；四是薛政道在陆良采牛头山组灰绿、灰白色板岩样品，经云南省地质科学研究所1982年测试，获得全岩Rb－Sr等时线年龄值为712±6.7 Ma。据上述事实分析，牛头山组及陆良组应是澄江运动之后的沉积，其时限大致与澄江组相当。即牛头山组属震旦纪早期；陆良组上部属震旦纪早期，下部沉积则可能始于青白口纪晚期，终于震旦纪早期。

3. 观音崖组同位素年龄资料

云南境内观音崖组有以下同位素测年数据：

刘鸿允等在玉溪大云大洞河山坡采该组上部海绿石砂岩样品，经中国科学院地质研究所1963年用海绿石作分析，测得K－Ar同位素年龄值626 Ma和658 Ma，平均值为642 Ma。

骆万成也在玉溪大云采该组顶部海绿石砂岩样，经云南省地质科学研究所1979年用海绿石分析，测得Rb－Sr模式年龄值为660 Ma。

这些数据说明云南东部观音崖组顶界年龄值约为640 Ma，该组时代与湖北峡东陡山沱组相当。

4. 澜沧群的时代

澜沧群惠民组上部千枚岩和菱铁矿层先后经雷作淇（云南区调队二分队，1979）、宋学良（云南省地质科学研究所，1984）分析鉴定有大量微古植物化石，计有40个属70余种。云南区调队五分队认为：雷作淇鉴定的*Leiominuscula minula*，*Stenomarginata pusilla*等常见于鄂西、滇东之震旦系中；*Bavlinella*则出现于我国寒武系，澜沧群时代应相当于峡东地区的震旦纪，并可能延至寒武纪。云南省地质科学研究所据宋学良鉴定的微古植物群，外形多样，有些种属纹饰复杂，而且有大到340 μm的分子，许多属种见于我国及国外相当于晚元古代晚期地层中，认为惠民组的时代应为震旦纪。

在景洪—勐海间侵入澜沧群的花岗岩岩基中有715 Ma同位素年龄记录。在临沧城北5 km，云南区测队三分队采侵入澜沧群的花岗岩样，经中南地质科学研究所（现地矿部宜昌地质矿产研究所）1969年用锆石作分析，测得U－Pb同位素年龄值为784 Ma。

从上述资料可知，至今还没有关于澜沧群确切时代的充分依据。这个问题有待今后进一步研究解决。本书根据现有资料，认为其属晚元古代的可能性最大。

5. 勐统群的时代

该群与最接近的寒武纪、奥陶纪地层呈断层接触。二者相比，岩性差异明显，且该群遭受过轻度区域变质，而后者则清楚显示未受区域变质。该群储家山组上部硅质岩中已发现微古植物化石6属9种，昌宁组中部发现微古植物化石4属2种。这些微古植物多数分子属元古宙至寒武纪。因之，本书将勐统群暂置于震旦纪，但也不排除其顶部岩层沉积时代跨入早寒武世的可能。

6. 石鼓群的时代

至今尚未在石鼓群中获古生物化石，也未获得原沉积岩时代的同位素年龄数据。仅有羊坡剖面拉马罗之西二云斜长片麻岩 K-Ar 法同位素年龄值为 258 Ma。这指示的显然是石鼓群经受变质的主要时期——华力西晚期。该群底未出露。平行不整合覆于其上的是早泥盆世地层。与寒武纪、奥陶纪地层都呈断层接触。当地含三叶虫化石的中寒武统银厂沟组，不但岩性、岩相与石鼓群相差很大，变质程度也较石鼓群浅得多，可见该群沉积时代应早于中寒武世。本书将石鼓群暂置于震旦纪。其时代的确切定论，还有待于今后进一步研究。

7. 屏边群的时代

屏边群上部夹有多层含砾板岩，其中有的砾石表面具擦痕（曹仁关等，1989），被认为是冰海沉积物。滇东及我国南方广泛发育的冰碛岩及冰海沉积岩属早震旦世晚期，屏边群中上部时代应与之相当。屏边群顶部板岩与浪木桥组（时代为震旦纪末—寒武纪早期）底部岩层产状一致，有人认为是平行不整合关系，也有人认为是整合关系，二者变质程度具有由下而上逐渐减弱的共性，可见二者之间应没有长时间的沉积间断。所以，屏边群中、上部时代应是早震旦世晚期—晚震旦世晚期。屏边群含砾板岩之下厚 2 000 余米的岩层，则可能属早震旦世早期。

（二）震旦系与寒武系界线

罗惠麟等经多年研究后认为：在梅树村剖面上分出的中谊村段上部第 6 层与第 7 层之间的分界面，是震旦系-寒武系界线一个重要参考点（"B"点）。该点之上，是小壳动物发展到顶峰的时期，开始出现 *Paragloborilus-Siphogonuchites* 化石组合。这一时期化石种类增多，不仅有软舌螺、似软舌螺，而且出现大量的管壳类、齿形壳类、单板类及腕足类，同时还出现具有全球对比意义的遗迹化石 *Didymaulichnus*，*Rusophicus*，*Cruziana* 等。这一化石组合的一些分子，与西伯利亚、蒙古等地可较好对比；在世界其他地区，如印度、伊朗、法国、英国及加拿大也有发现，具有广泛的洲际对比性。再考虑到国际地科联前寒武系-寒武系界线工作组 1983 年在英国布里斯托尔会议表决结果，罗惠麟等同意梅树村剖面的"B"点作为震旦系-寒武系的界线层型点。

1986 年 12 月薛啸峰等在梅树村剖面"B"点上、下采集磷块岩样作酸处理，用残渣进行全岩 Rb-Sr 等时线测定，获年龄值 596.9±4.6 Ma。同一剖面筇竹寺组底部黑色页岩层有 570.7～612 Ma 的年龄值。由此可推定震旦系-寒武系界线年龄为 600 Ma。

（三）筇竹寺组底界、筇竹寺阶下界年龄值

晋宁梅树村筇竹寺组底部黑色页岩有三个全岩 Rb-Sr 等时线年龄值：612±36 Ma（云南地科所 1978 年测），579.7±4.1 Ma（云南地科所 1982 年测），587 Ma（宜昌地矿所 1982 年测）。晋宁王家湾筇竹寺组底部黑色页岩也有三个全岩 Rb-Sr 等时线年龄值：603±31 Ma（云南地科所 1978 年测），584.7±7.7 Ma（云南地科所 1982 年测），588 Ma（宜昌地矿所 1982 年测）。综合以上 6 个数据，云南东部筇竹寺组底界（即灯影组顶界）年龄约为 592 Ma。

1990 年薛啸峰在梅树村剖面筇竹寺组下部产古老三叶虫的黑色页岩层（第 13 层中部）采黑色页岩样品，用沉降法分离出粘土矿物，对黑色页岩和从中选出的粘土矿物进行测定，拟合成等时线，得同位素地质年龄为 556.8±10 Ma。此即是筇竹寺阶下界年龄值。

（四）寒武系与奥陶系界线

近几年 1∶5 万区域地质调查工作，在文山县新街纸厂坝剖面① 及屏边县和平乡石坎头剖

---

① 云南区调队五分队 1993 年资料（未刊）。

面[①]，分别于以浅灰色粉砂质白云岩为主的博莱田组上部，发现早奥陶世早期的牙形石 *Drepanodus subarcuatus* 等，在此牙形石产出层位之下即出现晚寒武世晚期的三叶虫 *Guangnania*，*Calvinella* 等。显示滇东南寒武系与奥陶系界线应划在博莱田组顶部上述两类化石产出层位之间。

滇西保山地区，奥陶系与寒武系界线划在 *Drepanodus*–*Cordylodus* 带与 *Calvinella* 带之间，大致相当于老尖山组与保山组的界线。

（五）奥陶系、志留系几个年代地层界线

（1）下、中奥陶统分界：昭通地区划在 *Calymenesun tingi* 带与 *Didymograptus murchisoni* 带之间，即划在巧家组、十字铺组内部。保山地区划在 *Glyptograptus teretiusculus* 带与 *Didymograptus murchisoni* 之间，即从施甸组内部通过。

（2）中、上奥陶统分界：整个云南东西部均划在 *Nankinolithus* 带与 *Sinoceras chinense* 带之间。东部地区界线从宝塔组及大箐组顶部通过，西部地区划在蒲缥组内部。

（3）奥陶纪与志留纪分界：基本划在 *Glyptograptus persculptus* 带与 *Dalmanitina* 带之间。界线在西部地区从仁和桥组底部通过，东部地区从龙马溪组中部通过。

（4）下、中志留统分界：西部地区划在 *Oktavites* 带与 *Monograptus flemingii belophorus* 带之间，相当于栗柴坝组与仁和桥组之间的界线。昭通地区划在 *Coronocephalus*–*Chuanqianoproetus*–*Kailia* 组合之底，即划在嘶风崖组（下红层）之底。

（5）中、上志留统分界：施甸、镇康、墨江地区划在 *Pristiograptus pseudodubius* 带与 *P. nilssoni* 带之间。保山、大理地区划在 *Ozarkodina crispa* 带与 *Spathognathodus* cf. *sagitta* 带之间。即划在漫波组内部或栗柴坝组、康廊组内部。昭通地区划在含 *Sichuanoceras*，*Coronocephalus*，*Monograptus riccartonensis* 等生物的大路寨组之顶、上统菜地湾组（上红层）之底。

第三节　地层横剖面、划分对比及问题讨论

一、云南东部震旦纪地层横剖面

云南东部震旦纪地层横剖面图（图 3–2），显示出晋宁运动形成该区褶皱基底之后至震旦纪末期一些重要地质特征，主要有以下几点。

（1）云南宁蒗县天生桥向东南至屏边县，存在两个古地理区，即宁蒗—开远陆缘区和屏边深海盆区。两区在沉积盆地演化及沉积建造方面都有明显的差异。

（2）晋宁运动（900 Ma 左右）之后初期，康滇古陆在云南境内位于永胜—元谋—峨山一线之西南，是当时的剥蚀区，是东面沉积盆地沉积物的主要来源区。澄江运动之前，古陆东、东北缘的山前凹地堆积了大量陆相碎屑岩，近蚀源区为红色磨拉石建造的澄江组，远离蚀源区沉积了河流相与湖相交替的陆良组、牛头山组。南沱期古陆是冰碛物的主要来源区，在玉溪—昆明一线以东堆积了冰碛岩。澄江运动之后的海侵使古陆边缘成为陆表海，早期沉积了以碎屑岩为主的观音崖组，晚期沉积了以台地碳酸盐岩为主的灯影组，最晚期在玉溪—易门—武定一线以东形成了有重要工业价值的中谊村段磷块岩层。澄江运动后的海侵由东向西推进，在古陆边缘新地层依次超覆于老地层之上。

---

① 云南区调队四分队 1994 年资料（未刊）。

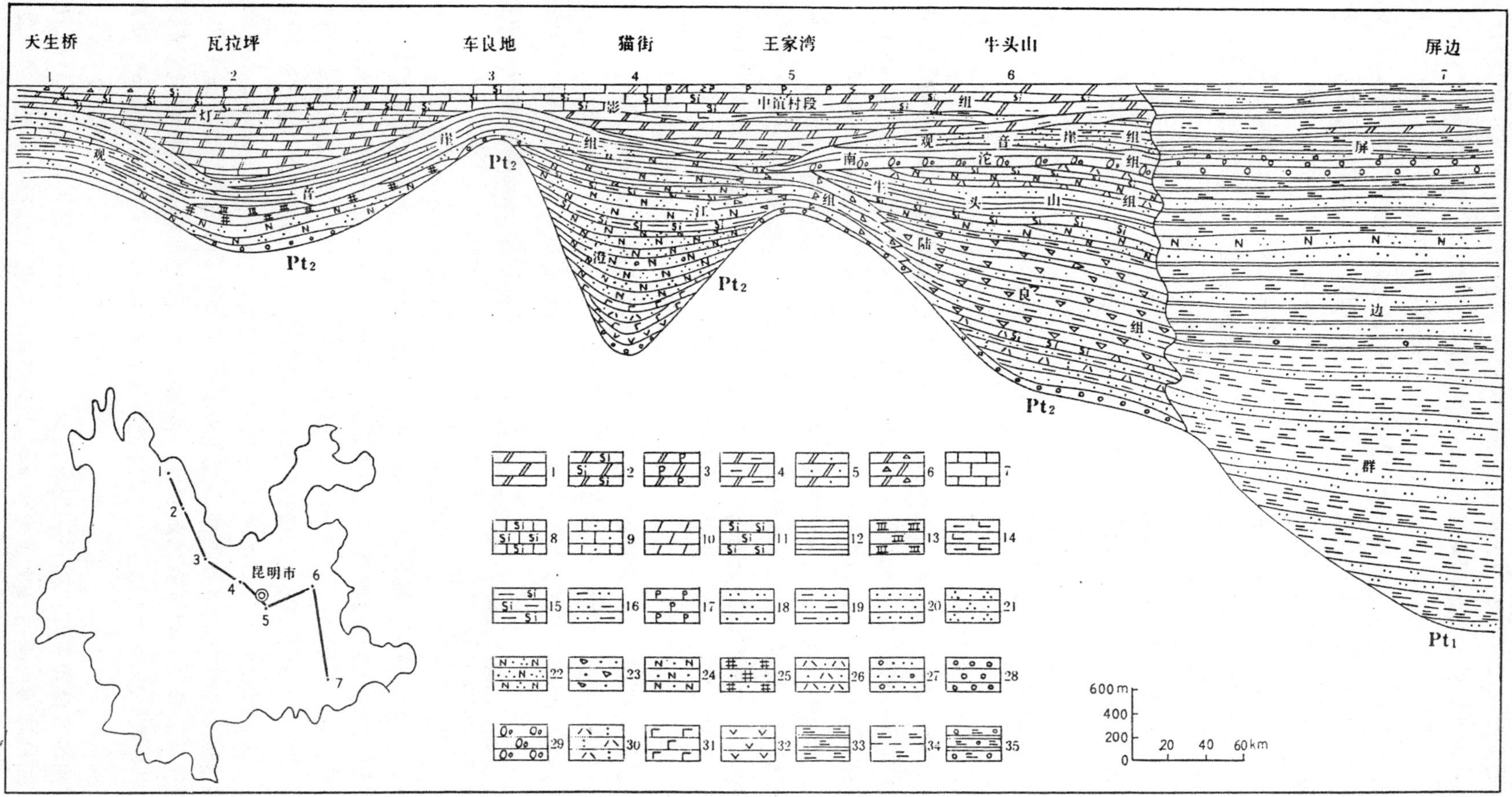

图 3-2　云南东部震旦纪地层横剖面图

1. 白云岩；2. 含燧石白云岩；3. 含磷白云岩；4. 泥质白云岩；5. 砂质白云岩；6. 角砾状白云岩；7. 灰岩；8. 含燧石灰岩；9. 砂质灰岩；10. 泥灰岩；11. 硅质岩；12. 页岩；13. 石膏层；14. 钙质页岩；15. 硅质页岩；16. 粉砂质页岩；17. 磷块岩；18. 粉砂岩；19. 泥质粉砂岩；20. 砂岩；21. 石英砂岩；22. 长石石英砂岩；23. 岩屑砂岩；24. 长石砂岩；25. 海绿石砂岩；26. 凝灰质砂岩；27. 含砾砂岩；28. 砾岩；29. 冰碛砾岩；30. 凝灰岩；31. 玄武岩；32. 安山岩；33. 绢云板岩；34. 绢云千枚岩；35. 含砾绢云板岩

(3) 云南东部的元谋—绿汁江断裂、小江断裂、弥勒—师宗断裂，在晋宁运动后期已经形成，它们的活动对该区震旦纪古地理及沉积盆地演化起着重要控制作用。元谋—绿汁江断裂带在震旦纪早期（或在青白口纪晚期）已有强烈活动，沿其派生的普渡河断裂形成禄丰猫街、罗茨及向北延至四川西部的大陆裂谷，该区形成了厚度巨大的火山喷发岩、火山喷发碎屑岩及红色粗碎屑岩，沉积物厚度为东侧的稳定区数倍。小江断裂带亦有强烈活动，形成呈南北方向分布的多处火山喷发点，使该区沉积了火山岩、火山碎屑岩及陆相粗碎屑岩，沉积物厚度也是其西侧稳定区的数倍。弥勒—师宗断裂是当时大陆斜坡带的大断裂，它的东南是深海盆，晚元古代早中期沉积了厚度巨大、韵律十分发育的细碎屑岩岩系。震旦纪中晚期，还有多次冰筏沉积。至震旦纪末期，海水变浅。寒武纪早期，该区则逐渐由浅海盆地向碳酸盐台地演化。弥勒—师宗断裂之西北，震旦纪早期受该断裂活动影响，沉积厚度较大，震旦纪中晚期已较稳定，属于陆表海的一部分，沉积物由下而上依次为陆相冰碛岩层（南沱组）、滨海碎屑岩（观音崖组）、局限台地碳酸盐岩（灯影组）。

二、云南东北部奥陶纪地层横剖面

云南东北部奥陶纪地层横剖面图（图 3-3），显示昆明、曲靖、昭通地区奥陶纪沉积大致以巧家新店子和其北四川省金阳王家河坝一带为界，东、西两侧沉积环境有明显差别。早奥陶世，西侧昆明、武定、巧家地区，为滨海—浅海相沉积，以砂、泥质为主，局部含钙质。下部汤池组为灰色页岩、砂岩；中部红石崖组为紫红色条带状砂、页岩；上部早—中奥陶世巧家组出现灰岩和砂、页岩呈互层状。此时海水范围收缩，局部地段有咸化泻湖出现，并有白云岩及赤铁矿层生成。中、晚奥陶世，海水范围继续收缩，该区变为闭塞环境下的滨海泻湖，形成大箐组大套白云岩。之后海水渐渐退去，造成地层缺失。而东侧的盐津、威信、镇雄等地，早、中奥陶世为浅海陆架相沉积。最底部桐梓组省内仅见于威信、盐津的局部地段，以生物碎屑灰岩、生物碎屑白云岩为主，上、下常夹页岩及钙质砂岩。自贵州桐梓红花园剖面向云南东北部延伸，厚度逐渐变薄，至威信、盐津以南均缺失；底部红花园组为灰岩，分布也较局限；下部湄潭组为页岩、粉砂岩；中部十字铺组为页岩、灰岩，夹钙质粉砂岩；上部宝塔组为龟裂纹状灰岩。晚奥陶世该区变为浅海、海湾静水环境，沉积泥质为主的龙马溪组笔石页岩。

三、晋宁梅树村剖面磁性地层特征

罗惠麟等（1984）对晋宁梅树村震旦系-寒武系界线剖面的磁性地层特征，进行了研究。对48件标本加工成69件样品，经退磁测试，将退磁结果经构造改正后，整个剖面显示以正向磁化为主，并且有5个位置出现反向磁化（图 3-4）。罗惠麟等认为，该剖面中出现的5个反向磁化位置的地层意义，在于地层中的生物演化可能与地磁场倒转有密切关系。图中最下部第一个磁场倒转之上，地层中出现了原始的带壳化石。位于中谊村段底界之下的第二个磁场倒转带及其上下地层中发育着丰富的多种类的小壳化石。到了灯影组顶部第三个反向磁化带，地层中小壳化石达到极盛。筇竹寺组下部的第四个反向磁场带，生物面貌又发生了一次明显变化，小壳化石演化到高级的阶段之后趋于衰亡，而更高级的动物——节肢动物门的三叶虫、古介形类等则相继出现。

罗惠麟等根据地磁场倒转具有全球性和同时性的特点，认为在晚震旦世—早寒武世时期出现的地磁倒转，是地球历史上的一次重大事件，这次变化的结果可能导致了生物赖以生存

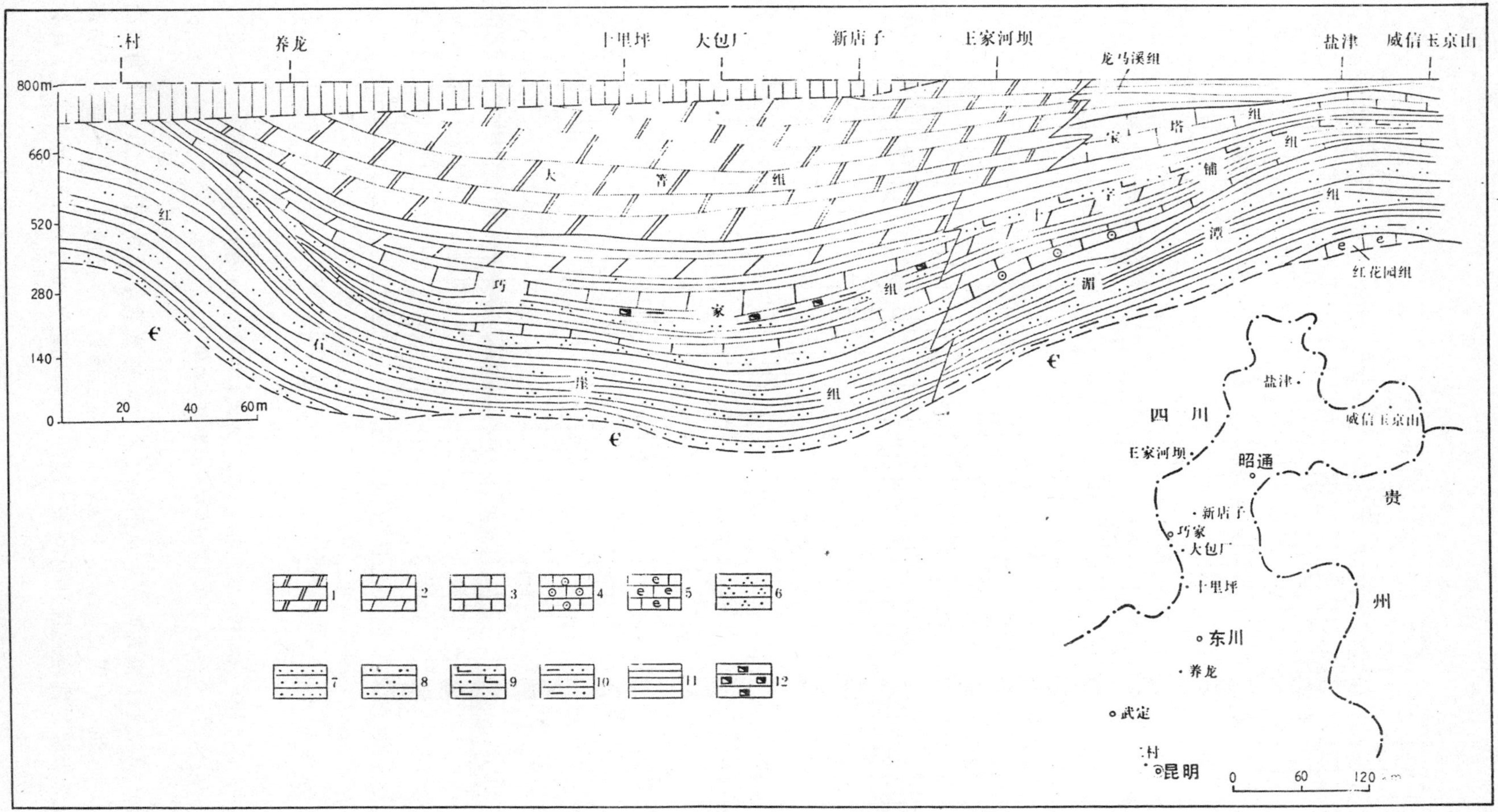

图 3-3 云南东北部奥陶纪地层横剖面图

1. 白云岩；2. 泥灰岩；3. 灰岩；4. 鲕状灰岩；5. 生物碎屑灰岩；6. 石英砂岩；7. 细砂岩；8. 粉砂岩；9. 钙质粉砂岩；10. 粉砂质页岩；11. 页岩；12. 赤铁矿层

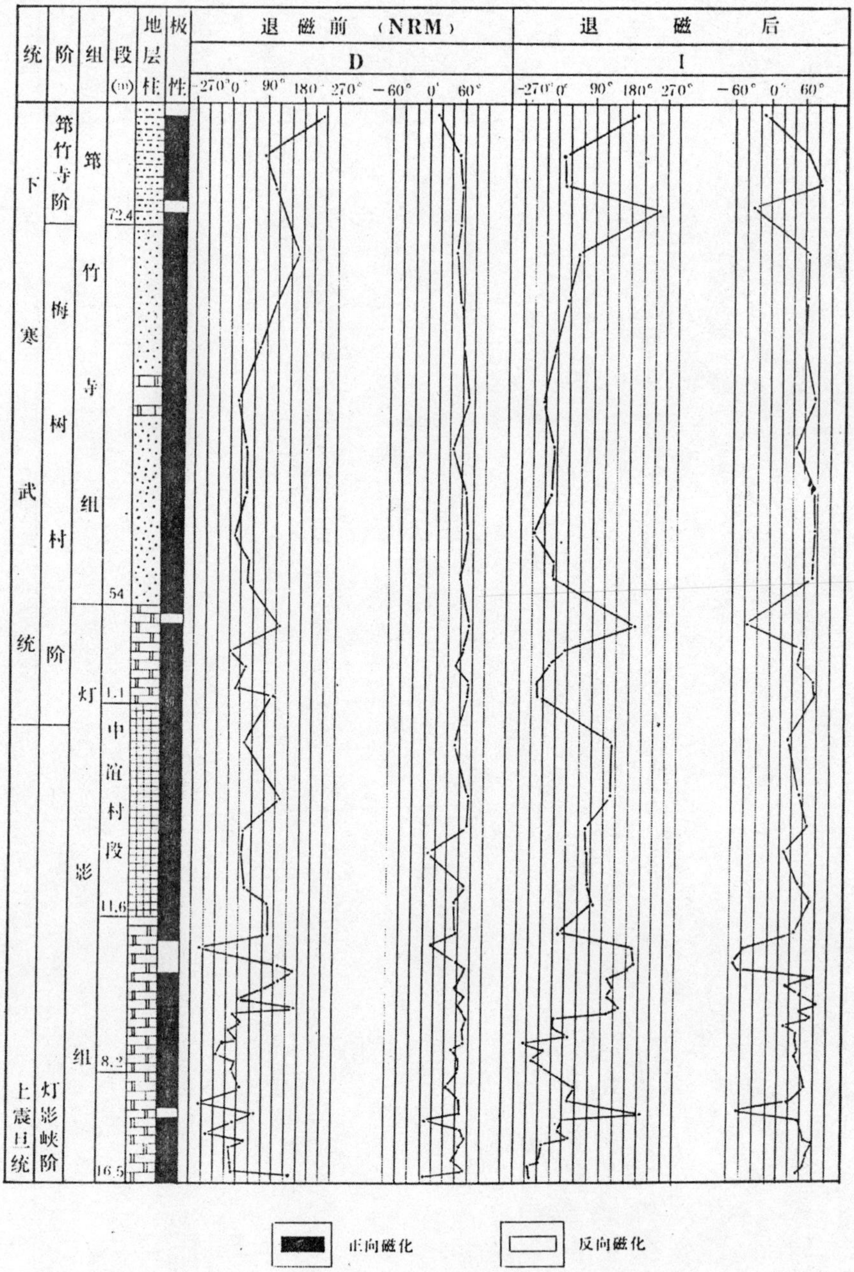

图 3-4　云南晋宁梅树村震旦系—寒武系界线剖面的磁性地层特征

（据罗惠麟等 1984 年资料编）

和发展的生态环境发生了重大改变，从而促使生物从前寒武纪的软躯体动物进化到寒武纪开始的带壳动物。因此，可以说该剖面中灯影组顶部至筇竹寺下部的反向磁化带，特别是第二个反向磁化带对于建立古地磁极性时间表、震旦系-寒武系界线划分以及地层对比，具有十分重要的意义。

第四章
泥盆纪—二叠纪

云南泥盆纪—二叠纪地层分布广泛，发育齐全，总体上表现为一海进沉积序列。这一地质历史阶段除海陆变迁和古地理环境造就了多种类型的沉积，形成各种岩石地层，并赋存铁、煤、磷、锰、铝土矿等多种沉积矿产外，还伴随构造运动有多期火山喷发和堆积，以及强烈而广泛的区域、动力变质作用，地层在纵、横向上都表现出变化急剧，形成丰富多采的岩石组合，被划分成不同的岩石地层单位。地层分布状况见图 4－1。

第一节　岩石地层单位

狮子山组　$D_1\hat{s}$　（53－0802）

【创名及原始定义】　段新华（1982）年创名于盈江县关上狮子山。主要由砂岩、含砾杂砂岩及粉砂岩组成，厚约 60 m。含异甲鱼。与上覆海相地层关上组连续沉积；与下伏上志留统白云岩关系不清。时代为早泥盆世 Lochkovian 期。

【沿革】　云南一区调队（1978），在槟榔江沿岸原归属奥陶—志留系的浅变质岩中采获鱼化石及竹节石，从而确认为泥盆系，并创建“关上组”，分上、下段；段新华（1982）将关上组下部（1—2 层）以陆相为主之砂岩，另建狮子山组；《云南省区域地质志》等文献均采用段氏划分方案。

【现在定义】　指狮子山一带整合伏于关上组白云岩、灰岩之下，平行不整合覆于栗柴坝组白云岩之上的一套具轻微变质的碎屑岩层。为浅灰色薄层含岩屑石英细砂岩，顶部含砾长石岩屑杂砂岩夹粉砂岩。含腕足类、鱼类、介形类、轮藻等。

【层型】　正层型为盈江县关上狮子山剖面（98°10′，25°05′）。云南区调队一分队 1982 年测制。

【地质特征及区域变化】　仅见于狮子山一带，系一套海陆混合相碎屑沉积。海、陆生生物同层相混出现，保存较差。时代为早泥盆世。

【其他】　该类沉积和鱼化石的发现，对于研究早泥盆世海、陆相地层对比，早期脊椎动物地理区系，古构造、古地理均有十分重要的意义。但鱼化石保存不佳，未获确切化石名单，有待深入研究。

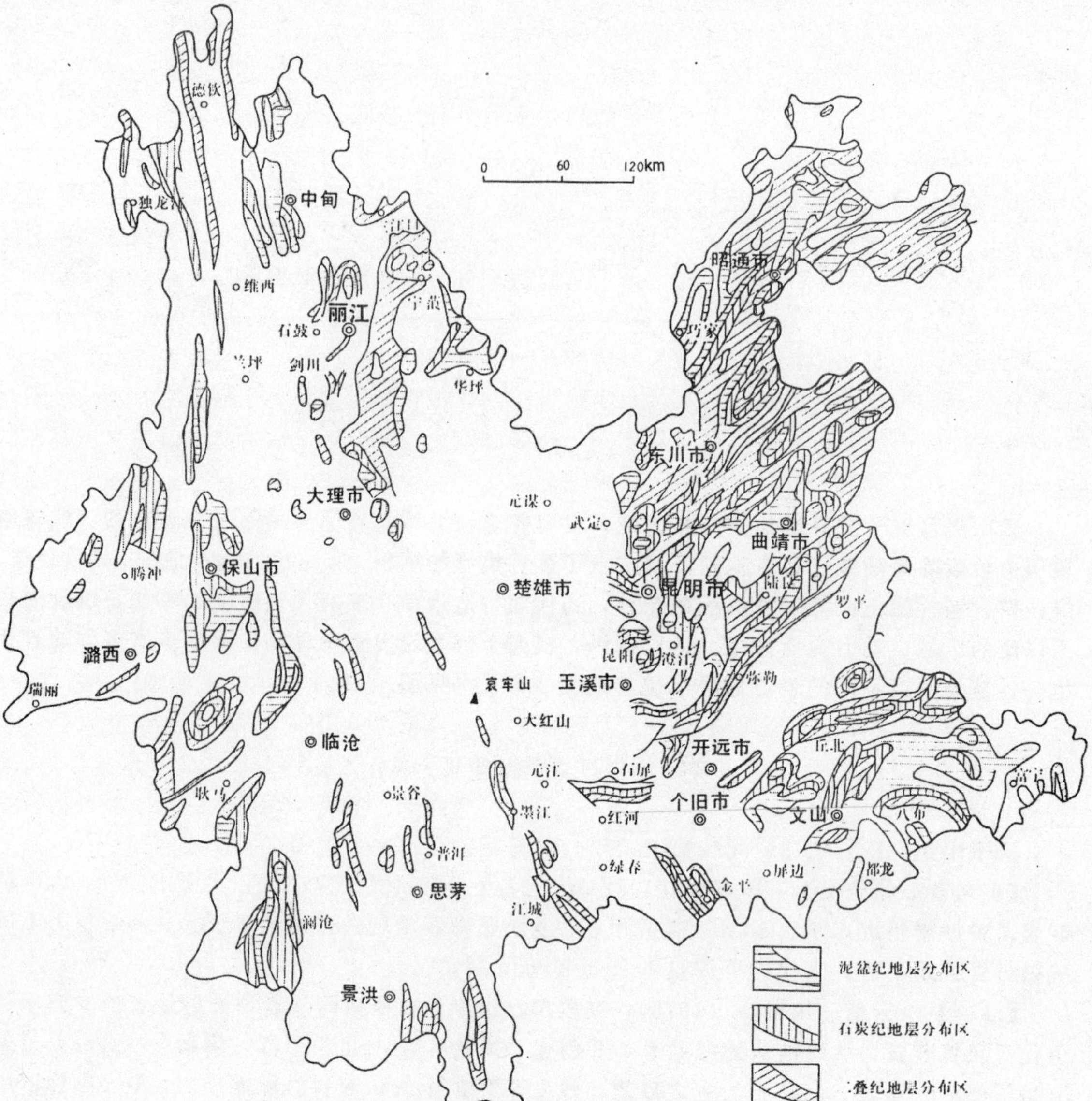

图 4-1　云南省泥盆纪—二叠纪地层露头分布图

关上组　D_1g　(53-0801)

【创名及原始定义】　云南区调队一分队（1982）创名于盈江县关上狮子山。指一套以灰黑色含黄铁矿碳质粉砂质板岩为主，上部夹条带状灰岩、大理岩，厚 393.4 m。下部与上志留统推测为假整合接触，上部为断层所切。所获竹节石等化石，其时代应相当波西米亚地区布拉格阶及兹利柯夫阶。

【沿革】　云南一区调队（1978），在槟榔江沿岸原归属奥陶—志留系的浅变质岩里采获鱼化石及竹节石，从而划分出下泥盆统，并建立关上组，分上、下段。《云南省区域地质志》等文献均已采用。

【现在定义】　是一套以深色板岩、含碳质粉砂质板岩为主，与深灰、灰色薄层砂质细晶灰岩、泥质条带灰岩、粉晶白云岩不等厚相间组成的地层，局部夹褐铁矿、软锰矿，普遍含黄铁矿晶粒。含竹节石及植物化石。下以灰岩出现与狮子山组含砾杂砂岩整合接触，未见顶。

【层型】 正层型是盈江县关上狮子山剖面（98°10′，25°05′）。云南区调队一分队1982年测制。

【地质特征及区域变化】 关上组分布于盏西—盈江城一带，呈近南北方向展布，横向变化大。建组处由深色板岩（10～100 m）与薄层碳酸盐岩（12～78 m）交替组成，由下往上交替渐趋频繁，其间小韵律亦很发育，显示类复理石特征。南部杨家寨至盈江城，以条带状粉砂质板岩、绢云板岩、千枚岩为主，上部夹少量大理岩层或透镜体，下部偶夹褐铁矿层及粉砂质泥灰岩，厚逾1 650 m。在狮子山一带于该组中下部获竹节石：*Styliolina minuta*，*S. fissurella*，*Nowakia acuaria*，cf. *N. barrandei* 等。后两属种分别为波西米亚地区Pragian阶的带化石，丽江、滇东南地区相当层位亦常见及，时代为早泥盆世中晚期。

【其他】 本组岩性以灰黑色含碳质、黄铁矿及条带状构造为特征，反映当时沉积处于滨海—浅海的还原环境。由于岩石普遍变质、构造复杂，化石很难寻觅，全貌尚不清楚，现获化石确属下统，并不排除包含中上泥盆统的可能。该层位目前已有铁、锰等矿显露，值得进一步研究。

勐洪群 DC*M* （53-0702）

【创名及原始定义】 方仲景①（1962）创名于云南腾冲县荷花乡勐洪村。云南一区测队1965年在1:100万下关幅地质图说明书中介绍。原始定义：指不整合伏于石炭至二叠系砂页岩组之下，一套紫灰色石英角岩、硅质角岩、含砾石英砂质角岩、灰黑色含砾石英硬砂岩、泥板岩、页岩及下部深灰色厚层至块状硅化灰岩与条带状硅质岩互层。未见底。地质时代震旦纪至寒武纪。

【沿革】 云南一区测队（1965）所称勐洪群，为区域综合层序，与方氏有一定出入，确认石炭至二叠系不整合覆于其上，时代为奥陶至志留纪。云南区调队一分队（1982）首次提出勐洪群属石炭系，并将其含义范围扩大至包括方氏石炭至二叠系砂页岩组和灰岩组，从下而上划分为相互整合的四个岩性段。云南区调队三分队（1985）将方氏石炭至二叠系砂页岩组和灰岩组，分别命名为空树河组、大东厂组，其下浅变质、角岩化碎屑岩仍归入勐洪群，三者间为平行不整合接触。同年，云南区调队六分队，将勐洪群自下而上划分为帮读组，归下石炭统，罗埂地组、丝瓜坪组归中石炭统，大木场组、岩子坡组归上石炭统，双河岩组归下二叠统。各组间均为整合接触。此次清理，恢复方氏勐洪群并修订含义，为一包含泥盆系部分沉积的跨时岩石地层单位。

【现在定义】 指平行不整合于空树河组之下，内部构造复杂，层序连续性差，普遍浅变质、角岩化的含砾碎屑岩系。由紫灰色中厚层、厚层云母角岩、石英角岩、角岩化石英岩屑杂砂岩等角岩类岩石与灰黑、深灰色含砾不等粒长石石英杂砂岩、细—粉砂岩、泥板岩为主组成，下部为厚层块状硅化灰岩与硅质岩互层。未见底。

【层型】 正层型是腾冲县荷花乡勐洪村来再岩—勐洪—羡多剖面（98°09′，24°35′），副层型是腾冲明光杉木塘剖面（98°37′，25°28′），均为方仲景1962年测制。

正层型剖面：

---

① 方仲景，1962年，滇西腾冲下古生代碎屑岩群的一些认识及其地层意义（未刊）。

勐洪群 总厚度＞1 900 m

18. 白色细粒硅化石英砂岩（未见顶） 40 m
17. 灰黑色，风化灰黄、褐黄色含砾薄中层石英杂砂岩 290 m
16. 灰、黄绿色薄层泥（页）岩 140 m
15. 掩盖，转石为石英杂砂岩 70 m
14. 深灰色薄层泥板岩 20 m
13—11. 深灰色中厚层石英杂砂岩与深灰色泥（页）岩互层。含花岗闪长岩、脉石英、变质岩细砾石 170 m
10. 深灰色泥板岩（下部掩盖及宽度达 100 m 之花岗岩体侵入） 50 m
9—6. 灰、紫灰、青灰色中厚层石英砂质角岩夹白色石英岩。含石英砾石 970 m
5—2. 深灰色厚层块状硅化灰岩夹硅质岩、泥板岩 150 m
1. 深灰色薄层条带硅质岩（未见底） 20 m

副层型剖面

上覆地层：空树河组　砂岩夹页岩

——————— 平行不整合 ———————

勐洪群 总厚度＞590 m

8. 白色中细粒石英砂岩 20 m
7. 黑色薄层、中层粉砂岩 40 m
6—4. 灰、紫灰、紫黑色石英角岩夹角页岩、长石石英砂岩。含石英砾石 240 m
3. 黑色中薄层硅质页岩、角板岩 40 m
2. 紫灰色厚层中细粒石英砂质角岩，含花岗岩、脉石英砾石 200 m
1. 紫灰色硅质页岩（未见底） 50 m

【地质特征及区域变化】　主要分布于腾冲及梁河境内，由于断层分割与花岗岩侵入，地层层序连续性差。下部为灰岩与硅质岩互层，往上浅变质砂岩、粉砂岩、板岩为主，含砾，韵律不明显，上部普遍角岩化。古生物稀少，保存差，发现有腕足类、腹足类等。属陆缘浅海相沉积。沉积厚度最大达 2 721 m 以上，梁河帮读大于 1 650 m，北部明光杉木塘、空树河一带，只出露上部层位，厚 335～791.6 m，为空树河组平行不整合覆盖。由于各地剖面不全，难以确切说明其岩性、厚度的纵横向变化。地质时代为晚泥盆世—石炭纪。

【其他】　北部独龙江一带，有厚逾 3 000 m，变质较深的变粒岩、片岩、石英岩夹大理岩，其主体部分有可能属勐洪群，其中也还可能包含空树河组，乃至大东厂组，均有待深入研究。

空树河组　C_2k　(53－0701)

【创名及原始定义】　云南区调队三分队（1985）创名于云南省腾冲县明光空树河村。原始定义：指平行不整合于大东厂组灰岩、白云质灰岩之下，勐洪群之上，下部砂砾岩、含砾不等粒砂岩、岩屑石英砂岩、粉砂岩、页（泥）岩；上部生物结晶灰岩，局部含燧石团块。

【沿革】　以往认识不一，划分各异。方仲景（1962）将下部称砂页岩组，上部称灰岩组，置于石炭纪至二叠纪，不整合覆于勐洪群之上。云南一区测队（1965）、云南省区域地层表编写组（1978）与方氏认识一致，也置于石炭至二叠纪。云南区调队一分队（1982）称勐洪群第三段和第四段，与勐洪群第二段连续沉积，属石炭系。云南区调队六分队①（1985）另立新名大木场组和岩子坡组，认为与其上的双河岩组，其下丝瓜坪组均为整合接触。云南地矿局（1990）称勐洪群。此次清理认为云南区调队三分队的划分更符合实际，采用空树河组。

【现在定义】 平行不整合于大东厂组灰岩、白云质灰岩之下，勐洪群之上，下部砂砾岩、含砾不等粒砂岩、岩屑石英砂岩、粉砂岩、页（泥）岩；上部生物结晶灰岩，局部含燧石团块。

【层型】 正层型为腾冲县明光空树河村剖面（98°38′，25°43′），副层型为腾冲桥头大水沟剖面（98°36′，25°29′），均为云南区调队三分队1985年测制。以略作简化的正层型列述如下：

空树河组　　　　总厚度>485.4 m

5. 浅灰、浅肉红色中厚—厚层生物结晶灰岩、结晶灰岩。含丰富的䗴 *Triticites* cf. *liuchowensis*，*Quasifusulina* sp.，*Schwagerina* sp.，及腕足类、苔藓虫等。未见顶　162.5 m
4. 浅黄绿、灰绿色粉砂质泥岩夹深灰色绢云长石石英粉砂岩。剖面东侧此层产腕足类 *Linoproductus tingriensis*，*Spiriferella rajah*，*Costiferina alata*，*Calliomarginatia* cf. *himalayensis*，*Stepanoviella* aff. *gracilis*，*Ambocoelia longa*，及三叶虫、苔藓虫　91.6 m
3. 浅灰黄—浅灰色变质细粒长石石英砂岩夹少量泥质粉砂岩　78.2 m
2. 浅灰、浅灰黄色变质复成分含砾不等粒砂岩夹变质中细粒石英砂岩、页岩。产腕足类 *Linoproductus* cf. *tingriensis*，*Altenuatella* cf. *convexa*，*Waagenites* cf. *sureshanensis* 及双壳类　111.1 m
1. 浅灰黄、浅褐红色变质含砾复成分不等粒砂岩。砾石以石英为主，及难辨认的其他成分砾石，次棱角至滚圆，2～5 mm不等，砂泥质胶结　42.0 m

——————— 平行不整合 ———————

下伏地层：勐洪群　变质细粒含长岩屑石英砂岩

【地质特征及区域变化】 腾冲之北固东、明光、桥头等地发育完整，分布集中。腾冲以南，局部出露，遭断层破坏，残缺不全。区域岩性比较稳定，为滨海—浅海相砂泥质—碳酸盐岩沉积。含古生物化石丰富，上部灰岩以䗴 *Triticites* cf. *liuchowensis*，*Quasifusulina longissima* 等为主，伴生有苔藓虫、腕足类、有孔虫；下部碎屑岩产腕足类 *Spiriferella rajah*，*Spiriferellina* cf. *cristata*，*Chonetinella unisulcata*，*Waagenites sureshanensis*，*Calliomarginatia* cf. *himalayensis*，*Costiferina alata*，*Stepanoviella* aff. *gracilis*；苔藓虫 *Fenestella elusa*；三叶虫 *Phillipsis* sp. 及双壳类等。明光空树河村一带，下部砂砾岩、含砾砂岩，向上逐渐过渡为粉砂岩、泥岩、生物结晶灰岩，平行不整合于勐洪群之上，未见顶，厚485.4 m。桥头大水沟一带，未见底，下部以页（泥）岩为主，上部为浅肉红、浅灰色厚层生物结晶灰岩，为大东厂组白云质灰岩、灰岩平行不整合所覆，厚526 m以上。腾冲以南双河岩，只出露中上部，为粉砂质板岩、生物结晶灰岩、结晶灰岩，出露不全，厚度234.3 m，与上覆大东厂组，因花岗岩侵入，接触关系不明。地质时代为晚石炭世晚期。

大东厂组　P_1dd　(53－0602)

【创名及原始定义】 云南区调队三分队（1985）创立于腾冲县明光大东厂。指位于石炭

① 云南地矿局区调队六分队，1985，1∶5万腾冲幅、朗蒲寨幅区域地质调查报告（内刊）。

纪空树河组结晶灰岩之上的浅灰至深灰色厚层灰岩、白云质灰岩。

【沿革】 云南区测队（1965）及云南省区域地层表编写组（1978）称为下二叠统或石炭—二叠系。大东厂组命名时归属早二叠世，此次清理沿用此组名。

【现在定义】 浅灰—深灰色中厚层—块状灰岩、白云质灰岩，含硅质条带或团块，产腕足类、珊瑚、䗴等化石。下以浅肉红色生物结晶灰岩的出现与空树河组分界，呈平行不整合接触；上与大坝组板岩呈整合接触。

【层型】 正层型为腾冲县明光大东厂剖面（98°34′，25°31′）。云南区调队三分队1985年测制。

大东厂组　　总厚度 213.7 m

5. 浅灰色中厚层—块状灰岩，含燧石团块及硅质条带。含珊瑚 *Lytvolasma* cf. *circularum*。未见顶　　10.9 m

4. 浅灰—深灰色中厚层—块状白云质灰岩。含腕足类 *Chonetes* sp.　　63.5 m

3. 浅灰色中厚层灰岩，含硅质条带或团块。含腕足类 *Cleiothyridina* sp.，*Leptodus nobilis*，*Squamularia* sp.；䗴 *Pisolina* sp.，*Nankinella* sp.，*Staffella* sp.；苔藓虫 *Fenestella* sp.，*Polypora* sp.，*Ascopora* sp.，*Fistulipora sinensis*，*Pseudobatostomella* aff. *zhenkangensis*，*Meekopora* sp.；有孔虫 *Glomospira* sp.；藻类 *Eogoniolina* sp.，*Pseudovermiporella* sp.；腹足类 *Euomphalus* sp.　　139.3 m

——————— 平行不整合 ———————

下伏地层：空树河组　结晶灰岩

【地质特征及区域变化】 浅海台地相碳酸盐岩沉积，浅灰—深灰色中厚层—块状灰岩，含燧石团块和硅质条带，上部夹白云质灰岩。生物化石有腕足类：*Cleiothyridina* sp.，*Leptodus nobilis*，*Marginifera* sp.，*Waagenites* sp.；䗴：*Yangchienia* sp.，*Nankinella* sp.；珊瑚：*Wentzelella* cf. *limorica*，*Iranophyllum splendens*；苔藓虫：*Fistulipora sinensis*，*Fenestella* sp. 以及有孔虫、藻类等。时代为早二叠世。

分布于腾冲县大东厂、先锋营、吴家寨、大水井、空树河等地，呈南北向展布。厚196.6～276.6 m。北部大东厂一带灰岩含燧石团块和硅质条带夹白云质灰岩，未见顶，出露厚214 m；往南在大坝仙人山一带为灰岩夹钙质白云岩，与上覆大坝组砂板岩呈整合接触，厚267.6 m。

大坝组　P_1db　(53－0601)

【创名及原始定义】 云南区调队六分队①（1985）创名于腾冲县中和区大坝。原始定义：大东厂组灰岩之上的灰、深灰、黄灰色绢云母板岩、粉砂质板岩夹砂岩、含砾砂岩。

【沿革】 云南区测队（1965）及云南省区域地层表编写组（1978）划为下二叠统或石炭—二叠系。该组创名时划归早二叠世。此次清理采用大坝组一名。

【现在定义】 灰、深灰、黄色绢云母板岩、粉砂质板岩夹砂岩、含砾砂岩的碎屑岩组合。含植物及大量腕足类、螺类化石。下以浅灰色薄层大理岩化灰岩的出现与大东厂组呈整合接触。未见顶。

【层型】 正层型为腾冲县中和区大坝剖面（98°15′，24°57′）。云南区调队六分队1985年测制。

---

① 云南地矿局区调队六分队，1985，1∶5万腾冲幅、朗蒲寨幅区域地质调查报告（内刊）。

大坝组　　总厚度 245.80 m

13. 浅灰色薄—中层状角岩化板岩，顶部被花岗岩侵入。未见顶　15.42 m

12. 灰白、灰色薄层状板岩夹厚层状粉砂岩　5.20 m

11. 灰、蓝灰色含岩屑砂质板岩。岩屑为石英长石，局部偶含石英及泥质岩细砾，具水平层理　35.25 m

10. 黄、黄灰色薄层状砂质板岩。砂质板岩中偶含石英质细砾，其底与花岗岩脉侵入接触　>15.95 m

9. 蓝灰、深灰色薄层状角岩化板岩　4.38 m

8. 黄、深灰色中层状铁质长石石英砂岩　18.88 m

7. 深灰、蓝灰、黄灰色薄板状板岩　4.87 m

6. 黄、黄灰色厚层状石英砂岩　7.38 m

5. 深灰、蓝灰色薄层状粉砂质板岩　19.08 m

4. 黄灰、灰色绢云母粉砂岩夹板岩　28.68 m

3. 深灰，风化后黄灰色长石石英砂岩　20.82 m

2. 深灰、灰黑色薄—中层状板岩夹黄灰色绢云母粉砂质板岩。含植物 *Glossopteris lommunis*　39.66 m

1. 黄灰、深灰色中层状云母粉砂质板岩、板岩。含大量腕足及螺类化石，主要有腕足类 *Chonetinella* cf. *lissarensis*，*Multispinula* cf. *minuta*，*Waagenites* cf. *sureshanensis*　29.83 m

——————— 整　合 ———————

下伏地层：大东厂组　大理岩化灰岩

【地质特征及区域变化】　滨海—浅海相沉积，绢云母板岩、粉砂质板岩为主，夹石英砂岩、长石石英砂岩，砂质板岩中含细砾，板岩中含碳质。岩石普遍轻度变质。生物化石有植物：*Glossopteris lommunis*；腕足类：*Neospirifer* cf. *kubeiensis*，*Chonetinella* cf. *lissarensis*，*Waagenites* cf. *sureshanensis* 等，生物组合与冈瓦纳大陆有密切联系，时代为早二叠世晚期。该组仅见于腾冲仙人山一处，厚大于 245.4 m。

向阳寺组　D_1x　(53－0807)

【创名及原始定义】　云南区调队三分队（1980）创名于施甸城西之向阳寺。主要为含砂质、粉砂质碳酸盐岩，生物以竹节石为主，代表 Lochkovian 期沉积。

【沿革】　孙云铸等（1947）将保山地区含 *Tentaculites elegans* 动物群的黄色页岩、泥质及燧石质灰岩引称挖色群，置于晚志留世，将其上泥盆系称何元寨灰岩；云南区域地层表编写组（1978）划归志留—泥盆系及中泥盆统下何元寨组（何元寨灰岩下部）；云南区调队三分队（1980）根据化石将该组订正为下泥盆统，并进一步划分，自下而上命名为向阳寺组、王家村组、沙坝脚组；此次地层清理从总体岩性特征出发，将下统的三个组合并，使用向阳寺组一名。

【现在定义】　系一套含砂泥质碳酸盐岩。以灰黄、紫红、浅肉红色之中—厚层状粉砂质灰岩为主，及钙质砂泥岩夹粉砂质生物碎屑灰岩组成。含竹节石、笔石、牙形石、腕足类、三叶虫等化石。下与栗柴坝组整合过渡，从浅红、姜黄色岩层出现为分组标志；上与何元寨组整合接触，以灰色中薄层含泥质灰岩、灰岩出现为其顶。

【层型】　正层型为施甸向阳寺剖面（99°09′，24°43′）。云南区调队三分队 1980 年测制。

【地质特征及区域变化】　北自碧江，南达镇康，呈近南北向带状展布。主要是含砂泥质碳酸盐岩及钙质砂泥岩，自下而上砂泥岩渐少，碳酸盐岩增加。由于砂泥质含量不均匀性，风化后钙质大量或部分淋失，而显现各地岩性组合千差万别。保山瓦房一带为钙质细砂岩、粉砂岩夹泥灰岩，局部互层，顶部为砂质灰岩、含泥质灰岩及少量细砂岩，厚 381 m。施甸马鹿塘—向阳寺一带为砂泥质灰岩、砂质白云质灰岩、砂泥质白云岩夹少量白云质砂岩、泥质砂岩，厚 229～587 m。镇康大竹棚地区下部为钙质粉砂岩，偶夹白云质灰岩，中上部为砂质白云质灰岩、白云岩、灰岩，厚 566 m。镇康南红坝为细—中粒石英砂岩、泥质粉砂岩、砂质白云质粉砂岩夹微（粉）晶白云岩，厚大于 707 m。南部镇康麻栗林为厚 381 m 的细砂岩及钙质泥质粉砂岩。六库以北地带由于构造变动强烈，基性岩发育，岩石普遍变质。

综观向阳寺组在施甸地层小区延伸达 300 km，以向阳寺至马鹿塘为中心，多为砂泥质碳酸盐岩沉积，向北、向南砂泥岩增多。与下伏栗柴坝组的划分，除以岩石颜色的差异作为标志外，向下十分特征的多房海林檎化石的消失，为非常接近界线的重要特征标志。

向阳寺组化石丰富，有竹节石、笔石、牙形石、三叶虫、腕足类、珊瑚等。仅笔石常出现在中部偏下。重要者如竹节石：*Paranowakia bohemica*，*P. intermedia*，*Nowakia acuaria*，*N.* cf. *zlichovensis*；笔石：*Neomonograptus himalayensis*，*Monograptus yukonensis*；牙形石：*Icriodus ? woschmidti*，*Polygnathus dehiscens*，*Eognathodus sulcatus*，*Polygnathus laticostatus*，*P. gronbergi*；三叶虫：*Reedops baoshanensis*；腕足类：*Tufoleptina* sp.；珊瑚：*Hadrophyllum* sp.。绝大多数产出时限为早泥盆世。且分带清楚。

何元寨组　D*h*　(53－0804)

【创名及原始定义】　孙云铸等（1947）创名时称何元寨灰岩，命名地在施甸城西南何元寨村。以厚层白云质灰岩为主，夹页岩及薄层灰岩。产 *Leptaena rhomboidalis*，*Reticularia curvatus*，*Spirifer padaukpinensis*，*Gypidula brevirosiris*，*Hypothyridina cuboides* 等化石。时代属中晚泥盆世。

【沿革】　创名时用“何元寨灰岩”代表保山一带的泥盆系。云南地质局实验室古生物组等①（1963）重测何元寨剖面，发现何元寨灰岩实际上包括了泥盆系、石炭系、二叠系等一套地层。于是方润森②（1976）将该剖面重新划分为：中泥盆统“下何元寨组”白云岩、白云质灰岩；“上何元寨组”灰岩、泥灰岩及上泥盆统“独家村群”结晶灰岩。云南区调队三分队（1980）于下何元寨组找到大量早泥盆世化石，改命为沙坝脚组，其上称何元寨组；方氏的独家村群则被认为属石炭系香山组。侯鸿飞等（1988）在何元寨组的下部，主要依据生物又建立了西边塘组及马鹿塘组；其上才称何元寨组。此次研究把向阳寺组之上，香山组或大寨门组硅质岩之下的大套灰岩、泥灰岩统归何元寨组。

【现在定义】　由一套浅灰、灰色薄—中层灰岩、泥质灰岩、泥灰岩，夹介壳灰岩、砾状灰岩及少量灰质页岩组成。含极丰富的腕足类、珊瑚化石。下与向阳寺组砂质白云质灰岩整合接触；上被下石炭统香山组浅灰、肉红色结晶灰岩平行不整合覆盖。顶底界线清楚。

【层型】　正层型为施甸何元寨剖面（99°07′，24°41′）。云南地质局实验室古生物组及20地质队 1963 年修测；云南区调队三分队 1980 年修改补充。

【地质特征及区域变化】　分布于施甸地层小区六库以南，以灰岩、泥质灰岩、泥灰岩、生物碎屑灰岩为主，局部出现层孔虫、珊瑚礁灰岩，层面上常以泥质物聚积呈突起之“疙瘩状”为特征。各地岩性基本稳定，总的显示由下往上，自南而北泥质成分渐增，保山瓦房一

① 云南地质局实验室古生物组等，1963，保山附近古生代地层（未刊）。
② 方润森，1976，云南的泥盆系，云南省各时代地层总结，云南省地质科学研究所（内刊）。

带上部出现较多的钙质泥岩及泥灰岩。南部怒江沿岸及镇康勐堆地区夹白云岩或白云岩化灰岩。厚大于 355～640 m。

何元寨组与下伏向阳寺组整合接触，各地岩性界线清楚；在瓦房大兴坝、鲁图、官坡、七窝铺、大寨门、勐捧等地整合伏于大寨门组硅质岩之下，其余地区则平行不整合伏于石炭系香山组或二叠系丙麻组之下。

本组生物化石丰富，除大量腕足类、珊瑚外，尚有层孔虫、苔藓虫、三叶虫、竹节石、牙形石等。重要者如牙形石：*Bispathodus costatus*，*Palmatolepis triangularis*，*Polygnathus asymmetricus*，*P. varcus*，*P. costatus partitus*，*P. costatus patulus*；腕足类：*Yunnanellina* cf. *uniplicata*，*Tenticospirifer tenticulum*，*Cyrtospirifer* sp.，*Levenea* sp.，*Gypidula* sp.，*Pyramidalia* sp.，*Bornhardtina onychophora*，*Strophochonetes* spp. 及珊瑚：*Hexagonaria hexagona* 等。时限为早泥盆世晚期至晚泥盆世。

【其他】 层型剖面上部浅灰、肉红色结晶灰岩归石炭系，还是上泥盆统，尚有争议。此外，何元寨至蒲缥一带，赋存有具工业价值的中低温热液型汞矿床，可能受控于该组。

大寨门组 D_3d （53－0803）

【创名及原始定义】 云南区调队三分队（1980）创名于施甸城西大寨门。为一套薄至中层泥质灰岩、泥灰岩夹钙质页岩。在施甸香山等地上部为硅质岩，厚 0～200 m。

【沿革】 研究者往往统称中、上泥盆统。方润森（1976）在总结云南泥盆系时，将何元寨剖面 23—26 层之结晶灰岩划为上泥盆统，并命名独家村群。云南区调队三分队（1980）在施甸大寨门根据灰岩颜色之深浅并结合古生物化石划分出上统，称大寨门组。此次研究仅把上部的硅质岩称大寨门组。

【现在定义】 指香山组与何元寨组两套碳酸盐岩间的硅质岩地层。仅相当原定义的上部层位。

【层型】 正层型为施甸大寨门剖面（99°08′，24°43′）。云南区调队三分队 1980 年测制。

【地质特征及区域变化】 岩性基本稳定，除保山瓦房街大兴坝以硅质岩与泥质灰岩、燧石灰岩互层外，其余地区为白色或灰色薄层硅质岩。因上覆香山组平行不整合超覆，其露头时隐时现，厚 0～92 m。仅于大兴坝剖面采获 *Meristella* sp.，但时限较长，借助上、下层位时代和接触关系，确定为晚泥盆世。

香山组 C_1x （53－0706）

【创名及原始定义】 云南区调队三分队（1985）创名于云南省施甸县城西约 3 km 大寨门香山。原始定义：指平行不整合于大寨门组硅质岩之上，整合伏于铺门前组灰岩之下，为深灰、灰色中至厚层灰岩、泥质灰岩、生物碎屑灰岩，夹白云质灰岩、钙质页岩。含燧石结核或燧石条带。地质时代为早石炭世早期。

【沿革】 王鸿祯（1945）泛称石炭系，首次发现 *Pseudouralinia*，肯定有 Tournaisian 期和 Visean 期沉积。云南一区测队（1965）归下石炭统，平行不整合于中—上石炭统之下，中—上泥盆统之上，包含 Tournaisian 期和 Visean 期沉积。段丽兰（1973）在施甸鱼洞和保山云瑞街，据珊瑚化石命名了鱼洞段及石花洞段、云瑞街段，段间及与上下地层接触关系未描述。王增吉等（1990）采纳香山组和铺门前组，补充了古生物化石。同年，云南地矿局对香山组与铺门前组界线略有变动，并把清水沟组置于香山组之下。此次研究沿用香山组，含义适当修改。

【现在定义】 扩大香山组原含义范围，即将其上原铺门前组鲕状、似鲕状灰岩以下，岩性近似于香山组的部分，划归香山组。系整合伏于铺门前组鲕状、似鲕状灰岩之下，平行不整合于大寨门组之上，一套灰、深灰色中厚层灰岩、泥质灰岩、夹钙质页岩、生物碎屑灰岩为主，夹白云质灰岩，或含白云质灰岩团块。含燧石结核或燧石条带。

【层型】 正层型为云南省施甸大寨门香山剖面（99°08′，24°44′）；副层型为保山羊邑铺门前剖面（99°16′，24°57′）。均为云南区调队三分队1981年测制。

【地质特征及区域变化】 广泛分布于碧江及其以南之泸水、云龙、保山、施甸、永德、镇康等县境内，怒江沿岸亦有出露。区域总特征为泥质灰岩、泥灰岩，夹钙质页岩、白云质灰岩，含燧石结核。厚181～624 m。含大型单体珊瑚，伴生有腕足类、双壳类、腹足类、介形类等。下部以 *Pseudouralinia*，*Siphonophyllia*，*Humboldtia*，*Rotiphyllum yudongense*，*Commutia corassoseptata*，*Thuriantha sinensis* 为代表；上部以 *Kueichouphyllum sinense* 为代表。属开阔台地相沉积。

施甸、由旺、保山西邑一带，下部夹白云质灰岩，保山铺门前、鲁图、河湾街、瓦房街、瓦马、六库等地，下部泥灰岩、钙质页岩夹层增多。上部除保山西邑、铺门前、河湾街、怒江，常见数量不等礁灰岩和介壳灰岩夹层之外，一般岩性稳定。各地沉积厚度无重大差异。地质时代为早石炭世早期至早石炭世晚期。

铺门前组　C_1p　(53-0705)

【创名及原始定义】 云南区调队三分队（1981）创名于云南省保山市羊邑铺门前村。原始定义：整合于香山组之上，平行不整合伏于丁家寨组之下，由灰色中至厚层灰岩、含燧石结核灰岩及鲕粒、似鲕粒灰岩夹生物碎屑灰岩组成。地质时代为早石炭世晚期。

【沿革】 王鸿祯（1945）泛称石炭系。云南一区测队（1965）划入下石炭统，其上为中一上石炭统碎屑岩平行不整合覆盖。段丽兰（1973）称云瑞街段，段氏（1985）又改称云瑞街组。杨宗仁（1983）著文论述铺门前组，并以鲕粒、似鲕粒灰岩为标志分为上、下两个岩性段。云南地矿局（1990）、王增吉（1990）沿用铺门前组。清理认定用铺门前组，对原含义作适当修改。

【现在定义】 缩小铺门前组原含义范围，以上部鲕粒或似鲕粒灰岩始现为标志划归铺门前组。系由岩性单一的鲕粒或似鲕粒灰岩夹生物碎屑灰岩、含燧石结核灰岩组成。整合于香山组之上，平行不整合伏于丁家寨组之下。

【层型】 正层型为保山羊邑铺门前剖面（99°16′，24°57′）。云南区调队三分队1981年测制。

【地质特征及区域变化】 分布范围较香山组有所缩小，仅见于施甸及其以北保山、泸水和怒江一带。岩性单一稳定，一般为鲕粒灰岩夹生物碎屑灰岩、灰岩，少数地区鲕粒灰岩减少，呈夹层产出。属台内鲕粒滩相沉积。生物含量比香山组稀少，主要有珊瑚：*Kueichouphyllum* sp.，*Yuanophyllum* sp.，*Palaeosmilia sororia*，*Dibunophyllum* sp.；腕足类：*Megachonetes papilionacea*，*Gigantoproductus* sp.，*Kansuella kansuensis*。沉积厚度变化不大，保山铺门前地层出露不全厚度97 m，保山瓦马厚143 m，保山道街坝最厚202 m。地质时代为早石炭世晚期。

丁家寨组　C_2d　(53-0704)

【创名及原始定义】 云南区调队三分队（1981）创名于云南省施甸县由旺东北约4 km丁家寨。原始定义：整合伏于卧牛寺组之下，平行不整合于铺门前组之上，灰、深灰色砂岩、粉砂岩、钙质粉砂质页（泥）岩为主，底部为砾岩或含砾砂岩，上部夹生物结晶灰岩或灰岩透镜体，顶部0.5～1 m厚的紫红色铁质泥岩夹劣质豆状赤铁矿。厚147 m。

【沿革】 云南一区测队（1965）划属中—上石炭统。云南地矿局（1990）、王增吉等（1990）分别纳入《云南省区域地质志》、《中国的石炭系》专著，与创名者意见一致。

【现在定义】 同原始定义。

【层型】 正层型为施甸县由旺丁家寨剖面（99°08′，24°52′）。云南一区测队 1962 年测制。

【地质特征及区域变化】 广泛分布于碧江、泸水、保山、施甸、永德、镇康境内及怒江沿岸。由灰、深灰色砾岩、砂岩、粉砂岩、页（泥）岩夹薄层生物结晶灰岩、灰岩，组成较完整海进旋回，属滨海—浅海相沉积。古生物多聚集于中上部，灰岩内以 *Triticites pusillum*，*T. simplex*，*T. ohioensis*，*T. obesus*，*T. parvulus*，*T. parvus*，*T. chinensis* 为主，碎屑岩内以 *Acanthopecten* cf. *carboniferus*，*A.* cf. *guangxiensis*，*Streblochondria* cf. *granosostriata*，*Dictyoclostus moelleri*，*Chonetinella* cf. *lissarensis*；*Fenestella sinensis* 等为主。永德县空送寨全是一套碎屑岩，含 *Stepanoviella gracilis*，厚 549 m。一般厚 147～397 m，多数未逾 200 m。全区岩性、厚度、古生物、接触关系，基本无变化。地质时代为晚石炭世晚期。

卧牛寺组　C_2w　（53－0703）

【创名及原始定义】 云南区调队三分队（1981）创名于云南省保山市金鸡卧牛寺。原始定义：整合于丁家寨组之上，平行不整合伏于丙麻组之下，厚 768.6 m 的海相中基性火山岩。由致密状、气孔状、杏仁状玄武岩、安山玄武岩、凝灰岩为主，夹火山碎屑岩、粉砂岩、页（泥）岩及灰岩透镜体组成。

【沿革】 云南一区测队（1965）归于中、上石炭统。杨宗仁（1983）著文论述卧牛寺组及其与丁家寨组之关系。嗣后，广为引用。

【现在定义】 同原始定义。

【层型】 正层型为保山金鸡卧牛寺剖面（99°16′，25°10′）。云南区调队三分队 1981 年测制。

【地质特征及区域变化】 常与丁家寨组相伴出露，北起碧江、泸水，南经保山、施甸至永德、镇康，分布十分广泛。各地岩性、厚度比较稳定。由海相中基性（以基性为主）火山喷发岩——玄武岩、安山玄武岩及玄武凝灰岩组成。所含古生物与丁家寨组类似，主要为 *Triticites pbesus*，*T. parvulus*，*T.* cf. *liuchowensis*，*Schwagerina* cf. *minima*；*Stenopora columnaris* 等。保山金鸡、保山敢顶高筒槽，发育完整，夹碎屑岩及灰岩透镜体，形成数个喷发旋回，分别厚 768.6 m 和 742 m。其他大部分地区为不含碎屑岩的熔岩，主要是玄武岩、安山玄武岩、熔凝灰岩。云龙老窝花桥厚 913 m，永德阿罗田厚 481.9 m，永德尖山厚 36.5 m，镇康凤尾薅子寨厚 478.6 m。总的显示由北而南有减薄之势，与丁家寨组呈现互为消长的变化特点。地质时代为晚石炭世晚期。

丙麻组　P_1bm　（53－0604）

【创名及原始定义】 云南区测队①（1960）进行 1∶20 万保山幅地质填图时，创名于保山金鸡—大凹子。云南区调队三分队（1980）介绍。原义指假整合于卧牛寺组之上，整合于大凹子组之下的含铁铝质碎屑岩。

【沿革】 云南区测队（1965）划为下二叠统；云南一区测队一分队（1966）命名为曼里组；云南区调队七分队（1984）更名永德组；云南地矿局（1990）沿用永德组。此次清理根据创名时间和使用情况，采用丙麻组。

---

① 云南区调队，1960，原 1∶20 万保山幅，未出版报告（未刊）。

【现在定义】 铁铝质碎屑岩，紫红色粉砂质泥岩、灰色粉砂质页岩与凝灰岩、凝灰质砂页岩互层，底部为铁质凝灰质砂岩。下与卧牛寺组杏仁状玄武岩呈平行不整合接触；上以灰岩、泥灰岩的出现与沙子坡组整合接触，上下岩性界线清楚。

【层型】 选层型为保山县金鸡—大凹子剖面（99°18′，25°09′），云南区调队三分队1980年测制。

上覆地层：沙子坡组　灰岩

——————— 整　合 ———————

丙麻组	总厚度 70.8 m
2. 上部紫色中层粉砂质泥岩；中部黄、浅黄色中层凝灰质砂岩夹灰色粉砂质页岩；下部黄、浅黄色中层蚀变含海绿石玄武质凝灰岩夹凝灰质页岩	56.7 m
1. 上部黄、黄白色中层蚀变含海绿石玄武质岩屑玻屑凝灰岩；下部紫、紫黑色中厚层含铁质凝灰质砂岩	14.1 m

－－－－－－－ 平行不整合 －－－－－－－

下伏地层：卧牛寺组　蚀变杏仁玄武岩

【地质特征及区域变化】 滨海台地相碎屑沉积，紫红、灰色粉砂质、泥质页岩与凝灰岩、凝灰质砂页岩互层，底部含铁质、铁铝质、凝灰质砂岩或砂砾岩夹铁铝质泥岩。下粗上细，底部有3～5 cm的黄褐色铁壳层，与下伏卧牛寺组呈平行不整合接触。生物化石有腕足类：*Taeniothaerus* cf. *subquadratus*，*Oldhamina* sp.，*Orthotichia* sp.，*Spiriferellina yunnanensis*；植物 *Pecopteris taiyuanensis*；苔藓虫、双壳类等。时代属早二叠世早期。

该组分布于保山河湾街、金鸡、永德、镇康一带及潞西弄坎等地。区内地层南厚北薄，岩性变化较大，保山金鸡以含火山碎屑的砂页岩为主，厚70.8 m；永德安排田一带，底部出现砂砾岩，局部可见煤线，厚52 m；镇康南伞大坝夹铁铝质粘土岩、石英粉砂岩，厚135.3 m；北部保山河湾街、保山坝子以西至潞西一带，以铁铝岩、铁铝质泥岩，偶夹赤铁矿，厚13.9～120 m。

沙子坡组　$P\hat{s}$　（53－0603）

【创名及原始定义】 云南一区测队一分队（1966）创名于潞西县弄坎沙子坡。原义指丙麻组碎屑岩之上的浅海相碳酸盐岩。

【沿革】 云南区测队（1965）未详细划分，称下二叠统。创名后，云南区调队三分队（1980）根据所含生物划分为大凹子组、尖山组；云南区调队七分队（1984）采用沙子坡组。此次清理沿用沙子坡组。

【现在定义】 灰、深灰、浅灰、灰白色灰岩、白云质灰岩及泥灰岩，有时夹少量页岩，生物富含特提斯暖水动物群䗴、腕足类等及冷水动物群腕足类。下与丙麻组紫色粉砂质泥岩呈整合接触；上与中侏罗统勐嘎组紫红色砂泥岩呈平行不整合接触。

【层型】 正层型为潞西县弄坎剖面（98°31′，23°52′）。云南一区测队一分队1966年测制。

【地质特征及区域变化】 沙子坡组为浅海台地相碳酸盐岩沉积，下部浅灰、灰色致密灰岩、生物灰岩、鲕状灰岩夹白云质灰岩、白云岩；上部白云质灰岩或白云岩夹灰岩。有时夹泥灰岩或少量页岩，与下伏丙麻组连续过渡。灰岩中含特提斯区䗴：*Nankinella orbicularia*，*Neoschwagerina* sp.，*Verbeekina* sp.，*Sphaerulina zisongzhengensis*，*Yangchienia* sp.，*Polyiexodina afhanensis*，*P. chekiangensis*；珊瑚：*Ipciphyllum shidianense*，*Liangshanophyllum* sp.；

有孔虫等和冈瓦纳区腕足类：*Cryptospirifer* cf. *omeishanensis*，*C. striatus*，*Costiferina spiralis*。时代为早二叠世中晚期—晚二叠世。

该组分布于保山河湾街、金鸡及永德明朗、耿马小新寨和潞西弄坎一带，地层变化趋势南厚北薄。北部保山河湾街为灰岩含泥质，顶部具燧石结核，厚 29.9 m；保山金鸡下部为含泥质生物灰岩，上部白云岩、钙质白云岩，厚度为 57.4 m。永德尖山，岩性不变，厚达 853.5 m。南部永德明朗、耿马小新寨一带具砂泥岩夹层，厚 666.4～856.4 m。西部潞西一带夹砂质泥灰岩及页岩，厚 1 082 m。

温泉组　D_1w　（53－0809）

【创名及原始定义】　云南区调队三分队（1980）创名于昌宁县温泉镇西侧。系一套中砂至粉砂碎屑沉积。从下到上，沉积物粒度逐渐变细，沉积旋回比较清楚。下部砂岩与页岩互层，偶夹钙质砂岩和灰岩透镜体，含笔石、竹节石及植物化石；上部为砂岩、粉砂岩与页岩夹薄层硅质岩组成互层，古生物稀少。

【沿革】　云南区测队（1965）曾划归石炭系；云南区调队三分队（1980）于温泉附近采到早泥盆世笔石等化石，创立温泉组；本书沿用。

【现在定义】　为一套灰、灰黑色页岩、粉砂质页岩（或板岩）与灰黄、黄绿色中—厚层岩屑细砂岩、粉砂岩之互层，上部夹硅质岩薄层。含笔石、竹节石、植物等化石。顶、底接触关系均不清楚。

【层型】　正层型为昌宁温泉剖面（99°41′，24°42′）。云南区调队三分队（1980）测制。

【地质特征及区域变化】　从温泉剖面看：为页岩、粉砂质页岩，偶夹粉砂岩、硅质岩与中—细粒云母质岩屑质砂岩，偶夹粉砂岩、页岩。砂、页岩比约 2∶3。次级韵律层发育：砂岩中，以砂岩—板岩、砂岩—粉砂岩—页岩构成的韵律较常见；页岩中，以粉砂岩—粉砂质页岩、粉砂质页岩—页岩—硅质岩较普遍。具复理石韵律特征。所获生物化石有笔石：*Monograptus yukonensis*，*Neomonograptus himalayensis*，*N.* ex gr. *hercynicus nevadensis*；竹节石 *Nowakia acuaria*，*Guerichina strangulata*；植物：*Zosterophyllum* sp.，*Hostimella* sp.，都是早泥盆世重要分子。

温泉组呈零星条带状展布于耿马地层小区的更戛—镇康、温泉—大雪山、沧源地区、西盟里拉—孟连一带，岩性略有变化：凤庆土锅箐以灰白色细砂岩为主，与灰黑、灰色板岩不等厚互层，偶夹硅质岩薄层；勐波罗河以东的小勐统一带为一套深灰色页（板）岩、粉砂岩为主夹泥质条带灰岩及少量薄层硅质岩；镇康地区以粉砂质页岩、泥质粉砂岩、页岩为主，下部夹灰岩透镜体，上部夹泥质硅质岩等；沧源—孟连一带为黄褐、黄绿色不等粒岩屑石英岩、岩屑石英杂砂岩夹粉砂质粘土岩、黑色碳质页岩、薄层硅质岩。上述岩性特征表明，总趋势由南向北，自东向西沉积物由粗变细。下界关系不明，仅永德—镇康一带与栗柴坝组整合接触，上被丁家寨组平行不整合超覆，厚度大于 450～1 200 m。

【其他】　由于分布区构造复杂，剖面不完整，岩石普遍不同程度地变质，化石很难找到，分布范围尚不确切。这套砂泥质夹硅质沉积，显示一定韵律状结构，含笔石、竹节石、放射虫及植物化石，一般认为属半深海相—深海相浊流沉积；也有根据动、植物共生这一特点认为属非深水的快速堆积环境的产物。南部孟连一带类似的沉积，曾命名为腊垒组，为同物异名。

此外，建组剖面上部 230 余米未有化石控制，是否属跨统的岩石地层单位有待研究。

曼信组　Dm　（53－0808）

【创名及原始定义】 云南省地层多重划分对比研究组（1993）创名于孟连县城之南的曼信附近。原始定义：以灰、灰黑色薄层硅质岩、硅质页岩为主，及含长石英砂岩夹页岩、少量蚀变层凝灰岩，厚大于 652 m。平行不整合伏于平掌组基性火山岩之下，曼信剖面未见底，区域上，下与温泉组整合接触。

【沿革】 1965 年云南区测队将耿马—孟连一带获有笔石的砂页岩夹硅质岩地层笼统地划为下—中志留统；1982—1986 年云南区调队在该地区开展 1：20 万区域地质调查，获得大量牙形石、笔石化石，将一部分定为泥盆系，并结合岩性特征划分为下泥盆统并命名为腊垒组、中上泥盆统及上泥盆统；此次清理认为前人划分的中上统、上统岩性基本相同，无法分开，故将其合并，命名为曼信组。

【现在定义】 同原始定义。

【层型】 正层型为孟连县曼信剖面（99°36′，22°10′）。云南区调队五分队（1982）测制。

上覆地层：平掌组 基性火山岩

——————— 平行不整合 ———————

曼信组	总厚度＞652.0 m
8. 灰、灰黑色薄层状硅质岩夹硅质页岩。含牙形石碎片	206.1 m
7. 风化呈黄灰色薄层状含长石英砂岩夹同色页岩	125.0 m
6. 浅灰色薄层状，少数中层状变质不等粒含长岩屑质砂岩夹浅灰色薄层状硅质页岩和硅质岩	88.1 m
5. 浅灰色硅质页岩夹灰绿色薄层状硅质岩	100.2 m
4. 灰绿色页岩夹深灰色中层状变质细粒长石石英砂岩	24.9 m
3. 深灰色厚层状变质不等粒长石石英砂岩。靠上部夹有少量深灰色薄层状页岩	28.9 m
2. 风化呈褐黄色似层状全蚀变层凝灰岩夹绿色薄层状含粉砂质页岩	28.9 m
1. 风化呈灰黑色薄层状硅质岩夹同色硅质页岩。未见底	＞50.0 m

【地质特征及区域变化】 仅见于耿马地层小区南部勐省、沧源、孟连一带，呈近南北向展布，岩性基本稳定。系一套半深海—深海相硅、泥质夹碎屑沉积，岩石普遍轻度变质。下与温泉组连续沉积，上与平掌组火山岩呈平行不整合接触。由于本地区构造复杂，尚未找到顶、底齐全，层序可靠的剖面，其全貌尚不十分清楚。生物化石以牙形石为主，也见笔石。牙形石以 *Palmatodella delicatula*，*Palmatolepis* cf. *triangularis*，*Ozarkodina homoarcuata*，*Hindeodella germana*，*Neoprioniodus huishuiensis* 等属种为代表，皆系晚泥盆世特征分子；笔石 *Monograptus* 属，过去认为仅限于志留纪，经研究者证实，可上延至早泥盆世中期。因此，曼信组属跨统岩石地层单位。

平掌组 $C_1p\hat{z}$ （53-0708）

【创名及原始定义】 云南区调队三分队（1981）创名于云南省凤庆县营盘郭大寨平掌村。原始定义：下段中基性火山岩夹灰岩透镜体；上段灰岩、泥灰岩、大理岩，夹玄武岩、凝灰岩、凝灰砂岩、硅质板岩。平行不整合于温泉组之上，为三岔河组不整合覆盖。

【沿革】 云南区调队五分队（1982）另立新名依柳组。云南地矿局（1990）将平掌组录入《云南省区域地质志》。经清理，依柳组系平掌组同物异名，依据优先原则沿用平掌组，其含义略作修正。

【现在定义】 限指原平掌组上段不含碎屑岩、火山碎屑岩、火山熔岩的碳酸盐岩之下，一套以玄武岩、安山玄武岩、安山凝灰岩、火山角砾岩等为主的中基性火山岩，夹凝灰砂岩、板岩、硅质岩、灰岩、大理岩及灰岩透镜体。平行不整合于温泉组之上，整合伏于鱼塘寨组之下。

【层型】 正层型为凤庆县营盘平掌剖面（99°49′，24°18′）。云南区调队三分队1981年测制。

上覆地层：鱼塘寨组 块状中晶大理岩

——————— 整 合 ———————

平掌组	总厚度 497.2 m
17. 灰、紫灰色强蚀变气孔状、杏仁状玄武岩	14.5 m
16. 灰、浅灰色含燧石条带（或结核）粗晶大理岩含海百合茎	34.0 m
15. 深灰、灰白色白云质灰岩夹粗晶大理岩，含燧石结核	117.9 m
14—13. 灰、深灰色中厚层灰岩、薄层砂质板岩，夹不等厚硅质岩，底部硅质岩与薄层灰岩互层，含 *Gnathodus* sp.	22.0 m
12. 上部强蚀变基性凝灰岩，下部玄武质角砾岩，有辉长辉绿岩侵入	28.2 m
11. 板状沉凝灰岩夹板岩、硅质岩	27.2 m
10—9. 灰、灰绿色强蚀变安山熔岩角砾岩、蚀变玄武质火山角砾岩	79.8 m
8—5. 灰绿色杏仁辉斑玄武岩、气孔、致密状玄武岩夹火山角砾及粉砂质页岩	36.8 m
4—2. 灰绿、褐色强蚀变安山质火山角砾岩夹致密玄武岩、凝灰岩	110.9 m
1. 灰、褐灰色强蚀变安山玄武凝灰岩	24.9 m

——————— 平行不整合 ———————

下伏地层：温泉组 灰色灰质板岩

【地质特征及区域变化】 与鱼塘寨组伴随出露，凤庆营盘、永德、澜沧、孟连境内都有分布。系一套海相中基性火山熔岩、火山碎屑岩，即玄武岩、安山玄武岩、凝灰岩、凝灰火山角砾岩等为主，夹凝灰质砂页岩及灰岩。灰岩夹层中产 *Kueichouphyllum* sp.，*Dibunophyllum* cf. *tingi*，*Siphonophyllia cyllindrica gemma* (γ)，*Syringopora sinensis*；*Eostaffella* aff. *iranna* 及腕足类、牙形石等。

区域岩性及厚度比较稳定。凤庆平掌厚 497 m，沧源革改厚 488.9 m 平行不整合于曼信组之上，澜沧依柳最厚（未见底）达 761.3 m 以上。地质时代为早石炭世。

鱼塘寨组 Cy （53－0707）

【创名及原始定义】 云南区调队七分队（1984）创名于云南省永德县班卡鱼塘寨。原始定义：连续沉积于石洞寺组之上一套浅灰与灰白色厚层、块状灰岩，夹鲕状灰岩、生物碎屑灰岩，为草坝山头组整合覆盖。

【沿革】 云南一区测队（1965）以含 *Fusulinella* 和 *Triticites* 灰岩分别划入中石炭统和上石炭统。其下不含 *Fusulinella* 灰岩归下石炭统。云南区调队三分队（1981）将含有 *Diphyphyllum*，*Lithostrotion irregulare* 灰岩、泥灰岩划入平掌组上段，其上含䗴灰岩归中石炭统和上石炭统。蓝朝华等（1983）著文论述了鱼塘寨组和石洞寺组。云南地矿局（1990）纳入《云南省区域地质志》。本次研究，拟将平掌组上段不含火山岩、火山碎屑岩的碳酸盐岩及其上原石洞寺组、鱼塘寨组一套岩性近似，宏观岩性特征标志不明显的碳酸盐岩，全部归并，称鱼塘寨组。

【现在定义】 整合于大名山组之下，平掌组之上，较单一的碳酸盐岩沉积。从上至下包括原鱼塘寨组、石洞寺组及平掌组上段的上部不含碎屑岩、火山碎屑岩、火山熔岩的碳酸盐岩。由浅灰、灰白色厚层、块状灰岩，夹鲕状灰岩、生物碎屑灰岩及少量白云质灰岩、白云岩、泥质灰岩组成。局部大理岩化，含燧石结核。

【层型】 正层型为永德县班卡鱼塘寨剖面（99°15′，23°59′）。云南一区测队 1965 年测制。

【地质特征及区域变化】 分布于昌宁—永德班卡—崇岗—孟连一线以东，凤庆—双江—澜沧一线以西范围内，并延入缅甸。由色浅、层厚、质纯灰岩、鲕状灰岩、生物碎屑灰岩，夹白云质灰岩、白云岩组成。属开阔台地相及鲕粒滩相沉积。厚 360～935 m。下部产 *Diphyphyllum* sp.，*Lithostrotion irregulare*；中部以 *Pseudostaffella*，*Fusulinella*，*Fusulina* 为代表，伴生有有孔虫、牙形石、珊瑚等；上部以 *Triticites*，*Pseudoschwagerina* 为代表，伴生有腕足类、珊瑚、牙形石等。

由北向南，白云质灰岩、白云岩增多，古生物含量稀少，属种单调。大东子山、鱼塘寨一带，沉积从早石炭世晚期至晚石炭世晚期，至南部澜沧竹塘旃子坝、孟连景冒则为晚石炭世早期至晚石炭世晚期，呈现南先北后的穿时变化。地质时代为早石炭世晚期至晚石炭世晚期。

大名山组 P_1d （53－0607）

【创名及原始定义】 云南区调队七分队（1984）创名于永德县班卡乡鱼塘寨。原始定义：指时代属早二叠世晚期的碳酸盐岩。在其下的灰岩称草坝山头组。

【沿革】 云南区测队（1965）划为下二叠统；云南省区域地层表编写组（1978）划为茅口组、栖霞组；创名时分别称大名山组、草坝山头组；云南地矿局（1990）沿用创名划分方案。此次研究据大名山组和草坝山头组岩性特征基本一致，将草坝山头组、大名山组合并，采用大名山组。

【现在定义】 灰白、浅灰色厚层块状致密灰岩，鲕状灰岩，生物碎屑灰岩。富含䗴类、珊瑚、腕足类及有孔虫、牙形石等化石。下与鱼塘寨组灰白色致密状具斑点构造的灰岩为连续沉积，界线不甚明显。

【层型】 正层型为永德县班卡乡鱼塘寨剖面（99°29′，23°58′）。云南区调队七分队 1984 年测制。

大名山组　　总厚度 317.2 m

26. 灰白色厚层块状致密灰岩与角砾状灰岩互层，上部夹白云质灰岩及浅灰色致密斑状灰岩。获䗴 *Neoschwagerina* sp.，*Verbeekina* sp.。未见顶　　65.7 m

25—24. 灰白、浅灰色厚层块状致密灰岩夹生物灰岩、鲕状灰岩（三层）。获䗴 *Neoschwagerina margaritae*，*Verbeekina verbeeki*，*Nankinella* sp.，*Misellina* cf. *landiae*　　51.3 m

23—22. 灰白、浅灰色厚层块状灰岩夹白云质灰岩、鲕状灰岩，底部夹生物碎屑灰岩、砾状白云质灰岩。获䗴 *Misellina mazor*，*M. claudiae*，*Nankinella inflata*　　71.5 m

21—20. 灰白、浅灰色厚层块状鲕状灰岩与致密灰岩互层。获䗴 *Misellina claudiae*　　98.6 m

19. 上部为灰白色厚层块状致密灰岩夹白云岩；下部为厚层状白云质灰岩。获䗴 *Misellina claudiae*　　29.2 m

——— 整 合 ———

下伏地层：鱼塘寨组　灰岩夹鲕状灰岩

【地质特征及区域变化】 浅海台地相碳酸盐沉积。下部灰白、浅灰色厚层块状灰岩、鲕状灰岩夹白云质灰岩；上部灰白色厚层块状致密灰岩夹生物灰岩、白云质灰岩及少量鲕状灰岩，顶部夹角砾状灰岩。与下伏鱼塘寨组整合接触或平行不整合于下泥盆统温泉组、下石炭统平掌组之上。该组生物化石丰富，有䗴类：*Pamirina* sp.，*Misellina claudiae*，*M. ovalis*，*M. aliciae*，*Nankinella inflata*，*Neoschwagerina margaritae*，*Verbeekina verbeeki*，*Yabeina* sp.；珊瑚：*Yatsengia* sp.；腕足类、有孔虫、苔藓虫等。时代属早二叠世。

该组分布于昌宁落水洞、永德大雪山以北、班卡鱼塘寨、耿马四排山、沧源勐省、孟连等地。区内地层南厚北薄，岩性稳定。北部昌宁落水洞为灰、灰白色块状灰岩夹生物灰岩，厚232.3 m；永德鱼塘寨正层型剖面，厚317.2 m；南部孟连景冒一带下部钙质白云岩、白云岩夹少量灰岩，上部灰岩夹鲕状灰岩、白云岩化灰岩和少量灰绿色石英砂岩，厚887.7 m。

南皮河组 P_2n (53-0606)

【创名及原始定义】 云南区调队七分队（1984）创名于耿马县四排山弄巴村。指大名山组碳酸盐岩之上的滨海相过渡为沼泽相的砂泥岩，夹薄煤层及煤线。

【沿革】 云南省区域地层表编写组（1978）划为上二叠统；创名后沿用至今，此次清理采用。

【现在定义】 深灰、灰黑、黄绿色页岩、碳质粉砂岩、粉砂质页岩及细砂岩、石英砂岩夹煤层或煤线，下部夹硅质岩、硅质灰岩，含植物化石。下与大名山组灰色厚层块状、假鲕状灰岩分界，在正层型剖面上，下界接触关系不明。区域上，上与石佛洞组为平行不整合或整合接触；下与大名山组为平行不整合接触。

【层型】 正层型为耿马县四排山乡弄巴剖面（99°30′，23°30′）。云南区调队七分队1984测制。

南皮河组	总厚度 435.6 m
14—13. 上部深灰微显绿色页岩与粉砂岩。未见顶。下部深灰色粉砂质页岩，底部夹薄煤层（厚 20 cm）	107.8 m
12. 深灰色厚层块状细粒石英砂岩夹蓝灰绿色粉砂质页岩	28.2 m
11—10. 上部深灰色粉砂质页岩夹青灰、黄绿色厚层状细砂岩。含植物 *Lobatannularia* sp.；下部深灰、黄绿色中—厚层状细粒石英砂岩夹灰黄绿色粉砂质页岩	18.0 m
9. 暗灰、黄绿色粉砂质页岩，下部含大量植物碎片	51.3 m
8—4. 中上部深灰、灰黑色厚层状粉砂岩、细粒石英砂岩与中薄层状粉砂质页岩等厚互层。下部深灰色中厚层状细粒石英砂岩夹粉砂质页岩与硅质岩及煤层、煤线	59.7 m
3. 灰黄绿色厚层块状中细粒砂岩	81.2 m
2. 灰黑、蓝灰黑色中薄层硅质岩。间夹泥质或粉砂质薄层，底部夹少量蓝灰色中薄层硅质灰岩	36.7 m
1. 灰黄绿色细粒石英砂岩，中上部夹灰黑色碳质泥质粉砂岩及煤线（20 cm）	51.8 m

……………… 接触关系不明 ………………

下伏地层：**大名山组** 灰岩

【地质特征及区域变化】 滨海相砂泥质含煤沉积。下部灰黄绿色细砂岩夹硅质岩、少量硅质灰岩、碳质泥质粉砂岩及煤线；中部深灰、黄绿色粉砂岩、粉砂质页岩夹硅质页岩及薄煤层；上部深灰色粉砂质页岩夹粉砂岩、细砂岩及煤线。与下伏大名山组呈平行不整合接触。

常见植物化石碎片，能鉴定者甚少，有：*Lobatannularia* sp.，*Equisetites* ? sp.。时代属晚二叠世早期。

该组分布于永德鱼塘寨以西，耿马、勐省坝子四周，区内地层变化北厚南薄。耿马坝子东缘以正层型代表，为一套砂泥质含煤沉积，下部含硅质岩及少量硅质灰岩，厚 435.6 m。耿马坝子南部、勐省坝子北南皮桥一带中下部灰岩夹层增多、无煤层，厚 241.6 m。

石佛洞组　$P_2\hat{s}$　(53-0605)

【创名及原始定义】　云南区调队七分队（1984）创名于耿马县四排山乡石佛洞。指南皮河组含煤碎屑岩之上的晚二叠世晚期浅海台地相碳酸盐岩沉积，生物以䗴、有孔虫为主。

【沿革】　云南省区域地层表编写组（1978）划为上二叠统；创名后使用至今。此次清理沿用。

【现在定义】　浅灰、灰白、灰黑色块状灰岩、生物灰岩夹白云岩，钙质白云岩，含䗴、腕足类及有孔虫等化石。下与南皮河组为平行不整合或整合接触。

【层型】　正层型为耿马县四排山乡石佛洞剖面（98°34′，23°25′）。云南区调队七分队 1984 年测制。

石佛洞组	总厚度 230.4 m
7. 浅灰、灰白色块状灰岩。含䗴 *Nankinella* sp.，*Palaeofusulina* sp.。未见顶	83.3 m
6. 灰黑色厚层块状灰岩。含䗴：*Palaeofusulina sinensis*，*Nankinella* sp.；有孔虫 *Colaniella* cf. *pulchra*	27.6 m
5—3. 灰白色块状生物碎屑灰岩夹灰黑色厚层块状生物灰岩。含䗴 *Palaeofusulina* sp.，*Nankinella* sp.	89.2 m
2—1. 上部浅灰、灰白色块状细—粗晶白云岩。中下部灰色块状弱白云岩化生物灰岩，夹灰质白云岩及灰黑色生物碎屑灰岩。富含䗴 *Palaeofusulina* sp.，*Nankinella* sp.	30.4 m

═══════ 断层接触 ═══════

下伏地层：大名山组　生物灰岩

【地质特征及区域变化】　浅海台地相碳酸盐岩沉积。下部浅灰、灰、灰白色块状生物灰岩夹白云岩；上部灰白、浅灰、灰黑色厚层块状灰岩。下部有时具泥晶灰岩夹层，下与南皮河组整合或平行不整合或超覆于大名山组之上。生物化石有䗴：*Palaeofusulina* sp.，*P. sinensis*，*Nankinella* sp.，*Reichelina* sp.；有孔虫：*Colaniella* cf. *pulchra* 等。时代属晚二叠世晚期。

该组分布于耿马石佛洞、帕地和沧源帕拍一带。区内地层变化趋势南厚北薄。耿马石佛洞厚 230.4 m。沧源帕拍底部具泥晶灰岩夹层，厚 325.2 m。耿马帕地灰岩夹硅质条带或硅质薄层，厚 124.5 m。

南段组　C*n*　(53-0709)

【创名及原始定义】　云南区调队五分队（1982）创名于云南省澜沧县南段。原始定义：浅灰、灰白色中厚层、薄层不等粒石英砂岩、岩屑石英杂砂岩、长石石英砂岩为主，夹数量不等粘板岩，或与粘板岩呈互层。韵律发育，浅变质。顶底不全。厚逾 5843.1 m。

【沿革】　云南一区测队（1965）曾归属奥陶—志留系。1982 年创名时划分上、中、下三个岩段，肯定产菊石的层位为下石炭统。创名单位（1986）又改称南段群。经本次研究，恢复南段组。

【现在定义】 同原始定义。

【层型】 正层型为云南澜沧县南段剖面（99°47′，22°05′）。云南区调队五分队 1982 年测制。

南段组 总厚度＞5 843.1 m

15. 浅灰色中厚层变质不等粒石英砂岩、片理化不等粒石英杂砂岩。（未见顶） 185.3 m

14. 浅灰色薄层粉砂质粘板岩，夹深灰色厚层变质不等粒含岩屑长石石英杂砂岩、中细粒长石石英砂岩。含 *Archaeocalamites* sp. 和 *Cyclocyclicus* sp. 387.5 m

13—11. 浅灰白色中厚层变质不等粒长石石英砂岩、长石石英杂砂岩、片理化不等粒泥质石英砂岩夹粉砂质粘板岩 1 190.0 m

10. 黄绿色粉砂质粘板岩夹变质中细粒长石石英砂岩、含锰质石英砂岩。含 *Palaeopteris* cf. *ohioensis*，*Neocypricardinia* cf. *subeleyensis*；*Euomphalus* cf. *subcircularis* 及海百合茎、植物化石 98.2 m

9. 灰色变质细中粒石英砂岩、长石石英砂岩、石英杂砂岩。上部含 *Crurithyris* sp.，Productoid；*Kazakhoceras* sp.，*Acrocanites* sp.，*Epicanites* sp.；*Leptodesma* sp.，*Palaeolima* sp. 644.5 m

8—4. 灰白色薄—厚层不等粒、中细粒石英砂岩夹黄绿、灰绿色粉砂质板岩、粘板岩 1 697.7 m

3—2. 灰白色中厚层变质不等粒中细粒石英砂岩与灰绿、黄绿色粘板岩呈互层 804.8 m

1. 灰白色中厚层变质不等粒石英砂岩夹黄绿色砂质板岩，顶部夹含锰质变质石英砂岩，底部变质石英杂砂岩（未见底） 840.1 m

【地质特征及区域变化】 集中分布于沧源、澜沧、孟连境内，由于变质、构造破坏，研究程度较低。区域上总的岩性特征表现以砂岩为主，夹数量不等粘板岩和绢板岩，或交互成层。砂岩多为不等粒结构。韵律、递变层理发育，局部见沟、槽模底痕构造。属陆源浅海相沉积，也有人认为是深水浊流沉积。获古生物化石不多，主要有菊石、双壳类、植物，次有海百合茎、腕足类、腹足类等。以 *Kazakhoceras* sp.，*Acrocanites* sp.，*Epicanites* sp. 等菊石最重要。

普遍浅变质、片理化。沧源罗夺一带相对变质加深，出现较多石英片岩、石英微晶片岩。沉积厚度巨大，各地出露不全厚度均在千米以上，澜沧竹塘东主大于1807.3m，沧源黄果 3 455.1 m，澜沧南段达 5 843.1 m。区域观察认为整合或平行不整合伏于拉巴组之下，与下伏地层接触关系还未查清。地质时代为早石炭世至晚石炭世。

【其他】 分布于怒江以东滇藏交境的德钦白汉洛、巴东牧场一带，有厚 7 000 m 以上变质碎屑岩夹碳酸盐岩，由于地质构造、地理自然环境复杂，研究程度与工作程度低，其中不排除有一部分可能属于南段组。

拉巴组 Pl (53－0608)

【创名及原始定义】 云南区调队五分队（1982）创名于澜沧县南畔。指南段组之上的灰色岩屑石英砂岩、石英砂岩、黄绿色页岩、灰黑色放射虫硅质岩夹紫红色页岩、灰色泥质灰岩透镜体。含双壳类、腹足类、植物及放射虫、䗴、苔藓虫等化石，划归下二叠统。

【沿革】 云南区测队（1965）划为下二叠统；创名后云南地矿局（1990）、成都地矿所（1992）等沿用。此次清理沿用。

【现在定义】 灰色岩屑石英砂岩、石英砂岩、黄绿色页岩、灰黑色放射虫硅质岩夹紫红色页岩、灰色泥灰岩透镜体。生物化石有䗴、腕足类、放射虫、牙形石、双壳类、腹足类及植物等。

【层型】 正层型为澜沧县南畔剖面（99°42′，22°37′）。云南区调队五分队1982年测制。

【地质特征及区域变化】 据岩性组合、沉积旋回分为上、中、下三部分：下部黄绿、紫红色页岩或粘板岩、放射虫硅质岩夹变质石英砂岩和泥灰岩透镜体。灰岩中含䗴、苔藓虫、海百合茎等化石，与下伏南段组呈平行不整合接触；中部黄绿、灰白色变质岩屑石英砂岩夹页岩，含植物；上部灰黑、黑色硅质岩、硅质页岩、黄绿或紫红色页岩夹灰黄色岩屑石英砂岩。上部含大量牙形石和放射虫、双壳类、腹足类，下部含䗴：*Neoschwagerina* sp.，*Verbeekina* sp.，*Sumatrina* sp.，*Fusulinella* sp.，*Schwagerina* sp.，*Palaeofusulina* sp.；有孔虫：*Colaniella pulchra*；牙形石：*Gondolella* sp.，*Neogondolella*？*idhoensis*；放射虫：*Porodiscus* sp.，*Ellipsidium* sp.，*Stauroloncha* sp.，*Trochodiscus* sp.；双壳类：*Aviculopecten* sp.，*Pernopecten* sp.，*Schizodus* sp.；植物：*Calamites* sp. 等。时代暂定二叠纪。

主要见于耿马小黑江边，沧源金列、单甲和澜沧南畔，孟连等地，呈南北向分布，全区岩性稳定，厚454.9～1 377.7 m。耿马小黑江边岩石普遍变质，厚940 m以上。沧源金列灰岩夹层增多，厚度大于1 377.7 m；南部澜沧南畔一带为灰色岩屑石英砂岩、石英砂岩、黄绿色页岩、灰黑色放射虫硅质岩夹紫红色页岩、泥灰岩透镜体，厚1 231.2 m。

【其他】 沉积环境与时代的讨论：

①沉积环境：该组由灰色岩屑石英砂岩、黄绿色页岩、黑色硅质岩夹紫红色页岩、灰岩组成。砂岩、页岩、硅质岩有规律递变，水平层理和小韵律发育。沉积物中泥质、粉砂质、硅质占很大比例，无粗碎屑沉积。以浮游生物放射虫、牙形石为主，浅水双壳类、陆源植物少见。有少量海绿石砂岩夹层，紫红色页岩、泥灰岩或灰岩。有人认为是深海、半深海裂谷带上的浊流沉积，也有人认为是浅海陆架沉积。本书认为是波基面以下较深水低能环境下的陆架沉积。

②地层时代：该组化石丰富，计有双壳类、腹足类、腕足类、牙形石、放射虫、植物、䗴、苔藓虫和海百合茎等，但多数只能定到属，其总体面貌为石炭—二叠纪，有的属可上延至三叠纪或下延到晚石炭世，如页岩中牙形石的舟刺、新舟刺常见于二叠纪，也可延至三叠纪，*Neogondollela*？*idhoensis* 属晚二叠世，但此种有疑问。硅质岩中的放射虫属二叠纪。页岩中的双壳类，与华南二叠纪组合面貌相似，有属晚二叠世的可能，但灰岩扁豆体中的䗴，早二叠世和石炭纪均有。所以其时代目前尚难定论，有待深入研究。

吉东龙组 P_1j (53-0610)

【创名及原始定义】 云南区调队一分队（1985）创立于德钦县禹功—沙冲。指禹功组砾岩、含砾砂岩之下的一套灰、深灰色碎屑岩与基性—中性—酸性火山岩互层，夹少量碳酸盐岩。

【沿革】 四川三区测队（1974）划为下二叠统；1985年创名时分别为禹功组、吉东龙组；云南地矿局（1990）及成都地矿所（1992）沿用；此次对比研究认为二者宏观岩性一致，难以细分，将原禹功组、吉东龙组合并，采用吉东龙组。

【现在定义】 下部碎屑岩与火山岩、火山碎屑岩互层夹少量碳酸盐岩、火山岩或细碧角斑岩；上部深灰、灰色富含钙质碎屑岩夹碳酸盐岩、火山碎屑岩。普遍含䗴、腕足类、珊瑚等化石。下因断层未见底；上以含碳质、粘土质页岩、灰岩的出现与沙木组分界，二者呈整合接触。

【层型】 正层型为德钦县禹功—沙冲剖面（98°53′，28°09′）。云南区调队一分队1985年测制。

上覆地层：沙木组 灰黑色含碳质粘土质页岩、钙质页岩、粉砂岩互层

——————— 整 合 ———————

吉东龙组 总厚度2 182.8 m

20. 深灰色薄层粉砂岩、钙质页岩、局部含碳质，间夹多层透镜状白云岩、泥灰岩，灰岩中常见燧石条带或团块。化石丰富有䗴 *Yabeina* sp.，*Neomisellina* sp.，*Russiella* sp.，*Parafusulina* sp.，*Chusenella* sp.，*Neoschwagerina* sp.；珊瑚 *Waagenophyllum* sp.；腕足类 *Dielasma* cf. *dieneri*，*Waagenites* sp.，*Terebratuloidea minor*；双壳类：*Schizodus* cf. *subquadrata*，*Parallelodon* sp.；菊石 *Pericarinoceras* ? sp.，*Leptogyroceras* sp. 128.4 m

19. 灰色薄—中厚层状钙质石英砂岩、白云岩、角砾状灰岩夹泥灰岩及钙质页岩薄层。灰岩中含丰富化石，有䗴 *Schwagerina* sp.，*Schubertella* sp.，*Gribrogenerina* sp.，*Parafusulina* sp.，*Yangchienia kwangsiensis*；有孔虫 *Climacammina langenalis*；珊瑚 *Waagenophyllum* sp. 41.4 m

18—17. 上部灰色含钙质长石石英砂岩与粉砂质钙质页岩，不等厚互层；中下部夹灰岩小透镜体 246.7 m

16. 灰、深灰色含碳质粘土质页岩夹少量钙质粉砂岩 69.8 m

15. 灰色薄层石英砂岩，中下部夹厚层状钙质细砂岩 117.7 m

14—13. 中上部灰色中酸性凝灰质粉砂质页岩；下部厚层砾岩、含砾砂岩夹粉砂岩及页岩 106.9 m

12—11. 中上部蛋绿色钙质粉砂岩、钙质页岩，夹中粒岩屑长石砂岩薄层；下部灰、深灰色页岩夹长石石英杂砂岩、钙质粉砂岩、紫灰色钙质页岩 290.7 m

10. 灰色泥岩与深灰色粉砂岩互层夹少量细砂岩，中下部夹细砾岩一层 128.9 m

9. 灰色薄层含钙粉砂质页岩夹少量细砂岩 105.9 m

8. 深灰色蚀变玄武岩 83.7 m

7. 深灰色中—厚层状含钙质粉砂质页岩，偶夹薄层细砂岩 67.9 m

6. 上部灰色薄层钙质粉砂岩夹泥灰岩透镜体；中部灰色厚层灰岩，轻度白云岩化灰岩；下部灰色泥灰岩及灰岩夹页岩。中部含䗴 *Yangchienia* sp.，*Schwagerina* sp.，*Parafusulina shaksgamensis*，*Rugososchwagerina* sp.；有孔虫、苔藓虫、藻类 243.0 m

5. 灰绿色玄武岩 105.3 m

4. 灰、灰绿色石英粉砂岩夹细砂岩、页岩多层。顶部夹砂砾岩，底部夹细砾岩 244.5 m

3. 灰、肉红色含钙泥质变质粉砂岩 34.5 m

2. 灰绿色致密状玄武岩，中部夹深灰色灰岩、泥灰岩。灰岩中含䗴 *Parafusulina* sp. 110.8 m

1. 灰色薄层状泥质粉砂岩，中部夹3.9 m的玄武岩。（未见底） 60.2 m

【地质特征及区域变化】 该组为碎屑岩、火山碎屑岩、火山岩复理石，上部深灰色灰岩或砂、页岩夹灰岩、中酸性凝灰岩；中部钠质玄武岩、安山岩、英安岩、霏细岩、石英角斑岩、细砂岩、钙质粉砂岩、页岩夹灰岩；下部深灰、灰黑色岩屑砂岩、页岩、结晶灰岩夹硅质岩、安山岩。与下伏地层关系不清。生物化石有䗴：*Yabeina proboscis*，*Neomisellina multivoluta*，*Verbeekina* sp.，*Parafusulina* sp.，*Misellina claudiae*，*Staffella moellerana*；珊瑚：*Waagenophyllum indicum* 及双壳类、有孔虫等。时代为早二叠世。

该组分布于德钦达记贡、捕村、果念一向阳坡、禹功一沙冲与维西朴弄、坪子一线，呈南北带状展布。区内北厚南薄，北部火山岩发育，南部灰岩增多。北部捕村、果念一向阳坡一带，火山岩最为发育，除钠质玄武岩外，中一酸性火山岩显示细碧角斑岩组合，下部有硅质岩夹层，厚2 195.6～2 313.3 m。禹功一沙冲所见下部仍夹基性火山岩，上部灰岩夹层增多，厚2 182.8 m。维西朴弄为砂板岩夹灰岩，不含火山岩，厚1 626.5 m。维西坪子为灰岩夹砂板岩、千板岩，厚605.4 m。

沙木组　$P_2\hat{s}m$　(53-0609)

【创名及原始定义】　云南区调队一分队（1985）创名于德钦县阿登各乡之西北的沙木制高点。指吉东龙组之上的中性、中酸性火山岩、火山碎屑岩及碎屑岩。

【沿革】　四川地质局三区测队（1974）划为上二叠统；创名后一直沿用，此次清理采用。

【现在定义】　下部深灰、灰黑色砂质、粉砂质页岩夹多层粉砂岩、细砂岩、杂砂岩及少量英安岩；上部暗紫红色安山岩、安山粗面岩、凝灰岩、火山角砾岩夹薄层粉砂岩、砾岩。下部页岩中含腕足类和植物碎片。上被歪古村组紫红色砾岩、砂砾岩不整合超覆；下与吉东龙组整合接触，岩性界线明显。

【层型】　正层型为德钦县阿登各乡达记贡剖面(99°48′,28°36′)。云南区调队一分队1985年测制。

【地质特征及区域变化】　该组上部暗紫红、紫红色致密块状安山岩、安山粗面岩、安山质、流纹质岩屑凝灰岩夹火山角砾岩、粉砂岩、砾岩；下部深灰、黑灰色砂质、粉砂质页岩，粉砂质钙质页岩夹多层粉砂岩、细砂岩、含钙杂砂岩及少量安山质英安岩。与下伏吉东龙组呈整合或平行不整合接触。生物化石有腕足类：*Dictyoclostus*；䗴：*Galloweiinella* sp.；植物：*Taniopteris* sp.。时代属晚二叠世。

该组分布于德钦达记贡、禹功一沙冲、维西坪子、老吾一新化一带，呈南北向展布。南厚北薄，达记贡一带厚534.1 m。北部梅里石地区夹少量灰岩。禹功一沙冲一带为深灰、灰黑色含碳质、粘土质页岩、钙质细砂岩、粉砂岩夹少量泥灰岩透镜体，厚320.9 m。维西坪子所见，岩石普遍变质，为浅灰、黄绿色砂质、粉砂质组云板岩夹中酸性火山岩，底部为砾岩、砂砾岩，厚822.4 m。南部老吾一新化一带火山岩增多，底部有细碧质火山角砾岩；上部粘板岩与细碧角斑沉凝灰岩互层，厚941 m。

怕当组　D*p*　(53-0811)

【创名及原始定义】　云南省地层多重划分对比研究组（1993）创名于景洪县东南怕当附近。原始定义：系一套火山质碎屑岩为主的沉积。上部黄灰色不等粒长石砂岩与深灰色泥岩夹凝灰质粉砂岩互层；中下部黄绿、黄灰色火山质粗粒岩屑砂岩夹砾岩、泥质粉砂岩。厚大于771 m。含腕足类、双壳类等化石。上与南光组整合接触，以含植物化石的凝灰质粉砂岩、板状泥岩之互层出现为该组之顶。

【沿革】　1965年云南区测队划归上二叠统；1976年云南二区测队八分队根据生物化石定为泥盆系，并将上部含晚泥盆世标准化石 *Leptophloeum rhombicum* 植物群命名为南光组，下部划为中统；本次地层对比研究把相当中统命名为怕当组。

【现在定义】　同原始定义。

【层型】　正层型为景洪县勐罕乡曼丙（怕当）剖面（102°02′，21°50′）。云南二区调队八分队1976年测制。

上覆地层：南光组　深灰色凝灰质粉砂岩、板状泥岩互层

——————— 整　合 ———————

怕当组　　总厚度＞771 m

3. 黄灰—灰色不等粒长石砂岩与深灰色板状泥岩夹凝灰质粉砂岩互层，富含海百合茎、双壳类及腕足类。腕足类 *Glyptospirifer* sp.，*Productella* sp.，*Indospirifer* sp.，*Productellana* sp.，*Isorthis* sp.；双壳类 *Pterinopecten* ? sp.　　181 m
2. 黄绿、黄灰色火山岩质粗粒岩屑砂岩夹砾岩、泥质粉砂岩。砂岩中含植物化石碎片　　564 m
1. 灰色岩屑砾岩，砾石滚圆度、分选性尚好，成分复杂，以石英钠长斑岩为主，尚有硅质岩、泥岩、蚀变杏仁玄武岩、英安斑岩、流纹斑岩、凝灰岩等。未见底　　＞26 m

【地质特征】 本组出露局限，建组剖面自下而上为粗—细的沉积序列，次级韵律亦由下向上逐次发育。韵律组合以砾岩—火山质粗粒岩屑砂岩—泥质粉砂岩；不等粒长石砂岩—凝灰质粉砂岩—泥岩最常见。剖面顶部获腕足类 *Glyptospirifer* sp.，*Productella* sp.，*Indospirifer* sp. 等，其下仅见植物化石碎片。化石产出层位指示时代由早泥盆世晚期—中泥盆世。属跨下、中统的岩石地层单位。

南光组　D_3n　(53－0810)

【创名及原始定义】 云南二区调队八分队（1976）创名于景洪县勐罕乡南光附近。为含 *Leptophloeum rhombicum* 的晚泥盆世海陆交互相地层。以凝灰岩、凝灰质碎屑岩为主，厚达 2 296 m。据岩性和化石可分上、下段：下段以凝灰岩夹凝灰质板状泥岩为主，凝灰质粉砂岩、岩屑长石砂岩次之；上段以富含钠质凝灰质碎屑岩为主夹钠质凝灰岩、钠长石岩。

【沿革】 云南区测队（1965）归入上二叠统；云南二区调队八分队（1976）创建南光组后沿用至今。

【现在定义】 指一套凝灰质碎屑岩、凝灰岩为主的地层单位。下部为沉凝灰岩、凝灰质板状泥岩夹凝灰质砂岩、岩屑长石砂岩；中上部以岩屑砂岩、岩屑砾岩、泥岩为主及凝灰岩、沉凝灰岩夹凝灰质砂页岩、钠长石岩。韵律十分发育，厚 2 296 m。获植物化石。下与怕当组整合接触，以大套凝灰质粉砂岩、板状泥岩出现为界；上与曼丙组呈平行不整合接触，并被仙人洞组灰岩不整合所覆。

【层型】 正层型为景洪县勐罕乡曼丙、南光寨剖面（101°03′，21°48′）。云南二区调队八分队 1976 年测制。

上覆地层：仙人洞组　灰色灰岩夹白云岩

~~~~~~~~~ 不整合 ~~~~~~~~~

南光组　　总厚度＞2 294.6 m

16. 青灰、黄棕灰色岩屑砂岩夹岩屑砾岩，凝灰质砾岩，含砾砂岩，长石砂岩，板岩等　334.1 m
15. 青灰、灰色细—粗粒岩屑砂岩、中粒长石砂岩夹层凝灰岩，凝灰岩，凝灰质板岩，硅质板岩等　　214.7 m

═══════ 断　层 ═══════

14. 灰色不等粒岩屑长石砂岩与薄层状细粒绢云母化砂岩、板岩互层。板岩中含植物 *Leptophloeum rhombicum*　　23.4 m
13. 薄层状钠质层凝灰岩与火山灰层凝灰岩互层，夹钠质晶屑凝灰岩、钠长石岩　　134.0 m
12. 钠长斑岩晶质岩屑凝灰岩夹钠质角砾凝灰岩、凝灰岩及条带状绢云板岩。含植物 *Lepidodendropsis* ? sp.　　170.3 m
~~~~~~~~~

11. 深灰—灰黑色板岩与凝灰岩、层凝灰岩互层，夹条带状凝灰质绢云母化粉砂岩 215.3 m

10. 黄灰、灰色混合型层凝灰岩 84.8 m

9. 深灰色条带状板岩夹层凝灰岩、凝灰质粉砂岩。底部板岩中含植物 *Leptophloeum rhombicum*，*Konoria*（? *Sublepidodendron*）sp. 245.0 m

8. 灰白、黄灰色钠长晶屑凝灰岩，下部与薄层状页岩、粘土化层凝灰岩互层，含植物化石碎片 >270.0 m

7. 黄灰色岩屑砾岩夹粗粒岩屑砂岩、凝灰质泥岩。砾石滚圆度良好，成分有钠长斑岩、石英钠长斑岩、英安斑岩、霏细斑岩或角斑岩等 122.6 m

——————— 沉积间断（?） ———————

6. 灰、黄灰色中粒岩屑长石砂岩夹薄层细砂岩，板状泥岩 54.1 m

5. 凝灰质板状泥岩夹中粒岩屑长石砂岩 123.5 m

4. 绿灰色层凝灰岩 81.2 m

3. 灰色凝灰质砂岩、凝灰质板状泥岩与层凝灰岩互层 105.0 m

2. 绿灰色层凝灰岩夹凝灰质板状泥岩。含植物化石碎片 84.6 m

1. 深灰色凝灰质粉砂岩，板状泥岩互层。含植物 *Leptophloeum rhombicum* 32.0 m

———— 整 合 ————

下伏地层：怕当组 黄灰—灰色长石砂岩与深灰色板状泥岩夹凝灰质粉砂岩互层

【地质特征】 该组仅见南光一带，为一套含火山物质砂、页（泥）岩、火山碎屑岩及砂岩、页岩、砾岩构成十分复杂的岩石地层单位。韵律层很发育，其组合达 15 种之多：以凝灰岩-板岩，沉凝灰岩-凝灰岩-钠长石岩，沉凝灰岩-凝灰质泥岩，沉凝灰岩-凝灰质砂岩-凝灰质板岩，不等粒砂岩-细砂岩-泥（板）岩等较常见。岩石普遍轻度变质。所获化石有植物、海百合茎、腕足类等，其中 *Leptophloeum rhombicum* 为晚泥盆世标准分子。

【其他】 南光组的沉积环境引起有关研究者的关注，并持有不同认识：有的认为属浅海陆架相；也有人认为是一套半深海—深海相浊流沉积。目前尚未取得共识。

石登群 CŜ (53-0717)

【创名及原始定义】 云南一区测队三分队（1974）创名于云南省兰坪县北西直距约 30 km 的石登。原始定义：指整合于拉竹河组之下的中酸性火山岩、碳酸盐岩。上段凝灰安山岩、凝灰片岩、安山岩及凝灰角砾岩；中段以燧石结核灰岩、生物碎屑灰岩为主，夹绢云微晶片岩、酸性凝灰片岩、酸性熔岩；下段凝灰片岩、安山质凝灰火山角砾岩、安山岩，夹中酸性熔凝灰岩及灰岩透镜体。

【沿革】 创名时，下及中段归下石炭统，上段归中—上石炭统。云南地矿局（1990）将石登群上段归上石炭统，中段上部灰岩归中石炭统，下段及中段下部划入下石炭统。此次对比研究，将上段对比为龙洞河组，中段及下段对比为曼丙组，保留石登群。

【现在定义】 指平行不整合伏于拉竹河组之下的中酸性（少量中基性）火山岩—碳酸盐岩。由龙洞河组（原石登群上段）和曼丙组（原石登群中段及下段）组成。

【地质特征及区域变化】 大体沿澜沧江以东，维西—兰坪—镇沅—普洱整董一线以西，零星分布于北部兰坪石登，南部景谷龙洞河、景洪曼丙及勐腊勐醒。由中酸性火山岩-火山碎屑岩-碳酸盐岩组合而成区域岩性总特征。含珊瑚、䗴、腕足类等，主要有：*Arachnolasma* cf. *simplex*，*A. irregulare*，*Dibunophyllum* cf. *burbinatum*，*Palaeosmilia sororia*，*P. fraterna*，*Kueichouphyllum* sp. 及 *Kansuella inaximus*，*Syringothyris* sp. 等，多产于下部。中上部以产 *Fusulinella bocki*，*Profusulinella wangyuei*，*Pseudostaffella* sp.，*Triticites* sp. 最丰富。

由北而南，自西向东，火山活动明显减弱。兰坪石登、景谷龙洞河，沉积厚度均在千米以上，火山岩、火山碎屑岩最发育。景洪曼丙至勐腊勐醒一带，火山活动濒临消失，为火山碎屑岩、碎屑岩、碳酸盐岩组成，地层出露不全，厚度大于971 m。地质时代为早石炭世—晚石炭世晚期。

曼丙组　Cm　(53-0711)

【创名及原始定义】　云南地矿局（1990）创名于云南省景洪县勐罕曼丙。原始定义：指一套鲕粒砂屑灰岩、生物碎屑灰岩、泥岩、粉砂质页岩、凝灰岩、凝灰泥岩、长石岩屑砂岩。未见顶底。属下石炭统。

【沿革】　云南一区测队（1965）将上部含䗴灰岩归中石炭统，下部灰岩、火山岩、火山碎屑岩划入下石炭统。云南二区调队八分队（1976）将上部灰岩、灰岩夹碎屑岩，划入中、上石炭统，下部灰岩夹凝灰岩、凝灰砂岩归下石炭统，与南光组呈平行不整合接触。王增吉等（1990）纳入石登群，认为与石登群下段相当。1990年创名后被沿用。此次清理，扩展原曼丙组含义范围，将曾划入中石炭统的全部及上石炭统的一部分并入曼丙组，并纳入石登群，与石登群中、下段对比。

【现在定义】　上部生物碎屑灰岩、燧石条带灰岩、泥质灰岩，局部鲕粒等为主，夹页（泥）岩、泥质粉砂岩；下部鲕粒砂屑灰岩、生物碎屑灰岩、泥岩、粉砂质页岩、凝灰岩、凝灰泥岩、绢云母页岩、长石岩屑砂岩。区域上可见上与龙洞河组呈不整合接触；下与曼丙组呈平行不整合接触。

【层型】　正层型为景洪县勐罕曼丙剖面（101°03′，21°53′）。云南二区调队八分队1976年测制。

曼丙组	总厚度＞302.8 m
10. 灰色钙质凝灰质板状泥岩，夹层凝灰岩及灰岩扁豆体。未见顶	40.6 m
9. 灰色结晶灰岩，沿走向变为钙质页岩含 *Lophophyllidium* sp.	13.3 m
8. 灰色页岩夹岩屑砂岩及安山凝灰质生物碎屑灰岩扁豆体	26.3 m
7. 浮土掩盖	9.0 m
6. 灰色长石岩屑砂岩、粉砂质板状泥岩互层，夹砾岩扁豆体	48.8 m
5. 深灰、黄灰色凝灰质绢云母页岩夹层凝灰岩，含 *Dictyoclostus* sp.，*Syringothyris* sp.，*Kansuella* sp.，*Eochoristites* sp.	17.4 m
4. 深灰—灰黑色含生物鲕状砂砾屑灰岩，含 *Cyathaxonia* sp.，*Multithecopora* sp.	50.3 m
3. 灰、黄灰、深灰色条带状粉砂质页岩，含 *Dictyoclostus* sp.，*Streptorhychus* sp.	18.5 m
2. 灰、深灰色生物碎屑灰岩，中下部夹层凝灰岩，含 *Cyathaxonia* sp.，*Tachylasma tenus*	29.4 m
1. 掩盖。未见底	49.2 m

【地质特征及区域变化】　分布于景洪曼丙、勐腊勐醒八道班、畜牧场、曼着等地，北部兰坪石登、拉竹河一带也有出露。主要为碳酸盐岩、中酸性火山岩、火山碎屑岩、碎屑岩。属弧后海沉积①。

区域岩性、厚度、古生物有一定变化。景洪曼丙、官木厚302 m，未见底，为灰岩、砂页

① 云南省地质矿产局，1991，1：300万云南岩相古地理图集说明书（内刊）。

岩夹凝灰岩、凝灰砂岩，含 *Tachylasma tenus*，*Arachnolasma irregulare*，*Dibunophyllum* cf. *burbinatum*；*Syringothyris* sp.，*Kansuella* sp. 等。勐醒八道班、畜牧场一带，厚度大于 663.7 m，整合伏于龙洞河组之下，未见底，为灰岩、水云母页岩、凝灰岩、凝灰砂岩。碳酸盐岩有所增多，而火山岩相对减少。中上部以含 *Fusulinella*，*Profusulinella* 为代表，沉积始于早石炭世至晚石炭世早期，层位相对曼丙一带稍高。北部兰坪石登、拉竹河厚大于 528.3 m，上部燧石条带灰岩，下部中酸性火山岩、火山碎屑岩增多，所夹灰岩透镜体产大量珊瑚：*Palaeosmilia sororia*，*P. fraterna*，*Arachnolasma* cf. *simplex*，*Lithostrotion insolitum*，*L. curvatum* 等。景谷碧安龙洞河为碳酸盐岩夹碎屑岩，下部大部未出露，龙洞河组不整合其上。地质时代为早石炭世至晚石炭世早期。

龙洞河组　C_2l　(53－0710)

【创名及原始定义】　云南区调队八分队（1983）创名于云南景谷县碧安龙洞河。原始定义：上段中酸性熔凝灰岩、英安质凝灰岩、层凝灰岩、火山角砾岩及岩屑长石砂岩、凝灰质粉砂岩、泥质粉砂岩夹放射虫硅质岩、放射虫蚀变凝灰岩；下段砂砾岩、结晶灰岩，含䗴、苔藓虫。不整合于中石炭统灰岩之上，为下坡头组不整合覆盖。时代晚石炭世。

【沿革】　云南地矿局（1990）采纳龙洞河组。王增吉等（1990）归入石登群。此次清理，龙洞河组纳入石登群，与原石登群上段相当。

【现在定义】　上部灰绿、灰紫色中酸性熔凝灰岩、英安质凝灰岩、层凝灰岩、火山角砾岩、凝灰质粉砂岩、岩屑长石砂岩、泥质粉砂岩为主，夹放射虫硅质岩、放射虫蚀变凝灰岩；下部砂砾岩、结晶灰岩，含䗴、苔藓虫。不整合于曼丙组之上，上被下坡头组不整合超覆。

【层型】　正层型为景谷县碧安龙洞河—小黑江剖面（100°36′，23°03′）。云南区调队八分队 1983 年测制。

【地质特征及区域变化】　沿澜沧江以东的兰坪石登、景谷碧安龙洞河、思茅竹林大凹子及勐腊勐醒八道班等一带零星出露。以中酸性火山岩为主，夹碎屑岩及灰岩扁豆体，据研究①可能属岛弧型火山-硅质沉积。

岩性、厚度均有一定变化。龙洞河一带夹含放射虫硅质岩、含放射虫凝灰岩及灰岩扁豆体，产 *Triticites* sp.，*Quasifusulina* sp.，*Schwagerina* sp.；*Fenestella* sp.，厚 967.8 m。其北至兰坪石登，仍以酸性、中酸性凝灰片岩、安山岩、凝灰角砾岩、晶屑-岩屑凝灰岩为主，并出现中基性熔岩。熔岩类岩石明显增多。厚 566.3 m。由龙洞河向东至勐腊勐醒八道班一带，火山熔岩几乎消失，火山碎屑岩亦锐减，主要代之以页岩夹灰岩、凝灰岩、凝灰砂岩，厚 308 m 以上。地质时代为晚石炭世晚期。

西门崖子组　C_2xm　(53－0712)

【创名及原始定义】　云南地矿局（1990）创名于云南普洱县城西的西门崖子。原始定义：整合覆于中石炭统灰岩、生物碎屑灰岩、白云质灰岩之上，以产晚石炭世䗴化石为标志的厚层块状灰岩、生物碎屑灰岩、白云质灰岩、白云岩。未见顶。

【沿革】　云南一区测队（1965）划归下石炭统和中石炭统。云南二区测队一分队（1976）称威宁组和马平组。1990 年创名为西门崖子组，沿用至今。

【现在定义】　包括原西门崖子组及其下的中石炭统碳酸盐岩。灰、浅灰色厚层至块状灰岩、生物碎屑灰岩、白云质灰岩、白云岩，偶含燧石结核。未见顶、底。

---

① 云南省地质矿产局，1991，1：300 万云南岩相古地理图集说明书（内刊）。

【层型】 正层型为普洱县西门崖子剖面（101°00′，23°04′）。云南二区测队一分队1976年实测。

【地质特征及区域变化】 分布范围十分局限，除普洱县城西的西门崖子一带出露外，沿李仙江一带也有零星发现，均为无顶无底比较单一的碳酸盐岩和镁质碳酸盐岩。下部含 *Pseudostaffella*，*Fusulinella*，*Fusulina*；上部含 *Triticites*，*Pseudoschwagerina*。厚381.1 m以上。属开阔台地相沉积。地质时代为晚石炭世早期至晚期。

墨江群 SD*M* (53－0812)

【创名及原始定义】 云南区测队（1965）创名于墨江。为一套碎屑岩夹碳酸盐岩石。厚大于2 752 m。以墨江一带发育较全，化石较丰富而得名。代表该区的志留系。

【沿革】 云南区测队（1965）根据墨江布隆、大中寨、班中测制的剖面拼接组成墨江群。并按生物结合岩性划分上、中、下段。同时指出中、下段相当中、下志留统，上段就岩性可能相当上志留统—泥盆系。云南二区测队一分队（1973，1976）相继于墨江、普洱一带在前人研究的大中寨剖面上于墨江群中段获早泥盆世笔石、竹节石。从此，墨江群解体，除志留系外，泥盆系划分为下统和中上统，将下统据岩性和生物又分别建立倮红组、大中寨组、龙别组。云南区调队七分队①（1991）在墨江碧溪、布隆等地于墨江群上部采获晚泥盆世标准化石，说明墨江群上部包括上泥盆统。此次清理将墨江群上部命名为南边山组，保留墨江群一名。时代为志留纪—泥盆纪。

【现在定义】 一套类复理石沉积。岩性以砂岩、粉砂岩、页岩为主，夹灰岩、泥灰岩及硅质岩，未见顶底。含笔石、竹节石、植物等化石。该群自下而上包含水箐组、曼波组、倮红组、大中寨组、龙别组、南边山组六个组级岩石地层单位。

水箐组② S*ŝ* (53－1003)

【创名及原始定义】 云南省地层多重划分对比研究组（1993）创名于墨江水箐梁子。原始定义：深灰、灰、灰黑、灰绿、灰紫色页岩、粉砂岩、细砂岩。下部以砂岩为主夹页岩。局部夹碳质页岩及煤线；上部以页岩为主夹砂岩。未见底，生物以笔石为主。上与漫波组泥灰岩、灰岩呈整合接触。

【沿革】 云南区测队（1965）将该区志留—泥盆系大套砂泥交替沉积命名为墨江群。云南二区测队一分队（1973，1976）将其分解为泥盆系及志留系下、中、上统。本书将墨江群下部归入志留系的部分命名为水箐组。

【现在定义】 同原始定义。

【层型】 正层型为墨江县水箐梁子剖面（101°41′，23°22′）。云南二区测队一分队1973年测制。

上覆地层：漫波组 细砂岩夹粉砂岩

——————整 合——————

水箐组 总厚度>551.4 m

20—19. 灰黑、深灰色页岩夹黄灰色粉砂岩。含笔石 *Monograptus priodon*，*Glyptograptus* sp.，*Pristiograptus hisingeri*，*P. concinnus*，*P.* cf. *regularis*，*Monoclimacis* cf. *vomerina*，*Monograptus* cf. *sedgwickii* 62.7 m

---

① 云南区调队七分队，1991，1：5万错纳甲村幅、碧溪幅区域地质调查报告（内刊）。
② 为保持墨江群内各组叙述上的连续性，全部纳入本书第四章。

18. 灰、深灰色中层状细粒石英砂岩，粉砂岩、泥质粉砂岩，局部夹页岩条带 8.8 m

17. 灰、灰黑色页岩夹粉砂岩及碳质页岩。含笔石 *Pristiograptus regularis*，*P.* cf. *concinnus* 37.7 m

16. 灰绿色页岩夹薄层状细粒石英砂岩、粉砂岩、泥质粉砂岩 74.1 m

15. 灰绿、灰黄色中层—块状细粒石英砂岩、长石石英砂岩、粉砂岩夹页岩 31.6 m

14. 黄灰、灰绿色页岩与黄绿色中层—块状细粒石英砂岩、长石石英砂岩、粉砂岩互层 38.7 m

13. 黄灰、灰绿、紫灰色细砂岩与页岩互层 31.8 m

12. 灰黄、紫红色块状细粒石英砂岩，长石石英砂岩夹页岩 23.4 m

11. 灰绿色页岩夹中层状粉砂岩 26.8 m

10. 灰紫、灰绿色粉—细砂岩夹页岩 83.6 m

9. 灰绿色页岩夹灰绿、灰紫色中层状粉细砂岩，含介形虫 *Beyrichia* sp. 和植物化石碎片 29.6 m

8—7. 灰紫、紫红、灰黄色中层—块状中细粒长石石英砂岩夹灰绿、灰黄色页岩。含笔石 *Pristiograptus regularis* 和植物化石碎片。未见底 ＞102.6 m

【地质特征及区域变化】 仅见于墨江城郊水箐梁子、绿春骑马坝、中孔及金平勐拉一带。总的特征是上部为灰黑、灰绿色页岩夹粉砂岩、细砂岩；下部为灰黄、灰绿、灰紫色砂岩夹页岩，或不等厚互层。正层型未见底。区域上，绿春骑马坝、中孔，金平县勐拉一带岩石普遍变质为灰黑、灰绿色砂质板岩与灰绿、灰紫色粉、细砂岩近等厚互层，厚度达 2 000 m 以上。

组内含笔石 *Monoclimacis* cf. *vomerina*，*Pristiograptus hisingeri*，*Monograptus priodon*，*M.* cf. *sedgwickii*；介形类 *Beyrichia* sp. 等，时代为早—中志留世。

漫波组 *Sm* (53－1004)

【创名及原始定义】 云南省地层多重划分对比研究组（1993）创名于墨江曼波。原始定义：指墨江县漫波覆于水箐组深灰、灰绿色页岩、粉—细砂岩之上的灰、灰绿、灰黄色页岩、粉砂岩与细粒石英砂岩近等厚互层的岩石组合，中夹灰岩及泥灰岩。未见顶。底以灰岩、泥灰岩夹层消失与下伏水箐组分界。

【沿革】 云南区测队 1965 年将墨江、普洱、绿春一带的志留—泥盆系大套砂泥质交替沉积命名为墨江群。云南二区测队一分队（1973）及八分队（1975）将其分解为泥盆系及志留系下、中、上统。本书将墨江群归入志留系部分的中上部命名为漫波组。

【现在定义】 同原始定义。

【层型】 正层型墨江县漫波、葫芦田剖面（101°44′，23°22′）。云南二区测队一分队 1973 年测制。

漫波组 总厚度＞1 694.2 m

26. 灰、深灰色中—厚层灰岩及浅灰色细粒石英砂岩。未见顶 13.0 m

25—24. 浅黄灰色中层细粒石英砂岩与灰绿色泥岩、粉砂岩互层 124.8 m

23. 灰色泥岩夹薄层泥灰岩 10.8 m

22. 灰、灰白、灰黄色细粒石英砂岩与灰黄、灰绿色泥岩互层 151.0 m

21. 掩盖 131.2 m

20. 灰色页岩、细粒石英砂岩夹灰、深灰色薄—中层灰岩 28.3 m

19—14. 浅灰、灰黄色中层细粒石英砂岩与灰、灰绿色泥岩、粉砂岩互层。局部掩盖 535.5 m

13. 灰、深灰色薄层含泥质灰岩夹细粒石英砂岩、泥质岩 10.0 m

12. 掩盖 123.7 m

11—7. 灰色中—厚层细粒石英砂岩与薄层粉砂岩、泥岩互层 531.8 m

6—5. 灰黄色中—细粒石英砂岩与泥质粉砂岩、页岩互层，底部 4.5 m 为灰岩、泥质条带灰岩 34.1 m

———— 整 合 ————

下伏地层：水箐组 灰、灰绿色页岩夹粉砂岩

【地质特征及区域变化】 仅见于墨江漫波、葫芦田，绿春宋壁梁子、大水沟、半坡等少数地段。总的岩性为灰、灰黄色细粒石英砂岩、粉砂岩、页岩近等厚互层，石英砂岩稍多。上、中、下均夹有少许灰岩、泥灰岩。区域上，绿春地区粒度较细，上部为灰绿、灰黑色粉砂质页岩、碳质页岩夹细粒石英砂岩；中部为灰黄、灰黑色细粒石英砂岩与粉砂岩、页岩互层；下部为灰黑、灰绿色粉砂岩夹细粒石英砂岩。中下部夹灰岩及泥灰岩。页岩普遍含碳质。墨江县城郊大巴豆零星露头为灰黑色硅质岩及黑色页岩。该组厚度巨大，大于 1 694 m，可能仍属槽盆相沉积。与上覆泥盆系倮红组灰黑色板状泥岩及黑色钙质页岩关系不明。与下伏水箐组为整合接触。

组内含笔石 *Monograptus* cf. *flemingii*，*Pristiograptus meneghini*，*P.* cf. *dubius*，*Monoclimacis vomerina*，时代为中—晚志留世。

倮红组 D_1lh (53-0816)

【创名及原始定义】 云南二区测队一分队（1976）创名于绿春县大水沟乡倮红村附近。指下泥盆统下部黑色薄层状泥灰岩、硅藻岩夹页岩。厚大于 212.9 m。含笔石 *Neomonograptus hercynicus*，*Monograptus* cf. *hermiodon*，竹节石 *Paranowakia* sp. 等。

【沿革】 1965 年云南区测队称墨江群，归入志留系；云南二区测队一分队（1973）于墨江群中段获早泥盆世化石，定为下泥盆统；该分队（1976）将绿春县大水沟二甫一带的下泥盆统按岩性分为三部分，下部命名为倮红组。一直沿用。

【现在定义】 指大中寨组砂、页岩之下，含笔石、竹节石的灰黑色板状泥灰岩夹同色灰质页岩、泥质硅藻岩或呈互层的岩石地层单位。上与大中寨组接触关系不明，区域上可见呈整合接触。下未见底。

【层型】 正层型为绿春县大水沟乡倮红村二甫剖面（101°57′，22°57′）。云南二区测队一分队（1976）测制。

上覆地层：大中寨组 页岩夹砂岩

………… 关系不明 …………

倮红组 总厚>212.9 m

6. 灰黑色板状泥灰岩 25.0 m

5. 灰黑色页岩、粉砂质页岩夹粉—细砂岩。页岩中含竹节石？*Paranowakia* sp.。下部掩盖 23.7 m

4. 灰黑色钙质页岩夹薄层泥灰岩 32.8 m

3. 掩盖 23.0 m

2. 灰黑色板状泥质硅藻岩夹页岩 43.7 m

1. 灰黑色板状泥灰岩，上部夹钙质页岩。未见底 >64.7 m

【地质特征及区域变化】 该组属于远岸、较深水、比较宁静环境的泥灰质、硅质沉积。

出露范围小，仅见大水沟地区及大中寨，岩性稳定，以含浮游及漂浮生物为特征，如 *Monograptus hercynicus*，*Neomonograptus hercynicus*，*Paranowakia* sp. 皆为早泥盆世 Lochkovian 的重要化石。

大中寨组　D_1d　(53-0815)

【创名及原始定义】　云南二区测队一分队（1976）创名于墨江县碧溪乡大中寨。原始定义：为灰、灰绿、黑色泥岩、页岩、碳质页岩与灰、灰白色薄至厚层状细粒砂岩、粉砂岩的互层，底部夹灰岩、泥质灰岩等。

【沿革】　云南区测队（1965）称墨江群中段，时代视为中志留世中晚期；云南二区测队一分队（1973）在大中寨剖面获笔石、竹节石，将时代定为早泥盆世晚期；该分队（1976）于绿春大水沟发现一套称之“南丹型”的沉积，按岩性分下、中、上三部，中部岩性、生物与大中寨剖面极相似，以大中寨地区发育更好，而得名，一直被沿用。此次清理从创名剖面的第二层起为大中寨组。

【现在定义】　为灰白、灰色中厚层为主及厚层之细粒石英砂岩、含长细粒石英砂岩、粉砂岩及黑色泥岩不等厚互层。由砂岩—粉砂岩—泥岩组成多个韵律层。含竹节石、笔石等化石。未见顶。下与倮红组呈整合接触，以泥灰岩结束，细粒石英砂岩出现分界。

【层型】　正层型为墨江县碧溪乡大中寨剖面（101°39′，23°32′）。云南二区测队一分队（1973）测制。

大中寨组	总厚＞561.0 m
14. 灰白、黄灰色中厚层状细粒石英砂岩，含长石石英砂岩夹粉砂岩和灰黑色泥岩，含植物化石碎片。未见顶	41.3 m
13. 灰、灰绿色泥岩夹灰白色中层状细粒石英砂岩，含长石石英砂岩。含笔石 *Monograptus* sp.，aff. *M. yukonensis*	36.3 m
12. 灰白色中—厚层状细粒石英砂岩、含长石石英砂岩，夹页岩透镜体。含笔石 *Monograptus yukonensis fangensis*，*M.* sp. 1，*M.* sp. 2	32.2 m
11. 黑色页岩夹叶片状粉砂岩。含竹节石 *Tentaculites* spp.，*Nowakia acuaria* 和植物化石碎片	118.6 m
10. 灰、灰白色中厚层状细粒石英砂岩	49.7 m
9. 黑色碳质页岩夹深灰、灰黑色叶片状粉砂岩，含黄铁矿。含竹节石 *Tentaculites* spp.，*Nowakia acuaria*	32.5 m
8. 灰、灰白色薄—厚层状细粒石英砂岩，含长石石英砂岩夹粉砂岩、页岩	99.4 m
7. 灰色页岩夹薄层状、叶片状粉、细砂岩	36.2 m
6. 灰色块状细粒石英砂岩、含长石石英砂岩	41.6 m
5. 灰黑色页岩与灰色中—厚层状细粒石英砂岩、粉砂岩互层	29.9 m
4. 灰色薄—中层状细粒石英砂岩夹泥岩、粉砂岩和碳质泥岩条带	21.0 m
3. 黑色碳质泥岩夹薄层灰岩和粉、细砂岩	15.4 m
2. 灰白色中层状细粒石英砂岩	6.8 m

———————— 整　合 ————————

下伏地层：倮红组　泥灰岩、碳质页岩和粉砂岩

【地质特征及区域变化】　该组为一套类复理石沉积。常由砂岩—粉砂岩—泥岩组成韵律层。砂岩的成熟度普遍低，底层面上可见槽模、沟模及重荷模构造；粉砂岩、泥岩中常见黄

铁矿呈星点状分布，局部富集形成与层理一致的叶片状黄铁矿薄层；泥（页）岩含碳质较高，局部达碳质页岩。普遍发育平行层理、水平层理，偶见小型波状交错层理。所获化石有笔石、竹节石、少量角石等。其中：*Monograptus yukonensis fangensis*，*Nowakia acuaria* 是世界广布的 Pragian 的重要分子。

该组仅见大中寨—墨江一带及绿春大水沟地区，迄今没有找到完整剖面。大水沟一带的二甫剖面为黑色页岩夹灰白色轻变质细粒石英砂岩，厚大于 210 m，未见顶。

【其他】 近年来经郑荣才等（1991）研究，认为大中寨组为深海浊积扇沉积。剖面结构表明，至少包含 5 个以上浊积扇旋回，每个旋回厚约 70～150 m。由深海平原，外扇和中扇的交替沉积组成。深海平原—外扇亚相，具 c、d、e 和 d、e 鲍马层序；中扇亚相，具 a、b、c、d、e 和 b、c、d、e 鲍马层序。槽模、沟模发育。

龙别组 D_1lb (53－0814)

【创名及原始定义】 云南二区测队一分队（1976）创立于绿春县大水沟乡龙别村。为灰黑色薄层状灰岩、硅藻岩和黑色页岩等，厚约 100 m。无顶底。含竹节石 *Nowakia zlichovensis*，属早泥盆世晚期。

【沿革】 云南区测队（1965）划为墨江群中段的夹层；云南二区测队一分队（1976）于其中获竹节石 *Nowakia zlichovensis*，而命名龙别组；侯鸿飞等（1988）在《中国的泥盆系》提到该资料，但认为化石鉴定尚不确切，未引用该组名；云南地矿局（1990）引用龙别组；此次清理认为岩性、生物都有特定位置，予以沿用。

【现在定义】 下部为灰、深灰色薄层泥灰岩、黑色硅藻岩；上部为黑色泥（页）岩和粉—细砂岩，顶、底不全，含竹节石化石。

【层型】 正层型是绿春县大水沟乡龙别村附近路线地质剖面（101°57′，22°56′）。云南二区测队一分队综合而成（1976）。

【地质特征】 该组系深海相硅质、泥灰质沉积。岩性标志明显。目前仅见大水沟一带。

南边山组 Dnb (53－0813)

【创名及原始定义】 云南省地层多重划分对比研究组（1993）创名于墨江县碧溪乡南边山村。原始定义：指一套碎屑岩夹碳酸盐岩、硅质岩地层体。灰色中至厚层状中—细粒岩屑石英砂岩、细粒石英砂岩、石英杂砂岩与粉砂质泥岩、粉砂岩不等厚互层，上部夹深灰色薄—中层泥（粉）晶灰岩及硅质岩，韵律发育。顶底不全，厚 1 232 m 以上。获植物化石。大部属上泥盆统，可能包括中泥盆统。

【沿革】 云南区测队（1965）划为墨江群上段，属上志留统—泥盆系；云南二区测队一分队（1973）划为上志留统，但指出有可能属下泥盆统；中国地质科学院西南地质科学研究所等（1985）将这套地层确定为中泥盆统；云南区调队七分队（1992）划归上泥盆统；此次清理命名为南边山组。

【现在定义】 同原始定义。

【层型】 正层型是墨江县碧溪乡南边山剖面（101°37′，23°31′）。云南区调队七分队（1992）测制。

南边山组	总厚度＞1 232.0 m
27. 灰黑色薄—中层状泥质硅质岩	＞25.0 m
26. 灰绿、紫红色叶片状泥岩夹细粉砂岩，中部夹灰色薄层状泥晶灰岩	77.5 m

25—22. 灰色中—厚层状细粒石英砂岩、含岩屑石英砂岩夹粉砂岩、粉砂质泥岩，含植物 *Knorria* sp.，*Hamatophyton verticillatum*，*Leptophloeum rhombicum* 118.6 m

21—12. 灰色中—厚层状含岩屑（或炭屑）石英杂砂岩、不等粒含岩屑砂岩夹同色薄—中层状粉砂岩、粉砂质泥岩及泥晶灰岩，含植物 *Hamatophyton* cf. *verticillatum* 477.2 m

11—6. 灰、灰绿色含粉砂质泥岩、泥岩夹同色中—厚层状不等粒含岩屑石英砂岩及泥质粉砂岩 246.6 m

5—1. 灰色中—厚层不等粒岩屑石英砂岩夹同色薄—中层状砂质页岩、泥岩、泥质粉砂岩，局部互层，底部为 2 m 砂质砾岩（未见底） >287.1 m

【地质特征及区域变化】 建组剖面由一套具复理石特征的砂泥岩夹灰岩、硅质岩组成。大体显示自下而上、由粗变细的海进层序。韵律层十分发育，其组合以砂岩、泥岩、灰岩；砂岩、粉砂岩、泥岩；砂岩、粉砂质泥岩；粉砂质泥岩、灰岩等类型最常见。单个韵律层厚 20～150 cm，多数以砂岩为底。砂岩常显块状层，普遍含少量海绿石，底面可见重荷模构造，其结构、成分成熟度均较低；泥岩、粉砂质泥岩约占 40%，由下往上递增；泥晶灰岩、硅质岩出现于剖面上部，硅质岩中发现较多放射虫化石碎片。上述沉积物结构、组分在纵向上的变化，显示当时沉积水体逐渐变深的环境。所获化石：*Hamatophyton verticillatum*，*Leptophloeum rhombicum* 等，为晚泥盆世特有分子。由于其下尚有数百米未获化石，不排除存在中泥盆统的可能，为跨统岩石地层单位。

该组主要出露于哀牢山主山脊西侧至墨江地区，呈北北西带状展布，由于区内断裂发育，无完整剖面。错纳甲—碧溪一带被歪古村组不整合覆盖。和平丫口—平掌一带整合于老王寨群之下，为变质石英（杂）砂岩夹板岩、千枚岩和少量变质粉砂岩；顶部为硅质岩、绢云板岩夹变质砂岩和少量泥晶灰岩。总厚逾 700 m。

此外，在德钦城西捕前村小面积出露一套以粉砂质页岩、粉砂岩为主，夹少量钙质页岩、细粒长石石英砂岩和中薄层灰岩地层，厚逾 945 m。含珊瑚 *Pachyfavosites* sp.，*Favosites chaeteliformis raitabulatus*，*Sociphyllum* sp.；腕足类 *Linoproductus* sp. 等。以及德钦巴美利农含腕足类 *Yunnanellina uniplicata*，*Yunnanella simplex* 的一套碎屑岩，暂归属南边山组。

【其他】 本组在和平丫口街—仓房—双沟街一带及马鹿塘—小南溪—因远一带，因变质稍深、变形较强，近期研究者把它视为构造地层。此外，在苦杜木、东瓜林等地，该地层为重要的含金矿岩。

老王寨群 **CL** （53-0714）

【创名及原始定义】 李光勋等（1989）创名于云南镇沅县老王寨。原始定义：以板岩、千枚岩、石英杂砂岩为主，夹碳酸盐岩、熔结角砾岩、层凝灰岩等海相火山碎屑沉积。被一碗水组不整合所覆。

【沿革】 云南一区测队（1965）划为上古生界。此次清理，采用老王寨群。

【现在定义】 指被断层夹持于古生界千枚状微晶片岩和歪古村组之间的一套以浅变质板岩、千枚岩、石英杂砂岩为主，夹碳酸盐岩及熔结角砾岩、层凝灰岩等海相火山碎屑沉积。不整合伏于歪古村组之下，未见底。

【层型】 正层型为云南镇沅县老王寨一带剖面（101°29′，23°54′）。李光勋等 1989 年测制。

【地质特征及区域变化】 主要沿哀牢山北段西坡呈狭长条带出露。系一套浅变质碎屑岩夹碳酸盐岩及火山碎屑岩。多被断层破坏，层序不全。

镇沅老王寨一带，厚度大于 3 000～4 500 m，因含金研究较详，主要为砂板岩夹大理岩化灰岩及凝灰岩、凝灰砂岩、含放射虫硅质岩。产牙形石 *Scaliognathus anchoralis*，*Siphonodella isosticha*，*Pseudopolygnathus triangula*，*Gnathodus homopunctatus* 及䗴 *Eostaffella* cf. *mosquensis*，有孔虫、珊瑚、苔藓虫等。新平县千会一带，见整合于墨江群之上，为含碳质泥质灰岩夹碳质钙质板岩，未见顶，厚度大于 144.4 m，是目前已知老王寨群最低层位。属于较活动浅海陆架沉积。

从牙形石反映的时代和铷锶同位素测年值 345.6±18.4 Ma，基本吻合。其地质时代为早石炭世至晚石炭世，不排除上部有存在早二叠世沉积之可能。

下密地组　C_2x　(53-0713)

【创名及原始定义】　云南二区测队一分队（1976）创名于云南墨江县坝溜下密地。原始定义：指不整合于下二叠统灰岩之下的滨浅海—沼泽相砂页岩夹泥灰岩和薄煤层。

【沿革】　云南地矿局（1990）创名下密地组，后被采用。此次清理沿用。

【现在定义】　深灰、灰黑色薄至中层细粒石英砂岩、泥质粉砂岩、碳质页岩、泥岩，夹泥质灰岩、煤层及煤线等。未见底，被仙人洞组不整合所覆。

【层型】　正层型为墨江县坝溜下密地剖面（101°57′，23°04′）。云南二区测队一分队 1976 年测制。

上覆地层：仙人洞组　灰岩

～～～～～～ 不整合 ～～～～～～

下密地组	总厚度>185.4 m
9. 深灰、暗灰色灰质泥质粉砂岩、灰质泥岩、灰岩、泥灰岩互层。含 *Rugosofusulina* sp.，*Pseudomonotis* cf. *howni*	26.3 m
8. 灰、黄灰色薄—中层细粒石英砂岩、泥质细粒石英砂岩，含 *Leiopteria* sp.	36.3 m
7. 黄灰、暗灰色泥质石英粉砂岩夹砂岩、碳质页岩、煤线，含 *Pecopteris* sp.，*Naticopsis* sp.	36.0 m
6—4. 灰、暗灰色薄—中层细粒石英砂岩、粉砂岩夹碳质页岩、煤线、泥灰岩，含 *Nuculopsis* sp.	49.0 m
3—1. 碳质页岩夹薄煤层及煤线。上部 4 m 泥灰岩，含 *Triticites* cf. *subashiensis*，*Quasifusulina* sp.，*Chonetes* sp.，*Naticopsinae* sp.。下部灰色细粒石英砂岩、泥质粉砂岩夹碳质页岩，含 *Leiopteria* sp.，*Meekospira* sp.。未见底	37.7 m

【地质特征及区域变化】　分布范围狭小，仅见于墨江坝溜下密地及江城嘉禾达迭河。系浅海—滨海沼泽相砂泥质含煤碎屑沉积。含 *Triticites* cf. *subashiensis*，*Quasifusulina* sp.，*Pseudoschwagerina moelleri* 及植物。墨江下密地为碎屑岩夹薄煤层，未见底，厚 185.4 m。南延至江城鲁凸、达迭河厚大于 785 m，岩石浅变质为板岩及石英岩，夹硅质岩、砾岩，未发现含煤，为高井朝组砂砾岩不整合所覆。地质时代为晚石炭世。

大新山组　P_1dx　(53-0614)

【创名及原始定义】　云南地矿局（1990）创名于思茅县竹林乡大新山。指羊八寨组含煤碎屑岩之下的灰、深灰色绢云千枚岩、钠长绿泥千枚岩、绢云板岩夹石英片岩、变质长石岩屑砂岩、基性火山岩及灰岩透镜体，厚度大于 4 063.6 m。

【沿革】　云南区测队（1965）划为石炭—二叠系；云南省区域地层表编写组（1978）及

云南区调队八分队（1983）称下二叠统。此次清理沿用大新山组。

【现在定义】 该组为浅变质碎屑岩。下部绢云千枚岩、钠长绿泥千枚岩夹变质长石岩屑砂岩、绢云石英片岩；上部浅灰、灰色绢云板岩、粉砂质板岩、砂质板岩夹岩屑砂岩、蚀变基性火山岩及灰岩。上部灰岩中含䗴、有孔虫、藻类化石。未见底。上以深灰色灰岩结束与羊八寨组浅灰色长石岩屑砂岩和深灰色泥岩呈平行不整合接触。

【层型】 正层型为思茅县竹林乡大新山剖面（100°20′，22°51′），云南区调队八分队1983年测制。

【地质特征及区域变化】 岩石普遍浅变质。下部灰绿、浅灰色绢云千枚岩、钠长绿泥千枚岩夹绢云石英片岩，变质岩屑砂岩；上部深灰色千枚状绢云板岩、粉砂质绢云板岩、砂质板岩夹浅灰色长石岩屑砂岩、岩屑砂岩及基性火山岩，顶部深灰色粉晶灰岩。顶部灰岩含䗴 *Yabeina* sp.，*Neoschwagerina craticulifera*，*Verbeekina heimi*，*V. crassispira*，*Chusenella* sp.；珊瑚 *Waagenophyllus* sp. 等。未见底，时代为早二叠世。

该组分布于景谷73道班、思茅大新山、澜沧芒汇河、景洪曼秀河等地，呈南北带状展布，由北向南变薄。北部景谷73道班为灰、深灰色砂、板岩夹多层含燧石灰岩、砂砾岩及中基性熔岩，厚604.5m。思茅大新山厚4063.7m。澜沧芒汇河、那里山岩性与大新山相似，厚1 183.2 m。南部景洪曼秀河、红哨为砂板岩、粘板岩、复成分砂砾岩夹灰岩和多层中酸性火山岩，厚784～1 715 m。

拉竹河组　$P_1l\hat{z}$　(53-0615)

【创名及原始定义】 云南地矿局（1990）创名于兰坪县石登乡拉竹河。原始定义：灰色中厚层至厚层生物碎屑灰岩与灰、灰黑色碎屑岩互层。

【沿革】 云南区测队（1965），云南一区测队三分队（1974），云南区调队八分队（1983），云南区调队四分队（1984），均划归下二叠统；创名后，中国地质科学院成都地质矿产研究所（1992）划为坝溜组。此次清理据岩性特征，上、下接触关系，采用拉竹河组。

【现在定义】 碳酸盐岩夹碎屑岩。下部灰色灰岩、生物碎屑灰岩，底部灰黑色板岩夹透镜状煤；上部灰、灰黑色砂泥岩夹泥灰岩，含珊瑚、䗴和植物化石。下以灰紫、紫红色含砾凝灰安山岩的出现为龙洞河组，与其平行不整合接触。上以紫红色细砾岩的出现为花开左组，被不整合超覆。

【层型】 正层型为兰坪县拉竹河剖面（99°07′，26°45′）。云南一区测队三分队1974年测制。

上覆地层：花开左组　紫红色砂砾岩

～～～～～～ 不整合 ～～～～～～

拉竹河组	总厚度 476.0 m
11. 灰黑色板岩、钙泥质条带板岩夹泥质灰岩，生物碎屑灰岩透镜体。中上部含䗴 *Ozawainella* cf. *delawarensis*，*Staffella* sp.，*Nankinella* sp.；珊瑚 *Sinopora dendroides*，*Stylidophyllum volzi*	102.0 m
10. 灰色中细粒岩屑石英砂岩	16.1 m
9. 灰、灰黑色薄层状含灰质泥板岩夹蓝灰色泥质灰岩透镜体	25.4 m
8—7. 上部灰色石英砂岩；下部灰黄、褐黄色中厚层状砂砾岩	49.9 m
6—5. 上部灰黑色泥质板岩，局部含砂质团块；下部灰黑色粉砂质泥板岩夹生物碎屑灰岩或灰质砂岩透镜体	105.0 m

4—2. 上部灰色灰岩及泥质灰岩；下部中厚—厚层灰岩、生物碎屑灰岩及泥灰岩。含䗴 *Neomisellina* sp.，*Schwagerina* sp.　106.6 m

1. 灰黑色板岩夹两层透镜状无烟煤。含植物 *Cladophlebis* sp.，*Tingia* ? sp.　71.0 m

——————— 平行不整合 ———————

下伏地层：龙洞河组　灰紫、紫红色含砾凝灰安山岩

【地质特征及区域变化】　该组为浅海陆架相碳酸盐、碎屑沉积。下部灰色厚层状灰岩、生物碎屑灰岩夹泥灰岩，底部黑色板岩中夹透镜状煤。上部灰黄、褐黄色中层状砂砾岩、石英砂岩、岩屑石英砂岩夹灰黑色泥质板岩、灰质板岩及泥质灰岩透镜体。生物化石有䗴 *Neomisellina lepida*，*Sumatrina longissima*，*Yabeina* sp.；珊瑚 *Wentzellella salinaria* 及双壳类、苔藓虫、植物等。时代属早二叠世晚期。

本组分布于兰坪拉竹河、思茅老公寨及云县忙亚、澜沧勐况等地，呈北西西向展布。自西向东、由南向北变厚，厚 228.9～771.2 m。北部兰坪拉竹河，厚 467 m。云县忙亚灰、灰黑色砂质页岩、页岩夹燧石灰岩，底部有石英斑岩，厚 600 m。思茅老公寨下部为砂、泥岩夹碳质泥岩，底部复成分砾岩；上部为含硅质结核粉晶灰岩，厚 228.9 m。澜沧勐况以灰岩为主夹少量泥质灰岩、钙质粉砂岩，厚 458.9 m。

仙人洞组　P_1x　(53－0617)

【创名及原始定义】　云南省地层多重划分对比研究组（1993）创名于墨江坝溜下密地仙人洞。原始定义：灰白、灰黑、深灰色块状灰岩夹生物灰岩、钙质白云岩、白云质灰岩和少量燧石团块，含䗴化石。下与下密地组砂岩不整合接触；上与坝溜组接触关系未明。

【沿革】　云南区测队（1965）称下二叠统；云南二区测队一分队（1973、1976），云南二区调队八分队（1976）均划为栖霞组；云南地矿局（1990），成都地矿所（1992）引用草坝山头组。此次清理认为是一新的岩石地层单位，采用仙人洞组。

【现在定义】　同原始定义。

【层型】　正层型为墨江县坝溜乡下密地剖面(101°59′,23°45′)。云南二区测队一分队 1976 年测制。

上覆地层：坝溜组　灰色薄—中层白云质灰岩与硅质灰岩互层，夹生物灰岩、深灰色泥岩

·················· 接触关系不明 ··················

仙人洞组　总厚度 382.7 m

11. 上部为灰白色块状中—细晶质灰岩夹生物灰岩；下部为深灰、灰黑色块状钙质白云岩夹白云质灰岩和少量燧石团块。灰岩中含䗴 *Pseudofusulina corpulenta*，*P. kraffti*，*Misellina claudiae*，*Parafusulina* sp.；*Stenopora* sp.　222.0 m

10. 深灰、灰黑色中层—块状稳晶—细晶质灰岩夹生物灰岩，局部含灰黑、白色不规则燧石团块。含䗴 *Pseudofusulina* sp.，*Schwagerina* sp.；珊瑚 *Stenopora* sp.　160.7 m

～～～～～～～ 不整合 ～～～～～～～

下伏地层：下密地组　石英砂岩

【地质特征及区域变化】　该组为碳酸盐岩沉积。灰、深灰、灰黑色中层—块状隐晶、细晶质灰岩夹生物灰岩，局部含灰黑色燧石团块和少量白云质灰岩。与下伏下密地组呈不整合接触。生物化石有䗴 *Misellina claudiae*，*M. ovalis*，*Pseudofusulina corpulenta*，*P. kraffti*；

珊瑚、苔藓虫等。时代为早二叠世早期。

该组分布于镇沅广麻、墨江布龙、下密地和景洪官木寨、拉沙等处。北厚南薄。下密地为灰岩夹少量燧石团块，厚382.7 m。往东南达迭河为砂板岩夹灰岩，向高井朝组过渡。向西北墨江布龙夹泥质条带泥灰岩，厚151.5 m。北部镇沅广麻、那洛夹板岩，厚446.87 m。南部景洪官木寨、拉沙一带为生物灰岩，厚50.5～59.3 m，与下伏上泥盆统南光组呈不整合接触。

高井朝组　P_1g　(53－0618)

【创名及原始定义】　云南地矿局（1990）创名于绿春县高井朝。指坝溜组灰岩及碎屑岩之下的海相泥质碎屑岩、碳酸盐岩夹酸性及中性火山岩。

【沿革】　广西地质局（1965）划为栖霞组；云南二区测队八分队（1975）划为栖霞组。此次清理采用高井朝组。

【现在定义】　灰、深灰色石英砂岩、长石石英砂岩、粉砂质页岩、泥质页岩夹灰岩、泥灰岩及安山岩、蚀变粗玄岩、火山角砾岩、凝灰岩互层。灰岩中含䗴、腕足类等化石。上以灰、灰黑色灰岩的出现与坝溜组整合接触；下与下密地组呈不整合接触。

【层型】　正层型为绿春县高井朝剖面（102°08′，22°44′），云南二区测队八分队1975年测制。

【地质特征及区域变化】　该组为滨海—浅海相沉积。碎屑岩为主夹碳酸盐岩及酸性、中基性火山岩。下部灰色石英砂岩、长石石英砂岩、粉砂质页岩、泥质页岩夹少量灰岩和多层灰色英安斑岩、蚀变粗玄岩、安山玢岩、火山角砾岩、凝灰岩。上部灰色石英砂岩、粉砂质页岩、泥质粉砂岩、层凝灰岩。与下伏下密地组呈不整合接触。生物化石有䗴：*Misellina claudiae*，*M. aliciae*，*Parafusulina visseri* 和腕足类、苔藓虫等。时代为早二叠世早期。

该组分布于绿春高井朝、绿角、江城达迭河一带，呈北西向楔状展布，范围不大。自东南向西北变薄，高井朝处厚达2 851.4 m。往东南岩性变化不大，往西北绿春绿角火山岩消失，为灰色微晶、隐晶灰岩、灰质砾岩夹钙质砂岩、泥质页岩，厚517.3 m。江城达迭河一带为砂板岩夹灰岩，底部有砾岩出现，厚350.7 m。往西北过渡为仙人洞组。

坝溜组　P_1bl　(53－0616)

【创名及原始定义】　云南地矿局（1990）创名于墨江县坝溜乡。指仙人洞组灰岩之上的碳酸盐岩、海绵骨针岩与泥质岩、粉—细砂岩互层，局部夹凝灰岩。

【沿革】　云南区测队（1965）划为下二叠统；云南二区测队一分队（1973）、八分队（1976）及云南省区域地层表编写组（1978）划为茅口组；此次清理采用坝溜组。

【现在定义】　碳酸盐岩、硅质岩及碎屑岩互层。下部深灰、灰白色白云质灰岩、硅质灰岩、灰岩、生物灰岩与灰黑色粉砂岩、细砂岩、泥岩互层夹少量硅质岩、层凝灰岩；上部灰黑色硅质海绵骨针岩与粉砂岩、细砂岩、粉砂质泥岩互层夹少量层凝灰岩。灰岩中含䗴、腕足类化石。下以块状灰岩出现划为仙人洞组，区域上呈整合接触。未见顶。

【层型】　正层型为墨江县坝溜乡下密地剖面（101°58′，23°02′）。云南二区测一分队1976年测制。

坝溜组　　总厚度1 188.6 m

30—29. 中上部深灰、灰黑色薄层泥质粉砂岩、粉砂质泥岩、粉砂—细砂岩和硅质岩；下部硅化海绵骨针岩、粉砂—细砂岩和粉砂质泥岩、泥质粉砂岩　　135.6 m

28—26. 上部深灰色薄层泥质粉砂岩夹粉砂岩、中酸性层凝灰岩；下部粉砂质泥岩与泥

质粉砂岩互层夹薄层状细砂岩 127.3 m

25—23. 深灰色薄层状海绵骨针岩夹石英砂岩、粉砂岩、泥岩、泥质粉砂岩。含䗴 *Pseudodoliolina ozawai* 375.2 m

22—20. 灰、深灰色中—厚层状硅质、生物结晶灰岩夹燧石条带；中下部夹泥质粉砂岩、细砂岩。灰岩中含腕足类 *Dictyoclostus* sp.，*Squamularia* sp.，*Plicatifera* sp.，*Martinia* sp.，*Stenodiscus* sp.；䗴 *Neoschwagerina simplex*，*Schwagerina* sp. 122.0 m

19. 灰、灰绿色细粒石英砂岩和硅质岩互层 75.6 m

18—17. 上部暗灰、灰黑色泥质粉砂岩、粉砂岩、粉砂质泥岩夹细砂岩、中—酸性层凝灰岩；中下部浅灰色粉砂岩、细砂岩互层。 151.6 m

16—15. 中下部掩盖；上部灰白色厚层—块状隐晶灰岩、生物灰岩。含䗴 *Neoschwagerina simplex*，*Sumatrina longissima*，*S. fusiformis*，*Schwagerina* sp. 77.4 m

14—12. 上部深灰色硅质白云质灰岩与含硅质钙质白云岩互层，间夹硅质岩；中下部薄—中层白云质灰岩与硅质灰岩互层，夹生物灰岩、泥岩 123.9 m

……………… 关系不明 ………………

下伏地层：仙人洞组　灰白色灰岩、白云质灰岩夹燧石团块

【地质特征】　该组为硅质岩、碎屑岩、碳酸盐岩。下部灰、深灰色白云质灰岩、隐晶灰岩、硅质灰岩、生物灰岩与泥质粉砂岩、粉砂质泥岩、粉砂岩、细砂岩、石英砂岩互层夹硅质岩、中酸性层凝灰岩；上部灰黑、深灰色硅质海绵骨针岩与石英砂岩、细砂岩、粉砂岩、泥质粉砂岩、粉砂质泥岩互层夹硅质岩、层凝灰岩。与下伏仙人洞组灰岩呈整合接触。生物化石有䗴：*Neschwagerina simplex*，*Sumatrina longissima*；腕足类：*Stenodiscus* sp.，*Plicatifera* sp. 等。时代属早二叠世晚期。

【区域变化】　该组分布于镇沅那洛、广麻、墨江布龙、下密地和普洱西门崖子、景洪官木寨等地，呈北西向展布。西北薄东南厚，厚 134～1 188.6 m。自下密地往东南，灰岩增多，绿春绿角全为灰岩，出露不全，厚数十米。墨江布龙无火山岩，下部砂页岩，上部灰岩夹硅质岩，厚 823.6 m。西北镇沅那洛、广麻为灰岩，下部夹砂板岩，厚 284～446.87 m。普洱西门崖子以中—酸性火山碎屑岩为主，下部夹砂泥岩，上部夹灰岩、硅质岩，厚大于 294 m。景洪官木寨为砂板岩夹灰岩，顶部夹硅质灰岩、硅质岩扁豆体，厚 748.5 m。

羊八寨组　P_2y　（53－0613）

【创名及原始定义】　云南地矿局（1990）创名于墨江县坝溜乡羊八寨。指坝溜组之上的灰、灰黄、灰黑色含煤砂泥岩夹中、酸性层凝灰岩。

【沿革】　云南区测队（1965）与云南二区测队一分队（1973）称上二叠统；云南二区测队一分队（1976），云南区调队八分队（1983）划为龙潭组；此次清理采用羊八寨组。

【现在定义】　含火山岩的含煤砂泥岩。下部灰、灰黑、灰绿色泥岩、泥质粉砂岩、粉砂岩夹石英砂岩、岩屑砂岩，底部夹中、酸性凝灰岩；上部泥岩、粉砂质泥岩、泥质粉砂岩与粉砂岩、细砂岩互层夹煤层或煤线。含大羽羊齿等植物和腕足类、双壳类化石。上被歪古村组不整合超覆。区域上，下与拉竹河等呈平行不整合接触。

【层型】　正层型为墨江县坝溜乡羊八寨剖面（101°03′，23°02′）。云南二区测队一分队，1976 年测制，编著者略加简化。

上覆地层：歪古村组　紫红色砂岩、砂砾岩

~~~~~~~~~~ 不整合 ~~~~~~~~~~

羊八寨组　　　　总厚度 1 139.6 m

24. 灰黑色泥岩与灰绿色泥质粉砂岩、粉砂岩互层。含植物 *Cladophlebis permica*，*Plagiozamites oblongifolius*，*Asterophyllites pingloensis*，*Protoblechnum* sp.　　35.3 m

23—20. 浅褐、灰黄色中—薄层泥质粉砂岩、粉砂岩、岩屑砂岩，局部夹粉砂质泥岩或泥岩　　175.9 m

19. 灰、灰黑色薄层泥岩夹粉砂岩、细砂岩。含双壳类 *Pernopecten sichuanensis*，*Astartella symmetrica*；植物 *Taeniopteris* cf. *serrulata*　　42.2 m

18—16. 灰紫、灰黑色薄层状粉砂质泥岩、泥岩与泥质粉砂岩、粉砂岩互层，下部夹煤线，底部掩盖　　90.7 m

15—14. 灰黄色中—薄层泥质细—中粒岩屑砂岩，石英砂岩与薄层粉砂岩、泥质粉砂岩、泥岩互层。底部掩盖　　97.7 m

13—12. 灰、灰白色薄层泥质粉砂岩夹泥岩、细砂岩。含双壳类 *Palaeoneilo sunanensis*；局部掩盖　　107.0 m

11—9. 顶、底部为灰、浅灰色泥质粉砂岩、粉砂质泥岩夹灰黑色泥岩，中部掩盖(50 m)　　87.7 m

8. 灰、灰绿色泥质粉砂岩、粉砂岩、岩屑砂岩与灰黑色泥岩互层。含苔藓虫 *Fenestella* sp.；腕足类 *Punctospirifer* sp.，*Chonetes* sp.　　196.0 m

7—5. 浅黄、灰、灰白色细粒石英岩与暗灰色石英粉砂岩、粉砂质泥岩互层，夹黑色泥岩。含植物 *Taeniopteris* sp.，*Paraceltites* sp.，*Chonetinella* sp.。下部掩盖　　151.2 m

4—2. 中上部灰、灰黑色泥岩夹薄层粉砂岩及 4 层灰绿色中—酸性层状凝灰岩。下部掩盖　　129.0 m

1. 深灰、灰黑色泥质粉砂岩与灰、灰白色泥岩互层夹石英砂岩和泥质粉砂岩。未见底　　26.6 m

【地质特征及区域变化】　该组以浅海陆架相沉积为主，局部发育沼泽沉积。下部灰、灰黑、灰绿色泥岩、泥质粉砂岩夹石英砂岩、岩屑砂岩及中、酸性层凝灰岩，局部夹灰岩、硅质岩；上部灰黄、灰黑色泥岩、粉砂质泥岩为主与粉砂岩、细—粗粒砂岩互层，局部夹煤层或煤线。与下伏大新山组或拉竹河组、坝溜组均为平行不整合。主要生物化石有植物：*Gigantopteris nicotianaefolia*，*Lepidodendron acutangula*；腕足类：*Leptodus tenus*，*L. nobilis*，*Dictyoclostus margaritatus*；三叶虫：*Pseudophillipsia chongqingensis*；菊石：*Leptogyroceras* cf. *dongshanlingense* 等。时代属晚二叠世早—中期。

该组分布于巍山歪古村、普洱那箐、江城雾都坑、思茅老公寨、大新山、景东太忠、镇沅者东、墨江羊八寨等地，呈北西向展布。自北向南、由西向东变厚，厚 104～1 189 m，最厚达 3 869 m。思茅震东大新山、老公寨不含火山岩和煤，为灰黑色砂、泥岩夹砂砾岩，厚 269.9～631.4 m。巍山歪古村、普洱那箐、文蚌、江城雾都坑为砂泥岩夹碳质泥岩和薄煤层或煤线，局部出现凝灰岩、泥灰岩和灰岩夹层，厚 285.7～1 189 m。景东太忠、镇沅者东、者害、墨江羊八寨一带为砂泥岩夹碳质页岩、煤线、硅质岩和灰岩，厚 1 139.6～3 869 m；普遍含凝灰岩、玄武岩、安山岩等夹层。绿春团山、八娘夹流纹斑岩、霏细斑岩、英安岩等火山熔岩。

【其他】　该组为含煤沉积，但沉积环境不利，仅局部发育小规模沼泽，如普洱那箐、巍山苴力、江城雾都坑等。煤层位于中上部或下部，含煤 1～5 层，厚 0.17～1.77 m。煤层变化大，尚未形成稳定的工业煤层。

墨江草皮坝附近，有一套安山集块岩、火山角砾岩、凝灰岩等，厚度大于 200 m。在区域
~~~~~~~~~~

地质调查时，据凝灰岩中所采之䗴：*Palaeofusulina* sp.，划为晚二叠世晚期，而云南地矿局（1990），将其划为喜马拉雅期早第三纪火山岩。本书考虑上述所划时代不一，但与下伏羊八寨组为连续过渡，暂归人羊八寨组顶部。

那箐组　P_2nq　（53－0611）

【创名及原始定义】　云南省地层多重划分对比研究组（1993）创名于普洱县德化乡那箐。原始定义：碳酸盐岩为主沉积。下部浅灰色厚层块状灰岩、白云岩、深灰色结晶灰岩、硅质结核灰岩、白云质灰岩；上部为浅灰、灰白色内碎屑灰岩、砾状灰岩夹粉砂质泥岩、细砂岩和少量泥灰岩。含䗴、腕足类、珊瑚等化石。下以灰黄色粉砂质泥岩夹长石石英砂岩的出现为羊八寨组，与其整合接触。未见顶。与臭水组平行不整合、或与歪古村组不整合接触。

【沿革】　云南区测队（1965）划为上二叠统；云南二区调队八分队（1976），云南区调队九分队（1981）、八分队（1983）划为长兴组；云南地矿局（1990）及中国地质科学院成都地矿所（1992），引用石佛洞组。此次清理据岩性组合不同创名那箐组，划属晚二叠世晚期。

【现在定义】　同原始定义。

【层型】　正层型为普洱县德化乡那箐剖面（100°53′，23°59′）。云南区调队八分队1983年测制，编著者略加简化。

那箐组　　　　　　　　　　　　　　　　　　　　　　　　　总厚度 709.6 m

21—19. 中上部浅红、浅灰色厚层至块状同生砾状灰岩夹内碎屑灰岩。含䗴 *Palaeofusulina* sp.；珊瑚 *Waagenophyllum* (*Liangshanophyllum*) sp.。下部掩盖，底部薄层泥质灰岩。未见顶　152.5 m

18. 多为掩盖，零星露头为灰黄、黄褐色粉砂质泥岩、细砂岩及少量粉砂岩。含双壳类 *Schizodus* sp.；腕足类 *Meekella* sp.，*Martiniopsis* sp.，*Marginifera* sp.；腹足类 *Spiroraphella* sp.　69.9 m

17—16. 浅灰、灰白、灰红色厚层状碎屑灰岩夹少量结晶灰岩，局部含白云质团块。下部含䗴 *Palaeofusulina* sp.，*Eoverbeekina* sp.，*Gallowaiinella* sp.；有孔虫、苔藓虫　151.2 m

15—14. 上中部浅灰、灰红色厚层块状白云质灰岩；下部深灰色厚层结晶灰岩，局部含白云质团块。含䗴 *Palaeofusulina* sp.，*P.* cf. *evoluta*，*Reichelina pulchra*，*Eoverbeekina* sp.　125.5 m

13. 灰、深灰色厚层硅质结核灰岩。含䗴 *Palaeofusulina* sp.，*Gallowaiinella* sp.；珊瑚 *Waagenophyllum* (*Liangshanophyllum*) *wengchengense*，有孔虫、海百合茎等　75.0 m

12. 浅灰、灰白色厚层—块状灰岩夹灰白色块状白云岩。含䗴 *Palaeofusulina* sp.，*P. sinensis*　135.5 m

——————　整　合　——————

下伏地层：羊八寨组　灰黄、灰红色薄—中层粉砂质泥岩夹长石石英砂岩

【地质特征及区域变化】　该组上部浅灰、灰白色厚层块状内屑灰岩、粉晶灰岩、生物灰岩夹粉砂质泥岩、粉砂岩、细砂岩；下部浅灰、深灰色厚层块状灰岩、结晶灰岩夹白云质灰岩、白云岩，有时含硅质结核，有时夹酸性凝灰岩。与上覆中三叠统臭水组呈平行不整合接触或与上三叠统歪古村组为不整合接触，与下伏羊八寨组呈整合接触。生物化石除剖面所述之外，还有䗴：*Palaeofusulina sinensis*，*Reichelina pulchra*；珊瑚：*Waagenophyllum indicum* 及有孔虫等。时代属晚二叠世晚期。

本组分布于景谷通达河、普洱那箐、文蚌、勐腊纳姆田、勐远及景东杨家村、思茅大新

山等地。自北往南、由西往东变厚，厚48.9～1 654 m；景谷通达河为灰、深灰色灰岩、泥灰岩夹板岩及酸性凝灰熔岩，厚1 009.1 m。普洱那箐、文蚌、思茅大新山岩性相似，下部灰岩、生物灰岩、白云质灰岩；上部灰岩夹粉砂质泥岩、砂岩，不含火山岩，厚92～709.6 m。勐腊勐远一带，厚1 654 m。

申洛拱组　$C_1\hat{s}$　(53-0716)

【创名及原始定义】　云南省地层多重划分对比研究组（1994）创名于云南德钦县东南平距约80 km的申洛拱。原始定义：粉砂质泥岩、凝灰质长石岩屑砂岩、安山玄武质岩屑砂砾岩、薄层燧石条带灰岩、粉晶灰岩，夹基性沉凝灰岩、变基性火山岩、变质砂岩、硅质岩、微晶片岩、板岩等。

【沿革】　云南区调队四分队（1984）、云南区调队二分队（1985）、云南地矿局（1990）均置于下石炭统。

【现在定义】　同原始定义。区域上未见底，上与响姑组呈整合接触。

【层型】　正层型为德钦县申洛拱剖面（99°15′，27°53′）。云南区调队二分队1985年测制。

申洛拱组	总厚度＞458.0 m
8. 浅黄、灰色粉砂质泥岩。未见顶	219.9 m
7. 上部灰色片理化安山玄武质岩屑砂砾岩，砾石顺层理方向压扁拉长，砾径0.5～1 cm；中、下部中粒长石岩屑砂岩	21.2 m
6. 上、中部绿灰色碳酸盐化不等粒凝灰质长石岩屑砂岩；下部绿灰色弱碳酸盐化霏细岩	47.7 m
5—4. 浅灰色泥岩、碳酸盐化基性沉凝灰岩，夹薄层燧石条带灰岩。含 *Kueichouphyllum heishihkuanense*，*Eostaffella mosquensis*	52.9 m
3. 灰色含钙质粉砂质泥岩	40.3 m
2—1. 浅灰色中厚—厚层粉晶灰岩。含 *Lithostrotion* sp.，*Clisiophyllum* sp.，*Syringopora* sp.，*Hexaphyllia* sp.，? *Heterophylloides* sp.，底部被花岗岩穿插，出露不全	76.0 m

【地质特征及区域变化】　与响姑组伴随出露。由含中基性火山岩、火山碎屑岩、硅质岩、碎屑岩和碳酸盐岩组成。含 *Thysanophyllum shaoyangensis*，*Diphyphyllum platiforme*，*D. lateseptatum*，*Dibunophyllum retiouliforme*，*Kueichouphyllum heishihkuanense*，*Eostaffella mosquensis* 等。属浅海陆架外侧半深海浅槽盆沉积。

由于构造破坏、后期花岗岩侵位，一般出露不全。其岩性、厚度各地有一定变化。申洛拱一带，碎屑岩为主，夹灰岩、中基性火山岩、火山碎屑岩，未见顶底，厚458 m，产大型单体珊瑚。霞若、塔城一带，碎屑岩、碳酸盐岩夹基性火山岩，厚逾1 000 m。吉义独一带厚增至1 359 m，至响姑为微晶片岩与大理岩互层，夹变基性火山岩、变质石英砂岩，响姑组整合覆于其上，未见底，厚达1959.3m。沉积厚度有由北向南增厚的趋势。地质时代为早石炭世。

响姑组　Cx　(53-0715)

【创名及原始定义】　云南省地层多重划分对比研究组（1994）创名于云南维西县北东直距约50 km的响姑村。原始定义：下部灰、浅灰色厚层、块状含燧石条带灰岩、粉晶灰岩、大理岩、白云质灰岩等为主；上部变基性岩、变玄武岩、安山岩、板岩、微晶片岩、硅质岩、变质砂岩、英安质凝灰片岩。

【沿革】　云南区调队四分队（1984）、云南区调队二分队（1985）、云南地矿局（1990），根据其中所含牙形石，都曾大部分划属中石炭统和上石炭统，部分归下石炭统。

【现在定义】 同原始定义。上与喀大崩组，下与申洛拱组均呈整合接触。

【层型】 正层型为维西县响姑剖面（99°21′，27°36′）。云南区调队二分队1985年测制。

上覆地层：喀大崩组　玄武岩

—————— 断　层 ——————

响姑组	总厚度>2 174.2 m
51. 浅灰色块状粉细晶灰岩，含燧石条带，水平层理发育。产 *Stromatoporidae*，*Fenestella* sp. 等	272.0 m
50—49. 灰绿、黄绿色阳起绿泥绿帘微晶片岩（变玄武岩）夹硅质岩	196.0 m
48—44. 砂岩与块状灰岩互层，多掩盖	211.3 m
43. 掩盖。推测为砂岩	203.3 m
42. 浅灰色中厚层燧石条带粉晶灰岩产 *Streptognathodus* ? *elongatus*，*Idiognathodus* sp. 及海百合茎	240.4 m
41—39. 灰色中厚层燧石条带粉晶灰岩，顶部和底部为灰色中厚层—薄层含白云石钙质石英岩。中部产 *Streptognathodus gracilis*，*Gondolella* sp.，*Spathognathodus* sp.	164.8 m
38—36. 灰白色变质细粒石英砂岩、硅质岩夹19 m中厚层含燧石灰岩	69.1 m
35—33. 上部灰色中厚层燧石条带细晶大理岩夹中厚层燧石条带灰岩、硅质岩。产 *Gnathodus bilineatus*，*G. nodosus*，*G. commutatus commutatus*，*Lonchodina furnishi* 等；中部中厚—薄层燧石条带灰岩；下部中厚层燧石条带石英质白云质细晶大理岩含 *Streptognathodus* sp. 等	405.5 m
32. 灰色绢云微晶片岩	122.0 m
31—22. 灰色中厚层燧石条带灰岩夹硅质岩，底部36 m白云钙质石英岩	299.8 m

—————— 整　合 ——————

下伏地层：申洛拱组　绢云英微晶片岩

【地质特征及区域变化】 出露于老君山—塔城—奔子栏连线之西，鲁甸花岗岩体东缘，南起维西鲁甸，往北经维西响姑、德钦吉义独、申洛拱至德钦之用，呈近南北向极狭窄条带展布。岩性组合复杂，沉积厚度巨大，中基性火山活动频繁，变质等，是其主要特点。古生物稀少，仅发现牙形石 *Streptognathodus elongatus*，*S. gracilis*，*Gnathodus bilineatus*，*G. nodosus*，*G. commutatus commutatus*，*Lonchodina furnishi* 等。属浅海陆架外侧半深海浅槽盆沉积。

区域延伸有变化。响姑一带未见顶，厚度大于2 174 m。北至吉义独、牛石布、洛沙、拖顶等地，主要为大理岩、燧石条带灰岩、变玄武岩、变质砂岩、微晶片岩，厚度超过3 000 m。德钦之用，基性火山岩已变质为安山玄武片岩、绿泥阳起片岩、凝灰片岩，碳酸盐岩夹层较少，厚度大于1 681.2 m。地质时代为早石炭世至晚石炭世。

【其他】 响姑组和申洛拱组，研究程度与工作程度较低，其沉积作用、变质作用及火山活动、地质构造变动等比较复杂，岩石类型组合、沉积相有它独自特点，占有其相应的时空位置，区域上，诸如石登群、老王寨群很难与之对比，故创其名。

喀大崩组　P_1k　(53-0620)

【创名及原始定义】 云南地矿局区调队二分队（1985）创名于德钦县牛石布。指响姑组之上的碳酸盐岩夹碎屑岩、基性火山岩，厚2 463 m。

【沿革】 四川地质局三区测队（1974）称下二叠统。创名时下为喀大崩组、上为拉落布组。云南地矿局（1990）及中国地质科学院成都地矿所（1992）沿用。此次研究认为两组岩性宏观一致，难以细分，并为一组，采用喀大崩组。

【现在定义】 枕状玄武岩和具复理石韵律为特征的含硅质岩、碳酸盐岩、碎屑岩。上部灰绿色枕状玄武岩夹浅灰、灰白色白云质灰岩、灰岩及砂板岩；下部为浅灰色细晶、粉晶、泥晶灰岩、白云质灰岩及灰绿色玄武岩夹少量砂板岩、硅质粘土岩。含䗴、有孔虫等化石。下与响姑组；上与奔子栏组均为整合接触。

【层型】 正层型为德钦县牛石布剖面（99°08′，27°54′）。云南区调队二分队1985年测制。

【地质特征及区域变化】 该组岩石普遍浅变质，上部灰绿色具枕状构造的玄武岩夹浅灰、灰白色薄—中厚层状白云质灰岩、灰岩，黄绿色岩屑砂岩、粉砂岩、粉砂泥质板岩；下部为浅灰色薄—中厚层细晶、粉晶、泥晶灰岩，少量白云质灰岩及灰绿色致密状、气孔状玄武岩夹少量岩屑砂岩、粉砂质粘板岩、硅质粘土岩。与下伏响姑组呈整合或平行不整合接触。生物化石有䗴：*Verbeekina* cf. *verbeeki*，*Neomisellina* sp.，*Parafusulina* sp.，*Neoschwagerina* sp.，*Misellina* sp.，有孔虫、海百合茎、牙形石等。时代属早二叠世。

本组分布于德钦牛石布、伏龙桥、之用一带，呈南北向展布。南厚北薄，南部灰岩、基性火山岩增多。南部德钦牛石布下部碳酸盐岩夹碎屑岩、基性火山岩；上部基性火山岩夹碎屑岩、碳酸盐岩，厚6 089.9 m。伏龙桥一带下部板岩、片岩、蚀变安山玄武岩、凝灰岩及结晶灰岩，与下伏响姑组呈平行不整合接触；上部砂板岩、灰岩，厚5 216.2 m。北部之用下部砾岩、石英岩、板岩、中基性火山岩夹灰岩；上部钙质砂岩、砾岩、安山玄武岩夹灰岩，厚2 942.8 m。

奔子栏组　P_2b　（53－0619）

【创名及原始定义】 云南省地层多重划分对比研究组（1993）创名于德钦县奔子栏伏龙桥。原始定义：深灰、灰黄色泥质板岩、砂质板岩、钙质长石砂岩、岩屑石英砂岩、变质砂岩夹浅灰绿色致密块状安山岩、英安岩、火山角砾岩及少量泥晶、结晶灰岩、硅质灰岩。与喀大崩组整合接触。

【沿革】 四川地质局三区测队（1978）划为上二叠统；云南区调队十一分队（1982）、云南区调队二分队（1985）称上二叠统。云南地矿局（1990）沿用。此次清理将喀大崩组之上的碎屑岩夹火山岩创名奔子栏组。

【现在定义】 同原始定义。

【层型】 正层型为德钦县奔子栏伏龙桥剖面（99°18′，28°14′）。云南区调队十一分队1982年测制。

奔子栏组	总厚度 4 187.49 m
47. 灰、灰黑色薄—中厚层状泥晶灰岩，下部夹深灰色泥质板岩，灰岩中见较多的方解石细脉杂乱穿插。未见顶	87.00 m
46. 上部深灰、灰黄色泥质板岩；下部灰色泥质、粉砂质板岩与灰色薄—中层状细砂岩互层	85.38 m
45. 灰、浅灰色薄—中层状中细粒钙质长石岩屑砂岩夹少许结晶灰岩条带及板岩	108.31 m
44. 灰色致密块状英安岩	47.34 m
43. 上部灰色薄层状细—中粒砂岩夹灰色砂质板岩，向下逐渐过渡为砂质板岩与砂质灰岩互层；下部灰—浅灰绿色细粒辉长辉绿岩	47.34 m

42. 灰色泥质板岩。底部夹少量灰色薄层状细砂岩 40.44 m
41. 灰色厚层块状复成分砾岩，砾石一般为棱角状，有的具一定磨圆度，砾石成分主要为灰岩、砂岩及火山岩类 51.91 m
40. 灰色中—厚层状细砂岩夹泥质板岩 34.12 m
39. 浅灰绿色致密块状玻基安山岩。中上部夹浅灰绿色凝灰质长石岩屑砂岩，灰色细砂岩及泥质板岩 311.71 m
38. 浅灰绿色火山质角砾岩，角砾一般 0.5～1 cm 59.99 m
37. 灰色细砂岩，灰、灰黑色粉砂质板岩，泥质板岩互层 359.71 m
36. 灰绿色致密块状辉石安山岩 132.82 m
35. 上部灰色中细粒钙质岩屑石英砂岩，岩石风化表面呈褐黄或褐红色；中下部灰色薄—中层状细粒砂岩为主夹灰色泥板岩 192.01 m
34. 灰色粉砂质板岩夹灰色薄层状细砂岩，下部中—厚层状细砂岩为主夹灰色板岩；底部灰色片理化变余安山岩，常见石英细条带沿片理面分布 272.67 m
33. 灰色泥质板岩为主夹少许灰色细砂岩 244.66 m
32. 浅灰、灰色泥质板岩。上部夹少量含内碎屑结晶灰岩条带；中部夹少许玉髓硅质岩；底部夹灰色薄—中层状含内碎屑泥晶灰岩 376.68 m
31. 灰色砂质板岩夹灰色变质砂岩或呈互层。上部砂、板岩常为 3～5 cm 的薄层相间，板岩揉皱厉害；顶部为浅灰绿色玉髓硅质岩 699.91 m
30. 灰色砂质板岩、细砂岩互层，见小的细粒石英闪长岩侵入体 315.49 m
29. 灰绿色片理化中—基性火山岩。中下部夹薄层状结晶灰岩 130.37 m
28. 灰色泥质板岩夹 1～5 cm 厚的结晶灰岩条带 143.49 m
27. 灰绿色片理化基性火山岩，沿片理可见小褶皱显示。底部夹少许灰色泥质板岩 333.20 m

——————— 整　合 ———————

下伏地层：喀大崩组　结晶灰岩

【地质特征及区域变化】　该组沉积厚度大、含硅质岩和复理石为特征。上部为深灰、灰黄色泥质板岩、粉砂质板岩、钙质长石砂岩夹浅灰绿色玻基安山岩、辉石安山岩及火山角砾岩，少量英安岩；下部灰色砂板岩、泥质板岩、岩屑石英砂岩、变质砂岩、细砂岩夹少许安山岩、泥质灰岩、结晶灰岩及玉髓硅质岩类。生物化石少见。

分布于德钦奔子栏及之用一带，呈南北向条状展布，厚度变化较大，厚1617.25～4 178.49 m。德钦奔子栏一带主要为碎屑岩、中性火山岩，少量中酸性火山岩，厚 4 178.49 m。北部火山活动增强，有大量中基性、基性火山岩出现，在之用一带上部为灰绿色蚀变隐晶玄武岩、微粒玄武岩；下部为灰绿色蚀变安山玄武岩，厚 1 617.25 m。

本组化石少见，但其下伏喀大崩组含䗴：*Verbeekina*，*Neomisellina*，*Neoschwagerina* 及珊瑚等早二叠世化石，与其整合接触，时代定为晚二叠世。

冉家湾组　D_1r　(53－0820)

【创名及原始定义】　云南区调队四分队（1984）创名于中甸冉家湾。原始定义：两套岩性组合。以鸡冠山—三仙姑—巴迪为界，以东为深灰色薄层页岩夹深灰色灰岩或互层；该线之西则以陆源碎屑沉积为特征，生物以底栖的腕足类及少量游泳的头足类。代表早泥盆世晚期沉积。

【沿革】　云南区测队（1965）曾命名三仙姑群的下部碎屑岩段，属泥盆系；云南一区测队四分队（1977）改为中泥盆统三仙姑组下段（虎跳涧区）；云南区调队十一分队（1982）引用格绒组；云南区调队四分队（1984）划为下泥盆统，并由下而上创建海落组及冉家湾组；此次对比研究将其合并，称冉家湾组。

【现在定义】 砂泥岩为主。上部为黑灰色薄层粉砂质绢云板岩夹黑色薄层粉晶灰岩；中部深灰色薄层片理化绢云母砂质粉砂岩夹一层长石石英砂岩；下部为灰白色中薄层石英砂岩，底部见透镜状砾岩，含腕足类、头足类化石。下与康廊组砂质白云岩呈平行不整合接触；上与穷错组整合。顶、底界线清楚。

【层型】 正层型为中甸县银厂沟至冉家湾剖面（99°52′，27°12′）。云南区调队四分队（1984）测制。

上覆地层：穷错组 白云岩

——————— 整 合 ———————

冉家湾组	总厚度 314.5 m
5. 黑灰色薄层状粉砂质绢云板岩，上部夹灰黑色薄层粉晶灰岩。板岩中含腕足类：*Euryspirifer* sp.，*Xenostrophia* sp.；头足类：*Mimagoniatites* sp.	113.7 m
4. 深灰色薄层状片理化绢云砂质粉砂岩	43.2 m
3. 褐黄色厚层状石英砂岩夹长石石英砂岩	5.4 m
2. 浅绿灰色薄层状片理化绢云砂质粉砂岩	36.1 m
1. 灰白色中层夹薄层状石英砂岩。底部见透镜状的砾岩	116.1 m

－－－－－－ 平行不整合 －－－－－－

下伏地层：康廊组 砂质白云岩

【地质特征及区域变化】 建组剖面为一海进层序，由两个正向半旋回组成；下旋回，由底砾岩—中薄层石英砂岩—砂质粉砂岩，厚约 152 m；上旋回，由厚层石英砂岩—绢云母粉砂岩—砂质绢云母板岩夹薄层粉晶灰岩，厚 162 m。

该组在中咱—石鼓地层小区分布较广泛，岩性变化不大，但由于变质程度的差异而显现出多样性：中甸色苍、莫洛一带，以泥（砂）质板岩为主，下部夹薄层灰岩，中上部夹灰岩、变质细砂岩，局部互层，厚 1 474 m 以上；德钦么琅为千枚岩、绢云母板岩、片理化变质砂岩夹微片理化白云石大理岩、白云岩、结晶灰岩、变质复岩屑砾岩，韵律层发育，厚 2 189 m；中甸光头坡羊场，底部为薄—中层变质不等粒含岩屑石英砂岩，中部为砂质板岩夹薄—中层变质细—中粒含岩屑石英砂岩，顶部为含钙质板岩夹黑色薄层灰岩及一层约 30 cm 腕足类介壳层，总厚 786 m；丽江羊坡为含二云绢云微晶片岩、绢云石英片岩，底部为片理化石英质砾岩，厚仅 147 m。

上述各地特征表明：该组沉积物由南向北，自东而西略有变细，碳酸盐岩夹层增多；其厚度由南向北，自东向西增厚，最大相差 15 倍。

该组生物化石门类众多，计各地所获重要者如腕足类：*Acrospirifer tonkinensis*；竹节石 *Nowakia acuaria*；笔石：*Monograptus* sp.；珊瑚：*Calceola sandalina sinensis* 等，皆属早泥盆世重要分子。

【其他】 该组岩石普遍变质，其深浅程度受动力作用影响表现明显。在金沙江断裂、黑惠江断裂带附近变质较深（么琅、羊坡），远离断裂带的岩石变质程度递减（莫洛、羊场）。

此外，在金沙江西侧奔子栏到塔城一带，出露一套千枚岩、片岩、变质砂岩夹大理岩，局部夹变基性熔岩和凝灰岩，厚 1 248～5 000 m，未见底。获常见下泥盆统之 *Panderodus striatus*

striatus 等。在四川得荣这套地层平行不整合伏于塔利坡组之下。它与近邻相当层位岩性组合差异较大，却与远距离的四川木里的依吉群相似，暂归入此组。

穷错组　D_2qc　(53-0819)

【创名及原始定义】　四川地质局三区测队（1977）创名于四川巴塘县中咱穷错。指整合伏于中泥盆统苍纳组之下，覆于下泥盆统格绒组之上的灰—深灰色结晶灰岩，上部含碳质及燧石结核或团块，底部以1米厚中粒石英砂岩与下伏地层分界，含珊瑚、层孔虫化石。

【沿革】　云南区测队（1965）称三仙姑群的上部灰岩段；云南一区测队四分队（1977）改为中泥盆统三仙姑组上段（虎跳涧以南）；云南区调队十一分队（1982）引用穷错组；云南区调队四分队（1984）创立光头坡组代表中泥盆世早期沉积；此次清理，通过对比研究，沿用穷错组。

【现在定义】　指义敦地层分区中咱（石鼓）小区整合伏于苍纳组之下、覆于格绒组（云南称冉家湾组）之上的灰—深灰色结晶灰岩，含不稳定的燧石结核或团块，底部以浅灰色中—厚层细至微晶灰岩与下伏地层顶部之变石英砂岩或白云岩分界，含珊瑚及层孔虫化石，以色调较深区别于上、下碳酸盐岩地层单位。

【层型】　正层型为四川巴塘中咱穷错—塔利坡剖面（99°26′，29°22′）。四川地质局三区测队（1977）测制。次层型为中甸光头坡羊场剖面，云南区调队四分队1984年测制。

【地质特征及区域变化】　从岩性和生物特征分析，穷错组为半局限—局限台地碳酸盐沉积。在中咱—石鼓地层小区各地岩性有些差异：中甸莫洛为灰、深灰色薄—中厚层灰岩、含泥质灰岩，上部夹板岩薄层，厚702 m；德钦么琅一带，为浅灰色细—中晶钙质白云岩、白云岩，厚471 m；中甸俄迪为粉（泥）晶灰岩夹砂糖状大理岩、含沥青灰岩，厚265 m；中甸光头坡羊场下部是黑色薄—中层具沥青臭味含硅质团块钙质白云岩、石灰岩，中、上部为深灰与灰色薄—中层含钙质白云岩交替出现，局部形成层孔虫白云岩；丽江核桃坪为白云质灰岩、大理岩、白云岩、层孔虫灰岩夹绢云母微晶片岩、绢云母石英砂岩，厚585 m。综观全区：该组以灰岩或钙质白云岩为主，局部夹层孔虫灰岩，底部往往出现具沥青（或沥青臭味）灰岩。底界清楚，顶界局部模糊。

生物化石较单调，获珊瑚：*Barrandeophyllum shidianensis*，*Dictyofavosites xichouensis*，*Favosites longjieensis*，*F. mengziensis* 及层孔虫 *Amphipora huaningensis* 等。这些化石常见于保山、文山地区中泥盆统中。

苍纳组　D_2c　(53-0818)

【创名及原始定义】　四川地质局三区测队（1977）创名于四川巴塘县中咱附近。指巴塘中咱剖面整合伏于上泥盆统塔利坡组之下，覆于中泥盆统穷错组之上的浅灰—灰白色碳酸盐岩，以多见紫红、樱红或绿黄色的疙瘩状层孔虫礁灰岩为其特征。

【沿革】　云南区测队（1965）称三仙姑群灰岩段；云南一区测队四分队（1977）改为中泥盆统三仙姑组上段；云南区调队十一分队（1982）引用苍纳组；云南区调队四分队（1984）把大致相当三仙姑组上段的上部，以灰岩为主夹少量白云质灰岩部分命名为令牌山组，代表中泥盆世晚期沉积；此次清理，经对比研究，沿用苍纳组。

【现在定义】　指义敦地层分区中咱小区整合伏于塔利坡组之下、覆于穷错组之上的浅灰夹深灰色碳酸盐岩，以疙瘩状层孔虫礁灰岩为特征区别于上、下岩石地层单位，含层孔虫和珊瑚化石。有的礁灰岩含泥质或白云质。云南境内该组岩性特征与四川省一致。

【层型】　正层型为四川巴塘中咱穷错—塔利坡剖面（99°26′，29°22′）。四川地质局三区测队（1977）测制。次层型为中甸县光头坡羊场剖面，云南区调队四分队1984年测制。

【地质特征及区域变化】 多与穷错组相伴出露，以富含层孔虫灰岩为特征。各地岩性稍有变化：中甸莫洛为浅灰、深灰色薄—中层灰岩、泥质灰岩，夹少许泥质板岩、钙质白云岩，厚622 m；德钦么琅，以浅灰、灰黑色为主夹淡灰红色之厚层—块状粉晶灰岩，厚598 m；中甸俄迪一带，为生物碎屑灰岩、沥青质结晶灰岩、层孔虫礁灰岩，厚445 m；中甸光头坡羊场为浅灰、灰色薄—中层粉晶灰岩，部分具沥青臭味，富含层孔虫化石，厚527 m；丽江核桃坪一带变化较大，为绢云微晶片岩夹变质石英砂岩、大理岩，厚约402 m。苍纳组岩性基本稳定，厚度由南向北有变厚的趋势。

该组生物化石单调，以层孔虫：*Amphipora ramosa*，*A. huaningensis*，*A. forresti* 为主，及珊瑚 *Syringopora* sp.，*Aulocystis* sp. 和牙形石。这些化石在中上泥盆统皆有出现。

塔利坡组 D_3t （53-0817）

【创名及原始定义】 四川地质局三区测队（1977）创名于四川巴塘中咱塔利坡。指巴塘中咱剖面整合伏于下石炭统巴乡岭组之下，覆于中泥盆统苍纳组之上的一套浅灰—灰白色碳酸盐岩，以雪花状白云岩和含藻为其特征区别于上、下地层单位。

【沿革】 云南区测队（1965）称三仙姑群灰岩段；云南一区测队四分队（1977）把虎跳涧一带三仙姑群灰岩段上部的灰岩、白云质灰岩划为上泥盆统；云南区调队十一分队（1982）引用塔利坡组；云南区调队四分队（1984）将大致相当层位命名为小羊场组；此次清理，沿用塔利坡组。

【现在定义】 指义敦地层分区中咱小区整合伏于顶坡组之下、覆于苍纳组之上的一套浅灰—灰白色碳酸盐岩，以雪花状白云质和含卵形藻为其特征，以区别于上、下岩石地层单位。

【层型】 正层型为四川省巴塘县中咱穷错—塔利坡剖面（99°26′，29°22′）。四川地质局三区测队（1977）测制。次层型为中甸县小羊场剖面，云南区调队四分队1984年测制。

【地质特征及区域变化】 中甸尼西到丽江石鼓一带分布广泛，主要是一套镁质碳酸盐岩沉积。各地岩性特征及厚度变化如下：中甸莫洛一带，为板岩、白云质灰岩、灰岩夹强蚀变隐晶玄武岩，厚712 m；中甸么琅为浅灰色结晶白云岩、含钙质白云岩，局部具角砾状构造，厚245 m；中甸俄迪，以白色厚层—块状砂糖状细晶白云岩为主，中上部夹薄层蠕虫状结晶灰岩、片理化泥晶灰岩、白云质结晶灰岩，厚390 m；中甸小羊场为浅灰、灰白色中—薄层灰质白云岩夹粉晶灰岩，局部结晶特粗，似“雪花状”，厚544 m；玉龙雪山西侧龙蟠一带，为大理岩及白云质大理岩，厚逾700 m。

上述表明，主体为白云岩，局部夹灰岩、基性火山岩。白云岩普遍为细晶结构，局部结晶特粗。厚度变化总趋势，由南而北变薄。

生物化石稀少，且单调，所获层孔虫 *Amphipora ramosa*，*Trupetostroma* sp.，*Stachyodes* sp.；珊瑚 *Thamnopora* sp.，*Parastriatopora zhaotongensis* 等，常见于中上泥盆统。

此外，在金沙江以西的吉义独、响姑、依支大山一带，有一套绿灰色绢云英微晶片岩、绢云英粉砂岩、绿帘绿泥片岩、绿帘阳起片岩、绿帘黝帘透闪片岩夹绢云千枚岩、含燧石条带细晶大理岩及绿泥绿帘钠长片岩，或者为一套石英岩。含牙形石 *Hindeodella* sp.。下与中泥盆统白云岩，上与石炭系皆为整合接触，厚1 000～1 396 m。由于岩性与江东差别甚大，本应另创新名。因出露局限，暂归入本组，待研究。

大羊场组 C_1d （53-0742）

【创名及原始定义】 云南省地层多重划分对比研究组（1994）创名于云南中甸县南东

60 km 的大羊场。原始定义:平行不整合于塔利坡组白云岩之上,整合伏于顶坡组鲕粒粉晶内屑灰岩之下,岩性单一的浅灰、深灰色,薄、中层及厚层泥晶、粉晶灰岩、结晶灰岩。具沥青臭味。

【沿革】 云南一区测队(1965)、云南省区域地层表编写组(1978),归入下石炭统。云南区调队十一分队(1982)引用四川地层名称巴乡岭组和许池卡组,同属下石炭统。云南区调队二分队(1984)大部分归下石炭统,部分归中石炭统。云南地矿局(1990)采纳云南区调队十一分队意见,并将巴乡岭组和许池卡组运用于大理、金平地区。此次研究认为与其他岩石地层单位区别较大而新创名。

【现在定义】 同原始定义。

【层型】 正层型为中甸县大羊场剖面(99°54′,27°19′)。云南区调队四分队1984年测制。

上覆地层:顶坡组 中层夹薄层鲕状粉晶内屑灰岩

——————— 整 合 ———————

大羊场组	总厚度 507.8 m
11. 浅灰白色薄层夹中层粉晶灰岩	100.3 m
10—8. 浅灰色薄—中层结晶灰岩夹薄层、中层泥、粉晶灰岩	123.5 m
7—6. 浅灰色薄、中层夹厚层内砂屑粉晶灰岩,具沥青臭味,含 *Ophileta piana*, *Martiniella* sp.	87.6 m
5—2. 深灰色薄—中层粉晶灰岩夹结晶灰岩,具沥青臭味,含 *Syringopora geniculata* 及海百合茎	140.1 m
1. 浅灰白色薄—中层粉晶灰岩	56.3 m

——————— 平行不整合 ———————

下伏地层:塔利坡组 白云岩

【地质特征及区域变化】 与顶坡组相伴出露,北延入四川,省内分布范围局限。系深灰色,少数浅灰色,具沥青臭味石灰岩,属于水循环较差的台地相沉积。

区域岩性、厚度较稳定。中甸大羊场向北延至中甸莫拉厚860 m,尺土帮曼伊雪山一带,未见顶,厚470.9 m。下部产 *Polygnathus inomtus*, *Pseudopolygnathus demilineatus*, *Siphonodella obsoleta*, *Spathognathodus* sp.;上部产 *Gigantoproductus* sp., *Striatifera* sp. 等。层增厚、色变深、沥青臭味更浓。地质时代为早石炭世。

顶坡组 *Cdp* (53-0741)

【创名及原始定义】 四川省地质局三区测队(1977)创名于四川省巴塘县中咱。原始定义为:指整合覆于中石炭统扎普组之上,伏于下二叠统冉浪组之下的一套碳酸盐岩地层体,富含晚石炭世䗴化石,代表中咱地区晚石炭世沉积。

【沿革】 省内划分和采用名称不尽一致。云南一区测队(1965)、云南省区域地层表编写组(1978)、云南区调队四分队(1984),均依据古生物,分别划属下石炭统、中石炭统和上石炭统。云南区调队十一分队(1982)引用四川上石炭统顶坡组名称。云南地矿局(1990)和此次清理沿用顶坡组一名。

【现在定义】 四川厘定为:指义敦地层分区中咱小区整合覆于塔利坡组之上、伏于重新定义的冰峰组之下的一套碳酸盐岩地层单位,以其鲕粒灰岩为特征区别于上、下岩石地层单位,底界与原巴乡岭组底界相当,顶界以含鲕粒灰岩结束与冰峰组分界,含䗴、珊瑚及腕足类化石。本省以含鲕粒灰岩为划分标志,整合于冰峰组之下、大羊场组之上。浅色生物碎屑灰岩、鲕粒、似鲕粒灰岩，包括原扎普组和原顶坡组全部。

【层型】 正层型为四川巴塘县中咱巴乡岭—顶坡剖面（99°27′，29°20′）。次层型为云南中甸县尼西剖面（99°35′，28°05′）。云南区调队十一分队 1982 年测制。

【地质特征及区域变化】 见于中甸尼西亚公山—中甸大羊场一带，出露范围很局限。由色浅、岩性单一的生物碎屑灰岩、鲕粒灰岩组成。出露不全，最大厚度达 1 214.5 m。以产䗴为主，其次有珊瑚、牙形石、腕足类、腹足类、有孔虫等。中下部有 *Pseudostaffella* sp.，*Profusulinella parva*，*Eostaffella* sp.；*Adetognathus lautus*；*Barrandeophyllum* sp.。上部有 *Triticites parvus*，*T. chinensis*，*T. grangerensis* 及 *Streptognathodus oppletus*，*S. coloradoensis*，*S. elongatus*，*Idiognathodus ellisoni* 等。属于开阔台地台内鲕粒滩相沉积。地质时代为早石炭世晚期—晚石炭世晚期。

冰峰组　P_1b　（53－0622）

【创名及原始定义】 四川地质局三区测队（1974）创名于四川省巴塘县中咱。指整合于下二叠统冉浪组之上，上二叠统赤丹潭群之下的碳酸盐岩，近顶部约 36 m 处见 10～20 cm 扁豆状玄武岩。含早二叠世晚期䗴化石。夹扁豆状赤铁矿。代表早二叠世晚期沉积。

【沿革】 云南区调队十一分队（1982）引用四川省下二叠统地层名称冉浪组、冰峰组；云南地矿局（1990）沿用。此次对比研究，四川省修正冰峰组含义，将原冰峰组、冉浪组合并为冰峰组，本书引用。

【现在定义】 整合于顶坡组之上，平行不整合伏于赤丹潭组之下的碳酸盐岩，含丰富的早二叠世䗴化石，有石炭纪䗴混存。顶部夹扁豆状赤铁矿，下部灰岩质纯为特征。

【层型】 正层型为四川省巴塘县中咱剖面。次层型为中甸县沙麻窝子—俄迪剖面（99°54′，27°21′），云南区调队二分队 1982 年测制。

【地质特征及区域变化】 该组岩石普遍浅变质。下部灰绿色玄武岩、安山质玄武质凝灰岩夹泥晶灰岩；上部灰白、深灰色粉晶、结晶灰岩夹凝灰质板岩。下与上石炭统顶坡组整合接触。生物化石有䗴：*Nankinella orbicularina*，*N.* cf. *orbicularina*，*Staffella moellerana* 及苔藓虫等。时代属早二叠世。

本组分布于中甸尼西、然窝牛场、沙麻窝子—俄迪等地，呈南北向展布，北厚南薄。北部中甸尼西灰色泥晶、结晶灰岩夹钙质粉砂岩，厚 282 m。然窝牛场为浅灰、深灰色粉晶、结晶灰岩、生物碎屑灰岩、泥灰岩夹玄武岩，厚 901.8 m。沙麻窝子—俄迪一带为灰白、深灰色粉晶、泥晶灰岩夹玄武岩、安山玄武质凝灰岩，凝灰质板岩，厚 458.2 m。

依吉群　DY　（53－0821）

【创名及原始定义】 云南区调队四分队（1980）创名于四川省木里县依吉。由一套浅变质的绢云母片岩、绢云母石英微晶片岩及变质砂岩组成，下部夹较多薄层状大理岩及绿片岩，上部夹较多硅质岩，厚大于 2 816 m。伏于一套含石炭纪牙形石的结晶灰岩之下。

【沿革】 云南区测队（1965）划为石炭系。云南区调队四分队（1980）在大套碎屑岩下部大理岩夹层中采到早泥盆世牙形石，上覆结晶灰岩中获石炭纪牙形石。曾将此碎屑岩系划为泥盆系，并命名依吉群，划分四段。把一、二段对比为下泥盆统，三、四段分别对比为中泥盆统及上泥盆统。又将上述一、二段改称下泥盆统依吉组；三段为中统，命名蚕多组；四段为上统，命名崖子沟组。此次对比研究，认为岩性单一，生物化石少，划分十分困难，保留依吉群。

【现在定义】 指依吉一带平行不整合伏于邛依组之下的一套变质砂泥岩。主要由绢云母片岩、绢云母石英微晶片岩及变质砂岩组成，下部夹较多薄层状大理岩及绿片岩，顶部夹较多硅质岩。未见底。含牙形石化石。

【层型】 正层型是四川省木里依吉剖面（100°32′，27°55′）。云南区调队四分队1979年测制。

【地质特征及区域变化】 为一套复理石建造。从剖面沉积物结构，自下而上显示细—粗—细，可分四个部分。下部以绢云母微晶片岩及绢云母石英微晶片岩为主，夹绿片岩及细、中晶大理岩。显水平层理、平行条带状构造发育；大理岩除层状者外，还有呈透镜状产出的。获牙形石化石。厚大于780 m。中部为绢云母微晶片岩、绢云母石英微晶片岩、白云母石英片岩夹长石白云石英片岩组成不等厚互层。韵律层发育，具平行层理。厚1 058 m。上部以轻变质石英砂岩为主，夹绢云石英片岩、粉砂质板岩及含砾石英砂岩，韵律层发育。厚1 341 m。顶部为千枚岩、绢云母石英微晶片岩夹硅质岩、硅质石英砂岩、细晶灰岩，厚167 m。

目前仅于下部获牙形石，其中 *Polygnathus dehiscens*，*Spathognathodus exigus guangxiensis* 等是早泥盆世的重要分子。

依吉群省内出露局限，仅见于宁蒗县三江口东北的广西山一带，北延紧接建群剖面。此外，前已提及，在奔子栏至塔城一带出露一套岩石组合颇似依吉群，层位也大致相当。

邛依组 Cq （53-0743）

【创名及原始定义】 李宗凡（1994）创名于四川省木里县邛依乡。原始定义：指平行不整合覆于米黑组碳质板岩或崖子沟组千枚岩夹结晶灰岩、硅质岩之上，伏于卡翁沟组底部碎屑灰岩或根隆组底部玄武质火山角砾岩之下的一套区域变质碳酸盐岩、泥质岩、硅质岩及少量碎屑岩组合之地层体，含牙形石、菊石、䗴、珊瑚等。

【沿革】 云南区调队四分队（1980）于四川木里依吉剖面上发现牙形石，划属石炭系，认为与下伏崖子沟组为平行不整合接触。

【现在定义】 同原始定义。

【层型】 正层型为四川木里邛依人公山剖面（100°38′，28°10′）。四川地矿局区调队1984年测制。

【地质特征】 据目前资料，省内仅见于川滇交界的宁蒗县三江口西南一处，无剖面控制，岩性与北邻四川木里依吉剖面相同，为灰岩夹硅质岩，平行不整合于依吉群之上，据依吉剖面牙形石 *Gondolella denuda*，*Streptognathodus excelsus*，*S. gracilis*，*S. elongatus*，*Idiognathodus ellisoni*，*Adetognathus lautus*，*Spathognathus* sp.，*Ozarkodina* sp. 等，其地质时代为早石炭世至晚石炭世。

冈达概组 Pg （53-0621）

【创名及原始定义】 四川地质局三区测队（1977）创名于四川省巴塘县中咱区茨巫乡冈达概。指平行不整合伏于下三叠统茨岗群之下，平行不整合覆于下二叠统冰峰组或超覆不整合在更老地层之上的碳酸盐岩和基性火山岩，有多个喷发旋回，上部灰岩含较丰富的珊瑚、䗴、腕足类等化石，代表晚二叠世沉积。

【沿革】 云南区调队十一分队（1982）引用四川岩石地层单位名称；云南地矿局（1990）及中国地质科学院成都地矿所（1992）沿用。本书沿用冈达概组。

【现在定义】 不整合伏于布伦组之下，平行不整合覆于顶坡组或超覆于更老地层之上的浅变质基性火山岩、碳酸盐岩及泥、砂质岩，具多个喷发旋回，含珊瑚、䗴、腕足类等化石，石炭纪与二叠纪化石混存，时代为晚二叠世。

【层型】 正层型为四川省巴塘县中咱区茨巫乡冈达概剖面。次层型为中甸县然窝牛场剖面（99°34′，27°43′），云南区调队二分队1985年测制。

【地质特征及区域变化】 由火山岩、碳酸盐岩、碎屑岩组成。下部灰绿色蚀变安山玄武岩、火山角砾岩；中上部灰、深灰色粉晶灰岩、白云质灰岩、泥灰岩夹粉砂质板岩、粉砂岩及安山玄武质凝灰岩、火山角砾岩、熔角砾岩。与下伏冰峰组整合接触。生物化石有䗴：*Nankinella orientalis*, *Eoverbeekina* sp., *Misellina* sp., *Pseudodoliolina* sp., *Verbeekina minor* 及有孔虫、苔藓虫等。时代为二叠纪。

分布于中甸尼西、岩洛、然窝牛场、俄迪等地，呈南北向楔状展布，北厚南薄。中甸尼西下部基性火山岩、火山角砾岩；上部灰岩、粉砂质板岩、石英砂岩夹火山角砾岩，厚3 665 m。然窝牛场与尼西岩性一致，厚1 250 m。沙麻窝子—俄迪一带仅见灰绿色粒玄岩，厚64.8 m，顶与下三叠统布伦组呈不整合接触。东部岩洛一带下部板岩、沉凝灰岩夹玄武岩、灰岩；中部玄武岩夹灰岩、板岩，灰岩中见早二叠世䗴化石；上部板岩夹少量玄武岩、凝灰岩、灰岩，厚4 275 m。说明时代包括早晚二叠世沉积。西部然窝牛场、沙麻窝子—俄迪一带覆于冰峰组之上，时代属晚二叠世。

班满到地组　D*b*　（53－0822）

【创名及原始定义】 段彦学等[①]（1974）创名于丽江班满到地附近。为深灰色薄层页岩与灰岩、硅质灰岩互层。上部夹细砂岩，底部见40 m的钙质砾岩。与下伏阿冷初组有一间断面存在；与上覆中泥盆统？石英砂岩整合。厚570 m。含竹节石：*Nowakia zlichovensis*, *N. barrandei*；菊石：*Erbenoceras ellipticum* 等。时代为早泥盆世晚期。

【沿革】 云南区测队（1965）划为上志留统及中上泥盆统；段彦学等（1974）详细研究了丽江阿冷初剖面，划分出中上泥盆统及下泥盆统，并将下泥盆统自上而下建立班满到地组、阿冷初组（分上、下段）；云南一区调队四分队（1977）把下界移至原划阿冷初组上段之底；此次对比研究从岩性组合特征出发，除底界同四分队划分外，将顶界上移到原划中上泥盆统的硅质岩之下。

【现在定义】 以灰、深灰色页岩、细砂岩为主，夹灰岩、硅质岩、钙质砾岩，局部互层，组成频繁的韵律，厚954 m。含竹节石、菊石、珊瑚、腕足类、植物等化石，下与青山组呈平行不整合接触（?）以碎屑岩始现为其底，上与长育村组呈整合接触，以硅质岩出现为顶。

【层型】 正层型为丽江县阿冷初剖面（100°30′，27°17′）。段彦学等（1974）测制。云南一区调队四分队（1977）作了补充和并层。

【地质特征及区域变化】 在建组剖面为一套砂页岩与灰岩不等厚互层，下部夹多层砾岩，上部夹硅质岩。总体显示下粗上细，组成正向海进层序。其次级韵律十分发育：以砾岩—砂岩，砂岩—页岩，页岩—硅质岩，页岩—灰岩，灰岩—硅质岩等组合较常见。水平层理、水平波状层理发育，局部见楔状层理，偶见曝露成因的层面构造——雨痕。生物化石丰富，门类众多。重要者如竹节石 *Nowakia canceliata*, *N. barrandei*, *N. zlichovensis*；菊石 *Erbenoceras ellipticum* 等，时代为早泥盆世晚期至中泥盆世早期。上部还有676 m未获可确定时代的化石，不排除跨全部中统，乃至上泥盆统的可能。

分布局限，仅见岩可、牛克夕、鸣音及阿冷初一带。岩性、厚度变化大；丽江岩可，上部为粉砂岩夹页岩和泥灰岩，中部为细—粗粒砂岩夹页岩和灰岩，下部为泥灰岩、泥质灰岩

---

① 段彦学等，1974，云南丽江下泥盆统的发现并讨论志留、泥盆系的划分，云南地质科技情报，(2)：7—16（内刊）。

夹页岩、粉砂岩及含砾粗砂岩，底部为石英砂岩、板岩夹细砾岩，总厚572 m以上。化石丰富，其中竹节石有 *Nowakia praecursor*，*N. zlichovensis*，*N. acuaria*，*N. intermedia* 及顶部的 *Viriatellina gracilistriata* 等。丽江冻肯一汝崩伟一带，中上部为砂岩、页岩夹灰岩，下部为砾岩、碎屑灰岩夹页岩及灰岩。含笔石 *Monograptus yukonensis fangensis*；竹节石 *Nowakia acuaria* 及珊瑚、腕足类等化石。

上述生物化石的时代表明：在岩可一冻肯一带跨早泥盆世早期—中泥盆世早期；向东至牛克夕—阿冷初一带自早泥盆世晚期—中泥盆世。为一穿时地层单位，由西向东时代变新。

【其他】 据高振中等① (1985) 研究，认为班满到地组属海槽中的陆源碎屑海底扇及坡脚碳酸盐异地沉积。“由陆源碎屑沉积和碳酸盐沉积组成的频繁互层，形成了由两套不同成分，不同性质，不同物源方向的岩石组合构成的沉积复合体”。即扇体系陆屑浊积岩与碳酸盐坡脚体系相互交错重叠。剖面除宏观表现为碎屑岩与碳酸盐岩不等厚反复交替外，又显现各自十分发育的韵律层。具完整或不完整的鲍马序列：ABCDE，ABCE，ABE，AB，AE 等；底面构造：槽模、沟模、重荷模亦常见及。

青山组 SD*q* (53-0825)

【创名及原始定义】 云南一区测队五分队 (1973) 创名于洱源县青山村东约1.5 km。中上部为浅灰色块状灰岩；下部深灰、灰黑色中厚层状灰岩，显同生角砾状构造，产大量珊瑚化石。属下泥盆统中部。

【沿革】 孙云铸 (1945) 称挖色群，分上、下部，归属上志留统；杨起 (1948) 将孙氏挖色群概括为6层，1—2层相当下部，为中志留统，3—6层相当上部，为上志留统；穆恩之 (1962) 在《中国的志留系》将杨起划分的1—2层称宾川组，归中志留统；云南一区测队五分队 (1973) 把宾川组一分为二，上部灰岩创名青山组，下部白云岩命名康廊组，全归入下泥盆统；此次清理，把青山组顶界上移到原划莲花曲组下部。

【现在定义】 整合于莲花曲组泥灰岩和康廊组白云质灰岩间的一套灰岩。上部为浅灰色、少量深灰色中厚层状灰岩、角砾状灰岩夹少量薄层灰岩；中部浅灰色块状灰岩；下部深灰、黑灰色中厚层状灰岩夹少量薄层灰岩。含丰富的珊瑚、层孔虫等化石。

【层型】 正层型为洱源县青山—横阱剖面 (100°14′，25°52′)。云南一区测队五分队1973年测制。

上覆地层：莲花曲组 泥灰岩、页岩

——————整 合——————

青山组 总厚度 1 160.7 m

11. 浅灰色，少量深灰色中厚层状灰岩、角砾状灰岩，夹少量薄层状灰岩。薄层状灰岩含泥质较多，风化后似钙质页岩；中厚层灰岩含少量泥质和细小的硅质条带、小硅质结核。产丰富的化石，珊瑚 *Pseudamplexus fasucularis*，*P. quadripartitus*，*Favosites* sp.，*Loyolophyllum cerioides*；牙形石 *Spathognathodus steinhorensis*，*Ozarkodina* sp.，*Distacodus* sp.，*Plectospathodus* sp.；腹足类 *Aulacostrepsis* sp.，*Stylonema* sp.，*Bellerophon* sp.，*Loxonema*? sp.；还有层孔虫、腕足类、苔藓虫等化石 190.4 m

10. 浅灰色块状灰岩，局部夹中层、薄层状灰岩。部分灰岩有细小的硅质断续条带、碎

① 高振中等，1985，滇西北泥盆纪海槽中的陆源碎屑海底扇及坡脚碳酸盐异地沉积，江汉石油学院沉积岩研究室(内刊)。

块和角砾。产化石，珊瑚 *Pseudamplexus ligeriensis*，*Heliolites* sp.，*Pseudochonophyllum*? *Pseudohelianthoides*，*Tryplasma hercynica*；层孔虫 *Stachyodes* sp.，*Amphipora anqusta* 698.2 m

9. 深灰、灰黑色中厚层状灰岩夹少量薄层灰岩，含少量泥质。产化石，珊瑚 *Tryplasma*? sp.，cf. *Tabularia turiensis*；层孔虫 *Amphipora anqusta*，*Clathrostroma* sp.，*Clathrodictyon simplex*，*Plexodictyon* sp. 272.1 m

——————— 整　合 ———————

下伏地层：康廊组　白云质灰岩

【地质特征及区域变化】　顶、底部皆为中、薄层灰岩，且程度不同地含泥质；中部为浅色块状灰岩，局部夹中、薄层灰岩，部分灰岩有细小的硅质断续条带、碎块和角砾状构造。全层富含珊瑚、层孔虫化石，代表水体温暖、清洁之开阔台地—台地边缘相沉积。因青山组伏于产竹节石 *Paranowakia intermedia* 等的莲花曲组之下，只能属早泥盆世早期及其以前的地层。

该组分布较广，从泸沽湖畔、宁蒗洪门口金沙江沿岸、洱海东西，止于金平县城西南。断续延伸数百公里，主要岩性相近，各地稍有差异：宁蒗红崖子剖面上部为灰、深灰色中—厚层灰岩、生物灰岩；中部为灰、浅灰色中—厚层白云质灰岩、白云岩夹泥（粉）晶灰岩；下部为灰、深灰色灰岩夹硅质灰岩、白云岩，总厚 384 m。获竹节石：*Nowakia acuaria*；牙形石：*Hindeodella equidentata*，*Ozarkodina denckmanni*，*Spathognathodus exiguus guangxiensis*；珊瑚：*Favosites* cf. *cognatus*，*F. regularissmus* 及腕足类、双壳类等，时代为早泥盆世早—中期。

丽江阿冷初剖面，相当原称山江组与阿冷初组，还加上原上志留统。由深灰色中—厚层状为主及薄层之生物灰岩、灰岩，中上部夹泥灰岩和少量钙质页岩，厚 744 m。含丰富的珊瑚化石，据前人研究可建立四个组合。竹节石：*Nowakia acuaria*，*Paranowakia bohemica*，以及腕足类、双壳类等。时代为早泥盆纪早—中期，可能包括晚志留世。

丽江冻肯一带，为页岩夹灰岩，或互层，底部为灰岩夹页岩，厚约 600 m。

金平马鹿洞地区底部为薄层微粒灰岩夹角砾状灰岩；下部灰—深灰色厚层—块状含碳质白云质灰岩，微粒白云质灰岩夹泥质灰岩和微粒灰岩；上部为浅灰—深灰色中厚层—块状微晶灰岩。总厚 1 548 m。获珊瑚：*Thamonopora dunbeiensis*，*Th. alta*，*Favosites goldfussi*，*F. placentus*，*F.* cf. *alpina*，*Keriophyllum* sp.，*Crassialveolites cavernosus*，*Dictyofavosites qiangnanensis* 等，上列化石，一般出现在中泥盆统。后来研究者据牙形石，确定属下泥盆统。

综上所述：青山组的时代跨晚志留世晚期至早泥盆世中期；岩性以灰岩为主，在阿冷初一带夹页岩，至冻肯以灰岩、页岩互层出现。其厚度自南向北，由东向西变薄。在宁蒗红崖子一带位于莲花曲组与中槽组之间，在岩可、阿冷初位于班满到地组与中槽组之间，在洱海、金平地区位于莲花曲组与康廊组之间。

【其他】　青山组丰富珊瑚化石确定的时代，多为中泥盆世，与竹节石、牙形石指示的时代早泥盆世相悖。尚未取得统一认识。

据近年来对沉积相的研究：指出红崖子、阿冷初一带属深水碳酸盐沉积；而大理、金平地区属开阔台地—台地边缘相沉积。

莲花曲组　D*l*　(53-0824)

【创名及原始定义】　云南一区测队五分队（1973）创名于洱源县莲花曲东约 2 km。主要为泥灰岩、页岩夹灰岩，属下泥盆统。

【沿革】 孙云铸（1945）称挖色群，分上、下部，全归上志留统；杨起（1948）将孙氏挖色群概括为6层，1—2层相当挖色群下部，为中志留统；3—6层相当挖色群上部，为上志留统；云南一区测队五分队（1973）把大致相当杨起划分的3—4层归属下泥盆统上部，并命名为莲花曲组；此次清理，比原莲花曲组范围略有缩小，仅相当原来的中上部。

【现在定义】 以灰黑色泥灰岩、黄灰色页岩为主，夹具同生角砾、硅质小结核灰岩和薄层灰岩。含竹节石、三叶虫、双壳类、腕足类等化石。下以泥灰岩的出现与青山组分界，上以硅质岩的出现划归长育村组，均为整合接触。

【层型】 正层型为洱源县青山—横阱剖面（100°14′，25°53′）。云南一区测队五分队1973年测制。

上覆地层：长育村组　硅质岩夹页岩

——————— 整　合 ———————

莲花曲组　　总厚度488.5 m

12. 灰黑色泥灰岩、黄灰色页岩夹深灰色具同生角砾、硅质小结核的灰岩和薄层灰岩。含磷。产大量化石，竹节石 *Nowakia acuaria*，*Paranowakia intermedia*；三叶虫 *Eodrevermania*；牙形石 *Spathognathodus* cf. *steinhornensis*；和双壳类、腕足类、头足类以及层孔虫、植物化石碎片等　　488.5 m

——————— 整　合 ———————

下伏地层：青山组　石灰岩

【地质特征及区域变化】 建组剖面岩性较单一，生物化石门类众多，底栖类、浮游类和植物化石混存为特色。底部获竹节石：*Nowakia acuaria*，*Paranowakia intermedia*，它们分别是早泥盆世早、中期的重要化石。

断续出露于丽江—金平分区，各地岩性大同小异。在宁蒗红崖子为深灰色泥灰岩、灰岩、泥质灰岩，上部夹11 m黄色薄层粉砂岩，总厚89 m，获竹节石：*Nowakia cancellata*，*N. barrandei*，*N. acuaria*；牙形石：*Polygnathus laticostatus*，*P. granbergi*，*P. dehiscens*，时代跨早泥盆世中期至中泥盆世早期。金平宋家寨上部为褐黑色碳泥质页岩夹硅质岩，中、下部为灰黑色泥质页岩夹薄层灰岩，厚291 m，获腕足类、珊瑚及竹节石：*Nowakia otomari*，*N. filiformis*，*N.* cf. *longlinensis*；牙形石：*Spathognathodus optimus* 等。时代为早泥盆世晚期—中泥盆世晚期。

综上所述，莲花曲组由北向南灰岩减少，页岩递增；厚度变化表现薄—厚—薄，总趋势北薄南厚；为一穿时地层单位，由北而南渐趋变新。

长育村组　Dĉ　(53-0823)

【创名及原始定义】 云南一区测队五分队（1973）创名于洱源县长育村东约2 km。指一套黑、白条带状硅质岩夹少量页岩，产竹节石 *Styliolina* sp. 及珊瑚、苔藓虫等，为中泥盆世。

【沿革】 孙云铸（1945）曾称挖色群，分上、下部，全属上志留统；杨起（1948）将孙氏挖色群概括为6层：1—2层相当挖色群下部，为中志留统；3—6层相当挖色群上部，为上志留统。云南一区测队五分队（1973）根据大量生物化石资料把大致相当于杨起的第5、6层划为中泥盆统及上泥盆统，并分别命名为长育村组、砂子阱组。云南区域地层表编写组（1978）将砂子阱组归入下石炭统。此次研究从整体岩性特征出发，把长育村组与砂子阱组合并称长育村组。

【现在定义】 以黑、白条带状薄层硅质岩为主，夹少量灰白、粉红色页岩；顶部为灰黑色硅质岩及少量硅质页岩夹8层以上中厚层—块状含磷、锰的鲕状灰岩，总厚676 m。含腕足类、珊瑚、竹节石、牙形石等化石。上与横阱组、下与莲花曲组均呈整合接触。顶、底岩性分界标志清楚。

【层型】 正层型是洱源县青山—横阱剖面(100°14′，25°54′)。云南一区测队五分队1973年测制。

上覆地层：横阱组 含燧石结核灰岩

——————— 整 合 ———————

长育村组 总厚度676.3 m

16. 灰黑色硅质岩及少量硅质页岩夹8层以上中厚层状—块状含磷、锰的鲕状灰岩，灰岩风化后黑色，染手。产腕足类和牙形石，腕足类 *Atrypa*? sp.，*Productellina*? sp.，*Yunnanella*? sp. (cf. *Y. hsikuangshanensis*)；牙形石 *Palmatolepis* sp. 等 67.5 m

15. 黑、白色条带状薄层硅质岩夹少量灰白色页岩① 440.5 m

14. 灰白色条带状硅质岩夹少量页岩，产少量有疑问的珊瑚、苔藓虫化石 56.1 m

13. 灰黑、灰白色条带状硅质岩夹灰、粉红色页岩，产少量有疑问的珊瑚、苔藓虫及竹节石：*Styliolina* sp. 112.2 m

——————— 整 合 ———————

下伏地层：莲花曲组 泥灰岩、页岩

【地质特征及区域变化】 该组岩性特征明显，联系相邻层位表现为一套海进到海退层序。在上部层位获腕足类 *Yunnanella* sp.，*Atrypa*? sp.；牙形石 *Palmatolepis grabra grabra*，*P. subperlobata*，*Palmatodella delicatula*，为晚泥盆世或晚泥盆世晚期的重要化石。剖面下部尚有600 m以上的岩层未找到能确定时代的化石，从层位推测可能跨中—上泥盆统。

长育村零星分布在宁蒗—大理广大区域，各地岩性尚稳定，厚度变化大。宁蒗红崖子为灰—深灰色薄层条带状硅质岩及条带状含放射虫帘石硅质板岩夹粉砂岩，获牙形石 *Polygnathus styriacus*，*P. minuta schleizia* 等，厚93 m。丽江岩可一带，为灰、灰黑色薄—中层硅质岩夹硅质灰岩、钙质粉砂岩、硅质页(板)岩，获竹节石 *Styliolina fissurella*，*Nowakia* sp.，厚144 m。阿冷初剖面为深灰色薄层硅质岩，上部则与硅质灰岩互层，获植物 *Knorria* sp.，厚112 m。永胜黄金湾为黑白条带状硅质岩夹少量粉砂岩、页岩、硅质条带灰岩，获珊瑚 *Campophyllum* sp.，厚205 m。该组可被尖山营组灰岩平行不整合覆盖；下界分别与莲花曲组（红崖子）、班满到地组（阿冷初—岩可）、干沟组（黄金湾）整合接触。上列各处剖面岩性基本一致，厚度（93～205 m）变化趋势由北而南增厚。从各地长育村组的时代来看，为一穿时岩石地层单位：大理海东跨中—晚泥盆世；泸沽湖一带跨中泥盆世晚期—晚泥盆世；丽江阿冷初可能只有相当晚泥盆世晚期的部分沉积。综观全区，从南到北，自东向西时代变新。

横阱组 C_1h (53-0745)

【创名及原始定义】 云南省地层多重划分对比研究组(1994)创名于云南洱源县长育村。原始定义：指整合于长育村组之上、水长阱组之下，一套色较深、中薄层为主及厚层含硅质

---

① 编写云南省区域地质志期间野外核查时，在可能相当该层上部获牙形石：*Palmatolepis grabra grabra*，*P. subperlobata*，*Palmatodella delicatula* 等（内刊）。

结核或硅质条带的灰岩，夹泥质灰岩、角砾状灰岩、硅质岩。

【沿革】 云南一区测队（1965）归下石炭统，认为平行不整合于上志留统之上。云南一区测队五分队（1973）将钙质页岩层以下，不含白云质的碳酸盐岩夹硅质岩，划属下石炭统，与其下沙子阱组硅质岩连续沉积。云南地矿局（1990）用巴乡岭组和许池卡组代表大理地区下石炭统。此次研究认为与巴乡岭组、许池卡组不是一个岩石地层单位。

【现在定义】 同原始定义。

【层型】 正层型为云南洱源县长育村剖面（100°13′，25°55′），云南一区测队五分队1973年测制（略加简化）。

上覆地层：水长阱组 钙质页岩

——————— 整 合 ———————

横阱组 总厚度252.5 m

5. 浅灰色中厚层灰岩夹薄层含硅、泥质灰岩，微层理发育 39.4 m

4. 灰、深灰色中厚层夹薄层灰岩，微水平层理发育，含 *Koninckophyllum* sp. 32.7 m

3. 上部灰色厚层灰岩，含硅质结核，含 *Tachylasma* sp.，*Diphyphyllum* sp.，*Arachnolasma* sp.，*Clisiophyllum crassiseptatum*；下部灰、深灰色薄层、中厚层灰岩、泥质灰岩，含硅质结核，具微细水平层理 32.4 m

2. 浅灰、深灰色薄、中层相间含硅质结核灰岩产珊瑚、海百合茎 27.4 m

1. 深灰色厚层块状灰岩，夹一层13 m厚的硅质岩，含直径为15 cm的大硅质结核。产 *Lophophyllum* sp.，*Dibunophyllum* sp.，*Arachnolasma sinense*，*A.* cf. *irregulare*；*Gnathodus* cf. *girtyi*，*Neoprioniodus* sp.，*Doliognathus* sp. 120.4 m

——————— 整 合 ———————

下伏地层：长育村组 硅质岩

【地质特征及区域变化】 仅见于洱源长育村一带，以色深、层薄，含硅质结核灰岩夹泥质灰岩、硅质岩为特征，产珊瑚、牙形石，系台地斜坡—台沟相沉积。地质时代为早石炭世。

水长阱组 $C_2\hat{s}$ （53－0744）

【创名及原始定义】 云南省地层多重划分对比研究组（1994）创名于云南省洱源县长育村。原始定义：下部灰、深灰色薄层及厚层白云质灰岩、灰岩为主，夹硅质岩，底部以数米钙质页岩与下伏横阱组整合接触；上部灰、深灰色厚层夹中层灰岩，与上覆阳新组以颜色深浅相区别，整合接触。

【沿革】 云南一区测队（1965）、云南一区测队五分队（1973）归入中、上石炭统。云南省区域地层表编写组（1978）分别称威宁组和马平组。云南地矿局（1990）以扎普组和顶坡组分别代表中石炭统和上石炭统。此次研究认为是新的岩石地层单位。

【现在定义】 同原始定义。

【层型】 正层型为云南省洱源县长育村剖面（100°13′，25°55′）。云南一区测队五分队1973年测制（略加简化）。

上覆地层：阳新组 灰岩

——————— 整 合 ———————

水长阱组 总厚度56.8 m

8. 灰、深灰色厚层块状夹中层状灰岩，上部显同生角砾构造。产 *Pseudoschwagerina* sp.，

Schubertella sp. 23.4 m

7. 灰、深灰色薄层及厚层灰岩，底部夹薄层白云质、泥质灰岩。产 *Fusulinella* sp.，*Profusulinella* sp.，*Pseudostaffella* sp.，*P. sphaeroidea* 13.5 m
6. 深灰、灰白色薄层白云质灰岩夹 6 m 硅质岩。底部数米黄、灰色钙质页岩 19.9 m

——————— 整　合 ———————

下伏地层：横阱组　灰岩

【地质特征及区域变化】　与横阱组伴随出露于洱海以东洱源县长育村一带，为夹硅质岩、白云质灰岩的碳酸盐岩，产丰富的䗴化石，系台地斜坡相沉积。地质时代为晚石炭世早期至晚期。

烂泥箐组　Dln　（53-0827）

【创名及原始定义】　云南一区测队四分队（1977）创名于宁蒗县烂泥箐附近。连续沉积于碳山坪组之上，下部为白云质灰岩，上部为灰岩，半封闭的海湾相到广阔的浅海相沉积。含腕足类、层孔虫化石。因位于含 *Stringocephalus* 化石层之上，暂划归晚泥盆世早期。

【沿革】　云南区测队（1965）划为中上泥盆统；云南一区测队四分队（1977）建立烂泥箐组代表晚泥盆世早期沉积；云南区域地层表编写组（1978）将烂泥箐组上部称上毛牛坪组，下部归入拉古得组；此次研究把原称碳山坪组中上部及原烂泥箐组合并，使用烂泥箐组。

【现在定义】　深灰—浅灰色碳酸盐岩。下部为含沥青质灰岩、生物灰岩；中部为白云质灰岩、钙质白云岩，偶夹泥灰岩；上部以灰岩为主，偶夹页岩及白云质灰岩。含层孔虫、腕足类、珊瑚等化石。下与缩头山组之砂页岩呈整合接触；上与干沟组以鲕状灰岩呈整合接触。

【层型】　正层型为宁蒗县大槽子剖面（100°59′，27°05′）。云南一区测队四分队 1977 年测制。

上覆地层：干沟组　假鲕状灰岩

——————— 整　合 ———————

烂泥箐组　总厚度 1 044.8 m

38. 灰、浅灰色中层状灰岩，层厚 20～40 cm，见碎裂状结构，碎裂间为泥质充填，为沉积形成的原生角砾状构造。含层孔虫 *Amphipora* sp. 30.1 m
37. 浅灰、灰色中—厚层状灰岩，夹薄层状灰岩，上部灰岩具水平层理。含层孔虫 *Amphipora pervesiculata*；腕足类 *Atrypa* sp.，*Crurithyris* sp. 109.5 m
36. 淡灰、青灰色中—厚层状灰岩夹薄层状灰岩，层厚 40～80 cm。含层孔虫 *Dendrostroma* sp.，*Actinostroma* sp.，*Amphipora* sp.；腕足类 *Crurithyris* cf. *sinensis*，*Emanuella takwanensis*? 144.3 m
35. 浅灰、灰、深灰色薄层状灰岩夹中层状灰岩，偶夹白云质灰岩。下部灰岩中具水平状的黄色泥质条带，夹三分之一的泥质灰岩或泥灰岩和 3 层厚 50～100 cm 的灰绿色页岩；上部含介形虫及腕足类化石 122.9 m
34. 灰、浅灰色厚层状细晶白云质灰岩夹含钙质白云岩，层厚 50～80 cm。含少量层孔虫化石 55.6 m
33. 浅灰色薄—中层状细晶或隐晶钙质白云岩。含少量腕足类和层孔虫化石 65.3 m
32. 灰色厚层—块状细晶钙质白云岩 41.5 m
31. 灰、浅灰色薄—中层状含砂质钙质白云岩，夹薄层泥灰岩，下部具带状水平层理，上部具波状层理。含腕足类及层孔虫化石 137.9 m

30. 灰、深灰色中层—块状含沥青质、含白云质灰岩，具带状水平层理 9.6 m

29. 深灰、灰黑色中层状生物礁灰岩。含珊瑚 *Cladopora* sp.；腕足类 *Howittia* sp.；层孔虫 *Stromatopora* cf. *eamaculosa* 36.5 m

28. 深灰、灰黑色薄—中层状含沥青质灰岩，夹浅灰色隐晶质含白云质灰岩。含腕足类 *Lazutikinia* sp.，*Ilmenia* sp. 209.3 m

27. 深灰、灰黑色薄—中层状生物礁灰岩，下部薄层为主，上部中层为主，具带状水平层理及波状层理。含层孔虫 *Stromatopora* sp.；珊瑚 *Cladopora* sp.，*Neostringophyllum* sp.，*Hexagonaria* sp.，*Thanopora* sp.，*Sinodisphyllum* sp.，*Peripaedium* sp.，*Caenites* sp. 82.3 m

——————— 整　合 ———————

下伏地层：缩头山组　页岩、含砾石英砂岩、泥质粉砂岩

【地质特征及区域变化】　该组下部由生物灰岩—含沥青质灰岩组成两个旋回（下旋回厚约 300 m，上旋回不足 50 m）；中部以含镁质、镁质碳酸盐岩为特征；上部为中—薄层灰岩，夹泥灰岩、白云质灰岩和少量页岩；顶部有 30 m 角砾状灰岩，可能系暴露水面的产物。自下而上，带状水平层理、波状层理—水平层理发育。生物化石丰富，门类单一，以珊瑚、层孔虫、腕足类为特色。有腕足类：*Atrypa* sp.，*Crurithyris* sp.，*Emanuella takwanensis*；珊瑚：*Cladopora* sp.，*Neostringophyllum* sp.，*Hexagonaria* sp.，*Leurelasma* sp.，*Sterictophyllum* sp.，*Embolophyllum* sp.，*Tryplasma* sp. 等，结合上覆层位考虑，代表中泥盆世—晚泥盆世早期沉积。

分布零星，各地岩性有差异：宁蒗昔腊坪，上部为灰岩夹沥青质灰岩、假鲕状灰岩，下部为白云质灰岩、白云岩偶夹砂岩，厚 534 m。获腕足类：*Stringocephalus dorsalis*，*Gypidula planisinosa*；珊瑚：*Grypophyllum* sp.，*Neospongophyllum* sp.，*Stringophyllum* sp.。华坪龙洞河，为白云岩、白云质灰岩夹灰岩，底部为泥质灰岩，厚 385 m，获珊瑚：*Parallelopora* sp.，*Thamnopora* sp.，*Cladopora* sp.；腕足类：*Strigocephalus burtini* 等。金平老阱一带，为浅灰色中厚层—块状生物灰岩夹钙质页岩，底部为泥质条带灰岩，厚 145 m。获珊瑚：*Keriophyllum heterophylloides*，*K. temeniophylloides*，*Disphyllum cylindricum*，*Hexagonaria hexagona*，*Gryptophyllum isactis* 等，时代为中泥盆世晚期—晚泥盆世早期。

烂泥箐组在宁蒗—华坪一带，下与缩头山组整合，上与干沟组整合或被梁山组平行不整合超覆。上、下界线清楚。时限自中泥盆世—晚泥盆世早期。

【其他】　在华坪至永胜一带，于上部或顶部夹油页岩层。有关单位曾作了专题研究。

干沟组　Dgg　(53－0826)

【创名及原始定义】　云南一区调队四分队（1977）创建于宁蒗县干沟附近。连续沉积于烂泥箐组之上，主要为灰岩、鲕状灰岩，属浅海相沉积。含腕足类，时代属晚泥盆世晚期。

【沿革】　云南区测队（1965）划为中上泥盆统；云南区域地层表编写组（1978）将相同层位称桑龙潭组，本次对比研究采用原划分方案。

【现在定义】　浅灰、灰色中层—块状灰岩、鲕状灰岩及钙质白云岩，厚 527 m。含腕足类化石。下与烂泥箐组角砾状灰岩呈整合接触，以鲕状（或假鲕状）灰岩出现划界；上被梁山组砂页岩平行不整合所覆盖。

【层型】　正层型为宁蒗县大槽子剖面（100°59′，27°05′）。云南一区测队四分队（1977）测制。

上覆地层：梁山组　页岩

——————— 平行不整合 ———————

干沟组　　总厚度 527.3 m

46. 灰、灰白色厚层状细粒结晶灰岩，含少量鲕粒，具水平层理，夹一层厚 80 cm 含腕足类、腹足类的灰岩。腕足类 *Yunnanellina hanburyi*　　28.6 m

45. 杂色中层状灰岩，具碎裂状结构，碎裂间为棕红色铁质充填，灰绿色砂质沿层面或裂隙分布　　4.8 m

44. 灰白色厚层状灰岩夹鲕状灰岩　　26.5 m

43. 浅灰、灰白色中厚层—块状鲕状灰岩夹灰色灰岩，单层最厚可达 3 m，鲕粒为球状、椭圆状，一般不具同心圆构造　　98.3 m

42. 灰、浅灰、白灰色块状结晶钙质白云岩，下部具清晰的水平层理，上部夹一层鲕状灰岩，风化面呈犬齿状　　96.4 m

41. 灰、灰白色厚层—块状钙质白云岩或白云岩，层厚 60～110 cm，具水平层理，上部夹角砾状灰岩　　39.7 m

40. 灰色厚层鲕状灰岩，层厚 60～90 cm，灰岩中含少量腕足类化石　　18.6 m

39. 灰色中—厚层状灰岩，隐晶质方解石聚集成凝块状及假鲕状结构，底部有厚约 50 cm 的杂色泥灰岩。中部灰岩中含腕足类 *Yunnanellina triplicata*，*Y. hanburyi*，*Cyrtospirifer vicarii*，*Theodossia* sp.　　214.4 m

———— 整　合 ————

下伏地层：烂泥箐组　灰岩

【地质特征及区域变化】　以具鲕状或假鲕状结构灰岩为特征，中部夹 130 余米钙质白云岩。层理特征清楚，自下而上为中、厚层—块状—厚层状，最厚的单层达 3 m，水平层纹普遍发育。在剖面底部和近顶部出现两个杂色层，分别厚 0.5 m 和 4.8 m，推测曾为短暂炎热、潮湿气候环境的标志。生物化石单调，腕足类：*Cyrotospirifer vicarii*，*Yunnanellina triplicata*，*Y. hanburyi*，为我国南方晚泥盆世晚期常见分子。

分布于宁蒗大槽子、华坪、永胜黄金湾及金平一带，宁蒗昔腊坪为钙质白云岩、白云质灰岩与假鲕状（鲕状）灰岩交替组成，厚 773 m，含层孔虫及珊瑚化石；永胜黄金湾，上部为钙质白云岩，中下部为白云质灰岩，靠上部夹泥质灰岩，未见底，厚大于 360 m，含 *Cyathophyllum* sp.，*Pachyfavosites* sp.，*Keriophyllum* sp.，*Thamnopora* sp.，*Favosites* sp. 等珊瑚化石，常见于我国西南地区中泥盆世；金平老阱寨，底部为浅灰色中—厚层微粒灰岩，上部为灰白色致密灰岩夹角砾状灰岩，厚 961 m，含腕足类：*Tenticospirifer vilis* var. *kwangsiensis*，*Athyris* sp.，*Nudirostra mesoplicata* 等，为晚泥盆世常见分子。

干沟组的顶、底界清楚，下与烂泥箐组整合接触，上界分别与梁山组、尖山营组呈平行不整合接触。岩性在宁蒗战河之北以灰岩、鲕状灰岩为主；白草坪—昔腊坪—黄金湾一带为白云质灰岩、白云岩及鲕状灰岩；金平地区为纯灰岩。现存厚度，北薄南厚。时代跨中晚泥盆世。

尖山营组　C*j*　(53－0746)

【创名及原始定义】　云南一区调队四分队（1977）创名于云南省宁蒗县尖山营村。原始定义：下部砾岩、灰质砾岩，上部生物碎屑灰岩、鲕粒灰岩。局部含燧石结核。平行不整合于阿冷初组之上，整合于黄龙组之下。

【沿革】 云南省区域地层表编写组（1978）称下石炭统，其上称威宁组、马平组。董致中等（1987）研究尖山营组牙形石，建立15个牙形石带，划分尖山营组为金子沟段、老龙洞段、红桥段。其上再建泸沽湖组。云南地矿局（1990）采用金子沟组、老龙洞组、摆佐组，废弃尖山营组。其上采用滑石板组、达拉组、马平组。云南第三地质大队区调一分队（1990）将大理洱海以东同类地层，另立新名跃进新村组、李子园组、斗顶山组。以上多偏重古生物分组、划界。本次对比研究沿用尖山营组，扩大原含义范围。

【现在定义】 指超覆平行不整合于青山组灰岩之上，整合伏于阳新组灰岩之下的碳酸盐岩。包括原尖山营组全部及其上原黄龙组和马平组全部。由下部砾岩、灰质砾岩，或角砾状灰岩，上部鲕状、似鲕状灰岩、生物碎屑灰岩、粉晶灰岩夹泥灰岩组成。局部含燧石结核。与上覆阳新组岩性分界标志不甚明显。

【层型】 正层型为宁蒗县尖山营剖面（100°44′，27°15′）。云南一区调队四分队1977年测制。

上覆地层：阳新组　浅灰、灰白色中厚层纯灰岩

——————— 整　合 ———————

尖山营组	总厚度 925.4 m
9. 灰、深灰、黑灰色中层砾状或疙瘩状灰岩，含燧石结核，具沥青臭味。含 *Pseudoschwagerina* sp.，*Triticites* sp. 等	77.3 m
8. 灰、浅灰色中层生物灰岩，含 *Triticites* sp.，*Quasifusulina* sp.	118.8 m
7. 灰色中厚层含铁泥质条带及网纹状灰岩，部分显角砾构造，含珊瑚、腕足类、苔藓虫	154.3 m
6—5. 灰、深灰色鲕状灰岩，顶部和底部为生物碎屑灰岩	201.2 m
4. 灰色中层灰岩夹鲕状灰岩	54.1 m
3. 浅灰色中厚层似鲕状灰岩	96.5 m
2. 灰、浅灰色灰质砾岩，砾石为灰岩、砂岩。向上渐变为含砾灰岩	21.6 m
1. 灰绿、黄绿、褐黄色砾岩。砾石为奥陶系之暗红、灰绿色砂岩、粉砂岩及页岩，滚圆及次棱角状，钙质胶结	201.6 m

－－－－－－－ 平行不整合 －－－－－－－

下伏地层：青山组　浅灰、灰色薄、中层灰岩

【地质特征及区域变化】 分布于宁蒗老龙洞、尖山营、泸沽湖、永胜黄金湾、东岩脚、大理洱海以东的海印、宾川草果坛一带。最南至金平境内的大寨、老乌亦有出露。总的岩性特征是色浅、层厚、岩性较单调的含鲕粒和生物屑的碳酸盐岩。含牙形石、䗴、珊瑚等十分丰富。于尖山营剖面从下至上划出 *Scaliognathus anchoralis* 带至 *Streptognathodus wabaunsensis* - *S. elongatus* 带，共15个牙形石带。厚逾1 000 m，属开阔台地相及台内鲕粒滩相沉积。

由北向南，各地岩性、厚度变化并不显著。宁蒗尖山营、老龙洞一带，发育较好。下部砾岩、上部鲕粒灰岩、生物碎屑灰岩。分别厚925.4 m、747 m。大理海印、宾川乌龙坝一带，未见底，厚893.4 m。以生物碎屑灰岩为主及鲕粒灰岩。最南达金平老乌，鲕粒灰岩明显减少，底部出现角砾灰岩，平行不整合于干沟组之上，最厚达1 147.8 m。地质时代为早石炭世至晚石炭世晚期。

海口组　D_2h　（53－0835）

【创名及原始定义】　由海口层演变而来。Deprat 等（1912）创名，后人引用的含义为谢家荣（1941）介绍：以沟鳞鱼为标准化石之上泥盆纪大陆沉积，在滇东首见于昆明南之海口附近，故名曰海口层，全层厚不及 50 公尺，下部以白色石英砂岩为主，上部则多页岩，不整合的位于下寒武纪地层之上，而上与石炭纪石灰岩成假整合接触。

【沿革】　创名和介绍以后，它的地层位置无异议，但有关时代归属与对比，早年有不同认识，后来渐趋一致。

【现在定义】　灰白、灰绿色石英砂岩夹灰绿色页岩，厚 43 m。含鱼类及植物化石。下与筇竹寺组黄绿色页岩、砂岩呈平行不整合接触；上与宰格组灰岩呈整合接触。

【层型】　选层型为昆明海口滇池边剖面（102°36′，24°46′）。云南省煤管局勘探大队（1961）测制。本书转引自 1∶20 万昆明幅（1971）区域地质调查报告。

上覆地层：宰格组　砂质泥灰岩

———— 整　合 ————

海口组　　总厚度 43 m

1. 灰白色石英砂岩夹黄、灰绿色石英砂岩、页岩。含植物 *Protolepidodendron* sp.；鱼类 *Bothriolepis sinensis*，*B. panqiensis*，*B. haikouensis*，*Asterolepis yunnanensis*，*Quasipetalichthys haikouensis*　　43 m

－－－－－－ 平行不整合 －－－－－－

下伏地层：筇竹寺组　页岩、砂岩

【地质特征及区域变化】　广泛分布于宣威—昆明—通海一带，平行不整合超覆于不同层位的老地层之上，伏于宰格组之下，为砂岩夹页岩，局部互层，偶尔也有含砾砂岩出现，厚 0.7～43 m。获 *Bothriolepis sinensis*，*B. haikouensis*，*B. panqiensis*，*Hunanolepis*，*Protolepidodendron scharyanum* 及双壳类等化石。在富源—沾益史家坡一带，为陆相或海陆交互相，向滨海相的曲靖组相变过渡，由灰、褐黄色砂、泥岩夹碳酸盐岩组成，厚 105 m 以上，化石为：*Bothriolepis sinensis*，*Hunanolepis*，*Protolepidodendron* 与 *Stringocephalus* 混生或交替出现。

【其他】　以往泛指含沟鳞鱼的海口组，它的底界有较大的浮动，至今争论的焦点还是时代跨度问题。即滇东地区的“大海口组”与“小海口组”之争。经近 30 年的研究，多数研究者认识到曲靖、武定、盘溪等地虽获有沟鳞鱼，也称海口组，但不能与海口地区的海口组等同。因此，海口地区以外的地区不再使用海口组。

宰格组　D_3z　（53－0831）

【创名及原始定义】　由边兆祥[①]（1940）创名的宰格石灰岩演变而来，创名地在宜良县大宰格附近。边氏赋予的含义：大部分为灰红色结晶灰岩，内夹黄、黄绿及绿色页岩，每层灰岩一、二公尺，即夹页岩一、二十公分，全体如此，甚为均匀。本层化石甚难觅得，按层位似属下石炭纪或上泥盆纪。与泥盆纪地层关系，似为不整合或假整合。

【沿革】　创名以来，只有王鸿祯（1945）曾把滇东地区的相当层位叫下白云岩组；余者皆称宰格组（群）。唯时代归属认识不一致。

【现在定义】　碳酸盐岩。以灰、灰微带红色厚层—块状白云岩为主，及少量灰岩，局部

① 边兆祥，1940，云南宜良嵩明间大煤山煤田，地质汇报，33 号：51—58（内刊）。

夹灰绿色纸状页岩，厚 219 m。化石甚少 获层孔虫、介形类等。下与海口组连续沉积；上被万寿山组平行不整合超覆。顶底界线- 分清楚。

【层型】 原命名地出露不全，未实测剖面。选层型为宜良大宰格北 12 km 喷水洞剖面（103°08′，25°09′），云南二区测队七分队 1973 年测制。

上覆地层：万寿山组　页岩

…………………… 接触关系不清 ……………………

宰格组	总厚度 219.4 m
19. 灰色块状隐晶质灰岩，层理不清，含泥铁质条纹。获化石，介形类 *Leperditia* sp.，*Cavellina*? *dushanensis*	1.7 m
18. 灰白色块状细晶白云岩，风化面呈砂状	34.3 m
17. 灰白、微红色厚层状隐晶白云岩，单层厚 10～50 cm，外表溶沟发育	35.3 m
16. 灰色微带红色块状细晶白云岩，风化面黑色，溶沟发育	36.2 m
15. 掩盖	38.0 m
14. 灰色块状结晶白云岩，层理明显，单层厚 0.5～1 m，局部夹绿色纸状页岩。上部白云岩含层孔虫 *Amphipora* sp.	72.9 m

———————— 整　合 ————————

下伏地层：海口组　石英砂岩

【地质特征及区域变化】 下部为灰色结晶白云岩，局部夹灰绿色纸状页岩；中部为灰微带红色白云岩，风化面溶沟十分发育；上部灰白色块状细晶白云岩，顶部出现隐晶灰岩。获层孔虫：*Amphipora* sp.；介形类：*Leperditia* sp.，*Cavellina dushanensis*。

该组广泛分布于宣威—东川—昆明—玉溪一带，以镁质碳酸盐岩为主。宣威宝山、银厂等地，上部为细晶白云岩与灰岩或白云质灰岩互层；下部为白云岩夹泥（砂）质白云岩，厚 799 m 以上。宣威榕峰顶、松籽树一带，为细—中晶白云岩夹数层泥质白云岩，顶部为白云质灰岩、蠕虫状灰岩，厚 492～523 m，于板桥东屯相当中下部获腕足类：*Hunanospirifer* sp.，*Cyrtospirifer* sp.。会泽矿山厂，为粉—细晶白云岩，中部夹黄绿色泥质页岩、角砾状灰岩、泥质白云岩，顶部为蠕虫状灰岩，厚 293 m，底部获珊瑚：*Disphyllum* aff. *duyunense*，*Cladopora* sp. 及腕足类、介形类。宣威二官营，为细—粉晶白云岩，下部夹白云质同生角砾岩，上部偶夹硅质岩条带，顶部为灰岩、白云岩不等厚互层夹灰绿色钙质页岩，厚 354 m。顶部获腕足类、腹足类、介形类化石。沾益干沟，为灰、灰带微红色中—细晶白云岩，中上部夹角砾状白云岩，顶部为泥晶灰岩夹泥质灰岩、白云岩，厚 526 m，含珊瑚、层孔虫、介形类化石。嵩明小连登，下部为灰岩夹含灰岩透镜体的白云岩，中上部为肉红色白云岩、角砾状白云岩、钙质白云岩，中部常夹页岩薄层，顶部为灰岩、生物灰岩，厚 415 m，距底界 33 m 以上获珊瑚：*Disphyllum cylindricum*，*Hunanophrentis* aff. *zaphrentoides*，时代为晚泥盆世早期。玉溪小石桥，为白云岩及角砾状白云岩，下部夹灰绿色页岩；底部为砂（泥）质白云岩夹砂岩，厚 221 m。

该组由西南向东北方向变厚。在嵩明—宣威一带，顶部往往有数十米含豆石的灰岩层，与其顶界有两种情况：一为万寿山组平行不整合超覆，界线清楚；另一与炎方组连续沉积，以生物碎屑灰岩夹白云岩或含燧石结核灰岩出现为顶。

【其他】 有关宰格组的时代、与下伏海口组的关系，迄今尚未取得一致的认识。与海口组的关系有人认为属平行不整合接触，有人认为是整合接触，两种认识者都列举了各自的观察地点。但近年一些1：5万区调图幅工作结果，皆认为属整合接触关系。关于时代问题，也有两种意见：一种归于晚泥盆世，另一种划归中晚泥盆世。自从小连登剖面上距底约33 m处获晚泥盆早期的珊瑚化石之后，持后一种意见者仍认为33 m这段地层有属中泥盆世的可能。

翠峰山组　D_1c　(53-0840)

【创名及原始定义】　由丁文江(1914)所创翠峰山系演变而来，Grabau(1923—1924)介绍。创名地在曲靖翠峰山。为红灰色砂岩与页岩，含鱼及 *Arthrostigma gracile*，下与上志留纪妙高山群呈整合关系。

【沿革】　丁文江（1914）在翠峰山采得早泥盆世植物化石，并命名翠峰山系。Grabau（1923—1924）在《中国地质史》一书中，采用翠峰山群代表下泥盆统。后因翠峰山化石标本遗失、散乱，而王曰伦等（1936—1937）在沾益龙华山又获与当年在翠峰山完全一样的化石，于是Grabau（1931）根据丁文江的建议，在《中国地层中的问题》中，用龙华山系取代翠峰山群。从丁文江、王曰伦（1936—1937）《云南马龙曲靖之寒武纪及志留纪地层》一文，所附地质图看，翠峰山群（或龙华山系）的分布范围所反映的含义，大体只代表含 *Drepanophycus spinaeformis* 的一套早泥盆世晚期地层，其下划为中—上志留纪玉龙寺层、妙高层。李广源等①（1941）扩大翠峰山组含义，将其底界下降接近石英砂岩与黑色易剥页岩接触面，包括丁氏等划分的龙华山系及玉龙寺层的大部分。孙云铸（1945）主张以鱼化石 *Cephalaspis* 的出现当作下泥盆统的开始，把原划为玉龙寺层上部红棕色石英砂岩与英国的老红砂岩对比，称为“妙高山砂岩”。云南地质厅石油地质队六分队②（1961），将黑色易剥页岩之上，南盘江灰岩（含介形类灰岩）之下划为下泥盆统，并根据不同岩性组合，自下而上建立西山村组、桂家屯组和翠峰山组。张欣平③（1966）将石油队所划的下泥盆统称翠峰山群，自下而上划分西山村组、西屯头组、桂家屯组、徐家冲组。此后，众多研究者基本上是在翠峰山群或组之下相应划分4个组或段。或者将下泥盆统划分4个组。目前，翠峰山组下部三个段的名称、界线划分已趋统一，唯上部一个段各家所用名称不一，有翠峰山段、徐家冲段、龙华山段，且对顶部界线划分也不一致。此次清理认为前人在翠峰山地区将下泥盆统划分为4套岩性组合是清楚的，统称翠峰山组，自下而上分4个段是合理的。

【现在定义】　为一套海陆交互相之褐红、灰绿、浅灰色砂、泥（页）岩及泥灰岩、灰岩。含鱼形动物及植物化石为主，伴有双壳类、无铰纲腕足类等。下与玉龙寺组易剥页岩连续沉积，上与西冲组穿洞段整合接触。据岩性组合自下而上划分为：下西山村、西屯、桂家屯、徐家冲4个段。

【层型】　正层型为曲靖县翠峰山地区剖面（103°42′，25°30′）。云南二区测队八分队1978年修测。其中徐家冲段正层型为沾益西冲—曲靖徐家冲剖面。

【地质特征及区域变化】　广布于曲靖至盘溪一带，自下而上为海陆交互相—湖泊相沉积。翠峰山地区发育最完整，宜良、盘溪一带只保存到桂家屯段。

下西山村段　D_1^x　(53-0844)

【创名及原始定义】　云南地质厅石油地质队六分队（1961）创名于曲靖城西北约16 km的下西山村附近，原称西山村组。原始定义：砂岩为主夹页岩、泥岩，含植物及鱼化石，厚

---

① 李广源等，1941，云南东部曲靖、沾益地质（未刊）。
② 云南地质厅石油地质队六分队，1961，滇东中南部泥盆纪地层及其含油性专题研究报告（未刊）。
③ 张欣平，1966，云南曲靖地区的下泥盆统，载中国古生物学会昆明组著，《1966年建水现场会议论文集》，154—165。

232.9 m。

【沿革】 丁文江等（1937）归入上志留纪玉龙寺层下部；李广源（1941）等划归下泥盆统翠峰山组下部；孙云铸（1945）仍归玉龙寺群顶部。创名时划属下泥盆统，并名“西山村组”。云南二区调队八分队（1978）据命名地下西山村订正为下西山村组。本书降组为段。

【现在定义】 黄绿、灰绿、灰黑色页（泥）岩夹灰黄、浅灰色中—厚层状细粒石英砂岩，上部砂岩逐渐增多，局部达互层。含无颌类、腕足类、介形类、双壳类等化石。下与玉龙寺组页岩呈整合接触，以砂岩出现划分；上与西屯段连续沉积，以砂岩消失，红色泥质岩出现分段。

【层型】 正层型为曲靖县翠峰山地区（含下西山村）剖面（103°42′，25°30′）。云南二区测队八分队1978年修测。

【地质特征及区域变化】 在层型剖面上表现下细上粗的逆递变层理。即由泥岩夹砂岩—砂、泥岩互层—砂岩夹泥岩。砂、页（泥）岩组成的韵律十分发育。古生物是下部以鱼形动物为主，上部以双壳类、无铰纲腕足类为特征。鱼形动物：*Polybranchiaspis liaojiaoshanensis*，*Dongfangaspis qujingensis*，*D. submajor*，*D. chifenshanensis*，*Yunnanogoleaspis major*；双壳类：*Dysodonta deprati*，*Modiomorpha yunnanensis* 以及介形类等。

该段分布于曲靖翠峰山、马过河、宜良、盘溪一带，呈NNE方向展布。各地岩性基本稳定。曲靖地区厚度变化大，以翠峰山为中心，向周围变薄，厚312～131 m。马龙小姑姑以黄绿、灰黄色泥（页）岩为主，偶夹石英粉砂岩、泥灰岩、泥质白云岩薄层，厚292 m；弥勒西龙小河口，为灰绿、黄褐色白云质长石石英细—粉砂岩夹泥岩，厚160 m。

下西山村段层位稳定，为灰绿、黄绿、灰黄及黑色的泥质岩，偶夹薄层碳酸盐岩。区域上自北而南有粗—细—粗的变化趋势，厚37～312 m。下与玉龙寺组整合接触；上与西屯段呈整合接触。

西屯段 D_1^{xt} （53-0843）

【创名及原始定义】 张欣平（1966）创名于曲靖城西北约16 km西屯附近，称西屯头组。原始定义：由紫红色泥页岩及灰色泥灰岩组成。由下而上：由泥页岩为主—泥灰岩为主—泥页岩为主，构成一完整沉积旋回。含鱼类、介形类、双壳类、腕足类及裸蕨等。与西山村组整合，与桂家屯组呈断层接触，总厚512.9 m。

【沿革】 丁文江等（1937）划属上志留纪玉龙寺层；李广源等（1941）划归下泥盆统翠峰山组；孙云铸（1945）称妙高山砂岩；云南地质厅石油地质队六分队（1961）曾命名桂家屯组，张欣平（1966）将石油队的桂家屯组下部划出另创西屯头组。云南区调队八分队（1978）据命名地西屯订正为西屯组。本书降组为段。

【现在定义】 灰、灰绿、褐红色钙质泥岩、粉砂质泥岩为主，夹灰黄、灰绿色泥质泥晶灰岩、泥灰岩。由下往上灰岩增多，以灰岩为主与泥岩互层。以无砂岩，夹红色层为特征。含鱼形动物、腕足类、双壳类、植物等化石。下与下西山村段连续沉积，以砂岩消失、泥岩出现划分；上与桂家屯段以泥岩夹砂岩出现而划分。

【层型】 正层型为曲靖县翠峰山地区（含西屯）剖面（103°42′，25°30′）。云南二区测队八分队1978年修测。

【地质特征及区域变化】 自下向上由砂质泥岩、钙质泥岩夹泥灰岩，逐渐过渡以泥质粉晶灰岩、泥质泥晶灰岩夹泥灰岩、钙质泥岩的层序。生物化石下部以海相双壳类、无铰纲腕足类为主，中上部以鱼形动物为主。重要化石如：*Yunnanolepis chii*，*Chuchinolepis gracilis*，

Polybranchiaspis liaojiaoshanensis Galeaspis changi, *Nanpanaspis microculus*; *Dysodonta deprati*, *Modiomorpha yunnanensis* 等。

分布不及下西山村段广。曲靖一带，多被上覆地层超覆，出露厚度相差悬殊，数米至385 m。南至马龙小姑姑，为灰黄、紫红色石英粉砂质泥灰岩、含磷灰岩及石英泥质白云质灰岩夹少量石英粉砂岩，厚168 m。宜良化善村一带，为泥灰岩、泥质灰岩夹泥岩，厚约120 m。

桂家屯段 D_1^g (53-0842)

【创名及原始定义】 云南地质厅石油地质队六分队（1961）创名于曲靖桂家屯。原始定义：以杂色钙质砂质泥岩、页岩为主夹砂岩。厚909.3 m。

【沿革】 丁文江等（1937）划属上志留纪玉龙寺层；李广源等（1941）首次划归下泥盆统翠峰山组；孙云铸（1945）主张将玉龙寺层上部含鱼化石 *Cephalaspis* 的红棕色石英砂岩划属下泥盆统，名为"妙高山砂岩"；创名单位（1961）把与孙氏大致相当的层位命名为桂家屯组；张欣平（1966）再划分，将上部称桂家屯组，下部另建西屯头组。本书采用张氏的划分，降组为段。

【现在定义】 褐红色粉砂质钙质泥岩夹浅灰、灰绿、黄褐色中层状细粒钙质菱铁矿石英砂岩及砂质粉晶灰岩。由下往上砂岩夹层增多，呈互层状，灰岩夹层渐少。含鱼类、植物等化石。下与西屯段连续沉积；上与徐家冲段以斜层理发育的砂岩夹泥岩而区分。

【层型】 正层型为曲靖县翠峰山地区（含桂家屯）剖面（103°42′，25°30′）。云南二区测队八分队1978年修测。

【地质特征及区域变化】 层型剖面上次级韵律层发育，大体归纳为3类：即泥岩—灰岩，砂岩—泥岩—灰岩及砂岩—泥岩，单个韵律厚1～20 m不等。生物化石有鱼形动物及植物、介形类等，相对上、下层段显得贫乏、单调。重要者如：*Yunnanolepis chii*，*Eugaleaspis changi*，*Zosterophyllum myretonianum*，*Taeniocrada* 等。

分布与下西山村段相似，北起曲靖，南止盘溪，呈NNE向断续展布。曲靖地区出露局限，仅见翠峰山—沾益城方桥，岩性横向变化不大，厚度迅速变薄，直至缺失。马龙小姑姑—宜良化善一带，为紫红、黄绿色泥岩及钙质石英粉砂岩，普遍含钙质结核，厚310～384 m。弥勒小河口，中下部为紫红色白云质泥岩与紫红、灰绿色白云质细—粉砂岩互层，上部以黄绿及暗紫红色白云质长石石英细—粉砂岩为主，夹少量紫红色泥岩，获植物化石：*Hostimella*，*Drepanophycus*，*Taeniocrada*，总厚648 m。下与下西山村段整合，上与穿洞段呈平行不整合接触。盘溪矣则一带，以灰黄、棕红色细粒长石石英砂岩为主，偶夹页岩、泥灰岩，厚695 m以上。

综上所述，该段由北而南沉积物变粗，即泥岩逐渐减少、砂岩增多、灰岩夹层渐渐消失；其厚度则递增，达341～695 m。在宜良化善以南西屯段尖灭，桂家屯段直覆下西山村段之上。

徐家冲段 D_1^{xj} (53-0841)

【创名及原始定义】 张欣平（1966）创名于曲靖城西北约10 km的徐家冲附近，以中—厚层、中—粗粒石英砂岩为主，夹泥岩、页岩，往上以页岩为主。砂岩多具斜层理及云母小片，中部富含植物化石。与上覆南盘江组整合。可能为近海大型湖泊相，厚871 m。

【沿革】 丁文江（1914）曾命名翠峰山系。Grabau（1923—1924）所著《中国地质史》一书，关于中国泥盆系的分类，用翠峰山群一名代表下泥盆统陆相地层。王曰伦等（1937）称龙华山系。李广源等（1941）划归翠峰山组上部。云南地质厅石油地质队六分队（1961）用翠峰山组，首次明确它的上、下界。张欣平（1966）将石油队划分的相当层位命名"徐家冲组”。方润森（1976）将张氏“徐家冲组”顶界下移约 154 m，以一层石英砾岩层作为中、下统分界，上为中泥盆统华宁组海口段，下为翠峰山组。云南二区测队八分队（1978）在相当上述砾岩夹层中找到早泥盆世植物化石，又把下、中统界线上移了几十米，将下统顶部称翠峰山组，中统另创穿洞组。此次对比研究按岩性组合及其标志基本沿用八分队的分层方案，从砾岩出现划为西冲组穿洞段，其下为翠峰山组徐家冲段。

【现在定义】 紫红、褐黄、灰绿色泥岩、泥质粉砂岩夹薄—中层状褐黄、灰绿、灰白色细—中粒石英砂岩。砂岩普遍具斜层理为特征。含植物、介形类、鱼类化石。下与桂家屯段整合接触；上与西冲组穿洞段也呈整合接触。

【层型】 正层型为沾益西冲—曲靖徐家冲剖面（103°44′，25°35′）。中科院南古所西南队泥盆系研究组 1974 年修测，廖卫华等 1979 年正式发表。

【地质特征及区域变化】 由泥岩、粉砂岩夹细—中粒石英砂岩组成。砂岩较普遍发育楔状交错层理为特征。韵律层发育，大体可归纳 4 种组合：细、中砂岩—粉砂岩—泥岩，细、中砂岩—泥质粉砂岩，细砂岩—粉砂质泥岩，粉砂岩—泥岩。生物化石以植物最丰富，还有鱼形动物、无铰纲腕足类等。其中 *Zosterophyllum yunnanicum*，*Drepanophycus spinaeformis* 等为早泥盆世重要分子。还获有鱼形动物 *Eugaleaspis xujiachongensis*，*Sanchaspis magalarostrata* 等。

分布局限，仅见翠峰山、徐家冲、龙华山一带，为一套海侵湖相砂泥质沉积，岩性稳定，厚 611～870 m。

西冲组 D*x* （53－0836）

【创名及原始定义】 廖卫华等（1979）创名于沾益西冲，原称西冲群，厚近 800 m。由石英砂岩夹砂质页岩及页岩组成，下部有一层厚约 40 m 的白云质灰岩，底部有一层砾岩与翠峰山群呈假整合接触，上与宰格组为整合接触。产鱼化石、植物、孢子等，时代为中泥盆世晚期，顶部与海口组相当。

【沿革】 王鸿祯（1942）把龙华山地区这套地层划为中泥盆统；方润森（1963）划为中泥盆统海口段；张欣平（1966）将下部的灰岩层称南盘江组，上部仍用海口组；云南二区测队八分队（1978）依据岩性、生物特征，自下而上划分穿洞组、上双河组、海口组；段新华①（1979）划分为穿洞组、下双河组、上双河组、海口组；廖卫华等（1979）统称西冲群。此次对比研究采用廖氏命名，降群为组，称西冲组，据岩性特征保留 3 个段，自下而上采用穿洞段、南盘江段和上双河段。

【现在定义】 指曲靖一带整合于宰格组白云岩之下的一套碎屑岩。由石英砂岩、石英杂砂岩夹砂质泥岩、粉砂岩组成，下部有一层厚约 50 m 白云岩，底部为砂砾岩夹砂岩与翠峰山组徐家冲段泥岩夹砂岩整合接触。含鱼、植物、介形类、双壳类化石。根据岩性组合特征，由下而上划分为：穿洞段、南盘江段、上双河段。

【层型】 正层型是沾益西冲—曲靖徐家冲剖面（103°44′，25°35′）。廖卫华等（1972）测制，*1979* 年正式发表。

【地质特征及区域变化】 广泛分布于曲靖至盘溪一带，岩性基本稳定，各岩性段分界清楚。其中碎屑岩无论成分成熟度、结构成熟度由下往上渐逐变高。该组为一穿时地体，曲靖西冲一带跨早泥盆世晚期至中泥盆世，昆明一带为中泥盆世晚期，由东向西渐新。

---

① 段新华，1979，滇东沾益地区中泥盆统的划分与对比。载：云南省地质学会著，云南省地质学会第二届会员代表大会第二次学术年会，地层古生物论文集（上集），89—104（内刊）。

穿洞段 D_{1-2}^{c} (53-0839)

【创名及原始定义】 云南二区测队八分队（1978）创名于曲靖穿洞附近，原称穿洞组。为紫红、黄绿色砂、钙质泥岩与含长石石英砂岩、石英杂砂岩互层，上部泥岩增多，并夹中层状白云岩，厚64.7 m。含极丰富鱼化石，局部尚含少量植物化石碎片。下与翠峰山组整合，代表滇东中泥盆世早期的陆相沉积。

【沿革】 王鸿祯（1942）研究龙华山剖面时，曾划为中泥盆世 Eifelian 期；方润森（1963）划归下泥盆统翠峰山组顶部；张欣平（1966）划归翠峰山群徐家冲组上部；刘玉海（1973）划为中泥盆统海口组下部；云南区域地层表编写组（1978）划归中泥盆统华宁组海口段，底界置于一层石英砾岩层，比刘氏的下界低104 m；云南二区测队八分队（1978）把上述相当的层位命名为穿洞组；段新华（1979）认为西冲一带那层砾岩不能作为下、中泥盆统分界，因在砾岩夹层中采到早泥盆世化石，下、中统界线应上移，以沟鳞鱼出现为中统开始。此次清理，从岩性考虑，底界置于砾岩层之下，顶界为南盘江组灰岩之底。

【现在定义】 杂色砂泥岩。紫红色粉砂质泥岩与灰色、褐红色含长石石英砂岩、石英砂岩不等厚互层，上部泥岩增多，顶部夹白云岩，底部为砾岩与石英杂砂岩互层。含丰富的鱼类及植物化石。下与翠峰山组徐家冲段整合，以砾岩出现为划分标志；上与南盘江段整合接触。

【层型】 正层型为曲靖市沾益下双河（含穿洞）剖面（103°45′，25°34′）。云南二区测队八分队（1978）测制。

上覆地层：南盘江段 白云岩夹含白云质泥岩

——————— 整 合 ———————

穿洞段	总厚度 94.6 m
8. 黄绿色局部紫红色含白云质泥岩夹灰色白云岩	8.4 m
7. 紫红色粉砂质泥岩夹中层状灰色细粒石英砂岩，含胴甲类：*Bothriolepis* cf. *tungseni*，*B. chuandongensis*，*Wudinolepis* cf. *weni*，*Xichonolepis qujingensis*	22.6 m
6. 灰色中厚层状细粒含长石石英砂岩与紫红色厚层—块状粉砂质泥岩互层，上部泥岩较多，含胴甲类：*Bothriolepis* sp.，*Wudinolepis* cf. *weni*	33.1 m
5. 紫红色粉砂质泥岩	7.5 m
4. 紫灰色粉砂岩，不均匀地含有石英杂砂质细砂岩及石英质细砾石	15.1 m
3. 灰色砾岩与灰、浅灰色细粒石英杂砂岩互层，砾岩单层0.2 m，砂岩单层0.3～0.5 m，含植物 *Zosterophyllum yunnanicum*	7.9 m

——————— 整 合 ———————

下伏地层：徐家冲段 石英杂砂岩

【地质特征及区域变化】 由下粗上细的两个正向半旋回组成。砂、泥岩不等厚交替频繁。据生物化石，时代跨早泥盆世晚期—中泥盆世早期。

该段零星分布于曲靖、嵩明、盘溪一带，岩性较稳定。顶界清楚，均为南盘江灰岩段；底界在曲靖一带，与下伏翠峰山组徐家冲段连续沉积，嵩明—盘溪一带，超覆于志留系或下泥盆统之上。由南向北增厚。

南盘江段 D_2^{n} (53-0838)

【创名及原始定义】 孙云铸（1945）创名南盘江灰岩，地点在华宁县盘溪镇北约6 km处之昆-河铁路东侧。指早泥盆世“妙高山砂岩”之上，在婆兮地区一层厚约 30 米含珊瑚、腕足类和植物化石的石灰岩层，称南盘江灰岩。代表早泥盆世晚期振荡不定的海相沉积。

【沿革】 孙云铸（1945）创名时可能未测剖面。顾知微（1949）测制华宁婆兮剖面后，把 1—2 层对比为孙云铸划分的“妙高山砂岩”，3—4 层即“南盘江灰岩”，时代归入早泥盆世晚期。1949 年后，不少学者研究了南盘江灰岩的生物，取得重要成果，“南盘江灰岩”属中泥盆世 Givetian 期。但因命名地出露不佳，有人认为“南盘江灰岩”是婆兮段下部地层因断层而形成的重复；也有人认为是海口组底 部的灰岩夹层。此次研究认为该碳酸盐岩层，从曲靖到盘溪层位稳定，在曲靖地区已往有单独划分称南盘江组的，也有包括在上双河组内的，以及另创名下双河组的，本书把它归入西冲组，采用南盘江段。

【现在定义】 指整合伏于上双河段之下的灰、深灰色薄—中厚层状灰岩，夹中厚层状介壳灰岩数层，含腕足类、珊瑚等化石，未见底。

【层型】 选层型为华宁盘溪剖面（103°06′，24°15′）。方润森（1963）测制。

上覆地层：上双河段 砂岩夹泥岩

——————— 整 合 ———————

南盘江段 总厚度＞75 m

2—1. 灰、深灰色薄—中层状灰岩，夹中厚层状介壳灰岩数层。产化石。腕足类 *Stringocephalus burtini*，*S. obesus*，*Acrothyris kwangsiensis*，*A. nanpanjiangensis*，*A. yunnanensis*，*A. orbicularis*，*Bornhardtina* ex gr. *uncitoides*，*Meristella* cf. *kutsingensis*，*Eoreticularia maureri*；珊瑚 *Grypophyllum tenue*，*Favosites goldfussi*。未见底 ＞75 m

【地质特征及区域变化】 在曲靖到盘溪广大区域零星分布，层位稳定，岩性有些变化：弥勒西龙宜武田，以灰黄、灰白色白云岩为主夹生物灰岩，厚 54 m；嵩明回龙村，为泥质白云岩、含砂质泥灰岩夹泥岩，厚 15 m；沾益西冲，为灰、烟灰色细晶白云岩夹白云质泥岩，厚 51 m；沾益柿花营，下部为白云岩夹泥灰岩；上部为泥质灰岩、泥晶灰岩夹灰质泥岩，厚 59 m；曲靖桃园，为泥灰岩、泥质灰岩夹页岩，大于 15.6 m。

南盘江段是介于穿洞段、上双河段间的碳酸盐岩。在西冲、回龙村、宜武田一带为半闭塞沉积环境产物，以白云岩为主，含植物、鱼类、介形类、珊瑚等化石；桃园、柿花营、盘溪地区，为正常浅海相沉积，为灰岩、泥灰岩夹泥岩或介壳灰岩，含腕足类、珊瑚、牙形石、竹节石等化石。建组剖面所获的：*Stringocephalus burtini*，*S. obesus*，*Acrothyris kwangsiensis*，*A. nanpanjiangensis*，*Bornhardtina* ex gr. *uncitoides*，*Grypophyllum tenue*，以及其他地区所获的鱼类、植物等，皆为中泥盆世晚期或中泥盆世重要分子。

【其他或问题讨论】 南盘江段的时代问题，历来有争论：孙云铸（1945）、顾知微（1949）认为属早泥盆世晚期；王鸿祯（1948）认为是中泥盆世早期，并与坡脚页岩对比；方润森（1963）、侯鸿飞等（1964）、严克明（1964）、王维（1965）等认为属 Givetian 期；近年侯鸿飞（1988）又认为有可能部分对比为 Eifelian 阶；沈权（1991）在曲靖柿花营剖面采到竹节石、牙形石，认为属 Eifelian 阶。

上双河段 D_2^s （53－0837）

【创名及原始定义】 云南二区测队八分队（1978）创立的上双河组的改称。地点在沾益上双河村西侧山坡上。为褐灰、褐黄、土黄色细粒石英杂砂岩夹细、中粒石英砂岩与褐红、桔黄色砂质泥岩，底部以一层最厚可达 51 m 的灰色白云岩夹白云质泥岩与穿洞组整合接触。

【沿革】 本段包括在方润森（1963）曾划的海口段内；张欣平（1966）把方氏海口段下部灰岩引称南盘江组，中、上部仍用海口组；云南二区测队八分队（1978）将张氏的南盘江组和海口组下部之杂色砂泥岩合起来创建上双河组；段新华（1979）又把上双河组下部白云岩命名为下双河组，上部仍保留上双河组。本书基本采用段氏的划分方案，改组为段，归入西冲组。

【现在定义】 为一套"杂色层"。中下部由褐灰、褐黄、土黄色细粒石英杂砂岩与褐黄、桔黄、黄绿色砂质泥岩不等厚互层；上部以米黄—灰白色细—中粗粒纯石英砂岩为主夹泥质粉砂岩。含鱼类、植物、双壳类、介形类化石。下与南盘江段整合接触；上与宰格组连续沉积，顶、底界线清楚。

【层型】 正层型是沾益西冲（含上双河村）剖面（103°44′，25°35′）。云南二区测队八分队（1978）测制。

上覆地层：宰格组 黑灰、烟灰色含泥质粉晶白云岩

——————— 整 合 ———————

上双河段 总厚度 377.8 m

10. 灰白、灰黄色泥质粉砂岩夹薄—中层状细粒纯石英砂岩，含植物 *Knorria* sp.，*Lepidodendropsis* sp.，*Protolepidodendron scharyanum*；胴甲类 *Bothriolepis* sp. 29.7 m

9. 米黄、灰白色厚层—块状中粒夹细粒、中粗粒砂糖状纯石英砂岩。含植物 *Knorria* sp.，*Taeniocrada*? sp. 17.1 m

8. 米黄、灰白色泥质粉砂岩与含粉砂细粒石英砂岩不等厚互层，互层厚 6～40 cm 不等。含胴甲类 *Bothriolepis* sp.，*Hunanolepis* sp.；植物 *knorria* sp.，cf. *Protolepidodendron scharyanum*，cf. *Barrandeina dusliana*，*Lepidodendropsis* sp. 12.1 m

7. 灰、灰白、棕黄色细粒夹中粒砂糖状纯石英砂岩，含植物 *Knorria* sp.，*Lepidodendropsis* sp.；胴甲类 *Bothriolepis* sp.；双壳类 *Paracyclas* cf. *erecta*，*P.* cf. *pauper*，*Modiomorpha* sp.，*Sphenotomorpha* sp. 45.5 m

6. 褐灰黄色细粒石英杂砂岩夹中粒石英杂砂岩与褐红色砂质泥岩。含胴甲类 *Bothriolepis* sp.；植物 cf. *Protolepidodendron* sp.，*Lepidodendropsis* sp.，cf. *Barrandeina dusliana*；双壳类 *Limopteria* cf. *nodosa*，*Paraphtonia semilevis* 126.8 m

5. 褐红、绿黄色砂质泥岩与褐黄色细粒石英砂岩不等厚互层，含植物 *Taeniocrada* sp.，*Lepidodendropsis* sp.，*Barrandeina dusliana* 71.9 m

4. 褐黄灰、土黄色细粒石英砂岩与黄绿、灰色粉砂质泥岩互层，中、上部夹一层褐红色砂质泥岩，含植物 cf. *Barrandeina dusliana*，*Protolepidodendron scharyanum*，*Knorria* sp.；介形虫 *Leperditia hemicycloidis* 32.0 m

3. 灰紫、褐红色夹桔黄色砂质泥岩，桔黄、褐黄色泥质粉砂岩、细砂岩 42.7 m

——————— 整 合 ———————

下伏地层：南盘江段 白云岩夹白云质泥岩

【地质特征及区域变化】 海陆交替相沉积。砂岩与砂质泥岩间互呈韵律性。整个段沉积物由下向上变粗，即泥岩渐少、砂岩增多。生物化石：*Protolepidodendron scharyanum*，*Lepidodendropsis* sp.，*Barrandeina duslina*，*Bothriolepis* sp.，*Limopteria* cf. *nodosa*，*Leperditia hemicycloidis* 等常见。时代为中泥盆世。

零散出露于曲靖、陆良、盘溪一带。曲靖张家营，上部为页岩夹粉砂岩、少量泥灰岩，下

部为细粒石英杂砂岩、长石杂砂岩，厚 91 m 以上；陆良—路南一带，为砂岩、砾岩，厚约 3～37 m；弥勒西龙宣武田，为粉—细砂岩夹杂色泥岩，厚 50 m；嵩明回龙村一带，为暗红、灰色不等粒磷块岩屑石英砂岩夹浅肉红色细粒长石岩屑石英砂岩，底部为粉砂质泥岩，厚 39 m。

该段在牛头山古岛之西以陆相沉积为主，下与南盘江段、上与宰格组连续沉积；古岛之东，以海相沉积为主，下与南盘江灰岩段连续沉积，或呈不整合超覆在牛头山组、昆明群之上，上与曲靖组连续沉积。

东立吉组　D_1d　(53-0845)

【创名及原始定义】　由方润森（1976）创名于元江县东立吉。灰白色石英砂岩，有时夹少许黑色页岩，厚 70 至 290 余米。以含植物为主，也含少量无铰纲腕足类，计有 *Lepidodendropsis? arborescens*，*Lingula* aff. *sulcatifera* 等。从层序上看与文山、广南一带的达莲塘组同期异相，相当于广西的四排阶。

【沿革】　广西地质局（1965）编写的 1∶100 万凭祥幅地质图说明书划为郁江阶；云南二区测队八分队（1969）划为翠峰山组及坡脚组；曹仁关等（1973）将八分队坡脚组的 28～30 层划为曲靖组海口段，其下仍沿用；方润森（1976）把相当曹氏的海口段命名为东立吉组，代表早泥盆世四排期沉积；云南区调队三分队①（1993），将前人的坡脚组分为二部分，上部引用穿洞组，下部引用翠峰山组；此次清理将该套难以分割的岩石地层，采用东立吉组，扩大原东立吉组之含义，代表下泥盆统。

【现在定义】　以灰、灰白色中至厚层、局部块状及薄层之细—中粒石英砂岩为主，夹灰黑色粉砂岩和黑色页（泥）岩。含腕足类、植物、鱼类等化石。下与玉龙寺组呈平行不整合接触，以页岩消失，石英砂岩出现分界；上与古木组整合。用以代表元江、建水一带下泥盆统。

【层型】　正层型为元江县东立吉—笼孔剖面（102°13′，23°34′）。云南二区测队八分队（1969）测制。

【地质特征及区域变化】　为一套滨岸碎屑岩沉积。由单层厚薄不等的细—中粒石英砂岩、含岩屑细粒石英砂岩夹粉砂岩、粉砂质页岩、页岩组成，大致可归纳为 6～7 个由砂岩—砂、页岩构成的正向半旋回。总的趋势由下往上页岩减少，砂岩递增。砂岩以平行层理为主，顶部出现板状交错层理；泥（页）岩水平层理发育。岩层中蠕虫钻孔普遍可见。生物化石有：*Lingula sulcatifera*，*Acrospirifer tonkinensis*，*Dicoelostrophia* sp.，*Asiacanthus* cf. *kaoi*，*Lepidodendropsis? arborescens* 等，含早泥盆世的特征分子。

该组见于元江、建水一带，以东立吉发育最全，向东超覆于震旦—奥陶系之上。石屏双阱，为中—粗粒石英砂岩夹钙质页岩、绢云板岩及砂砾岩，厚 151 m；石屏他腊，下部为泥质页岩夹少量细粒石英砂岩，上部为细—中粒石英砂岩夹页岩，底部为厚层细粒石英砂岩，总厚 310 m，获 *Dechenella macrocephala*，*Gravicalymene malungkaensis*，*Zosterophyllum yunnanicum*，*Z. longhuashanense*，*Erbenoceras* sp.，*Howellella* sp. 等；建水石关山一带，为细—中粒石英砂岩，底部夹深灰色页岩，顶部为砂岩、页岩互层，厚 63 m。

综上所述，该组以碎屑岩为主，顶界为古木组灰岩，底界自西向东超覆于玉龙寺组、巧家组、澄江组之上，厚度亦随之变薄；据生物化石及层位推测，西部几乎包括整个下泥盆统，

---

① 云南区调队三分队，1993，1∶5 万元江幅地质图说明书（内刊）。

东部地区只相当下泥盆统顶部层位。

【其他】 建水—元江一带，地处扬子、东南两地层区过渡部位，岩石地层有一定变化，地层单位名称采用两地层区的都不尽人意。如下泥盆统地层单位名称的选用，就存在不同认识：有人主张用扬子地层区的翠峰山组，本书认为那里主要是一套红色碎屑岩系，且局部夹泥灰岩、泥晶灰岩，含鱼形动物及植物化石，差异较大，不宜选用。也有人主张采用滇东南地层区的一套名称，就生物群性质而言，基本一致；然而，岩性差别甚大，坡脚组以页岩为主，元江地区含相同生物群的却是一套石英砂岩夹少量页岩，且与其下相当坡松冲组含鱼化石的砂岩不易分开，亦不宜勉强套用。故采用东立吉组一名，扩大原含义使用。

箐门组 *Dqm* (53-0830)

【创名及原始定义】 贵州石油指挥部（1972）创名于昭通箐门附近。原含义指含东京石燕的坡脚组之上，与产鹗头贝层之下的一套以砂岩为主的岩层。

【沿革】 李承三等（1940）划为下泥盆统下部（A层内）；柴登榜等（1942）划为中泥盆统广西系（1层内）；方润森（1963）归中泥盆统坡脚组；创名后，鲜思远等（1974）在箐门组的下部发现一套含四排期生物群地层，将其分解出来建立边箐沟组，其上又建缩头山组，并分为水井边段和三岔路段；云南二区测队七分队（1978）将鲜氏的三岔路段改称缩头山组，水井边段称箐门组，其下为边箐沟组。此次清理把云南二区测队七分队所称边箐沟组与箐门组合并称箐门组。

【现在定义】 灰绿、黄绿、黄灰色泥岩为主，及砂质泥岩、粉砂岩夹泥质条带灰岩、灰岩，局部互层。含珊瑚、腕足类等化石。下与坡脚组砂岩，上与缩头山组石英细砂岩均呈整合接触。

【层型】 正层型为昭通县箐门边箐沟剖面（103°48′，27°23′）。鲜思远等及中科院南古所西南队泥盆系研究组（1974）重测。

【地质特征及区域变化】 灰岩、泥岩、粉砂岩不等厚互层。泥岩、粉砂岩占70%以上；灰岩不足30%，且局部呈透镜状产出。由下往上灰岩渐少，泥岩、粉砂岩渐增，至上部被粉砂岩、泥岩所取代。生物化石丰富，以腕足类、珊瑚为主，偶见三叶虫、鹦鹉螺类及竹节石等。其中 *Xenospirifer fongi*，*Acrospirifer lungmenshanensis*，*Kwangsia* cf. *yohi*，*Euryspirifer* cf. *shujiapingensis*，*Athyrisina squamosa*，*A. yohi*，*Subcuspidella trigonata* 及 *Nowakia sulcata* 等，为我国南方早泥盆世晚期—中泥盆世早期特有化石。

主要分布昭通以北地区，宁蒗一带亦有出露。大关吉利铺以页岩为主夹少量灰岩、白云岩，底部为一层含铁白云岩，厚155 m。获 *Acrospirifer* aff. *medius*，*Otospirifer shipaiensis*，*Nadiastrophia pattei* 等腕足类化石。大关岔河下部以灰岩为主夹少量页岩，中上部以泥质白云岩为主夹少量页岩，厚64 m。获腕足类 *Acrospirifer* cf. *medius*，*Euryspirifer paradoxus shujiapingensis*。彝良钟鸣以灰绿、灰黑色页岩为主，夹粉砂岩、生物灰岩及泥质白云岩，厚153 m。获腕足类 *Acrospirifer cheehiel*，*A. fongi*，*Athyrisina uniplicata*；珊瑚 *Calceola sandalina nanningensis*。彝良克布一带，底部为含碳泥质生物灰岩，其上为绢云页岩、钙质页岩，厚136 m。获腕足类 *Acrospirifer* cf. *fongi*，*Nadiastrophia patti*，三叶虫 *Dechenella liujingensis* 等；昭通炎山小屋角为泥质砂岩、粉砂岩，厚143 m。获 *Eospiriferina lachrymosa*，*Nadiastrophia* cf. *shujiapingensis*。宁蒗大槽子一带下部为生物灰岩与页岩不等厚互层；上部为灰岩、生物灰岩夹泥灰岩、泥质灰岩，顶部为黑灰色页岩，总厚266 m。获腕足类 *Acrospirifer fongi*，*Athyris* cf. *subplana*；珊瑚 *Pseudomicroplasma* sp.，*Squameofavosites* sp. 等，时代为中泥盆

世早期。

该组为一穿时岩石地层单位，滇东北地区跨早泥盆世晚期到中泥盆世早期；宁蒗大槽子仅限于中泥盆世早期。

【其他】 在彝良附近的茅坝，该组底部夹菱铁矿透镜体，矿层最厚可达2.5 m；彝良克布、寸田一带，顶部普遍夹鲕状赤铁矿层。

缩头山组 D_2st (53-0829)

【创名及原始定义】 鲜思远等(1974)创名于昭通县箐门之缩头山附近。指含四排期生物的边箐沟组(泥页岩夹泥灰岩、灰岩)之上，与华宁组海口段之下的一套泥岩、灰岩及砂岩地层。分上部三岔路段和下部水井边段。

【沿革】 李承三等(1940)划为下泥盆统上部(B)；柴登榜等(1942)划为中泥盆统广西系(2—3层)；方润森(1963)划中泥盆统海口段；贵州石油指挥部①(1972)统称箐门组；中科院南古所西南队泥盆系研究组(1974)称昭通组第一段；同年鲜思远等创名缩头山组并分为水井边段和三岔路段；云南二区调队七分队(1978)把鲜氏的三岔路段叫缩头山组。本书同意云南二区调队七分队的划分方案。

【现在定义】 灰白、灰黄色较纯净的石英细砂岩，偶夹粉砂岩、砂质泥岩。含植物等化石。下与箐门组整合，以砂岩首现为标志；上与红崖坡组连续沉积，以白云岩或白云质灰岩出现划分。仅相当原含义的三岔路段。

【层型】 正层型为昭通县箐门边箐沟剖面(103°48′，27°23′)。由中科院南古所西南队泥盆系研究组(1974)测制，廖卫华等(1979)正式发表。

【地质特征及区域变化】 该组以细粒石英砂岩为主，质地纯净，分选性及磨圆度良好，大多可作玻璃原料。自下而上是纯净石英砂岩—砂岩夹粉砂岩、泥岩—纯净石英砂岩的完整旋回。仅获 *Hostimella* sp. 等植物化石。

该组分布广泛，除滇东北外，宁蒗大拉坝—华坪一带亦可见及，各地岩性、厚度有些变化。昭通以北的吉利铺、岔河、钟鸣、克布等地，石英砂岩为主，偶夹粉砂岩、粉砂质泥岩，厚78～440 m，下与箐门组，上与红崖坡组皆为整合，在地貌上往往形成连绵不断的陡崖。昭通小屋角、巧家大包厂、小坡头、十里坪为岩屑砂岩、不等粒石英砂岩、石英杂砂岩夹粉砂岩、页岩，厚27～73 m，平行不整合于坡脚组之上，伏于红崖坡组之下。华坪龙洞河、宁蒗昔腊坪、大槽子一带，为粉砂岩、砾岩、砂砾岩或不等粒砂岩与页岩不等厚互层，厚30～141 m。分别平行不整合于沧浪铺组、红石崖组之上，或整合于箐门组之上，伏于烂泥箐组之下。

该组层位稳定，岩性基本一致，上下界清楚，近康滇古陆边缘往往形成超覆，远离则为正常连续沉积；厚度变化大，厚可达440 m，薄仅4.6 m；生物化石少，且缺标准属种，借助上、下层位归属中泥盆世早期。

【其他】 在昭通箐门、巧家一带、武定鱼子甸地区、华坪龙洞、永胜拉古得等地区于中下部或底部夹鲕状赤铁矿层或含铁砂岩层。

红崖坡组 D_2hy (53-0828)

【创名及原始定义】 云南二区调队七分队(1978)创名于昭通县箐门附近的红崖坡。连续沉积于缩头山组之上，整合于含 *Stringocephalus* 的曲靖组之下，为一套以滨—浅海相为主的氧化环境下的细碎屑及碳酸盐类沉积，以大量的红色沉积和含丰富的鱼化石碎片为其特征。

---

① 贵州石油指挥部，1972，广西北流隆林、云南广南、昭通、贵州普安独山等地地层柱状剖面图及对比表(未刊)。

【沿革】 李承三等（1940）划为中泥盆统下部（C）；柴登榜等（1942）称广西系（4—7层）；方润森①（1963）划为中泥盆统海口段的上部及婆兮段的下部；中科院南古所西南队泥盆系研究组②（1974）称昭通组二、三段；创名后，廖卫华等（1979）在“西南地区几个泥盆系基础剖面的论述”中采用昭通组。本书认为该组岩性特征明显，分布较广，仍采用红崖坡组。

【现在定义】 一套杂色岩层。由紫红、黄绿色粉砂岩、页（泥）岩夹白云质灰岩组成。获鱼类及腹足类化石。下与缩头山组整合，以白云质灰岩出现划分；上与曲靖组连续沉积，以杂色层结束，生物灰岩出现分界。

【层型】 正层型是昭通县箐门边箐沟剖面（103°48′，27°23′）。中科院南古所西南队泥盆系研究组（1974）测制。廖卫华等（1979）正式发表。

【地质特征及区域变化】 由白云质灰岩—砂、泥岩两个旋回所组成。下旋回厚约160 m，上旋回厚约80 m，各旋回的上半部分韵律层发育。杂色为该组最特征的标志。生物化石稀少，获：*Lepidodendropsis arborescens*，*Psilophyton* sp.，*Protolepidodendron* sp.，*Leperditia* sp.，*Lingula* sp. 等。

该组在滇东北分布较广泛，向北延入四川境内。各地岩性相近。彝良鸣钟一带为页岩、粉砂岩、砂岩夹白云岩及灰岩，中下部普遍夹紫红色层，厚约80 m；巧家大包厂一带为紫红、灰绿色泥岩与白云岩、微粒灰岩不等厚互层，厚69 m，获 *Bothrilepis* sp.；巧家小坡头为紫红色厚层泥质石英杂砂岩夹浅灰、灰绿色中—厚层状粉晶白云岩及少量灰绿色粉砂质泥岩、粉晶灰岩，厚41 m；禄劝大河边，上部为杂色页岩夹泥灰岩和砂岩，下部为杂色白云岩夹页岩，厚190 m。

该组横向变化不大，但碳酸盐岩夹层多寡不一，厚普遍不足100 m，最薄仅20 m；生物化石少，具中泥盆世色彩。

曲靖组　D_2q　（53-0834）

【创名及原始定义】 Grabau（1923—1924）创名于曲靖，原称曲靖群。由灰岩、泥质灰岩和页岩组成，含 *Stringocephalus*，*Schizophoria*，*Atrypa*，*Emanuella* 等化石。时代属中泥盆世晚期。

【沿革】 曲靖群及婆兮群，最早见于Grabau（1923—1924）所著《中国地质史》一书。曲靖群包括东山石灰岩（据丁文江所测曲靖东山剖面）和诗兴山层（禄劝）；孙云铸（1945）用曲靖层代表滇东中泥盆统上部，用婆兮层代表Eifelian上部；王鸿祯（1956）用东山层、婆兮层、龙华山砂岩代表中泥盆系；曹仁关等③（1973）把前人的曲靖层、婆兮层或东山层、婆兮层归于曲靖组的曲靖段；中科院南古所西南队泥盆系研究组（1974），用华宁组婆兮段代表前人划分的两部分地层。本书认为前人早已发现，所谓婆兮组和曲靖组的岩性和生物组合特征基本一致，都是中泥盆世晚期沉积，而采用曲靖组一名。

【现在定义】 指上双河段碎屑岩之上，一打得组页岩之下的一套碳酸盐岩。深灰、灰、褐灰色中—厚层灰岩、泥质灰岩、泥灰岩夹白云岩、白云质灰岩、层孔虫珊瑚礁灰岩及少量页岩。含丰富的腕足类、珊瑚、层孔虫及竹节石等化石。与上、下层位皆为整合，界线清楚。

---

① 方润森，1963，云南东部泥盆纪地层。载：中国地质学会云南省分会著，1963年首届学术年会论文选集，区域地质、地层古生物部分，67—68（内刊）。
② 中科院南古所西南队泥盆系研究组，1974，西南地区的泥盆系（油印本）。
③ 曹仁关等，1973，云南元江、石屏、建水一带泥盆纪地层初步观察，云南地质科技情报，（2）：13—27（内刊）。

【层型】 选层型为华宁盘溪剖面（103°06′，24°16′）。方润森1963年测制。

【地质特征及区域变化】 选层型剖面上，以灰岩、泥质灰岩和泥灰岩为主，夹3～4层白云质灰岩、白云岩，局部夹生物层及球状层孔虫礁灰岩。生物以腕足类、珊瑚、层孔虫极为丰富，还有竹节石等。其中 *Stringocephalus burtini*，*S. obesus*，*Bornhardtina burtiniformis*，*B. modica*，*Temnophyllum poshiense*，*T. waltheri*，*Neospongophyllum tabulatum*，*Nowakia otomeri* 等为中泥盆世晚期的特征分子。

该组广泛分布于曲靖、路南、盘溪、元江一带，及滇东北地区，禄劝保乌哈、武定绿水塘亦有小面积出露。曲靖桃园以泥（粉）晶灰岩为主夹钙质页岩及砂岩，厚184 m；陆良新庄，顶部为中厚层泥灰岩、生物灰岩，中部为厚层—块状白云岩，底部为中厚层白云岩夹角砾状白云岩，厚227 m。路南维则一带，为生物屑藻屑灰岩、层孔虫灰岩、层孔虫白云岩、生物灰岩组成，厚大于580 m。弥勒大麦地—小起飞—十万村一带，为浅灰色中厚层—块状微晶—细晶灰岩、白云质灰岩夹钙质白云岩，厚500 m以上。元江东立吉一带，为中厚层—厚层灰岩夹泥质灰岩及一层细粒长石石英砂岩。滇东北地区，箐门剖面上为生物灰岩、白云质灰岩、钙质页（泥）岩夹灰岩、泥灰岩及少量砂岩，厚456 m；其余各地厚仅35～289 m，局部尚夹不稳定煤层。禄劝保乌哈、茶花箐、武定绿水塘一带，下部为生物灰岩、瘤状灰岩、泥灰岩，局部夹泥砂岩，上部为砂岩、泥质粉砂岩与粉砂质泥岩、泥岩不等厚互层，厚30～150 m。

综上所述：本组除靠近古陆边缘夹砂泥岩外，绝大部分地区为生物灰岩、泥质灰岩、泥灰岩夹泥岩和白云质灰岩等；而路南维则向西南至十万村一带，以厚层—块状灰岩、白云质灰岩夹白云岩为特征，宏观岩性显现差异。生物化石作为岩石地层的组分，给该层位增添了良好标志。各地厚度相差悬殊，厚者达1 031 m，薄者仅30余米，总趋势由东向西变薄。

该组在滇东北地区介于红崖坡组与在结山组之间；曲靖—元江一带覆于上双河段之上，整合伏于一打得组之下，或被炎方组平行不整合超覆。

【其他或问题讨论】 该组命名的曲靖东山剖面不完整，后来测制的曲靖青龙镇剖面或曲靖桃园东山剖面也均不理想，孙云铸（1945）又以华宁盘溪剖面为基础，对滇东泥盆系提出新的划分方案，因此以曲靖一带剖面为代表的意见逐渐被放弃，由知名度颇大的盘溪剖面所取代。

一打得组 Dy (53-0833)

【创名及原始定义】 由孙云铸（1945）创立的“一打得群”演变而来。地点在弥勒县鱼他得（一打得为音误）。下部为页岩及泥质灰岩，上部为厚层状不纯灰岩，顶部除产：*Manticoceras* 外，还有 *Yunnanellina*，*Tenticospirifer* 及 *Hypothyridina* 等，厚100～350 m，属Frasnian期沉积。

【沿革】 孙云铸（1945）对滇东泥盆系提出新的划分意见，将上泥盆统建立“一打得群”；云南地质厅石油队六分队①（1961），将孙氏的一打得群划分为“上一打得组”及“下一打得组”；王钰等（1964）依据化石认为顾知微（1949）所测盘溪剖面24—27层有属中泥盆世晚期的可能；中科院南古所西南队泥盆系研究组（1974）亦将原底界上提约百余米，并改称弥勒组一打得段（相当顾氏剖面25层上部及以上层位）。本书从岩性组合特征出发，把前人所划分的下一打得组，称一打得组。

【现在定义】 深灰、灰色页岩与同色泥灰岩（或钙质页岩）不等厚互层，上部夹少量细

---

① 云南地质厅石油地质队六分队，1961，滇东中南部泥盆纪地层及其含油性专题研究报告（未刊）。

一粉砂岩。含腕足类、植物等化石。下与曲靖组连续沉积，以页岩出现为底；上与在结山组整合，以页岩结束，厚层泥质灰岩初现为界。

【层型】 正层型为华宁盘溪剖面（103°08′，24°16′）。方润森1963年重测。

【地质特征及区域变化】 现称的一打得组，由页岩与泥灰岩交替互层所组成，生物化石以腕足类最丰富，还有少量珊瑚、竹节石、植物、鱼类、双壳类。常见 *Nudirostra deprati*，*Paurorhyncha depressa*，*P. squamosa*，*Camarotoechia* sp. 及 *Lepidodendropsis* sp.。中科院南古所西南队泥盆系研究组（1974）尚获有 *Stringocephalus burtini*，*Grypophyllum temue* 等，皆系中晚泥盆世重要分子。

该组分布局限，仅见于陆良—盘溪一带。在鱼他得南北约30 km内，岩性如剖面所述，非常稳定。大致在路南断裂以东属较深水沉积：弥勒土瓜黑—十万村，为硅质岩、页岩，厚6～50 m；陆良戈衣、路南维则、糯黑一带，以页岩及薄板灰岩、泥灰岩为主，偶夹泥质白云岩、角砾状灰岩，厚160～250 m。各地所获生物与盘溪类似。过去根据生物划分地层，中上泥盆统界线没有一个相对固定位置。原因在于各研究者强调某些生物的出现或消失。现一打得组是以页岩为主的岩石地层，顶、底界线清楚，含有中、晚泥盆世标准化石，为一跨时的岩石地层单位。

在结山组 D_3zj (53-0832)

【创名及原始定义】 方润森（1963）创名于弥勒县在结附近。指一打得组之上的一套白云岩夹灰岩，含腕足类 *Cyrtospirifer* sp. 及层孔虫等，和湖南的锡矿山组对比。

【沿革】 云南地质厅石油地质队六分队（1961），首次在孙云铸创立的一打得群之上，划分出“白云岩组”（白云岩夹泥灰岩、灰岩，144 m）；方润森（1963），将与之大致相当的层位仍用宰格组；云贵石油勘探处104队①（1964）曾命名为“在结组”；昆明工学院地质系②（1966），曾提到“在结山组”由方润森等（1963）创立；继后曹仁关等（1973），云南二区测队（1975），云南地层表等皆采用在结山组。此次对比研究，从岩石组合特征出发，扩大范围，把前人划分的“上一打得组”与原“在结山组”合并，采用在结山组。

【现在定义】 一套不纯的碳酸盐岩。下部以灰、深灰色厚层泥质灰岩、灰岩为主，夹少量泥灰岩、白云岩；上部为灰、浅灰及灰黄色厚层灰岩与白云岩、白云质灰岩不等厚互层。含腕足类、珊瑚、层孔虫等化石。下与一打得组整合，以灰岩始现为其底；上与炎方组呈平行不整合接触，以一层厚薄不定棕红色杂砂岩出现为其顶。

【层型】 正层型为华宁盘溪剖面（103°08′，24°16′）。方润森1963年测制。

【地质特征及区域变化】 由下往上为开阔渐趋半闭塞环境沉积。下部泥质灰岩与泥灰岩呈韵律出现，韵律层厚23～100 m不等，生物以腕足类最繁盛，珊瑚次之；上部白云岩与灰岩互层，每33～106 m往复一次，生物以层孔虫为特色。重要化石如：*Cyrtospirifer* sp.，*Emanuella takwanensis*，*Productellana alpha*，*Tenticospirifer tenticulum*，*T. vilis*，*Yunnanellina* sp. 等，常见于晚泥盆世地层中。

该组分布于曲靖、陆良、建水一带及昭通地区。昭通箐门一带，以灰、黑灰色中厚层—厚层白云岩为主，底部夹少量灰岩及页岩，顶部为灰岩夹硅质岩，厚609 m；其他地区岩性相近，厚100～250 m，最薄者仅41 m。

曲靖张家营，下部为红灰色厚层—块状白云岩，上部为生物灰岩、灰岩夹泥灰岩，厚113

---

① 云贵石油勘探队104队，1964，黔南泥盆系地层含油性研究报告（内刊）。
② 昆明工学院地质系，1966，云南东部泥盆系的研究状况（内刊）。

m。

陆良戈衣一带，由灰色厚层—块状角砾状灰岩与浅灰色薄—中层状泥质灰岩不等厚互层显示出清楚的韵律，单层厚 22～60 m，总厚 232 m。

建水鸭塘山上、下部为隐晶灰岩、生物灰岩夹白云岩，中部以白云岩为主夹微粒灰岩，厚 774 m。

元江东立吉底部为白云岩，其上为灰岩、白云质灰岩不等厚互层，厚 502 m。

此外，在富源白水—陆良召垮一线以东的戈白、石头寨、高桥、水塘等地断续出露一套白云质灰岩、灰岩、白云岩地层，不整合覆于牛头山组之上，上被万寿山组平行不整合超覆，厚大于 423～517 m。在相当中下部层位采到 *Keriophyllum*、*Cyathophyllum*、*Thamnopora*、*Caliapora*、*Scoliopora*、*Temnophyllum*、*Schizophoria*、*Atrypa* 等，顶部产丰富的 *Leperditia* sp.，时代属中—晚泥盆世。岩性与在结山组相近，亦暂归该组。

该组主要是一套白云岩、灰岩，个别地方出现砾状灰岩、泥质灰岩。除盘溪一带覆于一打得组之上，其余地区直覆曲靖组之上或不整合于牛头山组之上。上被万寿山组或梁山组平行不整合超覆，局部与炎方组连续沉积。厚 41～774 m，大部地区时限为晚泥盆世，局部跨中晚泥盆世。

【其他】 在结山组的时代尚有不同认识，中科院南古所西南队泥盆系研究组（1974）从该组产的珊瑚、层孔虫等分析，认为它的上限不超过 Frasnian 期。应属晚泥盆世早期沉积。

炎方组 DC*y* （53－0752）

【创名及原始定义】 云南省区域地层表编写组（1978）创名于云南省曲靖市炎方。原始定义：指平行不整合于宰格群之上产假乌拉珊瑚的深灰、浅灰色中厚层含泥质灰岩、燧石团块灰岩夹白云质灰岩。时代杜内晚期。

【沿革】 王鸿祯（1945）泛称滇东石炭系为下白云岩。杨敬之等（1962）称下石炭统。贵州地质局 108 队（1973）称大塘组与宰格群之间这段地层为岩关组，与宰格群为平行不整合接触。云南区调队七分队（1978）、云南区调队八分队（1980）分别称岩关阶和岩关组，认为与上泥盆统连续沉积。云南省地矿局（1990）划分为上部汤粑沟组，下部灰岩组，也认为与上泥盆统连续沉积，时代 Tournaisian 早期—晚期。同年，王增吉等（1990）改原炎方段为炎方组，含义如故。清理后的炎方组，较原炎方段的含义范围有所扩大，其上界不变，下界移至泥质灰岩夹白云质灰岩或夹白云岩结束，宰格组大套白云岩始现，系一包含部分晚泥盆世沉积的跨时岩石地层单位。

【现在定义】 平行不整合于万寿山组碎屑岩之下，整合于宰格组白云岩之上，一套深灰、灰黑色及浅灰、灰色中厚层、厚层—块状灰岩、泥质灰岩、含燧石结核灰岩、结晶灰岩，夹白云质灰岩、白云岩。

【层型】 正层型为曲靖沾益炎方剖面（104°03′，25°55′）。贵州地质局 108 队 1973 年测制。

上覆地层：万寿山组　深灰色含碳质、粉砂质、钙质泥岩夹泥灰岩

——————— 平行不整合 ———————

炎方组　　总厚度 73.14 m

14—13. 深灰色中厚层泥质灰岩夹蠕虫状灰岩。产 *Pseudouralinia gigantea*、*Humboldtia* sp.，*Neozaphrentis* sp.　　10.82 m

12. 深灰色厚层夹薄层灰岩，含燧石团块。产 *Neozaphrentis* sp.，*Kueichoupora* sp. 0.83 m

11. 浅灰色中厚层中粒白云岩，含燧石团块 7.51 m

10. 浅灰色中厚层含燧石团块灰岩夹泥质灰岩。产 *Cystomichelinia* sp.，*Fusella* cf. *taidonensis*，*F.* cf. *tornacensis* 6.57 m

9. 灰黑色中厚层含燧石团块灰岩产 *Caninia* sp.，*Kueichoupora* cf. *multispina*，*Barrandeophyllum* sp. 7.40 m

8. 灰黑色中厚层细晶灰岩 1.82 m

7. 灰色中—厚层泥质灰岩，往上为致密灰岩 27.05 m

6. 灰、深灰色薄层结晶灰岩，上部含泥质，下部产 *Cavellina* sp.，*Bairdiacypris* sp. 11.14 m

———— 整 合 ————

下伏地层：宰格组 细晶白云岩

【地质特征及区域变化】 主要分布于昭通、宣威、曲靖、富源、嵩明、罗平、砚山、西畴境内。

区域岩性比较稳定，为深色泥质灰岩、生物碎屑灰岩，夹白云质灰岩、白云岩。含燧石结核。属开阔台地相。砚山、西畴境内为深灰色结晶灰岩，不含燧石结核。主要为珊瑚，次有腕足类、介形类等。代表性属种是：*Pseudouralinia gigantea*，*P.* cf. *tangpakouensis*，*Siphonophyllia cylindica scoulur*，*Humboldtia* sp.；"*Cyterella*" *intumescene*，*Leperditia subquadrata*；*Schuchertella gueichouensis*，*S. magna* 等。沉积厚度、接触关系也有一定变化。厚一般小于 100 m。罗平、曲靖、宣威、昭通一带，厚 11～73 m，整合覆于宰格组之上，以早石炭世沉积为主，含部分晚泥盆世沉积。至砚山、西畴沉积相对增厚达 170.4 m，平行不整合于革当组之上，可能缺失早石炭世早期沉积。地质时代为晚泥盆世—早石炭世早期。

万寿山组 C_1w (53-0751)

【创名及原始定义】 边兆祥[①] (1940) 创名万寿山煤系于云南宜良县城北西约 21 km 的万寿山。原始定义：下部石英岩、石英砂岩为主，夹少量页岩及一层煤；上部灰绿色及黑色页岩为主，夹薄层砂岩及煤层。主要煤层在下部石英砂岩之上，上部页岩之下，平均厚 1.5 m。与上覆西山石灰岩，下伏宰格石灰岩，均呈整合接触。

【沿革】 王鸿祯 (1945) 含西山石灰岩在内，统称下含煤建造。杨敬之等 (1962) 谓上司—旧司段。云南二区测队七分队 (1973) 用万寿山段一名。贵州地质局 108 队 (1973)、云南二区测队二分队 (1976) 将其归于大塘组底部。云南区调队七分队 (1978) 称旧司段。云南省区域地层表编写组 (1978) 称万寿山段。云南地矿局 (1990) 改称万寿山组。昆明地质学校[②] (1991) 根据其中古生物，将万寿山组一分为二，上部称大塘组旧司段，下部称万寿山组。清理后的万寿山组与边氏万寿山段含义基本一致，略作修正补充。

【现在定义】 指整合于梓门桥组之下，平行不整合于宰格组之上的灰色石英砂岩、粉砂岩、碳质页岩夹煤层、煤线，及灰绿、紫红色铝土岩（矿）、铝土质页岩。夹灰岩、硅质岩。

【层型】 正层型为云南宜良万寿山剖面 (103°05′，25°08′)。边兆祥 1940 年测制。

上覆地层：梓门桥组 灰岩

———— 整 合 ————

① 边兆祥，1940，云南宜良嵩明间大煤山煤田，地质汇报，33 号，51—58（内刊）。
② 昆明地质学校，1991，1∶5 万路南幅区域地质调查报告（内刊）。

万寿山组　　　　总厚度 45.4 m

9. 页岩夹灰岩	8.0 m
8—6. 灰绿、灰黑色页岩为主，夹薄层砂岩及 0.3 m 煤层	14.3 m
5. 煤层	1.5 m
4. 石英岩、石英砂岩，夹少量页岩。含 *Lepidodendron* sp.，*Stigmaria* sp.	10.0 m
3. 煤层	0.6 m
2. 石英岩、石英砂岩，夹少数页岩	10.0 m
1. 页岩	1.0 m

——————— 平行不整合 ———————

下伏地层：宰格组　结晶灰岩（白云岩）

【地质特征及区域变化】　分布遍及滇东，以宜良万寿山至嵩明四营，昭通、镇雄一带发育最好。文山、西畴境内，只零星出露。系滨海沼泽至浅海相含煤、铁铝质碎屑沉积，夹薄层碳酸盐岩。或全为不含煤的砂页岩。含珊瑚 *Thysanophyllum* cf. *circulocysticum*，*Kueichouphyllum sinense*，*Arachnolasma scrobiculatus*，*Dibunophyllum sinense*；腕足类 *Megachonetes zimmermanni*，*Echinoconchus elegans*；植物 *Lepidodendron rimosum*，*Stigmaria rugulosa*，*Archaeocalamites scrobiculatus* 等。

区域岩性、厚度变化很大，一般厚数米至数十米不等，最厚可达 265 m。宜良万寿山一带，厚 22～37 m，赋存具工业开采煤层多层，夹铝土质页岩、硅质岩及灰岩。彝良龙街打仗坡、小发路一带，沉积最厚达 265 m，亦夹可采煤层或煤线。其余各地，如宣威、曲靖炎方、路南、罗平、西畴董有，均不含煤，常为碳质页岩或铁铝质岩所取代，厚 2～37 m，最厚 110 m。靠近古陆边缘多为砂页岩，偶夹煤线或铝土岩，其间赋存有石英含量达 96%以上，纯度很高的石英砂岩矿，是很好的玻璃原料。沉积厚度 2～16 m。接触关系，各地也有变化。昭通、彝良、宜良、路南一带，及近古陆边缘的富民旧县、昆明西山，平行不整合覆于宰格组白云岩之上，为梓门桥组或黄龙组整合所覆。宣威、曲靖、陆良、罗平、文山、西畴等地，则平行不整合于炎方组之上，其上与梓门桥组或黄龙组连续沉积。地质时代为早石炭世晚期。

梓门桥组　Cz　(53-0750)

【创名及原始定义】　田奇瑪（1929）创名梓门桥灰岩于湖南省双峰县梓门桥镇湾头公路东侧。原始定义：划分为三部分，下梓门桥灰岩属下石炭统顶部，中梓门桥灰岩属中石炭统，上梓门桥灰岩属上石炭统。

【沿革】　与该组相当之地层，省内划分不一，名称繁多。杨敬之等（1962）首先将上司段引入云南东部。嗣后，贵州地质局 108 队（1973）划入大塘组和摆佐组。云南二区测队二分队（1976）、（1978）将大塘组用于文山、广南、富宁、砚山。云南二区调队七分队（1978）称昭通一带摆佐组之下，旧司段之上含燧石结核的深色碳酸盐岩为上司段。云南省区域地层表编写组（1978）称灰岩段和岩石岭段。云南区调队八分队（1980）归入上司段和摆佐组。云南地矿局（1990）再细分为旧司组、上司组和摆佐组。本次地层对比研究中南区领导小组决定统一使用梓门桥组。

【现在定义】　湖南厘定为：整合于测水组之上，大埔白云岩之下，岩性为中、厚层灰岩夹泥灰岩、页岩，含燧石团块和条带，富产腕足类、珊瑚、䗴、牙形石、苔藓虫等。其底以泥岩、泥灰岩的出现与测水组顶部的砂岩、粉砂岩分界，其顶以含硅质团块灰岩、泥灰岩的消失与大埔白云岩底部的厚层白云岩分界。本省指整合覆于万寿山组碎屑岩之上，大埔组白云岩或白云质灰岩之下的深灰、灰色含燧石结核灰岩、生物碎屑灰岩、泥质灰岩，夹白云质灰岩、白云岩。

【层型】 正层型为湖南省双峰县梓门桥镇湾头剖面。本省次层型为贵州地质局108队1973年实测的云南曲靖沾益炎方剖面（104°03′，25°55′）。

【地质特征及区域变化】 广泛分布于云南东部，尤以昭通、宣威、曲靖、罗平、路南、昆明最发育。砚山境内亦有出露。由深灰色中厚层泥质灰岩、生物碎屑灰岩，夹白云质灰岩、白云岩组成，普遍含燧石结核或燧石条带。以含大型单体珊瑚为特征，腕足类、䗴也占重要位置。代表性属种为*Kueichouphyllum sinense*，*K. heishihkuanense*，*Yuanophyllum kansuense*，*Arachnolasma sinensis*，*Palaeosmilia ephippia*；*Gigantoproductus moderatus*，*Delepinea comoides*；*Profusulinella parva*，*Eostaffella* sp. 等。厚45～320 m，由北向南有增厚之势。系开阔台地相沉积。

区域变化，其中镁质碳酸盐岩夹层，以炎方一带最发育，约占50%，往南至罗平约占10%，再往南至砚山仅占9%，逐渐减少。炎方以北宣威二官营、昭通红路脚镁质碳酸盐岩夹层完全消失。总体岩性较稳定。从沉积时间而论，主沉积期为早石炭世晚期，延至砚山境内可以持续到晚石炭世早期。

大埔组 *Cd* （53-0749）

【创名及原始定义】 张文佑（1941）创名大埔白云石层于广西柳城县（旧称大埔）县城附近。原始定义为：位于燕子系上部灰色层状灰岩之上，黄龙灰岩之下的灰白色粗粒白云岩。

【沿革】 云南各家多偏重古生物，其划分与称谓都不一致。杨敬之等（1962）归于上司段和威宁群。贵州地质局108队（1973）置于摆佐组和黄龙群。云南省区域地层表编写组（1978）归属岩石岭段和威宁组。云南区调队八分队（1980）大部分划入摆佐组，一部分归中石炭统。云南地矿局（1990）再细分属摆佐组、滑石板组、达拉组。本次地层对比研究中南区领导小组决定统一使用大埔组。

【现在定义】 位于罗城组灰岩之上，黄龙组灰岩之下的灰白、灰黑色厚层块状白云岩，局部含燧石团块。下以厚层块状白云岩的出现与罗城组分界，上以厚层块状白云岩的消失或灰岩的出现作为黄龙组的开始。本省系指连续沉积于黄龙组之下，梓门桥组之上，以镁质碳酸盐为主的沉积，由白云质灰岩、白云岩，夹灰岩组成。

【层型】 正层型为广西柳城县大埔镇杨柳村剖面（109°15′，24°41′）。本省次层型为：(1) 贵州地质局108队1973年测制的云南曲靖沾益炎方剖面（104°03′，25°55′）；(2) 云南二区调队二分队1978年测制的云南砚山县铳卡剖面（104°18′，23°39′）。

【地质特征及区域变化】 北起昭通，南经宣威、曲靖、罗平—砚山境内均有出露。岩性单调稳定。以浅灰色、灰色厚层白云质灰岩、白云岩为主，夹灰岩或生物碎屑灰岩、鲕粒灰岩。局部含燧石结核。与其上黄龙组，其下梓门桥组岩性分界标志明显。下部主要产*Gondolina weiningensis*，*Striatifera angusta*，*Gigantoproductus moderatus*；*Eostaffella* sp.；*Lophophyllum* sp.。上部䗴最兴盛，以*Pseudostaffella ozawai*，*P. khotunensis*，*Fusulinella schwagerinoides*，*Profusulinella parva*，*Ozawainella* cf. *pseudoangulata* 为代表。沉积厚度差异不大，49.5～162.6 m。属于半闭塞台地相沉积。

从大埔组沉积层位而论，各地有所变化。昭通主要是早石炭世晚期沉积，至宣威、曲靖一带，沉积从早石炭世晚期延续至晚石炭世早期，再南延伸至砚山境内，其层位最高，只包含晚石炭世早期沉积。显然，由北向南，大埔组沉积层位是逐渐变新的，它与上覆黄龙组，正好形成互为逆向变化的沉积规律，也是一典型的穿时岩石地层单位，总的地质时代为早石炭世晚期—晚石炭世早期。

黄龙组　Ch　(53－0748)

【创名及原始定义】　李四光、朱森（1930）创名黄龙石灰岩于江苏镇江市石马庙西南3 km之船山的西端。据江苏原始定义为：黄龙石灰岩是根据岩性和化石特点从旧含义的栖霞石灰岩中分出，属中石炭统。因该石灰岩构成江苏句容县龙潭镇以西黄龙山的主体，又风化后表面呈土黄色而得名。

【沿革】　贵州地质局108队（1973）首次将黄龙群引入云南东部，将连续沉积于马平组之下，摆佐组之上，含 *Pseudostaffella* 和 *Fusulinella* 的下部白云质灰岩、白云岩，上部质纯灰岩、鲕粒灰岩称为黄龙群。杨敬之等（1962）、云南二区测队七分队（1969）采用威宁群。云南二区测队二分队（1976）、云南二区测队六分队（1977）、云南省区域地层表编写组（1978）、王增吉等（1990）都称威宁组，实为上述黄龙群或威宁群的改称。云南地矿局（1990）再细分为滑石板组和达拉组。

【现在定义】　江苏厘定为：灰、浅灰、肉红色厚层、块状微晶灰岩、生物屑灰岩，底为粗晶灰岩，富含䗴、珊瑚及腕足类化石。上与船山组灰色厚层灰岩分界，下与老虎洞组细晶白云岩分界，与上、下地层均为整合接触。

本省指连续沉积于马平组白云质灰岩或白云岩之下，大埔组白云岩或白云质灰岩之上，以不含白云质为特征的灰白色厚层—块状灰岩、生物碎屑灰岩、鲕粒、似鲕粒灰岩。

【层型】　新层型为江苏南京市金丝岗剖面（119°00′，32°05′）。本省次层型为：(1) 贵州地质局108队1973年测的云南曲靖沾益炎方剖面（104°03′，25°55′）；(2) 云南二区测队二分队1976年测的云南西畴董有剖面（104°43′，23°25′）。

【地质特征及区域变化】　于昭通—富民—昆明—峨山—石屏连线以东云南范围内均有出露，发育齐全，岩性稳定。区域岩性共同特征：一是色浅、质纯、层厚；二是不含镁质碳酸盐岩夹层。属开阔台地相及台内鲕滩相沉积。古生物以䗴最盛，且多集中于中上部，以 *Pseudostaffella－Fusulinella－Fusulina* 和 *Triticites* 为代表。下部，罗平戈维、西畴董有、广南八宝牙龙产 *Dibunophyllum* cf. *vaughani*，*D.* cf. *tingi*；*Striatifera striata*，*Gigantoproductus* sp.，*Kansuella* sp.；*Eostaffella* sp. 等。沉积厚度：昭通红路脚33 m，宣威二官营21.8 m，曲靖炎方68.4 m，罗平戈维168.6 m，砚山阿猛大寨138.5 m，西畴董有421.3 m，广南牙龙1 612.8 m，由北向南增厚。接触关系各地有所变化。昭通红路脚整合于大埔组之上，为梁山组平行不整合所覆。南至宣威二官营、曲靖炎方、罗平戈维、路南寨黑、砚山铳卡、西畴董有一带，与上覆马平组，下伏大埔组或梓门桥组、万寿山组连续沉积。到广南八宝与其下革当组，其上阳新组，均为平行不整合接触。向西临近古陆边缘的富民、昆明、玉溪一带，常整合覆于大埔组或万寿山组之上，为梁山组平行不整合覆盖。形成时间，各地亦有先有后。西畴、广南、罗平始于早石炭世晚期，止于晚石炭世早期或晚石炭世晚期。北延至曲靖、宣威、昭通主沉积期则为晚石炭世早期，部分延续至晚石炭世晚期。总的显示南先于北的沉积规律。黄龙组是一典型的穿时岩石地层单位，其地质时代为早石炭世晚期—晚石炭世晚期。

马平组　C_2m　(53－0747)

【创名及原始定义】　丁文江（1928）创名马平石灰岩，乐森璕1929年介绍。地点在广西柳州市（旧称马平县）与宜山县一带。据广西原始定义为：质纯色白的块状灰岩，自下而上划分为珊瑚层、细线贝层和纺缍虫层，“属上二叠统”。

【沿革】 中国科学院昆明地质研究所① （1959）首先使用马平组一名。杨敬之等（1962）称滇东梁山组之下，威宁群之上一段地层为马平群。贵州地质局108队（1973）采用。云南二区测队六分队（1975）用马平组替代与之相当的马平群。云南二区测队二分队（1976）、云南省区域地层表编写组（1978）、云南地矿局（1990）都将马平组用于文山、广南、富宁地区。清理后的马平组，限用于富民—玉溪—石屏连线以东，红河、河口连线以北的云南东部范围。

【现在定义】 广西厘定为：位于黄龙组之上，栖霞组之下的灰白色中厚层泥晶灰岩、微晶灰岩、生物屑灰岩、白云质灰岩。黄龙组顶部为灰色灰岩或深灰色白云质灰岩，栖霞组深灰—灰黑色灰岩的底部多为数厘米厚的泥质岩，并以此划分出马平组。本组与栖霞组呈平行不整合接触。

本省指平行不整合于梁山组之下，整合于黄龙组之上的灰岩、生物碎屑灰岩，夹白云质灰岩或白云岩。下界以白云质灰岩或白云岩为标志层与黄龙组呈整合接触。上界与梁山组划在灰岩与碎屑岩之间，呈平行不整合接触。

【层型】 选层型为广西宜山县庆远镇马脑山—乌龟岭剖面（108°40′，24°30′）。本省次层型为：(1) 贵州地质局108队1973年所测云南曲靖沾益炎方剖面（104°03′，25°55′）；(2) 云南二区测队二分队1976年所测云南西畴董有石炭系剖面（104°43′，23°25′）。

【地质特征及区域变化】 分布不及黄龙组广泛，以宣威、曲靖、罗平、路南寨黑、小村、西畴董有、富宁等地较发育，多以浅灰、灰色厚层或块状灰岩为主，夹白云质灰岩、白云岩。局部具豆状或鲕状构造。岩性稳定。属开阔台地相，局部发育潮坪相及鲕滩相。古生物以䗴为最多，伴生有珊瑚、腕足类。代表性属种有：*Triticites parvulus*，*T. simplex*，*T. variabilis*，*Pseudoschwagerina moelleri*，*P. sphaerica*，*P. fusulinoides*，*Zellia colaniae*，*Z. shichouensis* 等。沉积厚度较薄，一般未超过100 m。宣威二官营厚16.5 m，曲靖炎方厚67.5 m，路南哑巴山厚23.9 m，砚山阿猛大寨厚10.6 m，西畴董有最厚也仅149.9 m。地质时代为晚石炭世晚期。

梁山组 P_1l (53-0631)

【创名及原始定义】 赵亚曾、黄汲清（1931）创名于陕西省南郑县（原归汉中县）农丰乡梁山中梁寺。黑色页岩，含劣质的无烟煤及植物化石痕迹，直伏于含有 *Tetrapora* 的巫山石灰岩之下，而和志留纪笔石页岩直接接触。

【沿革】 1965年以前，谢家荣、陈根宝、金玉龙、盛金章等作过研究，称栖霞底部煤系、倒石头组、梁山组；贵州省地质局（1965）划为铜矿溪组；云南二区测队七分队、六分队（1969），云南二区调队一分队（1978），云南区调队八分队（1980），称为倒石头组、矿山组、梁山组；云南地矿局（1990）沿用梁山组。此次清理采用梁山组。

【现在定义】 含煤碎屑岩。以黑色含铁质页岩为主，含劣质煤及泥岩、砂岩等。与上覆阳新组灰岩整合接触，界线分明。与下伏马平组灰岩呈平行不整合接触。

【层型】 正层型为陕西省南郑县梁山中梁寺剖面。本省次层型为沾益县天生坝剖面（103°48′，25°37′），金玉龙1963年测制。

【地质特征及区域变化】 滨海—湖沼相沉积。灰色石英砂岩、灰黑色碳质泥质页岩夹煤层或煤线，上部夹灰岩或泥灰岩透镜体，下部夹铝土岩、铝土矿。与下伏上石炭统马平组或

① 中国科学院昆明地质研究所等，1959，云南省区域地层表（草案）（内刊）。

更老地层平行不整合接触。生物化石䗴：*Pisolina* sp.；珊瑚：*Protomichlinia siyangensis*；腕足类：*Spinomarginifera sintanensis*，*Spiriferella pentagonalis*；植物：*Sphenophyllum minor*，*Sphenopteris norinii*，*S. gothani*，*Lepidodendron varium*，*L. ninghsiaense*，*Plagiozamites oblongifoeius*，*Pecopteris arcuata*，*P. yunnanensis*，等。时代属早二叠世早期。

分布于滇东昭通、宣威、曲靖、弥勒和滇中武定、玉溪、建水一带及华坪等地。自康滇古陆东侧往东，厚度增大，灰岩夹层增多。靠近古陆的禄劝恩泽河、嵩明黑营盘、玉溪凉水井、建水大寨一带为石英砂岩、页岩、铝土岩夹煤层或煤线，厚 4.3～14.17 m。往东在昭通钻沟、会泽矿山厂、宣威热水大营、沾益老虎洞、富源三台坡一线，下部为石英砂岩、页岩、粘土岩；上部砂、页岩夹灰岩、泥质灰岩，局部夹煤层、煤线。厚度加大，达 21.4～41.5 m，沾益老虎洞最厚为 224.8 m。古陆西侧华坪龙洞河亦有零星出露，为铝土岩、页岩，底部有砾岩，厚 58 m。

【其他】　该组为含煤沉积，煤层一般位于中上部，呈透镜状，为烟煤或无烟煤，规模小，为民用煤和动力用煤。该组下部或上部含铝土矿，常与煤层互为消长关系，与劣质煤、耐火粘土共生，呈透镜状、似层状产出。矿石自然类型以一水硬铝石为主，次为胶铝石。该组还产硫铁矿，位于下部与劣质煤共生，呈透镜状，以黄铁矿为主，白铁矿次之，品位偏低。

阳新组　P_1y　（53-0630）

【创名及原始定义】　系谢家荣（1924）所创名的“阳新石灰岩”演变而来。创名地点在湖北阳新县。原始定义：“为厚层造崖（Cliff-Forming）石灰岩，从灰白色—灰黑色，后者含碳质，含有燧石结核，且局部富集。底部时含有沥青质的煤层，在阳新地区被广泛开采。阳新石灰岩有丰富的腕足类、珊瑚、䗴类化石，由葛利普教授鉴定有 *Michilina* 珊瑚等，年代为早石炭世，厚度为 400～500 m。”

【沿革】　贵州省地质局（1965）按生物划为栖霞阶、茅口阶；云南二区测队七分队（1969），六分队（1972），二、七分队（1976），云南区调队八分队（1980）改为栖霞组、茅口组；之后多沿用栖霞组、茅口组。此次清理据岩性特征一致，难以划分，合并采用阳新组。

【现在定义】　自下而上深色灰岩、浅色灰岩间互。灰岩中均含燧石结核或条带。含丰富的䗴、珊瑚等化石。下与梁山组整合接触，上与峨眉山玄武岩呈喷发不整合接触。

【层型】　选层型为湖北省阳新县太子庙剖面。本省次层型为呈贡县青草山—大尖山剖面（102°52′，24°53′），云南地矿局职工大学① 1990 年测制。

【地质特征及区域变化】　浅海开阔台地相碳酸盐岩沉积。下部灰白、米黄、深灰色，中厚层状生物碎屑灰岩、砂屑灰岩夹白云岩；上部浅灰、深灰色虎斑状灰岩、砂屑、泥—细晶灰岩夹少量白云岩。下与梁山组连续沉积或与上石炭统黄龙组、水长阱组、尖山营组整合或平行不整合接触。生物化石有䗴：*Pamirina orbiculoidea*，*Misellina claudiae*，*M. aliciae*，*Neomisellina compacta*，*Afghanella* sp.，*Verbeekina* sp.，*Neoschwagerina simplex*，*Yabeina inouyei*；珊瑚：*Tetraperinus hanchungensis*，*Wentzellophyllum volzi*，*Yatsengia simplex*，*Huangophyllum*，*Wentzelella*。时代属早二叠世。

该组广泛分布于云南东部、东南部广大地区及大理、丽江一带。一般靠近古陆，地层较薄，反之变厚。西畴马蹄寨一带为浅灰、深灰色灰岩，下部含燧石结核，厚 174.8 m。东部宣威大营为浅灰、灰色灰岩夹虎斑状白云质灰岩，上部夹硅质条带与结核，厚 657.1 m。滇东南

① 云南地矿局职工大学，1990，1：5 万大板桥幅、呈贡幅区域地质调查报告（内刊）。

砚山二道箐为浅灰、灰色块状灰岩、生物碎屑灰岩，厚603.2 m。西部宁蒗老龙洞一带，灰色灰岩，上部夹沉凝灰岩薄层，下部夹少量硅质岩、硅质灰岩，厚达1 552.7 m。

峨眉山玄武岩 *Pe* (53-0629)

【创名及原始定义】 赵亚曾（1929）创名于四川省乐山市沙湾镇。原始定义：厚的席状基性熔岩流，厚度超过400 m，含致密针状斜长石斑晶。

【沿革】 盛金章（1964）将滇东的玄武岩称峨眉山玄武岩；贵州省地质局（1965）及云南二区测队七分队（1969，1978）沿用。云南区调队四分队（1980）将下部玄武岩夹灰岩划为西漂落组，上部玄武岩称杨家坪组；云南地矿局三地质大队（1990）创名乌龙坝组。此次对比研究采用峨眉山玄武岩。

【现在定义】 灰、绿等色致密状、斑状、杏仁状钙碱性玄武岩为主，夹少量苦橄岩、凝灰质砂、泥岩，煤线及硅质岩，偶见植物化石。与下伏阳新组为喷发不整合接触。

【层型】 选层型为四川省乐山市沙湾剖面（103°28′35″，29°24′16″），四川二区测队1971年测制。本省次层型为永善县双旋剖面（103°39′，27°57′），云南二区测队七分队1978年测制。

【地质特征及区域变化】 玄武岩为主，夹少量火山碎屑岩，偶夹少量沉积岩。据火山碎屑岩和熔岩的关系可划分出3～4个喷发旋回。下部灰绿、暗绿色火山集块岩；中部灰绿色杏仁、块状含斑玄武岩，上部灰绿、黑绿色杏仁、致密状玄武岩夹凝灰岩、凝灰质砂岩。与下伏阳新组为喷发不整合接触。生物化石：底部灰岩夹层中含䗴 *Neomisellina*，*Neoschwagerina douvillei*，*Pseudodoliolina ozawai*；上部凝灰岩中获植物 *Cladophlebis permica*，*Taeniopteris*。玄武岩喷发时期为早二叠世晚期—晚二叠世。

该组分布于滇东、滇东南广大区域及丽江、大理、金平等地，均以玄武质熔岩为主，多属拉斑玄武岩系列，少数地段出现碱性玄武岩，英安岩、流纹岩。滇东以小江断裂以西—武定一带发育较完整，形成3～4个喷发旋回，红色凝灰岩常在旋回之末显示出“红顶”。寻甸大基坡—赵家村一带厚度最大为2 735 m。向东及向南，下部缺失，上部超覆，厚度减薄，镇雄小寨坝、乌峰山一带厚仅66～173 m，柱状节理发育，顶部有“红顶”，为陆相喷发。建水附近局部具枕状构造和灰岩夹层为海相喷发。滇东南丘北一带为碱性玄武岩-含钛辉玄武岩伴以同成分火山角砾岩、凝灰岩，铁厂最厚达1 130 m。富宁一带以玄武岩、安山玄武岩为主，富宁者桑、洞波厚仅25 m，其北为陆相喷发，以南为海相喷发。丽江一带为致密、杏仁状玄武岩夹玄武质火山角砾岩、凝灰岩，下部夹灰岩属海相喷发，上部有海、陆相沉积夹层、煤线，属海陆交互喷发，厚715～3 438.4 m，大理鸡足山一带下部夹海相层，海底喷发，上部柱状节理发育，为陆地喷发，厚5 439 m。金平一带以斑状、杏仁状、致密状玄武岩及粗玄岩为主，火山角砾岩、凝灰岩少量，大老塘厚4 530 m，往西至伊黎河减薄为1 221 m。

【其他】 在威信、镇雄以东，玄武岩底部与阳新组灰岩之侵蚀面上形成规模大，具有工业价值的硫铁矿床。

黑泥哨组 P_2h (53-0626)

【创名及原始定义】 Misch（1946）创名于鹤庆县黑泥哨，称黑泥哨煤层。灰、黑灰色含煤砂页岩夹薄层泥灰岩、玄武岩和凝灰岩，获晚二叠世化石。

【沿革】 云南区测队（1965）划为上二叠统；云南一区测队二分队（1966），云南一区调队四分队（1977），云南区调队四分队（1980）改称黑泥哨组，被广泛采用。此次清理沿用。

【现在定义】 灰、深灰、灰绿色含煤砂页岩夹灰岩及玄武岩、凝灰岩，含植物、腕足类等化石。下与峨眉山玄武岩，上与吴家坪组灰岩，均为整合接触。

【层型】 选层型为宁蒗县西漂落—许家坪剖面(100°45′,27°26′)。云南区调队四分队 1980 年测制。

【地质特征及区域变化】 滨海沼泽相沉积。下部为泥岩、粉砂岩、泥晶灰岩夹灰绿色致密块状、杏仁状玄武岩和煤线；中部灰、灰黄色泥岩、粉砂质泥岩夹岩屑砂岩，泥晶灰岩、碳质泥岩和煤层、煤线；上部灰色粉砂质泥岩、泥质粉砂岩、粉砂岩夹灰岩。与下伏峨眉山玄武岩整合接触。生物化石有植物：*Gigantopteris guizhouensis*；腕足类：*Leptodus richthofeni*，*Productus margniplicatus*，*Dielasma* cf. *biplex*，*Enteletina sinensis*，*Meekella kueichowensis*，*Productus Yungtzeensis*；三叶虫：*Pseudophillipsia*；双壳类、有孔虫等。时代属晚二叠世中期。

该组分布于宁蒗许家坪、火头村，丽江白山，永胜大迪里，鹤庆黑泥哨等地，呈近南北向展布，北厚南薄，岩性变化大。白山、大迪里一带为玄武岩、杏仁状玄武岩、凝灰岩，砂、页岩夹碳质页岩，厚 586.5 m；南部黑泥哨为砂、页岩含煤，夹灰岩、玄武岩，厚 309 m；北部许家坪、火头村一带，以砂、泥岩为主，含薄煤层、煤线，下部夹玄武岩、杏仁状玄武岩，厚 116～1 355.7 m。

宣威组　P_2x　(53-0627)

【创名及原始定义】 谢家荣（1941）创名于宣威打锁坡，原称宣威煤系。原始定义：玄武岩之上，飞仙关组之下的黄绿色页岩、粗砂岩、煤层及砂质页岩。富含大羽羊齿植物群。

【沿革】 贵州地质局（1965）将下部称宣威煤组，上部称卡以头组；贵州地质局 108 队（1973）将宣威煤组改称宣威群，据生物将卡以头组归入飞仙关组下段；云南二区测队六分队（1975）将下部含大羽羊齿植物群的含煤砂页岩称宣威组，上部黄绿色砂页岩过渡层划入飞仙关组 a 段；《西南地区区域地层表》(1978) 和《云南省区域地质志》中采用上述划分。此次清理按岩性特征将过渡层划归宣威组，紫红色层出现开始划为飞仙关组。

【现在定义】 含煤陆相沉积。黄、灰绿色细砂岩、粉砂岩、粘土岩、页岩及煤层，偶夹菱铁矿，富含大羽羊齿植物群。下以底砾岩与峨眉山玄武岩分界，呈平行不整合接触。上以紫红色泥质砂岩、砂岩夹页岩，含叶肢介等化石为飞仙关组，与其整合接触。

【层型】 正层型为宣威县打锁坡煤田剖面（104°15′，26°03′)。谢家荣等 1941 年测制。

【地质特征及区域变化】 该组下部灰、黄绿色细砂岩、粉砂岩、粉砂质泥岩、泥岩，底部为砾岩。中部灰、黄绿色粉砂岩、泥质粉砂岩、粉砂质泥岩、碳质泥岩互层夹煤数层和少量细砂岩。上部黄绿、灰绿色细砂岩、粉砂岩、粉砂质泥岩。生物化石，植物：*Gigantopteris dictyophylloides*，*Gigantonoclea guizhouensis*，*Lobatannularia cathaysiana*，*Lepidodendron acutangulum*，*Annularia pingleensis*；叶肢介：*Lioestheria fuyuanensis*，*L. leibinensis*，*Palaeolimnadia xuanweiensis*。时代为晚二叠世中期—早三叠世早期，为跨系岩石地层单位。

分布于盐津—昭通、鲁甸—会泽、宣威—富源、师宗—弥勒一带，呈南北向展布。南北变化不大，东西变化明显，厚 72～384.5 m。西部靠近康滇古陆会泽塘塘地，下部为玄武质砾岩，上部为黄绿色砂页岩，不含煤，厚 44.3 m。往东至宣威打锁坡为灰、灰绿色砂页岩，中、上部含可采煤 3 层，厚 384.5 m。东南部富源糯木、曲靖清水沟一带，见少量海相夹层，为粉砂岩、细砂岩、粘土岩、页岩夹菱铁矿、黄铁矿层，含煤 30 层，单层厚 0.2～5.37 m，可采煤 10 余层。厚 260～321.46 m。再往东南渐向龙潭组过渡。

【其他】 为含煤沉积，煤层分布在滇东盐津—镇雄、宣威—富源、弥勒等地，蕴藏量十分丰富，是云南主要的富煤区。成煤环境为陆相和滨海沼泽相，可采煤层位于该组中上部，煤层稳定，厚度大，可采煤达 10 余层，煤种较全。

龙潭组　P_2l　(53-0628)

【创名及原始定义】　丁文江（1919）创名于南京附近之龙潭。原始定义：在《扬子江下游之地质》中最后命名的一个地层单位，见于南京附近龙潭。为南京诸山中唯一已开的煤矿。故用龙潭之名称，这一含煤地层为龙潭煤系，时代定为二叠纪。

【沿革】　广西地质局（1965）划为上二叠统；云南二区测队二分队（1970）引用龙潭组，后被广泛采用。此次清理沿用。

【现在定义】　下部深灰色砂、页岩互层为主，顶见含䗴灰岩；中部黄褐色厚层长石石英砂岩、铝土质泥岩、页岩夹煤层，含植物；上部黑色页岩为主夹薄层灰岩及细砂岩，含腕足类等。下与孤峰组硅质页岩、含钙含碳质页岩为界，上与长兴组灰岩出现为界，均为连续沉积。

【层型】　选层型为江苏省江宁县淳化镇天宝山剖面（118°58′，32°58′），许汉奎 1959 年实测。本省次层型为文山县者黑冲剖面（104°08′，23°23′），云南二区测队二分队 1976 年测制。

【地质特征及区域变化】　云南境内为海陆交互相含煤沉积。灰紫、棕黄色粉砂质泥岩、泥质粉砂岩、泥岩、碳质页岩，中部夹煤层、煤线，顶、底部具硅质岩夹层，与下伏峨眉山玄武岩呈平行不整合接触，局部超覆于上石炭统之上。生物化石有植物：*Gigantopteris nicotianaefolia*，*Lobatannularia* sp.；腕足类：*Oldhamina decipiens*，*Leptodus nobilis*，*Waagentes soochowensis*；䗴：*Codonofusiella tenuissima*，*Reichelina media* 等。时代属晚二叠世中期。

分布于丘北打铁、姑祖寨，文山者黑冲、焦煤厂，富源余家老厂和威信等地。呈 NE 向展布，北厚南薄，厚 29.2～372.39 m。南部靠近屏马古陆文山望城坡含煤较差，夹硅质岩，厚 33.9 m。丘北姑祖寨一带下部硅质岩夹凝灰质砂岩、粉砂岩和少量生物灰岩；上部黄、紫红色粉砂岩、硅质岩夹煤，厚 262.7 m。富源余家老厂下部块状灰岩、生物灰岩、白云质灰岩；上部黄绿、深灰色粉砂岩、细砂岩和砂质、碳质、泥质页岩、粘土岩夹灰岩、菱铁矿和煤 26 层，厚 372.39 m。

【其他】　普遍含煤，一般煤层变化大，厚度小，唯有镇雄一带及富源余家老厂，煤层较好，形成煤田，并赋存具工业意义的硫铁矿。煤层位于该组中上部。在文山、砚山、丘北打铁等地，该组下部含铝土矿，矿体呈似层状，透镜状，矿石自然类型以一水硬铝石为主，形成矿床。

吴家坪组　P_2w　(53-0625)

【创名及原始定义】　卢衍豪（1956）创名于陕西省南郑县吴家坪。原始定义：代表陕西汉中梁山区上二叠纪的中上部。上部主要为暗灰色厚层状及块状灰岩及灰色块状、积云状灰岩，下部除有厚层状及块状灰岩外，薄层灰岩亦极发育。富含燧石。

【沿革】　广西地质局（1965）划为上二叠统；云南二区测队二分队（1976）引用吴家坪组、长兴组，后多沿用吴家坪组、长兴组。此次清理因吴家坪组、长兴组岩性难以划分，合并采用吴家坪组。

【现在定义】　整合于阳新灰岩与大冶组泥灰岩之间的地层序列，为灰色中厚层—厚层、块状含燧石团块的泥晶灰岩、生物碎屑灰岩，底部稳定地发育一层厚度不大的含鲕粒的铁铝质泥质岩（王坡段），其底作为该组的底界。

【层型】　本省次层型为麻栗坡县铁厂剖面（105°02′，23°22′）。云南二区测队二分队 1978 年测制。

【地质特征及区域变化】　滨海—浅海台地相沉积。下部褐黄、棕红色铝土岩、铝土质泥岩；中上部深灰、灰黑色中—薄层灰岩、泥灰岩、生物灰岩、白云质灰岩，局部夹硅质岩。下与峨眉山玄武岩平行不整合或超覆于阳新组、马平组之上。生物化石有腕足类：*Squamularia* cf. *grandis*, *Oldhamina anshunensis*, *Orthotetina ruber*；䗴：*Reichellina media*, *Codonofusiella kwangsiana*, *Palaeofusulina* cf. *wangi*, *P. simplex*, *P. sinensis*, *Nankinella minor*；珊瑚：*Waagenophyllum* (*Liangshanophyllum*) aff. *lui*, *Waagenophyllum indicum*；菊石：*Tapashanites* sp., *Xenaspis* sp., *Sinoceltites* cf. *curvatus*, *Huananoceras* sp.；双壳类：*Pseudomonotis diana* 及有孔虫等。时代属晚二叠世中—晚期。

分布于滇东南广南海尾、里洋、板茂及麻栗坡铁厂等地。另外在威信、丽江也有出露。各地岩性不一，变化较大，海尾、里洋及麻栗坡铁厂一带为灰岩、泥灰岩、生物碎屑灰岩夹白云质灰岩、白云岩，底部夹铝土岩、劣质煤、黄铁矿层，厚 89.4～743.1 m。威信、镇雄大乌峰山一带为泥质灰岩，生物碎屑灰岩夹页岩、粉砂岩，局部夹煤，与下伏龙潭组整合接触，厚 15～30 m。丽江泸沽湖、宜底、窝木古为泥灰岩、泥质灰岩、燧石团块灰岩、沥青灰岩夹粉砂质泥岩、粉砂岩及玄武岩、凝灰岩，厚 503.4～1 730.9 m，与下伏峨眉山玄武岩整合接触。

坡松冲组　D_1ps　(53-0853)

【创名及原始定义】　中科院南古所西南队泥盆系研究组（1974）创名于广南县城北约 8 km 的细掌坡松冲。指位于含东京巅石燕的坡脚组之下的含植物、孢子和鱼化石的陆相或滨海相地层。

【沿革】　尹赞勋等（1938）在滇东南地区创立坡脚页岩；范影年（1961）改称坡脚组，在其下划分出下泥盆统砂岩段；广西地质局（1965）在《1：100 万凭祥幅地质图说明书》中将砂岩段归入坡脚组下部；在创名前后也有人将其称翠峰山群（组）。此次清理，把原坡松冲组上部 200 m 粘土岩划入坡脚组。

【现在定义】　深灰色中—薄层泥质细—粉砂岩及少量泥（页）岩。含植物、鱼类等化石。下与博菜田组呈不整合接触；上与坡脚组连续沉积。

【层型】　正层型为广南县城北细掌坡松冲剖面（105°08′，24°08′）。中科院南古所西南队泥盆系研究组与云南地质局二地质队（1974）测制。

【地质特征及区域变化】　广泛分布于滇东南、滇东北以及宁蒗大槽子等地，为河湖—滨海相碎屑岩沉积，岩性以中—细粒碎屑岩为主，局部于底部有砂砾岩层，厚 3～1 334 m。含鱼类及植物化石为特征。平行不整合超覆于泥盆系前不同层位上，整合于坡脚组之下。滇东南一带发育最全，大致在广南杨柳井—西畴平寨—马关一线之东南，为泥岩、粉砂质泥岩、碳质泥岩，局部夹细砂岩、粉砂岩，厚 35～192 m；之北的广南、砚山、蒙自一带，为砂岩、泥岩，底部有时见砾岩，自东向西砂岩渐增，厚 90～1 334 m，一般厚 150～370 m。获鱼形动物 *Galeaspis*, *Polybranchiaspis*, *Nanpanaspis* cf. *microculus*, *Asiaspis*, *Sinopetalichthys*；植物 *Baragwanathia yunnanensis*, *Zosterophyllum australianum* 等。滇东北地区以灰白、灰黄色细粒石英砂岩为主，间夹薄层粉砂岩，厚 8～165 m。除大关—昭通—彝良一带厚过百米，余均 30～40 m。在大关吉利铺西，彝良钟鸣、克布及巧家大包厂一带，于中下部夹 1～3 层结核状、豆状赤铁矿透镜体或富铁质砂岩。获鱼形动物 *Asiacanthus multituberculatus*, *Sinacanthus wuchangensis*, *Polybranchiaspis*, *Sanqiaspis zhaotongensis*, *Jingmenaspis microculus*；植物 *Zosterophyllum* cf. *yunnanicum*, *Drepanophycus spinaeformis*；腕足类 *Lingula* sp. 等。

禄劝大河边至武定一带，为砂岩夹页岩、粉砂岩，局部夹鲕状赤铁矿透镜体，厚 3～116 m，获鱼类 *Huananaspis wudinensis*, *Yuananolepis* sp.。

宁蒗县大槽子为灰、褐灰色细粒含长石英砂岩，夹3层含砾砂岩，厚43 m。获珊瑚 *Favosites*、*Pachyfavosites*、*Thamnopora*；植物 *Drepanophycus spineformis* 等。

总的特征是沉积物由南向北变粗，自下而上由粗变细；厚度为南厚北薄。超覆在寒武、奥陶、志留系之上，界线清楚；顶界与坡脚组整合过渡，一些地区界线较模糊，但进入坡脚组就出现丰富腕足类化石，又为该界线的划分提供了重要标志。

坡脚组　D_1p　(53-0852)

【创名及原始定义】　由尹赞勋（1938）创立的“坡脚页岩”演变而来，地点在广南城东南约15 km的坡脚。指广南坡脚一带一套含丰富生物化石：*Spirifer tonkinensis*, *Calceola sandalina*, *Hadrophyllum brancai* 等动物群的棕、淡红、绿灰色页岩。时代属早泥盆世晚期或中泥盆世早期，是早、中泥盆世间的过渡层。

【沿革】　尹赞勋等（1938）对广南县境坡脚页岩，作了详细研究。范影年（1961）改称坡脚组，归属中泥盆统，并在其下划出下泥盆统砂岩段。中科院南古所西南队泥盆系研究组（1974），将广南达莲塘一带的坡脚组（包含细掌沟段页岩及达莲塘段灰岩）归属下泥盆统，然而文山古木一带则只有相当细掌沟段的坡脚组；云南二区测队二分队（1976）基本维持中科院南古所坡脚组含义，将其下之砂岩段引用翠峰山组，其上的灰岩另创芭蕉箐组。此次清理采用前人广泛应用的狭义的坡脚组。

【现在定义】　指伏于达莲塘组之下、覆于坡松冲组之上，以灰、灰绿色泥（页）岩为主，上部夹深灰色中—厚层灰岩之地层。与上、下均为整合接触。含极丰富的腕足类及珊瑚、双壳类、层孔虫、三叶虫等化石。

【层型】　选层型为广南县达莲塘细掌沟剖面（105°08′，24°08′）。中科院南古所西南队泥盆系研究组与云南地质局二地质队（1974）测制。

【地质特征及区域变化】　多为灰绿、灰黑色页（泥）岩，局部夹灰岩扁豆体，厚8～934 m。大部分地区其下与坡松冲组连续沉积，局部超覆于泥盆纪之前地层上。生物以 *Acrospirifer tonkinensis*, *Dicoelostrophia* 为代表的组合最为特征，还有 *Nowakia acuaria* 等，皆为早泥盆世标准化石。

该组分布广泛，早年尚限于滇东地区，由于特征的生物群和岩性组合，可延用到宁蒗大槽子一带。滇东南地区分布最普遍，岩性较稳定。除麻栗坡金厂、马关夹寒箐相变为灰白色细砂岩；广南老寨湾和蒙自老寨街夹砂岩；富宁弄三盘、广南那伦、文山菖蒲塘等地区夹灰岩透镜体外，常见为一套页岩。厚43～934 m，一般厚160～350 m。上与达莲塘组或古木组整合，下与坡松冲组连续沉积或超覆于寒武、奥陶系之上。

滇东北地区分布亦广：在大关--昭通一带，以灰黄、黄棕色石英砂岩、泥质砂岩为主夹页岩；大关岔河一彝良以东地区，下部为灰岩或白云岩，上部为页岩；巧家一带，为深灰色页岩，偶夹钙质砂岩；武定一带，为粉砂岩夹页岩。厚8～87 m，一般10～20 m。下与坡松冲组整合接触，上与箐门组连续沉积或被缩头山组平行不整合超覆。

宁蒗大槽子一带，为黑色页岩，偶夹粉砂岩，顶部夹沥青灰岩扁豆体，厚48.5 m。与上、下层位均为整合。

上述各地，虽局部岩性稍有差异，但含有特征的生物化石，作为它的组成部分，是良好的标志。

古木组　Dg　(53-0848)

【创名及原始定义】　方润森（1976）创名于文山县古木街。原始定义：为深灰、黑灰色灰岩、白云岩，有时夹硅质岩薄层，厚200～420 m，含丰富的底栖生物化石：层孔虫、珊瑚、腕足类、苔藓虫、双壳类以及少量的竹节石、菊石、三叶虫、牙形石等浮游生物。代表中泥盆世早期地层。

【沿革】 范影年（1961）把滇东南地区坡脚组之上，上泥盆统硅质页岩之下的大套碳酸盐岩引称东岗岭组；云南二区测队二分队（1972）将范氏所称东岗岭组的下部含中泥盆世早期珊瑚化石的地层划分出来引称北流组；方润森（1976）命名古木组以及边箐沟组；中科院南古所西南队泥盆系研究组（1974）统称古木组；云南二区测队二分队（1976）采用古木组及芭蕉箐组；侯鸿飞等（1988）将剖面3—5层划为古木组，1—2层命名纸厂组。此次清理，从总体岩性出发，排除生物制约，将1—15层称古木组。

【现在定义】 深灰、灰黑色中—厚层为主，及块状之灰岩、白云岩、白云质灰岩。含丰富的层孔虫、珊瑚化石，局部成礁，还有腕足类、介形类等。下与坡脚组页岩整合接触；上与东岗岭组连续沉积。

【层型】 正层型为文山县古木剖面（104°15′，23°16′）。云南二区测队二分队1972年测制。

【地质特征及区域变化】 底部为白云岩夹少量泥质灰岩、泥灰岩；中部为灰—灰黑色灰岩，局部夹泥质灰岩、白云质灰岩；顶部为白云质灰岩、白云岩，层间夹泥岩。顶、底部仅获层孔虫；中部生物繁盛，珊瑚占主导地位，以及层孔虫、介形类、腕足类。重要化石有：*Dendrostella*，*Tryplasma*，*Pseudomicroplasma*，*Pachyfavosites*，*Lyrielasma*，*Cladopora*，*Cylindrocellulaus*，*Scoliopora*，*Amphipora*，*Elytha* 等，据报道还有 *Megastrophia uralensis*。从层位和化石分析，该组是一个跨统的岩石地层单位。

该组分布于富宁—建水一带，层位稳定，各地岩性稍有变化。富宁革当，下部为泥质灰岩、泥灰岩，偶见燧石条带和团块，上部为灰岩，厚573 m。除含丰富珊瑚化石外，还有 *Zdimir kueichowensis*；*Nowakia barrandei*，*N. praecarsor* 及 *Anetoceras* 等。岩性和生物表明，该组下部渐向达莲塘组过渡。丘北马革一带，顶、底均为白云岩，中部为灰—深灰色灰岩，厚443 m。元江东立吉，为灰—深灰色中—厚层状灰岩、白云质灰岩不等厚互层，厚385 m。获 *Indospirifer maoerhchuanensis*，*Xenospirifer* cf. *fongi*，*Fasciphyllum* sp.，*Columnaria rhenana* 等，唯此处上与上双河段、下与东立吉组砂岩均为整合接触。

该组岩性较稳定，以灰岩为主，顶、底多为白云岩、白云质灰岩，厚192～1 282 m，以古木为中心，向四周变薄；生物群以珊瑚为主，及少量腕足类等，其中床板珊瑚的繁盛，是该组生物群的又一特色；在东部地区跨早泥盆世晚期—中泥盆世早期，西部地区未跨早泥盆世，说明这一穿时岩石地层单位由东向西渐新。

东岗岭组　D_2d　(53－0847)

【创名及原始定义】 乐森玙（1928）创名于象县城之东岗岭。“……以东岗岭层为最古。其极佳之露头在象县城外四里之东岗岭。此山下部，初为浅黄色之脆质页岩，及灰色之结晶石灰岩所构成。厚约三四十英尺，渐上则为一层较厚之淡绿色泥质石灰岩，厚不过六十英尺……。”

【沿革】 范影年（1961）将“东岗岭组”引入滇东南地区，当时所指的范围是坡脚页岩之上，至上泥盆统之下的大套碳酸盐岩；云南二区测队二分队（1972）将其下部含中泥盆世早期珊瑚化石的地层划分出来称北流组；上部才称东岗岭组。此后，各研究者都以古木剖面为滇东南地区的代表，但与其下古木组的分界常上、下移动。此次清理排除生物的制约，以岩性为标志，所划下界比各研究者都高。

【现在定义】 指整合于四排组之上、巴漆组之下的一套灰、深灰色薄—中层状灰岩、泥灰岩、泥质灰岩夹泥岩、含生物碎屑灰岩。下以深灰色泥灰岩与四排组灰绿色泥岩分界；上以深灰色薄—中层疙瘩状泥晶灰岩与巴漆组泥晶灰岩夹硅质泥岩分界。

【层型】 选层型为广西象州县中平马鞍山剖面（109°56′，24°02′），姚肇贵（1992）测制。本省次层型为文山县古木剖面，云南二区测队二分队（1972）测制。

【地质特征及区域变化】 本省古木剖面自下而上为灰岩—灰岩夹泥质灰岩—泥质灰岩夹泥灰岩、泥岩，厚553 m。下与古木组白云岩，上与革当组鲕状灰岩均为整合接触。生物繁盛，以腕足类、珊瑚、层孔虫为主，最具代表性的如 *Stringocephalus*，*Bornhardtina*，*Temnophyllum* cf. *waltheri* 等，为中泥盆世晚期特征分子。

东岗岭组与古木组相伴出露，在富宁革当为浅灰、肉红色灰岩，沿层间及裂隙有较多红色泥质物充填而形成不规则薄层，厚426 m；西畴龙保地，由灰岩夹少量泥灰岩组成，厚380 m；丘北马革等地，下部为块状生物碎屑灰岩，中部为白云质灰岩夹白云岩透镜体，上部为块状结晶灰岩，总厚399 m。

综观全区，该组以灰岩为主，偶夹泥灰岩、白云质灰岩，厚380～553 m。其顶界一般清楚，以鲕状灰岩或浅肉红色灰岩出现划分，底界在一些地段不明显。生物化石，在西畴—文山一带，腕足类、珊瑚、层孔虫并茂，其余地区以珊瑚为主，偶见腕足类化石。

革当组　D_3g　(53-0846)

【创名及原始定义】 云南二区调队二分队（1978）创名于富宁县革当附近。浅灰—浅肉红色灰岩，中—厚层状，质不甚纯，含少量泥质，具鲕状结构和缝合线构造，含腕足类：*Tenticospirifer* 等，厚650 m左右。代表晚泥盆世的鲕状灰岩沉积。

【沿革】 广西地质局编写的《1：100万凭祥幅地质图说明书》(1965) 划为上泥盆统；中科院南古所西南队泥盆系研究组（1974）用马革群代表滇东南区晚泥盆世沉积；方润森(1976) 用马革组与落水洞组分别代表晚泥盆世早、晚期沉积；创名后，廖卫华等（1979）引用“融县群”代表上泥盆统。此次清理研究了区内几个主要剖面的岩性、生物，认为岩石组合较单一，化石贫富不均，不可能进一步划分，采用革当组。

【现在定义】 具鲕状结构和缝合线构造的碳酸盐岩。下部为浅灰带肉红色中—薄层夹厚层灰岩，具白色鲕粒和缝合线构造；中上部为中—厚层鲕状灰岩。富含腕足类化石。下与东岗岭组整合；上与黄龙组呈平行不整合接触。

【层型】 正层型为富宁县城关革当剖面（105°29′，23°35′）。云南二区调队二分队(1978) 测制。

【地质特征及区域变化】 分布于富宁、文山、开远一带，基本岩性变化不大，但各地仍具有独特的标志。文山古木，下部为浅灰、红棕色鲕状灰岩夹泥质灰岩和白云岩；上部为浅灰色白云岩夹灰黑、灰棕色鲕状灰岩，厚231 m。砚山铳卡，为灰白色鲕状灰岩，顶部为灰岩夹泥岩，厚201 m。丘北马革，下部为浅灰、微红色块状灰岩，中部为灰色灰岩夹白云岩，上部为浅灰、浅褐色鲕状灰岩及生物碎屑灰岩，厚386 m。蒙自落水洞一带，底部为灰色微带红色灰岩，其上为灰—灰白色块状灰岩，厚732 m。

综上所述，革当组在富宁—文山一带，以鲕状灰岩为特征；丘北马革、蒙自等地鲕状灰岩渐少，而以浅色块状灰岩为主，但底部往往有数十米至百余米浅肉红色灰岩为标志。厚度201～732 m，表现出自东南向西北由厚—薄—厚的变化趋势。生物化石，以腕足类、珊瑚、层孔虫为特色，其中 *Tenticospirifer*，*Cyrtospirifer*，*Leiorhynchus*，*Pugnax* 等，为晚泥盆世常见分子。

达莲塘组 D*d* （53－0851）

【创名及原始定义】 中科院南古所西南队泥盆系研究组（1974）创名于广南县城北约 8 km 的达莲塘附近。石灰岩和燧石条带灰岩为主，厚 167 m。产竹节石 *Nowakia zlichovensis*，*N. barrandei*；牙形刺 *Polygnathus faveolatus*；菊石 *Anetoceras*，*Teicherticeras*，*Mimagoniatites* 和一些珊瑚、腕足类化石，时代为上 Emsian 阶或兹利科夫阶。

【沿革】 广西地质局编写的《1：100 万凭祥幅地质图说明书》（1965）称东岗岭阶；云南地质局二地质队[①]（1973）引用北流组；中科院南古所西南队泥盆系研究组（1974），将上部划为中泥盆统命名坡折落组，下部划为下泥盆统称达莲塘段，归属坡脚组；云南二区测队二分队（1976）把相当达莲塘段的层位又命名为芭蕉箐组，其上沿用坡折落组；廖卫华等（1979）改达莲塘段为组，上部仍称坡折落组。此次研究，认为前人划分的两个组，岩性上无法单独划分，故将其合并，采用达莲塘组。

【现在定义】 灰岩、燧石条带灰岩、生物碎屑灰岩为主，中上部夹含磷粘土岩、硅质岩。含竹节石、菊石、珊瑚、腕足类、牙形石等化石。下与坡脚组，上与榴江组均为整合接触。

【层型】 正层型为广南县达莲塘—坡折落剖面（105°05′，24°07′）。中科院南古所西南队泥盆系研究组、云南地质局二地质队（1974）测制。

【地质特征及区域变化】 下部由灰色中—厚层灰岩、泥质灰岩与燧石条带灰岩或燧石条带白云质灰岩不等厚互层，偶夹页岩，向上为中—薄层燧石条带灰岩夹厚层生物碎屑灰岩；中、上部为灰—深灰色中—厚层及薄层灰岩、生物碎屑灰岩、燧石条带灰岩夹含磷粘土岩，局部互层，至顶部偶夹硅质岩。生物为浮游与底栖兼有的混合型，重要者：*Nowakia praecursor*，*N. barrandei*，*N. concellata*，*N. richteri*，*N. sulcata*，*Mimagoniatites*，*Anetoceras* 以及珊瑚、腕足类等，时代跨早泥盆世晚期—中泥盆世早期。

该组常与榴江组相依出露，各地岩性有一定差异。广南者兔附近为燧石条带、燧石团块灰岩、白云岩、生物碎屑灰岩夹硅质岩及泥质灰岩、泥灰岩，厚 485 m。丘北芭蕉冲，下部为泥质灰岩，偶夹泥灰岩、钙质泥岩、硅质岩，上部为细晶白云岩，厚 108 m。文山沙坝，为薄—中层含内碎屑粉晶灰岩夹薄层硅质岩、泥灰岩，顶部为粉晶泥灰岩夹薄层硅质岩，厚 116 m。文山菖蒲塘，为硅质灰岩，底部是含泥质灰岩夹白云岩，厚 206 m。广南芭蕉箐，下部为灰黑色中层状泥灰岩夹白云岩、硅质灰岩，上部为灰黑色块状白云岩，厚 133 m。广南西洋街，为灰岩、泥灰岩，底部为白云质灰岩夹生物碎屑灰岩，厚 218 m。富宁董干，下部为燧石条带泥质灰岩及泥灰岩，偶夹泥岩薄层；上部为泥质灰岩夹灰黑、棕褐色泥岩，偶夹黑色软锰矿，厚 142 m。

综上所述，该组岩性可大体归纳成 3 类：第一类为燧石条带灰岩、生物碎屑灰岩为主夹粘土岩或泥灰岩、硅质岩；第二类，下部为泥质灰岩、泥灰岩，偶夹硅质岩或白云岩，上部为白云岩；第三类，灰岩、泥质灰岩为主，偶夹硅质岩或白云质灰岩。略显以第一类为中心，依次为第二、三类作环状展布。

该组为一穿时岩石地层单位，包括早泥盆世晚期和中泥盆世，局部仅限早泥盆世晚期。

榴江组 D*l* （53－0850）

---

① 云南地质局二地质队，1973，云南省广南县云顶水晶、布达磷矿详查初勘报告（内刊）。

【创名及原始定义】 冯景兰（1929）创名于广西鹿寨县寨沙镇东侧。为绿色及红色页岩，夹扁豆状石灰岩等，下与金竹坳砂岩或四排页岩相接，上与块状石灰岩相接。曾在“扁豆状灰岩”中找到 *Stringocephalus burtini* 等，时代定为中泥盆世。

【沿革】 广西地质局编写的《1：100万凭祥幅地质图说明书》（1965）将开远—富宁地区东岗岭组之上、上泥盆统或下石炭统之下，一套含中晚泥盆世化石的复杂岩性，归属中—上泥盆统；云南地质局二地质队（1973）在广南达莲塘把相当上述地层划分为上泥盆统及东岗岭组；中科院南古所西南队泥盆系研究组（1974）将达莲塘的上泥盆统称为榴江群，中泥盆统采用沙庆安（1972）创名的分水岭组；云南二区测队二分队（1976）将上统改称榴江组，中统上部地层命名木底组。此次对比研究，认为广南一带，乃至滇东南地区所称的“南丹型”泥盆系，曾划分的榴江群（组）和分水岭组（或木底组）实为一套硅质岩、硅质粘土岩，不宜分开，合并采用榴江组。

【现在定义】 灰黑—棕色薄层硅质岩、硅质泥岩，富含浮游生物。下以泥灰岩消失，硅质岩出现与东岗岭组分界；上以扁豆状灰岩出现与五指山组分界，均为整合接触。

【层型】 正层型为广西鹿寨县寨沙剖面（109°58′，24°29′）。本省次层型为广南县达莲塘—坡折落剖面（105°05′，24°07′），中科院南古所西南队泥盆系研究组、云南地质局二地质队（1974）测制。

【地质特征及区域变化】 该组由硅质（粉砂质）粘土岩、硅质岩不等厚互层组成，厚324.4 m。上与坝达组、下与达莲塘组均为整合接触。含：介形类 *Franklinella* cf. *calcarata*，*Richterina* cf. *substriatula*；三叶虫 *Typhloproetus* sp.，*Cystosymbole* sp.；腕足类 *Leiorhynchus* sp.；竹节石 *Styliolina* sp.，*Nowakia otomeri* 等化石，时代跨中泥盆世晚期—晚泥盆世。

在文山地层分区，该组与同期碳酸盐相沉积，呈指状相嵌展布。主要分布在广南—丘北—文山沙坝；文山菖蒲塘—广南五珠至富宁地区和董干一带。两种相型沉积，不尽在平面上迅速过渡，在纵向上亦可相互叠置出现。此类型主要岩性相近，各地略有变化。广南者兔，以粘土岩、硅质岩为主，夹砂岩及白云岩，厚229 m；文山沙坝，以硅质岩为主，中下部夹内碎屑灰岩、泥（粉）晶灰岩，厚412 m；广南九克，硅质岩为主及页岩，底部夹少量硅质白云岩，厚313.5 m；广南西洋街为紫红色硅质岩与泥岩互层，厚仅42 m；董干为硅质岩、薄层灰岩互层，厚68 m。后3处，上与五指山组，下与达莲塘组皆为整合接触。

榴江组为一穿时岩石地层单位，从跨中—晚泥盆世（沙坝）至仅限晚泥盆世早期。岩性由东向西以粘土岩、硅质为主，逐渐变为以硅质岩为主，并夹少量灰岩或白云岩，厚42～412 m，大致自南而北，由东向西呈增厚的趋势。

五指山组　D_3w　(53－0849)

【创名及原始定义】 由张兆瑾（1941）创立的“五指山层”演变而来，得名于广西南丹大厂东部之五指山。原始定义：五指山层，分布颇广，如丹池公路东西两旁高山之上部，八面山东西两翼，南丹罗富秧哨间以及河池三合村以东皆是。全层厚约五十公尺。下部为灰白或绿色薄层状矽质灰岩，上部为浅灰色层状不纯之矽质灰岩，外表及内部均成扁豆状或鱼鳞状之结构，为他种灰岩所罕见。

【沿革】 广西地质局编写的《1：100万凭祥幅地质图说明书》（1965）在开远—富宁地区，曾划出中—上泥盆统“扁豆状灰岩”；云南二区测队二分队（1978）首次引入五指山组，代表者桑—董堡一带晚泥盆世晚期沉积；嗣后，有关文献将其归入榴江组（群）。此次清理，认为岩性特征明显，沿用。

【现在定义】 指位于鹿寨组薄层硅质岩、硅质泥岩、泥岩、碳质页岩之下，榴江组黑色硅质岩、硅质泥岩之上的一套浅灰、灰、浅褐色中—厚层扁豆状灰岩、泥质条带灰岩、薄层泥晶灰岩等。下以黑色页岩的消失或浅灰色薄层泥晶灰岩夹泥质条带灰岩的出现与榴江组分界；上以扁豆状灰岩的消失或黑色页岩的出现与鹿寨组分界。

【层型】 选层型是广西南丹大厂锡矿羊角山剖面（107°37′，24°50′）。殷保安等（1992）测制。云南省内无剖面。

【地质特征及区域变化】 分布局限，仅见于富宁弄三盘、广南西洋街、五珠九克一带以及富宁董干地区。为泥质条带灰岩，扁豆状灰岩（局部上部为泥岩，底部为条带灰岩），厚16～81 m。获介形类 *Richterina subtriatula*, *Bertillonella elliptica*；竹节石 *Striatostyliolina*, *Styliolina* 等。下与榴江组硅质岩、泥岩整合接触，上被黄龙组灰岩平行不整合超覆。依据生物化石及上、下层位关系，确定属晚泥盆世晚期。

坝达组 C_1b （53-0755）

【创名及原始定义】 云南第二地质大队（1990）创名于云南省广南县者太乡坝达村。蒙义峰1990年著文介绍。原始定义：硅质岩为主，夹碳酸盐岩、基性火山岩、火山碎屑岩，含牙形石、放射虫、海绵骨针。连续沉积于榴江组硅质岩之上，中上石炭统灰岩之下，时代为早石炭世。

【沿革】 云南省区域地层表编写组（1978）归于下石炭统。此次对比研究，对原划分作适当修正，将原上界由灰岩内部下移至灰岩之底，以硅质岩或火山岩为坝达组之最高层位。

【现在定义】 灰黑、灰白色薄层硅质岩、含放射虫海绵骨针硅质岩、钙质硅质岩和玄武岩、沉凝灰岩、凝灰砂岩等互为夹层为主，夹海百合茎泥晶灰岩、硅化砂屑灰岩及灰岩扁豆体。以玄武岩与整合伏于其下的榴江组硅质岩为划分标志，以硅质岩与整合覆于其上的顺甸河组灰岩分界。

【层型】 正层型为广南县者太乡坝达村剖面（104°34′，24°12′）。云南第二地质大队1990年测制。

【地质特征及区域变化】 就现有资料，坝达组仅见于广南者太坝达和那梭。主要为硅质岩、含放射虫海绵骨针硅质岩，夹玄武岩、凝灰岩、凝灰砂岩及生物灰岩、灰岩扁豆体。属台沟相沉积。富含牙形石，下部有 *Pseudopolygnathus oxypageus*, *P. nudus*, *Gnathodus typicus*, *Spathognathodus crassidentatus*, *S. discretus*。中上部以 *Gnathodus symmutatus homopunctatus*, *G. commutatus nodosus*, *G. bilineatus bilineatus*, *G. bilineatus bollandensis* 最常见。

坝达一带发育齐全，厚209.3 m，其中火山岩夹层频繁出现，约占三分之一，碳酸盐岩仅占五分之一，以硅质岩为主。向东延至那梭，仅厚55.1 m，火山岩、碳酸盐岩夹层明显减少，并为岩头组所超覆。反映坝达组的岩性、沉积厚度、接触关系均有一定变化。地质时代为早石炭世。

顺甸河组 $C\hat{s}d$ （53-0754）

【创名及原始定义】 云南区调所五分队①（1993）创名于云南文山县坝心乡的顺甸河。原始定义：灰白色薄层硅质岩与灰色薄层泥晶灰岩互层为主，夹深灰色中至厚层硅质条带白云岩、硅质灰岩。整合伏于他披组之下，坝达组之上。

【沿革】 云南二区调队二分队（1976）归于大塘组、威宁组和马平组。云南省区域地层

---

① 云南地矿局区调所五分队，1993，1∶5万文山幅区域地质调查说明书（内刊）。

表编写组（1978）划入下石炭统、中石炭统及上石炭统。此次清理采用顺甸河组。

【现在定义】 指整合伏于他披组白云岩之下，榴江组硅质岩之上的碳酸盐岩—硅质岩。包括原顺甸河组灰白色薄层硅质岩与灰色薄层泥晶灰岩互层为主，夹深灰色中—厚层硅质条带白云岩、硅质灰岩，和其下原“坝达组”之深灰色中—厚层内砂屑骨屑灰岩、砂屑泥晶灰岩夹薄层状硅质岩。

【层型】 正层型为云南文山县坝心乡剖面（104°02′，23°23′），云南区调所五分队1993年测制，本书略作简化修正。

上覆地层：他披组 白云岩

——————— 整 合 ———————

顺甸河组 总厚度 291.6 m

29. 灰色薄层硅质岩与灰色薄层泥晶灰岩互层。含 *Triticites simplex*，*T.* cf. *subashiensis*，*T. parasecalicus*，*Rugosofusulina delicata*，*Quasifusulina longissima* 44.0 m

28—27. 灰白色薄层硅质岩与灰色薄层泥晶灰岩互层。含 *Triticites chinensis*，*T. parvus*，*T. parvulus*，*Pseudoschwagerina* sp. 及珊瑚、苔藓虫、海百合茎等 35.0 m

26—25. 灰白色薄层硅质岩与灰色薄层泥晶灰岩互层。上部含 *Fusulinella bocki*，*Triticites parvus*，*T. chinensis* 及珊瑚、苔藓虫；下部含 *Pseudostaffella* sp.，*Fusulinella* sp. 及珊瑚、苔藓虫 73.0 m

24. 深灰色中—厚层硅质条带交代白云岩。含 *Pseudostaffella* sp.，*Profusulinella parvulus* 6.0 m

23—21. 灰色薄层硅质岩与灰黄色、灰色薄层泥晶灰岩、硅质灰岩互层。含 *Diphyphyllum*? sp.；*Gnathodus bilineatus bilineatus*，*G. commutatus commutatus*，*Neoprioniodus montanaensis*，*Prioniodina subaequalis* 53.4 m

20—18. 灰色薄层硅质岩与泥粉晶灰岩、薄层灰岩互层。含 *Gnathodus commutatus commutatus*；*Diphyphyllum*? sp. 36.2 m

17—16. 灰黑色中—厚层内砂屑骨屑灰岩夹硅质岩，含少量硅质团块，具重荷模构造。含 *Eostaffella* sp.，*Gnathodus commutatus commutatus*，*G. lineatus*，*G. homopunctatus*，*G. mermaidus*，*Prioniodina stipans*，*Euprioniodina carerna*，*Neoprioniodus montanaensis* 及苔藓虫、海绵等 30.0 m

15. 深灰色砂屑泥晶灰岩夹浅灰色薄层硅质岩。含 *Spongia* sp. 17.0 m

··················· 接触关系不明（辉绿岩侵入） ···················

下伏地层：榴江组 硅质岩与硅质页岩互层

【地质特征及区域变化】 分布较广泛，见于文山、广南、富宁、丘北境内。岩性、厚度比较稳定，主要为薄层、中厚层灰岩与薄中层硅质岩组成间互层，或硅质岩呈夹层产出。文山坝心、广南牧山坡，下部夹少量白云质灰岩或白云岩。含古生物丰富，有牙形石、䗴、珊瑚、苔藓虫、腕足类、海百合茎、有孔虫等。其重要属种，下部有 *Gnathodus commutatus commutatus*，*G. bilineatus bilineatus*，*G. lineatus*，*G. homopunctatus*，*G. mermaidus*，*Neoprioniodus montanaensis*，*Prioniodina subaequalis*；*Diphyphyllum* sp.，*Arachnolasma* cf. *equiseptatum*；*Eostaffella* sp.。中上部有 *Pseudostaffella* sp.，*Fusulinella bocki*，*Profusulinella parvulus*，*Triticites obesus*，*T. simplex*，*T. parvus*，*Pseudoschwagerina* sp.。发育齐全的文山坝心厚296.1 m，蒙自砂坝一带未见顶，厚273.5 m，广南者兔牧山坡未见顶，厚256.6 m。各地接

触关系，除广南者太坝达一带整合于坝达组之上外，一般均连续沉积于榴江组之上，与他披组整合覆盖。属台沟相沉积。地质时代为早石炭世—晚石炭世晚期，不排除一些地区上部有可能延入二叠纪。

他披组　CPt　(53-0753)

【创名及原始定义】　云南区调所五分队[①]（1993）创名于云南文山县坝心乡他披。原始定义：灰色薄至中层泥晶灰岩与灰色薄层、中层至厚层交代白云岩、中晶白云岩呈互层或夹层，含硅质条带。间夹多层灰色薄至中层硅质岩。以白云质灰岩、白云岩与整合伏于其下的顺甸河河组分界，以硅质岩结束与上覆岩头组整合接触。

【沿革】　云南二区调队二分队（1976）将一部分归上石炭统称马平组，另一部分归下二叠统。云南省区域地层表编写组（1978）归入上石炭统。此次清理采用他披组。

【现在定义】　灰色薄—中层泥晶灰岩与灰色薄层、中层—厚层交代白云岩、中晶白云岩呈互层或夹层，含硅质条带。间夹多层灰色薄—中层硅质岩。以白云质灰岩、白云岩与整合伏于其下的顺甸河组分界；以硅质岩结束与上覆岩头组整合接触。

【层型】　正层型为云南文山坝心乡剖面（104°02′，23°23′）。云南区调所五分队1993年测制。

上覆地层：岩头组　砾屑灰岩

——————— 整　合 ———————

他披组　　总厚度 34 m

35. 灰色薄层硅质岩，上部夹 0.12 m 泥晶灰岩透镜体　　8 m

34. 灰、浅灰色薄层含硅质条带泥晶灰岩，夹灰白色中—厚层中细晶交代白云岩。含 *Schwagerina* sp.；*Sweetognathus whitei*，*Neogondolella bisselli*，*Diplognathodus augustus*　　4 m

33. 灰白色薄—中层中晶白云岩，含硅质团块　　2 m

32. 灰色中层中晶交代白云岩与薄层骨屑泥晶灰岩、薄—中层硅质岩互层。含 *Rugosofusulina* sp.；*Streptognathodus* cf. *elongatus*，*Anchignathodus* sp. 等　　7 m

31. 灰、浅灰色薄—中层骨屑泥晶灰岩与硅质岩互层。含 *Streptognathodus elongatus*，*Neogondolella* cf. *bisselli*　　8 m

30. 灰白色中—厚层中晶交代白云岩，含透镜状、团块状硅质岩　　5 m

——————— 整　合 ———————

下伏地层：顺甸河组　硅质岩

【地质特征及区域变化】　出露于文山县的西部一带，主要为泥晶灰岩与白云质灰岩、白云岩呈互层或夹层，夹硅质岩。含䗴、牙形石。厚 34 m。系近台坡至台沟相沉积，是包含早二叠世沉积在内的一个跨时岩石地层单位。时代为晚石炭世晚期—早二叠世。

岩头组　P_1yt　(53-0633)

【创名及原始定义】　云南区调所五分队（1993）创名于文山县他披乡坝心。指他披组硅质岩、灰岩之上，峨眉山玄武岩之下的灰、灰黑色厚层状砾屑灰岩，含硅质条带或团块，夹白云岩。

---

① 云南地矿局区调所五分队，1993，1∶5万文山幅区域地质调查说明书（内刊）。

【沿革】 云南二区测队二分队（1976）引用茅口组；《西南地区区域地层表》（1978）及《云南省区域地质志》（1990）中沿用茅口组。此次清理采用岩头组。

【现在定义】 灰、灰黑色厚层状砾屑灰岩，含硅质条带或团块，夹白云岩，富含䗴、牙形石等化石。下以灰色薄层硅质岩夹泥晶灰岩透镜体为他披组，与其整合接触。与峨眉山玄武岩分界，为喷发不整合覆盖。

【层型】 正层型为文山县坝心剖面（104°02′，23°22′）。云南区调所五分队① 1993 年测制。

上覆地层：峨眉山玄武岩　黄灰色强风化玄武岩

~~~~~~~~~~ 喷发不整合 ~~~~~~~~~~

岩头组　　总厚度 33.6 m

38. 灰黑色厚层状砾屑灰岩，含硅质条带。含䗴 *Parafusulina* sp.，*P. cincta*，*Neoschwagerina* sp.；牙形石 *Neogondolella asiatica*，*N.* cf. *qujioensis*，*Streptognathodus* cf. *elongatus*　　19.2 m

37. 灰白色厚层状粉—细晶交代白云岩。含硅质条带和团块　　6.8 m

36. 灰色厚层状砾屑灰岩。含硅质团块，白云岩化明显，局部硅化。含䗴 *Schwagerina* sp.，*Parafusulina* sp.，*Pseudofusulina lurgido*，*P. kraffti*；牙形石 *Neogondolella bisslli*，*Sweetognathus whitei*　　7.6 m

———————— 整　合 ————————

下伏地层：他披组　灰色薄层硅质岩

【地质特征及区域变化】 灰、灰黑色厚层状砾屑灰岩，具硅质条带和团块构造，厚度不大，含底栖生物䗴、腕足类等化石。生物化石除剖面列述之外，还有䗴：*Neomisellina* sp.，*Verbeekina verbeeki*；珊瑚：*Waagenophyllum* sp.；有孔虫：*Hemigordius* sp. 等。时代属早二叠世。

分布于滇东南文山坝心与富宁洞坡、理达等地，厚 33.6～124.5 m。文山坝心厚 33.6 m。富宁洞波下部浅灰、深灰色薄—中厚层灰岩夹薄层硅质岩条带；上部浅灰色块状结晶灰岩，厚 38.1 m。

领薅组　*Plh*　（53-0632）

【创名及原始定义】 贵州地质局区调大队联测分队（1980）创名于广西隆林县城南西八公里领薅东侧公路上。指假整合于下二叠统茅口组之上，下三叠统罗楼组之下的褐黄色粉砂岩、砂岩、粘土岩，下部夹少许硅质岩，厚 673 m。时代为晚二叠世。

【沿革】 云南二区测队二分队（1978）划为吴家坪组相变；云南区调队六分队（1980）将下部含硅质岩、凝灰岩的碎屑岩创名那梭组，上部称长兴组。此次清理引用广西领薅组。

【现在定义】 指平行不整合于茅口组或峨眉山玄武岩之上与罗楼组之下的褐黄色粉砂岩、砂岩、粘土岩夹少许硅质岩。时代为晚二叠世。

【层型】 正层型为广西隆林领薅（105°16′，24°43′），贵州区调队四、六分队 1980 年测制。本省次层型为广南县那梭剖面（104°38′，24°11′），云南区调队六分队 1980 年测制。

【地质特征及区域变化】 下部灰绿色薄、中层粉砂质、钙质泥岩、凝灰岩、铁锰质粉砂

① 云南区调所五分队，1993 年，1∶5 万文山幅区域地质调查说明书（内刊）。
~~~~~~~~~~

岩夹少量硅质岩；上部灰绿色粉砂质泥岩、泥岩夹凝灰质粉砂岩、少量硅质粉砂岩及生物灰岩薄层，与下伏峨眉山玄武岩或岩头组呈平行不整合接触。生物化石有䗴：*Palaeofusulina* sp.，*Nankinella* sp.；腕足类：*Orthotichia* cf. *marmorea*，*Orthotetina* cf. *ruber*，*Spiriferella* cf. *damesi*；双壳类：*Schizodus guizhouensis*，*S. pinguis*，*Pernopecten sichuanensis*，*Crenipecten exilis*；菊石：*Anderssonoceras* sp. 等。时代属晚二叠世—早三叠世早期。

分布于滇东南广南那梭、者中、富宁洞波、理达一带，呈NWW向狭窄条状展布，由西北向东南逐渐变厚，厚40.5～127.2 m。那梭、者中一带为粉砂质、钙质泥岩，凝灰岩夹硅质岩、生物灰岩，厚45.5～56.6 m。洞波为黄绿、灰绿、灰黑色泥质粉砂岩、泥岩夹凝灰岩和少量硅质岩、硅质泥岩，厚71.9 m。理达一带为深灰、灰色钙质泥岩与硅质岩不等厚互层，夹结晶灰岩扁豆体，厚127.2 m。

第二节　生物地层和年代地层

一、泥盆纪生物地层和年代地层

（一）生物地层概况

泥盆纪生物繁盛，计有腕足类、珊瑚、层孔虫、苔藓虫、双壳类、介形类、腹足类、头足类、三叶虫、竹节石、牙形石、笔石、鱼形动物及植物等十余个门类。其中有具世界性广布的群落，也有具浓厚地方性色彩的生物群，为云南泥盆纪地层的划分对比，指示沉积环境等起到重要作用。以往我省作过专门生物地层研究的剖面不多，在地域上也不平衡，面上的研究程度更低，往往以求某标准化石的存在作为确定地质时代为宗旨。云南省区域地质志（1990）较系统地归纳了前人已有的研究成果，以不同沉积类型划分了生物组合（带），阐述了所处地层位置，并进行年代地层讨论。本书基本沿用。将其归纳如表4-1，现分门类简述如下：

1. 牙形石动物群

云南泥盆系牙形石动物经董致中① （1980）研究，序列已初步建立，共识别20个带。早泥盆世占7个带，自下而上：①*Icriodus woschmidti*，②*Eognathodus sulcatus*，③*Polygnathus dehiscens*，④*P. perbonus*，⑤*P. laticostatus*，⑥*P. serotinus*，⑦*P. costatus patulus*。这些化石带在云南东、西部皆可见及。①—⑤带见于保山地区向阳寺组；⑦带见于何元寨组底部；①—③带见于宁蒗—大理的青山理；④—⑥带见于莲花曲组及滇东南的达莲塘组；③带在四川依吉群下部及滇东南坡脚组亦有发现；⑤带见于长育村组底部；④、⑥带还发现于古木组下部。

中泥盆世占3个带，自下而上：⑧*Polygnathus costatus partitus*，⑨*P. c. costatus*，⑩*P. varcus*。该三带在施甸何元寨组中下部均可见及，⑩带见于达莲塘组上部。

晚泥盆世占10个带，自下而上：⑪*Polygnathus asymmetricus*，⑫*Ancyrognathus triangularis*，⑬*Palmatolepis gigas*，⑭*P. triangularis*，⑮*P. crepida*，⑯*P. rhomboidea*，⑰*P. marginifera*，⑱*Scaphignathus velifera*，⑲*Polygnathus styriacus*，⑳*Bispathodus costatus*。其中⑪、⑫、⑬、⑭、⑱、⑳带在保山瓦房一带何元寨组上部发育较好；⑫、⑮、⑯、⑰、⑲、

---

① 董致中，1980，云南泥盆纪牙形石分带与对比兼论中、下泥盆统及志留—泥盆系界线（未刊）。

表 4-1　云南省泥盆纪地层主要生物组合

地层		牙形石	竹节石	笔石、菊石	腕足类 滇东	腕足类 保山
泥盆系	上泥盆统	⑳*Bispathodus costatus* 带 ⑲*Polygnathus styriacus* 带 ⑱*Scaphignathus velifera* 带 ⑰*Palmatolepis marginifera* 带 ⑯*Palmatolepis rhomboidea* 带 ⑮*Palmatolepis crepida* 带 ⑭*Palmatolepis triangularis* 带 ⑬*Palmatolepis gigas* 带 ⑫*Ancyrognathus triangularis* 带 ⑪*Polygnathus asymmetricus* 带			*Yuananella* – *Yunnanellina* – *Cyrtospirifer* 组合 *Tenticospirifer* – *Leiorhynchus* 组合	*Tenticospirifer* – *Cyrtospirifer* – *Leiorhynchus* 组合
	中泥盆统	⑩*Polygnathus varcus* 带	⑬*Nowakia otomeri* 带		*Stringocephalus* – *Bornhardtina* 组合	*Levenea* – *Atrypa* – *Gypidula* – *Bornhardtina onychophora* 组合
		⑨*Polygnathus costatus costatus* 带 ⑧*Polygnathus costatus partitus* 带	⑫*Nowakia sulcata* 带		*Xenospirifer fongi* – *Zdimir* 组合	*Eoreticulariopsis eifeliensis* – *Bifida lepida* 组合
	下泥盆统	⑦*Polygnathus costatus patulus* 带 ⑥*Polygnathus serotinus* 带 ⑤*Polygnathus laticostatus* 带	⑪*Nowakia holynensis* 带 ⑩*Nowakia richteri* 带 ⑨*Nowakia cancellata* 带			*Strophochonetes* 带
		④*Polygnathus perbonus* 带	⑧*Nowakia elegans* 带 ⑦*Nowakia barrandei* 带 ⑥*Nowakia praecursor* 带 ⑤*Nowakia zlichovensis* 带	*Erbenoceras* – *Anetoceras* 组合	*Euryspirifer shujiapingensis* – *Subcuspidella trigonata* 组合	
		③*Polygnathus dehiscens* 带 ②*Eognathodus sulcatus* 带	④*Guerichina strangulata* 带 ③*Nowakia acuaria* 带	③*Monograptus yukonensis* – *Neomonograptus himalayensis* 带	*Acrospirifer tonkinensis* – *Dicoelostrophia* 组合	
		①*Icriodus woschmidti* 带	②*Paranowakia intermedia* 带 ①*Paranowakia bohemica* 带	②*Neomonograptus hercynicus* 带 ①*Monograptus uniformis* 带		

续表 4-1

地层 \ 生物		珊瑚：滇东	珊瑚：丽江、保山	鱼形动物	植物
泥盆系	上泥盆统	⑤*Disphyllum irregulare* - *Hunanophrentis* 组合	⑧*Disphyllum frechi shidianense* - *Pexiphyllum rectum* 组合		⑤*Leptophloeum rhombicum* 组合
	中泥盆统	④*Temnophyllum waltheri* - *Hexagonaria hexagona* 组合 ③*Cyathophyllum* - *Dendrostella trigemme* 组合	⑦*Hexagonaria* - *Cyathophyllum* 组合	⑤*Bothriolepis sinensis* - *Hunanolepis tieni* 组合	④*Protolepidodendron scharyanum* - *Barrandeina dusliana* 组合
		②*Tryplasma devoniana* - *Acanthophyllum* 组合	⑥*Favosites* - *Pachyfavosites* 组合	④*Xichonolepis* - *Yinostius major* - *Wudinolepis* 组合	
	下泥盆统		⑤ *Pseudoblothrophyllum* - *Fasciphyllum* - *Siphonophrentis* - *Tryplasma devoniana* 组合	③*Eugaleaspis xujiachongensis* - *Sanchaspis magalarostrata* 组合	③*Zosterophyllum yunnanicum* - *Drepanophycus spinaeformis* 组合
		①*Hadrophyllum* - *Calceola sandalina sinensis* 组合	④*Tryplasma hercynica* - *Enterolasma strictum* - *Aknisophyllum* 组合 ③*Lyrielasma chapmani* - *Embolophyllum alengchuense* - *Pseudochonophyllum lijiangense* 组合 ②*Spongophyllum pseudofritchi* - *S. cyath* - *ophylloides* - *Gurjevsktella cylindrica* 组合 ①*Tryplasma* cf. *subcruciatum* - *Cysticonophyllum* 组合	②*Yunnanolepis chii* - *Youngolepis praecursor* 组合	②*Zosterophyllum myretonianum* - *Z. australianum* 组合
				①*Polybranchiaspis liaojiaoshanensis* - *Laxaspis qujingensis* 组合	①*Uncatoella verticillata* - *Zosterophyllum* 组合

⑳见于宁蒗一带的长育村组上部；⑭、⑲带以及 *Palmatodella delicatula*，*Palmatolepis minuta minuta* 等见于沧源—孟连一带的曼信组中上部。此外，在滇东地区的一打得组和榴江组上部亦发现丰富的晚泥盆世牙形石。

2. 竹节石动物群

该动物群主要经穆道成（1978，1983），蒋志文（1980）等研究，建立了13个带，由下而上：①*Paranowakia bohemica*，②*P. intermedia* ③*Nowakia acuaria*，④*Guerichina strangulata*，⑤*Nowakia zlichovensis*，⑥*N. praecursor*，⑦*N. barrandei*，⑧*N. elegans*，⑨*N. cancellata*，⑩*N. richteri*，⑪*N. holynensis*，⑫*N. sulcata*，⑬*N. otomeri*。其中①—⑤带在保山地层分区见于向阳寺组；②、③、⑤、⑥、⑦、⑨带见于丽江一带的班满到地组；②、③、⑦、⑨带见于宁蒗至大理的莲花曲组；绿春地区的倮红组仅发现 *Paranowakia* 属；以③带分布最普遍，除上述地区外，尚见于盈江一带的关上组、中甸冉家湾组、昌宁温泉组、墨江大中寨组、滇东南地区的坡脚组；⑤带还见于绿春的龙别组；⑥—⑫带见于滇东南地区达莲塘组，据报导⑥带亦在古木组下部见及；⑬带见于滇东南一带的榴江组下部。此外，*Nowakia sulcata* 还见于昭通一带箐门组中部；*Nowakia otomeri* 见于盘溪曲靖组底部。

3. 笔石动物群

该动物群分布于施甸、昌宁、孟连、墨江、丽江一带相当于 Lochkovian—Pragian 期地层中，前人建立三个带，自下而上为：①*Monograptus uniformis*，②*Neomonograptus hercynicus* 及③*Monograptus yukonensis* - *Neomonograptus himalayensis*。3个带的化石在孟连一带的温泉组皆有见及，因那里构造复杂，没有连续剖面，分带并不清楚；②带化石见于绿春地区的倮红组，与其共生的有 *Monograptus* cf. *hermiodon* 等；③带见于施甸一带的向阳寺组中下部，昌宁温泉组中下部，丽江班满到地组下部，墨江大中寨组诸层位，与其共生的往往有丰富的 *Nowakia acuaria*。中甸冉家湾组亦出现 *Monograptus*。

4. 菊石动物群

目前仅有一个组合带，即 *Erbenoceras* - *Anetoceras* 组合。见于滇东南的达莲塘组中下部及丽江一带班满到地组下部，建水东立吉组上部亦见有 *Erbenoceras*。常与 *Nowakia zlichovensis* - *N. barrandei* 带出现层位相当。此外，在保山汶上，华宁盘溪等零散地见有 *Manticoceras*，分别产于何元寨组上部及在结山组下部。

5. 腕足动物群

云南东部与西部保山一带略有不同，早泥盆世的 *Acrospirifer tonkinensis* - *Dicoelostrophia* 组合，见于滇东南、滇东北地区的坡脚组，建水地区的东立吉组下部，中甸一带的冉家湾组。*Euryspirifer shujiapingensis* - *Subcuspidella trigonata* 组合，主要见于滇东北地区箐门组下部。

中泥盆世的 *Xenospirifer fongi* - *Zdimir* 组合，见于滇东南地区的古木组下部，滇东北及华坪一带的箐门组上部。*Stringocephalus* - *Bornhardtina* 组合，广泛见于滇东南地区的东岗岭组，滇东、滇东北的曲靖组，以及宁蒗大槽子至华坪一带的烂泥箐组。

晚泥盆世大体归纳为两个组合，下部为 *Tenticospirifer* - *Leiorhynchus* 组合；上部为 *Yunnanella* - *Yunnanellina* - *Cyrtospirifer* 组合。多数地区尚研究较差，它们产出于滇东南地区的革当组，滇东一打得组、在结山组，宁蒗大槽子至华坪一带的干沟组。

保山地区腕足类动物群，自下而上可建立 *Strophochonetes* 带，*Eoreticulariopsis eifeliensis* - *Bifida lepida* 组合，*Levenea* - *Atrypa* - *Gypidula* - *Bornhardtina onychophora* 组合及 *Tenti-*

cospirifer – *Cyrtospirifer* – *Leiorhynchus* 组合。出现于何元寨组的底部、中部及顶部。

6. 珊瑚动物群

云南东部地区由下而上建立了五个组合：①*Hadrophyllum* – *Calceola sandalina sinensis*，②*Tryplasma devoniana* – *Acanthophyllum*，③*Cyathophyllum* – *Dendrostella trigemme*，④*Temnophyllum waltheri* – *Hexagonaria hexagona*，⑤*Disphyllum irregulare* – *Hunanophrentis*。①见于坡脚组；②见于古木组下部；③见于古木组上部；④见于东岗岭组、曲靖组、烂泥箐组；⑤见于革当组、在结山组、宰格组。

丽江、保山地区泥盆纪自下而上建立八个组合：①*Tryplasma* cf. *subcruciatum* – *Cysticonophyllum*，②*Spongophyllum pseudofritchi* – *S. cyathophylloides* – *Gurjevsktella cylindrica*，③*Lyrielasma chapmani* – *Embolophyllum alengchuense* – *Pseudochonophyllum lijiangense*，④*Tryplasma hercynica* – *Enterolasma strictum* – *Aknisophyllum*，⑤*Pseudoblothrophyllum* – *Fasciphyllum* – *Siphonophrentis* – *Tryplasma devoniana*，⑥*Favosites* – *Pachyfavosites*，⑦*Hexagonaria* – *Cyathophyllum*，⑧*Disphyllum frechi shidianense* – *Pexiphyllum rectum* 组合。①—④见于丽江阿冷初剖面的青山组，⑤见于丽江阿冷初剖面的班满到地组下部，⑥见于中甸一带的穷错组，*Favosites* 属在何元寨组中下部也较发育，⑦、⑧见于何元寨组中、上部。

7. 鱼形动物

滇东鱼形动物非常丰富，经研究者不断发掘补充，现已建立五个组合，自下而上：①*Polybranchiaspis liaojiaoshanensis* – *Laxaspis qujingensis*，②*Yunnanolepis chii* – *Youngolepis praecursor*，③*Eugaleaspis xujiachongensis* – *Sanchaspis magalarostrata*，④*Xichonolepis* – *Yinostius major* – *Wudinolepis*，⑤*Bothriolepis sinensis* – *Hunanolepis tieni*。①出现在曲靖至盘溪一带的翠峰山组下西山村段的底部；②出现于曲靖一带翠峰山组西屯段和桂家屯段下部；③见于翠峰山组徐家冲段及桂家屯段上部；④见于曲靖地区及武定一带的西冲组穿洞段及其大致相当的缩头山组；⑤见于宣威—昆明广大地区的海口组、西冲组的上双河段。此外，滇东南、滇东北地区的坡松冲组中可以建立 *Asiacanthus* – *Polybranchiaspis* – *Yunnanolepis* 组合。

8. 古植物群

早、中、晚泥盆世重要分子在云南均有代表，经前人研究总结，自下而上建立五个组合带：① *Uncatoella verticillata* – *Zosterophyllum*，② *Zosterophyllum myretonianum* – *Z. australianum*，③*Zosterophyllum yunnanicum* – *Drepanophycus spinaeformis*，④*Protolepidodendron scharyanum* – *Barrandeina dusliana*，⑤*Leptophloeum rhombicum*。①见于曲靖地区翠峰山组的下西山村段及西屯段；②见于曲靖地区翠峰山组的桂家屯段及滇东南地区坡松冲组下部；③见于曲靖地区翠峰山组的徐家冲段及滇东南、滇东北地区坡松冲组上部，另外该两种群还出现在昌宁—孟连地区的温泉组；④见于西冲组的上部；⑤的代表岩组为景洪的南光组、墨江的南边山组。

（二）年代地层

年代地层界线是依靠生物分布及其演化关系来确定的，前提条件要有连续剖面。云南志留至泥盆系有连续剖面，且有一定的资料。下、中泥盆统，中、上泥盆统连续剖面多，但缺少生物地层研究；上泥盆统与石炭系多不连续，局部连续沉积，亦缺少研究。

1. 泥盆系下界

国际泥盆纪地层委员会确立：以笔石 *Monograptus uniformis*，牙形石 *Icriodus woschmidti* 及三叶虫 *Warburgella rugulosa* 同时出现，作为泥盆系开始的标志。这三个特征化石分别见于孟连回库，剑川挂榜山，丽江下胖罗，施甸向阳寺和曲靖地区。目前，这几个化石因未同时出现还只能作为泥盆系下界的参考。*Monograptus uniformis* 见于孟连回库温泉组，那里构造复杂，露头不好，缺乏连续剖面。该化石层下部未见晚志留世地层，而出现泥盆纪植物化石 *Drepanophycus*，还有待进一步工作证实。

牙形石 *Icriodus woschmidti* 见于剑川挂榜山，丽江下胖罗，施甸向阳寺。前两处对其上、下层位未作详细研究，但王成源（1982）指出丽江地区“以前归到中志留统的一套网纹状灰岩，很可能是解决志留、泥盆系分界的关键所在”。此次对比研究，从岩性组合特征出发，已将丽江阿冷初剖面“网纹状灰岩”以上的岩层划归早泥盆世青山组，青山组的底界已接近泥盆系底界。至于施甸向阳寺，经谭雪春等研究，其界线划在 *Icriodus woschmidti* 与 *Spathognathodus primus* 带之间，大致相当向阳寺组底界。同时在 *woschmidti* 之上，已获 *Paranowakia bohemica*，从大化石角度分析，也说明接近泥盆系底界。

三叶虫 *Warburgella rugulosa sinensis* 产于曲靖玉龙寺组下部。同层产出的其他三叶虫、腕足类、头足类、牙形石等，研究者认为，玉龙寺组应对比为志留系的 Pridoli 世。尤其是王成源（1981）在玉龙寺组顶部，距翠峰山组底界 26.6 m 处（潇湘水库剖面）采到 *Ozarkodina crispa*，这是世界上 Ludfordian 最晚期带化石，与同层所获几丁虫的时代结论是一致的。由此可见，*Warburgella rugulose sinensis* 在曲靖地区尚不能作为泥盆系底界的生物标志。基于上述情况，我们把志留、泥盆系界线置于玉龙寺组与翠峰山组之间，它即是岩石地层界线，也可能是年代地层界线。

上面阐述了志留系与泥盆系连续沉积概况，总体来说，可以认为保山地区向阳寺组，丽江地区青山组、曲靖地区翠峰山组下西山村段的底界是泥盆系的底界。

2. 下、中泥盆统界线

国际泥盆纪地层委员会 1980 年做出决定，下、中泥盆统界线划在牙形石：*Polygnatus costatus patulus* 带与 *P. costatus partitus* 带之间。通过国内外的研究，与其相应的竹节石是：*Nowakia holynensis* 带与 *N. sulcata* 带之间，以及利用腕足类、三叶虫、珊瑚、植物等化石帮助确定。本书依靠少数研究较详的剖面，结合大化石、岩性特征，试图与国际分统一致起来。施甸地区划在牙形石 *Polygnatus costatus patulus* 与 *P. costatus partitus* 带之间，界线通过何元寨组下部，比何元寨组底界高 12～35 m；丽江地区划在竹节石 *Nowakia sulcata* 带之底，界线在班满到地组上部通过；大理海东地区，在长育村组的底部已出现牙形石 *Polygnathus inversus*，非常接近下泥盆统顶界；广南地区，竹节石分带较清楚，划在 *Nowakia holynensis* 带与 *N. sulcata* 带之间，界线应通过达莲塘组上部，与富宁董干、广南达莲塘等地达莲塘组上部牙形石 *Polygnathus serotinus* 的出现，基本吻合，称为象州型相区的下、中泥盆统界线，现以腕足类 *Zdimir* 出现视为中统底界，还有出现 *Xenospirifer fongi*，*Nowakia sulcata* 者，界线划在古木组下部或箐门组中部。曲靖地区海陆交互相地层，目前尚无资料与外界等时界线并论，根据鱼形动物划在 *Galeaspiformes*，*Polybranchiaspiformes*，*Yunnanolepidae*，*Qujinolepidae* 的消亡，与 *Xichonolepis*，*Wudinolepis*，*Bothriolepis* 等普遍出现之间，或以植物 *Drepanophycus*－*Zosterophyllum* 与 *Protolepidodendron* 之间，界线接近西冲组穿洞段的底界。

3. 中、上泥盆统界线

国际泥盆纪地层委员法兰克福会议，通过以牙形石 *Polygnathus asymmetricus* 带的下亚带之底界作为中、上泥盆统界线。帮助识别此界线层的大化石：菊石 *Manticoceras* 的出现略高于此带；腕足类 *Stringocephalus* 的最高延限层位相当上 *Schmidtognathodus hermanni*－

Polygnathus cristatus 带；竹节石 *Nowakia* 的绝灭可能与 *Palmatolepis disparilis* 带相吻合。依照上述方案划分中、上泥盆统界线，云南大部分地区条件尚不成熟，现按各地情况分别处理。保山、施甸一带，以牙形石 *Polygnathus asymmetricus* 出现作为上统开始，界线通过何元寨组上部。其余各地利用 *Nowakia*，*Stringocephalus* 的消失，*Cyrtospirifer*，*Leiorhynchus*，*Tenticospirifer*，*Disphyllum irregulare*，*Pexiphyllum frechi*，*Manticoceras* 及 *Leptophloeum rhombicum* 出现为上统开始。其界线相当长育村组上部、烂泥箐组上部、南光组底界、南边山组中部、宰格组底界、在结山组底界、一打得组中部、榴江组上部、革当组底界。

二、石炭纪生物地层和年代地层

(一) 生物地层概况

云南石炭纪地层发育较全，分布广泛，古生物门类多而数量丰富，尤其是华南石炭纪地层中常见的一些重要生物门类如珊瑚、䗴、腕足类、牙形石、苔藓虫、双壳类、介形类等，都有大量产出，具备生物地层研究的良好条件。可惜这方面工作至今却尚未很好开展起来。近年局限于少数地区、少数地层单位中的个别生物门类，拟建了一些生物带，系统生物地层研究仍未开展，资料贫乏。根据云南现状和实际，将相邻贵州省的一些研究成果和本省有关资料，一并引录概述如下：

云南东部与贵州同属华南石炭纪地层，生物群、岩性、岩相特征，都十分相似或一致，杨式溥等（1980）研究贵州石炭纪生物地层提出的早石炭世各珊瑚带和晚石炭世各䗴带（表 4-2），适合云南东部，在炎方组、万寿山组、梓门桥组、大埔组、黄龙组及马平组等岩石地层单位中相应层位，都有存在，参见表 4-2。晚石炭世各䗴带，在云南西部的鱼塘寨组、西门崖子组、顶坡组、水长阱组、尖山营组内也有分布，垂直分带仍较明显。

云南西部，以保山、施甸地区的香山组、铺门前组内珊瑚分带（表 4-3），和大理、宁蒗地区的尖山营组中牙形石分带研究（表 4-4）较详，最具代表性。

(二) 年代地层

目前云南无专门年代地层研究资料，采用杨式溥等（1980）意见，并参照王鸿祯、李光岑编著的《国际地层时代对比表》。云南石炭系分为上石炭统和下石炭统。上统顶界，由于梁山组平行不整合于马平组之上，一般划在 *Rubustoschwagerina* 带或 *Pseudoschwagerina* 带的消失；上统与下统分界线，云南未发现菊石，䗴以 *Pseudostaffella* 带始现，牙形石以 *Declinognathodus lateralis* - *D. noduliferus* 带之底与 *Gnathodus bilineatus bollandensis* - *G. girtyi simplex* 带之顶。石炭系的底界，滇东及云南大部分地区，在 *Pseudouralinia* 带以下还未发现过 *Cystophrentis kolaohoensis* 带，并由于有石炭系与泥盆系连续沉积和缺失早石炭世早期沉积的不同认识，一般主张以宰格组上部含“豆石介”的消失为划分标志。实际上云南石炭系底界尚未解决。

岩石地层与生物地层、年代地层对应关系，参见表 4-2、表 4-3、表 4-4。

三、二叠纪生物地层和年代地层

云南二叠纪生物较为丰富，但生物地层缺乏系统深入研究，尚未建立生物地层单位。据《云南省区域地质志》（1990）综合前人研究成果，将云南二叠纪划为两大生物地理区：东部为昆明—临沧生物地理区（属华夏、特提斯生物区），以暖水䗴、珊瑚和华夏植物群为特征；西部为腾冲—保山生物地理区（属冈瓦纳—特提斯过渡型生物区），早二叠世以含 *Glossopteris*

表 4-2 云南东部石炭纪岩石地层与生物地层、年代地层对应关系

杨式溥等（1980） 贵州 年代地层（统）	阶	石炭纪化石组合分带 䗴	石炭纪化石组合分带 珊瑚	本书 云南东部 岩石地层	年代地层
壶天统	马平阶	*Rubustoschwagerina* z.		马平组	上石炭统
		Pseudoschwagerina z.		黄龙组；*Pseu.*	
		Triticites z.		*Tr.*	
	达拉阶	*Fusulina*－*Fusulinella* z.		*F.*－*Fu.*；大埔组	
		Profusulinella z.		*Pro.*	
	滑石板阶	*Pseudostaffella* z.		*Pse.*	
丰宁统	德坞阶	*Eostaffella* z.	*Palaeosmilia regta*－*Aulina rotiformis* 组合	*P. Au.*；*Eo.*；梓门桥组	下石炭统
	大塘阶		*Arachnolasma sinensis*－*Yuanophyllum* 组合	*A. Y.*	
			Kueichouphyllum sinense 组合	万寿山组；*K.*	
			Thysanophyllum shaoyangensis 组合	*T.*	
	岩关阶		*Pseudouralinia gigantea* 组合	炎方组；*Ps.*	
			Cystophrentis kolaohoensis 组合		
	邵东阶				

表 4-3　云南保山、施甸早石炭世岩石地层与生物地层、年代地层对应关系

杨宗仁（1983）			王增吉等（1990）		本书	
珊瑚带			珊瑚带		岩石地层	年代地层
铺门前组	上部	*Yuanophyllum* z.	铺门前组		铺门前组 *Y.* ——	下石炭统
	下部	*Kueichouphyllum sinense* z.			香山组 *K.s.* ——	
香山组	上部	*Pseudouralinia – Siphonophyllia* z.	香山组	③*Pseudouralinia – Humboldtia rossica – Cyathoclisia yunnanensis* z.	*P.—S.* —— ③*P.—H.r.—C.y.* ——	
	下部	*Cystophrentis* z.		②*Thuriantha sinensis – Tachylasma shidianense* z. ①*Rotiphyllum yudongense – Commutia crassoseptata – Antikinkaidia typica* z.	*Cy.* —— ②*T.s.–Ta.s.* —— ①*R.y.–Co.c.–A.t.* ——	

表 4-4　云南宁蒗尖山营石炭纪岩石地层与生物地层、年代地层对应关系

董致中等（1987）		本书	
牙形石带		岩石地层	年代地层
砚山组	⑯*Sweetognathus whitei* - *Neogondolella bisselli* z.	阳新组	下二叠统
马平组	⑮*streptognathodus wabaunsensis* - *S. elongatus* z.	尖山营组	上石炭统
	⑭*Streptognathodus elongatus* z.		
	⑬*Streptognathodus gracilis* - *S. excelsus* z.		
泸沽湖组	⑫*Streptognathodus oppletus* - *S. elegantulus* z.		
	⑪*Streptognathodus cancellosus* z.		
	⑩*Neogondolella clarki* z.		
	⑨*Idiognathodus sinuosus* z.		
	⑧*Neognathodus symmetricus* - *Idiognathoides corrugatus* z.		
	⑦*Declinognathodus lateralis* - *D. noduliferus* z.		
尖山营组	⑥*Gnathodus bilineatus bollandensis* - *G. girtyi simplex* z.		下石炭统
	⑤*Gnathodus nodosus* z.		
	④*Gnathodus bilineatus bilineatus* z.		
	③*Pseudopolygnathodus*? *yunnanensis* z.		
	②*Gnathodus homopunctatus* z.		
	①*Scaliognathus anchoralis* z.		

植物群和冷、暖水混合动物群为特征。

（一）昆明-临沧生物地理区主要生物组合（详见表 4-5）

（1）䗴：据上表分为 4 个带，12 个亚带，自下而上①—④亚带为早二叠世早期，⑤—⑧亚带为早二叠世晚期，⑨—⑩亚带为晚二叠世早期，⑪—⑫亚带为晚二叠世晚期。①亚带见于阳新组之底部和大名山组底部，为二叠系的底界，相当于栖霞阶之底部层位。②—④亚带见于阳新组之下部，在仙人洞组，高井朝组能见其主要分子，在喀大崩组、冰峰组、吉东龙组、大名山组下部也有出现，其层位相当于栖霞阶。⑤—⑧亚带主要见于阳新组上部，另外在岩头组、坝溜组、拉竹河组内及喀大崩组、吉东龙组、大新山组、大名山组上部能见其主要分子，相当于茅口阶层位。⑨—⑩亚带见于龙潭组下部，相当于乐平阶层位。⑩—⑫亚带主要见于吴家坪组，在领薅组、石佛洞组、那箐组也可见其主要分子，其层位相当于乐平阶至长兴阶。

（2）珊瑚：分为 8 个带，自下而上①—③带为早二叠世早期，④—⑥带为早二叠世晚期，⑦—⑧带为晚二叠世。①—⑥带见于阳新组，①—③带于该组下部，相当于栖霞阶层位，④—⑥带于该组上部，相当于茅口阶层位。⑦—⑧带见于吴家坪组，⑦带于该组下部，相当于乐平阶层位，⑧带于该组之上部，相当于长兴阶层位。在那箐组等地层中也零星可见少数分子。

（3）腕足类：共分 7 个带，自下而上：①带为早二叠世早期，②—③带为早二叠世晚期，④—⑥带为晚二叠世早期，⑦带为晚二叠世晚期。①带见于梁山组，其层位相当于栖霞阶下部；②—③带见于阳新组，相当于栖霞阶至茅口阶层位；④—⑦带见于龙潭组、吴家坪组，另在黑泥哨组、羊八寨组、冈达概组等也可见及少数分子，其层位相当于乐平阶至长兴阶。

（4）菊石：划分三个带，自下而上：①—②带为晚二叠世早期，③带为晚二叠世晚期。①带见于领薅组下部，相当于乐平阶层位；②—③带见于吴家坪组和领薅组上部，相当于长兴阶层位。在羊八寨组内也可见少数分子。

（5）植物：共分 3 个带，自下而上：①带为早二叠世早期，②带为早二叠世晚期，③带可分两亚带，下亚带为晚二叠世早期，上亚带为晚二叠世晚期。①—②带见于拉竹河组下部，相当于栖霞阶至茅口阶层位。③带中的上、下亚带见于宣威组、龙潭组，羊八寨组内也可见主要分子，其层位相当于乐平阶或乐平阶—长兴阶。

（二）腾冲-保山生物地理区主要生物组合（详见表 4-6）

（1）䗴：可分 3 带，自下而上：①—②带为早二叠世早期，③带为早二叠世晚期。①—③带见于沙子坡组下部，大东厂组可见主要分子，其层位相当于栖霞阶至茅口阶的下部。

（2）珊瑚：分为 3 个化石带，自下而上：①—②带为早二叠世早期，③带为早二叠世晚期。3 带均见于沙子坡组下部，大东厂组也可见其主要分子，其层位相当于栖霞阶。

（3）腕足类：共分 4 个化石带，自下而上：①—②带为早二叠世早期，③—④带为早二叠世晚期。①—④带见于沙子坡下部，层位相当于栖霞阶至茅口阶下部。

（4）苔藓虫：分为 4 个带，自下而上：①—③带为早二叠世早期，④带为早二叠世晚期。以上 4 带见于沙子坡组下部，大东厂组也可见其主要分子，层位相当栖霞阶至茅口阶下部。

（5）植物：分为 2 个带，两带均为早二叠世早期，见于丙麻组下部，相当于栖霞阶下部层位。

其他门类化石比较零星，已在岩石地层单位所含生物化石时代讨论中述及，不再重复。

表 4-5 云南二叠纪昆明—临沧生物地理区生物组合

地层 统	地层 阶	䗴 带	䗴 亚带	珊瑚	腕足类	菊石	植物 带	植物 亚带
上二叠统	长兴阶	*Palaeofusulina* 延限带	⑫*Palaeofusulina sinensis* 延限亚带	⑧*Waagenophyllum indicum* 顶峰带	⑦*Enteletes* – *Enteletina* 组合带	③*Tapashanites* 延限带	*Gigantopteris* – *Lobotannularia* 组合带	*Gigantopteris dictyophylloides* – *Compsopteris contracta* 组合亚带
			⑪*Gallowayinella meitiensis* 延限亚带					
	乐平阶	*Neoschwagerina* 延限带	⑩*Reichelina* – *Sphaerulina* 组合亚带	⑦*Waagenophyllum* – *Liangshanophyllum* 组合带	⑥*Oldhamina-Gubleria* 组合带 ⑤*Leptodus nobilis* 顶峰带	②*Xenaspis* – *Adriantes* 组合带		*Annularia pingloensis* – *Gigantonoclea guizheuensis* 组合亚带
			⑨*Codonofusiella* 顶峰亚带		④*Enteletina sinensis* 顶峰带	①*Anderssonoceras* 延限带		
下二叠统	茅口阶	*Neoschwagerina* 延限带	⑧*Yabeina* – *Heomisellina* 组合亚带	⑥*Ipciphyllum* – *Wentzelella* 组合带	③*Neoplicatifera huangi* 组合带		②*Pecopteris* (*Ptychocarpus*) *arcuita* – *Cladophlebis* 组合带	
			⑦*Yabeina* – *Chusenella* 组合亚带					
			⑥*Afghanella* – *Chusenella* 顶峰亚带	⑤*Ipciphyllum* – *Iranophyllum* 组合带	②*Cryptospirifer* 组合带			
			⑤*Neoschwagerina simplex* 顶峰亚带	④*Huangophyllum* – *Wentzelella* 组合带				
	栖霞阶	*Misellina* 延限带	④*Schwagerina chihsiaensis* – *Maklaya* 延限亚带	③*Polythecalis chinensis* – *Tetraporinus hanchungensis* 组合带			①*Taeniopteris multinervis* – *Lepidodendron oculus* – *Felis* 组合带	
			③*Misellina claudiae* – *M. aliciae* 顶峰亚带	②*Wentzellophyllum volzi* 延限带	①*Orthotichia chekiangensis* 组合带			
			②*Misellina parvicostata* 延限亚带	①*Yatsengia simplex* 延限带				
			①*Pamirina orbiculoides* – *Schwagerina tschernyschewi* 组合亚带					

表 4-6　云南二叠纪腾冲—保山生物地理区主要生物组合

地层＼生物		䗴		珊瑚	腕足类	苔藓虫	植物
下二叠统	茅口阶	?		?	④*Orthotichia* - *Compresso* - *productus* 组合带	?	?
		③*Chusenella* - *Yangchi enic iniqua* 组合带	*Polydiexodina* 延限带	③*Iranophyllum* - *Ipciphyllum* 组合带	③*Cryptospirifer* 组合带	④*Stenodiscus* - *Streblasco pora* 组合带	
	栖霞阶	②*Nankinella orbicularia* 组合带		②*Wentzelellites simplex* - *Szechuanophyllum szechuanensis* 组合带	②*Costiferina* - *Waagenites* - *Calliomarginatia* 组合带	③*Hexagonella* - *Dybowsk* - *inlla* - *Fistulipora* 组合带	
						②*Rhombopora* - *Ogbinopora* - *Cystiramus* 组合带	②*Pecopteris* - *Taeniopteris* - ? *Raniganjia* 组合带
		①*Schwagerina tschernyschewi* 顶峰带		①*Protomichelinia* - *Irano* - *phyllum zhougquense* - *Paraipciphyllum* 组合带	①*Taeniothaerus* 组合带	①*Stenopora meekana* - *Fenestella* 组合带	? ①*Glossopteris* - *Sphenopteris*. 组合带
		地层缺失					

第三节 地层横剖面、划分对比及问题讨论

一、云南东部泥盆系沉积特征

云南泥盆系分布广，发育齐全。沉积类型多样，海相、陆相、海陆交互相沉积均有存在，总体上构成一较完整的海进—海退的沉积旋回，是加里东构造运动之后，华力西构造旋回地壳趋于稳定的第一套沉积。泥盆系中生物化石十分丰富，并赋存铁、磷、油页岩等矿产。一直是我国研究泥盆系的主要地区之一。

从云南东部武定万德—曲靖—文山老寨湾泥盆纪地层横剖面图（图 4－2），可以看出：

（1）云南东部泥盆纪沉积区的西侧，明显受康滇古陆控制，武定以西泥盆纪时继续处于隆起状态，未接受泥盆纪沉积。

（2）横剖面图左半部分属扬子地层区，包括康滇分区和上扬子分区两个部分。前者地层发育不全，一般也不连续，陆相到海相层均可见，以海口组、宰格组为代表属明显的陆内到海湾泻湖沉积；后者除以箐门组、缩头山组、红崖坡组等为代表的滨海—浅海相沉积，分布较广，地层也较连续外，可见明显发育于曲靖一带以翠峰山组、西冲组为代表的断陷带沉积，地层连续，厚度也较大。

（3）横剖面图右半部分属东南地层区，以浅海沉积为主，地层发育齐全且较连续，中晚泥盆世分区明显，出现古木组及其以后的台地碳酸盐沉积和达莲塘组及其以后的浅海盆地—台沟沉积。

二、滇东石炭系沉积特征

云南的石炭纪地层，分布广泛，发育齐全，沉积类型多而复杂：既有稳定的台地型碳酸盐岩、碳酸盐岩—硅质岩、滨海—沼泽含煤含铁铝质碎屑岩，也有半稳定—活动的岛弧海中基性—中酸性火山岩—硅质岩—碎屑岩—碳酸盐岩及浅海陆架—半深海浅槽盆火山—硅质—碎屑—碳酸盐复理石沉积。岩性、岩相、厚度变化较大，火山活动、变质较强烈。比较而言，相对以滇东，即环康滇古陆形成的丽江—金平（西区）和昆明—昭通—文山（东区）两大沉积区，其岩性、岩相、厚度较稳定，剖面连续性好，各岩石地层单位的延伸变化及相互关系清楚，是研究横向沉积变化良好地区（图 4－3）。经现有资料综合对比研究，初步揭示出一些沉积变化规律，归结起来有如下几点：

（1）两沉积区均受控于康滇古陆，属稳定型台地沉积。

（2）西区：近陆一侧，以高能鲕滩、砾沉积为主，总厚近 1 000 m。向海一侧，水体加深，发育薄层的碳酸盐夹硅质的台地斜坡—台沟沉积，总厚不足 300 m，带有饥饿期沉积色彩；东区：沉积相对复杂，近陆一侧，既有滨海—沼泽含煤含铁铝质碎屑沉积，也发育开阔、闭塞、半闭塞台地浅水碳酸盐、镁质碳酸盐沉积。沉积总厚超过 700 m。临近古陆沉积变化显著，不少岩石地层单位厚度减薄，以至完全消失。向海方向，水体加深，能量减弱，沉积总厚不足 400 m，发育薄层碳酸盐岩与硅质岩交替沉积和火山—硅质沉积，常与碳酸盐台地形成复杂的指状穿插变化，也显示饥饿期沉积特点。从沉积演化趋势看，西区和东区十分相似。

（3）黄龙组、大埔组、梓门桥组、炎方组、顺甸河组、尖山营组等主要岩石地层单位的延伸穿时，反映了岩石地层普遍穿时的规律。

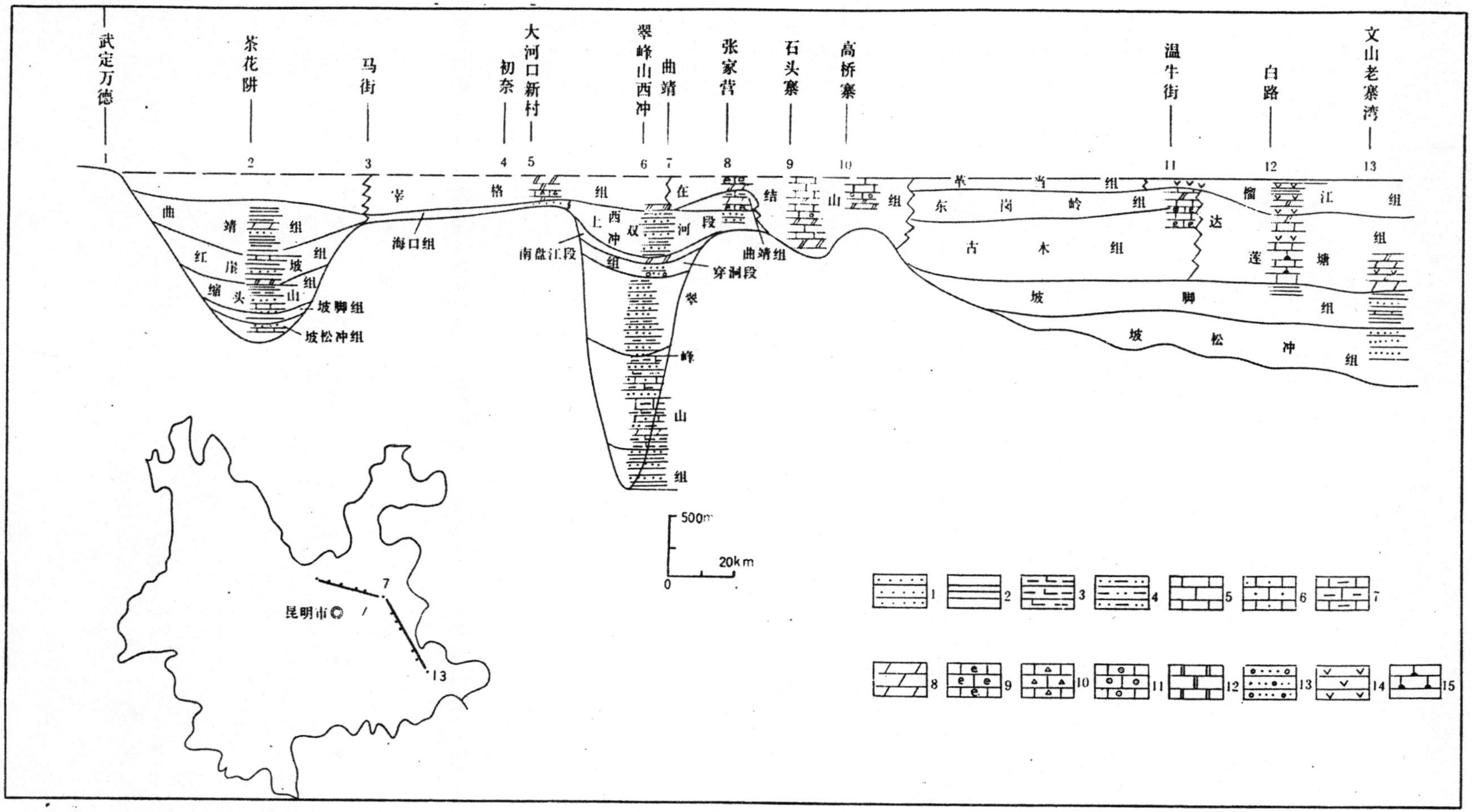

图 4-2 云南东部泥盆纪地层横剖面图

1. 砂岩；2. 页岩；3. 钙质页岩；4. 砂质页岩；5. 灰岩；6. 砂质灰岩；7. 泥质灰岩；8. 泥灰岩；9. 生物灰岩；10. 角砾状灰岩；11. 鲕状灰岩；12. 白云岩；13. 砂砾岩；14. 硅质岩；15. 燧石结核灰岩

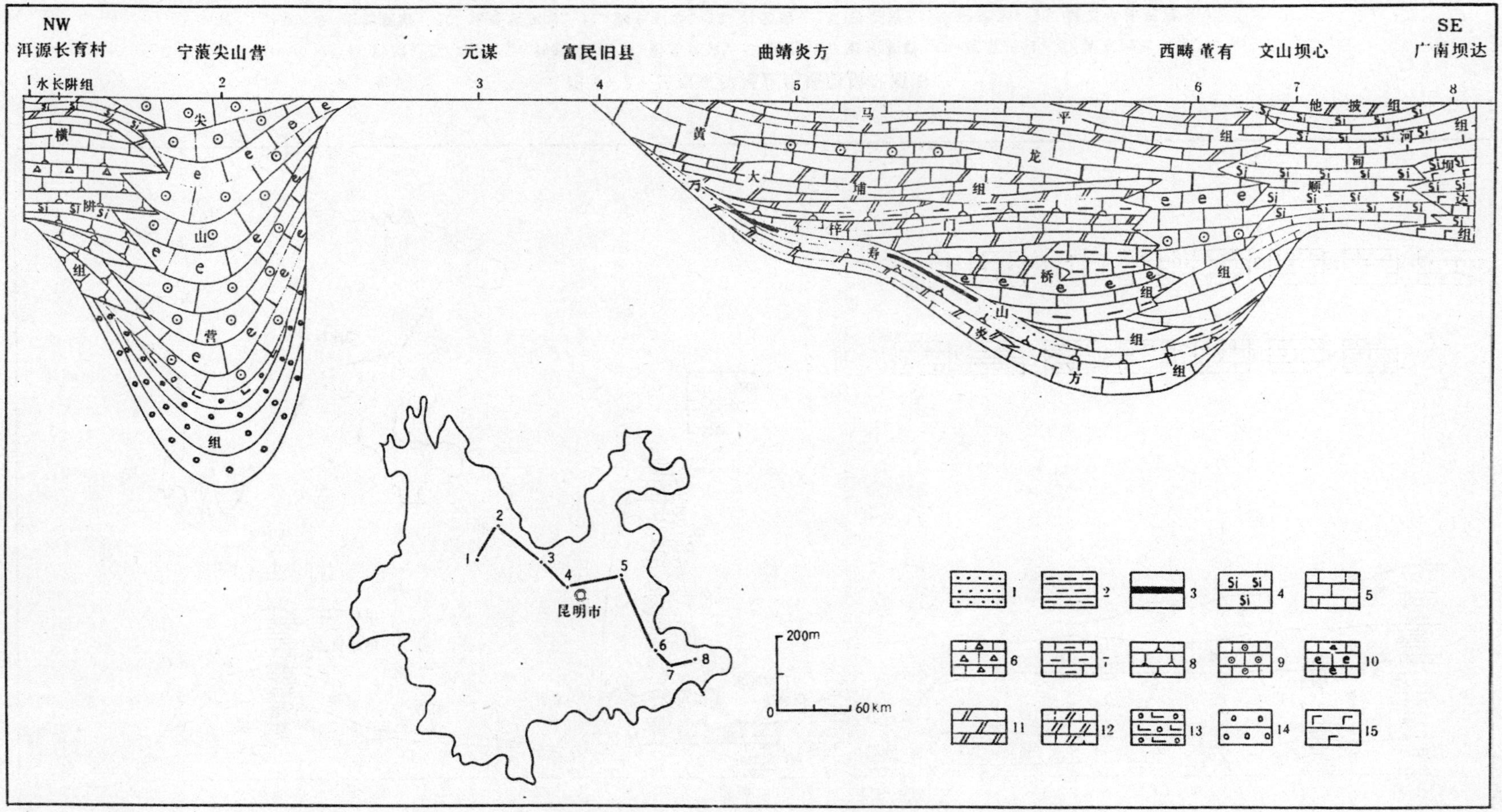

图 4-3　云南东部石炭纪地层横剖面图

1. 砂岩；2. 泥岩；3. 煤层；4. 硅质岩；5. 灰岩；6. 角砾灰岩；7. 泥质灰岩；8. 燧石结核灰岩；
9. 鲕粒灰岩；10. 生物碎屑灰岩；11. 白云岩；12. 白云质灰岩；13. 钙质砾岩；14. 砾岩；15. 玄武岩

第五章
三叠纪—第三纪

三叠纪地层广泛发育，遍布云南各地，沉积类型多样，生物化石丰富。早—中三叠世除澜沧江断裂带、金沙江—藤条河断裂带、中甸及滇东南的部分地区为陆相火山喷发和半深海盆地沉积外，大多为滨海—浅海沉积。晚三叠世除保山、澜沧江断裂带及中甸等地有中基性—酸性火山喷发外，主要为浅海台地—滨海潮坪—近海河湖相含煤碎屑沉积。

侏罗纪—白垩纪时期，云南地壳相对稳定，大规模的火山活动已经结束，除中侏罗世有过短暂的海侵外，大多为内陆盆地沉积。侏罗纪—白垩纪地层主要集中分布于兰坪-思茅和康滇地层分区，保山和上扬子地层分区仅有零星分布。发育一套河湖相的红色碎屑及少量泥质碳酸盐沉积。

第三纪沉积盆地不断缩小，形成互不相连的中、小型陆相盆地。早期形成一套红色砂、泥质盐湖沉积；中期主要发育具磨拉石特征的粗碎屑沉积；晚期普遍发育湖沼相砾、砂、泥质含煤沉积，局部地区有陆相火山喷发（图 5－1）。

经过本次对比研究，拟采用的岩石地层单位：三叠纪 54 个、侏罗纪 15 个、白垩纪 9 个、第三纪 18 个，本自然断代共计 96 个。

第一节　岩石地层单位

河湾街组　*Th*　（53－0401）

【创名及原始定义】　云南区调队三分队（1980）在保山市下河湾创名。原始定义：为一套稳定的白云岩，风化后极破碎，俗称“破灰岩”。平行不整合于下二叠统大凹子组或直接超覆于上石炭统卧牛寺组及丁家寨组之上。

【沿革】　云南一区测队一分队（1966）将这套白云岩划归下二叠统。云南区调队三分队（1980）在保山市下河湾剖面上获较多双壳类及有孔虫，创名河湾街组时将时代厘定为中三叠世。该队七分队（1984）将耿马一带分布的三叠纪白云岩夹灰岩，沿用河湾街组。云南第三地质大队区调四分队①（1990）在永德县巴尾剖面上获大量牙形石，根据牙形石带的分布，将

① 云南地矿局第三地质大队区调四分队，1990，1：5 万岩子头幅、勐汞幅、南伞幅、甘塘幅区域地质调查报告（内刊）。

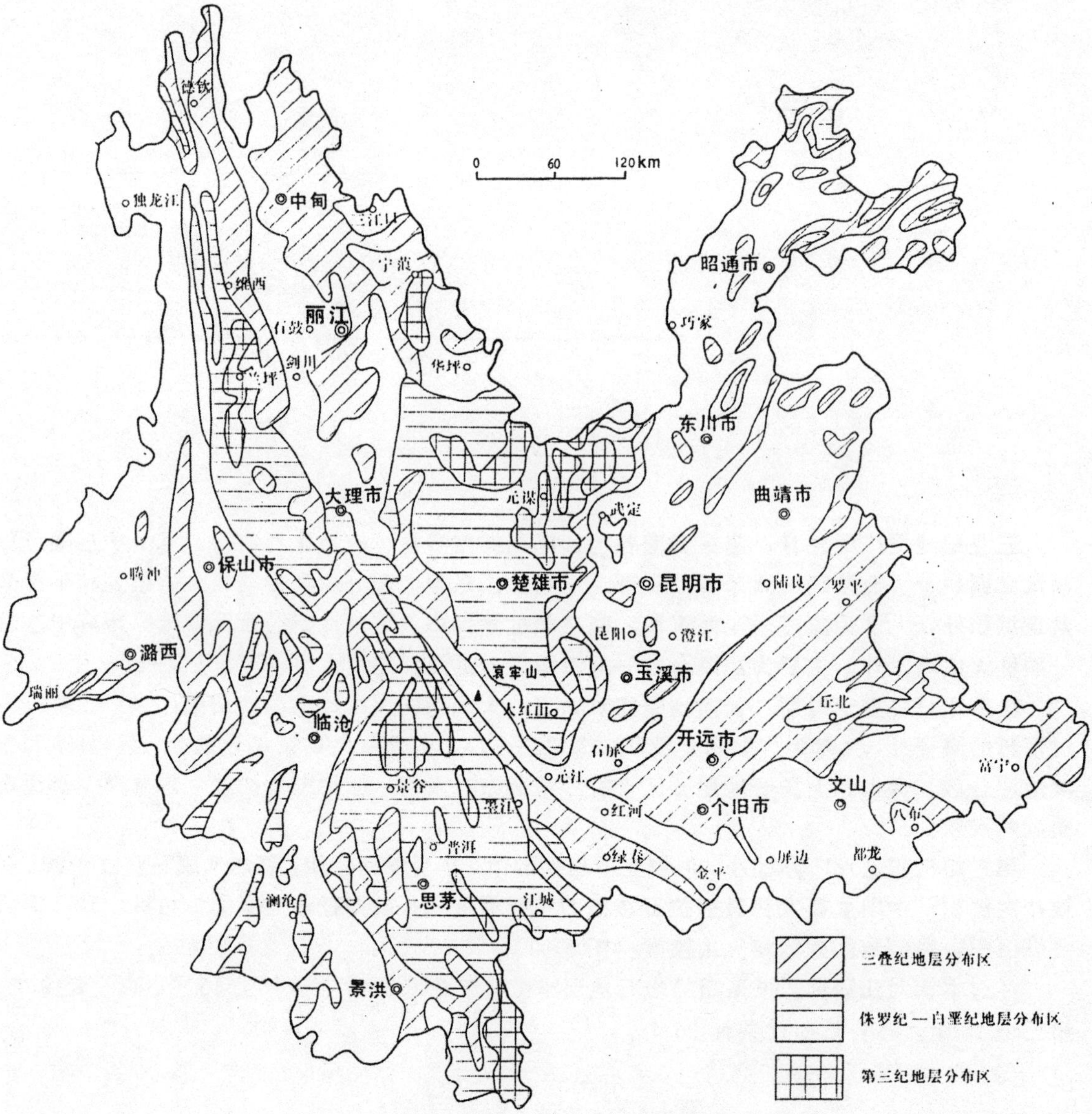

图 5-1　云南省三叠纪—第三纪地层露头分布图

河湾街组分解为下三叠统巴尾组含钙质白云岩；中三叠统明郎组泥晶灰岩、河湾街组白云岩。但该队在镇康县桃子寨剖面所划的巴尾组为钙质白云岩，明郎组和河湾街组均为泥晶粉晶灰岩，与上述巴尾剖面划分不一致。本书沿用河湾街组名称，考虑到各地所获牙形石、双壳类及菊石等提供的时代，将河湾街组归属于早—中三叠世。

【现在定义】　以白云岩为主，中上部夹灰岩、白云质灰岩。整合于沙子坡组灰岩之上；区域上与上覆牛喝塘组玄武岩或南梳坝组泥质岩为平行不整合接触。

【层型】　正层型为保山市下河湾剖面（98°55′，25°16′），由云南区调队三分队（1980）测制。编著者略加简化。

河湾街组　　　　　　　　　　　　　　　　　　　　　　　　　　　　总厚度>716.9 m

27. 浅灰色厚层—块状灰岩（未见顶）　22.6 m

26—25. 灰白色厚层细晶白云岩，夹角砾状白云岩四层　65.4 m

24—23. 灰白色厚层泥晶细晶白云岩，下部夹 2 m 厚之角砾状白云岩一层　55.4 m

22. 灰白色厚层团粒细晶白云岩，含双壳类 *Veteranella* aff. *langnogensis*, *Neritaria* sp.　369.8 m

21—20. 浅灰色厚层—块状致密白云岩　116.0m

19—17. 灰紫、紫红色厚层泥晶—细晶白云岩，含双壳类 *Posidonia* cf. *boseoniaca*；腕足类 *Lingula* sp.　72.9 m

18—13. 灰白色厚层—块状细晶白云岩夹角砾状和致密白云岩　84.0 m

12—11. 灰白色厚层块状泥晶—细晶白云岩夹致密白云岩　54.8 m

10. 灰白色块状细晶白云岩，含硅质团块，含双壳类 *Neoschizodus* sp.，*N. laevigata*，*Leviconcha* sp.；有孔虫 *Glomospira* sp.　68.9 m

9—5. 浅灰色厚层—块状角砾状细晶白云岩和细晶白云岩互层　33.9 m

4. 灰白色块状团粒细晶白云岩及隐晶假鲕粒泥晶白云岩，含双壳类 *Plagiostoma* cf. *begrichi*，*Entolium* sp.，*Neoschizodus* sp.；有孔虫 *Multidisus* sp. 及腕足类　29.0 m

3—1. 灰色厚层—块状致密泥晶—粉晶白云岩夹角砾状白云岩　59.2 m

———————— 整　合 ————————

下伏地层：沙子坡组　灰色泥晶灰岩

【地质特征及区域变化】　保山下河湾主要为灰白、浅灰色厚层—块状白云岩，偶夹角砾状白云岩，上部为浅灰色灰岩，未见顶。出露厚度为 717 m。

保山以北之敢顶狼坝厚度增至 924 m。岩性稳定，下部仍为白云岩、钙质白云岩，上部为灰岩、白云质灰岩。腾冲先锋营厚度大于 440 m。岩性发生显著变化，下部为白云石大理岩和结晶大理岩，上部为灰岩、泥质灰岩夹生物碎屑灰岩、鲕状灰岩。保山以南镇康轩莱、桃子寨一带，厚度大于 560 m。下部为钙质白云岩；上部为泥晶粉晶灰岩。永德巴尾厚 535 m。下部为含钙质白云岩，中部为泥晶粉晶灰岩，上部为含钙质白云岩、细晶白云岩。在镇康、永德和保山一带，河湾街组整合于沙子坡组之上，但在泸水、腾冲和施甸等地，可直接超覆于晚石炭世卧牛寺组和丁家寨组之上。属气候炎热、干燥、潮间—潮上半闭塞台地沉积环境。

古生物以双壳类、菊石、牙形石为主，少量腕足类、腹足类、珊瑚、有孔虫等。双壳类的主要分子有 *Neoschizodus laevigata*，*Plagiostoma* cf. *begrichi*，*Leviconcha orbicularis*，*Posidonia* cf. *boseoniaca*，*Costatoria* cf. *proharpa* 等。镇康桃子寨还获菊石 *Leiophyllites* sp.，*Palaeophyllites* sp.，*Paracrochordiceras* sp.，*Acrochordiceras* sp.，*Balatonites* cf. *gracilis*，*Cuccoceras* sp. 等。镇康轩莱、桃子寨、永德巴尾等地获大量牙形石，重要分子为 *Hindeodus minutus*，*Neospathodus dieneri*，*N. cristagalli*，*N. pakistanensis*，*N. waageni*，*N. homeri*，*Parachirognathus delicatulus*，*Neogondolella constrica*，*N. excelsa* 等。时代为早—中三叠世。

牛喝塘组　T_3nh　(53-0402)

【创名及原始定义】　云南区调队七分队（1984）在永德县明朗乡牛喝塘创名。原始定义：为晚三叠世早期的一套陆相喷发火山岩系。岩性明显三分，即下段为玄武岩；中段为流纹岩；上段为玄武岩。与下伏河湾街组为喷发不整合接触，与上覆大水塘组呈平行不整合接触。

【沿革】　云南一区测队一分队（1966）在潞西勐捧将这套火山岩划归上二叠统，其下伏白云岩划归下二叠统。云南区调队三分队（1980）在保山、凤庆一带，将其归入大水塘组下段，其下伏白云岩创名河湾街组。该队七分队（1984）在永德牛喝塘创名为牛喝塘组，后云南地矿局（1990）及本书均沿用之。

【现在定义】 以中基性火山岩为主的陆相火山岩。下部为玄武岩、安山岩；中部为流纹岩夹玄武岩、安山岩；上部为玄武岩、安山玄武岩夹凝灰岩。与下伏河湾街组白云岩，上覆湾甸坝组页岩均为平行不整合接触。

【层型】 正层型为永德县牛喝塘剖面（99°13′，23°53′），由云南区调队七分队（1984）测制。

【地质特征及区域变化】 永德县牛喝塘组厚1 388 m。下部为深灰、灰绿色安山岩、玄武岩，厚153 m；中部为紫、灰绿色流纹岩夹玄武岩、安山岩、安山玄武岩，厚439 m；上部为灰黑色安山玄武岩、玄武岩夹紫红色火山角砾岩、凝灰岩，厚796 m。为一套以中基性火山岩为主的陆相火山喷发。

耿马卖盐场一带，下部为暗灰、墨绿色斑状玄武岩、橄榄玄武岩，夹灰紫、黄绿色岩屑粉砂岩、钙质泥岩，含植物 *Podozamites* aff. *lanceolatus*，*Pterophyllum ptilum*；上部为灰紫、灰绿色岩屑砂岩、粉砂岩、泥岩与中基性凝灰岩、安山岩、玄武岩、安山玄武岩呈互层。含植物 *Neocalamites carrerei*，*Dictyophyllum* aff. *nathorsti* 等。厚度大于946 m。由镇康、永德往北厚度速减，镇康国营马场厚仅76 m，为灰紫褐色伊丁石（橄榄石）玄武岩。施甸、保山一带，大部分地区缺失，仅保山水云寺保留有142 m之安山玄武岩夹凝灰岩。

该组由于沉积岩夹层甚少，含化石亦少，仅耿马卖盐场获少量植物及腹足类化石，为晚三叠世常见属种，考虑到本组平行不整合于河湾街组之上，又被Carnian—Norian期之南梳坝组或Norian之湾甸坝组平行不整合覆盖，其时代为晚三叠世。

南梳坝组 T_3n (53-0403)

【创名及原始定义】 云南一区测队一分队（1966）创名于镇康县南梳坝。原始定义：为页岩夹灰岩，整合于大水塘组之上。

【沿革】 云南一区测队一分队（1966）在镇康县大水塘和南梳坝两地，同时命名大水塘组和南梳坝组。前者为灰岩，时代归属中三叠世；后者为页岩夹灰岩，时代划归晚三叠世Carnian期。两组之间为整合接触。云南区调队三分队（1980）将两组用于保山地区，南梳坝组原义未变，但扩大了大水塘组含义，并分为上、下段，上段为灰岩，下段为原大水塘组下伏之玄武岩，两组时代均确定为晚三叠世Carnian期。云南地矿局（1990）采用云南一区测队一分队（1966）的划分方案，时代均归属晚三叠世Carnian期。本书考虑到原大水塘组灰岩分布局限，厚度变化较大，将其并入南梳坝组，时代订正为晚三叠世Carnian—Norian期。

【现在定义】 以灰、黄绿（少量紫红）色页岩、砂岩及灰岩组成。底与牛喝塘组玄武岩，上与湾甸坝组均呈平行不整合接触。

【层型】 正层型为镇康县大水塘、南梳坝剖面（98°58′，24°06′），由云南一区测队一分队（1966）测制。编著者略加简化。

南梳坝组 总厚度约1 297 m

5. 黄色页岩夹紫红色页岩（未见顶） 200～300 m
4. 浅灰色中厚层致密灰岩，下部为白云质灰岩 150 m
3. 灰黄色页岩夹少量砂岩。砂岩中含少量植物化石碎片，上部页岩含双壳类 *Prolaria sollasi*，*Pecten* aff. *quotidianus*；下部页岩含双壳类 *Halobia* cf. *charlyana pluriradiata*，*H.* cf. *styriaca*，*H.* cf. *comata*，*H.* cf. *cassiana* 200～250 m

2. 灰白色致密纯灰岩夹少量鲕状灰岩，顶部为厚 19 m 之微红色块状含白云质灰岩，含腕足类 *Terebratula*? sp.，cf. *Rhynchonellidae*；双壳类 *Leptochondria*? sp. 545 m

1. 上部为浅灰、灰黑色灰岩；中部为黄色粉砂质页岩；下部为黄绿色玄武质砂岩与页岩互层；底部为紫色玄武质砾岩 52 m

——————— 平行不整合 ———————

下伏地层：牛喝塘组 玄武岩

【地质特征及区域变化】 镇康县大水塘、南梳坝一带厚度大于 1 297 m。下部自下而上为紫、黄色砾岩、砂岩、粉砂质页岩、灰岩；中部为灰白色灰岩夹鲕状灰岩、白云质灰岩；上部为黄（少量紫红）色页岩夹砂岩、灰岩、白云质灰岩，未见顶。

镇康、永德以南缺失，北至施甸、保山一带，为一套黄绿色泥岩夹多层灰岩、泥灰岩、泥质灰岩，可超覆于河湾街组之上。

区域上岩性稳定，厚度变化较大。镇康国营马场厚 1 439 m，永德栗柴坝厚 858 m，保山山头寨厚 200 m，腾冲一带仅保留 100 余米之灰岩与粉砂岩、页岩互层。由南向北有迅速减薄之势。属水体能量较弱的浅海环境。

本组富含双壳类 *Halobia* cf. *styriaca*，*H.* cf. *comata*，*H.* cf. *cassiana*，*H.* cf. *plicosa*，*H.* cf. *pluriradiata*，*H.* cf. *yunnanensis*，*H.* cf. *rugosa*，*Prolaria sollasi* 等；菊石 *Tropites* cf. *paycri*，*Tradeceras* aff. *parvum*；牙形石 *Epigondolella postera*，*Cypridodella mediocris*，*Prioniodina excavata* 以及少量腕足类、腹足类、植物等化石。上述双壳类、菊石主要为晚三叠世 Carnian 期属种，部分为 Norian 期分子，而牙形石被认为属 Norian 期带化石。时代为 Carnian—Norian 早期。

弯甸坝组 T_3wd （53-0404）

【创名及原始定义】 云南区调队三分队（1981）在昌宁县弯甸坝命名。原始定义：根据岩性特征可分为上、下两段，下段为砂砾岩、砂质泥岩，厚 460 m；上段为粉砂质泥岩、粉砂岩夹细砂岩，厚度大于 247 m。底部砾岩与下伏南梳坝组呈平行不整合接触。

【沿革】 云南区调队三分队（1981）创名弯甸坝组。该队七分队（1984）误将属于弯甸坝组的一套地层划归大水塘组和南梳坝组。云南第三地质大队区调四分队（1990）在耿马将上述大水塘组和南梳坝组订正为弯甸坝组，云南地矿局（1990）及本书均沿用之。

【现在定义】 下部为灰、灰黄色砾岩、砂砾岩、砂岩、粉砂岩；中部为褐黄色细砂岩、粉砂岩、泥岩；上部为灰色粉砂岩、泥岩夹砂岩。底部砾岩与下伏南梳坝组页岩夹泥质灰岩呈平行不整合接触。区域上与上覆勐戛组也呈平行不整合接触。

【层型】 正层型为昌宁县弯甸剖面（99°20′，24°26′），由云南区调队三分队（1981）实测。编著者略加简化。

弯甸坝组 总厚度＞706.7 m

13—12. 灰色薄—中层钙质粉砂质泥岩、粉砂岩，夹钙质细砂岩、泥灰岩透镜体（未见顶）。含双壳类 *Palaeocardita singularis*，*Nuculana yunnanensis*，*Indopecten clignetti*，*Chlamys bayzandi*；菊石 *Placites* cf. *myophorus*；腹足类 *Promathildia* sp.；植物 *Equisetum arenaceum* 76.2 m

11. 深灰、灰色中—厚层钙质粉砂岩，底部为褐黄色粉砂质泥岩。含双壳类 *Indopecten clignetti*，*Plagiostoma nuitoensis* 93.2 m

10—9. 褐黄色薄—厚层粉砂质泥岩、粉砂岩，夹细砂岩。含双壳类 *Palaeocardita singularis* 77.4 m

8. 褐黄色厚层粗砂岩 42.8 m

7. 褐黄色薄—中厚层细砂岩、粉砂岩、粉砂质泥岩组成下粗上细的沉积旋回。上部含双壳类 *Pinna blanfordi*，*Burmesia lirata*，*Plagiostoma nuitoensis*，*Indopecten cligentti*，*Cassianella equistriata*，*Palaeoneilo whitchurchii* 71.9 m

6—4. 灰黄色中—厚层砾岩、砂砾岩、细砂岩，夹粉砂岩、粉砂质泥岩 190.6 m

3—2. 灰、灰黄色中厚层粉砂岩，夹少量细砾岩、细砂岩、泥灰岩。含双壳类 *Pinna* sp. 及植物化石碎片 108.8 m

1. 灰、深灰色中—厚层粉砂岩夹砂岩、砾岩。含双壳类 *Palaeonucula peelii*，*Palaeoneilo whitchurchii* 45.8 m

——————— 平行不整合 ———————

下伏地层：南梳坝组　灰绿色页岩夹薄层泥质灰岩

【地质特征及区域变化】　弯甸剖面该组厚度大于 707 m。下部为砾岩、砂砾岩、砂岩夹粉砂岩、粉砂质泥岩；中部为砂砾岩、砂岩与粉砂岩、粉砂质泥岩互层；上部为粉砂岩、粉砂质泥岩夹砂岩，未见顶。

永德忙海一带，厚度增至 2 065 m。底部为暗紫色砾岩平行不整合于牛喝塘组玄武岩之上；下部为黄色泥岩、粉砂质泥岩夹细砂岩；中部为灰色白云岩、灰岩与粉砂岩、泥岩互层；上部为灰色钙质泥岩、粉砂岩夹泥质灰岩，与上覆中侏罗世勐戛组砾岩呈平行不整合接触。镇康南南河一带，下部紫红色层增多，以细砂岩为主夹粉砂岩、泥岩；中部为黄绿色粘土岩夹细砂岩，少量泥灰岩；上部黄绿色粉砂质粘土岩夹泥灰岩，厚度大于 1 760 m。属水体能量较强、地形较陡的滨海陆屑滩相。

该组富含双壳类 *Burmesia lirata*，*B. lalouckei*，*Palaeocardita globiformis healeyae*，*P. mansuyi*，*Plagiostoma nuitoensis*，*Nuculana yunnanensis*，*Unionites griesbachi* 等；菊石 *Welterites* sp.，*Placites* cf. *myophorus*；腹足类 *Worthenia* cf. *rhomlifera*；腕足类 *Yidunella* cf. *yunnanensis*；植物 *Equisetum arenaceum* 等化石。时代为晚三叠世 Norian 期。

怕拍组　T_1p　(53－0405)

【创名及原始定义】　云南区调队五分队（1986）在沧源县糯良乡怕拍命名。原始定义：为平行不整合在下二叠统之上的一套碎屑岩，分布面积小，顶部出露不全。厚度大于 154 m。

【沿革】　云南区调队五分队（1986）在沧源首次发现早三叠世碎屑沉积，命名怕拍组。云南地矿局（1990）以及本书均沿用。

【现在定义】　为一套灰白、黄灰色板岩夹砂岩、粉砂岩、硅质板岩、凝灰岩，厚度大于 154 m。底部板岩夹铁质粉砂岩平行不整合于早二叠世大名山组灰岩之上。

【层型】　正层型为沧源县怕拍剖面（99°21′，23°19′），云南区调队五分队（1986）测制。

【地质特征及区域变化】　仅分布于沧源县糯良乡怕拍村附近。为灰白、黄灰色粘板岩，夹深灰、灰黑色放射虫碳质硅质板岩、岩屑砂岩、长石石英砂岩、粉砂岩、凝灰岩等。含双壳类 *Claraia griesbachi*，*C.* cf. *stachei*，*Promyalina* cf. *putialiensis*；菊石 *Hypophiceras* sp.，*Lytophiceras* sp. 等。时代为早三叠世早期。从沉积物性质和生物特征分析，属浅海边缘至半深海盆地沉积。

三岔河组　$T_3s\hat{c}$　(53－0408)

【创名及原始定义】 云南区调队三分队（1981）于凤庆县三岔河创名。原始定义：下部以粗碎屑岩为主；上部相对较细，且中下部一般有一段页岩、碳质页岩、粉砂岩，常夹泥灰岩透镜体，厚度大于662 m。平行不整合于中三叠统忙怀组中酸性火山岩之上，不整合于上古生界或中元古界澜沧群之上。

【沿革】 创名后沿用至今。时代均被认为属晚三叠世Norian—Rhaetian期。

【现在定义】 下部以灰色砾岩、砂砾岩为主，夹碳质页岩、泥灰岩透镜体；上部为灰绿、紫红色泥岩、粉砂岩夹砂岩、砂砾岩。厚662 m。与下伏中三叠统忙怀组呈平行不整合接触，区域上与上覆勐戛组呈平行不整合接触。

【层型】 正层型为凤庆县三岔河剖面（99°51′，24°26′），由云南区调队三分队（1981）实测。编著者略加简化。

三岔河组 总厚度662.3 m

14—12. 灰紫、紫红色厚层—块状粗粉砂岩、细—中粒长石砂岩，夹灰、灰绿色细砾岩及砂砾岩，含植物化石碎片（未见顶） 270.1 m

11—9. 灰、灰绿色厚层块状细—中粒长石石英砂岩，夹灰质云母质砂岩、泥岩、紫红色粉砂岩、细砂岩 80.9 m

8—7. 灰色厚层块状细砂岩，夹紫红色粉砂岩、含长石石英质砾岩、砂砾岩 48.9 m

6. 灰色厚层块状细粒长石砂岩、粉砂岩，上部夹黑色页岩，含双壳类 *Yunnanophorus tonkinensis*；叶肢介 *Euestheria dazuensis*, *Eu. minuta* 45.4 m

5—4. 灰、深灰色泥岩、粉砂质泥岩，局部为泥灰岩，夹黑色碳质页岩。含腹足类 *Cryptonerita* aff. *conoidea*；双壳类 *Yunnanophorus tonkinensis*；叶肢介 *Euestheria dazuensis*, *Eu. minuta* 95.6 m

3—2. 灰色粉砂质泥岩、粉砂岩，夹石英砂岩及黑色碳质页岩。含叶肢介 *Euestheria dazuensis*；双壳类 *Yunnanophorus tonkinensis* 55.6 m

1. 灰色中粗粒石英质砾岩、砂砾岩 65.8 m

——————— 平行不整合 ———————

下伏地层：忙怀组 流纹质英安岩

【地质特征及区域变化】 该组仅零星分布于凤庆、双江一带，厚386～662 m。凤庆三岔河为一套灰色砾岩、砂砾岩、砂岩、泥岩组成的多个下粗上细的沉积旋回，中部夹碳质页岩和泥灰岩，上部紫红色层逐渐增多。双江勐勐河由灰绿色砾岩、砂砾岩、细砂岩、粉砂质页岩组成三个下粗上细的沉积旋回，中部旋回夹煤线和碳质页岩。由北而南由近海河湖相向河湖沼泽相变化。含半咸水双壳类 *Yunnanophorus tonkinensis*；腹足类 *Cryptonerita* aff. *conoidea*；叶肢介 *Euestheria dazuensis*, *Eu. minuta*, *Eu. nupangensis*, *Eu. yipinglangensis*, *Eu. anguta*；介形类 *Darwinula* cf. *liassica*；植物 *Equisetites arenaceus* 等。时代为晚三叠世Norian—Rhaetian期。

勐戛组 J_2m (53-0301)

【创名及原始定义】 尹集祥等（1965），手稿创名于潞西勐戛（1973年发表）。原始定义划分三段：下段紫红、猪肝色砂质页岩、粉砂质钙质细砂岩、泥灰岩透镜体，下部夹12 m黄色页岩，厚477 m；中段下部鲕状深灰色灰岩，其底部有2 m角砾状灰岩，上部灰白色中厚层白云质灰岩夹1 m泥质条带灰岩，厚50 m；上段紫、暗紫色砂质页岩、页岩、钙质细砂岩，下部夹 4 m 浅灰色灰岩及 0.5 m 砂砾岩透镜体，厚 315 m。在怒江河谷，上段为玄武岩。

【沿革】 创名时用以代表中侏罗统下部紫色岩层。云南一区测队一分队（1966）认为其上、下与柳湾组、沙子坡组皆为明显的平行不整合接触，依区域对比暂定中侏罗统，不排除包括下侏罗统乃至部分上三叠统的可能。云南地矿局（1990）归入下侏罗统下部。后沿用，多置于中侏罗统下部。

【现在定义】 同原始定义。不分段，相应改成下、中、上部。上与柳湾组整合接触；下界常近呈平行不整合超覆。

【层型】 正层型为潞西勐戛—龙海剖面（98°30′，24°19′），由云南一区测队一分队 1966 年实测。尹集祥等 1973 年修改补充。

【地质特征及区域变化】 勐戛组以碎屑岩、碳酸盐岩为主，分布在潞西、施甸、保山一带。保山柳湾厚 839.6 m，底部紫、灰紫色砾岩，平行不整合在三叠系上。施甸小平地仅见中上部，厚 302 m，与上覆柳湾组整合接触，而大山头见中下部，厚 518 m，平行不整合于河湾街组之上。保山勐林仅存下部，厚 371 m，在黄色粉砂质泥岩中获 *Equisetites*。潞西遮放香春凹见中上部，厚 172.5 m，中部浅灰色灰岩中获六射珊瑚，河边寨顶部缺失，厚 445.8 m，在下部灰色粉砂质泥岩中获 *Otozamites*，*Clathropteris*，*Radicites* 等。泸水西浪坝之东，下部灰色粉砂质泥岩中获大量海相双壳类化石 *Protocardia*，*Radulopecten*，*Spondylopecten*，*Astarte* 等。反映处于海陆交互环境。

柳湾组　J_2l　（53－0302）

【创名及原始定义】 J C Brown（1916）创名于保山打板箐附近的柳湾。原始含义为含腕足类介壳的泥质灰岩。创名时称柳湾层，归人石炭系—二叠系。

【沿革】 F R C Reed 于 1927 年将其归入上侏罗统，并与缅甸南瑶系对比；1936 年又将时代修订为中侏罗世 Bathonian 期。云南区测队（1965）改称柳湾组，代表中侏罗统。云南一区测队一分队（1966）称中侏罗统上部为柳湾组。尹集祥等（1973）归入中侏罗统中部。云南地矿局（1990）划归中侏罗统中部。本书沿用柳湾组，置于中侏罗统中、上部。

【现在定义】 深灰、灰黑色薄—中厚层介壳灰岩、鲕状灰岩、微晶灰岩夹绿灰色细粒石英砂岩、钙质页岩和紫黄、绿色泥岩。上与龙海组，下与勐戛组一般均呈整合接触。

【层型】 选层型为保山道街马料铺剖面（98°55′，25°00′），由云南区调队一分队 1982 年测制。

【地质特征及区域变化】 区域上岩性稳定，以含腕足类为主的介壳灰岩为特征。分布局限，仅见于六库至施甸之西的怒江河谷和潞西、畹町一带。保山柳湾为介壳泥质灰岩，腕足类为主，集中在中部，有 *Holcothyris ancile*，*H. pinguis olivaefirmis*，*H. pinguis longisulcata*，*H. pinguis luchiangensis*，*Burmirhynchia praestans*，*B. praestans conjurata*，*B. praestans teniplicata* 等，整合于下伏勐戛组之上，厚 926 m。施甸小平地，腕足类集中在中、下部，尚有双壳类：*Camptonectes luchiangensis*，*C. tibeticus*，*Liostrea hebridica*，*L. bimanica*，*Pseudolima duplicata*，*Modiolus imbricatus*，*M. virgulinus* 等，厚 476 m。保山勐赖为灰色泥质灰岩、介壳灰岩和紫色页岩、钙质页岩，中部夹黄、黄褐色长石砂岩，灰岩中含腕足类化石 *Burmirhynchia proestans discrata*，*B. altilis*，*B. lobate*，*Holcothyris tonggulaia* 等，未见底，厚 366 m。但在附近的勐林，见底部为厚 2 m 砾岩，平行不整合于勐戛组之上。潞西勐戛为青灰、深灰色灰岩、泥质灰岩、介壳灰岩夹黄绿色和少量紫红色页岩、砂岩，含腕足类 *Burmirhynchia irregularis*；双壳类 *Protocardia* sp.；植物 *Equisetites* sp.，*Radicites* sp. 等，底部为 3 m 褐

紫色砾岩，平行不整合于勐戛组之上，厚 814 m。潞西遮放香春凹为浅灰、灰、深灰色介壳泥晶灰岩、鲕状灰岩夹紫红、灰色钙质泥岩，灰岩中含腕足类 *Burmirhynchia praestans adjudicata*，*Holcothyris pinguis*；双壳类 *Camptonectes* 等，底部砂砾岩、紫色粉砂岩与下伏勐戛组平行不整合接触，上被弄坎组平行不整合超覆，厚 339.7 m。施甸马鞍山一带夹透镜状石膏。

【其他】 该组和下伏勐戛组以海相为主，含丰富的腕足类为主要特征，代表了藏滇地层大区云南境内的中侏罗统，与其东部思茅地层区的花开左组相当，一般认为两者沉积相不同，后者为海陆交互相或陆相为主，它们之间为相变关系。在耿马、澜沧地层小区，勐戛组和花开左组下部，岩性变化明显，为过渡类型，云南地矿局（1990）曾采用“税房街组”单独划分。而上部柳湾组从岩性和特征的腕足类来看，向东延伸更明显，越过藏滇地层大区东界，到达兰坪-思茅地层分区的西缘，与花开左组中部呈明显相变过渡关系。从总体看，中侏罗统自西向东，由海而陆的变化规律十分清楚。

柳湾组中所含石膏夹层，有的地区如施甸马鞍山一带，可形成工业矿床。

龙海组 J_3l （53－0303）

【创名及原始定义】 尹集祥等（1965）创名于潞西勐戛以北 2 km 的龙海子。原始定义：下部黄色泥质页岩为主，含丰富的双壳类化石；上部黄、黄绿色砂质页岩、粉砂岩为主。岩性较单一。厚 196.3 m。与下伏柳湾组整合接触。

【沿革】 创名时划为中侏罗世晚期，认为相当于欧洲 Bathonian—Callovian 阶下部。云南地矿局（1990）采用芦子箐组，归入中侏罗世晚期。此次研究结合区域对比，认为该组是一跨时单位，时代为中侏罗世晚期—晚侏罗世。

【现在定义】 黄色钙质页岩，黄、黄绿色页岩、砂质页岩、粉砂岩。下与柳湾组整合接触，区域上被弄坎组平行不整合超覆。

【层型】 正层型为潞西勐戛—龙海剖面（98°30′，24°19′），由云南一区测队一分队 1966 年修测。

【地质特征及区域变化】 该组见于潞西龙海、弄坎一带。在龙海于黄色页岩中见四个化石层，自上而下为 MF_{13}，双壳类 *Quenstedtia* cf. *rodborensis*；MF_{12}，小型双壳类、腹足类；MF_{11}，双壳类 *Liostrea uncata*，*Quenstedtia* cf. *rodborensis*；MF_{10}，双壳类 *Camptonectes longhaiensis*，*C. reticulatus*，*Placunopsis radiata*，*P. suborbicularis*，*Plagiostoma* sp.，*Liostrea* aff. *subrugulosa*，*Lopha* aff. *asellus namtuensis*，*Pteroperna typica*，*Pteria deltoidea*，*Arcomytilus punctatus*，*Modiolus lassus*，*Eocallista* cf. *krenkeli* 和蛇尾纲等。弄坎为黄、灰、紫色砂质页岩，上部夹灰黄色中层细、粉砂岩，下部页岩中含双壳类 *Goniomya* sp.，*Mytilus elongatus*，*Eomiodon* cf. *fimbriatus*，*Ceratomya longkanensis* 等。与下伏柳湾组呈整合接触，上被弄坎组平行不整合超覆。

弄坎组 K_1l （53－0201）

【创名及原始定义】 尹集祥等（1965）创名于潞西弄坎，尹集祥（1973）介绍。原始定义：红黄色石英砂砾岩为主，岩性单一，仅颜色、粒度明显变化，不含化石。厚 284.5 m。

【沿革】 创名时归入上侏罗统，1973 年改归下白垩统。云南区域地层表编写组（1978）、云南地矿局（1990）、中国地质科学院成都地质矿产研究所等（1992）以及本书均沿用。

【现在定义】 下部黄、黄红色中—中厚层粗粒长石石英砂岩夹砾岩层；上部紫红色中细粒砂岩，偶夹黄色中层细粒长石石英砂岩。底部为黄白、黄色粗砂岩、砾状砂岩与下伏龙海组呈平行不整合接触，未见顶。

【层型】 正层型为潞西弄坎村剖面（98°30′，24°21′），由尹集祥等1973年修测。

【地质特征及区域变化】 本组分布局限，主要见于潞西弄坎、遮放一带，镇康红木树也有少量出露。为一套以紫红色为主的碎屑岩，下部较粗，为砂岩、砂砾岩，向上变细，为泥岩、页岩，构成下粗上细的沉积旋回。局部（潞西遮放）夹少量泥质灰岩。底部砾岩平行不整合于上侏罗统龙海组之上，也可超覆于中侏罗统柳湾组等老地层之上。由于顶部出露不全或因断层截失，残留厚度不一，潞西弄坎厚248.5 m，香春凹厚466 m，遮放厚1 390 m，镇康红木树厚666 m。

木瓜河组　E_1mg　(53-0106)

【创名及原始定义】 云南区调队三分队（1981）创名于永德县木瓜河乡小勐统村。原始定义：代表永德县小勐统一带早第三纪古新世的红色沉积。上部为紫红色粉砂岩、钙质粉砂岩及灰绿色泥岩层，多呈薄—中层状产出，大量发育水平层纹及虫迹构造，含微体化石；下部和底部为数层砂砾岩。厚757 m。普遍不整合于老地层之上。

【沿革】 自创名后，被云南地矿局（1990）等使用。本书沿用。

【现在定义】 上部为紫红、砖红色薄—中层粉砂岩、泥质粉砂岩与同色粉砂质泥岩、泥岩之不等厚互层，间夹灰绿、黄绿色；下部和底部为黄灰、黄褐、紫红色砂砾岩及含砾砂岩。不整合于上石炭统卧牛寺组之上。未见顶。

【层型】 正层型为永德县小勐统剖面（99°18′，24°14′），由云南区调队三分队1981年实测。

【地质特征及区域变化】 本组分布局限，仅出露于永德县木瓜河一带。底部和下部为砂砾岩及含砾砂岩，中上部为砂泥岩。不整合于老地层之上，未见顶。含介形类 *Cypridea* (*Guangdongia*) *speciosa*, *Porpocypris sphaeroidalis*? 等化石，时代为古新世。早期为山麓相堆积，中后期为浅湖相沉积，均为干燥氧化环境的产物。

南林组　N_1n　(53-0102)

【创名及原始定义】 云南省石油会战指挥部地质队①（1972）创名于梁河县南林。原始定义：下部为砾岩；中部为砂、砾岩夹粉砂质泥岩及褐煤层；上部为泥岩。自下而上为一正向半旋回。中、上部之间有玄武岩喷发。自下而上分为4段：(1) 底砾岩段；(2) 砂砾岩段；(3) 玄武岩段，与其下的砂砾岩段和其上的砂泥岩段均呈假整合接触；(4) 砂泥岩段。南林组最大厚度为1 964.9 m。与下伏基底地层不整合接触，与上覆松毛坡组呈假整合接触。归上新统下部。

【沿革】 自创名后，为许多单位使用，但被修正了其含义和时代归属。1982年云南区调队一分队通过1∶20万区调工作，将南林组修改为不整合于燕山早期二长花岗岩之上、平行不整合覆于芒棒组玄武岩之下的一套含煤地层，时代归属中新世。其后，被广泛引用。1986年云南区调队五分队将沧源芒回盆地的中新世含煤地层称芒回组。云南地矿局（1990）、中国地质科学院成都地质矿产研究所等（1992）将保山地层分区的中新世含煤地层称为勐旺组。本书仍使用南林组，时代归属中新世。

【现在定义】 为一套灰白—深灰色砾岩、砂砾岩、砂岩、泥质粉砂岩为主，夹碳质泥岩及褐煤层，组成由粗—细的多个沉积旋回的地层序列。不整合于燕山早期花岗岩之上，其上被上新世芒棒组不整合覆盖。

---

① 云南省石油会战指挥部地质队，1972，云南梁河、盈江、保山、双江、耿马第三系盆地石油地质调查总结及滇西第三系盆地含油气远景评述（内刊）。

【层型】 选层型为梁河县大相楼剖面（98°24′，24°49′），云南区调队一分队1982年实测。

【地质特征及区域变化】 本组多以山间或断陷小盆地零星散布于藏滇地层区内，以梁河南林、沧源芒回、临沧勐旺等地发育较好，为一套含煤的砂、泥质沉积，主要岩性为灰—深灰色砂岩、泥岩夹灰黑色碳质泥岩及褐煤，镇康白坟寨夹少量灰褐色角砾状白云质灰岩，永德户乃夹灰黑色油页岩。在纵、横向上多形成由粗—细的数个沉积旋回。

本组底部普遍有底砾岩，并不整合于中侏罗世柳湾组等不同时代的老地层或燕山早期花岗岩之上。顶部一般不全，梁河南林一带被上新世芒棒组不整合覆盖，镇康白坟寨、永德户乃等地则为第四系不整合覆盖。

本组富含 *Calocedris lantenoisii*，*Dryophyllum yunnanense*，*D. relongtanense*，*Quercus parachampionii*，*Magnolia miocenica*，*Zelkova* cf. *ungeri*，*Celtis bungeana*，*Populus norinii*，*Pithecolobium lucidum*，*Berchemia miofloribunda*，*Lithocarpus lancifoiius*，*Alnus kefersteinii*，*A. prenpalensis*，*Juglans miocathyensis*，*Cercis miochinensis*，*Betula mioluminifera*，*Rhus* sp. 及少量双壳类、腕足类等化石。上列植物化石多见于我国中新世地层中，故其时代为中新世。

本组因盆地发育状况的不同，残留厚度各地不一。梁河南林最厚达935 m，永德户乃最薄为63 m。其他地区如梁河大相楼厚653.9 m，沧源芒回厚738 m，镇康白坟寨厚163.7 m，永德小石城厚437.5 m，临沧勐旺厚245.4 m。

【其他】 本组发育水平层理、微细斜层理和波状层理，早期为河流相沉积，晚期则为湖沼相或湖相为主的沉积。

本组产褐煤，为我省主要含煤层位之一，各地含煤情况不一。在临沧勐托、沧源芒回还产硅藻土。

芒棒组　N_2m　(53－0101)

【创名及原始定义】 云南区调队一分队（1982）创名于腾冲县芒棒乡城子山。原始定义：主要为一套碎屑岩夹基性火山岩及薄煤层。根据其岩性特征、接触关系等，又可分为三个岩性段，除中段为基性火山岩外，上、下段均为砂岩、砾岩、粘土岩夹薄煤层。在梁河盆地直接覆于南林组之上，其他地区多与下伏古生界变质岩及燕山—喜马拉雅期花岗岩为不整合接触。芒棒组上覆多被更新统中一基性火山岩所覆盖。

【沿革】 自创名后，为云南区调队六分队（1985）、云南地矿局（1990）使用。中国地质科学院成都地质矿产研究所等（1992）在腾冲一带使用芒棒组，将在凤庆一带相当本组下、中部的地层则叫营盘组。本书仍使用芒棒组。

【现在定义】 主要为一套碎屑岩夹基性火山岩及薄煤层的地层序列。上、下部均为砂砾岩、细砂岩、粘土质粉砂岩及薄煤层组成由粗—细的多个旋回，中部为玄武岩。不整合于燕山期花岗岩之上，未见顶。

【层型】 正层型为腾冲县城子山剖面（98°39′，24°54′）。副层型为腾冲县白坟（98°33′，24°50′）和松园（98°34′，24°54′）路线剖面。上述剖面均由云南区调队一分队1982年测制。

由正层型和副层型构成本组完整的地层层序。

【地质特征及区域变化】 本组多以山间小盆地零星散布于藏滇地层区内，主要分布于腾冲、梁河、凤庆等地。以腾冲一带最为发育，具有代表性。岩性以碎屑岩夹基性火山岩为其特征。早、晚期为砂砾岩、细砂岩、粉砂岩、粘土岩夹薄煤层，组成由粗—细的多次旋回，呈韵律状产出。中期火山活动频繁，玄武岩浆沿断裂喷溢，广泛“超覆”于下伏地层之上。早期沉积较广泛，中期火山活动局限于腾冲、凤庆等地，晚期沉积仅见于腾冲勐连、芒棒盆地。

本组底部普遍有底砾岩，不整合于中新统南林组等不同时代的老地层之上，中部玄武岩也可“超覆”于下伏地层之上。多数地区未见顶，甚至上部未沉积，局部被下更新统不整合覆盖。

本组富含植物 *Quercus pannosa*，*Q. spathulata*，*Q. semicarpifolia*，*Carpinus subcordata*，*Ulmus harotoriarea*，*U. macrocarpa*，*Populus sinensis*，*P. tengchongensis*，*Osmunda jalvanica*，*Cinnamomum glonduliferum*，*Litsea populifolia*，*Myrica nana*，*Sorhus aronioides*，*S. hemsleyi*，*Sophora miojaponica*，*Gleditsia miosinensis*，*Cercis miochinensis*，*Coriaria sinica*，*Rhamnus utilis*，*R. hirsuta*，*Meliosma buchananifolia*，*Rhus inoiore*，*Eurga ciliata* 及孢粉、硅藻等化石，其时代为上新世。

本组受盆地发育状态的制约，在一个盆地内很难找到完整的发育齐全的地层剖面，往往是出露一部分，但总体岩性特征还是清楚的。残留厚度各地不一，腾冲城子山厚 321.5 m，白坟厚约 450 m，蔺家寨厚 104 m，松园厚 19.2 m，邦老厚 4.5 m，凤庆赛寒厚 363.4 m。

【其他】 从岩性及沉积特征看，本组为湿热气候条件下的河湖相—湖沼相沉积。

在藏滇地层大区内还零星分布着一些不夹火山岩的上新世含煤地层，如那撒坝组、勐滨组、羊邑组等，大致为同期产物，除无火山岩外，其他特征大致近似于芒棒组属同物异名，均停止使用。在保山羊邑曾采获哺乳类 *Stegolophodon yangyiensis*，*Stegodon baoshanensis*，*S. elephantoides*，*S.* cf. *yuxiensis* 等化石，时代为晚上新世。

本组产褐煤及硅藻土，尤以硅藻土资源丰富，腾冲县团田大型硅藻土矿产于该地层中。

忙怀组 T_2m (53-0407)

【创名及原始定义】 云南一区调队二分队（1977）在云县忙怀创名。原始定义：该组下段为灰、灰黄色页岩、砂岩、砂砾岩；上段为酸性火山岩。顶、底均出露不全。时代为中三叠世。

【沿革】 创名后，云南地矿局（1990）将其下段修订为上兰组，忙怀组仅限于上段。本书沿用。

【现在定义】 为一套紫红、浅灰色中酸性火山岩。底部砾岩平行不整合于上兰组之上。区域上顶部与上覆小定西组呈平行不整合接触。

【层型】 正层型为云县忙怀山头街实测及路线剖面（100°27′，24°23′），由云南一区调队二分队（1977）测制。

【地质特征及区域变化】 云县忙怀—山头街一带，为一套以紫红色为主夹少量黄色的流纹岩、流纹斑岩、石英斑岩、流纹质角砾凝灰岩夹紫红、黄色凝灰质页岩、泥质硅质岩，未见顶，厚度大于 1 347 m。平行不整合于上兰组之上。

昌宁、凤庆等地，有零星分布，厚度速减至 378 m。为灰、灰紫色流纹质英安岩夹酸性凝灰岩。平行不整合于上兰组灰色钙质泥岩、粉砂质页岩之上；又被下第三系勐腊组紫红色砾岩不整合超覆。南至景谷茂密河一带，厚度 1 227 m，为紫红、灰绿色安山岩、流纹岩、酸性熔岩、中酸性火山角砾岩、凝灰岩，夹少量砂泥岩；底部砾岩超覆不整合于早二叠世大新山组板岩之上；顶部流纹岩又被小定西组砾岩平行不整合覆盖。北至德钦巴东尼日通一带，厚仅 198 m，为灰紫、灰绿色片理化英安质火山岩、英安质和流纹质凝灰岩，夹绢云钙质片岩、泥质灰岩，平行不整合于上兰组板岩之上，未见顶。

该组基本上沿澜沧江两岸呈南北向断续条带展布，澜沧江断裂为火山喷发通道，属大陆边缘活动性强的裂隙式火山喷发。根据其覆于中三叠世 Anisian 期上兰组之上，又被晚三叠世小定西组所覆盖，其时代应属中三叠世 Ladinian 期。

小定西组 T_3xd (53-0409)

【创名及原始定义】 云南一区调队二分队（1977）命名于云县忙亚乡小定西。原始定义：为一套中基性火山岩系。不整合伏于中侏罗统花开左组之下；平行不整合于中三叠统忙怀组上段之上。

【沿革】 云南一区调队二分队（1977）将云县之东澜沧江两岸分布的晚三叠世中基性火山岩命名为小定西组。这套火山岩南延至景谷、思茅一带，云南地矿局（1990）认为岩性和层位发生变化，除中基性火山岩外，还夹有酸性火山岩，底部有较多粗碎屑岩，其层位应在小定西组之上，新命名芒汇河组。本书认为沿澜沧江两岸分布的位于忙怀组与花开左组之间的一套以中基性火山岩为主的地层，仍划归小定西组。

【现在定义】 为灰绿、紫红色中基性火山熔岩、火山角砾岩夹凝灰质砂页岩。与下伏忙怀组中酸性火山岩呈平行不整合接触。区域上花开左组不整合于本组之上。

【层型】 正层型为云县棉花地剖面（100°22′，24°29′），由云南一区调队二分队（1977）测制。

【地质特征及区域变化】 云县棉花地一带厚度大于 2 453 m。下部为熔岩角砾岩、安山岩、安山质凝灰岩夹凝灰质砂页岩、玄武岩；中部为安山岩、安山玄武岩、玄武岩夹凝灰岩、凝灰质砂页岩；上部为凝灰质砂页岩、岩屑砾岩夹火山角砾岩、玄武岩。自下而上构成五个较大的火山喷发旋回，反映火山喷发作用由弱—强—弱—最强—最弱至结束的过程。

南至澜沧江芒汇河一带，岩性有所变化，厚度增至 3 696 m。下部为砾岩、砂岩夹粉砂岩、泥岩、灰岩；中部以安山岩、安山质角砾岩、安山玄武岩为主，夹中酸性角砾岩、凝灰岩、砂页岩；上部为玄武岩、安山岩、安山玄武质角砾集块岩夹中酸性熔岩和岩屑砾岩。

该组沿澜沧江两岸分布，其主体部分仍为中基性火山岩，属岛弧型火山岩，澜沧江断裂为火山喷发通道，具有陆相裂隙—中心式喷发特点，其中的碎屑岩属滨岸较陡的滨海陆屑滩沉积。在碎屑岩夹层中曾获双壳类 *Modiolus* cf. *frugi*, *M.* cf. *dubia*, *Pergamidia nakuensis*, *Yunnanophorus gracilis*；叶肢介 *Euestheria* cf. *minuta*, *Howellites guizhouensis* 及少量介形类、菊石、苔藓虫、植物等化石。时代为晚三叠世 Carnian—Rhaetian 期。

下坡头组 T_2x (53-0410)

【创名及原始定义】 云南区调队八分队（1983）于思茅县云仙乡下坡头创名。原始定义：为一套滨海—浅海碎屑岩、碳酸盐岩。底部为复成分砾岩，其上为灰紫、灰绿色岩屑砂岩、粉砂岩、泥岩与灰岩、泥灰岩互层。厚 113—374 m。与下伏上二叠统长兴组呈不整合接触。

【沿革】 云南区测队（1965）曾将这套地层及其下伏火山岩、上覆灰岩均划归上二叠统。云南区调队二分队（1979）将其划归橄榄坝组一段。该队八分队（1983）命名为下坡头组。云南地矿局（1990）将下坡头组及上覆大水井山组均降为段级单位，两者合并创名黄竹林组。本书认为两者岩性有明显差别，易于划分，仍沿用下坡头组。

【现在定义】 由灰紫、灰绿色砾岩、砂岩、粉砂岩、泥岩、灰岩组成自下而上由粗—细的沉积旋回。底部砾岩与晚石炭世龙洞河组硅质岩呈超覆不整合接触；顶部砂页岩整合于大水井山组灰岩之下。

【层型】 正层型为思茅县下坡头剖面（100°36′，22°56′），由云南区调队八分队（1983）测制。

【地质特征及区域变化】 思茅下坡头该组下部由砾岩、砂岩、粉砂岩和灰岩组成由粗—

细的正向沉积旋回，厚 111 m；上部由砂岩、粉砂岩、泥岩和灰岩组成又一个沉积旋回，厚 263 m。

下坡头南西约 10 km 的大凹子一带，岩性变粗、旋回不明显，主要为碎屑岩夹少量碳酸盐岩。东约 20 km 至普洱德化，厚度减至 280 m，仍可见两个沉积旋回，下部为砾岩、砂砾岩、粉砂岩、泥岩、泥灰岩构成的旋回，厚 61 m；上部由砾岩、砂岩、粉砂岩夹泥灰岩构成又一个旋回，厚 219 m。不整合于晚二叠世那箐组硅质灰岩之上。南至思茅震东老公寨一带，岩性显著变粗，无碳酸盐岩，厚度减薄为 113 m，主要由含砾砂岩、砂岩组成。思茅橄榄坝仍由碎屑岩和含钙泥质岩石组成，厚 179 m。

古生物十分丰富，以双壳类为主，兼有腕足类、腹足类、菊石、珊瑚、海百合茎等。双壳类的重要分子有 *Costatoria radiata hsuei*，*C. goldfussi mansuyi*，*C. goldfussi*，*C.* cf. *proharpa multiformis*，*Entolium discites*，*E. discites microtis*，*Unionites spicatus* 等。时代属中三叠世 Anisian 早期。

下坡头一带，显示盆地较开阔，水体相对平静的低能浅海环境，南至老公寨、橄榄坝一带，逐渐过渡为滨海陆屑滩相。

大水井山组　T_2d　(53-0411)

【创名及原始定义】　云南区调队八分队（1983）于思茅县云仙乡大水井山创名。原始定义：为一套浅灰色灰岩夹泥岩，下部含硅质结核及条带，上部含白云质团块，厚 472～893 m。与下伏中三叠统下坡头组为整合接触。

【沿革】　云南区测队（1965）曾将这套灰岩及其下伏碎屑岩、火山岩等均划归上二叠统。云南区调队二分队（1979）将其归属橄榄坝组二段。云南区调队八分队（1983）命名为大水井山组。云南地矿局（1990）将本组和下伏下坡头组降为段级单位，两者合并创名黄竹林组。本书认为两者岩性上有明显差别，仍沿用大水井山组。

【现在定义】　为浅灰色含硅质结核、白云质团块灰岩，上部夹少量泥岩。底部灰岩与下伏下坡头组泥质灰岩，顶部灰岩与上覆臭水组泥岩均为整合接触。

【层型】　正层型为思茅县大水井山剖面（100°40′，22°56′），由云南区调队八分队（1983）测制。

【地质特征及区域变化】　思茅大水井山一带，厚 893 m。自下而上分为下部灰、浅灰色粉晶颗粒灰岩，以含硅质结核、条带为特征；中部浅灰、灰白色粉晶颗粒灰岩；上部灰、浅灰色含白云质团块灰岩。

东至普洱德化，岩性变化不大，但三分性已不明显，厚度减薄至 472 m。为浅灰、深灰色生物碎屑灰岩、内碎屑灰岩、泥质灰岩，夹黄色页岩、钙质泥岩。南至思茅小橄榄坝，厚度增至 1 401 m，为灰、浅灰色含生物碎屑灰岩、假鲕状灰岩夹黄色砂岩，上部灰岩含燧石条带并夹少量钙质白云岩。

本组含双壳类 *Praechlamys schroeteri*，*P. rothpletzi*，*Plagiostoma ovata*，*Pteria* cf. *cassiana*，*Palaeoneilo subtenella*，*Palaeonucula striglata*，*Entolium discites*，*Leptochondria* cf. *paradoxica*，*Posidonia* cf. *ussurica*，*P.* cf. *wengensis*，*Cassianella* cf. *simplex*；腕足类 *Neoretzia subcircularis*，*N.* cf. *fuchsi*；珊瑚 *Thamnasteria rectilamellosa*，*Thecosmilis* aff. *endenticulata*；菊石 *Protrachyceras* sp. 等化石。上述各门类化石组合面貌具中三叠世色彩，考虑到本组整合于含 Anisian 早期 *Costatoria goldfussi mansuyi* 双壳类的下坡头组之上，伏于 Ladinian 晚期 *Daonella lommeli* 双壳类的臭水组之下，时代应属 Anisian 晚期—Ladinian 早期。

本组自东向西、自北而南有增厚之势。整个沉积环境稳定，沉积了一套较厚的碳酸盐岩，属能量中等，靠陆架内缘斜坡一侧的浅海陆架沉积环境。

臭水组　$T_2\hat{c}$　(53-0412)

【创名及原始定义】　云南区测队（1965）在思茅县云仙乡臭水创名。原始定义：以泥质碳酸盐岩及粉砂岩为主，化石丰富。平行不整合于上二叠统灰岩之上，中或上三叠统砾岩、钙质粉砂岩之下。

【沿革】　云南区调队八分队（1983）、云南地矿局（1990）及本书均沿用。

【现在定义】　为灰、黄、灰黑色泥岩、粉砂岩与灰岩、泥质灰岩互层。底部泥岩与大水井山组灰岩呈整合接触；顶部粉砂岩与威远江组砾岩呈平行不整合接触。

【层型】　正层型为思茅县臭水剖面（100°41′，22°57′），由云南区测队（1965）测制，云南区调队八分队（1983）修编。

【地质特征及区域变化】　臭水剖面按岩性分为三部分，下部为泥岩、粉砂岩夹泥灰岩、灰岩；中部为泥质灰岩、硅质条带灰岩夹粉砂质泥岩；上部为粉砂岩、钙质粉砂岩夹生物砾状灰岩。厚 657 m。

臭水之北箐头、桃子树一带，厚 698 m。岩性仍可分为三部分，下部为泥岩夹灰岩、泥质灰岩、泥灰岩；中部为灰岩、泥质灰岩夹钙质泥岩；上部为泥岩、钙质泥岩夹灰岩。东至普洱德化一带，由于桃子树组超覆于本组下部地层之上，缺失威远江组和臭水组中上部地层，厚仅 76 m，为深灰色钙质、粉砂质泥岩。南至勐腊易武一带，为黄色泥岩、粉砂质泥岩夹中酸性凝灰岩、凝灰质砂泥岩，厚 582～867 m。

本组富含双壳类 *Daonella lommeli*，*D. indica*，*D.* aff. *reliculata*，*Posidonia wengensis*，*Costatoria inaequicostata convexa*，*Leptochondria* cf. *illyrica*；菊石 *Celtites* cf. *epolensis*，*Anolcites* sp. 以及少量腕足类、腹足类和珊瑚等化石。时代属中三叠世 Ladinian 晚期。

综上所述，本组岩性具三分性，由西向东、由南向北减薄，沉积环境较稳定，属较深水低能浅海陆架环境。南部勐腊易武一带以砂泥质沉积为主，并出现火山凝灰质及火山碎屑物沉积，表明其属较活动的浅海陆架环境。

威远江组　T_3wy　(53-0413)

【创名及原始定义】　中科院南古所等（1975）于景谷县和平乡中生界剖面上的威远江创名。原始定义：主要岩性为黄、灰绿色薄层灰岩、泥灰岩和粉砂岩，往上砂岩增多，灰岩和泥灰岩渐渐消失，出现长石粗砂岩。底部出露不全，顶部有两层褐灰色厚层砂岩及砾岩，与上覆大平掌组呈整合接触。

【沿革】　中科院南古所等（1975）创名威远江组，包括和平乡剖面 1—6 层。云南区调队八分队（1983）重新研究和平乡剖面，将该组顶、底界线作适当的调整，剖面 1 层划归臭水组，2—4 层归入威远江组，5—9 层新创名桃子树组。云南地矿局（1990）及本书均沿用。

【现在定义】　岩性为黄绿、灰绿色泥岩、粉砂岩、长石石英砂岩夹泥灰岩、泥质灰岩。底部砾岩、粗砂岩与下伏臭水组泥岩、泥灰岩呈平行不整合接触；顶部泥岩、粉砂岩与上覆桃子树组砂岩、砂砾岩呈整合接触。

【层型】　正层型为景谷县和平乡剖面（100°38′，23°02′），由云南区测队（1965）测制，中科院南古所等（1975）修改和补充。

【地质特征及区域变化】　该组在景谷县和平乡一带，下部为黄绿、灰绿色泥岩与泥灰岩及泥质灰岩互层；上部为黄绿、灰绿色泥岩、粉砂岩夹泥灰岩、泥质灰岩。厚 612 m。

南至思茅箐头—桃子树，岩性显著变粗，碎屑岩增加，碳酸盐岩减少，为灰绿色长石岩屑砂岩、粉砂岩和泥岩、钙质泥岩互层，并夹砾岩和灰岩，厚 594 m。

威远江组分布范围狭窄，集中分布于景谷和平乡至思茅云仙一带，向南、东均迅速减薄直至尖灭，普洱德化由于桃子树组超覆于臭水组之上而缺失。似属水体能量较弱的凹槽台地相砂泥质—碳酸盐岩沉积。

本组含双壳类 *Costatoria inaequicostata*，*Pteria cassiana*，*Posidonia wengensis*，*P. bittneri*，*Halobia* cf. *bukoviensis*，*Nuculina yunnanensis*，*Palaeonucula strigilata*，*Leptochondria* cf. *illyrica*；菊石 *Celtites* sp.，*Anolcites* sp.，*A.* cf. *doleriticum* 等化石。时代属晚三叠世 Carnian 期。

桃子树组　T_3tz　(53-0414)

【创名及原始定义】　云南区调队八分队（1983）创名于思茅县云仙乡桃子树。原始定义：为一套滨海相碎屑岩。岩性为灰、灰绿色长石岩屑砂岩夹泥岩、粉砂质泥岩、泥灰岩及细砾岩，厚 265～390 m。与下伏上三叠统威远江组呈整合接触。

【沿革】　中科院南古所等（1975）在景谷县和平乡剖面上将这套地层的下部划归威远江组，上部划归大平掌组。云南区调队八分队（1983）按岩性和沉积旋回划分，并在普洱德化见本组粗碎屑岩直接超覆于臭水组之上而缺失威远江组，新命名为桃子树组，沿用至今。

【现在定义】　为一套灰绿色长石岩屑砂岩夹泥岩、泥灰岩及细砾岩。底部砂岩夹砾岩与下伏威远江组粉砂岩；顶部灰绿色泥岩夹粉砂岩与上覆大平掌组杂色泥岩均呈整合接触。

【层型】　正层型为思茅县箐头—桃子树剖面（100°39′，22°59′），由云南区调队八分队（1983）测制。

【地质特征及区域变化】　思茅县箐头—桃子树，其中下部以砂岩为主，夹砾岩、含砾砂岩、粉砂质泥岩，向上泥质、钙质增加，砂质减少，为泥岩夹泥灰岩、砂岩，厚 265 m。

箐头以北之景谷县和平乡，岩性变粗，厚度增至 390 m。下部由砂砾岩、砂岩构成韵律层；中部由砾岩、砂岩、泥岩组成下粗上细的沉积旋回；上部由砂砾岩、砂岩、粉砂岩及泥岩组成又一个沉积旋回。东部普洱县德化厚 292 m，为含砾砂岩、砂岩与粉砂岩、泥岩互层，构成多个下粗上细的沉积旋回。底部砂岩夹砂砾岩直接超覆于臭水组之上而缺失威远江组。南部勐腊县勐醒、易武等地，砂岩减少，泥岩、灰岩增多，并夹火山碎屑岩，厚度增至 2 082 m。平行不整合于臭水组之上。

综上所述，该组主要为一套碎屑岩，夹少量泥岩及泥灰岩，常组成几个自下而上由粗—细的沉积旋回。由思茅箐头向北至景谷和平乡、东至普洱德化岩石粒度变粗，南至勐腊勐醒、易武等地，碎屑减少，泥质及钙质增加，并含火山碎屑物质。富含双壳类 *Halobia superba*，*H. convexa*，*H. substyriaca*，*H.* cf. *bukoviensis*，*H.* cf. *halorica*，*H.* cf. *jagelskyi*，*H.* aff. *rugosa*，*H.* cf. *cassiana*，*H.* aff. *yunnanensis*，*Pteria kokeni*，*Posidonia wengensis*；菊石 *Celtites* cf. *epolensis*，*Paratrachyceras* cf. *hofmanni*，*Trachyceras fascigerum* 及少量腕足类、腹足类等化石。时代为晚三叠世 Carnian 期。

大平掌组　T_3d　(53-0415)

【创名及原始定义】　中科院南古所等（1975）在景谷县和平乡大平掌创名。原始定义：主要为黄绿色泥岩和粉砂岩，含石英砂砾，顶部为紫红色粉砂岩，厚 139 m。与上覆中侏罗统和平乡组为平行不整合接触，其间有大的沉积间断，缺失上三叠统上部的大部分地层。

【沿革】　中科院南古所等（1975）将景谷县和平乡剖面 7—10 层命名为大平掌组。云南区调队八分队（1983）将该剖面7—9层另创名桃子树组，大平掌组限于剖面的第10层。云南地矿局（1990）和本书均沿用云南区调队八分队（1983）的划分。

【现在定义】 为一套杂色泥岩夹粉砂岩。与下伏桃子树组灰绿色泥岩为整合接触；与上覆花开左组底部砾岩呈平行不整合接触。

【层型】 正层型为景谷县和平乡剖面（100°38′，23°02′），由云南区测队（1965）测制，中科院南古所等（1975）修改和补充。

【地质特征及区域变化】 景谷和平乡，为暗紫色泥岩夹黄色粉砂岩，厚16 m。南至思茅箐头—桃子树，为褐红色含钙质泥岩，中部夹灰紫色岩屑砂岩，厚8 m。东至普洱南德，其上部为灰紫色钙质粉砂岩与页岩互层；下部为灰紫色碳酸盐化砂岩，厚21 m。思茅大寨、挖令、麻栗树等地，为紫红、灰绿色泥岩、钙质泥岩、粉砂岩夹岩屑砂岩，厚约100 m。再南至勐腊曼洒一带，为杂色泥岩夹安山质凝灰岩、凝灰质砂岩、灰岩，厚度增至864 m。该组在区域上均与下伏桃子树组呈整合接触；与上覆中侏罗世花开左组为平行不整合接触。

本组含双壳类 *Costatoria napengensis*，*Burmesia lirata*，*Unionites griesbachi*，*U. mininus*，*Posidonia gemmellaroi*，*Halobia* cf. *plicosa*，*Yunnanophorus* cf. *boulei*，*Y.* cf. *gracilis*；菊石 *Thisbites* cf. *agricolae*，*Trachyceras* cf. *fascigerum*；腹足类 *Spirostylus* cf. *benecki* 等化石。时代为晚三叠世Norian期。

该组已显示红色基调，反映出沉积环境与下伏地层有明显区别，属气候炎热条件下的滨海潮上至潮间环境。

上兰组 $T_2\hat{s}$ （53－0406）

【创名及原始定义】 云南一区测队三分队（1974）在剑川县上兰创名。原始定义：下部以细碎屑沉积为主；上部以粘土质及钙质沉积为主。自下而上构成一个较完整的海进旋回。顶、底出露不全。

【沿革】 创名后，云南二区测队八分队（1975）在元阳牛上相当于上兰组上部层位创名牛上组。云南一区调队二分队（1977）在云县忙怀相当于上兰组下部层位划归忙怀组下段。云南第三地质大队区调三分队①（1990）、云南地矿局（1990）及本书均沿用上兰组。

【现在定义】 下部为灰绿色细砂岩、粉砂岩夹页岩，韵律层发育；上部为灰绿色粉砂岩、页岩夹灰岩，自下而上灰岩逐渐增多。正层型顶、底出露不全。区域上底部砾岩不整合于上二叠统羊八寨组之上，顶部与忙怀组或攀天阁组呈平行不整合接触。

【层型】 正层型为剑川县上兰剖面（99°38′，26°33′），由云南一区测队三分队（1974）测制。

【地质特征及区域变化】 剑川上兰一带，本组为厚达3 162 m以上的一套灰绿色细砂岩、粉砂岩、页岩，上部夹灰岩。在洱源县龙底村，其底部有厚达90 m之轻变质砾岩不整合于上二叠统羊八寨组之上。

上兰组主要沿金沙江—哀牢山西侧和澜沧江东侧呈南北向狭长条带展布。前者为厚度可达3 000 m以上的砂泥质、硅质及碳酸盐岩沉积，属浪基面以下，低能静水半深海浅槽盆相。后者为一套具复理石韵律的砂泥质、硅质沉积，反映了浪基面之下的深水还原环境，属大陆边缘活动性强的半深海浅槽盆相。该组富含双壳类 *Costatoria goldfussi mansuyi*，*Entolium discites*，*Hoernesia crispissima*，*Plagiostoma beyrichi*，*Unionites* cf. *spicatus*，*Bakevellia yunna-*

---

① 云南地矿局第三地质大队区调三分队，1990，1∶5万兰坪县幅、马登街幅区域地质调查报告（内刊）。

nensis, *Praechlamys sohroeteri*, *Leptocondria* cf. *albertii*；菊石 *Balatonites* sp. , *Cuccoceras* sp. , *Paratibetites* cf. *angustisellatus* 以及少量腕足类、腹足类、海百合茎等化石。时代属中三叠世 Anisian 期。

攀天阁组　T_2p　(53-0428)

【创名及原始定义】　云南区调队二分队（1985）创名于维西县攀天阁。原始定义：为一套灰白、灰绿色片理化流纹岩、块状流纹岩、英安质流纹岩、蚀变流纹质火山角砾岩，夹少量砾岩及凝灰质板岩，厚 1 272 m。与下伏上兰组呈整合接触；与上覆歪古村组为不整合接触。

【沿革】　云南区调队二分队（1985）将位于上兰组之上、歪古村组之下的一套酸性火山岩创名为攀天阁组，其时代划归晚三叠世 Carnian 期。云南地矿局（1990）及本书均沿用。前者将其时代归入 Ladinian—Carnian 期，后者考虑到该组所获同位素年龄值为 238.9Ma，将其时代归入中三叠世 Ladinian 期。

【现在定义】　为灰白、灰绿色片理化流纹岩、块状流纹岩、英安质流纹岩、流纹质火山角砾岩，夹少量板岩。与下伏上兰组呈平行不整合接触，与上覆歪古村组为不整合接触。

【层型】　正层型为维西县攀天阁剖面（99°15′，27°20′），由云南区调队二分队（1985）测制。

【地质特征及区域变化】　维西攀天阁，以流纹岩为主夹少量凝灰质板岩、火山角砾岩，厚 1 272 m。此套流纹岩在德钦、维西、兰坪一带分布稳定，北部德钦几家顶，流纹岩中之变质砂岩、板岩夹层增多，上部还夹少量薄层灰岩，厚度大于 1 770 m。兰坪三岔河，以流纹岩、英安流纹岩、英安岩为主，夹角斑岩和火山角砾岩，厚度大于 2 500 m。南至金平老猛，以流纹斑岩、流纹质英安斑岩为主，夹凝灰岩、千枚岩，厚度大于 1 820 m。

该组主要沿金沙江—藤条河断裂分布，为一套以岛弧型中酸性火山岩为主，北部局部地区上部则以中基性火山岩为主。这套火山岩中之砂板岩、灰岩夹层属海相沉积，但未获可靠的古生物，根据其平行不整合于 Anisian 期上兰组之上，不整合于 Carnian 期歪古村组之下，并考虑到在德钦几家顶的攀天阁组上部流纹岩中所获铷锶同位素全岩样年龄值为 238.9 Ma，其时代为中三叠世 Ladinian 期。

歪古村组　T_3w　(53-0416)

【创名及原始定义】　云南一区测队①（1974）命名于巍山县大仓乡歪古村。原始定义：根据古生物面貌本组大致相当于晚三叠世 Carnian—Norian 期沉积，考虑岩性的明显差异将其分为两个岩性段，下部紫红色岩段和上部紫红灰绿色岩段。下部以紫红色泥质及砂质碎屑岩为主；上部以灰绿色泥质岩为主。与下伏上二叠统灰绿色板岩呈平行不整合至不整合；与上覆三合洞组石灰岩段为过渡关系。

【沿革】　云南区测队（1965）分别于兰坪创名石钟山组、墨江创名一碗水组。云南一区测队（1966）曾将石钟山组下部改称龙潭组，该名称因与晚二叠世之龙潭组为异物同名，该队（1974）另创名为歪古村组，沿用至今。云南地矿局（1990）及本书均认为兰坪和墨江均属于同一沉积盆地，石钟山组、一碗水组均已解体，层位和岩性均相同的一碗水组下部和石钟山组下部则采用歪古村组。

【现在定义】　下部以紫红色为主的一套板岩、石英砂岩、含砾砂岩、砾岩；上部以灰绿色为主的板岩夹石英砂岩、灰岩、泥灰岩。平行不整合于晚二叠世羊八寨组之上，整合于三

---

① 云南地质局第一区域地质测量队，1974，滇西中生代地层初步划分和对比，西南地层古生物通讯，4 号，170—185（内刊）。

合洞组之下。

【层型】 正层型为巍山县歪古村、三合洞剖面（100°06′，25°15′），由云南一区测队四分队（1975）修测。

【地质特征及区域变化】 在兰坪、永平、巍山等地，以紫红、灰绿色泥岩（或板岩）为主，夹细—中粒石英砂岩、粉砂岩，底部常见砾岩、含砾砂岩，向上钙质渐增，上部夹泥灰岩，偶夹介壳灰岩和珊瑚礁灰岩，并见其夹于泥灰岩中。厚131～903 m。早期为河湖相，晚期为台地相。

南至墨江、绿春等地，由紫红色复成分砾岩、砂岩、粉砂岩、泥岩组成下粗上细的两个沉积旋回。厚486～912 m。早期为山麓堆积—河湖相，晚期为滨海潮坪相。

北至德钦沙冲，为紫红色砾岩、砂岩夹钙质粉砂岩、灰岩、火山岩，尚夹多层石膏。厚630 m。属滨海陆屑滩相，短时发育泻湖相，并伴随间隙性中基性和中酸性火山喷发。

该组化石稀少，在巍山西窑、新村等地获双壳类 *Halobia* cf. *ganziensis*，*Modiolus pygnaea*，*Nuculana* cf. *perlonga*，*Palaeocardita elliptica*，*Gervillia intermedia* 等。墨江、绿春等地，含双壳类 *Halobia* cf. *superba*，*H. yunnanensis*，*H.* cf. *talauana*，*H.* cf. *verbeeki*，*H.* cf. *convexa* 等。时代为晚三叠世 Carnian 期。

三合洞组　T_3sh　(53-0417)

【创名及原始定义】 云南一区测队（1974）命名于巍山县大仓乡三合洞。原始定义：划分为下部石灰岩段和上部黑色页岩段。下部以灰、灰黑色厚层灰岩为主，间夹少量黑色灰质泥岩的海相沉积；上部为深灰色页岩、黑色碳质页岩，夹灰绿色粉砂岩和砂岩。

【沿革】 云南区测队（1965）在兰坪和墨江两地，将相当于三合洞组灰岩分别隶属石钟山组下段上部和一碗水组下段上部。云南一区测队（1974）创名三合洞组，包括下部灰岩和上部黑色页岩两部分。中科院南古所等（1975）将这套灰岩划归其创名的巍山组中部铁厂段。云南地矿局（1990）沿用三合洞组名称，但修订其含义，限指原三合洞组下部石灰岩段，本书沿用。

【现在定义】 为一套灰、深灰色灰岩夹泥质灰岩、泥灰岩、砂岩，厚276 m。与下伏歪古村组板岩、上覆挖鲁八组黑色页岩均为整合关系。

【层型】 正层型为巍山县歪古村—三合洞剖面（100°06′，25°16′），由云南一区测队四分队（1975）修测。

【地质特征及区域变化】 兰坪、永平、巍山一带，由灰色灰岩、生物碎屑灰岩、泥质灰岩、泥灰岩组成，剑川石钟山、大平子等地还含石英圆粒灰岩及硅质条带灰岩，一般厚200～300 m。属前滨-近滨相。

南部墨江，厚度迅速减薄，一般厚仅几十米，仍为灰岩、介壳灰岩组成，属碳酸盐岩台地。再南至绿春牛孔、李仙江一带，灰岩呈透镜体夹于页岩中，直至全部尖灭。

北部德钦，为灰色灰岩、钙质页岩与石膏呈相间互层，厚约200余米，为开阔台地与泻湖相交替出现。

本组富含双壳类 *Halobia superba*，*H. pluriradiata*，*H. yunnanensis*，*H. rugosa*，*Angustella angusta*；菊石 *Indoclionites* sp.，*Anatibetites* sp.；兼有少量腕足类、腹足类、珊瑚、介形类、牙形石等化石。时代为晚三叠世 Carnian 期。

挖鲁八组　T_3wl　(53-0418)

【创名及原始定义】 中科院南古所等（1975）于巍山县大仓乡挖鲁八创名。原始定义为灰黑色板岩、黑色碳质页岩，夹灰绿色粉砂岩。板岩、页岩中含钙质结核。厚100～270 m。

【沿革】 云南区测队（1965）在兰坪、墨江两地，将相当于挖鲁八组页岩分别归属石钟山组上段下部和一碗水组上段下部。中科院南古所等（1975）划归其创名的巍山组上部挖鲁八段。云南区调队一分队（1985）划归其创名的红坡组上部。云南第三地质大队区调三分队①（1987）在巍山创名五道班组。云南地矿局（1990）将中科院南古所等（1975）创名的挖鲁八段，修订为挖鲁八组，本书沿用。

【现在定义】 为一套深灰、灰黑色板岩、粉砂岩夹细砂岩，含黄铁矿及菱铁矿结核。与下伏三合洞组灰岩、上覆麦初箐组砂岩均为整合关系。

【层型】 正层型为巍山县新村（挖鲁八）剖面（100°04′，25°21′），由云南一区测队五分队（1973）测制，中科院南古所等（1975）略加补充。

【地质特征及区域变化】 在兰坪、巍山、墨江、绿春等广大地区内，岩性和厚度均较稳定，以深灰、灰黑色页岩为主，夹少量粉砂岩和细砂岩，厚度一般为200余米。北部德钦叶搭匝、红坡等地，厚度增至494～981 m。粒度显著变粗，以灰色钙质粉砂质泥岩、粉砂岩为主，夹细砂岩、含砾砂岩、砾岩。

该组颜色普遍较深，以泥质岩石为主，含碳质、钙质、黄铁矿及菱铁矿结核等，局部夹煤线，南部绿春牛孔，可见夹不稳定的凝灰岩和锰矿层。属滨海潮坪至浅海相，短时发育泻湖相。富含双壳类 *Halobia superba*，*H. pluriradiata*，*H. yunnanensis*，*H. convexa*，*H. superbercens*，*Burmesia sinensis*，*Prolaria sollasi*；菊石 *Paratibetites* cf. *clarkei*，*P. yunnanensis*，*P.* aff. *adolphi* 以及少量腕足类、腹足类、珊瑚和植物等化石。时代为晚三叠世Carnian—Norian期。

麦初箐组　T_3m　（53－0419）

【创名及原始定义】 云南一区测队（1974）创名于巍山县大仓乡麦初箐。原始定义：分为两个岩性段，下段为灰黑、灰绿色砂泥质岩石，近下部有几层灰白色石英砂岩，顶部夹煤线，局部尚可成煤；上段为灰白色石英砂岩，往上为灰黑、灰绿色粉砂岩、泥岩夹数层泥灰岩。

【沿革】 云南区测队（1965）在兰坪、墨江两地分别创名石钟山组和一碗水组，麦初箐组仅相当于上述两组的顶部地层。云南一区测队（1966）在巍山创名新村组，包含下部黑色页岩和上部含煤碎屑岩。郭福祥②（1972）在巍山创名黑惠江组。云南二区测队一分队（1973）在墨江创名路马组。云南一区测队（1974）又将原新村组上部含煤碎屑岩新命名麦初箐组，下部黑色页岩归入三合洞组上段。云南二区测队八分队（1975）在绿春创名良子寨组、渣玛组。云南区调队一分队（1985）在德钦创名梅里石组。麦初箐组自创名以来，在兰坪、巍山一带广泛运用。云南地矿局（1990）及本书均沿用麦初箐组，并扩大使用范围为德钦—绿春地区。

【现在定义】 为灰绿、灰黑色粉砂岩、细砂岩夹泥岩、碳质页岩、煤线或煤层。底部常见几十米厚之灰色砂岩整合于挖鲁八组页岩之上；顶部杂色泥岩与漾江组紫红色泥岩呈整合过渡。

【层型】 正层型为巍山县麦初箐—龙潭对山剖面（100°04′，25°14′），由云南一区测队四分队（1975）修测。

---

① 云南地矿局第三地质大队区调三分队，1987，1：5万大仓幅、蛇街幅区域地质调查报告（内刊）。
② 郭福祥，1972，云南上三叠统的某些问题讨论，云南地质局实验室（油印本）。

【地质特征及区域变化】 巍山麦初箐，该组下部由灰色砂岩、粉砂岩、粉砂质泥岩构成下粗上细的沉积旋回，砂岩中常夹煤线；中部为灰色砂岩、粉砂岩夹页岩；上部为灰绿（少量紫红）色粉砂岩夹泥岩、碳质页岩、泥灰岩及煤线。厚 1 102 m。属近滨—前滨—近海河湖相。

该组广泛分布于德钦—绿春一带。由巍山麦初箐向北至永平黄连铺、剑川大平子等地，砂岩显著增多，以砂岩、粉砂岩为主，夹泥岩及煤线。砂岩常含海绿石，并显轻微变质。永平黄连铺厚 946 m，剑川大平子厚 709 m。北部德钦梅里石，厚度增至 3 376 m，为灰色变质砂岩、板岩组成的韵律层，常见砾岩、砂砾岩夹层。与下伏晚二叠世沙木组、上覆中侏罗世花开左组呈不整合接触，为滨海潮坪—近海河湖相。南部墨江、绿春一带，仍为一套灰绿色砂岩、粉砂岩夹泥岩、煤线，厚约 800 m，属滨海潮坪—沼泽—近海河湖相。

本组富含双壳类 *Burmesia lirata*，*Costatoria napengensis*，*Prolaria sollasi*，*Yunnanophorus boulei*，*Y. garandi*，*Unionites griesbachi*，*Trigonodus distortus*，*Cardium martini*，*Indosinion manmuensis* 以及叶肢介、介形类、腹足类、植物和少量腕足类、鹦鹉螺类等化石。时代属晚三叠世 Norian—Rhaetian 期。

漾江组　J_1y　(53－0304)

【创名及原始定义】 云南一区测队[①]（1973）创名于漾濞、巍山两县交界的漾濞江。紫红、棕红色泥岩、粉砂质泥岩、粉砂岩为主，夹细砂岩。紫红色泥岩中具灰绿色斑块，化石稀少。厚 579.65 m。与下伏麦初箐组整合接触呈连续过渡；与上覆花开左组假整合接触。

【沿革】 云南区测队（1965）划为石钟山群上部，继后（1966）归入永平群下段。中科院南古所等（1975）归入田口组。创名后被广泛应用。本书沿用。

【现在定义】 紫红、棕红色泥岩、粉砂质泥岩，夹细粒石英砂岩、钙质泥岩透镜体，紫红色泥岩中具灰绿色斑块。与下伏麦初箐组整合接触。紫红色层为主划为漾江组，过渡层归入下伏麦初箐组。

【层型】 正层型为漾濞坝注路剖面（100°01′，25°21′），由云南区测队 1965 年测制，云南一区测队五分队 1973 年补充修订。

上覆地层：花开左组　紫红色泥岩，底部紫色细砾岩

——————— 平行不整合 ———————

漾江组	总厚度 579.6 m
5. 上部紫红色泥岩夹棕黄、黄绿色透镜状钙质泥岩，黄色中粒石英砂岩；下部浅紫褐色厚层块状钙质石英砂岩	79.9 m
4. 紫红色泥岩为主，下部暗紫红色粉砂质泥岩夹中层细粒含长石英砂岩	148.6 m
3. 上部紫红色泥岩夹黄色泥灰岩透镜体，少许褐黄色细粒含长石英砂岩；下部浅褐黄色粉、细粒含长石英砂岩	35.3 m
2. 紫红色厚层泥岩、粉砂质泥岩，底部浅紫灰色厚层细粒含岩屑石英砂岩	171.0 m
1. 上部紫红色、棕红色泥岩；下部暗紫红色粉砂质泥岩，夹少量杂色粉砂质泥岩	144.8 m

——————— 整　合 ———————

下伏地层：麦初箐组　暗紫红、灰绿等杂色粉砂质泥岩，具灰绿色斑点

① 云南省地质局第一区域地质测量大队，1973，滇西中生代地层初步划分和对比（打印稿）。后刊西南地层古生物通讯第 4 号（内刊）。

【地质特征及区域变化】 紫红色泥岩、粉砂质泥岩为主，夹石英砂岩。是云南西部兰坪—思茅地区晚三叠世含煤沉积之后的第一套红色岩层。分布在兰坪—思茅中生代盆地东部，北起兰坪河西，南到绿春一带。岩性较稳定，厚度变化较大。兰坪雪门坎为紫红、灰白色石英砂岩、粉砂岩和粉砂质泥岩，厚 894.5 m。洱源红潭为紫红、黄绿色泥岩、细砂岩和粉砂岩，厚 64.5 m。永平黄连铺，厚 335 m。南涧三家村为紫红色厚层泥岩，下部尚见钙质泥岩，具蓝灰、灰绿、浅褐色等杂色斑块、条带，含植物 *Neocalamites* sp.，厚 684 m。景东小河口为紫红色泥岩夹粉砂岩，厚 236.4 m。绿春渣玛厚 579.6 m。

【其他】 该组与下伏上三叠统麦初箐组整合接触，沉积上连续过渡，一般以红色层为主开始划为漾江组，由于过渡层岩性、厚度的变化和对划分标志认识和把握尺度的不同，界线的位置随地区和划分人员的不同而不完全一致。

该组古生物化石稀少，时代依据不充分，置于早侏罗世为一种处理意见，故以往多加有疑问号。

花开左组 J_2h (53-0305)

【创名及原始定义】 云南一区测队① (1973) 创名于漾濞花开左。原始定义：分为两段，下段为紫红色泥岩、粉砂岩，底部有细砾岩，下部有几层黄褐、白色细—中粒石英砂岩，厚 492.2 m；上段为黄绿—灰绿色泥灰岩与紫红色泥岩互层，海陆交替相杂色层，厚 207.5 m。与下伏漾江组为假整合接触，与上覆坝注路组整合接触。

【沿革】 云南区测队 (1965) 归入永平群中下部，继后 (1966) 将上部划为永平群中段，下部划为永平群下段上部。创名后中科院南古所等 (1975) 将下部归入田口组，上部归入和平乡组。云南第 16 地质队 (1976) 将下部归入张科寨组，上部称和平乡组并划分老周寨段和那六箐段。云南二区测队一分队 (1976) 将下部称雅期组，上部称和平乡组；八分队 (1976) 将下部称小红桥组，上部称和平乡组。云南地矿局 (1990) 将下部称花开左组，上部称和平乡组。此次对比研究采用花开左组，代表中侏罗世沉积。

【现在定义】 下部为紫红色厚层泥岩与灰紫色细粒石英砂岩不等厚互层，底常见细砾岩；上部黄绿、灰绿色泥岩、钙质泥岩夹粉砂质泥岩、钙质粉砂岩、灰绿色泥灰岩、紫红色等杂色泥岩。与下伏漾江组平行不整合接触；与上覆坝注路组整合接触。

【层型】 正层型为漾濞坝注路剖面 (100°01′，25°21′)，由云南区测队 1965 年测制，云南一区测队五分队 1973 年补充修订。

上覆地层：坝注路组 紫红色厚层粉砂质泥岩

——————整 合——————

花开左组 总厚度 699.7 m

14. 黄绿色厚、中厚层状泥岩，夹粉砂质泥岩、钙质粉砂岩，少许暗紫红色粉砂岩、黄色泥灰岩，获介形类、腹足类、轮藻等化石，有 *Psilunio thailandicus*，*Lamprotula (Eolamprotula) guangyuanensis*，*Cuniopsis sichuanensis*，*Tutuella rotunda*，*Unio yunnanensis*，*Pseudocardinia kweichouensis*，*Protocardia stricklandi*，*Amiodon* 56.5 m

13. 灰绿、黄绿色中、厚层钙质泥岩夹黄色泥灰岩，杂色泥岩具钙质团块，获介形类、腹足类、轮藻等化石，有 *Psilunio ovalis*，*P. thailandicus*，*Cuneopsis sichuanensis*，*pseudocardinia sibirensis*，*Protocardia stricklandi*，*Isognomon latoconvexa minor*，*I.*

① 参见漾江组。

(*Mytiloperna*) *altina*，*Modiolus yunnanensis*，*Ostrea* 52.3 m

12. 灰绿、黄绿色薄、中层泥岩、钙质泥岩，夹褐紫色粉砂岩、黄绿色细粒含长石英砂岩，偶夹灰绿、黄绿色泥灰岩，获叶肢介、介形类、腹足类、轮藻等化石，有 *Psilunio lufengensis*，*P. honanensis*，*P. ovalis*，*P. thailandicus*，*Unio yunnanensis*，*Lamprotula* (*Eolamprotula*) *guangyuanensis*，*Pseudocardinia kweichouensis*，*Cuneopsis sichuanensis*，*Amiodon fengdengensis*，*A. hepingxiangensis*，*A. khoratensis*，*Isognomon latoconvexa minor*，*I.* (*Mytiloperna*) *mytiliformis*，*Modiolus yunnanensis*，*Bakevellia*，*Protocardia stricklandi*，*P. sublingulata*，*Lopha solitaria*，*Falcimytilus* 98.7 m

11. 灰紫色厚层细粒石英砂岩夹紫红色泥岩 30.0 m

10. 紫红色厚层泥岩、粉砂质泥岩夹少量灰紫色细砂岩、黄色透镜状泥质粉砂岩，具黄色钙质团块 107.8 m

9. 紫红色泥岩与灰紫色细粒石英砂岩不等厚互层 109.2 m

8. 紫红色厚层泥岩、粉砂质泥岩，含钙质，夹极少细砂岩 64.7 m

7. 紫红、灰紫色厚层泥岩、粉砂质泥岩夹三层黄、黄褐色厚层细、中粒石英砂岩，少量黄色泥岩 119.4 m

6. 紫红色厚层泥岩夹少量细粒石英砂岩、钙质细砾岩透镜体，底部 2 m 紫色细砾岩 61.0 m

——————— 平行不整合 ———————

下伏地层：漾江组　紫红色泥岩，顶部黄色中粒石英砂岩、紫红色钙质粉砂岩

【地质特征及区域变化】　该组岩性较稳定，标志明显，古生物化石丰富，是云南西部"红层"中较特征的一个组。分布广泛，遍及思茅地层区，北起德钦，南到勐腊，大致以兰坪—思茅中生代盆地中轴线为界，东部海陆交替相，其下与漾江组平行不整合接触；西部海相部分加大，其下超覆于三叠纪及更老地层之上。在澜沧地层小区与西部勐戛组、柳湾组相变过渡。层型剖面上含双壳类、介形类、腹足类、叶肢介、轮藻等化石，双壳类最丰富，同时可见海、陆相分子，陆相双壳类：*Psilunio thailandicus*，*P. ovalis*，*P. lufengensis*，*P. honanensis*，*Cuneopsis sichuanensis*，*Lamprotula* (*Eolamprotula*) *guangyuanensis*，*Tutuella rotunda*，*Unio yunnanensis*，*Pseudocardinia kweichouensis*，*P. sibirensis*；海相双壳类：*Protocardia stricklandi*，*P. sublingulata*，*Isognomon latoconvexa minor*，*I.* (*Mytiloperna*) *oltina*，*I.* (*M.*) *mitiliformis*，*Modiolus yunnanensis*，*Lopha solitaria* 等。时代为中侏罗世。

最北部德钦说拉丫口见介壳灰岩、泥灰岩，中含丰富的海相双壳类化石，厚达 1 319.5 m。维西马格洛、康普大桥等地，岩石轻变质成板岩、千枚岩，地层出露不全，厚分别为 746.7 m 和 1 205.3 m。兰坪碧玉河岩石也多板理化，厚 936 m。云龙上松坪为板岩，未见底，厚 473.7 m。洱源红潭，厚 283.4 m。漾濞李子树见夹石膏并有盐泉。墨江回龙街，下部为棕红、紫红、紫灰色中层—块状细—中粒砂岩、粉砂岩与粉砂质泥岩、泥质粉砂岩互层，厚 1 022.4 m；上部为紫灰、紫红色泥质粉砂岩，灰绿、黄绿色粉砂质泥岩，厚 405 m。该组上部在景谷和平乡为紫红、黄、灰、绿色等杂色泥质岩夹细砂岩、粉砂岩和泥灰岩，化石十分丰富，厚为 942.4 m，下部在勐腊小红桥为棕红、暗紫红色泥岩、钙质泥岩、粉砂质泥岩、长石石英砂岩等，厚 1 476.6 m。自北而南略具增厚的趋势。澜沧江南段一带及其以西下部夹多层黄、黄褐色石英砂岩；上部泥岩、钙质泥岩夹泥灰岩，泥灰岩中含丰富的海相双壳类、腕足类化石，以 *Burmirhynchia* 类与西部柳湾组相连。永德税房街一带下部厚 400 m，上部厚 560.5 m，仅发育中侏罗统。

【其他】　该组和西部施甸地层小区的勐戛组、柳湾组层位相当，两者在耿马、澜沧地层

小区呈过渡交错状态。云南区调队三分队（1981）、七分队（1984）曾创建税房街组、芦子箐组，代表过渡区沉积。云南地矿局（1990）将税房街组对比为勐戛组和花开左组下部，将芦子箐组置于柳湾组之上，柳湾组加芦子箐组对比为花开左组上部（称和平乡组）。说明在地层划分对比上认识还不完全一致，值得在进一步研究中注意。

坝注路组　J_3b　（53－0306）

【创名及原始定义】　云南一区测队①（1973）创名于漾濞坝注路。原始定义：分为两段，下段为紫红色泥岩、泥质粉砂岩，岩性较单一；上段为紫色泥岩、粉砂质泥岩，夹细—中粒砂岩、灰质细砾岩。厚 741.1 m。

【沿革】　云南区测队（1965）归入永平群上部，继后（1966）称永平群上段。创名后中科院南古所等（1975）归入和平乡组。云南地矿局（1990）采用坝注路组。本书沿用。

【现在定义】　紫红、暗紫红色厚层泥岩、粉砂质泥岩夹粉砂岩、细粒石英砂岩，夹不稳定细砾岩。泥岩中有少量绿、黄绿色钙质团块。下与花开左组整合接触；上与景星组呈平行不整合接触。

【层型】　正层型为漾濞坝注路剖面（100°01′，25°21′），由云南区测队 1965 年测制，云南一区测队五分队 1973 年补充修订。

上覆地层：景星组　灰黑、灰色厚层钙质砾岩，底部灰绿色含铜砂岩

——————— 平行不整合 ———————

坝注路组　　总厚度 741.1 m

20. 紫红色厚层泥岩、粉砂质泥岩，偶夹灰绿、黄绿色钙质团块斑点。底部紫红色钙质细砾岩、细粒石英砂岩，上部紫红色泥岩中获介形类 *Martinsonella*　139.1 m

19. 紫红色厚层块状粉砂质泥岩，泥岩不等厚互层。下部紫红、灰紫红色厚层细砂岩、石英砂岩夹紫红色钙质细砾岩　229.8 m

18. 上部紫红色粉砂质泥岩夹约 1/10 粉砂岩，泥岩中偶见黄色团块，获轮藻 *Darwinula*；下部灰紫色厚层块状石英砂岩夹紫色泥岩　25.4 m

17. 紫红色厚层泥岩、粉砂质泥岩夹 1/3～1/4 钙质细、粉砂岩，局部有黄绿色团块，获 *Mongolianella*。底部暗紫色中层石英砂岩，具水平层理、交错层理　113.8 m

16. 上部紫红色粉砂质泥岩，夹 1/3 粉砂岩；下部暗紫红色中层细粒石英砂岩、粉砂岩互层，微显水平层理　23.0 m

15. 紫红、暗紫红色厚层泥岩、粉砂质泥岩夹一层薄—中层粉砂岩，获腹足类 *Euaclistochara nuguishanensis*，*E. lufengensis*，*E. yunnanensis*，*E. yongpingensis*；*Djungarica*，*Metcypris monosulcata*，*Darwinula incurva*，*D. changxinensis*，*D.* cf. *impudica* 等　210.0 m

———————— 整　合 ————————

下伏地层：花开左组　黄绿色厚层泥岩

【地质特征及区域变化】　该组岩性较稳定，分布广泛，也遍及思茅地层区并延展到西部澜沧地层小区。层型剖面上含轮藻、介形类、双壳类等化石。轮藻：*Euaclistochara nuguishanensis*，*E. lufengensis*，*E. yunnanensis*，*E. yongpingensis*；介形类：*Metacypris monosulcata*，*Darwinula changxinensis*，*D. incurva*，*D.* cf. *impudica*，*D.* cf. *sarytirmenensis*，*D.* cf.

① 参见漾江组。

lufengensis；双壳类：*Martinsonella*? sp. 等。

北部兰坪碧玉河厚 1 412 m，新店厚 1 403 m，中排厚 1 206 m。永平北斗坡厚 1 234.2 m，马鞍山厚 1 045.7 m。厚度均较大，显然是一个沉积中心区域。魏山一带厚仅 224 m，沿西部向南到镇沅、景谷等地所见更薄，甚至缺失。东部南涧三家村以泥质岩为主，厚度可达 1 054 m，是北部沉积中心区的南延。

南部普遍相对变薄，景洪景糯为紫红夹少量灰紫色杂斑状泥岩，厚 233.9 m。勐腊新公路 27 道班为紫红、棕红色页岩，厚 143.9 m。向东在江城糯角茶山为褐红、灰紫色钙质粉砂岩、钙质长石细砂岩，具少量黄、黄绿色条带，厚 988.8 m。绿春骑马坝为紫红、暗紫红、棕红色粉砂岩，夹少量杂色长石石英砂岩，含植物 *Equisetites* sp. 等，厚达 2 175.4 m。向西在勐海南弄中寨为紫红、灰紫色泥岩、粉砂质泥岩，厚 408.8 m。孟连富岩为紫红色石英砂岩、长石砂岩夹钙质细砾岩，厚 946 m。

上述分布和变化表明，沉积中心区主要在东侧。

景星组　K_1j　(53－0205)

【创名及原始定义】　云南区测队（1965）创名于墨江县景星街之东的老令丫口，时称景星群。原始定义：主要为碎屑岩，与下伏地层呈假整合接触。该群以灰白色石英砂岩为主，而以上部紫红色泥岩、黄色页岩，中下部泥灰岩，底部灰质砾岩最为特征。与上覆景谷群为整合接触。其时代属侏罗纪。

【沿革】　创名时称景星群，时代归属侏罗纪。成都地质学院①（1965）在景谷县民乐至景谷街测制剖面时，将相当于景星群下部地层命名为石门坎组，上部地层命名为背阴山组，时代归属早侏罗世。云南第 16 地质队②（1966）在镇沅—景谷进行钾盐普查时，将这套地层命名为奴贵山组，时代归属侏罗纪。云南一区测队五分队（1973）改称景星组，置于下白垩统。云南第 16 地质队③（1976）将本组分为两个段，下部叫雷打石段，上部称老龙寨段，时代归属晚侏罗世。云南二区调队八分队（1976）将景星组含义缩小，仅限于下段，上段命名为乌沙河组，均归属早白垩世。本书仍使用原含义的景星组。

【现在定义】　指平行不整合于坝注路组之上，整合于南新组之下的一套以浅色碎屑岩为主夹杂色泥质岩的地层。底部为灰色钙质砾岩或粗砂岩；下部以灰、灰白、浅黄色厚层至块状石英砂岩、长石石英砂岩为主，夹紫红、灰绿色泥岩、粉砂岩以及少量泥灰岩、含砾砂岩，组成多个由粗至细的正向沉积韵律层；上部为紫红色泥岩、泥质粉砂岩夹细砂岩。

【层型】　正层型为墨江县景星街剖面（100°20′，23°30′），由云南区测队 1965 年测制。

上覆地层：南新组　浅紫、浅灰紫色厚层细粒石英砂岩

——————— 整　合 ———————

景星组　　总厚度 1 009.2 m

10. 紫红色中厚层泥岩、泥质粉砂岩夹细粒长石石英砂岩，获 *Cypridea*，*Monosulcocypris*　　100.8 m

9. 浅黄、灰白色厚层块状细粒石英砂岩夹紫红色细砂岩、粉砂岩、粉砂质泥岩，底部含砾砂岩，于中部获 *Darwinula*，*D.* aff. *impudica*　　194.8 m

8. 紫红色块状泥岩，粉砂质泥岩夹浅紫色细粒石英砂岩　　86.4 m

---

① 成都地质学院，1965，景谷县民乐至景谷街侏罗、白垩系剖面（内刊）。
② 云南地质局第 16 地质队，1966，云南镇沅—景谷含盐带南段 1∶20 万钾盐普查报告（内刊）。
③ 云南地质局第 16 地质队，1976，云南兰坪思茅盆地中、新生界地层特征及划分对比初步意见（内刊）。

7. 紫红色厚层块状细粒含长石英砂岩	70.3 m
6. 紫红色块状钙质泥岩夹青灰、灰绿色钙质细砂岩及黑灰色钙质粉砂岩	153.8 m
5. 灰绿色厚层泥灰岩	11.2 m
4. 浅灰色厚层块状细粒石英砂岩，底部一层灰白色块状含砾砂岩	56.2 m
3. 紫红色块状钙质泥岩，粉砂质泥岩	58.0 m
2. 黄灰、灰白色中层—块状细粒石英砂岩夹紫红色泥岩，含长石英砂岩，底部灰白色厚层含砾砂岩一层	160.7 m
1. 绿灰、灰白色厚层块状细—中粒含长石英砂岩，底部一层灰色钙质砾岩	117.0 m

———————— 平行不整合 ————————

下伏地层：坝注路组　钙质石英砂岩夹粉砂岩

【地质特征及区域变化】　本组以浅色砂岩为主，夹灰绿、紫红等杂色泥岩或呈不等厚互层，组成粗细相间的沉积韵律为其特征。按岩性一般可分为上、下两部分：下部岩性较粗，以浅色砂岩为主，其间小韵律发育，亦具冲刷现象，层面构造较复杂，大型斜层理发育，局部砂岩中含氧化铜，富含双壳类及介形类化石；上部岩性较细，且以紫红色为主，生物化石稀少。总体构成下粗上细的正向沉积旋回。在少数地区，由于上部灰色层增多，粒度变粗，致使上、下部岩性不易划分。本组普遍含有大量云母碎片及植物碎屑，以及泥岩中富含钙质及其结核、条带，局部尚见泥灰岩，层理发育，砂岩常具大型单向斜层理等沉积构造，含海相和陆相生物化石，为海陆交互相的沉积。本组不仅在岩性上十分特征，而且在地貌上常构成高山峻岭或形成悬崖陡壁，成为与上、下地层易于区别的特有的标志地层。

本组主要分布于兰坪-思茅地层分区，在保山地层分区和西金乌兰-金沙江地层分区也有少量出露。一般下部岩性较为稳定，全区变化较小，而上部岩性和厚度变化较为复杂。沿沉积盆地两侧的边缘地区（如澜沧江一带）和隆起地带（如普洱一带），下部岩性变粗，砂岩、含砾砂岩、砂砾岩、砾岩增多，局部尚夹煤线。在沉降幅度较大的永平—兰坪、景东—景谷、思茅—勐腊一带，下部沉积粒度变细，泥质岩夹层增多，局部夹泥灰岩透镜体。在北部永平—兰坪一带，上部灰色层增多，粒度变粗，与下部不易划分。

本组沉积厚度随盆地基底起伏而变化。中部巍山及南部普洱隆起地带，厚度较薄，为340～692 m。由巍山向北至永平—兰坪一带，向南至景东—景谷一带，厚度增大至1 232 m。由普洱向西北至景谷一带可增厚至1 300 m，向南至勐腊一带增厚至2 000余米，临沧—澜沧一带残存约1 000 m。总的变化趋势为：由巍山向北向南，由普洱向西向东、向南向北，厚度增大。

本组富含双壳类 *Koreanaia yunnanensis*，*Nippononaia* (*Eonippononaia*) *diana*，*N.* (*E.*) *pucrensis*，*Plicatounio* (*P.*) *rostratus*，*Nakamuranaia mojiangensis*，*N. hamiaoensis*，*Peregrinoconcha yunnanensis*，*P. nuanliensis*，*P. lanpingensis*，*P. dolabrata*，*Sinonaia yunlongensis* 等以及介形类、叶肢介、腹足类、植物、孢粉、爬行类化石，时代为早白垩世早期。

南新组　K_1n　（53－0204）

【创名及原始定义】　云南一区测队综合组（1973）创名于云龙县宝丰区南新。原始定义：下段以棕红、砖红色含长石石英砂岩为主，夹紫红色泥岩、粉砂岩，含有石英砾石或为砂砾岩，厚537～1 520 m；上段以紫红、棕红色泥岩为主，夹粉砂岩、细砂岩，厚205～400 m。与下伏景星组之接触关系疑有较长时间的冲刷间断，与上覆虎头寺组为过渡关系。含女星虫-单槽金星虫介形虫组合，故该组归入上白垩统。

【沿革】 云南区测队（1965）命名景谷群，分下、中、上三段，归属侏罗系，其下段相当于南新组。成都地质学院[①]（1965）于景谷县民乐—景谷街地区，将整合于背阴山组之上，平行不整合于王家坟组之下的地层命名为纪家村组，划属中侏罗世，并细分为下、中、上三段，其下、中段相当于南新组。云南地质局第16地质队[②]（1966）将整合于奴贵山组之上，平行不整合于勐野井组之下地层称为水城组，归属侏罗系，并细分为下、中、上三段，其下、中段相当于南新组。云南一区测队综合组[③]（1973）创名南新组，划归晚白垩世。中科院南古所（1975）命名曼岗组，归属下白垩统。云南区域地层表编写组（1978）、云南地矿局（1990）、中国地质科学院成都地质矿产研究所等（1992）均使用曼岗组，归入下白垩统。本书沿用南新组，划属早白垩世晚期。

【现在定义】 指整合于景星组之上和虎头寺组之下的一套红色碎屑岩为主的地层。岩性为紫红、灰紫、紫褐色厚层—块状细—粗砂岩、石英砂岩，夹同色含砾砂岩、细砾岩以及粉砂岩和泥岩。在区域上常表现为下粗上细的沉积旋回，局部地区与下伏景星组呈平行不整合接触。

【层型】 正层型为云龙县宝丰区南新剖面（99°23′，25°43′），由云南区调队一分队1979年修测。编著者略加修改。

上覆地层：虎头寺组　紫褐、灰紫红、紫灰绿色厚层—块状砂岩

——————整　合——————

南新组	总厚度 1 495.5 m
9. 灰紫色厚层—块状细—中粒石英砂岩与紫红色厚层—块状粉砂岩之不等厚互层。含砂质结核和钙质团块。具大型平行斜层理	142.8 m
8. 灰紫、紫红色厚层—块状中—粗粒砂岩、含砾砂岩，夹紫红色巨厚层—块状含砂质结核粉砂岩。具大型平行斜层理	86.5 m
7. 紫褐、紫红、灰紫色厚层—块状细粒石英砂岩夹粉砂岩。含双壳类 *Nippononaia* sp.，*Mekongiconcha* sp.，*Nakamuranaia* sp.，*N. chingshanensis*，*N. subrotunda*，*N. elongata* 以及介形类化石	550.8 m
6. 紫红、灰紫、紫褐色厚层—块状中—细粒砂岩为主，夹多层细砾岩和少量粉砂岩	148.4 m
5. 紫红、灰紫、紫褐色巨厚层—块状中—粗砂岩为主，偶夹粉—细砂岩	177.0 m
4. 浅紫红色厚层—块状粉砂岩夹灰紫色厚层细、中粒石英砂岩	101.6 m
3. 紫红色厚层—块状中—细粒石英砂岩夹紫红色块状砂质泥岩、粉砂岩及细砾岩	288.4 m

——————整　合——————

下伏地层：景星组　紫红色泥岩夹粉砂岩

【地质特征及区域变化】 本组为一套红色粗碎屑沉积，向上泥质增多。以发育大套灰紫色块状砂岩为特征。下部一般沉积粒度较粗，岩性为紫红、灰紫、紫褐色块状中—粗粒砂岩或含砾砂岩、砂砾岩、砾岩—细粒砂岩夹泥质岩的多个韵律层，局部尚夹少量灰白色砂岩层；上部一般沉积粒度较细，岩性以紫红色泥岩为主，夹灰紫色砂岩、粉砂岩，多含钙质或结核，风化后呈空洞，可见虫管。总体构成下粗上细的正向沉积旋回。砂岩发育大型斜层理、水平层理和小型交错层理，可见波痕等沉积构造，具河湖相沉积特征。

---

① 成都地质学院，1965，景谷县民乐—景谷街侏罗、白垩系剖面（内刊）。
② 云南地质局第16地质队，1966，云南镇沅—景谷含盐带南段1：20万钾盐普查报告（内刊）。
③ 云南地质局一区测队综合组，1973，滇西中生代地层初步划分对比（内刊）。

该组主要分布于兰坪-思茅地层分区，岩性在分区内变化不大，北部云龙、南涧以及南部景东—墨江—江城一线以东的地区，沉积粒度普遍较粗，砂砾岩、砾岩夹层增多；在该线以西的景谷—勐腊以及北部的德钦说拉丫口一带，粒度变细，以细粒砂岩为主，含砾砂岩层数显著减少，钙泥质岩增多，局部尚夹少许泥质灰岩或泥灰岩透镜体，富含钙质结核。本组中的砂砾岩及砾岩层横向不稳定，多呈透镜体状。层间小韵律层发育，常具冲刷现象。本组厚度变化较大，北部德钦说拉丫口厚 1 630.3 m，兰坪—巍山一带厚 800 m 左右，兰坪金鸡寺厚 590.4 m，云龙顺荡井厚 514.3 m，云龙南新厚 1 495.5 m，巍山江头村厚 761 m；南部景东—勐腊一带，厚一般在 800～1 000 m，景谷和平乡厚 1 180.1 m，普洱麻木树厚 1 446.6 m，墨江中海牛厚 1 822.5 m，景洪大荒田厚 1 960.8 m，可见由兰坪向北向南地层有增厚的趋势。南新组与下伏景星组一般为整合过渡，局部地区呈平行不整合接触，绿春地区呈微角度不整合，甚至超覆于更老的地层之上。

本组富含双壳类 *Trigonioides* (*T.*) *kodairai*，*Plicatounio* (*P.*) *languidus*，*Nakamuranaia chingshanensis*，*Nippononaia carinata*，*Yunnanoconcha pupengensis*；介形类 *Monosulcocypris yunlongensis*，*M. yunnanensis*，*M. subovata*，*Cypridea* (*C.*) *dayaoensis* 以及叶肢介、轮藻、腹足类、昆虫、植物、孢粉等化石，时代为早白垩世早期。

虎头寺组　K_1h　(53-0203)

【创名及原始定义】　云南一区测队综合组[①]（1973）创名于云龙县城南虎头寺。原始定义：以浅紫红、棕红、灰紫、灰白色砂岩为主，夹少量同色泥岩及粉砂岩。砂岩具暗紫色条带并显巨型斜层理，白色砂岩只见于顶部，具有铜矿化。厚度各地略有变化，一般在 80～180 m 之间。与下伏南新组为过渡关系，与上覆云龙组接触关系有待查明。根据上下层的化石归入晚白垩世。

【沿革】　四川石油局贵阳勘探处云南大队[②]（1959）将出露于镇沅县暖里塘房的一套灰白色砂岩，命名为唐房砂岩，归属白垩系。云南地质局第 16 地质队[③]（1963）于江城勐野井矿区，将勐野井组之下的一套白色石英砂岩命名为水城组，划归侏罗系。云南区测队（1965）命名景谷群，分下、中、上三段，归属侏罗纪，该群中段相当于虎头寺组。成都地质学院[④]（1965）将整合于背阴山组之上，平行不整合于王家坟组之下的地层命名为纪家村组，分下、中、上三段，归属中侏罗世，其上段相当于虎头寺组。云南地质局第 16 地质队[⑤]（1966）扩大水城组含义，将奴贵山组之上，勐野井组之下的地层统称水城组，分下、中、上三段，归入中侏罗统，其上段相当于虎头寺组。云南一区测队综合组（1973）创名虎头寺组，归属晚白垩世。云南地质局第 16 地质队[⑥]（1975）将水城组含义缩小，将上部砂岩段改称扒沙河组，归属下白垩统。中科院南古所等（1975）、云南区域地层表编写组（1978）等使用水城组一名，但含义缩小，仅指原水城组的上部。云南地矿局（1990）、中国地质科学院成都地质矿产研究所等（1992）及本书则使用虎头寺组，时代归属早白垩世晚期。

【现在定义】　指整合于下白垩统南新组之上，平行不整合于下第三系古新统勐野井组之下的一套粗碎屑岩地层。岩性以浅灰棕色为主，浅灰白、浅黄绿色为次的块状细粒含长石英

---

① 云南地质局一区测队综合组，1973，滇西中生代地层初步划分对比（内刊）。
② 四川石油局贵阳勘探处云南大队，1959，滇西南思茅区区域石油地质普查报告（内刊）。
③ 云南地质局第 16 地质队，1963，云南省江城县勐野井钾盐矿 1963 年初步普查报告及 1964 年详查设计（打印稿）。
④ 成都地质学院，1965，景谷县民乐至景谷街侏罗、白垩系剖面（内刊）。
⑤ 云南地质局第 16 地质队，1966，云南镇沅—景谷含盐带南段 1：20 万钾盐普查报告（内刊）。
⑥ 云南地质局第 16 地质队，1975，云南江城勐野井钾盐矿中间勘探报告（内刊）。

砂岩，夹少量泥质粉砂岩及泥岩。

【层型】 正层型为云龙县虎头寺剖面（99°22′，25°23′），由云南区调队一分队1979年修测。

上覆地层：勐野井组 浅棕红色泥砾岩

——————— 平行不整合 ———————

虎头寺组	总厚度138.4 m
8. 浅灰白、浅黄绿色块状细粒含长石英砂岩，具水平层理，斜层理	8.4 m
7. 浅灰棕色块状细粒含长石英砂岩，具暗紫色条带，水平层理	130.0 m

——————— 整 合 ———————

下伏地层：南新组 灰紫、暗灰紫色厚层块状石英砂岩

【地质特征及区域变化】 本组为一套以浅色为主的粗碎屑沉积。岩性为浅紫、黄绿、灰白色石英砂岩、长石石英砂岩，夹少量泥岩、泥质粉砂岩。该组以颜色较浅、岩性单一、粒度较粗、单层较厚以及具暗紫色条带等为其特征。地貌上往往形成陡崖或山脊。它作为含盐层的下伏层位，岩性较为特征，为区域上的一个良好标志层。砂岩发育水平层理及大型斜交层理，局部可见波痕、干裂等沉积构造，具河湖相沉积特征。

本组主要分布于兰坪-思茅地层分区。岩性较为稳定，全区均可对比，仅颜色深浅略有变化。由于晚期普遍出现沉积间断，故残留厚度各地不一。普洱麻木树和兰坪石登较薄，前者厚49.5 m，后者厚63.6 m。镇沅苦荞地最厚达368.4 m。其他如景谷和平乡厚213.4 m，云龙宝丰厚123.5 m，云龙虎头寺厚138.4 m等。

该组至今未获任何化石，其时代仅依据其与下伏含早白垩世化石的南新组整合接触，而又多为下第三系古新统勐野井组所超覆，或伏于有化石依据的晚白垩世曼宽河组之下（如勐腊县磨歇十八道班等地），因而暂将虎头寺组时代归属早白垩世晚期。

本组普遍含铜，为主要的含铜层位之一。

曼宽河组 K_2m (53-0202)

【创名及原始定义】 云南地质局第16地质队①（1966）创名于江城县整董曼宽河。原始定义：下段为棕红色薄层—块状钙泥质粉砂岩与浅棕红色薄层—块状钙质砂岩互层，厚500～656 m；上段为暗棕红色厚层块状钙质粉砂质泥岩、棕红色薄层—块状钙质粉砂岩与浅棕红色中层—块状钙质砂岩互层，中部夹灰绿色泥灰岩条带，厚750～1 315 m。与下伏勐野井组，上覆石膏河组均为整合接触。时代为侏罗纪。

【沿革】 创名时，置于勐野井组之上，石膏河组之下，归属侏罗纪。云南地质局第16地质队②（1968）扩大其含义，将该组及其以上的石膏河组、曼黑组统称曼宽河组，划属白垩系。中科院南古所等（1975）将曼宽河组置于勐野井之上，石膏河组之下，划归上白垩统。云南二区测队八分队（1976）认为曼宽河组位于下第三系古新统勐野井组之下和下白垩统曼岗组之上，时代为晚白垩世。云南地矿局（1990）、中国地质科学院成都地质矿产研究所等（1992）和本书将曼宽河组置于虎头寺组之上和勐野井组之下，划属上白垩统。

【现在定义】 本组为一套紫红、褐紫红色泥质粉砂岩与同色钙质粉砂质泥岩之不等厚互

① 云南地质局第16地质队，1966，云南镇沅—景谷含盐带南段1:20万钾盐普查报告（内刊）。
② 云南地质局第16地质队，1968，云南省思茅地区1:20万钾盐普查综合研究报告（内刊）。

层，夹细粒石英砂岩，顶部夹紫灰、灰绿色泥灰岩扁豆体及条带。底部被断层所截，顶部与勐野井组砖红色泥砾岩为不整合接触。在区域上，可见本组与下伏虎头寺组呈整合接触。

【层型】 选层型为江城县整董石膏河至大青树剖面（101°27′，22°30′），由云南二区测队八分队 1976 年测制。

【地质特征及区域变化】 本组分布局限，仅见于江城—勐腊一带。为一套以粉砂泥质沉积物为主的红色砂泥质沉积。岩性由一套紫红、棕红色碎屑岩组成，局部夹少量灰色砂质岩层。沉积粒度一般较细，多以泥质岩、粉砂质泥岩为主，夹少量细粒砂岩，有时顶部夹泥灰岩，含钙质。层理一般不发育，局部可见斜层理。总体表现为一套红色砂泥质的河湖相沉积。在勐腊县尚勇、南坡一带，细砂岩增多，夹细粒含铜砂岩。

本组在多数地区未见底，但在江城县三扁担一带，见与下伏虎头寺组呈整合接触。与上覆勐野井组之接触关系，在江城县石膏河—大青树以及红泥河一带为不整合接触，于勐腊县磨歇、尚勇一带则呈整合接触。

该组厚度变化较大，江城石膏河最厚可达 3 142.4 m，红泥河厚 2 863.5 m，勐腊磨歇厚 609.3 m，尚勇厚 245.02 m，南坡厚 528.5 m，可见由北向南厚度有变小的趋势。

本组含介形类 *Cristocypridea xishuangbannaensis*，*C. subparallela*，*C.* cf. *amoena*，*Cypridea* (*C.*) *zhengdongensis*，*C.* (*C.*) cf. *cavernosa*，*Quadracypris favosa*，*Sinocypris yunlongensis*，*S. jinghongensis*；轮藻 *Porochara anluensis*，*P. spherica* 等以及少量腹足类化石，时代为晚白垩世。

本组为含铜层位之一，局部可形成矿床。

【其他】 从沿革可以明显的看出，对曼宽河组存在不同的认识，归纳为：(1) 将曼宽河组置于勐野井组之上，作为含盐地层的盖层，并据此将盐系地层全部归属于晚白垩世；(2) 将曼宽河组与勐野井组中段对比，代表下、上两个不同成盐期之间的淡化期沉积，时代归属晚白垩世晚期；(3) 有人认为曼宽河组就是勐野井组，主张取消曼宽河组一名，时代归属晚白垩世或至早第三纪初期；(4) 曼宽河组位于古新统勐野井组之下，时代归属晚白垩世。由此可见，问题之关键在于对曼宽河组层序的空间位置确定，也涉及区域对比关系。

据 1∶20 万区调成果资料，曼宽河组平行不整合于上覆下第三系古新统勐野井组之下，为一套红色砂泥质沉积，含以 *Cristocypridea* 为代表的晚白垩世介形类组合，故云南地矿局(1990)、中国地质科学院成都地质矿产研究所等 (1992) 以及本书将曼宽河组置于早白垩世和早第三纪古新世之间，代表区内晚白垩世的沉积。

勐野井组　E_1m　(53-0108)

【创名及原始定义】 云南地质局第 16 地质队①(1963) 创名于江城县勐野井。原始定义：下部为棕红色、杂色泥砾岩和棕红色钙质泥岩、钙质粉砂岩，夹青灰色硬石膏和少量灰黑色泥灰岩；中部为棕红、暗棕红色钙质泥岩、钙质粉砂岩、钙质细砂岩，夹少量紫红色细粒长石石英砂岩；上部为杂色泥砾岩和棕红色钙质泥岩、钙泥质粉砂岩、细砂岩，含石膏。整合于水城组之上，假整合于野狼山组之下。时代为中侏罗世。

【沿革】 自创名后，对该含盐地层认识不一，划分各异，赋予不同的含义和名称。1964 年云南地质局第 16 地质队② 修改勐野井组与下伏水城组为平行不整合接触。1965 年云南区测队创名景谷群，归属侏罗纪，该群上段相当于勐野井组。1973 年云南一区测五分队将云龙

① 云南地质局第 16 地质队，1963，云南省江城县勐野井钾盐矿 1963 年初步普查报告及 1964 年详查设计（打印稿）。
② 云南地质局第 16 地质队，1964，云南思茅地区 1964 年度钾盐普查报告及 1965 年度钾盐普查设计（打印稿）。

地区的含盐地层，命名为云龙组，划属晚白垩世。1974年云南一区测队三分队将云龙组归属古新世。1975年樊希全[①]将原勐野井组解体，下段称麻木杵组，中段称曼宽河组，归上白垩统；上段称勐野井组，归古新统。1990年云南地矿局认为兰坪—思茅盆地古新世有二个成盐期，一个是早—中古新世，即勐野井组；另一个是晚古新世，即云龙组。本书使用勐野井组的原含义。

【现在定义】 指平行不整合于下白垩统虎头寺组之上，整合伏于下—中始新统等黑组之下的一套含膏盐泥砾岩、泥岩、砂岩的地层序列。下部为棕红色泥砾岩与钙质泥岩、钙泥质粉砂岩互层；中部为棕红、深棕红色钙质泥岩、钙质粉砂岩夹钙质细砂岩；上部为杂色泥砾岩和棕红色粉砂质泥岩夹细砂岩。

【层型】 正层型为江城县勐野井矿区野狼山剖面（101°39′，22°41′），由云南地质局第16地质队1963年测制。

上覆地层：等黑组　浅紫红—棕红色厚层块状中细粒长石石英砂岩

——————整　合——————

勐野井组　总厚度 472.3 m

18. 棕红色细粒石英砂岩与棕红色泥质粉砂岩互层，互层厚1～6m　21.9 m

17. 杂色泥砾岩。砾石为灰绿、褐红、黄色粉砂岩、粉砂质泥岩、白云岩等。含镜铁矿鳞片　9.0 m

16. 棕红色厚层状泥质粉砂岩，顶部为一层厚0.53 m之棕红色细粒石英砂岩。具波状层理、微细水平层理　26.1 m

15. 棕红—深棕红色钙质泥岩，上部夹一层厚1.7 m之棕红色钙泥质粉砂岩，下部夹棕红色细粒石英砂岩、石英粉砂岩薄层。具波痕。钙质泥岩中含介形类 *Sinocypris jinghongensis*, *S. menglaensis*, *S.* cf. *favosa*, *S. reniformis*, *S. suboblonga*, *Darwinula* sp.　70.6 m

14. 深棕色厚层状钙质泥岩，具波状层理。上部夹棕红色石英粉砂岩（厚0.5～1.5 m）。钙质泥岩中含介形类 *Cypridea* sp., *Sinocypris* sp., "*Advenocypris*" sp.　18.9 m

13. 棕红色厚层状钙质粉砂岩，顶部夹一层厚0.7 m棕红色石英砂岩。钙质粉砂岩中含介形类 *Sinocypris suboblonga*, *S.* cf. *subovata*, *S. reniformis*, *S. jinghongensis*, "*Advenocypris*" sp., *Quadracypris* sp., *Darwinula* sp.　14.9 m

12. 深棕红色厚层—块状钙质泥岩。具斜波状层理　17.1 m

11. 深棕红色中—厚层状钙泥质粉砂岩，下部夹2.7 m的同色细粒石英砂岩　16.4 m

10. 棕红色中层状钙质石英粉砂岩，顶部为一层厚0.4 m的钙质细砂岩。具不规则波状层理　29.6 m

9. 深棕红色钙质粉砂岩夹厚3.6 m的棕红色钙质石英砂岩。具波状层理　14.5 m

8. 棕红色中厚层状钙质粉砂岩夹同色细粒石英砂岩两层。具不规则波状层理　28.6 m

7. 棕红色钙泥质粉砂岩夹同色钙质石英粉砂岩、细粒石英砂岩，具波状层理。钙泥质粉砂岩中含介形类 *Sinocypris suboblonga*　59.6 m

6. 深棕红色厚层状钙质泥岩夹厚0.6 m棕红色钙质石英粉砂岩。具不规则波状层理　9.7 m

5. 深棕红色钙泥质粉砂岩夹棕红色钙质细粒石英砂岩　64.7 m

4. 上部为浅灰、棕红色泥砾岩，含镜铁矿鳞片，厚4.8 m；中部为棕红色钙质石英粉砂

---

① 樊希全，1975，滇南侏罗纪—老第三纪古新世地层划分对比中一些问题的讨论，西南地层古生物通讯，西南三省中生代地层座谈会专号，6号，46—57（内刊）。

岩，间夹三层厚 0.5 m 之同色钙泥质粉砂岩，厚 8.9 m；下部为棕红、浅棕红色泥砾岩，含鳞片状镜铁矿，厚 17.8 m 31.5 m

3. 棕红色钙质粉砂岩、钙泥质粉砂岩、钙质泥岩互层，互层厚 1～3 m。顶部夹一层厚 3.4 m 的棕红色细粒石英砂岩。粉砂岩中含鳞片状镜铁矿。具波状层理 22.8 m

2. 紫红色泥砾岩，含镜铁矿鳞片 11.4 m

1. 上部为浅棕红色厚层状钙泥质粉砂岩；下部为棕红色厚层—块状钙质泥岩，夹白云质泥灰岩条带或团块 5.0 m

——————— 平行不整合 ———————

下伏地层：虎头寺组　灰紫色中细粒岩屑石英砂岩

【地质特征及区域变化】　本组分布于兰坪—思茅盆地。岩性特征明显，地貌标志清楚。总体为一套红色含膏盐的砂、泥质沉积，以红色钙质泥岩、钙泥质粉砂岩夹砂岩为主，上、下各有一杂色盐溶泥砾岩为特征。在纵向和横向上一般可分出下、中、上三个部分，上、下部为含盐层，中部为过渡层，上部含盐层较发育，盐类矿产主要产于上部。含盐层不稳定，变化较大，局部地区下含盐层不甚发育，三分性就不那么明显。在勐腊、江城、普洱、云龙、兰坪等地，本组夹少量灰绿色灰岩、泥灰岩、泥质白云岩或碳酸盐岩透镜体。在江城一带，局部夹数层灰绿色凝灰岩。

本组除在勐腊磨歇、尚勇等个别地点与下伏上白垩统曼宽河组呈整合接触，江城整董、红泥河等少数地区与曼宽河组为不整合接触外，而在绝大多数地区则平行不整合于下白垩统虎头寺组等不同时代的老地层之上。

本组分布于大小不等的山间或断陷盆地内，由于盆地的发育状况的不同，各地厚度不一，厚度变化较大，也无规律可循。勐腊尚勇厚 224.8 m，磨歇厚 263.2 m，江城勐野井厚 472.3 m，整董厚 1 299.5 m，普洱磨黑厚 600.9 m，景谷文转河厚 1 139 m，镇沅文华厚 749.8 m，古城厚 375.2 m，云龙县城西厚 703.7 m，师井厚 2 171.3 m，兰坪拉井厚 720.3 m，腊日地厚 2 275 m。

本组富含介形类 *Sinocypris menglaensis*，*S. yunlongensis*，*Cypris* (*Cristocypris*) *subparallela*，*Parailyocypris jiangchengensis* 以及轮藻、腹足类、昆虫、孢粉等化石。上列化石显示了早第三纪早期的浓厚色彩，结合本组整合于晚白垩世曼宽河组之上，故将其时代归属古新世。

【其他】　本组为我省重要的含盐层位，产钾盐、食盐、石膏、芒硝等矿产。对盐矿的成因、分布规律、沉积环境及沉积相等，云南钾盐地质科研队做了大量工作，撰写有专著，故不赘述。

本组在剑川羊岑、石龙树和大理苍山以西的乔后井一带多具动力变质现象。

等黑组　E_2d　(53-0107)

【创名及原始定义】　云南区测队（1965）创名于景谷县等黑。原始定义：主要为内陆湖相的碎屑岩，厚度大于 2 316 m，为白垩系（?）不整合所覆。根据岩性特点划分为两个岩段：下段主要为淡紫红色泥岩，夹少量泥质粉砂岩及砂岩；上段主要为褐紫色砂岩、长石石英砂岩及浅褐红色泥岩。与下伏景谷群整合接触。暂定为侏罗系，但也有属白垩系的可能。

【沿革】　云南地质局第 16 地质队（1963）将整合于勐野井组之上的一套红色砂泥岩地层，称野狼山组，划属中侏罗世。1965 年云南区调队创名时称等黑群，暂归侏罗系。1968 年云南地质局第16地质队[1]改称曼宽河组，归白垩系。1973年云南一区测队五分队将云龙地区整合于云龙组之上的一套砂泥岩地层，命名为果郎群，置于下第三系。1976年云南二区测队八分队将勐腊地区整合于勐野井组之上，不整合于大弯塘组之下的红色砂泥岩地层，命名为小丫口组，划属始新世。本书使用等黑组，时代归属早—中始新世。

【现在定义】 指整合于勐野井组之上，不整合于勐腊组之下的一套红色砂泥岩的地层序列。由紫褐、褐红、紫褐红色砂岩、粉砂岩、泥岩组成粗细相间的沉积韵律。底以中层—块状砂岩的出现与下伏勐野井组分界。

【层型】 正层型为景谷县老鼠洞剖面（100°38′，23°47′），由云南区测队1965年测制。编著者略加修改。

上覆地层：勐腊组 灰紫色砾岩

~~~~~~~~~~ 不整合 ~~~~~~~~~~

等黑组	总厚度 1 907.6 m
9. 紫褐色厚层细粒含长石石英砂岩夹少量粉砂岩。具水平层理	116.3 m
8. 紫褐红色泥岩为主，夹长石石英砂岩	299.5 m
7. 暗紫红色厚层泥质砂岩夹泥质粉砂岩。具微斜层理	150.0 m
6. 紫褐红色泥质粉砂岩、粉砂质泥岩夹少量细砂岩。具透镜状水平层理	312.4 m
5. 浅褐紫色中—厚层细粒长石石英砂岩、含长石英砂岩与泥岩、粉砂岩互层。具微斜层理	333.9 m
4. 褐紫红色薄—中厚层泥质细砂岩为主，夹粉砂岩、泥岩	343.6 m
3. 褐红色泥质粉砂岩夹少量细砂岩。具斜层理	236.1 m
2. 褐紫色中厚层中—细粒长石石英砂岩夹少量棕红色泥岩、粉砂质泥岩。具微斜层理	115.8 m

———————— 整 合 ————————

下伏地层：勐野井组 淡紫红、褐红色泥质粉砂岩、粉砂质泥岩

【地质特征及区域变化】 本组分布于兰坪—思茅盆地，常与勐野井组相伴出露，为含盐岩系之盖层。总体为一套红色砂、泥质沉积，岩性基本稳定，区内均可对比。厚度变化较大，各地厚薄不一。勐腊小丫口残厚1 862.8 m，江城野狼山残厚167.8 m，普洱麻木树残厚788.2 m，景谷岔发田残厚1 897.2 m，草桥河残厚995.5 m，镇沅文牍残厚950.7 m，王家村残厚1 425.3 m，云龙县城西残厚1 620.4 m，兰坪拉井残厚657 m，河西残厚671.2 m。

本组富含介形类 *Pinnocypris gibba*，*P. yunnanensis*，*Limnocythere yunlongensis*，*L. menglaensis*，*L. spinosalata* 等，尚有轮藻、腹足类、昆虫类及孢粉等化石。介形类指示为始新世。本书结合等黑组整合于古新世勐野井组之上，不整合于晚始新—渐新世勐腊组之下，将其时代归属于早—中始新世。

【其他】 本组水平层理、微细斜层理、波状层理较发育，并可见波痕、雨痕、虫管等沉积构造，结合岩石颜色、组分、结构构造及生物特征，主要为湿热气候条件下的淡水湖泊相沉积，局部可能为河流相。

勐腊组 Em (53-0105)

【创名及原始定义】 云南区测队三分队[2]（1964）创名于勐腊县，时称勐腊群。原始定

① 云南地质局第16地质队，1968，云南省思茅地区1∶20万钾盐普查综合研究报告（内刊）。
② 云南地质厅区域地质测量队三分队，1964，1964年1∶100万普洱幅设计（打印稿）。
~~~~~~~~~~

义：下段下部为一套砾岩及砂砾岩—砂岩组成的韵律，中部为砂岩—泥岩组成的互层，上部为砖红色泥岩及钙质泥岩，厚约1 100 m，与下伏侏罗纪地层为不整合接触；上段下部仍为砾岩及粗砂岩，上部为紫红色砂岩及泥岩，厚约600 m，与下段为假整合接触。时代归属白垩纪。

【沿革】 创名时称勐腊群，归属白垩纪。云南二区测队一分队（1973）沿用，时代由白垩纪改划始—渐新世。该队八分队（1976）在勐腊县大弯塘至会箐一带，命名为大弯塘组，时代归属晚始新世至渐新世。云南区调队三分队（1980）在昌宁县珠山一带，命名为珠山群，归属下第三系。中国地质科学院成都地质矿产研究所等（1992）改称勐腊组，时代归属晚始新世至渐新世。本书沿用。

【现在定义】 为一套红色磨拉石粗碎屑沉积。由灰紫色砾岩、砂砾岩、含砾砂岩和紫红、褐红色细—粗粒岩屑砂岩、长石石英砂岩、石英砂岩夹少量紫红、砖红色泥质岩构成粗—细—粗的地层序列。它不整合于早—中始新世等黑组之上。未见顶。

【层型】 选层型为景谷县旱荞地剖面（100°38′，23°44′），由云南区调队九分队（1981）测制。编著者略加简化。

勐腊组	总厚度1 518.1 m
24. 顶部为紫红、棕红色中—厚层细粒长石石英砂岩；往下为灰紫或砖红色中、粗粒长石砂岩、细粒长石石英砂岩夹砖红色泥岩；底部为灰紫色砾岩及含砾长石石英砂岩。发育水平层理（未见顶）	121.2 m
23. 灰紫、紫红色中—厚层细粒长石石英砂岩夹少量粗砂岩	45.5 m
22. 灰紫、灰黄色厚层—块状砾岩夹同色含砾中—粗粒长石砂岩	97.5 m
21. 紫灰、灰紫色中—厚层中—粗粒长石砂岩夹砖红色薄层状泥岩及砾岩	48.7 m
20. 灰紫色含砾中—粗长石砂岩夹灰紫色块状砾岩	48.8 m
19. 砖红色泥质粉砂岩、泥岩夹灰紫色中—细粒长石砂岩。水平层理发育	83.6 m
18. 上部为灰紫色厚层—块状细粒长石砂岩；中、下部为砖红色泥岩、泥质粉砂岩与灰紫色中—厚层中—细粒长石砂岩不等厚互层	53.4 m
17. 掩盖	41.0 m
16. 砖红色泥岩、粉砂岩与灰紫色细砂岩互层。底部为灰紫色含砾细砂岩	25.9 m
15. 掩盖	48.4 m
14. 灰紫、砖红色中—厚层泥质粉砂岩与灰紫色细砂岩之不等厚互层，夹砖红色薄层状泥岩	39.2 m
13. 上部掩盖；下部为砖红色薄层泥岩、泥质粉砂岩夹灰紫色中层长石石英细砂岩	23.7 m
12. 灰黄、灰紫色厚层—块状细粒长石石英砂岩。顶部夹一层厚0.5 m之灰黄色砾岩	32.8 m
11. 上部为砖红色中—厚层泥岩、泥质粉砂岩与灰紫色细砂岩之不等厚互层，夹三层砾岩；下部为灰紫色厚层—块状细粒长石石英砂岩夹砖红色泥岩及灰黄、灰紫色砾岩	38.9 m
10—8. 灰紫色厚层—块状中—粗粒长石石英砂岩，夹砖红色薄层状泥岩及灰紫色含砾砂岩。水平层理及斜交层理发育	243.6 m
7. 灰紫色厚层—块状长石石英砂岩、含砾砂岩，夹灰紫色砾岩及紫红色薄层泥岩。砂岩具水平层理及斜层理	114.4 m
6. 灰紫色中—厚层砾岩夹含砾长石砂岩	66.2 m
5—4. 灰紫色中—厚层长石砂岩、长石石英砂岩，夹同色含砾砂岩、砾岩及少量紫红色粉砂质泥岩	113.8 m
3—2. 灰紫色厚层—块状砾岩夹同色含砾砂岩	230.6 m

~~~~~~~~~~ 不整合 ~~~~~~~~~~

下伏地层：等黑组　灰紫色中层细粒长石石英砂岩夹泥岩

【地质特征及区域变化】　本组零星分布于云南西部的山间盆地或山前凹陷中，以兰坪—思茅盆地较为发育，昌宁等地也有出露。岩性特征为一套红色粗碎屑岩，多为上、下粗，中间细，即下部和上部以砾岩为主夹砂岩，中部以砂岩为主夹泥质岩、粉砂岩或呈不等厚互层。总体表现为粗—细—粗的沉积旋回，其间发育许多小的韵律。各盆地互不相连，发育程度不尽相同，有的仅有下部或下、中部沉积。沉积物质来源于下伏基岩及周围岩石。

本组生物化石稀少，除在个别地点见植物、双壳类碎片外，迄今尚未获说明时代的化石。依据本组不整合于早—中始新统等黑组之上，而将其时代归属晚始新世—渐新世。

本组因各地发育程度的不同，残留厚度悬殊较大。保山大寨最薄，仅有 150 m。昌宁苏家寨最厚，可达 1 912.7 m。其余地区如昌宁珠山厚 807.4 m，中甸泽庸顶厚 1 759.3 m，德钦叶日厚 1 194.1 m，德钦红山厚 973.7 m，景谷早荞地厚 1 518.1 m，景谷老鹰窝厚 1 004.8 m，景谷梅子街厚 1 593 m，墨江花椒树厚 467.6 m，勐腊曼迈厚 711.1 m，镇康平箐厚 495 m。

【其他】　本组为喜马拉雅运动第一幕后的一套红色粗碎屑堆积，具磨拉石建造特点，为湿热环境下的山麓相沉积。在地貌上常形成陡崖地形和陡峻山脊。

在昌宁珠山、二母良等地，于本组中有辰砂古砂矿。

三号沟组　N_1sh　**(53－0104)**

【创名及原始定义】　云南地矿局（1990）创名于景谷县钟山乡文线。原始定义：为湖沼相灰色砂泥岩夹褐煤，在兰坪-思茅地层分区厚 188～2 208 m，与下伏不同时代的地层呈不整合接触。

【沿革】　中国科学院北京植物研究所等（1978）将景谷盆地的含煤地层，据其植物化石，划属渐新世，未予命名。云南区调队九分队（1981）置于中新统。云南地矿局（1990）创名三号沟组，归属中新世。中国地质科学院成都地质矿产研究所等（1992）命名为大街组，置于中新统。本书使用三号沟组，时代归属中新世。

【现在定义】　为一套以浅灰至深灰色砂岩、粉砂岩、泥岩为主，夹少量砾岩、砂砾岩及褐煤的地层序列。含较丰富的植物化石。底部一般为砾岩，不整合于晚始新世至渐新世勐腊组等不同时代的地层之上，未见顶或被第四系不整合覆盖。

【层型】　正层型为景谷县文线剖面（100°42′，23°31′），由云南区调队九分队 1981 年测制。

【地质特征及区域变化】　本组主要分布于兰坪-思茅地层分区，出露于大小不一的山间或断陷盆地内，为一套含煤沉积。以景谷盆地发育较好，厚度较大，具有代表性。岩性为浅灰—深灰色砂、泥岩夹褐煤及含油砂岩，组成粗细相间的沉积韵律，夹富含有机质的灰黑色泥岩、碳质泥岩及菱铁矿薄层，水平层理及波状层理较为发育，富含植物化石。在正层型剖面上，与下伏勐腊组呈断层接触，未见顶。在其他盆地，岩性特征大同小异，沉积环境和沉积相基本相同，底部普遍有底砾岩，不整合于勐腊组等不同时代的地层之上，顶部一般不全，局部被第四系不整合覆盖。由于各盆地发育情况的不同，其残留厚度各地不一。以景谷大街最厚，达 2 454.5 m，镇沅瓦桥街最薄，仅有 52.9 m，其他盆地厚度多为数百米至上千米，如景谷文线厚 1 529 m，大树田厚 469.9 m，镇沅那壮田厚 140 m，维西龙转弯厚 688 m，普洱煤厂厚 295.7 m，江城中董厚 579.8 m，勐腊勐伴厚 374.1 m。
~~~~~~~~~~

本组富含植物 *Magnolia latifolia*, *Annona pinnatinervis*, *Uvaria yunnanensis*, *Machilus ugoana*, *Nothaphoebe precavaleriei*, *Phoebe pseudolanceolata*, *Zelkova ungeri*, *Ficus parasemicordata*, *Dryophyllum yunnanense*, *Quercus haugii*, *Q. lantenoisii*, *Q. latifolia*, *Q. zeilleri*, *Myrica banksiaefolia*, *Carya cordioides*, *Calocedrus lantenosii* 等以及少量介形类、腹足类化石，结合本组不整合于晚始新世—渐新世勐腊组之上，将其时代置于中新世。

【其他】 本组为一套暗色含煤砂泥质建造，沉积物粗细相间构成韵律层，水平层理及波状层理较为发育，古生物化石较丰富，富含有机物质，含菱铁矿等，说明本组为温湿气候、还原环境下的湖沼相沉积，局部可出现河流相和湖相沉积。

本组产褐煤，为我省产煤层位之一，各地含煤情况不一。在景谷盆地尚产石油，现已开采，年产量约一万吨。

布伦组　T_1b　(53-0420)

【创名及原始定义】 云南区调队二分队（1985）创名于中甸县布伦。原始定义：上部为紫红色泥岩、粉砂岩、泥灰岩、灰岩；中部为灰色灰岩、泥质灰岩与紫红、黄绿色粉砂岩、泥岩互层；下部为紫红色砂岩、泥岩夹泥质灰岩、泥灰岩、白云岩；底部为玄武质砾岩夹赤铁岩。厚 1 084 m。与下伏石炭、二叠系呈不整合接触。

【沿革】 云南区测队（1965）曾将其归入“西康群”的下部。云南区域地层表编写组（1978）将其划归下三叠统。云南区调队二分队（1985）创名布伦组，时代定为早三叠世。成都地质矿产研究所等（1992）及本书均沿用。

【现在定义】 上部为紫红色泥岩、粉砂岩夹灰绿色粉砂岩、泥岩、灰岩；中部为灰色灰岩、泥质灰岩与紫红、黄绿色粉砂岩、泥岩互层；下部为紫红色砂岩、泥岩夹泥质灰岩、泥灰岩、白云岩。底部砾岩与下伏早二叠世冰峰组呈超覆不整合接触。

【层型】 正层型为中甸县布伦剖面（99°37′，27°48′），由云南区调队二分队（1985）测制。

【地质特征及区域变化】 中甸布伦至小中甸一带，主要为灰紫、紫红、灰、灰绿色岩屑砂岩、粉砂岩、泥岩，夹多层灰、浅灰色生物碎屑灰岩、鲕状灰岩、泥质灰岩、泥灰岩。底部砾岩不整合于早二叠世冰峰组或晚石炭世顶坡组之上。自下而上表现为粗—细—稍粗的沉积旋回。除局部为高能环境外，总体反映为潮下低能至浪基面环境，属前滨—近滨相。

南部中甸洞举、沙麻窝子等地，厚度减至 400 余米，为紫红、黄绿色页岩、粉砂岩夹泥灰岩，与下伏二叠纪冈达概组、冰峰组、晚石炭世顶坡组均为不整合接触。北部中甸洁地，厚度减至 153 m，为紫红色页岩夹钙质长石石英砂岩、铁质砂岩和少量灰岩，底部铝土岩、铝铁岩不整合于顶坡组灰岩之上。

含丰富的双壳类，主要有 *Claraia* cf. *griesbachi*, *C. stachei*, *C. hunanica*, *C. bulunensis*, *C.* aff. *kiparisovae*, *C. claraia tesides*, *C.* cf. *concentrica*, *C.* aff. *zhenanica*, *Eumorphotis* aff. *multiformis*, *E.* cf. *teilhardi*, *E.* cf. *multiformis regularecosta*, *Entolium discites*, *Unionites fassaensis*, *U.* cf. *canelensis* 等；牙形石 *Pachycladina longispinosa simplex*；*P. multidentata* 等。上述双壳类主要为早三叠世的分子，其时代属早三叠世。

洁地组　Tjd　(53-0421)

【创名及原始定义】 四川三区测队（1974）创名于中甸县洁地（吉迪）。原始定义：在义敦区西南部得荣、乡城、古学、翁水等地以灰岩为主夹砂板岩，东义—通坝一带主要为砂板岩夹少量灰岩，厚约 500～1 300 m。在义敦及以北地区为砂板岩互层夹灰岩，有时见夹中性火山岩，厚400～2 040 m。

【沿革】 云南区测队（1965）将其归入“西康群”的中部。四川三区测队（1974）利用云南区测队（1965）测制的中甸县洁地（吉迪）三叠系剖面创名洁地组。中国地质科学院成都地质矿产研究所等（1992）及本书均沿用，代表中甸地区稳定型的早三叠世 Olenekian 期至中三叠世 Anisian 期碳酸盐岩沉积。

【现在定义】 以灰色灰岩、泥质灰岩、白云质灰岩为主，夹紫红、黄绿色页岩、粉砂岩。与下伏布伦组紫红色页岩为整合接触，与上覆王吃卡组灰绿色砂页岩呈平行不整合接触。

【层型】 正层型为中甸县洁地（吉迪）剖面（99°35′，27°59′），由云南区测队（1965）测制。编著者略加简化。

上覆地层：王吃卡组 黄、灰绿色钙质页岩和白色高岭土质页岩

——————— 平行不整合 ———————

洁地组 总厚度 1 913 m

4. 灰、浅灰色薄—厚层灰岩、介壳灰岩夹黄、灰绿色钙质页岩。含双壳类 *Myophoria elegans*，*M.* cf. *laevigata*，*M.* ex gr. *laevigata*，*M.* cf. *curvirostris*，*M. radiata*，“*Gervillia*” cf. *costata*，*Parallelodon beyrichi*；海百合茎 *Encrinus liliiformis* 等化石 337 m

3. 黄、紫红色页岩、钙质粉砂质页岩，下部夹钙质粉砂岩和灰岩 348 m

2. 灰白色薄层—块状结晶灰岩、白云质灰岩、泥质条纹灰岩和鲕状灰岩 1 228 m

———————— 整 合 ————————

下伏地层：布伦组 紫红色页岩

【地质特征及区域变化】 中甸县洁地（吉迪）剖面按岩性可分为三部分，下部为结晶灰岩、白云质灰岩、鲕状灰岩和泥质灰岩；中部为页岩夹灰岩；上部为灰岩夹页岩。灰岩具蠕虫状和缝合线构造，页岩发育水平层理，属开阔台地相。

南至中甸布伦，仅见该组下部地层，厚度大于412 m，为一套灰色灰岩、含泥质灰岩、鲕状灰岩夹紫红、黄绿色泥岩。中甸洞举，厚约1 000 m，其下部为灰岩；中部为白云质灰岩；上部为灰岩夹鲕状灰岩、生物碎屑灰岩。

本组含双壳类 *Myophoria elegans*，*M.* cf. *laevigata*，*M. radiata*，*Entolium discites*，*Eumorphotis illyrica*，*Plagiostoma beyrichi*，*Enantiostreon difformis* 等；菊石 *Tirolites spinosus*；牙形石 *Neospathodus* cf. *germanicus* 及少量腹足类、海百合茎等。上述双壳类主要为中三叠世分子，部分可下延至 Olenekian 期，菊石为 Olenekian 期属种，牙形石为 Anisian 期分子，其时代属早三叠世 Olenekian 期—中三叠世 Anisian 期。

王吃卡组 $T_3w\hat{c}$ （53-0422）

【创名及原始定义】 云南区调队二分队（1985）创名于中甸县王吃卡。原始定义：按岩性分为三段，一段为黄灰色泥岩夹灰岩、泥质灰岩；二段为灰色灰岩、泥质灰岩夹泥岩；三段为黄灰色砂岩、泥岩夹灰岩。与下伏中三叠统呈整合接触。

【沿革】 云南区测队（1965）将其划归“西康群”上部。云南区调队二分队（1985）创名王吃卡组。中国地质科学院成都地质矿产研究所等（1992）及本书均沿用，代表中甸地区稳定型的晚三叠世 Carnian—Norian 早期沉积。

【现在定义】 下部为黄绿色泥岩夹泥质灰岩；中部为灰、深灰色瘤状灰岩、生物碎屑灰岩、泥质灰岩夹钙质粉砂岩、泥岩；上部为黄白色岩屑砂岩夹泥岩。底部砂页岩与下伏洁地

组灰岩，顶部泥岩与上覆哈工组砾岩均为平行不整合接触。

【层型】 正层型为中甸县奶粉厂剖面（99°40′，27°51′），由云南区调队二分队（1985）测制。编著者略加简化。

上覆地层：哈工组 黄白色厚层—块状细砾岩、细粒石英砂岩

——————— 平行不整合 ———————

王吃卡组 总厚度 810.7 m

12. 灰白色硅质细粒岩屑砂岩，夹灰白色薄—中层含粉砂质泥岩。含双壳类 *Neoschizodus laevigatus*，*Costatoria goldfussi*，*Nuculana perlonga*，*Trigonodus keuperinus*，*Plagiostoma nuitoensis* 189.1 m

11. 灰白色中—厚层细粒岩屑砂岩、含长岩屑砂岩，夹粉砂质泥岩。含双壳类 *Palaeocardita* cf. *mansuyi*，*P. globiformis healeyae*、*Cardium* cf. *submartini*，*Nuculana timorensis*，*N.* aff. *alpina*，*Plagiostoma* aff. *nuitoensis*，*Arcavicula* aff. *arcuata*；植物 *Neocalamites* sp. 87.3 m

10—8. 黄绿色中—厚层钙质泥岩、钙质粉砂岩，夹内碎屑灰岩、鲕状灰岩、生物碎屑灰岩。含双壳类 *Chlamys* aff. *acutaurites* 94.7 m

7—5. 深灰色中—厚层瘤状灰岩、泥质灰岩、泥灰岩和黄绿色岩屑细砂岩、粉砂质泥岩、钙质泥岩互层。含双壳类 *Unionites* cf. *manmuensis*，*U.* aff. *lutrariaeformis*，*Palaeocardita* cf. *globiformis healeyae*，*P.* cf. *mansuyi*，*Entolium subdemissus*，*Plagiostoma nuitoensis*，*Protocardia jianchuanensis* 109.6 m

4. 深灰色薄—中层含生物碎屑含泥质灰岩、钙质泥岩，夹粉砂质泥岩。含双壳类 *Parallelodon* cf. *impressa*，*Halobia* cf. *substryriaca*，*Palaeonucula strigilata*，*P.* cf. *subobliqua*，*Neoschizodus laevigatus*，*Costatoria inaequicostata*，*C. goldfussi*，*Modiolus* aff. *frugi*，*Unionites* cf. *ovalis*，*U.* cf. *griesbachi*，*U.* cf. *manmuensis*，*Pichleria* cf. *incrassata*，*Palaeocardita globiformis healeyae*，*P. mansuyi*，*Cassianella* cf. *gryphaeata*，*Plagiostoma nuitoensis*，*Entolium* cf. *sichuanensis*，*Schafhaeutlia* cf. *sphaerioides*，*Myophoricardium quadratum* 及腕足类、腹足类等 138.8 m

3. 黄绿色薄层粉砂质泥岩，夹泥质灰岩透镜体。含双壳类 *Entolium* cf. *quotidianum*，*Unionites* cf. *manmuensis*，*Costatoria* aff. *goldfussi* 及腕足类等 87.4 m

2. 黄绿色薄层粉砂质泥岩、钙质泥岩与生物碎屑泥质灰岩互层。含双壳类 *Halobia pluriradiata*，*Plagiostoma nuitoensis*，*Elegantinia* cf. *venusta*；腕足类 *Mentzelia multicostata*，*Laballa* cf. *suessi*；腹足类 *Worthenia* cf. *canalifera* 62.1 m

1. 黄绿色薄层砂质泥岩（未见底） 31.4 m

【地质特征及区域变化】 中甸县奶粉厂剖面本组厚 811 m，下部为泥岩夹泥质灰岩；中部为灰岩、泥质灰岩、泥灰岩夹泥岩、粉砂岩；上部为岩屑砂岩夹泥岩。含丰富的双壳类，兼有腕足类、腹足类和植物等。属低能环境的潮坪—开阔台地沉积。

北至中甸洁地，厚度增至 1 800 m，以黄、灰绿色页岩为主，夹砂岩、灰岩。南至中甸洞举，未见顶，厚约 300～400 m，为黄绿色砂岩、页岩夹碳质页岩。

古生物极为丰富，双壳类计有 30 属 42 种，重要属种有 *Halobia pluriradiata*，*Plagiostoma nuitoensis*，*Nuculana timorensis*，*Costatoria goldfussi*，*C. inaequicostata*，*Palaeonucula strigilata*，*Palaeocardita globiformis haeleyae*，*Entolium subdemissus*，*Myophoricardium quadrqtum*，*Trigonodus keuperinus* 等。上列化石大部分为晚三叠世 Carnian 期常见分子，部分为 Norian 期

分子，其时代属晚三叠世 Carnian 期—Norian 早期。

哈工组 T_3ha （53-0423）

【创名及原始定义】 云南区调队二分队（1985）创名于中甸县哈工。原始定义：按岩性可分为两段，一段为灰岩、泥岩、砂岩、砂砾岩、砾岩；二段为粉砂岩、泥岩与灰岩、泥灰岩互层。底部砾岩平行不整合于王吃卡组之上。

【沿革】 云南区测队（1965）曾将这套地层归入“西康群”顶部。云南区域地层表编写组（1978）划归上三叠统上部。云南区调队二分队（1985）创名哈工组。中国地质科学院成都地质矿产研究所等（1992）改称奶粉厂组。本文仍沿用哈工组。

【现在定义】 下部为黄色岩屑砂岩、粉砂岩、泥岩为主，夹泥灰岩、灰岩、少量砂砾岩、砾岩；上部为深灰、黄绿色灰岩、泥质灰岩、泥灰岩与泥岩、粉砂岩互层，未见顶。底部砾岩与下伏王吃卡组砂岩呈平行不整合接触。

【层型】 正层型为中甸县奶粉厂剖面（99°40′，27°51′）；副层型为中甸县虎皮山剖面（99°43′，27°49′）。两剖面均由云南区调队二分队（1985）测制。编著者略加简化。

中甸县虎皮山剖面

哈工组（上部） 总厚度 1 126.8 m

14. 浅灰色含生物碎屑内碎屑灰岩，顶部夹薄层硅质泥岩，底部为厚层—块状结晶灰岩，偶夹泥质灰岩。含双壳类及腕足类（未见顶） 304.3 m

13—10. 黄褐、灰绿色薄层钙质泥岩、粉砂质泥岩夹中—厚层粉砂岩、硅质岩、细砾岩 158.3 m

9. 黄色薄—中层细粒岩屑砂岩、钙质粉砂岩、泥岩夹深灰色泥灰岩。含双壳类 *Halobia* cf. *plicosa*，*Krumbeckia xiangyunensis*，*Hoernesia flosa*，*Entolium quotidianum*，*Myophoricardium lineatum*，*Palaeoneilo elliptica*，*Pteria praecursor*，*Unionites lutrariaeformis*，*Plagiostoma* cf. *nuitoensis*，*P.* cf. *acuta*；腕足类 *Rhaetina* aff. *ninglangensis* 150.4 m

8—7. 黄色薄层泥岩、粉砂岩夹泥灰岩、细粒岩屑砂岩。含双壳类 *Costatoria* cf. *verbeeki curta*，*Pteria* cf. *cassiana*，*P.* cf. *praecursor*，*Plagiostoma nuitoensis*，*Pichleria incrassata* 及腕足类 131.0 m

6—4. 灰、深灰色薄—中层生物碎屑灰岩、泥质灰岩、泥灰岩夹钙质泥岩、粉砂质泥岩。含双壳类 *Prolaria* cf. *sollasi*，*Sichuania* cf. *difformis*，*Entolium subsecutum*，*Palaeoneilo elliptica*，*Nuculana perlonga*，*Unionites manmuensis*，*Myophoriopis* cf. *quizhouensis*，*Plagiostoma* cf. *nuitoensis*，*Pichleria* cf. *inaequalis* 204.0 m

3—2. 黄绿色薄层钙质泥岩与深灰色厚层泥灰岩、泥质灰岩互层。含双壳类 *Halobia* sp. 131.6 m

1. 灰色厚层—块状灰岩夹薄层泥质灰岩。含腹足类 *Ninglangothyris subcircularis*；珊瑚 *Thecosmilia* sp.；海百合茎 *Cyclocyclicus* cf. *schizinicus* 及双壳类 *Plagiostoma* sp.，*Entolium* sp. 等（未见底） 47.2 m

中甸县奶粉厂剖面

哈工组（下部） 总厚度 2 007.1 m

28—27. 黄色薄—中层泥岩夹岩屑砂岩、含白云质结晶灰岩。含双壳类 *Halobia* cf. *pluriradiata* 273.6 m

26—25. 黄色薄层含砂砾粉砂质泥岩夹不等粒岩屑砂岩、粉砂岩、内碎屑灰岩 236.5 m

24. 黄色薄层泥岩夹薄—中层粗粉砂岩 498.8 m

23—21. 黄色薄层含粉砂质泥岩夹不等粒岩屑砂岩、粉砂岩 236.5 m

20. 黄色薄层含钙质泥岩、含钙质粉砂岩夹泥灰岩。含双壳类 *Cardium submartini*, *Palaeocardita* cf. *globiformis healeyae* 118.1 m

19—17. 深灰色厚层—块状灰岩、泥质灰岩、介壳灰岩夹砂岩、含砾砂岩。含双壳类 *Sichuania* cf. *difformis* 291.0 m

16—15. 黄色中—厚层钙质泥岩夹岩屑砂岩、砂砾岩、鲕状灰岩 176.3 m

14. 黄色薄层泥质粉砂岩夹中—厚层细粒石英岩屑砂岩，少量黄色砂砾岩、细砾岩、紫红色粉砂质泥岩。含双壳类 *Pteria* cf. *stoppanii*, *Palaeocardita globiformis healeyae*, *P.* cf. *mansuyi*, *Entolium subdemissus*, *Unionites* cf. *lutrariaeformis* 114.1 m

13. 黄白色厚层—块状细砾岩、细粒石英砂岩夹薄—中层泥质粉砂岩、粉砂质泥岩。含双壳类 *Trigonodus* cf. *keuperinus*, *Waagenoperna* aff. *aviculoeformis*, *Entolium quotidianum*, *Unionites griesbachi*, *U.* aff. *emeiensis* 62.2 m

——————— 平行不整合 ———————

下伏地层：王吃卡组　灰白色岩屑砂岩夹含粉砂质泥岩

【地质特征及区域变化】　奶粉厂剖面为哈工组下部层位，自下而上为黄色细砾岩、砂砾岩、砂岩、粉砂岩、泥岩，靠下部夹灰岩、介壳灰岩、鲕状灰岩、泥质灰岩，厚 2 007 m。虎皮山剖面为哈工组上部层位，为灰岩、生物碎屑灰岩、泥质灰岩、泥灰岩与泥岩、粉砂岩互层，夹岩屑砂岩、细砾岩、少量硅质岩。厚度大于 1 127 m。其下部为低能环境下的潮坪沉积；上部为开阔台地沉积。

该组是中甸地区稳定型三叠纪地层的最高层位，除中甸县城附近出露较全外，其南北仅零星分布靠下部的地层。岩性稳定。含丰富的双壳类，计有 26 属 38 种，重要属种有 *Trigonodus* cf. *keuperinus*, *Unionites manmuensis*, *U. griesbachi*, *Entolium quotidianum*, *Pteria praecursor*, *Palaeocardita globiformis healeyae*, *Prolaria* cf. *sollasi*, *Plagiostoma nuitoensis*, *Halobia* cf. *plicosa*, *Hoernesia flosa* 等；及少量腕足类、腹足类、珊瑚、海百合茎等。时代为晚三叠世 Norian 期。

尼汝组　T*n*　(53－0424)

【创名及原始定义】　云南地矿局（1990）创名于中甸县尼汝。原始定义：下段为碎屑岩夹玄武岩、火山凝灰岩；上段为灰岩，厚度大于 1 919 m。所含化石均具 Anisian 期色彩。

【沿革】　云南一区调队四分队（1977）曾将这套地层的下部碎屑岩划归下三叠统；中部玄武岩划为三叠纪；上部灰岩归属中三叠统。云南区调队二分队（1985）将其归入中三叠统，并分为 a、b 两段，a 段为碎屑岩夹灰岩、玄武岩；b 段为灰岩。云南地矿局（1990）创名尼汝组。本书沿用，代表中甸地区活动型早—中三叠世复理石沉积。

【现在定义】　下部为紫红、灰绿色砂岩、板岩夹灰岩、玄武岩、凝灰岩；上部为灰岩、泥灰岩，未见顶。底部灰岩与下伏晚二叠世冈达概组板岩呈平行不整合接触。

【层型】　正层型为中甸县尼汝剖面（100°05′，27°57′），由云南区调队四分队（1980）测制。编著者略加简化。

尼汝组　总厚度 3 850.0 m

55. 灰、浅灰色中厚层纯灰岩（未见顶） 180.8 m

54. 灰、深灰色泥灰岩。含双壳类 *Neoschizodus laevigata*, *Bakevellia costata*, *Plagiostoma* cf. *bourret*, *Leptochondria subparadoxica* 177.8 m

53. 灰绿色绿帘石化致密块状玄武岩夹杏仁状玄武岩 183.6 m

52—51. 上部杂色火山角砾岩；中下部灰绿色薄—中层变凝灰岩 104.4 m

50—49. 深灰色薄—中层变细砂岩夹薄层板岩，下部夹灰岩 77.5 m

48—47. 灰绿、紫红色薄层变凝灰岩夹凝灰质板岩及砂岩 544.0 m

46. 深灰色薄层板岩与灰岩互层 98.7 m

45—41. 灰、深灰、灰绿色薄—中层变凝灰岩夹变凝灰质砂岩 571.2 m

40. 灰、深灰色薄层灰岩与板岩互层，夹薄—中厚层细砾岩及钙质砂岩 241.2 m

39—37. 灰绿色薄—中层变凝灰岩夹凝灰质板岩及砂岩 555.2 m

36. 灰、深灰色薄层绢云板岩夹薄—中层钙质细粒石英砂岩 326.0 m

35—34. 灰、深灰色薄—中厚层细—中粒砂岩夹含绢云板岩、凝灰质砂岩 152.4 m

33. 绿色致密块状钠质玄武岩 93.0 m

32. 灰绿、灰黑色板岩夹变质砂岩、砾岩、蚀变杏仁状玄武岩 96.9 m

31. 浅灰色不等厚层状细晶大理岩夹板岩 265.7 m

30. 浅灰、灰白色中厚层—块状结晶灰岩 181.6 m

——————— 平行不整合 ———————

下伏地层：冈达概组　灰色板岩

【地质特征及区域变化】　尼汝剖面该组厚度大于 3 850 m，底部为细晶大理岩、结晶灰岩夹板岩；中下部为砂岩、板岩、凝灰岩夹砾岩、灰岩、玄武岩；中上部为凝灰岩、火山角砾岩、玄武岩；顶部为灰岩、泥灰岩，出露不全。

尼汝的西南中甸西强、塘培一带，未见顶底，分为上、下两部分，下部为粉砂质泥岩、砂岩夹灰岩、凝灰岩、玄武岩；上部为灰岩夹泥灰岩、钙质泥岩。厚度大于 1 700 m。南至丽江箐口，厚近 2 000 m，其泥质岩石已明显变质，下部为钠长绿泥片岩、钠长阳起片岩、微晶片岩、千枚岩夹白云岩、玄武岩；上部为灰岩、结晶白云岩夹千枚岩。

综上所述，该组为一套厚达三千余米之砂泥质、中基性火山质、碳酸盐岩组成的复理石浊流沉积，属氧化界面以下的深水、活动性较强的半深海浅槽盆相。双壳类主要有 *Costatoria goldfussi mansuyi*, *C. goldfussi*, *C. radiata*, *Bakevellia costata*, *Entolium discites*, *Leptochondria subparadoxica*, *Unionites* cf. *spicatus* 等。上述双壳类大部分为中三叠世 Anisian 期的重要分子，部分可下延至早三叠世 Olenekian 期，考虑到北延至四川境内，本组被晚三叠世 Carnian 期的曲嘎寺组平行不整合覆盖，故其时代应属早三叠世 Olenekian 期至中三叠世 Anisian 期。

曲嘎寺组　T_3q　(53－0425)

【创名及原始定义】　四川三区测队（1967）在四川巴塘县曲嘎寺创名，1974 年介绍。原始定义：为灰岩、砂岩、板岩夹中—基性火山岩，变化不大。在赠科一带为灰色条带状粉砂岩、细砂岩夹黑色板岩，在德格、白玉一带为灰岩夹火山岩，下部以黑色砂岩、板岩为主夹灰岩，底部为砾岩。厚度一般 500～2 600 m。与中三叠统为整合或平行不整合接触。

【沿革】　云南区调队十一分队（1982）、云南地矿局（1990）及本书均沿用曲嘎寺组。

【现在定义】　指整合于列衣组或平行不整合于马索山组之上，整合或平行不整合于图姆沟组石英质砾岩或复成分砾岩之下的地层。岩性为灰、灰白色结晶灰岩、砂泥质灰岩、介壳灰岩为主，夹变质砂板岩、基性火山岩少许，底部时见细砾岩或含砾砂岩透镜体。产双壳类、牙形石、菊石等。也见超覆于老地层之上。与根隆组在走向上相变相接。

【层型】 正层型为四川省巴塘县义敦党恩—列衣—图姆沟剖面（99°21′，30°16′）。本省次层型为中甸县热王雪山剖面（99°45′，28°32′），由云南区调队十一分队1982年测制。

上覆地层：图姆沟组　泥板岩夹长石石英砂岩

——————整　合——————

曲嘎寺组　　总厚度＞4 465.9 m

20. 灰—深灰色厚层块状石灰岩，岩石多已结晶，并见少量方解石细脉	639.6 m
19. 灰—深灰色泥质板岩为主，夹薄层砂岩及灰岩。板岩中有少量黄铁矿晶体分布	26.0 m
18. 灰—深灰色薄—中层灰岩，岩石多已结晶，见较多的方解石细脉分布	232.6 m
17. 灰—深灰色钙质、砂泥质板岩为主，夹青灰色薄层长石砂岩及深灰色薄层灰岩。上部灰岩夹层增多，板岩中含少量黄铁矿晶体	236.2 m
16. 灰—深灰色钙质、泥质板岩为主，夹浅灰、青灰色细粒岩屑长石砂岩，板岩中含少量黄铁矿晶体	146.1 m
15. 灰—深灰色泥质、钙质粉砂质板岩为主，夹深灰色薄层灰岩及泥灰岩。泥灰岩普遍含黄铁矿晶体。含少量海百合茎化石碎片	431.6 m
14. 灰—深灰色板岩与灰岩互层，夹薄层泥灰岩。普遍含黄铁矿晶体	48.9 m
13. 深灰、灰绿色致密块状玄武岩	117.4 m
12. 灰—深灰色钙质板岩、砂质板岩为主，夹深灰色薄层结晶灰岩。板岩中含少量黄铁矿晶体，见少量石英脉	135.4 m
11. 灰—深灰色钙质板岩、粉砂泥质板岩、千枚岩，夹薄层中细粒长石岩屑砂岩及灰岩条带或透镜体，砂岩中局部见斜层理。板岩中见少量黄铁矿晶体及石英脉	669.4 m
10. 灰—深灰色厚层块状灰岩，局部薄层状，偶夹少量钙质白云岩，灰岩中见方解石细脉顺层呈眼球状分布	497.1 m
9. 灰—深灰色中厚层—块状灰岩夹薄层灰岩、大理岩	163.8 m
8. 灰—深灰色块状灰岩	169.9 m
7. 深灰色薄层灰岩夹灰黑色钙质板岩。见较多黄铁矿晶体及方解石脉分布	83.1 m
6. 灰—深灰色薄层灰岩夹浅灰色灰岩、泥灰岩条带	73.1 m
5. 灰、浅灰色块状灰岩	195.2 m
4. 灰—深灰色泥质、粉砂质板岩与深灰色薄层、条带状泥灰岩、灰岩互层。板岩中见星点状黄铁矿晶体	157.0 m
3. 灰—深灰色泥质、粉砂质板岩夹薄层细粒钙质长石砂岩	160.8 m
2. 灰—青灰色薄—中层细粒钙质长石砂岩，夹泥质、粉砂质板岩	251.1 m
1. 灰—深灰色含钙质、泥质板岩夹薄层砂岩。底不全	＞31.6 m

【地质特征及区域变化】 该组在四川境内为一套碳酸盐岩夹砂板岩及基性火山岩，延入云南仅零星分布于中甸热王雪山及中甸尼汝、金门过卡等地。在中甸热王雪山为一套灰、深灰色灰岩夹砂岩、板岩，少量玄武岩，底部出露不全，厚度大于4 465.9 m。顶部与上覆图姆沟组呈整合接触。中甸尼汝、金门过卡等地厚约924 m。底部复岩屑角砾岩、火山角砾岩，向上为板岩夹灰岩、泥灰岩。含双壳类 *Halobia parallela*，*H. comata*，*H.* cf. *comata*，*H.* cf. *convexa*，*H. pluriradiata*，*H. yunnanensis*，*Costatoria inaequicostata* 等。平行不整合于晚二叠世冈达概组之上；整合于图姆沟组之下。

该组岩石类型复杂，主要为砂泥质岩、碳酸盐岩及中基性火山岩组成。所含火山岩很不稳定，沿走向可迅速减薄，直至尖灭。该组具明显的复理石韵律特征，属活动型浅海至半深海沉积。时代属晚三叠世 Carnian 期。

图姆沟组 T_3t (53－0426)

【创名及原始定义】 四川三区测队（1967）创名于四川巴塘县图姆沟，1974 年介绍。原始定义：代表曲嘎寺组之上沉积的一套砾岩、砂板岩及灰岩地层。岩性下部为变质砾岩、岩屑砂岩、板岩夹灰岩；上部为角页岩夹大理岩。厚 1 846～2 030 m。底部与曲嘎寺组平行不整合接触，未见顶。

【沿革】 云南区调队十一分队（1982）、云南地矿局（1990）及本书均沿用图姆沟组。

【现在定义】 指整合于曲嘎寺组灰岩、砂板岩之上，喇嘛垭组砂板岩之下的地层。底部变质杂色石英质砾岩、含砾砂岩、复成分砾岩、砂岩，其上为变质砂板岩间互层，夹灰岩，局部夹中—酸性火山岩、凝灰岩。

【层型】 正层型为四川省巴塘县义敦党恩—列衣—图姆沟剖面（99°21′，30°16′）。本省次层型为中甸县翁上比都剖面（99°54′，28°09′），由云南区调队十一分队 1982 年测制。

上覆地层：喇嘛垭组 钙质泥质板岩

——————— 整 合 ———————

图姆沟组 总厚度＞6650.9 m

32. 灰色厚层变质中粒长石石英砂岩，夹深灰—灰黑色含粉砂粘板岩。中部夹一层灰色厚层流纹质凝灰岩，厚 38.25 m。板岩含双壳类 *Halobia yunnanensis*，*H.* cf. *pluriradiata* 209.3 m
31. 灰色厚层变质中粒长石石英砂岩，夹深灰—灰黑色泥板岩。含双壳类 *Halobia yunnanensis*，*H. pluriradiata* 144.0 m
30. 灰色中层变质细粒长石石英砂岩和深灰色泥板岩互层，顶部夹一小层细晶大理岩 136.0 m
29. 灰色厚层—块状细晶大理岩 90.6 m
28. 灰色中层变质细粒长石石英砂岩夹深灰—灰黑色含钙质、硅质泥板岩 229.8 m
27. 深灰—灰黑色绢云粉砂质、钙质板岩为主，夹细砂岩 138.8 m
26. 灰色中厚层变质细—中粒长石石英砂岩，夹深灰色泥板岩。顶部夹两小层细晶大理岩 219.1 m
25. 灰色片理化流纹岩和深灰色泥板岩互层 121.3 m
24. 蚀变灰色长石石英砂岩夹深灰色泥板岩 160.1 m
23. 深灰色泥板岩为主，夹少量粉砂质板岩 73.2 m
22. 灰色厚层—块状不等粒晶含角闪大理岩，夹深灰色泥板岩 50.9 m
21. 灰色块状大理岩，夹灰色细—中粒变质砂岩、深灰色泥板岩、灰色硅质岩 70.6 m
20. 深灰色泥板岩、粉砂质板岩互层，单层厚 3～5 cm。中部夹少量灰色中粒凝灰质砂岩 245.8 m
19. 灰色块状黑云角闪英安岩 16.6 m
18. 深灰色泥板岩，偶夹 3 cm 以下粉砂质板岩小层。板岩中含双壳类 *Pleuronectites difformis*，*Modiolus*? sp.，*Unionites* sp.，*Posidonia* sp.，*Halobia verbeeki*，*H. cordillerana vietnamica*，*H. subrugosa*，*H.* cf. *yandongensis* 144.8 m
17. 灰色块状黑云角闪英安岩 9.5 m
16. 灰色英安岩夹长石石英砂岩、深灰色泥板岩。板岩中含双壳类 *Halobia* sp. 63.1 m
15. 深灰色泥板岩，最底部夹一层灰色岩屑凝灰质砂砾岩。板岩中富含双壳类 *Halobia* sp. 62.2 m
14. 灰绿—暗绿色块状蚀变玄武岩。上部以蚀变杏仁状玄武岩为主；中部为蚀变霏细斑岩；下部以蚀变致密状玄武岩为主。顶部夹蚀变流纹岩小层。上部夹深灰色泥板岩。

底部具蚀变角砾状玄武岩 328.5 m

13. 深灰—灰黑色泥板岩夹灰色细砂岩小层，构成2～3 cm的薄层，夹凝灰质砂砾岩，单层厚1～3 m。板岩中双壳类 *Halobia* sp. 177.8 m

12. 灰—深灰色凝灰质砂岩、砂砾岩和泥板岩互层，形成韵律层，板岩占1/4，含双壳类 *Halobia* sp. 118.2 m

以上为剖面东半部分，下接西半部分

8. 灰色中—厚层，细—中粒长石石英砂岩夹深灰色泥板岩，单层厚3～5 m。含铁质，风化呈褐色。 199.8 m

7. 上部灰色英安质凝灰岩；下部深灰色薄板状泥板岩 91.1 m

6. 上部灰色块状英安岩；下部深灰色泥板岩夹灰色薄层细—中粒长石砂岩 281.0 m

5. 灰色块状英安质凝灰岩 458.6 m

4. 深灰—灰黑色泥板岩 773.0 m

3. 深灰—灰黑色泥板岩，顶部为少量灰色块状英安质凝灰岩 525.8 m

2. 深灰色泥板岩夹细砂岩、粉砂岩小层，顶部偶夹透镜状岩屑砂砾岩、泥砾岩。板岩含双壳类 *Halobia* sp.，*Unionites* sp. 717.6 m

1. 深灰色泥板岩夹灰色细—中粒长石石英砂岩，砂岩占1/3。未见底 >938.6 m

【地质特征及区域变化】 中甸翁上比都主要为一套灰色变质砂岩、板岩夹砂砾岩、中—酸性火山岩、凝灰岩及大理岩，厚度大于5 387 m。含双壳类 *Halobia subrugosa*，*H. verbeeki*，*H.* cf. *yandongensis*，*H. cordillerana veitnamica*，*H. yunnanensis*，*H. pluriradiata* 等。底部出露不全，顶部与喇嘛垭组呈整合接触。

南部中甸尼汝、金门过卡一带，厚度速减至1 286 m。岩石粒度明显变细，砂质减少、泥质增多。主要为灰、深灰色绢云板岩、粉砂质板岩，并夹多层玄武岩、少量岩屑砂岩、角砾岩、泥灰岩、硅质岩。与下伏曲嘎寺组、上覆喇嘛垭组均为整合接触。含双壳类 *Halobia comata*，*H.* cf. *yunnanensis*，*H.* cf. *pluriradiata*，*H. yandongensis*，*H. xizangensis*，*Pergamidia* cf. *eumenea* 及少量腕足类、植物等。

该组仅分布于中甸翁上—尼汝一带，主要为砂泥质，少量碳酸盐、硅质、火山质组成，具复理石特征，生物以双壳类为主，少量腕足类和植物，属活动型浅海—半深海浅槽盆沉积。时代为晚三叠世 Carnian 期，可上延至 Norian 早期。

喇嘛垭组　T_3lm　(53-0427)

【创名及原始定义】 四川一区测队（1961）在四川理塘县喇嘛垭创名，四川三区测队（1974）介绍。原含义为灰、深灰色变质石英砂岩、长石石英砂岩夹板岩及煤线。区域上，下部以砂岩为主夹板岩；中部以板岩为主夹砂岩；上部为砂、板岩互层，夹煤线、薄煤层。产丰富的植物化石。厚1 000～5 089 m。

【沿革】 四川三区测队（1974）将义敦地区喇嘛垭组的时代定为晚三叠世 Rhaetian 期、下伏拉纳山组定为 Norian 期。云南区调队十一分队（1982）和云南地矿局（1990）沿用。本书根据四川省地层多重划分对比研究组的意见，将原拉纳山组和喇嘛垭组合并为喇嘛垭组。

【现在定义】 指整合覆于图姆沟组之上，平行不整合于英珠娘阿组之下的地层。岩性为灰色变质中—厚层长石石英砂岩、杂砂质石英砂岩、石英砂岩与碳质板岩、粉砂质板岩间互，夹煤线或薄煤层。往往以板岩集中出现或灰白色长石石英砂岩与下伏地层分界。

【层型】 正层型为四川省理塘县热柯喇嘛垭剖面（99°48′，29°49′）。本省次层型为川、滇两省交界大雪山道班剖面（99°49′，28°36′），由云南区调队十一分队1982年测制。

喇嘛垭组

总厚度>5 333.5 m

39. 灰—灰褐色厚层块状变质细粒长石石英砂岩（未见顶） >38.4 m
38. 深灰—灰黑色泥质板岩夹少量细砂岩。板岩中含植物 *Anomozamites inconstans*，*A.* cf. *major*，*Diotyophyllum nathorsti*，*Taeniopteris* sp. 171.2 m
37. 深灰—灰黑色粉砂质板岩，灰黑色板岩夹粉砂岩、细砂岩。含植物 *Anomozamites* sp. 81.9 m
36. 深灰—灰黑色绢云板岩。顶部及中部夹少量灰色细粒长石石英砂岩，底部砂岩增多。顶部板岩中含植物碎片 158.0 m
35. 顶部为灰色中—厚层变质细粒长石石英砂岩夹灰黑色板岩。板岩含植物 *Anomozamites* sp.，*Cladophlebis* sp.；中上部长石石英砂岩与板岩互层；下部灰—灰黑色粉砂质板岩，黑色绢云板岩 106.5 m
34. 上部灰色中厚层变质细粒长石石英砂岩夹灰黑色板岩；下部灰—灰黑色粉砂质板岩、泥板岩，含较多植物 *Neocalamites* sp. 85.9 m
33. 灰色厚层变质细粒长石石英砂岩夹灰黑色板岩。顶部含植物 *Neocalamites carinoides* 106.7 m
32. 顶部深灰—灰黑色板岩夹灰色细粒石英砂岩；中下部为灰色中层变质细粒长石石英砂岩夹灰黑色绢云板岩、粉砂质板岩；底部夹灰色中—厚层变质细粒长石石英砂岩。板岩中含植物 *Radioites* sp.；双壳类碎片 128.4 m
31. 灰—灰黑色绢云板岩、粉砂质板岩夹少量灰色变质细粒长石石英砂岩。板岩中含植物 *Cladophlebis* sp. 203.9 m
30. 上部灰色中厚层变质细粒长石砂岩与灰黑色绢云板岩互层；下部灰—灰黑色绢云板岩、粉砂质板岩夹灰色变质细粒长石石英砂岩 65.6 m
29. 深灰—灰黑色绢云板岩、粉砂质板岩。中下部夹灰色变质细粒长石石英砂岩 131.9 m
28. 灰色中层变质细粒长石石英砂岩夹灰黑色绢云板岩、粉砂质板岩 82.9 m
27. 深灰—灰黑色绢云板岩、粉砂质板岩，夹少量灰色细粒石英砂岩 55.3 m
26. 深灰色变质细粒石英砂岩。上部具褐铁矿结核和铁染；底部具黄铁矿小晶体 36.1 m
25. 灰—灰黑色绢云板岩、粉砂质板岩，夹少量薄—中厚层细粒石英砂岩 90.1 m
24. 灰色中—厚层细粒石英砂岩，夹黑色绢云板岩、粉砂质板岩，板岩中含丰富的植物 *Marattiopsis munsteri*，*Clathropteris menizcioides*，*Cladophlebis raciborsbii*，*Podozamites* sp. 69.1 m
23. 灰—灰黑色绢云板岩、粉砂质板岩。下部夹少量灰—深灰色细砂岩、粉砂岩 316.7 m
22. 灰色薄层块状细粒石英砂岩，夹灰黑色绢云板岩、粉砂质板岩 34.7 m
21. 灰色厚层块状轻变质细—中粒石英砂岩。底部为22 m灰—灰黑色绢云板岩、粉砂质板岩，常见3 mm厚细层纹 123.0 m
20. 浅灰—灰色中—厚层细—中粒石英砂岩。下部夹少量灰黑色绢云板岩、粉砂质板岩 136.4 m
19. 灰黑色绢云板岩、粉砂质板岩，夹少量灰色细粒长石石英砂岩。板岩中含植物 *Neocalamites carcinoides*，*Pterophyllum* sp.，*Taeniopteris* sp.，*Cladophlebis* sp.，*Equisetites* sp. 116.2 m
18. 灰色薄—中厚层变质细粒长石石英砂岩。大型单向斜层理发育 51.6 m
17. 深灰—灰黑色粉砂质板岩、绢云板岩，夹灰色薄—中层变质细粒石英砂岩。板岩中含丰富的植物 *Pterophyllum lonyifollum*，*Neocalamites carcinoides*，*Podozamites lanceolatus*，*Taeniopteris richofeni*，*Equisetites* sp.，*Cladophlebis* sp. 65.5 m
16. 浅灰—灰色厚层—块状细—中粒长石石英砂岩 71.0 m

15. 浅灰—灰黑色板岩、粉砂质板岩与灰色细粒石英砂岩、长石石英砂岩互层。板岩中含植物碎片 130.2 m

14. 上部灰色细—中粒长石石英砂岩，夹少量板岩；下部长石石英砂岩与板岩互层 105.0 m

13. 灰色厚层块状细—中粒长石石英砂岩 71.2 m

12. 灰—灰黑色粉砂质板岩、绢云板岩，夹少量薄层细粒长石石英砂岩、石英砂岩。中上部砂岩夹层增多，变厚；底部板岩中常见黄铁矿晶体溶蚀洞 345.6 m

11. 灰—灰黑色绢云板岩、粉砂质板岩与褐色薄—中层细粒长石石英砂岩互层。板岩中含植物 *Todites denticulata*，*Podozamites lanceolatus*，*Taeniopteris* sp.，*Neocalamites* sp. 163.9 m

10. 灰色薄—中层细—中粒长石石英砂岩，下部夹少量板岩 223.5 m

9. 灰黑色绢云板岩夹少量薄—中层细粒长石石英砂岩。板岩中含植物 *Cladophlebis* sp.，*Neocalamites carcinoides* 125.6 m

8. 灰黑色绢云板岩、粉砂质板岩与灰色薄—中层细—中粒长石石英砂岩互层。单层厚1.5～2 m 318.7 m

7. 灰色中—厚层细—中粒长石石英砂岩，中下部夹黑色板岩 318.9 m

6. 灰—灰黑色绢云板岩、粉砂质板岩与灰、褐黄色薄层细粒长石石英砂岩、变质细粒含碳酸盐砂岩互层，韵律较明显。板岩中含植物碎片及较多的黄铁矿晶体 121.0 m

5. 上部灰色薄—中厚层细—中粒长石石英砂岩，夹灰黑色粉砂质板岩；下部灰—灰黑色粉砂质板岩夹薄层细—中粒长石石英砂岩 88.2 m

4. 灰黑色粉砂质板岩、绢云板岩夹灰色薄层变质白云质砂岩。上部砂岩增多。含大量黄铁矿晶体及其溶蚀洞 357.6 m

3. 灰—灰黑色粉砂质板岩、粘土质板岩夹灰色薄—中层中粒长石石英砂岩；局部呈互层 40.3 m

2. 灰黑色绢云板岩，夹灰色薄层细粒长石石英砂岩、白云质石英砂岩 237.4 m

1. 灰—灰黑色绢云板岩、粉砂质板岩。未见底 >159.1 m

【地质特征及区域变化】 本省集中分布于西北部中甸之北的翁上—滇川交界的大雪山一带，总厚达 5 333.5 m 以上，次层型剖面未见底，之南的达波剖面见整合覆于图姆沟组之上。下部为灰、灰黑色细—中粒长石石英砂岩与绢云板岩、粉砂质板岩呈韵律互层，除含植物外还含双壳类 *Burmesia lirata*，*Plagiostoma subvaloniense*，*Pteria praecursor*，*Indosinion* sp.，*Elegantinia* sp. 等；中部为灰、深灰色细—中粒长石石英砂岩、石英砂岩，夹板岩、粉砂质板岩，砂岩中可见大型单向斜层理；上部为灰色绢云板岩、粉砂质板岩夹石英砂岩、长石石英砂岩，未见顶。中、上部含植物 *Dictyophyllum nathorsti*，*Clathropteris meniscioides* 等。

南部中甸尼汝和四川省木里苏达等地，也有零星分布，多仅保存其下部层位，厚度大于1 650 m。主要为灰、灰绿、深灰色中粗粒砂岩、板岩，夹基性火山岩、凝灰岩。含双壳类 *Yunnanophorus* sp. 和植物。

该组主要由砂、泥质碎屑和少量火山质组成。下部（剖面 1—17 层）原划出称拉纳山组，含双壳类和植物，具海陆交互相特征；中上部主要含植物，砂岩中的大型单向斜层理，说明属河湖相。时代为晚三叠世中—晚期。

青天堡组　T_1q　（53－0429）

【创名及原始定义】 四川一区测队（1964）创名于四川省盐源县小高山青天堡。原始定义：紫红、灰紫色粗粒岩屑长石砂岩为主，夹粉砂岩、细砂岩，底部夹 10 m 左右的砾岩，厚340～980 m，含少量双壳类化石。与下伏宣威组呈平行不整合接触，与上覆之盐塘组为整合过渡。

【沿革】 Misch（1947）将分布于丽江、鹤庆一带不同地点的早三叠世碎屑岩先后命名为丽江层、拉石坝层和石坎子砂岩。赵金科等（1962）改称丽江群。云南一区调队四分队（1977）命名腊美组。李代芸①（1977）命名白山落可组。陈鼎昌②（1983）将其下部以紫红色为主的碎屑岩命名泸沽湖组，上部黄绿色层命名左所组。云南地矿局（1990）将下部仍称泸沽湖组，上部改称腊美组。本书沿用青天堡组。

【现在定义】 以紫红、灰紫、灰绿等色中—粗粒凝灰质砂岩为主，夹细、粉砂岩及粉砂质泥岩。底部为砾岩及含砾砂岩。含少量双壳类及腕足类。与下伏黑泥哨组黄绿色砂、泥岩及上覆盐塘组灰、深灰色生物屑粉晶灰岩均呈整合接触。

【层型】 正层型为四川盐源县小高山青天堡剖面，本省次层型为丽江县白山落可剖面（100°22′，26°42′），由云南一区调队四分队（1977）测制。

【地质特征及区域变化】 丽江、鹤庆一带，底部常见几米至几十米厚砾岩、含砾砂岩平行不整合于晚二叠世黑泥哨组或峨眉山玄武岩之上，下部为紫红、灰绿色中粒岩屑砂岩与泥质砂岩互层；上部为灰白、灰绿色长石岩屑砂岩与粉砂岩、页岩互层。厚 480 m。与上覆北衙组深灰色泥质灰岩为整合接触。

北至中甸告湾厚度增至 916 m。底部灰紫色玄武质砾岩平行不整合于峨眉山玄武岩之上，下部为灰紫、紫红、灰绿色砾岩、砂砾岩、岩屑砂岩夹粉砂岩；中部为灰紫、黄绿色粉砂岩、粉砂质泥岩；上部为黄绿（少量灰紫）色粉砂岩夹细砂岩、少量灰岩、沉凝灰岩，与上覆北衙组灰岩为整合接触。

南至宾川西山庙岩性变化不大，但厚度减薄至 207 m。

东部宁蒗、泸沽湖一带厚 594 m。底部为黄绿色泥岩整合于晚二叠世吴家坪组灰岩之上，下部为灰紫、紫红、黄色岩屑长石砂岩、凝灰质砂岩夹粉砂岩、粉砂质泥岩、少量灰岩；上部为灰、黄绿色长石砂岩、长石岩屑砂岩、粉砂岩、泥岩夹鲕状灰岩，与上覆北衙组灰岩呈整合接触。

该组由南向北、由西向东有增厚之势。与下伏地层接触关系，西部一段为平行不整合，往东逐渐变为整合接触。丽江、鹤庆一带，早期为滨岸水下冲积扇，晚期为潮上—潮间砂泥质混合坪。宁蒗、泸沽湖一带，由于鲕状灰岩的出现，反映高能沉积环境，早期曾发育水下冲积扇，晚期为潮间—潮下砂泥质、间有碳酸盐的混合坪。富含双壳类 *Claraia wangi*，*C. griesbachi*，*C. yunnanensis*，*C. concentrica*，*C. stachei*，*Eumorphotis multiformis*，*E. inaequicostata*，*Pteria ussurica*，*Oxytoma scythicum*，*Unionites fassaensis* 及腕足类、腹足类等化石。时代为早三叠世。

北衙组 T_2b （53－0430）

【创名及原始定义】 Misch（1947）创名白羊层，地点在鹤庆县北衙街（白羊乃北衙之误）。原始定义：为厚层灰岩，顶部含 *Halobia* cf. *comata*，厚约 1 500 m。灰岩之上为碳质泥岩、黑色页岩及泥质灰岩，厚约 500 m。含 *Halobia kwaluana*。

【沿革】 Misch（1947）在丽江、鹤庆一带，先后创名 Anisian 期的余六村层，Ladinian 期至 Carnian 期的白羊层及逢密灰岩。赵金科等（1962）改称 Anisian 期余六村组、Ladinian 期白羊组及 Carnian 期兰坪组。云南一区测队二分队（1966）将白羊层定为北衙组，包含赵金

① 李代芸，1977，云南的三叠系，云南省各时代地层总结，云南省地质科学研究所（内刊）。
② 陈鼎昌，1983，滇西北下、中三叠统，云南地质，2（3）219—226（内刊）。

科等所称之余六村组和白羊组，兰坪组实属北衙组之上覆地层，并新创名中窝组。北衙组一名沿用至今。

【现在定义】 指位于青天堡组与中窝组之间的一套以碳酸盐岩为主的地层，具有明显的三分性，下部为灰黑色泥质灰岩、灰岩夹少量粉砂岩、页岩；中部为浅灰色白云质灰岩；上部为浅灰色纯灰岩。底部灰岩与青天堡组细砂岩、页岩呈整合接触；顶部灰岩与中窝组泥质灰岩、鲕状灰岩、铝土矿层呈平行不整合接触。

【层型】 选层型为鹤庆县吉地坪剖面（100°17′，26°33′），由云南一区测队二分队（1966）测制。

【地质特征及区域变化】 鹤庆吉地坪厚度为663 m，具明显的三分性，下部为灰、灰黑色泥质灰岩夹少量粉砂岩、页岩；中部为浅灰色白云质灰岩；上部为浅灰色纯灰岩、泥质灰岩。

区域上岩性稳定，北至鹤庆逢密、丽江汝寒坪一带，厚度增至2 217 m，三分性仍较明显，下部为深灰色灰岩、泥质灰岩、泥灰岩夹钙质粉砂质页岩；中部为灰、浅灰色白云质灰岩夹介壳灰岩、结晶灰岩、角砾状灰岩；上部为浅灰色灰岩、结晶灰岩，偶夹钙质粉砂岩。东北至宁蒗树劳河，厚度速减至299 m，三分性不明显，砂泥质增多，白云质减少，下部为深灰色灰岩、泥灰岩、白云质灰岩与灰绿、紫红色页岩、钙质砂岩互层；上部为深灰色燧石条带灰岩夹泥灰岩。南至宾川西山庙仅见该组下部地层出露，厚149 m，其上被上三叠统白土田组超覆。

丽江、鹤庆一带，早期为泥质碳酸盐岩夹细碎屑岩，属潮下一泻湖环境；中期为镁质碳酸盐岩，属潮上蒸发坪沉积；晚期为纯碳酸盐岩，属能量较高的半闭塞台地环境。

该组含双壳类 *Costatoria goldfussi mansuyi*，*C. radiata*，*Asoella paradoxica*，*Bakevellia albertii*，*B. costata*，*Trigonodus sandbergeri*，*Entolium discites*，*Plagiostoma beyrichii* 等；菊石 *Leiophyllites* cf. *confucii* 以及少量腕足类、腹足类、珊瑚、有孔虫、海百合茎等化石。时代主要为中三叠世 Anisian 期，可上延至 Ladinian 期。

中窝组 $T_3\hat{z}$ (53-0431)

【创名及原始定义】 云南一区测队二分队（1966）创名于鹤庆县中窝。原始定义：以灰黑色中层灰岩、泥质灰岩为主，夹泥灰岩、页岩及砂岩，上部可见燧石结核，下部灰岩中常具鲕状构造，底部普遍具不稳定的铝土矿层。厚191～230 m。

【沿革】 Misch（1947）将这套地层归入白羊层或逢密灰岩的上部。赵金科等（1962）单独分出命名为兰坪组。云南一区测队二分队（1966）创名中窝组，沿用至今。

【现在定义】 下部为灰黑色泥质灰岩、鲕状灰岩；上部为灰黑色灰岩、泥质灰岩、含燧石结核灰岩。底部铝土矿层与下伏北衙组灰岩，顶部灰岩与上覆松桂组砂砾岩均为平行不整合接触。

【层型】 正层型为鹤庆县吉地坪剖面（100°17′，26°33′），由云南一区测队二分队（1966）测制。

【地质特征及区域变化】 该组为一套灰黑色含砂、泥质的碳酸盐岩沉积。鹤庆吉地坪、中窝一带，以灰黑色泥质灰岩、灰岩为主，夹鲕状灰岩、燧石灰岩。

由鹤庆吉地坪向北至丽江白山落可，底部未见铝土矿层，直接由砂泥质灰岩平行不整合于北衙组钙质白云岩和白云岩之上；下部为灰黑色灰岩、砂质和泥质灰岩、鲕状灰岩；上部为深灰、灰黑色灰岩、砂质灰岩，顶部夹含燧石结核灰岩。与上覆松桂组石英质砾岩呈平行不整合接触。厚216 m。东北至宁蒗永宁、四川盐源前所等地，未见底，顶部灰岩与上覆松桂组页岩呈平行不整合接触，主要由灰、深灰色灰岩夹介壳灰岩组成，厚仅几十米。

该组含双壳类 *Halobia superba*，*H. rugosoides*，*H. yunnanensis*，*H. bokoviensis*，*H.* cf. *rugosa*，*H. pluriradiata*，*H. subrugosa*，*Angustella* cf. *angusta*；菊石 *Rhasophyllites* sp.，*Anatomites* sp.，*Cyrtopleurites* sp.，*Thisbites* sp.，*Clionites* cf. *angulosus* 等及少量腕足类、腹足类、珊瑚、牙形石等化石。时代属晚三叠世 Carnian 期。沉积环境为海水流畅、水体能量弱至中等的台地沉积。

松桂组 T_3sg (53-0432)

【创名及原始定义】 Misch (1947) 创名松街层，地点在鹤庆县松桂街（松街乃松桂街之误）。原始定义：为黑色页岩夹砂岩层，含 *Paratibetites adolphi*，*Anatibetites* aff. *kelvini*，*Cardita* sp.，*Leda* sp. 及植物化石。

【沿革】 Misch (1947) 在丽江、鹤庆一带，先后创名 Norian 期的松街层及鹤庆层。赵金科等 (1962) 改为松街组，因鹤庆层未获化石，故未采用。云南一区测队二分队 (1966) 修改为松桂组，沿用至今。此次清理采用松桂组。

【现在定义】 为一套灰、灰绿、灰黑色细一粉砂岩、页岩夹煤层组成。底部砂砾岩与下伏中窝组灰岩、泥质灰岩呈平行不整合接触。区域上顶部砂页岩与上覆白土田组中粗粒砂岩为整合接触。

【层型】 选层型为鹤庆县吉地坪剖面 (100°17′，26°33′)，由云南一区测队二分队 (1966) 测制。

【地质特征及区域变化】 鹤庆吉地坪厚度大于620 m。下部为灰色细一粉砂岩夹不稳定煤层；中部为黑色页岩夹细一粉砂岩；上部为灰黄色粉砂岩、细砂岩及黑色页岩，顶不全。富含双壳类、菊石、腕足类、腹足类等。底部粗砂岩夹砂砾岩与上覆中窝组灰岩呈平行不整合接触。

鹤庆之北东宁蒗汉基场，底部砾岩平行不整合于晚二叠世峨眉山玄武岩之上，下部为黄绿色长石石英砂岩、粉砂岩、泥岩夹砂砾岩、砾岩；中部为灰绿色长石石英砂岩、粉砂岩、页岩组成多个沉积旋回，夹煤层和煤线；上部为灰绿、黑色粉砂质页岩、碳质页岩夹石英砂岩及少量泥质灰岩。厚675 m。与上覆白土田组长石石英砂岩呈整合接触。

该组以砂泥质沉积为主，生物以双壳类、菊石为主，主要为前滨一近滨相，晚期为后滨相。富含双壳类，计有22属40余种，主要有 *Pergamidia eumenea*，*Burmesia lirata*，*Cassianella gryphaeata*，*Halobia plicosa*，*H. norica*，*Costatoria napengensis*，*Palaeocardita mansuyi*，*Plagiostoma nuitoensis*，*Unionites griesbachi* 等；菊石 *Cladiscites tornatus*，*Arcestes intuslabiatus*，*Pinacoceras meterinichi*，*Discophyllites* cf. *patens*，*Paratropites saturnus*，*Indojuvavites angulatus* 等；腕足类 *Spiriferina venustula*，*Rhynchonella* cf. *fissicostata*，*Spirigera quadriplecta* 等；植物 *Podozamites schenki*，*Dictyophyllum nathorsti*，*Pterophyllum aequale*，*P. minutum*，*Reteophlebis simplex* 等化石。时代属晚三叠世 Norian 期。

宝相寺组 E_2b (53-0112)

【创名及原始定义】 云南一区测队三分队(1974)创名于剑川县宝相寺。原始定义：为一套粗碎屑沉积。底部为厚数十米的砾岩；下中部为褐黄、黄白色长石石英砂岩、含砾砂岩，夹少数紫红色砂岩、砾岩，常含植物碎屑；上部为紫红色砂岩夹砂砾岩。总厚大于1500米。与下伏果郎组、云龙组、南新组、景星组等地层均为不整合接触，同时伏于中新统双河组之下。

【沿革】 1947年Misch① 将丽江以东及鹤庆地区发育的一套厚层石灰角砾岩，命名为"丽江角砾灰岩"，时代定为第三纪。1965年赵国光更名为丽江组，时代置于晚始新世，下部可能包括下始新一古新统，甚至部分白垩系。1974年云南一区测队三分队将分布于兰坪一金顶之间及剑川羊岑一沙溪一带的一套粗碎屑沉积，命名为宝相寺组，归属始新统。1984年云南区调队四分队认为宝相寺组建组剖面不全，缺失下部岩性，而丽江县金庄区美乐剖面发育齐全，上部砂砾岩层沿用宝相寺组，下部砂砾岩层新建美乐组，均归入始新统。1984年李云通等、1990年云南地矿局均使用丽江组，归属晚始新世。本书从地层发育的完整性和代表性等多因素考虑，使用宝相寺组，时代归属晚始新世。

【现在定义】 为一套红色为主的粗碎屑沉积。由紫红、灰紫色为主，黄白、黄褐色为次的砾岩、砂岩组成由粗至细的多个沉积旋回，其间夹钙泥质粉砂岩及少量泥岩、含粉砂质灰岩。不整合于勐野井组之上。除丽江美乐与上覆渐新统金丝厂组整合接触外，其他地区多被上覆地层不整合覆盖。

【层型】 正层型为剑川县宝相寺剖面（99°49′，26°23′），由云南一区测队三分队1974年测制。次层型为丽江县美乐剖面（99°34′，27°05′），由云南区调队四分队1984年测制。编著者略加修改。

宝相寺组	总厚度 817.4 m
11—10. 灰白、黄白色厚层—块状粗粒石英砂岩。中部夹少量黄褐色砾岩。下部砾石增多而成砂砾岩，与砂岩呈互层。砂岩斜层理发育（未见顶）	237.5 m
9. 灰、灰紫色砾岩	61.3 m
8. 紫红色块状石英砂岩。斜层理发育	86.5 m
7—5. 黄褐、灰白色中层—块状中—粗粒长石石英砂岩夹砂砾岩	184.5 m
4. 黄褐色块状中—粗粒石英砂岩，下部夹砂砾岩。含植物碎屑	73.7 m
3. 黄白色块状砾岩，上部夹粗粒石英砂岩	68.3 m
2—1. 紫红、紫灰色块状砾岩。含较多灰岩等角砾及钙质结核	104.5 m

～～～～～～ 不整合 ～～～～～～

下伏地层：勐野井组　暗紫红色泥岩

【地质特征及区域变化】 本组主要分布于兰坪、维西、剑川、鹤庆、丽江、中甸等地的山间或断陷盆地内。以一套粗碎屑沉积为特征。岩性以红色间有灰色的砾岩、砂岩为主，夹粉砂岩、泥岩，局部出现泥灰岩。砾岩的砾石成分因地而异，一般较复杂，分选和磨圆较差，多呈角砾状。砂岩发育大型斜层理和水平层理，也有小型交错层理。在节理发育地段，与斜层理呈直交或斜交时，岩石表面常产生网格状淋失沟，形成美丽的龟裂（纹）构造。层间冲刷现象较明显。普遍含植物碎屑或大的植物茎杆。地貌特征较明显，多形成陡崖或石柱，形如"石林"。总体表现为山麓相或湖盆边缘相一河湖相的沉积。因盆地发育状况的不同，各地残留厚度不一。剑川宝相寺厚817.4 m，水治平厚1 262.6 m，丽江美乐厚1 359.3 m，象山厚212.7 m，兰坪新生桥厚962.2 m，维西二道石门关厚1 121.6 m，鹤庆大福地厚1 133 m。

本组古生物化石较丰富，含哺乳类 *Eoentelodon likiangensis*，*Lunania* cf. *youngi*，*Honanodon hebetis* 等以及植物、介形类、双壳类、孢粉等化石，其时代为晚始新世。

① Misch，1947，丽江地质志，国立大学（北大）（油印本）。

金丝厂组　E_3j　(53-0111)

【创名及原始定义】　云南区调队四分队（1984）创名于丽江县金丝厂。原始定义：主要由紫红色砾岩、粉砂岩或灰白色岩屑砂岩组成多个旋回，厚1 661.8 m。由于整合在宝相寺组之上，命名为金丝厂组。根据岩性组合、沉积旋回，又分为两段：一段由紫红色细砾岩、岩屑砂岩、钙质粉砂岩组成很多正向半旋回；二段由灰紫、灰色砾岩、灰白色岩屑砂岩、粉砂岩及灰白色砾岩组成两个旋回。将其归入渐新统。

【沿革】　自创名后，李云通等（1984）将兰坪—金顶之间及剑川老君山、马平关等地分布的一套巨厚层红色、紫红色和灰紫色长石石英砂岩和砾岩，称老君山组，暂定其时代为渐新世。云南地矿局（1990）沿用金丝厂组，归渐新统。本书采用云南地矿局的意见。

【现在定义】　指整合于晚始新世宝相寺组之上的一套以红色为主的粗碎屑沉积的地层序列。主要由紫红色砾岩、含砾砂岩、岩屑砂岩（部分为灰、灰白色）、粉砂岩、钙质粉砂岩组成的多个沉积旋回，其间夹少量的紫红色泥岩、粉砂质泥岩。未见顶。

【层型】　正层型为丽江县金丝厂剖面（99°37′，26°54′），由云南区调队四分队1984年实测。编著者略加简化。

金丝厂组	总厚度 1 656.6 m
16. 灰紫色中厚层夹薄层含长英质绿泥石角岩（未见顶）	103.0 m
15. 上部为灰白色角岩化黑云母粉砂岩，含细粒黄铁矿；中部为灰白色中—厚层夹薄层变质含角闪石长石岩屑砂岩夹含砾细砂岩；下部为灰白色块状变质细砾岩	104.2 m
14. 上部为暗灰紫色中—厚层含泥质粉砂岩；中部为暗灰紫色中—厚层变质长石岩屑杂砂岩；下部为灰色块状变质细砾岩	42.7 m
13. 暗灰紫、灰色厚层—块状变质粉砂岩，下部夹灰紫色含砾砂岩。底部为灰紫色块状细砾岩	97.7 m
12. 灰紫色中层—块状钙质粉砂岩	57.6 m
11. 上部为灰紫色中层变质砂砾岩；中部为灰紫色厚层—块状含砾细砂岩；下部为灰紫色块状砾岩	39.4 m
10. 紫红色中—厚层变质粉砂岩，夹同色变质砂砾岩	163.0 m
9. 上部为紫红色钙质粉砂岩夹钙质岩屑砂岩；中部为紫红色含钙质岩屑砂岩夹钙质粉砂岩；下部为暗紫红色厚层—块状细砾岩	176.0 m
8. 紫红色中层粉砂岩、细粒石英砂岩和块状细砾岩组成4个小旋回。水平层理发育	53.7 m
7. 紫红色中—厚层钙质粉砂岩	73.7 m
6. 灰色中—厚层变质岩屑石英砂岩	25.4 m
5. 紫红色中层—块状钙质粉砂岩，夹同色泥质粉砂岩。中部和底部各夹一层含砾粗砂岩	153.0 m
4. 紫红色薄—中层变质粉砂岩，夹多层含砾细砂岩	163.9 m
3. 紫红色中—厚层变质钙质粉砂岩	77.5 m
2. 上部为灰、紫红色中—厚层变质岩屑砂岩；下部为紫红色中—厚层含砾粗砂岩、砂砾岩、细砾岩	86.1 m
1. 紫红色厚层—块状变质钙质粉砂岩。上部夹同色变质岩屑石英砂岩，下部夹灰白色细砂岩。含植物碎屑	239.7 m

———————— 整　合 ————————

下伏地层：宝相寺组　灰、灰白色厚层—块状细—中粒变质岩屑石英砂岩

【地质特征及区域变化】 本组主要分布在丽江金丝厂、剑川老君山、马平关、兰坪—金顶等地，为一套红色粗碎屑沉积。岩性为砾岩、含砾砂岩、砂岩、泥岩，组成由粗至细的多个沉积旋回。在丽江金丝厂夹浅色岩层，部分岩石已轻微变质。在兰坪上温水庙出现角砾岩、钙质角砾岩。

本组在丽江金丝厂与下伏宝相寺组连续沉积，而在剑川石龙村、三甸箐、兰坪—金顶等地则不整合于宝相寺组等不同时代的老地层之上。本组顶部出露不全，多未见顶。

本组生物化石稀少，仅在丽江处必宜下部粉砂岩中采获植物 *Myrica* cf. *angustifelia*，Taxodiaceae 等化石，鉴定者认为属渐新世。

总体来看，本组岩性基本稳定，但由于各地发育状况的不同，其残留厚度差异较大，兰坪上温水庙仅厚 485 m，丽江金丝厂厚 1 656.6 m，剑川马平关厚达 2 670 m。

【其他】 本组砾岩的砾石成分较杂，随所处地区不同，其主要成分亦不同。砂岩具水平层理，沿层面有植物碎屑分布，局部含黄铁矿晶体。岩层多为厚层—块状。岩石粒度普遍较粗，分选和磨圆差。生物化石稀少。总体表现出山间磨拉石堆积的特点，主要为山麓相，也出现短暂的河湖相沉积。

本组及其之下的宝相寺组为喜马拉雅运动第一幕后的沉积，主要表现为山间磨拉石堆积，与勐腊组的沉积特征颇为相似，大致为同一时期的沉积。

双河组 $N_1\hat{s}$ (53-0110)

【创名及原始定义】 云南地质局第 12 地质队①（1963）创名于剑川县双河。原始定义：下部为浅灰色中厚层状钙质细砂岩，偶夹薄层钙质粉砂岩及砂质页岩，含煤 1～4 层，为本区主要含煤地段，厚约 55 米；中部为灰色中厚层状泥灰岩及粉砂岩，厚约 120 米；上部为浅黄色薄层泥质粉砂岩，厚层及中厚层状长石砂岩，含煤 2～3 层，厚约 70 米。含植物化石。与下伏三家村砂岩组整合接触，其上为剑川凝灰砂岩组不整合覆盖。

【沿革】 1963 年云南地质局第 12 地质队命名时称双河煤组，时代归属中新世。1965 年赵国光沿用此名，但将含义扩大，指平行不整合于丽江组之上，不整合于剑川火山—沉积岩组之下的一套含煤地层，归属上中新统。1974 年云南一区测队三分队更名为双河组，归入中新统。此后被广泛采用。

【现在定义】 下部为灰、黄褐色钙质砂岩、砂岩、凝灰质砂岩夹煤层；中部为深灰色泥灰岩；上部为浅灰色泥质粉砂岩夹浅黄色长石砂岩及煤层。含植物化石。不整合于上始新统宝相寺组之上，其上被上新统剑川组平行不整合覆盖。

【层型】 正层型为剑川县双河剖面（99°50′，26°35′），由云南地质局第 12 地质队 1963 年测制。

【地质特征及区域变化】 本组分布局限，仅见于剑川以西双河一带。总体为一套含煤砂泥质夹碳酸盐岩的沉积。岩性为浅色砂岩、泥岩夹泥灰岩及褐煤，底部夹凝灰质砂岩。厚 113.5～445 m。不整合于上始新统宝相寺组之上，被上新统剑川组不整合覆盖。

本组含植物 *Dryophyllum yunnanense*，*D. relongtanense*，*D. nervosum*，*D.* cf. *puryearense*，*Quercus scottii*，*Q. spathulata*，*Sassafras paratsumu*，*Phoebe megaphylla*，*Zelkova ungeri*，*Pistacia miochinensis*，*Rhus trifolia*，*Cinnamomum* sp. 等以及双壳类、腹足类、介形类化石，时代为中新世。

---

① 云南地质局第 12 地质队，1963，剑川双河煤矿详细普查评价报告书（内部资料）。

剑川组　N_2j　（53－0109）

【创名及原始定义】　Misch (1947) 创名，地点指剑川以西及西北。称剑川粗面岩层。原始定义：底部为砂质间以泥质及凝灰质之沉积，总之以粗面凝灰岩及凝灰角砾岩，表示火山喷发作用之开始，粗面岩及粗面安山流纹岩与凝灰岩相间，后者为主，成厚层状而以凝灰岩为间层，表示在喷发之后，复继之一岩流安静之盈流时期也，全厚共500公尺。在白色凝灰砂岩内含植物化石，时代应属第三纪。剑川粗面岩层与上红色层呈不整合。

【沿革】　1963年云南地质局第12地质队改称剑川凝灰砂岩组，归入上新统。1965年赵国光改称“剑川火山—沉积岩组”，置于中新世末至上新世早期。1974年云南一区测队三分队更名为剑川组，时代归属上新世。此后被广泛采用。

【现在定义】　为一套以火山岩为主夹碎屑岩的地层序列。下部为浅灰、灰绿色粗面质火山角砾岩、粗面质火山角砾集块岩夹浅灰黄色粗面质火山凝灰岩及少量紫红、暗绿色玄武质火山角砾岩、玄武岩；上部为灰绿色粗面质沉火山角砾岩夹浅灰黄色粗面质沉凝灰岩，含植物化石。不整合于中三叠统上兰组之上，未见顶。

【层型】　选层型为剑川县上塔曲剖面（99°37′，26°27′），由云南地矿局第三地质大队区调三分队①1990年测制。编著者略加简化。

剑川组　　总厚度 546.2 m

7. 灰绿色粗面质沉火山角砾岩（未见顶）	142.5 m
6. 浅黄、浅灰黄色厚层碱性长石粗面质沉凝灰岩夹厚层沉火山角砾岩。含植物 *Quercus* cf. *spathulata*，*Equisetum* sp.，*Phyllites* sp. 等化石	59.1 m
5. 灰绿色碱性长石粗面质火山角砾集块岩。中部夹浅黄色中—厚层碱性长石粗面质火山凝灰岩。层状构造发育	153.4 m
4. 浅灰色碱性长石粗面质火山角砾岩	82.7 m
3. 紫红、暗绿色玄武岩、玄武质火山角砾岩。部分玄武岩具杏仁状构造	5.0 m
2. 浅灰色厚层—块状碱性长石粗面质火山角砾集块岩	60.9 m
1. 灰绿色碱性长石粗面质含角砾凝灰岩	42.6 m

~~~~~~~~~~ 不整合 ~~~~~~~~~~

下伏地层：上兰组　灰色薄层砂质板岩

【地质特征及区域变化】　本组分布局限，主要分布于剑川以西及西北的上塔曲、新华、江尾塘、双河一带，在大理云浪村、挖色等地也有少量出露。总体为一套火山岩夹火山碎屑岩及沉积岩的地层。下部多为火山熔岩及少量火山碎屑岩，上部沉积岩夹层增多。火山喷发中心位于剑川新华以北的熔岩区，为灰绿色粗面岩夹少量玄武岩及粗面质岩屑晶屑凝灰岩，向南至剑川上塔曲渐变为粗面质火山角砾岩、火山角砾集块岩，再向南至剑川江尾塘沉积岩层增多，并夹煤层，表明由北而南火山喷发作用减弱，沉积作用加强。

本组植物化石产自上部砂岩、页岩中，计有 *Dryophyllum yunnanense*，*Zelkova ungeri*，*Phragmites pehlngensis*，*Typha latissima*，*Quercus* cf. *spathulata*，*Polygonum* cf. *miosinicum* 等，结合本组不整合于中新世双河组之上，故其时代归属上新世。

① 云南地矿局第三地质大队区调三分队，1990，1∶5万兰坪县幅、马登街幅区域地质调查报告（内部资料）。
~~~~~~~~~~

本组残留厚度各地不一。剑川上塔曲厚 546.2 m，新华厚 389 m，江尾塘顶底不全，仅厚 193.5 m，双河厚 271.7 m，大理云浪村厚 307.5 m，挖色顶底不全，厚 182.8 m。

在剑川江尾塘于本组上部有 0.2～0.8 m 的可采煤层。大理云浪村于本组中部厚约 30 m 的灰白色凝灰岩为优质水泥配料。

三营组　N_2s　(53－0103)

【创名及原始定义】　云南地质厅第 12 地质队[1] (1962) 创名于洱源县三营乡太平村。原始定义：为灰色夹紫色含煤岩系，含褐煤 5～7 层，主要由疏松状粘土岩、粉砂岩、砂岩组成，偶夹细砾岩层。在粉砂岩及粘土岩中，含白色斑点状腹足类化石碎片，厚 53～570 m。本煤组与下伏地层为不整合接触，与上覆石灰岗砂砾岩组为整合接触。时代为第三纪。

【沿革】　云南地质厅第 12 地质队（1962）称三营煤组，其上的砂砾岩称石灰岗砂砾岩组，划归第三系。赵国光（1965）将其两组合并，称三营煤组，归入上上新统。云南一区测队三分队（1974）改称三营组，划为上新统。云南区调队十一分队（1982）将中甸尼西页卡、川吉洛玛等地的含煤地层，命名为页卡组，划为上新统。云南地矿局（1990）将兰坪-思茅地层分区上新世晚期含煤地层，命名为福东组。本书采用三营组。

【现在定义】　底部为砾岩；下部为灰褐、灰色泥岩（粘土岩）、粉砂岩、砂岩夹紫红色岩层及褐煤，含植物化石；上部为杂色砾岩、砂岩夹灰色粉砂岩。不整合于中三叠统北衙组之上，其上被第四系不整合覆盖。

【层型】　正层型为洱源县太平村剖面(100°00′, 26°17′)，由云南地质厅第 12 地质队 1963 年修测。

【岩性特征及区域变化】　本组分布于兰坪—思茅盆地及丽江地区，常以山间或断陷小盆地零星散布于区内，面积不大，一般为数十平方公里。总体为一套含煤砂泥质沉积。主要岩性为灰—深灰色砂、泥岩夹砾岩、砂砾岩及褐煤，常组成粗细相间的韵律层。在洱源太平村表现为下细上粗；于兰坪福东、洱源炼铁街、巍山白土坡等地则为下、上粗，中间细；在维西小马场、景谷勐良等地，岩性变细，以泥（页）岩为主夹粉砂岩。褐煤多产于下、中部。常夹富含有机质的碳质泥岩，局部含铁质结核及菱铁矿小透镜体。水平层理和微细层理较发育，富含植物等化石。本组底部普遍有底砾岩，不整合于下伏不同时代的老地层之上。顶部一般不全，未见顶，局部被第四系下更新统松毛坡组不整合覆盖。

本组因各盆地发育状况的不同，残留厚度各地不一。洱源太平村厚 1 331 m，兰坪福东厚 760.5 m，洱源炼铁街厚 850.3 m，维西小马场厚 120.5 m，巍山白土坡厚 373.1 m，景东田心—马关桥厚 733.6 m，景谷勐良厚 48.6 m。

本组富含植物 *Quercus spathulata*，*Q. semicarpifolis*，*Q. pannosa*，*Q. monimotricha*，*Q. gilliana*，*Q. obliqufololia*，*Cellis bungeana*，*Acer franchetii*，*A. paxis*，*Pinus yunnanensis*，*Viburnum ovalifolium* 及少量孢粉、介形类、腹足类、哺乳类骨骼等化石。上列植物与西藏南部喜马拉雅山区的希夏邦马晚上新世野博康加勒层以高山栎类为主的植物群极为相似，故将其时代置于上新世。

【其他】　从本组的岩性、沉积特征等来看，总体表现出温湿气候、还原环境下的以湖沼相为主的沉积，局部可出现河流相和湖相沉积。

本组产褐煤，为我省主要含煤层位之一，各地含煤情况不一。在洱源炼铁街夹褐铁矿层。

---

① 云南地质厅第 12 地质队，1962，云南省洱源县三营太平村煤矿储量报告（打印稿）。

云南驿组 T_3y (53-0433)

【创名及原始定义】 谢家荣[1]（1942）创名于祥云县云南驿，时称云南驿层。原始定义：以黄绿灰黄诸色之千枚岩、页岩为主，稍夹砂岩，上部夹石灰岩三层，各厚 60～80 m 不等。全系厚 1 000～2 000 m。于灰岩间之黄色页岩内，采获 *Trachyceras*、*Halobia*、*Pentacrinus* 等化石甚多。以上化石，未经鉴定，大致观之，似属中三叠世 Ladinian 期。

【沿革】 谢家荣（1942）将祥云地区三叠纪地层自下而上划分为中三叠统白云寺层、云南驿层；上三叠统马鞍山层、祥云煤系、红色层群。盛莘夫等（1962）仅将云南驿层、马鞍山层由层改为组。云南区测队（1965）将云南驿组和马鞍山组合并，仍称云南驿组，并细分为三个岩性段，即下段页岩段、中段灰岩段、上段页岩段。该划分方案沿用至今。

【现在定义】 该组三分性明显，下部为黄绿色页岩夹粉砂岩；中部为灰色灰岩、泥灰岩夹页岩；上部为灰绿色页岩夹粉砂岩、泥灰岩透镜体。底部出露不全，顶部页岩与上覆罗家大山组凝灰质砂岩夹凝灰岩呈整合接触。

【层型】 选层型为祥云县小青坡剖面（100°43′，25°28′）；次层型为祥云县马鞍山剖面（100°39′，25°28′），两剖面均由云南一区测队五分队（1973）测制。

【地质特征及区域变化】 祥云小青坡、马鞍山一带，下部为黄、黄绿色页岩夹粉砂岩、泥质细砂岩；中部为深灰、灰色灰岩、泥灰岩夹角砾状灰岩、黄绿色页岩、粉砂岩、少量碳质页岩，局部夹劣煤层；上部黄绿、灰绿色页岩、钙质页岩夹钙质粉砂岩、细砂岩、黑色碳质页岩、泥灰岩透镜体。厚度大于 1 924 m。

南至弥渡德苴大板桥，下部为灰、灰黄色粉砂岩与深灰、灰黑色页岩互层；中部为灰、黄灰色灰岩、泥质灰岩、泥灰岩夹页岩、钙质页岩、钙质砂岩；上部为灰、黄灰色钙质页岩夹泥灰岩透镜体。厚度大于 1 539 m。未见底。楚雄密者、小水井一带，下部为灰、深灰、灰黄色泥岩、粉砂质泥岩夹灰岩及泥灰岩；中部为灰、灰黑色泥灰岩、白云质灰岩夹泥岩、长石砂岩；上部为灰（少量灰紫）色泥岩、粉砂质泥岩夹粉砂岩、细砂岩、泥灰岩。顶、底均出露不全。厚度大于 1 891 m。

该组为深水—半深水泥质—碳酸盐岩沉积。下部砂页岩具浊积岩特征，中部为碳酸盐岩，上部以钙泥质岩为主，反映水体能量较弱的深水—半深水沉积。含双壳类 *Halobia pluriradiata*，*H. yunnanensis*，*H. rugosa*，*H.* cf. *superba*，*H. kwaluana*，*H. styriaca*，*H. charlyana*，*H.* cf. *rugosoides*；菊石 *Tropites* sp.，*Anatibetites* sp.，*Anatomites* sp.，*Indojuvavites* sp. 以及少量腕足类、海百合茎、有孔虫、牙形石等化石。时代为晚三叠世 Carnian 期。

罗家大山组 T_3l (53-0434)

【创名及原始定义】 云南区测队（1965）创名于祥云县罗家大山。原始定义：下部主要是海相沉积至火山质、火山碎屑混合沉积，夹砂岩和介壳灰岩为其显著的特征；上部为浅海相泥岩、粉砂质泥岩至细砂岩组成的自下而上由细变粗的反旋回。

【沿革】 谢家荣（1942）在祥云地区创名晚三叠世 Norian 期祥云煤系。盛莘夫等（1962）改称祥云煤群，并划分为下煤组和上煤组。云南区测队（1965）将祥云煤系自下而上细分为罗家大山组、花果山组、白土田组。云南一区测队五分队（1973）将罗家大山组、花果山组合并，仍称罗家大山组。中科院南古所（1975）将祥云煤系改称祥云组，包含三个段级单位，即罗家大山段、花果山段、白土田段。云南地矿局（1990）及本书均沿用云南区测

[1] 谢家荣，1942，云南祥云宾川弥渡蒙化间地质矿产，资源委员会西南矿产测勘处临时报告，第19号（内刊）。

队（1965）划分方案。

【现在定义】 本组下部为灰绿色粉砂岩、细砂岩夹较多的凝灰岩、火山角砾凝灰岩；上部为泥岩、粉砂质泥岩夹细砂岩。底部凝灰质粉砂—细砂岩夹凝灰岩与下伏云南驿组页岩呈整合接触，顶部泥岩与花果山组底部砾岩为平行不整合接触。

【层型】 正层型为祥云县马鞍山—罗家大山剖面（100°39′，25°28′），由云南一区测队五分队（1973）修测。

【地质特征及区域变化】 祥云马鞍山厚度2 012 m。下部为灰绿、深灰色钙质粉砂岩、火山角砾凝灰岩夹凝灰质细砂岩；中部为深灰色粉砂岩夹安山玄武质凝灰岩、火山角砾凝灰岩及少量细砾岩；上部为灰绿、深灰色泥岩、粉砂质泥岩夹细砂岩。含丰富的双壳类及菊石。

南部南华一街河、洗澡塘厚度增至2 420 m。下部为灰色粉砂岩、粉砂质泥岩夹细砂岩；中部为灰、深灰色细粒石英砂岩与粉砂质泥岩互层；上部为灰、深灰色页岩夹粉砂岩、细砂岩及少量碳质页岩。这一带火山质成分已完全消失。与下伏云南驿组、上覆花果山组均为整合关系。

该组自下而上显示由粗—细的沉积旋回。早期北部火山质碎屑发育，南部则为砂泥质沉积，晚期南北均为泥质碎屑沉积。属水体能量较弱的深水环境，短时出现高能量环境。富含双壳类，计有23属40种，重要属种有 *Halobia stophi*，*H. subrugosa*，*Costatoria mansuyi*，*C. elongata*，*C. curta*，*Burmesia lirata*，*Cassianella gryphaeata*，*Gervillia angusta*，*Pteria hafmanni*，*Palaeoneilo praeacuta*，*Palaeonucula rotunda*，*Palaeocardita mansuyi*，*Cardium nequam* 等；菊石 *Tropites kalapanicus*，*T. payeri*，*T. aculangulus timorensis*，*T.* cf. *subbullatus* 及少量腕足类、腹足类等化石。时代为晚三叠世Carnian—Norian期。

花果山组　T_3hg　（53－0435）

【创名及原始定义】 云南区测队（1965）创名于祥云县花果山。原始定义：由砂岩、页岩夹煤层组成，海相动物与植物化石共生，显示海陆交互相沉积，底部砾岩与下伏罗家大山组间亦有不十分强烈的沉积间断现象。

【沿革】 盛莘夫等（1962）将谢家荣（1942）创名的祥云煤系中下部称祥云煤群下煤组。韩仲诚等①（1962）将祥云煤群中部命名为沐滂铺组。云南区测队（1965）将祥云煤系中部创名为花果山组。由云南一区测队五分队（1973）划归罗家大山组三段。本书沿用花果山组。

【现在定义】 岩性为灰白、黄灰色含长石英砂岩、细砂岩、粉砂质页岩、页岩，自下而上由粗至细组成几个沉积旋回，下部夹煤层。底部砾岩与下伏罗家大山组泥岩，顶部页岩与上覆白土田组砂岩均为平行不整合接触。

【层型】 正层型为祥云县马鞍山剖面（100°39′，25°28′），由云南一区测队五分队（1973）修测。

【地质特征及区域变化】 祥云马鞍山厚538 m。下部为深灰、褐黄色粉砂质页岩与细砂岩互层，间夹煤两层，靠底部岩石粒度变粗，为中粗粒含长石英砂岩及砾岩，并夹少量碳质页岩；中上部由灰、灰白色中粗粒含长石英砂岩、细砂岩、粉砂岩、页岩组成下粗上细的三个沉积旋回。含丰富的双壳类及植物。

南至南华一街、洗澡塘厚度增至886 m。下部为灰、浅灰色细粒石英砂岩、粉砂质泥岩夹碳质页岩；上部为灰黑色碳质、粉砂质页岩与石英砂岩互层，夹有多层煤。含双壳类、腕足

---

① 韩仲诚等，1962，祥云煤群的时代和对比（内部资料）。

类及植物等。整合于罗家大山组之上，平行不整合于白土田组之下。楚雄三街、双柏鄂嘉等地，由于白土田组超覆于更老的地层之上，本组缺失。

综观本组为细砂岩与页岩互层，夹中粗粒含长石英砂岩和煤层，常构成下粗上细的多个沉积旋回，属沿岸滩坝和滨海沼泽环境。富含双壳类 *Costatoria napengensis*，*C. curta*，*C. mansuyi*，*Cassianella beyrichi*，*Burmesia lirata*，*Nuculana perlonga*，*Palaeocardita mansuyi*，*Unionites elongata*，*Pleuromya noucurta*，*Trigonodus distortus*，*Indosinion minutum*，*Yunnanophorus boulei* 等以及 *Dictyophyllum*－*Clathropteris* 植物群。时代为晚三叠世 Norian 期。

白土田组　T_3bt　(53－0436)

【创名及原始定义】　云南区测队（1965）创名于祥云县白土田。原始定义：浅灰、灰黄、黄绿色长石石英砂岩、粉砂岩、砂质页岩等为主。该组成煤较好，为一主要含煤地层，在马鞍山剖面上，见煤层位于本组较明显的二大旋回上部，夹有5～6层，最厚达3 m。

【沿革】　谢家荣（1942）创名祥云煤系。盛莘夫等（1962）将其上部改称祥云煤群的上煤组。韩仲诚等（1962）曾创名营盘山组。云南区测队（1965）命名为白土田组。中科院南古所等（1975）曾改称祥云组白土田段。云南一区调队四分队（1977）在丽江地区则命名为新安村组。本书沿用白土田组。

【现在定义】　由浅灰、黄色砂岩、粉砂岩、泥岩，上部夹紫红色泥岩组成。底部含砾砂岩平行不整合于花果山组页岩之上；顶部杂色砂泥岩与冯家河组紫红色泥岩呈整合过渡。

【层型】　选层型为祥云县沐滂剖面（100°45′，25°23′），由云南一区测队五分队（1973）测制。

【地质特征及区域变化】　祥云沐滂厚811 m。为浅灰、黄色含长石英砂岩、粉砂岩夹粉砂质页岩，上部夹紫红色泥岩。

南至南华一街、洗澡塘，楚雄七街、密者等地厚850～1 495 m。以灰、灰黑色细—中粒含长石英砂岩、石英砂岩为主，夹粉砂岩、页岩、碳质页岩、多层煤线或煤层。北部永胜、宁蒗、永仁一带，厚度增至1 683～2 022 m。以灰黄、黄绿色细至中粒长石石英砂岩、粉砂岩为主，夹页岩、碳质页岩、煤线，自下而上构成由粗至细的多个沉积旋回。南部属近海河湖沼泽相，北部属河湖沼泽相。

在区域上，该组与下伏松桂组整合接触，与花果山组呈平行不整合接触，也可超覆于更老的地层之上；与上覆冯家河组整合过渡。富含双壳类 *Yunnanophorus boulei*，*Indosinion minutum*，*Unionites postera* 等；叶肢介 *Euesthria minuta*，*E. dazuensis*，*E. xiangyunensis*，*E.* cf. *yipinglangensis* 等以及 *Dictyophyllum*－*Clathropteris* 植物群。时代为晚三叠世 Norian—Rhaetian 期。

普家村组　T_3p　(53－0437)

【创名及原始定义】　陈光远①（1943）创名于禄丰县普家村，称普家村层。原始定义：自干海子煤层之基底砂岩以下，下震旦纪灰岩、燧石岩以上，悉归入本层，总厚约308 m。新庄以南为砾岩、砂岩和页岩；干海子以西以砂岩为主，且愈西底部砂岩有增多之势。本层除夹有薄煤层一层外，尚含 *Neocalamites* 植物化石及海相 *Gervillia* 动物化石。与下震旦纪层呈不整合。

【沿革】　王恒升等②（1936）在一平浪地区最早创名晚三叠世一平浪煤系。陈光远

① 陈光远，1943，云南省禄丰县一平浪煤田地质初报，西南地质调查所（内刊）。
② 王恒升等，1936，云南广通一平浪地质调查报告，西南地质调查所（内刊）。

(1943)将一平浪煤系自下而上划分为普家村层、干海子层、舍资层，时代定为晚三叠世Norian期。盛莘夫等（1962）改为普家村组、干海子组、舍资组。其后被广泛使用，仅对其时代有不同认识。

【现在定义】 为一套灰绿色砾岩、含砾砂岩、砂岩、粉砂岩、页岩夹煤线组成的自下而上由粗一细的沉积旋回。底部砾岩不整合于晋宁期花岗闪长岩或下元古界苴林群等老地层之上，顶部砂页岩与上覆干海子组砾岩、砂岩呈平行不整合接触。

【层型】 选层型为元谋县洒芷剖面（101°44'，25°42'），由云南区测队二分队（1965）测制。

【地质特征及区域变化】 元谋洒芷厚1 133 m。下部以灰绿、黄绿色长石砂岩、砂砾岩、砾岩为主，夹页岩、煤线；上部为浅灰、黄绿色细粒长石石英砂岩、粉砂岩与泥岩互层。自下而上由粗一细的沉积旋回明显，并发育次级小旋回。显示水下冲积扇一湖相沉积。

南至禄丰一平浪、新庄厚度大于1 087 m。下部为灰白色长石砂岩、含砾砂岩夹页岩；中部为灰白色长石砂岩、含长石英砂岩夹粉砂岩及页岩；上部为灰白、灰黄色砂岩、粉砂岩、泥岩组成的下粗上细的沉积旋回，顶部夹煤层。属近海河湖沼泽相。

南部峨山塔甸厚225 m。下部为黄、灰白色粉砂岩、页岩，偶夹砾岩；上部为灰、灰白色细粒岩屑石英砂岩、粉砂岩夹页岩、煤线，偶夹砾岩。属近海河湖三角洲呈滨湖、浅湖相。

该组富含植物 *Dictyophyllum* cf. *nathorsti*，*Clathropteris meniscioides*，*Pterophyllum* cf. *angustum*，*P.* cf. *munsteri*，*P.* cf. *aequale* 等及少量双壳类、腹足类、鱼鳞等。时代为晚三叠世Norian期。

干海子组 T_3g (53-0438)

【创名及原始定义】 陈光远（1943）创名于禄丰县干海子，称干海子层。原始定义：本层以煤上盖覆砂岩为其上界，煤下基底砂岩为其下界，中夹含煤层，其平均2 m厚之厚煤一层及30～50 cm厚的薄煤4层，总厚约148 m。除叶肢介（*Euestheria*）外，植物化石种类甚多。

【沿革】 王恒升等（1936）创名一平浪煤系。盛莘夫等（1962）将陈氏的干海子层改称干海子组，沿用至今。

【现在定义】 为一套灰、灰黑、灰绿色砾岩、砂岩、页岩夹煤层组成的下粗上细的沉积旋回。底部砾岩与下伏普家村组砂泥岩呈平行不整合接触，顶部砂泥岩与上覆舍资组砂岩为整合接触。

【层型】 选层型为禄丰县一平浪一新庄剖面（101°54'，25°09'），云南一区测队五分队（1965）测制。

【地质特征及区域变化】 禄丰一平浪厚496 m。下部为灰绿、黄绿、灰黑色细砂岩夹页岩、砾岩及多层煤层；上部为灰绿、灰黑色长石石英砂岩夹砾岩、泥岩、碳质页岩，常构成下粗上细的多个小旋回。

北至元谋洒芷，厚度增至777 m。中下部以灰白、黄绿色长石石英砂岩及长石砂岩为主夹含砾砂岩、砾岩；上部以灰绿、灰黑色页岩为主夹粉砂岩。显示下粗上细的沉积旋回。

南至峨山塔甸厚度减至252 m。下部为浅灰、灰黑色石英砂岩、粉砂岩夹页岩、煤层和煤线；中部为灰黑色页岩夹粉砂岩及含砾砂岩；上部为灰黑色页岩夹粉砂岩。

该组由北而南厚度变薄，下粗上细的旋回清楚，其中含多个次级小旋回。一平浪一带为河湖沼泽环境，其南、北均过渡为滨海沼泽环境。富含植物，计有40属90种，属于 *Dictyophyl-*

lum－*Clathropteris* 植物群；双壳类 *Yunnanophorus boulei*，*Trigonodus keuperinus*，*T. rablensis* 等；介形类 *Theriosynoecum sinensis*，*T.* cf. *nectangula*，*T. crectocypridcidea*，*Metacypris subcordata*，*M. cytherelloidea* 等化石。时代为晚三叠世 Norian—Rhaetian 期。

舍资组　$T_3\hat{s}$　(53－0439)

【创名及原始定义】　陈光远（1943）创名于禄丰县舍资，称舍资层。原始定义：为整合于干海子层上，覆于红色岩层下，与红色岩层间有过渡相间。凡煤上盖覆砂岩以上，过渡层以下，均隶属本层。岩石以砂、页岩交替为主，上部具薄煤数层，总厚约 710 m。

【沿革】　王恒升等（1936）创名一平浪煤系。盛莘夫等（1962）将陈氏舍资层改称舍资组，沿用至今。

【现在定义】　为灰绿、黄绿色砂岩、粉砂岩、泥岩、碳质页岩，上部夹紫红色泥岩，显示自下而上由粗—细的沉积旋回。底部粗砂岩与下伏干海子组砂页岩为整合接触，顶部杂色砂泥岩与冯家河组紫红色泥岩为整合过渡。

【层型】　选层型为禄丰县一平浪—新庄剖面（101°54′，25°09′），由云南一区测队五分队（1965）测制。

【地质特征及区域变化】　禄丰一平浪厚 423 m。为灰绿、黄绿色砂岩与泥岩交替呈互层，夹碳质页岩，上部常见紫红色泥岩夹层。

北至元谋洒芷厚度增至 671 m。砂岩增多，中下部以灰白、黄绿色中粗粒石英砂岩为主，夹少量碳质页岩；上部为灰绿色泥岩与粉砂岩互层。南至峨山塔甸厚度增至 1596 m。由灰黄、灰黑（顶部夹紫红）色砂岩、粉砂岩、页岩组成的下粗上细沉积旋回，其中包含若干个次级小旋回。

该组由一平浪向南、向北均迅速增厚，岩石粒度变粗。为河湖沼泽相。富含植物，但已远不及干海子组丰富，仍属 *Dictyophyllum*－*Clathropteris* 植物群；半咸水双壳类 *Trigonodus rablensis*，*T. keuperinus*，*Indosinion emeiensis*，*I. rhomboidale*；介形类 *Darwinula minuta*；叶肢介 *Euestheria minuta*，*E. yipinglangensis* 等化石。时代为晚三叠世 Rhaetian 期。

冯家河组　J_1f　(53－0318)

【创名及原始定义】　云南区测队①，(1963）年创名，命名地为祥云冯家河。原始定义：紫红色泥岩夹砂岩。下与舍资组整合接触，岩性连续过渡；上与张河组之间有沉积间断面。

【沿革】　云南区测队（1958）称侏罗纪禄丰红层第一层。云南区测队②（1961）称鱼坝村组，归入中侏罗统。云南地质厅石油地质队（1961）称禄丰统，自下而上分禄丰层、雷布层，归中侏罗统。盛莘夫等（1962）称下禄丰组，归下侏罗统。常芝瑞等（1963）称禄丰群，自下而上分沙湾组、张家坳组，归中侏罗统。1963 年创名冯家河组时归入下侏罗统，被广泛使用。本书沿用。

【现在定义】　紫红、暗紫红色泥岩、砂质泥岩，夹多层灰绿、黄绿色石英砂岩、钙质细砾岩。包括两个大的沉积旋回和小韵律。下与白土田组整合接触；上与张河组间存在区域性沉积间断。

【层型】　正层型为祥云普棚（冯家河—张家河）剖面（100°47′，25°20′），由云南一区测队五分队 1973 年修测。中科院南古所等 1975 年补充。

【地质特征及区域变化】　以紫红色泥岩、泥质粉砂岩和灰绿、黄绿色石英砂岩、长石石

---

① 云南省地质局区域地质测量队，1963，有关滇中中生代煤系及红层划分的几个问题（打印稿）。
② 云南省地质厅区域地质测量队，1961，滇中中生代地层划分对比会议总结（打印稿）。

英砂岩组成相间层为宏观特点，含脊椎动物化石，与下伏白土田组（西部）、舍资组（东部）整合接触，岩性连续过渡。为云南中部中生代凹陷的第一套红色层，分布在凹陷区周围，厚度变化较大，尤以东西方向上表现明显。西部厚一般在 1 500 m 以上；东部相对较薄，厚一般在 1 000 m 之下，大姚龙街厚 954.9 m。但因受古地形、沉积环境控制，厚度变化幅度可能更大。该组在北部永仁，西部祥云下庄，东部元谋雷布，南部新平等地均含恐龙动物化石。

【其他】 滇中中生代凹陷区为康滇古陆的一部分，长期处于隆起状态，三叠纪末在两侧断陷带的基础上，下陷成凹陷区，该组为三叠纪后第一套红色层，厚度变化较大，除受堆积环境控制外，在地层划分、对比上不同地区也有不同认识，值得深入研究中注意。

对该组时代认识，长期以来也不一致，归入早侏罗世是一种代表性意见，很可能是一个跨三叠、侏罗纪的地层单位。

张河组 $J_2\hat{z}$ (53-0319)

【创名及原始定义】 云南区测队①（1961）创名于祥云张家河。原始定义：分两段，下段为砂岩夹泥岩；上段为杂色泥岩，夹细砂岩。

【沿革】 云南区测队（1958）称侏罗纪禄丰红层第一层。云南地质厅石油地质队（1961）称永仁统江边组，归上侏罗统。盛莘夫等（1962）称上禄丰组，归中侏罗统。常芝瑞等（1963）称双柏群爱尼山组，归上侏罗统。云南区测队创名时归入中侏罗统，被广泛使用。本书沿用。

【现在定义】 下部紫红色砂质泥岩夹灰绿、黄绿色细砂岩、泥岩，偶夹碳质页岩；上部紫红、鲜红色砂岩、钙质泥岩，夹多层灰、深灰色泥灰岩，形成杂色层，含叶肢介、介形类等化石，向上变为紫红色泥岩夹多层细砂岩。与下伏冯家河组整合接触，具区域性沉积间断；上与蛇店组整合接触，岩性连续过渡。

【层型】 正层型为祥云普棚（冯家河—张家河）剖面（100°47′，25°20′），由云南一区测队五分队 1973 年修测。中科院南古所等 1975 年补充。

【地质特征及区域变化】 该组在云南中部中生代凹陷中为继冯家河组的第二套红色层，分布广，岩性、厚度均较稳定。层型剖面上厚 2 676.2 m。含化石。叶肢介 *Euestheria xiazhuangensis*；介形类 *Metacypris* sp.，*Darwinula* sp.；昆虫 *Yunnanocarabus litus* 等。该组下部砂岩在东部元谋——平浪一带与禄丰群上部相似，岩屑成分较复杂，常称复矿质砂岩，其下与冯家河组沉积间断面明显。大姚龙街厚 487.1 m。西部祥云、南华马龙河一带厚度明显增大。北部永仁、南部新平地区，厚度较西部小，下部砂岩成分以石英为主，其下与冯家河组整合接触，划分也较困难。

【其他】 该组在南华马龙河一带含砷矿，具有工业意义。

禄丰群 JL (53-0320)

【创名及原始定义】 卞美年（1940）创名于禄丰，原称禄丰系（Lufeng series）。原始定义：分两部分，下禄丰系自下而上为底砾岩厚 5～20 m；暗紫色层，厚 550 m，含 *Lufengosaurus huenei*，*Bienotherium yunnanensis* 等；块状绿砂岩，厚 20 m；深红色层，厚 150 m，含 *Pseudosuchia* indet，*Triconodonta* indet 等。上禄丰系自下而上为红色砂岩，厚 5～10 m；绿—黄色条带状夹层，厚 70 m；杂色层，厚 120 m，含 *Hybodus houtienensis*，以及鱼鳞、双壳类、介形类等；酒红色层，厚 80 m。与下伏变质岩系不整合接触，上与石门系呈假整合接触。

① 参见冯家河组。

【沿革】 创名时提出可能的三种时代是：全属上三叠纪；下禄丰系属上三叠纪，上禄丰系属 Lias 和上禄丰系属三叠纪之后。盛莘夫（1962）将下禄丰组归入下侏罗统，上禄丰组归入中侏罗统。中科院南古所等（1975）沿用上、下禄丰组，将界线上移 5～10 m，指明两组间存在沉积间断。这种划分被广泛应用。云南地矿局（1990）采用上禄丰组之上划分出安宁组，将安宁组归入上侏罗统。此次对比研究采用禄丰群代替原禄丰系。

【现在定义】 同原始定义。代表昆明地层小区平行不整合—不整合于马头山组之下，整合于舍资组之上或超覆不整合于更老地层之上的红色地层。时代为早、中侏罗世。

【层型】 正层型为云南禄丰沙湾剖面（102°06′，25°10′），由卞美年 1941 年修测。

【地质特征及区域变化】 该群岩性特征明显，较为稳定。下部厚度变化较明显，普遍含恐龙类及介形类化石；上部厚度变化较小，一般含轮藻、双壳类、腹足类、介形类和鱼化石。分布在元谋、峨山一线以东；东川、华宁一线以西的南北向地区，与西侧楚雄中生代大盆地相对而言，常称小盆地型沉积。

【其他】 禄丰群所处地质位置介于云南中部楚雄中生代盆地和四川中生代盆地中间的相对隆起地区，地层发育不全，一般将该群与西部冯家河组、张河组；东部自流井组、沙溪庙组、遂宁组、蓬莱镇组对比，也可以理解为上述两区域相应地层的并组为群，从而沟通云南、四川两盆地，有利于地层的划分和对比。该群的时代以早、中侏罗世为主，不排除下、上延入晚三叠世和晚侏罗世。

该群在安宁赋存盐类工业矿床。

须家河组 T_3x （53－0448）

【创名及原始定义】 赵亚曾等（1931）创名于四川广元县须家河，称须家河系。原始定义：黄色砂岩为主夹少量页岩及煤层，厚 400 m，含植物化石。下伏层为石灰岩，上覆层为红层。

【沿革】 谢家荣等① （1941）在滇东北调查地质矿产时创名桃子树层。赵金科等（1962）将东川一带分布的晚三叠世煤系地层划归一平浪煤组。云南二区测队七分队（1976）引进须家河组。至今仍沿用此名。

【现在定义】 岩性以黄灰色砂、泥岩为主夹煤层，组成不等厚韵律互层，富含植物及双壳类化石。平行不整合覆于以海相碳酸盐岩为主的雷口坡组之上，与上覆自流井组紫红色泥岩整合过渡。

【层型】 正层型为四川广元县须家河剖面（105°48′，32°30′）。本省次层型为会泽县鲁贝剖面（103°29′，26°34′），由云南区调队八分队（1980）测制。

【地质特征及区域变化】 广泛分布于滇东北地区。会泽鲁贝厚 141 m，底部为灰白色中粒长石岩屑砂岩，偶夹煤线，向上为灰黄色石英砂岩、粉砂岩夹粉砂质页岩、碳质页岩，偶夹煤线及劣煤，蒋家村见其底部夹烟煤层。含双壳类 *Indosinion tonkinensis*，*I. trapezoidalis*；介形类 *Darwinula* sp.；植物 *Pterophyllum* sp.，*Dictyophyllum* sp.，*Neocalamites* sp. 及腹足类等。

南至会泽县耳格箐厚 113 m，底部为黄棕色石英砂岩夹煤层；向上为黄棕色长石岩屑砂岩与粉砂质页岩互层。富含双壳类 *Yunnanophorus* cf. *boulei*，*Permophorus* cf. *emeiensis*，*Trigonodus* cf. *sandbergeri*，*Unionites emeiensis* 等；介形类 *Darwinula medialis*，*D.* cf. *liassica* 等。北

① 谢家荣等，1941，叙昆铁路沿线昆明威宁间地质矿产调查临时报告，第 1 号（内刊）。

至永善鲁溪厚度增至433 m，底部为褐黄色砾岩、粗砂岩，向上为灰黄、黄绿、灰黑色含岩屑石英砂岩、粉砂质页岩夹碳质页岩、煤线等组成下粗上细的多个沉积旋回，含少量植物化石。最北部绥江、水富一带，岩性变化不大，底部常见砾岩，自下而上常组成由粗一细的沉积旋回，厚度增至574～680 m。

综上所述，本组主要为长石岩屑砂岩、岩屑石英砂岩、石英砂岩夹粉砂质页岩、碳质页岩、煤层或煤线，底部常夹砾岩及粗砂岩，常构成1～3个下祖上细的沉积旋回。区域上普遍见其与下伏关岭组灰岩、上覆自流井组砂页岩均为平行不整合接触。古生物以植物及半咸水双壳类为主，兼有介形类、腹足类、叶肢介等，时代为晚三叠世Rhaetian期。属河湖沼泽相。

自流井组　J_1z　(53-0384)

【创名及原始定义】 Heim (1931) 命名于四川省自贡市自流井一带，称“自流井系”。原始含义泛指命名地发育的一套红色泥岩为主，夹砂岩及石灰岩的地层，富含贝壳类等化石，由下而上划分为“自流井红色岩层”及“自流井石灰岩”两部分，厚约200 m。

【沿革】 四川石油局贵阳勘探处801队[①] (1958) 引入此名用于滇东北，称自流井统，划属晚侏罗世早期。地质部第四普查勘探大队滇黔队[②] (1964) 改称自流井群，自下而上划分成东岳庙组、大安寨组、凉高山组，归属中侏罗世。贵州地质局等 (1965) 改称自流井组，仍划属中侏罗世。云南二区测队七分队 (1976) 将自流井组划属早侏罗世。云南地质局 (1990) 称下禄丰组，时代属早侏罗世。本书沿用自流井组一名。

【现在定义】 平行不整合于须家河组陆相含煤碎屑岩层之上的一套紫红色泥（页）岩夹薄层石英细砂岩、生物碎屑灰岩或泥灰岩为主的地层，常具韵律结构，富含双壳类、叶肢介及介形类化石。整合伏于新田沟组杂色砂、页岩或平行不整合于沙溪庙组底部黄色块状砂岩之下。

【层型】 正层型是四川自贡市周家沟—伍家坝剖面 (104°48′, 29°23′)，由四川地质局航测队 (1980) 测制。我省次层型为会泽县乐业鲁贝剖面 (103°29′, 26°35′)，由云南区调队八分队 (1980) 实测。

【地质特征及区域变化】 云南境内自流井组为一套紫红、暗紫红色粉砂质泥岩、泥岩及粉砂岩，夹紫红、灰绿色细粒石英砂岩和极少的白云岩、泥质灰岩，底部常有石英砂岩或有铁质砂砾岩。底部平行不整合（局部整合）于须家河组之上。顶与沙溪庙组为整合（局部地区为平行不整合）接触。

该组所含化石有双壳类 *Cuneopsis yunnanensis* 等，植物 *Neocalamites* sp. 等，还有介形类；在威信落蒋，该组下部有脊椎动物化石 *Lufengosaurus* cf. *magnus*。时代属早侏罗世。

该组分布在滇东北地区，以及宣威、会泽等地，岩性稳定，无明显相变。会泽鲁贝该组厚80.5 m，永善鲁溪厚92.8 m，镇雄茶坝厚211.2 m，威信落蒋仅保存该组下部，厚110 m。由南向北，厚度逐渐增大。

沙溪庙组　$J_2\hat{s}x$　(53-0385)

【创名及原始定义】 杨博泉、孙万铨 (1946) 创名于四川省合川县沙溪庙，称沙溪庙层。原始含义为紫红色泥岩夹浅灰色长石砂岩与长石石英砂岩，中部泥岩与砂岩呈不等厚互层，厚1 220～2 000 m。

【沿革】 四川石油局贵阳勘探处801队 (1958) 引入沙溪庙层一名用于滇东北地区，归

① 四川石油局贵阳勘探处801队，1958，云南地区油气勘探远景的初步研究总结报告（内部资料）。
② 地质部第四普查勘探大队滇黔队，1964，云南石油地质工作总结报告（1958—1963）（内部资料）。

属晚侏罗世下重庆统。地质部第四普查勘探大队滇黔队（1964）改称沙溪庙组，归属晚侏罗世重庆群。贵州地质局等（1965）仍将沙溪庙组划属晚侏罗世重庆统，并划分为下沙溪庙层、上沙溪庙层两部分。云南二区测队七分队（1976）将沙溪庙组时代归属中侏罗世。

【现在定义】 岩性为黄灰、紫灰色长石石英砂岩与紫红、紫灰色泥（页）岩不等厚韵律互层。含双壳类、介形类、叶肢介、植物及脊椎动物化石。与下伏新田沟组或千佛岩组杂色砂泥岩及上覆遂宁组砖红色岩屑长石砂岩均为整合接触，亦可平行不整合超覆于自流井组之上。

【层型】 正层型为四川省合川县沙溪庙剖面，位于沙溪庙之重庆北碚—合川公路沿线。由四川地质局航调队（1980）测制。本省次层型是会泽县乐业鲁贝剖面（103°29′，26°35′），由云南区调队八分队（1980）实测。

【地质特征及区域变化】 该组分布在滇东北及会泽、宣威等地。在会泽乐业鲁贝，下部以紫红、黄棕色细、中粒厚层—块状长石砂岩为主，夹较多的紫红色粉砂岩及少量灰绿色钙质泥岩；上部为紫红色泥质粉砂岩夹灰紫色长石砂岩及钙质粉砂岩、灰绿色钙质泥岩，顶部为灰绿色钙质粉砂质泥岩夹紫红色泥岩及浅灰色灰岩。厚786.8 m。向北岩性略有变化，下部砂岩减少，粉砂岩增多。厚度变薄。彝良城北该组厚为475.3 m。底与自流井组呈整合（局部呈平行不整合）接触。顶与遂宁组为整合接触。

该组下部含介形类 *Darwinula impudica* 等，叶肢介 *Euestheria orientalis* 等。上部化石比较丰富，有介形类 *Darwinula sarytirmenensis*，*D. impudica*，*D. lufengensis*，*D. magna*，*D. changxinensis*；叶肢介 *Nestoria longjiensis*，*Eosestheria* aff. *middendorfii*；双壳类 *Pseudocardinia shihuopingensis*，*Cuneopsis johannisboehmi*，以及腹足类、轮藻等。据所含化石组合，该组时代应属中侏罗世。

遂宁组　J_2s　（53-0386）

【创名及原始定义】 李悦言等（1939）创名于四川遂宁县城附近，称遂宁页岩层。原始含义为以棕红、砖红色泥岩为主，夹同色砂岩及粉砂岩薄层，偶夹石膏薄层，厚一般为300～500 m。

【沿革】 四川石油局贵阳勘探处801队（1958）引用遂宁页岩一名于滇东北地区，归属晚侏罗世上重庆统。地质部第四普查勘探大队滇黔队（1964）改称遂宁组，归属晚侏罗世重庆群。云南二区测队七分队（1976）将遂宁组划属中侏罗世。沿用至今。

【现在定义】 岩性以红、鲜紫红、砖红色泥（页）岩为主，夹同色岩屑长石砂岩、粉砂岩，含介形类、轮藻、叶肢介及双壳类化石。与下伏沙溪庙组紫红色泥岩及上覆蓬莱镇组紫灰色长石石英砂岩均为整合接触。

【层型】 正层型为四川蓬溪县高坪黄朝门—中江县广福凤凰寨剖面，由四川地质局航调队（1977）测制。本省次层型是会泽县乐业鲁贝剖面（103°28′，26°35′），由云南区调队八分队（1980）实测。

【地质特征及区域变化】 该组在云南仅分布在滇东北地区，位于向斜核部。以紫红色泥岩、泥质粉砂岩为主，夹紫红、灰黄色钙质泥岩、砂岩及很少的粉砂质灰岩或泥质灰岩。与下伏沙溪庙组、上覆蓬莱镇组均为整合接触。区域上岩性稳定，变化很小。含有双壳类 *Cuneopsis*，介形类 *Darwinula sarytirmenensis*，叶肢介 *Euestheria complanata*，*E. rotunda* 等化石。该组厚度有由南向东北逐渐增大的趋势，会泽乐业鲁贝厚412.1 m，永善马路厚303 m，彝良沙子崖厚985 m。

据所含化石组合，该组时代属中侏罗世。

蓬莱镇组　Jp　(53-0387)

【创名及原始定义】　杨博泉等（1946）命名于四川蓬溪县蓬莱镇，称蓬莱镇砂岩层。原始含义主要为浅黄色厚层砂岩与紫红色页岩互层，砂岩由西向东逐渐增多，颗粒变粗，厚1 260～1 840 m。

【沿革】　四川石油局贵阳勘探处801队（1958）引入蓬莱镇砂岩一名用于滇东北地区。归属晚侏罗世上重庆统。地质部第四普查勘探大队滇黔队（1964）改称蓬莱镇组，划属晚侏罗世重庆群。云南区调队八分队（1980）划属晚侏罗世。本书将其与禄丰群顶部对比，时代为中侏罗世，可能跨晚侏罗世。

【现在定义】　岩性以紫灰色长石石英砂岩与紫红等色泥（页）岩不等厚互层为主，夹黄绿色页岩及生物碎屑灰岩条带，含介形类、叶肢介、轮藻及双壳类化石。与下伏遂宁组砖红色泥岩或砂岩及上覆苍溪组（云南缺）灰紫等色岩屑长石砂岩均为整合接触。

【层型】　正层型为四川蓬莱县高坪黄朝门—中江县广福凤凰寨剖面，由四川地质局航调队（1977）测制。本省次层型是会泽县乐业鲁贝剖面（103°28′，26°35′），由云南区调队八分队（1980）实测。

【地质特征及区域变化】　在云南，蓬莱镇组仅零星分布在极少数向斜核部，以会泽乐业至鲁珠一带保存较多，为灰黄色泥质粉砂岩与浅灰、紫红、黄灰色水云母页岩、粉砂质粘土岩、钙质泥岩，中夹骨屑灰岩，底有细粒钙质石英砂岩。底与遂宁组整合接触，未见顶。厚159.4 m。含介形类、叶肢介、腹足类及植物等化石。介形类有 *Darwinula impudica*，*D. changxinensis*，*D. oblonga*，*D. sarytirmenensis* 等，叶肢介有 *Euestheria complanata*，*E. ziliujingensis*，*E. hubeiensis*，*E. elegans*，*Diestheria yunnanensis*。时代属中、晚侏罗世。

蛇店组　$J_3\hat{s}$　(53-0321)

【创名及原始定义】　云南区测队[①]（1961）创名于大姚蛇店。原始定义：紫红色砂岩，偶见砂砾岩，并夹泥岩。与下伏张河组、上覆妥甸组均为整合接触。

【沿革】　云南区测队（1958）称侏罗纪禄丰红层第二层。云南地质厅石油地质队（1961）称永仁统早谷田组，归上侏罗统。盛莘夫等（1962）使用早谷田组归中侏罗统。常芝瑞等（1963）称双柏群子时冲组，归上侏罗统。云南区测队创名时归中侏罗统，云南一区测队（1965）改归上侏罗统。被广泛使用。本书沿用。

【现在定义】　灰、灰紫、浅紫红色，厚层—块状，细—中粒长石石英砂岩，夹砂质、钙质泥岩、砾岩、砂砾岩。与下伏张河组、上覆妥甸组均呈整合接触。

【层型】　正层型为大姚龙街剖面（101°34′，25°41′），由云南区测队二分队1965年修测。

【地质特征及区域变化】　该组岩性特征明显，在云南中部中生代凹陷区广泛分布，凹陷区边缘普遍较粗，厚度也大。东缘层型剖面上厚573.6 m；北部永仁早谷田厚1 696 m；西部祥云普棚厚1 086 m；南部新平麻栗树厚1 596.2 m。而中心地区细而薄，双柏滥泥阱厚727.5 m，妥甸街一带厚仅14.8 m。为一较典型的侧向加积型堆积的岩石地层单位。

【其他】　该组在划分和对比上存在不同认识。一般认为云南中部中生代凹陷东缘的敦仁一带和其以东的昆明地层小区，不存在该组及其上覆的妥甸组以及下白垩统高峰寺组、普昌河组。还有一种意见，认为昆明地层小区内有相当该组及上覆妥甸组地层存在。

---

① 参见冯家河组。

此外，对该组的划分、对比在新平一带，还有不同认识。

妥甸组 J_3t (53-0322)

【创名及原始定义】 云南区测队[①]（1961）创名于双柏（妥甸）。原始定义：分两段，下段为紫色泥岩；上段为杂色泥岩，含介形类 *Darwinula* sp. 和叶肢介。下与蛇店组整合接触；上与东山组假整合接触。

【沿革】 云南区测队（1958）称侏罗纪禄丰红层第三层。云南地质厅石油地质队（1961）称永仁统他皮里组，归上侏罗统。盛莘夫等（1962）使用空渴组，归上侏罗统。常之瑞等（1963）称双柏群落花冲组，归上侏罗统。云南区测队创名时归中侏罗统，云南一区测队（1965）改归上侏罗统。被广泛使用。本书沿用。

【现在定义】 下部紫红、暗紫红色泥岩、粉砂质泥岩，夹泥质粉砂岩、细砂岩，含轮藻化石；上部为暗红、紫红色块状钙质泥岩、泥岩，夹黄、灰绿、黄绿等杂色泥岩、泥灰岩，向上变为单一的暗灰绿、黄绿、黄色薄层泥岩、钙质泥岩，夹多层泥灰岩，呈不等厚互层状，含双壳类、叶肢介和介形类化石。下与蛇店组整合接触；上与高峰寺组平行不整合接触。

【层型】 选层型为双柏滥泥阱剖面（101°29′，24°44′），云南一区测队五分队（1965）修测。

【地质特征及区域变化】 该组以泥质等细碎屑和泥灰质沉积为特征，与前述蛇店组组成自下而上由粗到细的大旋回，在云南中部中生代凹陷区广泛分布，和蛇店组在厚度上具明显的消长关系，即凹陷区中心厚度大，钙质层明显加多，而边缘厚度变薄，钙质层减少，粒度相对变粗。中部双柏层型剖面上厚 1 599.3 m，含轮藻 *Euaclistochara lufengensis*, *E. nuguishanensis*；叶肢介 *Eosestheria* cf. *subquadrata*, *E.* cf. *subovata*, *E.* cf. *dianzhongensis*；介形类 *Darwinula sarytirmenensis*，*D. oblonga*，*D. incurva*，*D. giganimpudica*，*Daomnella*? *shuangbaiensis* 双壳类 *Martinsonella*? sp.，*Tutuella*? sp. 等。东部大姚龙街厚 475.9 m。北部永仁早谷田厚 1 183 m，永胜千旦河厚 487.5 m。西部祥云普棚厚 369.3 m，力必甸厚 543.6 m。南部新平麻栗树未见顶，厚 482.8 m。

高峰寺组 K_1g (53-0209)

【创名及原始定义】 云南区测队[②]（1962）创名于牟定县高峰寺。原始定义：为黄白、紫红色砂岩夹泥岩，底部一般都可见砾岩或者砂砾岩。

【沿革】 云南省地质厅石油地质队[③]（1961），使用云龙镇组。云南区测队[④]（1961）使用东山组。云南区测队改创新名时使用高丰寺组，后多沿用，划归上侏罗统。云南一区测队五分队（1965）改归下白垩统。中科院南古所等（1975）改为高峰寺组。此次研究采用高峰寺组。

【现在定义】 下部灰黄、灰绿、灰紫色中粒砂岩、粉砂岩、粉砂质泥岩，底部夹砾岩；中、上部灰、灰黄、灰绿色厚层石英砂岩，夹紫红色泥岩、钙质细砾岩。与下伏妥甸组为平行不整合关系，与上覆普昌河组呈整合接触。

【层型】 选层型为祥云县普棚剖面，位于普棚之东普昌河（100°56′，25°20′）。由云南一区测队五分队 1973 年测制。

---

① 参见冯家河组。
② 云南省地质厅区域地质测量队，1962，滇中中生代红层及煤系的划分（打印稿）。
③ 云南省地质厅石油地质队，1961，滇中侏罗白垩系红层研究报告（内刊）。
④ 云南省地质厅区域地质测量队，1961，滇中中生代地层划分对比会议总结（打印稿）。

【地质特征及区域变化】 该组以灰白、灰紫色石英砂岩、长石石英砂岩为主，夹少量泥岩及砂砾岩，砂岩中发育斜层理。所含古生物化石主要有双壳类 *Nakamuranaia* aff. *chingshanensis*，*Trigonioides* (*Wakinoa*) *antiques*；介形类 *Monosulcocypris reniformis*，*M. magna*，*Cypridea*，*Limnocypridea* 等。时代属早白垩世。

该组仅分布在滇中地区。岩性稳定，在区域上没有多大变化，仅砂岩颜色在北部永仁、永胜一带主要为紫红色，而其他地区都以灰白、黄白色为主。厚度变化较大，西部及南部厚度较小，北部及东部厚度较大。祥云普棚厚 702 m，祥云力必甸厚 848.3 m，大姚龙街厚 377 m，楚雄杞木本厚 365.5 m，南华古苴村厚 252.3 m，姚安县城西厚 666.8 m，永仁昔丙厚 1 041.1 m，永胜千旦河厚 595.8 m。

【其他】 高丰寺组普遍含铜，局部地区形成矿床。已知有小型矿床 1 处（大姚县凹地苴）及矿点数处，均属沉积型砂岩铜矿。

普昌河组　K_1p　(53-0208)

【创名及原始定义】 云南区测队[①]（1961）创名于祥云县普昌河。创名者[②] 1962 年给该组定义为：紫红色泥岩，钙质页岩夹绿色泥岩，厚 290 m，含双壳类、叶肢介、介形类、鱼鳞化石。

【沿革】 创名后被广泛沿用。创名时划为晚侏罗世，云南一区测队五分队（1965）划为早白垩世，沿用至今。

【现在定义】 下部鲜紫红、紫红色钙质泥岩、砂质泥岩夹黄绿色砂、泥岩条带；中部紫红、黄绿色泥岩、钙质泥岩夹细砂岩、泥灰岩，呈杂色条带；上部紫红色泥岩与薄一中层泥质砂岩互层。与下伏高丰寺组整合接触，上被马头山组平行不整合覆盖。

【层型】 正层型为祥云县普棚下白垩统实测剖面，位于普棚街之东普昌河西侧（100°56′，25°20′），由云南一区测队五分队（1973）修测。

【地质特征及区域变化】 位于高丰寺组砂岩与马头山组砂岩之间的一套紫红色夹黄绿色泥岩、钙质泥岩，夹泥灰岩、砂岩，是识别普昌河组的重要特征和划分该组的标志。

普昌河组含丰富的生物化石，主要的有双壳类 *Yunnanoconcha pupengensis*，*Y. chuxiongensis*，*Trigonioides* (*Wakinoa*) *yunnanensis*，*Nakamuranaia elongata*，*N. chingshanensis*，*Plicatounio* 等；介形类 *Cypridea minevensis*，*C. dayaoensis*，*Ziziphocypris quadrata*，*Z. simakovi*，*Darwinula oblonga*，*D. contracta*，*D. leguminella* 等；叶肢介 *Orthestheriopsis puchangheensis*，*O. scutulata*；轮藻 *Flabellochara grovesi* 等。时代属早白垩世。

该组仅分布在滇中地区。区域上岩性较稳定，相变不大，只在局部地段紫红色砂岩夹层较多。其厚度变化较大，以普棚至永仁一线厚度较大，向东厚度减小。祥云普棚厚 1 311 m，姚安叶家冲厚 1 080.3 m，永仁昔丙厚 1 232.2 m，大姚凹地苴厚 487.6 m，大姚龙街厚 362.5 m，楚雄后马房厚 397.4 m，楚雄杞木本厚 267.6 m。

马头山组　K_1m　(53-0207)

【创名及原始定义】 云南区测队[③]（1961）创名于元谋县马头山。创名者 1962 年给该组定义为：长石石英砂岩、砂砾岩，厚 0～450 m。

【沿革】 创名时划为早白垩世。云南区测队二分队（1965）划为晚白垩世。云南地矿局

① 、③ 云南省地质厅区域地质测量队，1961，滇中中生代地层划分对比会议总结（打印稿）。
② 云南省地质厅区域地质测量队，1962，六一年地质工作总结及六二年设计（打印稿）。

(1990) 划为早白垩世。

【现在定义】 上部紫红色厚层—块状石英砂岩，夹砂砾岩、泥质砂岩、页岩及含铜页岩；中下部为暗紫色厚层—块状钙质砂岩，夹紫红色泥岩、砂砾岩，底为砾岩。在正层型处超覆不整合于禄丰群之上，顶与江底河组为整合接触。

【层型】 正层型为元谋县马头山—小井剖面（101°58′，25°37′），由云南区测队二分队（1965）测制。

上覆地层：江底河组　紫红色泥质砂岩与泥岩互层

——————— 整　合 ———————

马头山组　　总厚度 157.3 m

26—25　紫红色厚层—块状石英砂岩，夹砂砾岩、泥质砂岩、砂质泥岩、页岩，其中夹1层0.8 m厚的含孔雀石灰绿色页岩，底部0.7 m为灰紫色细粒钙质石英砂岩　62.9 m

24. 暗紫色厚层—块状细粒钙质砂岩，夹紫红色泥岩、砂砾岩，底为2.5 m厚的复成分砾岩　94.4 m

~~~~~~~~~~ 不整合 ~~~~~~~~~~

下伏地层：禄丰群　紫红色厚层长石石英砂岩夹泥岩

【地质特征及区域变化】 马头山组以紫红色砂岩夹砂砾岩为主，各地不同程度的夹有泥岩、泥质粉砂岩。顶与江底河组为整合接触。其底界，在元谋东山、牟定杨家山、禄丰一平浪，该组底砾岩超覆不整合于禄丰群之上，而在云南中部楚雄等地区平行不整合于普昌河组之上。

该组所含化石主要有双壳类 *Nakamuranaia chingshanensis*，*N. oblonga*，*Yunnanoconcha pupengensis*，*Nippononaia yunnanensis*，*Plicatounio*（*Plicatounio*）*yaoanensis*，*Trigonioides* sp. 等；介形类 *Cyprides*（*C.*）*dayaoensis*，*C.*（*C.*）*chuxiongensis*，*Ziziphocyris simakovi* 等；叶肢介 *Nemestheria subquadrata* 等；轮藻 *Porochara oblonga* 等。时代属早白垩世。

马头山组分布在滇中地区，在滇东北彝良、镇雄有零星出露。各分布地岩性总的特征基本一致，局部地段（如姚安叶家冲、禄丰董户村等地）砂质泥岩及粉砂岩夹层较多。该组厚度在滇中地区一般为110～270 m，东南部厚度较大。元谋马头山厚157.3 m，武定汗涪地厚112.2 m，大姚龙街厚271.7 m，姚安叶家冲厚182.3 m，禄丰元永井厚526.2 m，牟定铜厂阱厚553 m，楚雄杞木本厚247.5 m，易门小马头村厚154.6 m，峨山青龙寨厚大于660.7 m，永胜千旦河厚130 m，滇东北彝良沙子岩厚大于537 m，镇雄该组上部不全，残留厚度72.1 m。

【其他】 马头山组是滇中地区沉积型含铜砂岩铜矿床的最主要赋存层位。已探明有中型矿床3处，小型矿床6处，还有一些矿点。主要分布在大姚、牟定一带，少数分布在永仁团山、禄丰广通等地。

江底河组　KE*j*　(53-0206)

【创名及原始定义】 云南区测队（1961）创名于大姚县江底河。原始定义：下段为杂色泥岩，中段为紫色泥岩，上段为杂色泥岩，顶部含盐。含鱼类及介形类化石。

【沿革】 创名时划属早白垩世。创名者于1962年将覆于该组之上的稗子田组并入江底河组，划属早白垩世。云南区测队二分队（1965）划为晚白垩世，自下而上划分为4个岩性段：下杂色泥岩段，下紫色粉砂岩段，上杂色泥岩段，上紫色粉砂岩段。云南地矿局
~~~~~~~~~~

(1990)将上述的上部两个岩性段划出称元永井组，认为其时代属老第三纪；下部两个岩性段仍称江底河组，属晚白垩世。本书仍采用云南区测队1962年划分标准，认为其时代为晚白垩世至老第三纪。

【现在定义】 下部为紫红、灰绿、黄绿等杂色砂质泥岩、页岩与泥质粉砂岩互层夹泥灰岩；中下部为紫色粉砂岩夹少量细粒长石石英砂岩；中上部为紫红色泥岩、钙质粉砂岩夹灰绿、黄绿色泥岩、泥灰岩及含盐泥砾岩；上部为紫红色粉砂岩、泥岩夹少量细粒长石石英砂岩。与下伏马头山组、上覆赵家店组均为整合接触。

【层型】 选层型为大姚县县华寺剖面（101°18′，25°59′），由云南一区测队四分队(1966）实测。

上覆地层：赵家店组 紫红色细粒长石石英砂岩夹粉砂岩、泥岩

——————整 合——————

江底河组 总厚度 2 574.2 m

8. 上部为紫红色粉砂岩、泥岩夹少量细粒含长石英砂岩，下部为紫红色厚层泥岩夹粉砂岩 960.5 m
7. 紫红色块状泥岩夹少量同色粉砂岩，顶部夹2～3层紫红色和黄绿色相间条带页岩 148.5 m
6. 紫红色块状粉砂岩与同色泥岩互层 28.6 m
5. 紫红色泥岩、砂质泥岩，夹灰绿、黄色钙质泥岩、钙质粉砂岩，底部有一层长石石英砂岩 300.6 m
4. 紫红色粉砂岩、砂质泥岩，中部夹一层厚10.6 m的长石石英砂岩 365.5 m
3. 上部紫红色砂质泥岩、粉砂岩夹灰绿、黄绿色钙质泥岩。下部以紫红色泥岩为主，夹黄、灰绿色泥岩及粉砂岩 770.5 m

——————整 合——————

下伏地层：马头山组 紫红色块状砂质泥岩

【地质特征及区域变化】 该组总的特征是以紫红色泥岩、粉砂岩为主，夹钙质泥岩和钙质粉砂岩，下部及中上部夹有一些灰绿、黄绿色岩层而显杂色，中上部普遍夹有含盐块状钙质粉砂质砾岩层。与上覆及下伏岩层为整合接触。

该组下部含丰富的生物化石，中上部也含有少量化石。下部所含化石主要有介形类 *Cypridea* (*Ulwellia*) cf. *minevensis*，*C.* (*U.*) *houmafangensis*，*Darwinula* cf. *leguminella*，*Eucypris* cf. *anluensis* 等；叶肢介 *Orthestheria daijiatunensis*，*Nemestheria yunnanensis*，*Halysestheria* cf. *inflata*，*Aglestheria separata* 等；轮藻 *Charites sadleri* 等，鱼类 *Manchurichthys* sp.。时代属晚白垩世。中上部所含化石有介形类 *Cypridea* sp.，*Eucypris* sp.，叶肢介 *Aglestheria*? sp. 及孢粉等，据所含生物化石组合及含盐特征可与思茅盆地勐野井组对比，时代为老第三纪早期。

江底河组分布在滇中地区，岩性较稳定。厚度变化较大，大姚县华寺厚2 574.2 m，大姚龙街厚2 227.1 m，禄丰元永井厚1 125.3 m，武定勐果厚756.3 m。该组在大部分地区底与马头山组为整合接触。但在元谋斑果向北至永仁平地街再向西南至永仁阿利地一线，该组中上部超覆不整合在古老花岗岩、元古宇变质岩之上。

【其他】 江底河组中上部是滇中重要的盐类矿床赋存层位，已知有岩盐中型矿床4处；石膏小型矿床4处，矿点4处；钙芒硝中型矿床4处。该组下部及中上部局部地区有铜矿化，

已知小型铜矿一处及一些矿点。

赵家店组　$E_2\hat{z}$　(53-0114)

【创名及原始定义】　云南区测队①（1961）创名于大姚县赵家店。原始定义：下部为块状砂岩段；上部为红色泥岩段。与下伏下白垩统稗子田组为整合或平行不整合接触，未见顶。其时代为晚白垩世。

【沿革】　云南省石油地质队②（1960）曾把滇中地区相当于本组下部的砂岩称元永井组，上部的泥岩叫香坡山组，并将该二组置于石门统最上部，归属白垩纪。云南石油地质队一分队③（1960）则叫敦仁组，置于石门统上部，归属白垩纪。1961 年云南区测队创名赵家店组，时代归属晚白垩世。此后多被广泛使用，时代归属不断变新。朱占祥④（1973）则将赵家店组含义缩小，仅指下部砂岩段，时代归属晚白垩世；上部泥岩段使用香坡山组，时代归属古新世。云南地矿局（1990）根据赵家店组整合于含古新世化石的元永井组之上，时代归属早—中始新世。本书同意此意见。

【现在定义】　指整合于江底河组之上的一套由粗—细的红色粗碎屑岩—泥质岩的地层序列。下部为紫红、肉红色厚层块状细—中粒长石石英砂岩、石英砂岩，偶夹砖红色泥岩及粉砂岩；上部为棕红、砖红色泥岩夹紫红、暗紫红色厚层状细粒长石石英砂岩，未见顶。本组以厚层块状砂岩或含砾砂岩的出现与下伏江底河组分界。

【层型】　选层型为禄丰县元永井剖面（101°56′，25°16′），由云南一区测队五分队（1965）实测。

赵家店组　　　　　　　　　　　　　　　　　　　　　　　　　　总厚度 1 150.8 m

8. 上部暗紫红、棕红色粉砂质泥岩，夹细粒含长石石英砂岩；下部暗紫红色厚层状细—中粒含长石英砂岩和泥岩互层，砂岩中含石英小砾石。未见顶　　684.7 m

7. 紫红、肉红色厚层—块状细—中粒含长石石英砂岩、石英砂岩，偶夹砖红色泥岩及粉砂岩，铁质胶结　　466.1 m

———— 整　合 ————

下伏地层：江底河组　暗紫红色薄层粉砂岩、钙质粉砂岩夹泥岩

【地质特征及区域变化】　本组分布于滇中红色盆地，为滇中红层的最高层位。下部砂岩，上部泥岩，表现出下粗上细的特点。在区域上，岩性较稳定，惟有大姚龙街、昙华寺一带，下部以粉砂岩、泥岩为主，向上变粗。

本组生物化石甚少，仅于牟定县羊九河谷中曾采得爬行动物似鸟龙类的足迹；禄劝县里得老—半径村一带采获少量植物 *Carpolithus* sp.，*Ginkgo* sp.，*Phyllotheca*? sp. 等化石，结合本组整合于含古新世化石的江底河组之上，故将其时代置于早—中始新世。

本组未见顶，各地残留厚度不一。以武定张锡哨最厚，达 1 387.3 m；大姚龙街最薄，仅有 241.9 m。其余地区如武定乾塘厚 1 206.6 m，禄丰元永井厚 1 150.8 m，元谋塘郭厚 449.8 m，大姚县华寺厚 260.5 m。总的来看，武定、禄丰一带较厚，向西北大姚、永仁一带变薄。

【其他】　本组下部砂岩具楔状和大型斜层理、波痕、干裂及虫迹等沉积构造，层间冲刷

① 云南区测队，1961，滇中中生代地层划分对比会议总结（打印稿）。
② 云南石油地质队，1960，云南地区 1959 年石油地质总结报告（未刊）。
③ 云南石油地质队一分队，1960，云南中部楚雄—双柏一带石油普查总结报告（未刊）。
④ 朱占祥，1973，云南的白垩系，云南省各时代地层总结，云南省地质局（未刊）。

现象也较显著，属河流相沉积；上部泥岩为湖相沉积。

路南组　El　(53-0117)

【创名及原始定义】　杨钟健等（1939）创名于路南，称路南层。原始定义："路南盆地之第三纪初期地层，为一标准之湖泊堆积。底部沉积者多为较粗岩层，西北及西南边缘多为角砾岩，杂以粗砂岩及页质砂岩等。於距底部约100公尺处，有一厚5～10公尺之灰白色石灰岩层。岩层之上部主要岩石为红砂岩及红土。全厚至少在350公尺以上。主要地层为红色岩系。与茅口石灰岩成不连续接触。为上始新统。"

【沿革】　中国地质学编辑委员会等（1956）更名为路南组，置于晚始新世。徐余瑄等（1962）认为路南盆地含有两个不同时代的动物群，下部为晚始新世路南动物群，仍用路南组；上部为早渐新世安仁村动物群，命名为安仁村组。裴文中等（1963）将这一跨世的地层改称路南群，置于始新—渐新统。中国科学院路南队①（1971）将该群分为两个组，下部命名为路美邑组，归属晚始新世；上部命名为小屯组，划属早渐新世。王伴月等（1983）将曲靖蔡家冲盆地不整合于阳新灰岩之上，蔡家冲组之下的褐红色泥岩、粉砂岩为主的地层，命名为格浪河组，归属始新世。本书使用路南组，划属晚始新世至早渐新世。

【现在定义】　为一套以棕红色泥质砂岩、砂质泥岩为主，夹灰白、灰黄、灰绿、灰黑色钙质泥岩、泥灰岩及少量含砾砂岩或砂砾岩的地层序列。不整合于下二叠统阳新组之上，未见顶。

【层型】　选层型为路南县石林—路美邑剖面(103°18′,24°49′)，由中国科学院路南队1971年测制。

【地质特征及区域变化】　本组主要分布于路南、曲靖、师宗、罗平等山间或断陷小盆地内。以路南盆地发育最好，具有代表性。岩性以红色砂泥岩为主夹浅色泥灰岩为特征。总体为一套红色细碎屑夹浅色碳酸盐岩的沉积。岩性较稳定，局部夹砂砾岩或含砾砂岩。底部一般具底砾岩，成狭窄带状分布于盆地边缘，不整合于下伏老地层之上。大多数地区未见顶，曲靖蔡家冲可见本组与上覆蔡家冲组整合接触。由于各盆地发育状况的不同，有的仅有下部或中下部层位（如师宗小石桥、罗平拖溪等），有的则只有上部层位（如曲靖水沟），其残留厚度差别较大。曲靖蔡家冲最薄为31.2 m，路南上浦草村最厚达913 m。其他如路南石林厚610.9 m，大色多厚527.8 m，天生桥厚222 m，弥勒者衣厚890.4 m等。

本组中下部富含晚始新世哺乳类 *Lephialetes expeditus*，*Helaletes mongoliensis*，*Dianotitan* (*"Parabrontops"*) *lunanensis* 等化石，上部含早渐新世哺乳类 *Cadurcodon ardynensis*，*Gigantamynodon giganteus* 等化石，故其时代为晚始新世—早渐新世。

【其他】　本组底部砾岩、砂砾岩的层理不明显，分选性差，磨圆度中等，无定向排列，砾岩层多成狭窄带状分布，具河流相沉积特征；中上部为砂泥岩夹泥灰岩，常有杂色斑点、斑块或条带，富含钙质，以细碎屑物及泥灰质沉积为主，含有多种生活于水边或具两栖性质的哺乳类动物，气候较温暖湿润，为湖相沉积。

在路南大可村、弥勒虹溪、泸西等地，含透镜状、似层状或不规则状细脉石膏矿。

蔡家冲组　E_3c　(53-0116)

【创名及原始定义】　杨钟健（1932）创名于曲靖市蔡家冲，称蔡家冲湖相沉积物。指曲靖蔡家冲盆地内的湖相沉积物，为灰白、灰绿色钙质泥岩及泥灰岩，含 *Merycopotamus* sp. 等

---

① 中国科学院路南队，1971，云南路南盆地早第三纪地层调查报告（未刊）。

哺乳动物化石，时代为蓬蒂纪（下上新世）。

【沿革】 1939年杨钟健等改称为蔡家冲层，时代归属早渐新世。中国地质学编辑委员会等（1956）更名为蔡家冲组，时代归属渐新世。此后被广泛使用。

【现在定义】 指整合于路南组之上的一套浅色泥灰岩、泥质灰岩夹泥岩、钙质泥岩、细砂岩及少量细砾岩的地层序列。未见顶。在区域上，被上覆中新统小龙潭组不整合覆盖。本组以浅色层的出现与下伏路南组红色层分界。

【层型】 选层型为云南曲靖蔡家冲剖面（103°57′，25°23′），由王伴月等1983年测制。

【地质特征及区域变化】 本组主要分布于曲靖、师宗、罗平等山间小盆地内。以曲靖蔡家冲一带发育良好，具有代表性。岩性以浅色泥灰岩、泥质灰岩夹砂、泥岩为特征。总体为一套碳酸盐夹砂泥质的淡水湖泊相沉积。在曲靖蔡家冲盆地，近年发现中—碱性凝灰岩夹层。本组岩性基本稳定，残留厚度不大，为72.1～186.94 m。

本组富含哺乳类 *Cadurcodon ardynensis*，*Gigantamynodon giganteus*，*Bothriodon chowi*，*Indricotherium qujingensis*，*I. intermedium* 以及少量轮藻、腹足类等化石，时代为早渐新世。

小龙潭组 N_1x （53-0115）

【创名及原始定义】 熊永先等① (1956) 创名于开远市小龙潭。原始定义：上部褐煤夹薄层粘土页岩，厚约80～140 m，最厚170 m。中部为褐煤夹粘土，厚20～50 m。下部为粘土，偶夹薄层褐煤，厚10～50 m，最厚达100 m。煤系底部一般均见有数米砾石粘土（最厚达百米）。不整合覆于中生代地层之上；其上有一侵蚀面，与较新各地层不整合或假整合接触。其时代为渐新统，并可能与抚顺统相当。

【沿革】 王竹泉等② (1938) 误将整合于响水泥灰岩之上，不整合于上新统兴隆寨粘土砂砾层之下的含煤地层，叫小龙潭褐炭层。熊永先等（1956）纠正王氏等的误划，认为王氏等所指小龙潭褐炭层实则是上新统河头煤系，并明确指出小龙潭煤系是位于泥灰岩层之下，与泥灰岩层呈不整合或假整合接触，并整合覆于东升桥粘土砂砾岩层之上的一套含煤地层，划属渐新统。吴汝康等（1958）沿用熊氏等的划分方案，据其哺乳类化石，划属上新世早期。云南地质厅石油地质队十分队③ (1961) 将东升桥砂砾岩、小龙潭煤系、泥灰岩层合并，统称小龙潭组，置于中—上新统。云南二区测队二分队（1976）将文山、马关等地不整合于砚山组之上的一套含煤地区，命名为花枝格组，归属新第三纪。本书使用小龙潭组，时代归属中新世。

【现在定义】 下部为灰色砂砾岩；中部为灰、灰白色泥岩、钙质泥岩及褐煤；上部为浅灰、灰白色泥灰岩夹钙质泥岩及褐煤。不整合于砚山组之上，其上被茨营组不整合覆盖。

【层型】 正层型为开远市小龙潭剖面（103°11′，23°28′），熊永先等1956年测制。

【地质特征及区域变化】 本组以山间或断陷小盆地零星散布于扬子地层区和东南地层区内，以开远小龙潭发育较好，具有代表性。岩性为下部砂砾岩，中部含煤砂泥岩，上部泥灰岩，具三分性特点。在盆地发育不完备的地区，仅有下部（如文山阿土村等），或仅有中上部（如马关花枝格等），或仅有上部（如文山黑卡等）。其残留厚度各地悬殊较大。马关花枝格最薄为44.9 m，金平藤条河最厚达2 139.5 m。其他如开远小龙潭厚505 m，建水黑土—梅塘厚1 016.9 m，阿土村厚413.9 m，文山黑卡厚104.5 m，师宗大同厚324.6 m。

---

① 熊永先等，1956，云南开远小龙潭煤田初步勘探总结报告（内刊）。
② 王竹泉等，1938，云南省开远县布沼坝褐炭田地质简报（未刊）。
③ 云南地质厅石油地质队十分队，1961，滇东新生代盆地简测初步总结报告（未刊）。

本组古生物化石十分丰富，主要为哺乳类和植物，也有少量腹足类、双壳类、腕足类。重要哺乳类有 *Drypopithecus keiyuanensis*，*Gomphotherium xiaolongtanensis*，*Zygolophodon chinjiensis*，*Chleuastochoerus* cf. *stehlini*，*Potamochoerus parvulus*，*Ramapithecus keiyuanensis* 等化石，时代为中新世。

【其他】 本组以浅色为主，气候温暖潮湿，适于动、植物繁衍生长，弱还原—还原环境既有利于生物遗体的保存，也有利于形成有一定工业价值的煤层，总体为湖沼相沉积，很可能早期为河流相，中期为湖沼相，晚期为湖相的沉积。

本组为我省重要的产煤层位之一，褐煤主要产于中部，局部地区于上部泥灰岩中也夹少量褐煤。寻甸先锋产硅藻土矿。

茨营组 N_2c （53-0113）

【创名及原始定义】 谢家荣等[①]（1941）创名于曲靖县茨营，称茨营湖相褐炭层。原始定义：由泥土砂砾组成，内含褐炭，有时并有沼铁矿，在褐炭之上泥土中则常多斧足类及介形类化石。与渐新统湖相之关系，因无直接接触，不易断定，其时代应较蔡家冲湖相层为新。茨营湖相褐炭层——下部上新统。

【沿革】 中国地质学编辑委员会等（1956）更名为茨营组，归属上新世。熊永先等[②]（1956）将开远小龙潭不整合于中新统泥灰岩层之上，第四系下更新统粘土砂砾层之下的一套粘土夹砂层及褐煤的地层，称河头煤系，置于上新统。周明镇等[③]（1962）将元谋盆地含 *Serridentinus*，*Euhydridon* 等化石的粘土及褐炭，命名为沙沟组，置于上上新统；将昭通盆地含真马及真象化石的褐煤层及其之下的地层，称昭通组，置于上上新统至下更新统。云南区域地层表编写组（1978）将云南东部的上新世含煤地层以不同的地层小区分别使用较多的地层名称，如兴仁弥勒小区、昆明小区嵩明地区使用河头组；陆良路南小区陆良地区、曲靖小区使用茨营组；建水小区使用烟棚组；东川武定小区东川地区使用乌龙组；淌塘汤丹小区使用拖布卡组；昭通小区昭通地区使用昭通组；宁南巧家小区使用东瓜坪组；米易元谋小区使用沙沟组等。江能人等（1989）将元谋盆地上新世地层自下而上划分为龙川组、沙沟组、甘棠组下段。综上所述，对云南东部上新世含煤地层的认识很不一致，导致出现众多的地层名称。本书使用茨营组，时代归属上新世。

【现在定义】 下部为白色粘土质灰岩；中部为黄灰色粘土夹含砾砂质粘土；上部为灰棕、紫灰、红黄色粘土夹钙质泥岩及砂质灰岩。未见顶底。在其他盆地，本组不整合于中新统小龙潭组等不同时代的地层之上，其上与第四系下更新统呈整合或平行不整合接触。

【层型】 正层型为曲靖县茨营剖面（103°54′，25°21′），由谢家荣等 1941 年测制。次层型为曲靖县小石桥剖面（103°56′，25°20′），由云南二区测队八分队 1978 年测制。

【地质特征及区域变化】 本组零星分布于云南东部的一些山间或断陷盆地内。以曲靖茨营一带发育良好，具有代表性。由泥灰岩、粘土及砂砾等组成，含褐煤或有时含沼铁矿。总体为一套含煤砂、泥质沉积。多数盆地沉积物一般较细，以泥质物为主，成岩性较差，多为半胶结状态的松散沉积。少数盆地（如宜良马街、南华吕合、弥渡金宝山等）沉积较粗，以砂、砾石为主。个别盆地（如曲靖桃园）尚有含油砂质粘土岩的存在。现已证实陆良盆地含

---

① 谢家荣等，1941，叙昆铁路沿线昆明威宁间地质矿产调查，临时报告第 1 号（内刊）。
② 熊永先等，1956，云南开远小龙潭煤田初步勘探总结报告（未刊）。
③ 周明镇等，1962，滇东的第三纪和第四纪地层，载中国古生物学会等著，《中国古生物学会第二届代表大会第九届学术年会论文摘要》第 62 页（未刊）。

天然气。局部地区（如南华吕合）有基性火山喷发活动，夹玄武岩。在同一盆地的不同部位也因古地理条件的不同而有所变化。横向上多表现为盆地边缘地带沉积物较粗，厚度较薄，有的具河流型交错层理，向盆地中心沉积物加厚、变细，局部可出现碳酸盐岩沉积（如曲靖茨营、宜良凤鸣村、可保村、弥渡金宝山等）。在纵向上常表现为下粗上细或由粗至细的若干个不完整的沉积韵律。底部多有底砾岩，少数则无底砾岩（如曲靖茨营、昆明松华等），不整合于下伏地层之上。多数地区未见顶，昆明、昭通等盆地与上覆第四系下更新统连续沉积，元谋等盆地则为平行不整合接触。本组残留厚度各地不一，悬殊较大，元谋沙沟最薄为 31 m，南华吕合最厚达 1 149 m，其他如曲靖茨营厚 96 m，小石桥厚 278.8 m，弥勒夸竹厚 100 m，玉溪下龙潭厚 276.3 m，昭通桃家坝厚 162.8 m，宜良凤鸣村厚 207 m，昆明松华厚 295 m，弥渡金宝山厚 898.3 m。

本组古生物化石较丰富，含哺乳类、腹足类、介形类、双壳类、植物及藻类等。哺乳类主要有 *Stegodon yuanmouensis*，*S. zhaotongensis*，*S. elephantoides*，*S. primitium*，*Stegolophodon banguoensis*，*Chilotherium yunnanensis* 等化石，其时代为上新世。

【其他】 本组产褐煤，为我省重要的产煤层位之一，褐煤主要产于中上部，所含褐煤厚薄不一，或有或无，变化极大，以昭通盆地煤层最厚，资源量较大。此外，尚产泥炭、菱铁矿、褐铁矿、铝土矿、石油和天然气等。

据元谋、昆明盆地古地磁测定资料，国内多数研究者倾向于第三纪与第四纪的界限放在高斯正向极性世和松山反向极性世的分界面处，古地磁年龄值为距今 248 万年，本组处于高斯正向极性世，古地磁年龄值为距今 248～340 万年，因未测到底，可能还包括部分吉尔伯特反向极性世，其年龄值应大于 340 万年。

东川组 T*d* (53-0440)

【创名及原始定义】 孟宪民等①(1948) 将东川一带三叠系下部创名东川系。原始定义：为紫红色砂岩、页岩和细砾岩组成。平行不整合于二叠纪煤系或玄武岩之上，其时代为早至中三叠世。嘉陵江灰岩位于东川系之上，时代为晚三叠世卡尼期。

【沿革】 创名至今，除中国地质学编辑委员会等（1958）、赵金科等（1962）将东川地区早至中三叠世紫红色层仍沿用东川组以外，其他众多的单位和个人在东川一带均未使用该名称，而以飞仙关组取代之。本书认为，它与飞仙关组的岩性、岩相均有明显的差异，故重新起用东川组。

【现在定义】 为一套紫红色砾岩、砂岩、粉砂岩、泥岩组成，上部夹少量灰绿色砂岩、泥岩。底部紫红色砾岩与下伏宣威组灰绿色粉砂岩，顶部紫红色粉砂岩与上覆关岭组白云岩均呈整合接触。

【层型】 选层型为会泽县耳格箐剖面（103°26′，25°57′），由云南二区测队八分队（1978）测制。编著者略加简化。

上覆地层：关岭组 浅灰黑色厚层泥灰质粉晶白云岩

———— 整 合 ————

东川组 总厚度 758.8 m

10. 紫红色厚层粉砂岩夹灰绿色细粒岩屑长石砂岩。含叶肢介 *Loxopolygrapta shizon-*

① 孟宪民等，1948，云南东北部东川地质，中央研究院地质研究所西文集刊，17 号（内刊）。

gensis；双壳类 *Unionites*? sp.，*Neoschizodus*? sp. 55.0 m

9. 紫红色厚层块状钙质粉砂岩与薄—厚层中粗粒长石岩屑砂岩互层 39.6 m

8. 紫红色厚层泥质粉砂岩夹中粒铁质岩屑长石杂砂岩、灰绿色薄层细粒岩屑长石钙质砂岩 94.8 m

7. 紫红色厚层粉砂质泥岩夹中细粒岩屑长石砂岩 88.3 m

6—5. 紫红、灰绿色中—厚层细—中粒长石岩屑砂岩与泥质粉砂岩及粉砂质泥岩互层，含植物化石碎片 90.4 m

4—3. 紫红色中—厚层粉砂质泥岩、泥质粉砂岩夹中粒长石岩屑砂岩。砂岩发育斜层理 150.0 m

2. 灰紫色中—厚层中粒岩屑砂岩夹厚层块状砾岩。砂岩发育斜层理 213.6 m

1. 紫红色厚层块状砾岩夹岩屑粉砂岩 27.1 m

——————— 整 合 ———————

下伏地层：宣威组 灰绿色粉砂岩

【地质特征及区域变化】 该组分布于曲靖—昭通一线以西。会泽耳格箐厚 759 m，以紫红色细至中粒长石岩屑砂岩为主，下部夹砾岩，中上部夹紫红色粉砂岩、粉砂质泥岩，少量灰绿色长石岩屑砂岩、粉砂岩。

南部嵩明大龙潭厚 776 m，为一套灰紫色砾岩、砂岩、粉砂岩、泥岩组成的下粗上细的沉积旋回。北部会泽鲁贝厚 775 m，为一套灰紫、紫红色砂岩、粉砂岩夹粉砂质泥岩组成，下部夹含铜砂岩，上部夹灰绿色砂岩、泥岩及少量灰岩。彝良洪沟厚度减至 399 m，为一套暗紫色砂岩、粉砂岩组成，上部夹少量泥岩。

该组为一套红色粗碎屑沉积，以河流相为主，上部显示潮坪环境。在巧家一带可被上三叠统须家河组超覆。含双壳类 *Eumorphotis multiformis*，*Leptochondria minuta*，*Gervillia* cf. *pannonica*，*Neoschizodus laevigatus*，*Unionites fassaensis*，*Claraia* sp. 及少量腕足类、腹足类、叶肢介、植物等化石。时代为早—中三叠世。

飞仙关组 T_1f (53-0441)

【创名及原始定义】 赵亚曾（1929）创名于四川广元县飞仙关。原始定义：以紫红色页岩为主，上部含有薄的灰岩夹层，厚约 350 m，称飞仙关页岩。上覆层为昭化石灰岩。

【沿革】 创名后，赵金科等（1962）将滇东地区早三叠世泥质岩石地层均使用洗马塘组。云南区测队（1965）引进飞仙关组，至今被广泛使用。

【现在定义】 岩性以紫红色泥（页）岩为主，夹灰色薄层灰岩、鲕状、生物灰岩及泥灰岩。与下伏吴家坪组含燧石灰岩；与上覆以薄层灰岩为主的大冶组均为整合接触。

【层型】 正层型为四川广元县飞仙关—须家河剖面。本省次层型为罗平县金竹棚剖面（104°19′，25°14′），由云南二区调队六分队（1977）测制。

【地质特征及区域变化】 该组以紫红色（少量灰绿色）泥质及粉砂质沉积为其特征。岩性以紫红色粉砂质泥岩、泥质粉砂岩为主，夹少量细砂岩、薄层灰岩、泥灰岩，局部夹含铜砂岩。属滨海陆屑滩相。

该组分布于昭通—个旧广大地区内，岩性基本稳定。罗平金竹棚其下部岩性变粗，为含长石石英砂岩，上部灰绿色层增多。文山打铁上寨岩性变细，且颜色变杂，为紫红、黄、黄绿等色泥岩、钙质泥岩夹粉砂岩。

该组厚度大致有由南向北增厚之趋势。文山打铁上寨厚 312 m，蒙自、开远一带厚 216～

579 m，罗平金竹棚厚 289 m，宣威支那河厚 430 m，会泽黄梨树厚 782 m。

在罗平以北至昭通一带，该组与下伏上二叠统宣威组黄绿色页岩为整合接触；开远、蒙自一带则平行不整合于上二叠统吴家坪组灰岩局部夹硅质岩之上；文山杨柳井、石屏、建水一带可平行不整合于上二叠统龙潭组或超覆于更老的地层之上。该组与上覆嘉陵江组灰岩、泥灰岩普遍为整合接触。

该组富含双壳类，重要属种有 *Claraia wangi*，*C. aurita*，*C. griesbachi*，*C. concentrica*，*C. yunnanensis*，*Eumorphotis multiformis*，*E. multiformis reticulata*，*E. teilhardi*，*Entolium discites*，*E. discites microtis*，*Unionites fassaensis* 及少量腕足类、腹足类、介形类等。时代为早三叠世。

洗马塘组　T_1x　（53－0442）

【创名及原始定义】　尹赞勋等（1935）创名洗马塘页岩，许德佑（1938）介绍，地点在丘北县洗马塘。原始定义：指丘北、砚山等地的下三叠统页岩。

【沿革】　赵金科等（1962）研究了丘北县新农庄剖面以后，改称早三叠世 Induan 期洗马塘组。沿用至今。

【现在定义】　以黄、灰绿色为主，少量紫红色的一套页岩、粉砂岩、细砂岩夹灰岩、泥质灰岩。与下伏吴家坪组灰岩呈平行不整合接触，与上覆嘉陵江组灰岩整合接触。

【层型】　选层型为丘北县新农庄剖面（103°58′，24°02′），由云南二区测队六分队（1975）测制。编著者略加简化。

上覆地层：嘉陵江组　灰色薄层隐晶灰岩

——————　整　合　——————

洗马塘组　　总厚度 296.9 m

17. 黄绿色薄层泥质粉砂岩夹页岩。含双壳类 *Eumorphotis spinicostata*；腕足类 *Lingula* sp.　　15.1 m

16. 上部为灰、灰白色厚层—块状、鲕状灰岩夹黄绿色粉砂质页岩。含双壳类 *Eumorphotis* cf. *inaequicostata*，*Myophoria laevigata minima*，*Entolium discites*；下部为浅灰色中—厚层微晶灰岩　　19.2 m

15. 灰、紫灰色薄层泥质灰岩、微晶灰岩夹黄绿色粉砂岩。含双壳类 *Claraia aurita*，*Myophoria laevigata minima*，*Eumorphotis multiformis*，*Pteria* cf. *murchisoni*，*Gervillia pannonica*　　23.4 m

14—13. 紫、灰黄色薄层钙质粉砂岩夹灰色薄—中厚层微粒灰岩。含双壳类 *Claraia aurita*，*C. intermedia*，*C.* cf. *concentrica*，*Unionites fassaensis*　　15.3 m

12—9. 灰黄、灰紫色薄层粉砂岩、细砂岩。含双壳类 *Claraia* cf. *aurita*，*C.* cf. *intermedia*，*C.* cf. *radialis*，*C.* cf. *yunnanensis*，*Eumorphotis* cf. *multiformis*　　58.2 m

8—7. 灰绿色薄层粉砂岩、细砂岩、钙质粉砂质泥岩，下部夹生物碎屑灰岩及泥质灰岩。含双壳类 *Claraia intermedia*，*C. extrema*，*C.* cf. *aurita*，*C.* cf. *radialis*，*C.* cf. *hubeiensis*，*C.* cf. *yunnanensis*，*C.* cf. *longyanensis*，*Eumorphotis* aff. *venetiana*　　50.8 m

6—4. 灰、灰绿色钙质泥岩、粉砂质页岩夹隐晶灰岩及泥质灰岩。含双壳类 *Claraia wangi*，*C. griesbachi*，*C. wangi minor*，*C.* cf. *radialis*，*C.* cf. *yunnanensis*，*C.* cf. *concentrica*，*C.* cf. *fukianensis*，*C.* cf. *quizhouensis*，*C.* cf. *intermedia*，*Unionites fassaensis*；腕足类 *Lingula* sp.　　91.5 m

3—1. 灰、灰绿色页岩、粉砂质页岩、粉砂岩、泥质灰岩，顶部夹紫红色页岩，底部为黄白色粘土及铁锰质岩。含双壳类 *Claraia wangi*，*C. wangi minor*，*C.* cf. *griesbachi* 23.4 m

——————— 平行不整合 ———————

下伏地层：吴家坪组 灰色含硅质团块灰岩及硅质岩

【地质特征及区域变化】 该组以灰黄、灰绿色泥质、粉砂质沉积为主，夹碳酸盐岩及少量紫红色层为其特征。岩性为灰黄、灰绿（少量灰紫）色泥（页）岩、粉砂岩夹细砂岩及灰岩。属台地边缘相。

该组分布于丘北—西畴一带，岩性基本稳定。丘北新农庄以砂、泥岩为主，夹灰岩、泥质灰岩。向南至西畴董有由灰黄色粉砂质泥岩、泥灰岩组成。向东至麻栗坡铁厂冲尾、广南旧莫里乜等地，碳酸盐岩增多，以灰、深灰色泥质条带灰岩、泥质灰岩、泥灰岩为主，夹泥岩、钙质泥岩。

该组厚度由丘北向南、向东均有变薄的趋势。丘北新农庄厚 297 m，西畴董有厚 88 m，麻栗坡铁厂冲尾厚 150 m，广南旧莫里乜厚 147 m。

该组富含双壳类 *Claraia wangi*，*C. griesbachi*，*C. wangi minor*，*C. intermedia*，*C. aurita*，*C. stachei*，*C. yunnanensis*，*C. quizhouensis*，*C. radialis*，*C. concentrica*，*C. hubeiensis*，*Eumorphotis multiformis*，*Oxytoma scythicum* 等及少量腕足类、蠕虫化石。时代为早三叠世。

嘉陵江组 T*j* （53-0443）

【创名及原始定义】 赵亚曾、黄汲清（1931）创名于四川广元县嘉陵江东岸，称川陕公路旁侧。原始定义：指整合于紫红色页岩为主的飞仙关组之上的一套黄至浅灰色薄层含白云质灰岩地层，厚约 600 余米，未获化石。

【沿革】 创名后，中国地质学编辑委员会等（1956）将嘉陵江组引进滇东地区，时代定为中三叠世。广西地质局等（1965）、云南二区测（区调）队（1970—1980）以及贵州 108 地质队六分队（1973）等，对滇东地区早三叠世碳酸盐岩地层均使用永宁镇组。李代芸（1977）、云南地矿局（1990）将嘉陵江组用于滇东北地区。本书沿用嘉陵江组于滇东广大地区。

【现在定义】 岩性以灰色中—厚层白云岩、白云质灰岩为主，夹微晶灰岩、“盐溶角砾岩”。与下伏大冶组薄层灰岩，上覆雷口坡组杂色泥岩、白云岩为整合接触。

【层型】 正层型为四川广元县须家河剖面（105°48′，32°30′）。本省次层型为宣威县支那河剖面（104°20′，26°06′），由贵州 108 地质队六分队（1973）测制。

【地质特征及区域变化】 该组为一套灰、深灰色碳酸盐岩为主，夹砂、泥岩，属开阔台地—台地边缘相。

该组分布于云南东部，岩性基本稳定，但厚度变化较大。滇东北地区以灰色灰岩、蠕虫状灰岩、生物碎屑灰岩、泥质灰岩为主，夹鲕状灰岩、白云质灰岩、粉砂岩及泥岩，一般厚 100～300 m。宣威支那河为浅灰、黄灰色灰岩、泥质灰岩、泥灰岩夹黄绿、暗紫色粉砂岩、粉砂质泥岩及页岩，厚 264～294 m；向南至开远、蒙自一带，岩性为深灰色隐晶质灰岩、泥质条带灰岩、泥灰岩夹少量白云岩及砂、页岩，厚度增至 900～1 200 m；向东至文山、西畴一带，主要为灰、深灰色蠕虫状泥质灰岩、泥灰岩，厚 400～500 m。由北向南有增厚之势。

该组与下伏飞仙关组或洗马塘组，与上覆关岭组或个旧组均为整合接触。富含双壳类 *Eumorphotis illyrica*，*E. inaequicostata*，*E. multiformis*，*Pteria murchisoni*，*Entolium discites*，*E. discites microtis*，*Gervillia albertii*，*Leptochondria albertii*，*L. minima*，*L. minuta*，*Bakevellia costata* 等；菊石 *Tirolites spinosus*，*Meekoceras latirentrosum* 等及少量腕足类、腹足类、叶肢介、有孔虫、植物等化石。时代为早三叠世 Olenekian 期。

关岭组 T_2gl (53-0444)

【创名及原始定义】 许德佑（1939）创名于贵州关岭县永宁镇。原始定义：为灰白色薄层石灰岩，风化表面具蠕虫痕迹，夹有黄褐色及杂色页岩。

【沿革】 创名后，贵州地质局等（1965）引进关岭组。贵州 108 地质队六分队（1973）、云南区调队八分队（1978）等均沿用此名。云南地矿局（1990）在滇东北分区使用雷口坡组，罗平分区则用关岭组。本书将关岭组限于南盘江以北的罗平—昭通一带使用。

【现在定义】 指整合于嘉陵江组和法郎组及改茶组之间或不整合于火把冲组之下的一套黄绿等杂色页岩、浅灰色中厚层灰岩及厚层白云岩地层。底部以杂色页岩的出现与嘉陵江组白云岩或盐溶角砾岩划界；顶部以白云岩或厚层白云质灰岩的结束与法郎组竹杆坡段及改茶组薄层灰岩或火把冲组砂页岩煤系地层分界。

【层型】 正层型为贵州关岭县永宁镇剖面（105°29′，25°28′）。本省次层型为罗平县牛补歹剖面（104°26′，24°58′），由云南二区调队六分队（1977）测制。

【地质特征及区域变化】 下部为黄绿、灰绿、紫红色砂、泥质沉积，中上部为浅灰—深灰色碳酸盐为主夹少量砂、泥质的沉积，自下而上构成由粗—细的沉积旋回。属半闭塞台地—潮坪泻湖环境。

该组岩性稳定，下部为黄绿、灰绿、紫红色粉砂岩、泥岩夹灰岩、白云岩及不稳定的灰白色绿豆岩，中上部为浅灰—深灰色灰岩、白云岩夹泥质灰岩、白云质灰岩及少量蠕虫状、瘤状灰岩、砂岩、泥岩。罗平、泸西一带厚 997～2 044 m，向北至宣威、会泽、昭通一带变薄为 308～601 m。

该组在罗平、泸西一带，与下伏嘉陵江组白云岩，上覆法郎组生物碎屑灰岩均为整合接触。在宣威、会泽、昭通一带，可与下伏东川组砂岩整合接触，其上与上三叠统须家河组呈平行不整合接触。

本组含双壳类 *Costatoria goldfussi mansuyi*，*C. radiata*，*C. inaequicostata*，*Eumorphotis illyrica*，*Leptochondria albertii*，*Asoella illyrica*，*A. paradoxica*，*Entolium discites*，*Unionites spicatus* 等及少量菊石、腕足类、腹足类、介形类、植物等化石。在泸西九村曾于其上部获 *Kueichousaurus hui*。时代为中三叠世 Anisian 期。

个旧组 T_2g (53-0454)

【创名及原始定义】 孟宪民等（1936）在个旧市郊创名，称个旧灰岩。原始定义：个旧灰岩一般成层性好，上部为块状，下部呈薄层并含泥质，一般厚 1 000～2 000 m，是著名的个旧锡矿的赋矿层。

【沿革】 中国地质学编辑委员会等（1956）将其使用范围扩大到整个云南东部，改称个旧组。广西地质局等（1965）、云南二区测队二分队（1970）、六分队（1972）、云南地矿局（1990）等均将个旧地区中三叠世 Anisian 期地层划归个旧组。本书将个旧组限于南盘江以南个旧、文山、丘北一带使用。

【现在定义】 以灰色微粒灰岩为主，夹泥质灰岩及钙质板岩，底部出露不全，顶部灰岩与法郎组黄色页岩呈整合接触。在区域上，底部白云岩或杂色泥岩整合于嘉陵江组具蠕虫状构造的灰岩、泥灰岩之上。

【层型】 选层型为个旧市者勒白剖面（103°00′，23°19′），由云南二区测队六分队

(1972) 测制。编著者略加简化。

上覆地层：法郎组　黄色页岩

——————整　合——————

个旧组　　总厚度 910.2 m

16. 灰色薄层微粒灰岩　14.3 m

15. 褐黄色钙质板岩。含双壳类 *Costatoria goldfussi*，*C. mansuyi*，*C.* cf. *radiata*　11.7 m

14—12. 灰黄、深灰色薄—中厚层微粒灰岩、含泥质灰岩夹钙质板岩。含双壳类 *Costatoria* sp.　96.6 m

11. 灰黄色钙质板岩与深灰色薄层微粒灰岩互层。含双壳类 *Costatoria goldfussi*，*Daonella* sp.　31.9 m

10—8. 灰、深灰色薄—中厚层微粒灰岩夹泥质灰岩、黑云母板岩、钙质板岩，含双壳类 *Costatoria* cf. *prohapa* 及菊石碎片　116.1 m

7—5. 上部和下部为褐黄色黑云母板岩，中部为灰色中厚层微粒灰岩，含双壳类 *Costatoria* sp.　173.9 m

4. 浅灰色中—厚层微粒灰岩，下部夹钙质板岩　134.9 m

3. 灰、灰黄色薄层微粒灰岩　85.6 m

2—1. 灰、浅灰色薄—厚层、块状微粒灰岩夹灰黄色钙质板岩、黑云母板岩、深灰色结晶灰岩。含双壳类 *Nuculana* cf. *excentrica*，*Costatoria goldfussi mansuyi*，*Leptochondria* sp.　84.4 m

0. 浅灰色薄层微粒灰岩夹钙质页岩　117.1 m

—1. 灰、深灰色中—厚层结晶灰岩（未见底）　43.7 m

【地质特征及区域变化】　该组广泛分布于滇东南盘江以南之个旧、文山、丘北、广南一带。总体为一套浅灰—深灰色碳酸盐岩为主，夹少量泥质岩石的沉积。岩性为灰、浅灰、深灰色白云岩、白云质灰岩、灰岩之不等厚互层，一般下部以白云岩为主，上部以灰岩为主，间夹白云质灰岩、泥岩、钙质泥（页）岩。属潮上蒸发坪至泻湖沉积。

该组岩性基本稳定，但厚度变化较大。个旧者勒白以灰岩为主，夹较多的板岩、钙质板岩，厚度大于 910 m。向东至蒙自上鲁戛，底部为灰岩与页岩互层；中下部以灰色白云岩为主，夹白云质灰岩及灰岩；上部钙质增多，白云质减少，为灰色灰岩夹白云质灰岩及白云岩。厚度大于 1 419 m。向北至开远马者哨，下部为黄色钙质页岩夹灰岩透镜体；中部为灰白色白云质灰岩；上部为灰白色灰岩。厚 1 891 m。由开远向东至丘北德基，中下部为灰、浅灰色白云岩夹灰岩、泥质灰岩、泥灰岩、泥岩；上部为灰、浅灰色灰岩夹角砾状灰岩。厚度增至 2 500 m。再向东至广南马龙库，下部为白云岩；中部为白云岩夹白云质灰岩；上部为灰岩夹鲕状灰岩。厚度减至 623 m。综上所述，该组由北而南，自西向东存在着泥质岩夹层及钙质成分减少，而白云质成分增多的趋势。丘北德基最厚，广南马龙库最薄，即由北而南、由西向东厚度减薄，向广南一带减薄尤为显著。个旧者勒白未见底，蒙自上鲁戛顶部出露不全，其他地区与下伏嘉陵江组灰岩、上覆法郎组页岩均为整合接触。

该组古生物较稀少，主要含双壳类 *Costatoria goldfussi mansuyi*，*Leptochondria albertii*，*Asoella illyrica*，*A. paradoxica* 等及少量腕足类、腹足类等化石。时代为中三叠世 Anisian 期。

法郎组　T*f*　(53-0445)

【创名及原始定义】　乐森璕 (1928) 创名，中国地质学编辑委员会等 (1956) 介绍，创名地点在贵州关岭县法郎村。原始定义：指关岭组之上，三桥统之下的地层，主要为灰白色薄层至块状泥质与硅质石灰岩，夹黄绿色砂岩及紫、浅黄、灰色页岩与砂质页岩。顶部与三桥石灰岩接触处时有棕黄色厚层粗砂岩一层，底部有 10～20 m 的白灰色石灰岩。时代为中三叠世拉丁尼克期。厚 200～350 m。

【沿革】 赵金科等（1962）首先引进至云南东部使用。云南二区测队八分队（1975）、二分队（1976）、六分队（1977）等均沿用。云南地矿局（1990）将其下部灰岩仍划归法郎组，上部泥岩与鸟格组砂页岩合并，创名八盘寨组。本书按贵州地质矿产局的划分意见，法郎组包含下部灰岩、上部页岩，时代为中三叠世 Ladinian 期至晚三叠世 Carnian 期。

【现在定义】 指整合于关岭组或垄头组之上，把南组之下一套灰白色薄层泥质、硅质灰岩及黄绿色砂质页岩、钙质粉砂岩的地层。底部以薄层灰岩的出现与关岭组杨柳井段白云岩或垄头组灰白色块状亮晶灰岩分界；顶部以把南组底部厚层岩屑石英砂岩出现划界。

【层型】 选层型为贵州贞丰龙场剖面（105°30′，25°54′）。本省次层型为罗平县莱子塘、牛补歹剖面（104°33′，24°59′），由云南二区调队六分队（1977）测制。

【地质特征及区域变化】 罗平莱子塘、牛补歹厚 276 m，下部为灰黑色碳质泥质灰岩、含碳质泥质生物碎屑灰岩；上部为灰黄色粉砂质泥岩、粉砂岩夹细粒石英砂岩，与下伏关岭组灰岩、上覆把南组石英砂岩均为整合接触。

泸西瓦窑厚 114 m，下部为深灰色灰岩、生物碎屑灰岩；中上部为黄灰色页岩、钙质泥岩夹泥质灰岩。丘北新庄科厚 69 m，下部为灰、灰黑色瘤状生物碎屑灰岩、碳质生物碎屑灰岩夹钙质页岩；中上部为灰绿色页岩夹细粒石英砂岩。文山老回龙汤得厚 437 m，为灰绿、黄绿色粉砂质泥岩、粉砂岩夹细砂岩、含锰砂岩。砚山斗南厚 650 m，下部为灰绿、紫红色泥岩、粉砂岩夹角砾状灰岩；中部为灰、深灰色粉砂质泥岩、粉砂岩夹生物碎屑灰岩、鲕状灰岩、含锰灰岩及锰矿层；上部为粉砂岩夹砂质灰岩、鲕状灰岩、生物碎屑灰岩、含锰灰岩及锰矿层。开远八盘寨厚 155 m，下部为浅灰色硅质岩与石英砂岩互层；中部为灰色灰岩夹含锰灰岩；上部为黄色页岩夹粉砂岩。建水白显厚度大于 1 094 m，为灰色灰岩、白云质灰岩、白云岩、泥质灰岩夹含锰灰岩及锰矿层。

自北而南、由东向西厚度增厚。罗平至开远一带，下部主要为台地边缘礁相，上部为陆架边缘盆地—浅海陆架相。个旧、建水白显一带，属半闭塞台地。砚山斗南、文山老回龙一带，属水体较深的陆架内缘斜坡环境。

该组化石丰富，双壳类主要有 *Daonella indica*，*D. lommeli*，*D. consobrina*，*D. boekhi*，*Halobia rugosoides*，*H. convexa*，*H. planicosta*，*H. comata*，*H. substyriaca*，*Posidonia wengensis* 等；菊石主要有 *Protrachyceras deprati*，*P. deprati yunnanensis*，*P. douvillei*，*P. costulatum*，*Trachyceras sinensis* 等及少量腕足类、腹足类、介形类、牙形石、海百合茎等化石。时代为中三叠世（Ladinian）期—晚三叠世（Carnian）期。

把南组　T_3b　(53－0446)

【创名及原始定义】 许德佑（1944）在贵州贞丰县城西 10 km 的挽澜村（旧称把南村）创名把南系。原始定义：本系主要岩石为砂岩与页岩之互层。下界与拉丁尼克层（海燕蛤层）整合接触，上界与侏罗纪煤系为不整合接触。

【沿革】 王竹泉等①（1940）在开远市鸟格创名鸟格页岩。赵金科等（1962）改称鸟格

---

① 王竹泉等，1940，云南开远县鸟格煤田，地质汇报 33 号，1—8（内刊）。

组。云南二区调队六分队（1977）在罗平一带，引用贵州的把南组。云南地矿局（1990）将法郎组上部页岩与鸟格组砂、页岩合并创名八盘寨组。本书将法郎组上部页岩与火把冲组含煤碎屑岩之间的一套砂、页岩互层的地层，沿用把南组。

【现在定义】 指整合于法郎组之上、火把冲组之下的一套富含双壳类化石的黄灰色中厚层岩屑石英砂岩、砂质、钙质粘土岩组成的不等厚韵律互层。下以块状岩屑石英砂岩的出现与法郎组赖石科段钙质砂、页岩分界，顶部以砂、页岩含煤地层的出现与火把冲组分界。

【层型】 正层型为贵州贞丰把南剖面（105°35′，25°23′），本省次层型为开远市都督味—矣那味剖面（103°22′，23°40′），由云南二区测队二分队（1970）测制。

【地质特征及区域变化】 开远都督味—矣那味厚400 m，下部为灰黄色细砂岩、粉砂岩与页岩、粉砂质页岩呈韵律互层；中部为灰、黄褐色细粒石英砂岩、钙质砂岩、粉砂岩夹粉砂质泥岩；上部为黄绿色泥岩夹粉—细砂岩。

东北至丘北新庄科厚度增至961 m，下部为灰绿、黄褐色细砂岩与粉砂岩、泥岩互层；中部黄灰色页岩夹细砂岩；上部为灰色粉砂质页岩、粉砂岩与细砂岩互层。泸西瓦窑厚251 m，下部为灰色细砂岩夹粉砂岩、页岩；中部为灰色页岩夹瘤状灰岩；上部为深灰色粉砂质页岩夹细砂岩、粉砂岩。罗平菜子塘厚991 m，下部为灰色细砂岩、粉砂岩夹粉砂质泥岩；上部为黄褐色细—中粒砂岩、粉砂岩、粉砂质泥岩组成多个下粗上细的沉积旋回。南部个旧火把冲厚度大于343 m，未见底，为黄绿色粉砂质泥岩夹粉砂岩、细砂岩。

区域上岩性稳定，以砂、泥岩为主，仅泸西瓦窑一带有灰岩夹层，由南向北其下部砂岩有增多之趋势，常构成下粗上细的多个沉积旋回，与下伏法郎组、上覆火把冲组均为整合关系。属滨海陆屑滩相。

该组富含双壳类 *Halobia superba*，*H. yunnanensis*，*H. pluriradiata*，*H. substyriaca*，*H.* cf. *convexa*，*H.* cf. *talauana*，*H. rugosoides*；菊石 *Protrachyceras douvillei*，*Trachyceras fascigerum*，*Paratibetites clarckei* 以及少量腹足类、海百合茎、植物等化石。时代为晚三叠世 Carnian 期。

火把冲组　T_3h　(53-0447)

【创名及原始定义】 孟宪民（1936）在个旧市卡房乡火把冲创名。原始定义：主要由砂岩、黑色块状板岩、石英岩、黄色易碎页岩及泥质岩夹少数煤层构成。总厚1 000 m。

【沿革】 孟宪民（1936）创名火把冲煤系。中国地质学编辑委员会等（1956）改称上三叠统火把冲组。赵金科等（1962）将其下部含有 *Halobia superba* 以页岩为主的地层划归鸟格组，上部含煤碎屑岩称火把冲煤组。广西地质局等（1965）仍称火把冲组，沿用至今。

【现在定义】 指把南组泥岩之上的一套黄灰、深灰、灰黑色含砾石英砂岩、砾岩、石英砂岩、粉砂岩、板岩夹碳质板岩、煤层组成的多个沉积旋回。底部以一大套砂岩、含砾砂岩的出现与下伏把南组泥岩整合接触。

【层型】 选层型为个旧市斐苦—火把冲剖面（103°09′，23°14′），由云南二区测队六分队（1972）测制。编著者略加简化。

火把冲组　　总厚度 977.2 m

32—31. 灰黄、深灰色粉砂质绢云黑云板岩夹薄层变质含岩屑石英细一粉砂岩。含双壳类 *Halobia* sp.（未见顶）　248.9 m

30—29. 灰绿、深灰色厚层变质长石石英粉砂岩与粉砂质板岩、绢云黑云板岩互层，局

部夹碳质页岩 165.5 m

28—26. 灰、深灰色中—厚层白云质石英粉砂岩与粉砂质绢云黑云板岩、碳质页岩互层，底部为石英砾岩 63.1 m

25—24. 灰、深灰色绢云黑云板岩、粉砂质板岩夹石英砾岩及煤层三层。含双壳类 *Yunnanophorus boulei*, *Anodontophora manmuensis*, *A.* cf. *postera*, *Trigonodus* cf. *keuperinus* 49.3 m

23—21. 灰色中厚层细—粉砂质石英砂岩与粉砂质板岩互层，底部为石英砾岩 45.0 m

20. 灰、浅灰色中—厚层石英粉砂岩夹深灰色粉砂质板岩、泥质粉砂岩及煤层、碳质板岩。含双壳类 *Burmesia lirata*, *Yunnanophorus boulei*, *Anodontophora* cf. *postera*, *Gervillia* cf. *praecursor*, *Lopha solaris*, *L. rostrata* 71.8 m

19—16. 灰色粉砂质黑云板岩夹变质石英砂岩、石英粉砂岩及含碳质板岩，底部为石英砾岩 83.4 m

15—13. 浅灰、棕黄色中厚层变质细粒石英砂岩夹碳质页岩及薄煤层。上部夹粉砂质黑云板岩，含双壳类 *Yunnanophorus boulei*, *Anodontophora* cf. *postera*, *Costatoria subvestita* var. *mansuyi*。下部为粉砂质绢云黑云板岩夹粉砂岩 85.5 m

12. 黄色中厚层细粒石英砂岩，局部含石英砾石 98.5 m

11—10. 黄色中厚层细粒石英砂岩，中下部夹煤层，偶含石英砾石，顶部为厚 8.2 m 之黄色页岩，含双壳类？*Halobia yunnanensis* 66.2 m

———————— 整　合 ————————

下伏地层：把南组　黄、紫灰色粉砂质泥岩

【地质特征及区域变化】　个旧火把冲厚度大于 977 m，未见顶，底部整合于把南组之上。岩石具有轻微变质现象，由砾岩、砂岩、粉砂岩、板岩组成几个由粗—细的沉积旋回，并夹多层煤层。

东至蒙自胡家寨厚度减至 490 m，底部砂岩平行不整合于关岭组灰岩之上，下部以灰黄色石英砂岩、岩屑砂岩、粉砂岩为主，夹石英砾岩、灰岩；中部为黄绿色粉砂质泥岩、泥质粉砂岩夹石英砂岩、含砾长石石英砂岩、少量灰岩；上部为灰、灰绿色泥质粉砂岩、粉砂质泥岩与石英砂岩、灰岩互层。北至丘北新庄科厚度大于 1 080 m，主要为石英砂岩、粉砂岩、页岩组成几个沉积旋回，下部夹煤层。泸西瓦窑厚度大于 417 m。岩性变化不大，旋回性仍很明显，岩石普遍含钙质及绢云母，中部夹煤线。罗平菜子塘厚度大于 921 m，仍由黄褐、灰褐色细粒石英砂岩、粉砂岩、泥岩组成的几个沉积旋回，中部夹煤层。

综上所述，该组主要由砾、砂、泥质夹煤层组成，局部夹灰岩，一般可见 3～4 个由粗—细的沉积旋回，厚 417～1 080 m。顶部均出露不全，除蒙自胡家寨以外，均与下伏把南组呈整合接触。古生物以半咸水双壳类为主，少量叶肢介、介形类及植物等，双壳类主要有 *Burmesia lirata*, *Yunnanophorus boulei*, *Trigonodus keuperinus*, *Entolium quotidianum*, *Unionites manmuensis*, *U. emeiensis*, *Modiolus frugi*, *Prolaria sollasi*, *Costatoria verbeeki*, *C.* cf. *praenapengensis*, *C.* cf. *nuitoensis* 等。时代为晚三叠世 Norian—Rhaetian 期。属滨海陆屑滩相，并有短暂沼泽化环境。

罗楼组　T_1l　(53-0449)

【创名及原始定义】　李四光等（1941）在广西凌云县罗楼圩东北 0.5 km 的那利岭东坡创名，称罗楼层。赵金科（1959）介绍。原始定义：为富含菊石的深灰色薄—厚层灰岩夹泥灰岩和钙质页岩，厚 70 余米，与下伏上二叠统合山组灰岩为不整合接触，顶界不明。

【沿革】 赵金科等（1962）又改称为罗楼群。广西地质局等（1965）首先引进于滇东南富宁一带使用，并将其下部深灰、灰黑色灰岩划归 Induan 期罗楼组；上部灰白色灰岩夹白云质灰岩及白云岩划归 Olenekian 期北泗组。李代芸（1977）、云南二区调队二分队（1978）将其下部划为马脚岭组；上部划为北泗组。本书沿用罗楼组，代表富宁一带的早三叠世碳酸盐岩沉积。

【现在定义】 指位于板纳组与合山组之间的地层序列，岩性为深灰黑色灰岩、生物屑灰岩、条带灰岩、砾状灰岩、泥灰岩夹少量泥岩及凝灰岩，顶以灰岩的消失与板钠组泥岩分界，底以薄层泥岩与合山组灰岩分界。

【层型】 正层型为广西凌云县罗楼圩剖面（106°48′，24°25′）。本省次层型为富宁县旧寨剖面（105°53′，23°32′），由云南二区调队二分队（1978）测制。

【地质特征及区域变化】 该组仅分布于富宁皈朝乡旧寨附近，厚度大于 738 m。下部为灰黑、深灰色灰岩、鲕状灰岩、泥质灰岩夹少量泥灰岩、泥岩；上部为灰白色灰岩、泥质灰岩、鲕状灰岩夹白云岩、白云质灰岩，顶部出露不全，与板纳组含泥质灰岩、泥灰岩呈断层接触；底部灰岩平行不整合于吴家坪组含燧石条带及团块灰岩之上。属台地边缘碳酸盐沉积。古生物稀少，仅于下部泥质灰岩中获双壳类 *Claraia wangi*。其下伏为含晚二叠世䗴的吴家坪组，上部与含中三叠世 Anisian 期菊石 *Cuccoceras bijiense* 的板纳组虽为断层接触，但断距很小，故罗楼组的时代应属早三叠世。

石炮组　$T_1\hat{s}$　（53－0450）

【创名及原始定义】 广西石油地质大队张振贤（1982）创名于广西西林县石炮，原始定义：指张振贤（1969）所测石炮剖面老虎口以西至石炮公路道班一段（1—9 层）地层，岩性为薄至中层泥岩夹粉砂岩、细砂岩及 2～3 层砾岩，顶部夹灰岩、泥灰岩、条带灰岩，时代属 Induan 期。上以菊石 *Koninckites* 与西林组含双壳类 *Pteria* cf. *murchisoni* 分界，与下伏二叠系分界不明。

【沿革】 由李四光等（1941）创名，赵金科（1959）介绍的罗楼层，实指广西西部早三叠世的一套碳酸盐岩地层。而云南二区调队二分队（1978）则将广南—富宁一带早三叠世砂泥质地层误称之罗楼组。云南区调队六分队（1980）则将这一带下三叠统下部以泥质岩为主的误称之罗楼组，上部以泥质岩为主的地层沿用滇黔桂石油地质科学研究所①（1976）创名的龙丈组。本书认为罗楼组属早三叠世碳酸盐岩地层，而以泥质岩为主的早三叠世地层沿用石炮组。

【现在定义】 指乐斌等（1982）所测石炮剖面 32—73 层，岩性主要为火山碎屑岩、泥岩夹数层砾岩及灰岩。顶以泥岩夹灰岩与上覆板纳组泥岩夹细砂岩分界，底以火山碎屑岩夹泥岩与下伏领薅组分界。

【层型】 正层型为广西西林县石炮剖面（105°01′，24°33′）。本省次层型为广南县者中剖面（104°39′，24°05′），由云南区调队六分队（1980）测制。

【地质特征及区域变化】 广南者中厚 222 m，下部为灰、黄绿色钙质泥岩与泥灰岩、泥质灰岩互层；上部为灰、灰绿色钙质泥岩夹泥灰岩及少量石灰质砾岩。含双壳类 *Claraia griesbachi*，*C. anulata*，*C. yunnanensis*，*Entolium discites* 等；菊石 *Meekoceras evolutum*，*Xenodiscoides* cf. *radians*，*Owenites costatus*，*Anakashimirites* cf. *nivalis*，*Hellenites* cf. *praematurus* 等。

---

① 滇黔桂石油地质科学研究所，1976，滇东南地区三叠系平而关相区地层研究小结（未刊）。

北部广南龙丈厚度大于 200 m，岩性变化不大，下部钙质减少，砂泥质增多，以泥岩、泥质粉砂岩为主，夹少量白云质灰岩、硅质岩；上部仍以泥岩、钙质泥岩为主，夹灰岩、泥质灰岩及少量角砾状灰岩。含菊石 *Owenites costatus*，*Meekoceras* cf. *lativentrosus*，*Anakashimirites pakungensis*，*Dieneroceras vormiforme*，*Columbites* sp.，*Paradinarites suni*，*Parananites* sp. 等。南部富宁京八厚 270 m，岩性主要为黄、灰绿色泥岩、钙质泥岩、泥质粉砂岩、细砂岩，下部夹基性火山岩。底部含双壳类 *Claraia wangi*；菊石 *Ophiceras* 等。

广南、富宁一带，该组岩性主要为泥岩、钙质泥岩、粉砂岩夹泥质灰岩、泥灰岩，少量砾状灰岩（或灰质砾岩）及硅质岩，与下伏领荐组、上覆板纳组均为整合接触。古生物以菊石、双壳类为主，时代属早三叠世。属水体能量较弱、氧化还原界面以下的浅海陆架环境。

板纳组　T_2bn　（53－0451）

【创名及原始定义】　陆中求等（1961）在广西东兰县兰木圩创名。原始定义：岩性为灰、黄、紫红色泥岩、砂质泥岩夹粉砂岩，位于罗楼组泥质灰岩和钙质泥岩之上，兰木组粉砂岩与泥岩互层之下的序列。

【沿革】　徐瑞麟（1932）首先在广西凭祥发现中三叠统化石，将这套具有复理石韵律的砂泥质浊流沉积命名为平而关页岩。赵金科等（1962）改称平而关组。这套地层的下部，云南二区调队二分队（1978）在富宁采用广西区调队（1974）命名的百逢组，云南区调队六分队（1980）在广南使用板纳组。本书沿用板纳组代表广南至富宁一带中三叠统下部具复理石韵律的砂泥质浊流沉积。

【现在定义】　指位于南洪组之上和兰木组之下，岩性以泥岩为主夹少量粉砂岩或细砂岩。上以泥岩局部夹灰岩与兰木组底部厚层块状砂岩分界；下以泥岩与南洪组泥岩夹灰岩分界。

【层型】　正层型为广西东兰县兰木圩剖面（107°18′，24°26′）。本省次层型为丘北县羊七沟剖面（104°18′，24°18′），由云南区调队六分队（1980）测制。

【地质特征及区域变化】　丘北羊七沟厚 802 m，主要为灰、深灰色细砂岩、粉砂岩、泥岩夹灰岩、泥灰岩，底部粉砂岩、细砂岩与硅质页岩平行不整合于吴家坪组白云岩之上，顶部泥岩与兰木组砂岩整合接触。广南那达，未见顶，厚度大于 1 549 m，整合于石炮组钙质泥岩之上。下部为灰绿色泥岩夹粉砂岩、细砂岩；中部为黄绿色石英砂岩、粉砂岩夹泥岩；上部为灰黄色钙质泥岩、粉砂质泥岩夹粉砂岩及泥灰岩。丘北天星古勒厚度减至 508 m，与下伏石炮组、上覆兰木组均为整合接触。为一套灰绿、深灰色粉砂岩、钙质粉砂质泥岩夹泥灰岩及泥质灰岩。

该组为具复理石韵律含少量碳酸盐的砂泥质浊流沉积，常见不完整的鲍马序列，砂岩中大型沟模、槽模、重荷模等底痕构造十分发育，显示半深海浅槽盆沉积特征。

该组富含菊石 *Balatonites multisulcatus*，*B.* cf. *gracilis*，*Celtites* aff. *epolensis*，*Acrochordiceras* cf. *anodosus*，*Apleuroceras* cf. *sturi*，*Paracrochordiceras* cf. *pingtangense*，*Japonites* cf. *ugra*，*Cuccoceras cuccense*；双壳类 *Daonella ignobilis*，*D. boeckhi*，*D. indica*，*D. bulongensis*，*D. consobrina*，*D. producta*，*Posidonia wengensis*，*Entolium discites* 以及少量腕足类、植物等化石。时代主要为中三叠世 Anisian 期，可上延至 Ladinian 期。

兰木组　Tl　（53－0452）

【创名及原始定义】　陆中求等（1961）在广西东兰县兰木圩创名。原始定义：杂色泥岩、粉砂质泥岩夹泥质粉砂岩及钙质细砂岩的序列，位于中三叠统板纳组之上，时代属拉丁期。

【沿革】　相当于徐瑞麟（1932）在广西凭祥创名的平而关页岩的上部以及赵金科等

(1962) 所称之平而关组的上部。云南二区测队二分队 (1978) 在富宁则采用广西区调队 (1974) 创名的河口组。云南区调队六分队 (1980) 在广南采用陆中求等 (1961) 命名的兰木组。河口组与兰木组实为同物异名，本书沿用兰木组一名。

【现在定义】 指陆中求等 (1961) 所测兰木剖面第 18 层及其以上的地层序列，即位于板纳组之上的一套细砂岩、粉砂岩与泥岩互层的组合。下以厚层块状细砂岩、粉砂岩组成陡崖地貌与板纳组顶部泥岩分界，顶界不明。

【层型】 正层型为广西东兰县兰木圩剖面 (107°18′, 24°26′)。本省次层型为丘北县羊七沟剖面 (104°18′, 24°18′)，由云南区调队六分队 (1980) 测制。

【地质特征及区域变化】 丘北羊七沟厚 2 198 m。下部为灰黄、灰绿色含钙质细粒石英砂岩夹粉砂岩、粉砂质泥岩及泥岩；上部为灰黄、深灰色钙质泥岩、泥质粉砂岩夹细粒石英砂岩。广南板内厚度大于 1 120 m，粒度变细，下部以灰绿、黄绿色细砂质粉砂岩为主，夹细砂岩及泥岩；上部为灰绿色泥岩夹粉砂岩。丘北天星古勒厚度大于 610 m，砂泥质减少，钙质增加，由灰绿色云母质细—粉砂岩、钙质粉砂岩及泥灰岩组成多个沉积旋回。

该组为一套巨厚的砂泥质浊流沉积，偶含少量碳酸盐岩，具复理石韵律特征，常见不完整的鲍马序列，沟模、槽模、重荷模等底痕构造十分发育。由南向北粒度增粗，厚度增大，北部丘北羊七沟出露齐全，其底部砂岩与板纳组泥岩、顶部钙质泥岩与平寨组含砾砂岩均为整合接触，其余地区均未见顶。其水动力条件及沉积作用均相似于板纳组，仍属半深海浅槽盆相。

该组富含双壳类 *Daonella lommeli*, *D. indica*, *D. producta*, *D. ignobilis*, *D. yunnanensis*, *D. acutiterminatia*, *D. bulongensis bifurcata*, *D.* cf. *consobrina*, *Halobia planicosta*, *H. subplanicosta*, *H. rugosoides*, *H. subcomata*, *Posidonia wengensis*；菊石 *Anolcites doleriticus*, *Celtites* cf. *epolensis*, *Indoceltites* cf. *trigonalis*, *Trachyceras deprati*, *T. douvillei*, *Protrachyceras* sp. 等化石。时代主要为中三叠世 Ladinian 期，部分可下延至 Anisian 期，上延至晚三叠世 Carnian 期。

平寨组 $T_3p\hat{z}$ (53-0453)

【创名及原始定义】 云南区调队六分队 (1980) 创名于丘北县羊七沟乡平寨村。原始定义：平寨组厚度大于 1 537 m，顶部出露不全，下与兰木组呈整合接触。上部为灰、深灰色石英细砂岩夹泥岩，局部夹含砾砂岩；中部为深灰、灰色泥岩与粉—细砂岩互层；下部为灰、深灰色石英细砂岩夹泥岩，底部有 4.4 m 厚之含砾砂岩。含大量晚三叠世 Carnian 期菊石、双壳类化石。

【沿革】 广西地质局等 (1969) 归入平而关群①。云南区调队六分队 (1980) 于丘北羊七沟创名平寨组，沿用至今。

【现在定义】 该组由灰色细砂岩、粉砂岩、泥岩、钙质泥岩组成，夹少量泥灰岩、含砾砂岩，顶部出露不全，底部砂岩、含砾砂岩与下伏兰木组钙质泥岩呈整合接触。

【层型】 正层型为丘北县羊七沟剖面 (104°18′, 24°18′)，由云南区调队六分队 (1980) 测制。编著者略加简化。

平寨组　　　　　　　　　　　　　　　　　　　　　　　总厚度 1 536.5 m

---

① 据云南区测队 (1965) 1:100 万凭祥幅云南省部分工作原始资料。

44—42. 黄灰、深灰、灰绿色薄层—块状泥岩、钙质泥岩夹中—厚层石英细砂岩。含菊石 *Paratibetites clarkei*，*P. tuberculatus*，*Trachyceras* cf. *costulatum*，*T.* cf. *deprati*，*T.* cf. *sinense*；双壳类 *Halobia rugosa*，*H. rugosoides*，*Entolium* cf. *fimbriatum*（未见顶） 169.3 m

41—40. 深灰、黄绿色中—厚层石英细砂岩、粉砂岩夹薄层泥岩及粉砂质泥岩。含菊石 *Paratibetites* cf. *tuberculatus*，*P. clarkei*，*Trachyceras douvillei*，*T. deprati*，*T. sinense*；双壳类 *Halobia rugosa*，*H. rugosoides* 200.1 m

39—37. 深灰、灰黑色薄—厚层泥岩夹中层细粒石英砂岩、岩屑砂岩，下部夹粉砂岩及泥灰岩。含菊石 *Trachyceras deprati*，*T. douvillei*；双壳类 *Halobia planicosta*，*H. subplanicosta*，*H.* cf. *omeishanensis*，*H. kui*，*H.* cf. *comata*，*H.* cf. *cordillerana* 483.3 m

36—35. 黄灰色薄—中层细粒岩屑石英砂岩、粉砂岩与黄色薄层泥岩互层，底部夹碳质泥岩。含菊石 *Trachyceras costulatum*；双壳类 *Halobia subplanicosta*，*H. comata* 218.9 m

34. 黄灰色中—厚层石英细砂岩与薄层泥岩互层，夹含砾不等粒岩屑石英砂岩。含菊石 *Paratibetites* cf. *clarkei*，*Trachyceras deprati*，*T.* cf. *costulatum*；双壳类 *Halobia* cf. *substyriaca*，*H.* aff. *planicosta*，*H.* cf. *pluriradiata*，*H.* cf. *cordillerana*；植物 *Neocalamites* sp. 97.6 m

33—31. 黄绿、灰绿色薄—厚层石英细砂岩夹含砾不等粒岩屑石英砂岩及泥岩，下部上述三者呈互层。含双壳类 *Halobia* cf. *superba*，*H.* cf. *convexa*，*H.* cf. *substyriaca* 118.0 m

30. 灰黄色中—厚层石英细砂岩夹薄层泥岩，底部为含砾砂岩，上部为泥岩与砂岩互层。含菊石 *Trachyceras deprati*，*T. costulatum*，*T.* cf. *aon*，*T.* cf. *douvillei*；双壳类 *Halobia* aff. *omeishanensis*，*Posidonia* cf. *bosniaca*；植物 *Neocalamites* sp. 249.3 m

———————— 整 合 ————————

下伏地层：兰木组　黄灰色薄至中层钙质泥岩与细砂岩互层

【地质特征及区域变化】　仅分布于丘北羊七沟平寨和雨厦等地，下部为含砾砂岩、砂岩、粉砂岩夹泥岩；中部为泥岩夹砂岩；上部为泥岩夹粉砂岩及砂岩，未见顶。底部含砾砂岩整合于兰木组钙质泥岩之上。厚度大于 1 537 m。该组由东向西砂质减少，钙泥质增加，厚度变薄，砂岩底面具清晰的槽模、重荷模构造，可见不完整的鲍马序列，属陆源碎屑浊积岩。

本组富含菊石 *Trachyceras deprati*，*T. costulatum*，*T. douvillei*，*T. sinense*，*Paratibetites clarkei*，*P. tuberculatus*；双壳类 *Halobia rugosa*，*H. rugosoides*，*H. comata*，*H. planicosta*，*H. kui*，*H. subplanicosta*，*H.* cf. *cordillerana*，*H.* cf. *pluriradiata*，*H.* cf. *substyriaca*，*H.* cf. *convexa*，*H.* cf. *superba*，*H.* cf. *omeishanensis* 及少量植物等化石。时代为晚三叠世 Carnian 期。

砚山组　Ey　(53-0118)

【创名及原始定义】　云南二区测队二分队（1976）创名于砚山县者腊乡科白。原始定义：为一套红色粗碎屑岩类沉积，局部地区出现火山喷发岩类堆积。一般可分为上、下段：下段为紫红色厚层状砾岩，夹少量含砾砂岩；上段为紫红、紫褐色中薄层状含砾细砂岩，夹紫红色砂质泥岩，局部夹砾岩透镜体。未获化石。考虑到该组伏于上第三系之下，时代应相当于始新世至渐新世。

【沿革】　创名后，被广泛采用。云南地矿局（1990）认为它是一个跨统的地层单位，改称砚山群，归属晚始新世至渐新世。本书仍使用砚山组，置于上始新统至渐新统。

【现在定义】　为一套以黄红、土红色为主，灰—浅灰色为次的砾岩、含砾砂岩夹砂岩、粉砂岩的地层序列。超覆不整合于上二叠统龙潭组之上，未见顶。在区域上，被上覆中新统小龙潭组不整合覆盖。

【层型】 正层型为砚山县科白剖面（104°30′，23°42′），由云南二区测队二分队1976年测制。编著者略加修改。

砚山组	总厚度 624.91 m
12. 黄灰、土红色中层含砾细砂岩夹砾岩（未见顶）	74.83 m
11. 灰色厚层砾岩	18.78 m
10. 灰、浅黄红色中层细砾岩，夹土红色薄—中层含砾细砂岩	99.52 m
9. 土红色薄—中层砂岩	38.16 m
8. 浅黄红色中层细砾岩夹中层细砂岩	89.10 m
7. 浅黄红色中厚层砾岩	80.63 m
6. 棕红、黄红色中厚层中粒砂岩夹细砾岩	29.94 m
5. 灰、浅灰色厚层砾岩	21.13 m
4. 黄红色中厚层中粒砂岩夹细砾岩	42.22 m
3. 灰色中层砾岩	33.12 m
2. 灰色厚层砾岩	68.16 m
1. 细砾岩（残积物）	29.32 m

~~~~~~~~~~ 不整合 ~~~~~~~~~~

下伏地层：龙潭组　黄红、灰色中层粉砂岩夹钙质泥岩

【地质特征及区域变化】 本组零星散布于东南地层区内的一些山间或断陷小盆地中，主要分布于砚山、文山、马关、富宁、广南、泸西等盆地。以砚山一带较发育，具有代表性。总体为一套红色为主的粗碎屑沉积。岩性以紫红色砾岩、砂砾岩为主夹少量粉砂岩、泥岩。在砚山白泥井和新民农场，于本组下部出现厚34～149 m的深灰色流纹质集块岩夹透长石流纹斑岩及紫灰色熔凝灰岩。由于盆地发育状况的不同，其残留厚度各地悬殊较大，薄者仅数米，厚者可达818.6 m。

本组古生物化石稀少，仅于广南莲峰、小广南等地采获哺乳类 *Prohyracodon* sp.，*Caenolophu* sp.，*Indricoterium* cf. *intermedium* 等化石，时代为晚始新世至渐新世。

【其他】 本组粗碎屑沉积物来源于盆地四周，其碎屑成分因地而异，分选性和磨圆度差，无定向排列，一般不显层理，沉积旋回不明显，具磨拉石建造特点，为山麓相沉积。

在砚山新民等地，于本组火山岩系中产小型膨润土矿和中型沸石矿。在开远小龙潭、广南莲峰、小广南等地，尚有石膏。

第二节　生物地层和年代地层

一、三叠纪生物地层和年代地层

（一）生物地层概况

云南三叠纪生物群以双壳类、菊石及植物为主，尤以双壳类最为繁盛。其它伴生生物有牙形石、腕足类、腹足类、珊瑚、苔藓虫、有孔虫、海百合茎、介形类、叶肢介及藻类等，局部地区有恐龙。各门类生物的生存往往受到环境的限制，在时空分布上都有其局限性。三叠
~~~~~~~~~~

纪主要生物群，按照云南地矿局（1990）对双壳类及菊石的生物组合及分带划分方案，董致中①（1994）对牙形石初步分带意见综合（表5-1）叙述如下。

1. 双壳类

双壳类广泛分布于云南三叠纪各层位的岩石地层中，在年代地层的划分上占有相当重要的地位。

早三叠世的双壳类属特提斯海与环太平洋的混合型，最重要的*Claraia* 20种、*Eumorphotis* 18种，具有分带意义。Induan期三个双壳类带，除布伦组、怕拍组缺失*Claraia wangi*带，东川组仅有上部*Eumorphotis multiformis*带外，其他早三叠世青天堡组、飞仙关组、洗马塘组及石炮组等的Induan期三个双壳类带均发育齐全。*Eumorphotis multiformis*由于延续时限较长，在Olenekian期的嘉陵江组内仍可见到少数孑遗分子，因而此化石带仅具有相对意义。Olenekian期的双壳类带，除嘉陵江组和青天堡组上部普遍存在外，其中*Eumorphotis inaequicostata*分布更为广泛，且延续时限较长，最早见于Induan期的飞仙关组顶部一直延续到Olenekian期的嘉陵江组和青天堡组。

中三叠世的双壳类在滨海潮坪—浅海台地内，以*Costatoria goldfussi*，*Asoella paradoxica*，*Leptochondria albertii*，*Eumorphotis*，*Entolium*等占重要地位，在半深海盆地内，则主要以*Daonella*，*Posidonia*群落为代表。*Costatoria goldfussi mansuyi* - *Asoella paradoxica*带稳定出现于上兰组、下坡头组、尼汝组、北衙组、关岭组及个旧组内。同一时期的*Daonella producta* - *D. ignobilis*带集中分布于广南、富宁一带的板纳组及兰木组内。*Daonella lommeli*带含义很不明确，过去都借用欧洲的资料对比，凡出现*Daonella lommeli*便确定为Ladinian期，现已发现其大量产于Anisian—Ladinian期的地层中，主要分布于大水井山组、臭水组、法郎组下部、板纳组及兰木组内。

晚三叠世的双壳类面貌不同于早、中三叠世，主要是特提斯海型生物群，以海燕蛤科占统治地位，晚三叠世中、晚期还包括*Pergamidia*，*Costatoria*，*Palaeocardita*，*Cassianella*，*Unionites*，*Trigonodus*，*Yunnanophorus*，*Indosinion*等，达60余属200余种，为三叠纪双壳类的鼎盛时期。Carnian期划分了两个双壳类带，广泛分布于南梳坝组、威远江组、桃子树组、歪古村组、三合洞组、挖鲁八组、王吃卡组、曲嘎寺组、图姆沟组、中窝组、云南驿组、罗家大山组、法郎组上部、把南组及平寨组内。Norian期的双壳类分出两个相互平行的带，其一为*Costatoria nuitoensis* - *Palaeocardita mansuyi*带，以底栖厚壳双壳类为主，与过去通常使用的*Costatoria napengensis* - *Burmesia lirata*带相同，广泛分布于滨海粗碎屑岩地层中；其二为*Halobia plicosa* - *Pergamidia eumenea*带，含大量Norian期海燕蛤，也伴生部分厚壳双壳类分子，主要见于细碎屑岩及泥质碳酸盐岩地层中。前者主要产于南梳坝组上部、湾甸坝组、麦初箐组、小定西组、罗家大山组、花果山组及火把冲组内；后者主要赋存于大平掌组、三合洞组、挖鲁八组、王吃卡组上部、哈工组、图姆沟组、松桂组内。Rhaetian期的双壳类为个体较小的半咸水双壳类群，仅划分出*Yunnanophorus* - *Indosinion*组合，一般包括*Unionites*，*Yunnanophorus*，*Trigonodus*，*Indosinion*等，主要产于三岔河组、小定西组、大平掌组、麦初箐组、喇嘛垭组、白土田组、干海子组、舍资组、火把冲组及须家河组内。

2. 菊石

三叠纪的菊石群主要分布于广南、富宁一带地层中，Induan—Carnian期可分出8个菊石

---

① 董致中，1994，云南西部三叠系牙形石动物群，云南区域地质（12—13）：33—40（内刊）。

表 5－1　云南三叠纪主要生物组合分带表

时代＼生物		菊石	双壳类	牙形石
晚三叠世	Rhaetian		*Yunnanophorus-Indosinion* 组合	
	Norian	*Pinacoceras meterinichi-Indojuvavites angulatus* 组合	*Costatoria nuitoensis-Palaeocardita mansuyi* 带 （*Halobia plicosa-Pergamidia eumenea* 带）	*Epigondolella bidentata* 带 *E. postera* 带 *E. multidentata* 带 *E. abneptis* 带
	Carnian	*Tropites* 组合 *Protrachyceras deprati* 组合	*Angustella angusta-Halobia superba* 带 *Halobia rugosa-H. rugosoides* 带	*Neogondolella nodosa* 带 *N. polygnathiformis* 带
中三叠世	Ladinian	*Celtites-Anolcites* 组合	*Daonella lommeli* 带	*Neogondolella excelsa-Gladigondolella tethydis* 带 *Neogondolella mombergensis* 带
	Anisian	*Balatonites multisulcatus* 组合 *Japonites* 组合	*Costatoria goldfussi mansuyi-Asoella paradoxica* 带（*Daonella producta-D. ignobilis* 带）	*Neogondolella constrica* 带 *Neospathodus kocleli-N. germanicus* 带
早三叠世	Olenekian	*Columbites* 组合 *Owenites* 组合	*Pteria* cf. *murchisoni-Eumorphotis inaequicostata* 带	*Neospathodus homeri* 带 *Pachycladina-Parachirognathus* 带 *Neospathodus waageni* 带
	Induan	*Flemingites* 组合 *Ophiceras* 组合	*Eumorphotis multiformis* 带 *Claraia stachei-C. aurita* 带 *Claraia wangi* 带	*Neospathodus pakistanensis* 带 *N. cristagalli* 带 *N. dieneri* 带 *Isarcicella isarcica* 带 *Hindeodus parvus* 带

组合；加之滇西 Carnian—Norian 期的两个菊石组合，总共划分出 10 个菊石组合。

早三叠世的 4 个菊石组合集中分布于石炮组内，底部 *Ophiceras* 组合在广南旧莫的洗马塘组内也有发现。滇东的嘉陵江组、滇西北的洁地组内还见有 Olenekian 期的 *Tirolites spinosus*。

中三叠世 Anisian 期的两个菊石组合集中分布于板纳组内，滇西的河湾街组、上兰组、北衙组也含其中的个别分子。Ladinian 期的 *Celtites - Anolcites* 菊石组合分布较为普遍，除板纳组上部及兰木组内较丰富外，法郎组下部及思茅地区的臭水组、威远江组、桃子树组均可见到。

晚三叠世 Carnian 早期的 *Protrachyceras deprati* 组合集中见于法郎组及平寨组内，晚期的 *Tropites* 组合则主要分布于滇西的南梳坝组及滇中的云南驿组、罗家大山组。而丽江、鹤庆一带的中窝组仅含 *Clionites*，*Cyrtopleurites* 菊石。Norian 期的 *Pinacoceras meterinichi - Indojuvavites angulatus* 组合主要分布于丽江、鹤庆一带的松桂组内，景东花山街的挖鲁八组内获该组合的重要分子 *Pinacoceras meterinichi*，兰坪、巍山等地的三合洞组、挖鲁八组中出现大量 Norian 期的西藏菊石科菊石，常与 Carnian 期的双壳类共生。

3. 牙形石

三叠纪的牙形石多见于滨海—浅海碳酸盐岩发育的地层内，经董致中（1994）初步总结建立的牙形石带，基本可与欧、美地区对比。

早三叠世 Induan—Olenekian 期的 9 个牙形石带主要分布于滇西的河湾街组及滇东南的石炮组内，其中 *Pachycladina - Parachirognathus* 带在中甸的布伦组和滇东南的嘉陵江组内也有发现。

中三叠世 Anisian 期的两个牙形石带主要赋存于河湾街组、洁地组及个旧组内，其中 *Neogondolella constrica* 带也存在于广南、富宁一带的板纳组内。Ladinian 期的两个牙形石带零星分布于滇西的河湾街组、滇东南的法郎组、兰木组内。

晚三叠世 Carnian 期的两个牙形石带，据曾庆荣等①（1994）报导在新平、双柏一带的云南驿组中下部获 *Neogondolella polygnathiformis* 带化石，罗家大山组下部获 *Neogondolella nodosa* 带化石。在丘北羊七沟一带的平寨组内曾获 *Neogondolella polygnathiformis* 带化石。Norian 期的 4 个牙形石带集中分布于兰坪、巍山、大理及保山等地的三合洞组、挖鲁八组及南梳坝组内。上述牙形石带，基本可与菊石组合及双壳类带相印证，但其中有一部分还存在一定的矛盾，有待今后进一步研究。

4. 植物

据中科院南古所李佩娟等（1976）总结，云南三叠纪植物群以晚三叠世 Norian 期至 Phaetian 期最为繁盛，通称为一平浪植物群，该植物群以真蕨类、苏铁类为主，少量木贼类、银杏、种子蕨类及松柏类，计有 40 余属 90 余种，以 *Dictyophyllum - Clathropteris* 组合为代表，主要分布于滇中的普家村组、干海子组、舍资组、花果山组、白土田组，滇西的麦初箐组、松桂组、喇嘛垭组及滇东北的须家河组。这一植物群与四川宝鼎植物群、北方延长植物群、华南安阳植物群以及越南鸿基植物群在产出层位和组合特征上均较相似，主要由于我国南方与北方一些地区在晚三叠世时的古地理及古气候特征相同之故。

（二）年代地层概况

根据云南地矿局（1990）对三叠纪年代地层研究的初步意见，分为下三叠统 Induan 阶、

① 曾庆荣等，1994，新平县者龙—双柏县鄂嘉云南驿组、罗家大山组首次发现牙形刺，云南区域地质（12—13）64—65（内刊）。

Olenekian 阶，中三叠统 Anisian 阶、Ladinian 阶，上三叠统 Carnian 阶、Norián 阶及 Rhaetian 阶。上述划分主要依据所含双壳类、菊石、牙形石、植物等生物组合（带）来确定，其中某些岩石地层单位有明显地跨时及穿时性，如下—中三叠统的河湾街组、尼汝组、东川组、嘉陵江组，中—上三叠统的法朗组、兰木组，上三叠统还有部分岩石地层单位其年代地层属 Carnian—Norian 阶、Norian—Rhaetian 阶，前者如南梳坝组、挖鲁八组、王吃卡组、罗家大山组等；后者如三岔河组、麦初箐组、喇嘛垭组、白土田组、干海子组、火把冲组等。

三叠纪的所有岩石地层单位均有一定的生物组合（带）来确定其时代。以火山岩为主的忙怀组和攀天阁组未获化石，主要依据其与上覆、下伏地层的时代及接触关系来确定，在德钦几家顶攀天阁组流纹岩中获有铷锶同位素年龄值为 238.9 Ma，因此上述两组应归属中三叠统 Ladinian 阶。

1. 三叠系下界

三叠系的下界有两种类型，其一为平行不整合至不整合类型，一般其底部均有较厚的底砾岩层，如布伦组及部分地区分布的青天堡组和飞仙关组等与下伏二叠系接触界线明显；其二为整合过渡类型，二叠系与三叠系之间均为连续沉积的砂泥质岩石或碳酸盐岩，如河湾街组、东川组、石炮组及部分地区分布的青天堡组和飞仙关组等，但它们与下伏地层在岩石矿物组分、粒度及颜色上均有一定的差异。确定三叠系的底部化石带，其中双壳类为 *Claraia wangi* 带，菊石为 *Ophiceras* 组合，牙形石为 *Hindeodus parvus* 带。

2. 下、中三叠统分界

下、中三叠统之间的分界，一般为连续沉积，或中三叠统直接超覆于二叠系之上。岩石地层可分为三种沉积类型，其一为浅海-半深海盆地型，下三叠统上部为浅海砂泥质、碳酸盐沉积，中三叠统下部为具复理石韵律的砂泥质浊流沉积，如石炮组与板纳组的分界。其二为滨海潮坪-浅海台地型，下三叠统上部为滨海砂泥质沉积，中三叠统下部为浅海碳酸盐台地沉积，如青天堡组与北衙组的分界。其三为开阔台地-半闭塞台地型沉积，下三叠统上部为碳酸盐沉积，中三叠统下部为泥质碳酸盐沉积，如嘉陵江组与关岭组、个旧组的分界。

确定下、中三叠统分界的化石带，双壳类为 Olenekian 阶 *Pteria* cf. *murchisoni* - *Eumorphotis inaequicostata* 带与 Anisian 阶 *Costatoria goldfussi mansuyi* - *Asoella paradoxica* 带；菊石为 Olenekian 阶上部 *Columbites* 组合与 Anisian 阶下部 *Japonites* 组合；牙形石为 Olenekian 阶上部 *Neospathodus homeri* 带与 Anisian 阶下部 *Neospathodus kocleli* - *N. germanicus* 带。

3. 中、上三叠统分界

中、上三叠统之间的分界，一般为平行不整合，局部为不整合接触和连续沉积，或上三叠统直接超覆于古生界或更老的地层之上。岩石地层可分为四种沉积类型，其一为盆地型，中、上三叠统均为具复理石韵律的砂泥质浊流沉积，仅上三叠统粗碎屑增多，钙、泥质减少，如兰木组与平寨组的分界。其二为台地型沉积，中三叠统上部为碳酸盐沉积，上三叠统下部为泥质碳酸盐沉积，如北衙组与中窝组的分界。其三为浅海型沉积，中三叠统上部为泥质碳酸盐，上三叠统下部为钙泥质沉积，如法郎组上、下部的分界。其四为火山喷发与滨海型沉积，中三叠统上部为中酸性火山喷发，上三叠统下部为滨海粗碎屑沉积，如攀天阁组与歪古村组、忙怀组与小定西组之间的分界。

确定中、上三叠统分界的化石带，双壳类为 Ladinian 阶的 *Daonella lommeli* 带，Carnian 阶下部的 *Halobia rugosa* - *H. rugosoides* 带；菊石为 Ladinian 阶的 *Celtites* - *Anolcites* 组合，Carnian 阶下部的 *Protrachyceras deprati* 组合；牙形石为 Ladinian 阶上部的 *Neogondolella excelsa* - *Gladigondolella tethydis* 带，Carnian 阶下部的 *Neogondolella polygnathiformis* 带。

4. 三叠系的上界

云南三叠系的上界，一般与侏罗系为连续过渡关系，可根据岩石性质，特别是颜色的特殊标志来区别，"上红下黑"是三叠系与侏罗系的天然分界。部分地区如滇东北的须家河组与下侏罗统自流井组之间存在平行不整合接触。三叠系顶部——Rhaetian 阶双壳类组合为 *Yunnanophorus* - *Indosinion* 组合。

二、侏罗纪、白垩纪生物地层和年代地层

（一）生物地层概况

云南侏罗、白垩纪生物群，海、陆相生物均可见，以陆相生物为主，双壳类、介形类、叶肢介和轮藻最繁盛，伴生有腕足类、腹足类以及爬行类、鱼类等脊椎动物。侏罗-白垩纪为形成内陆大、小盆地时期，受盆地乃至具体生活环境限制，各门类生物在时、空展布上均有较大的局限性。据云南地矿局（1990），对侏罗、白垩纪主要生物组合归纳如表 5 - 2，并简要叙述如下。

1. 腕足类

层位只限于中侏罗统，见于藏滇地层大区的柳湾组，可向东延续至澜沧江以东的兰坪—思茅地层分区西侧。称 *Burmirhynchia* - *Holcothyris* 组合，已发现 6 属 18 种，主要属种有 *Burmirhynchia praestans*, *B. flabilis*, *B. iryegularis*, *B. adjudicata*, *Holcothyris pingus*, *H. ancile* 等。向北见于唐古拉及昌都地区；向南见于南亚缅甸掸邦北部。代表了中侏罗世 Bathonian 期时，特提斯海包括云南西部在内的一次海侵。

2. 双壳类

包括海、陆相两部分。海相以 *Camptonectes* - *Protocardia* 组合为代表，与大量淡水生物共生。见于柳湾组、龙海组中，与相邻的青海、西藏及世界各地 Bathonian 阶海相双壳类关系密切，一些共生分子属于世界性的或可能属于世界性的属种，广泛见于中侏罗统。陆相双壳类遍布整个侏罗、白垩纪。早侏罗世不甚发育，计有 7 属 11 种，可归纳为 *Sibireconcha* - *Unio* 组合。以大量陆相新生分子的出现与晚三叠世半咸水相双壳类组合相区别。其中多数也是继后繁盛于中侏罗世的重要分子。少数为晚三叠世的孑遗，反映了由晚三叠世到早侏罗世双壳类生物的延续演化特征。中侏罗世陆相双壳类达极盛期，约 12 属 80 种，称 *Lamprotula* (*Eolamprotula*) *cremeri* - *Pseudocardinia kweichouensis* 组合，遍布全国。省内见于花开左组（与海相双壳类共生)、张河组、禄丰群和沙溪庙组。海、陆相双壳类共生这一事实，为陆相双壳类组合的时代的确定提供了重要依据，对大范围生物地层划分对比创造了条件。晚侏罗世时相当繁盛的 *Lamprotula* 等蚌类已绝迹，仅于蛇店组、妥甸组中发现极少数淡水双壳类和某些新生分子，与区域环境和新、老时代不协调的现象，值得进一步研究。

白垩纪陆相双壳类主要属种经郭福祥① (1985) 修订，认为属类三角蚌动物群，存在 2 个组合。早白垩世早期 *Kareanaia* - *Nippononaia* (*Eonippononaia*) - *Plicatounio* (*P.*) - *Peregrinoconcha* 组合。该组合种类多，形态特殊，由于表现出类三角蚌铰齿，是原"*Trigonioides*"以及 *Plicatounio* (*P.*) *rostratus* 为少脊型等。又称为原始的 *T.N.P.* 组合。该组合见于景星组、高丰寺组和普昌河组中。早白垩世晚期的 *Trigoniodes* (*T.*) *kodairai* - *Nip-*

① 郭福祥等，1985，云南白垩系的三分性，云南地质，4 (2)：159—177（内刊)。

表5-2　云南侏罗、白垩纪主要生物组合表

地层		腕足类	双壳类	介形类	腹足类	叶肢介	轮藻	脊椎动物
白垩系	上统			*Cristocypridea-Cypridea*(*C.*)-*Quadracypris* 组合		*Aglestheria-Halysestheria* 组合	*Peckichara-Charites-Porochara* 组合	
白垩系	下统		*Trigonioides*(*T.*)*kodairai-Nippononaia carinata-Plicatounio*(*P.*) aff. *suzukii*(=*P.*(*P.*) *yaoanensis*)组合	*Monosulcocypris-Cypridea*(*Pseudocypridina*, *Morinia*, *Bisulcocypridea*)组合		*Jilinestheria insculpta-Nemestheria yunnanensis* 组合	*Atopochara* 组合	
白垩系	下统		*Kareanaia-Nippononaia*(*Eonippononaia*)-*Plicatounio*(*P.*)-*Peregrinoconcha* 组合	*Cypridea*(*Ulwellia*)-*Jingyuella-Damonella* 组合		*Orthestheria quadrata-Orthestheriopsis puchangheensis* 组合	*Flabellochara-Nodosoclavator* 组合	
侏罗系	上统			*Darwinula-Damonella* 组合		*Eosestheria dianzhongensis* *Nestoria-Keratastheria*		
侏罗系	中统	*Burmirhynchia-Holcothyris* 组合	*Captonectes-Protocardia* 组合 *Lamprotula*(*Eolamprotula*)-*Pseudocardinia* 组合	*Eocytheridea-Praeschuleridca*? *Darwinula-Metacypris* 组合	*Ataphrus-Neritoma* (*Neritomus*) *Amplovalvata-Viviparus*	*Euestheria ziliujingensis* *Palaeolimnadia diannanensis*	*Euaclistochara-Aclistochara*	*Hybodus houtienensis*
侏罗系	下统		*Sibircconcha-Unio* 组合	*Gomphocythcre*? -*Darwinula* 组合				*Kunmingosaurus-Oligokyphus*

pononaia carinata - *Plicatounio* (*P.*) aff. *suzukii* (=*P.* 〈*P.*〉 *yaoanensis*) 组合，数量多，分布广，其中特征分子是早期同类分子进化的结果，其"V"形饰脊交角普遍变小。*Plicatounio* 多为多脊型，故称典型的 *T. N. P.* 组合。该组合见于南新组及马头山组。

3. 介形类

介形类也较丰富，包括海、陆相两部分。海相介形类只有少数几个属种，见于中侏罗统花开左组，多为新种，与陆相介形类常伴生，某些种可能仍有半咸水相生存性质。其中 *Eocytheridea*? *bella*，*Praeschuleridea yangbiensis* 与英国中侏罗统的 *Eocytheridea elongata*，*Praeschuleridea subtrigona* 相当近似。陆相介形类丰富但属种单调，以 *Darwinula* 一属为主。早侏罗世以 *Gomphocythere*? - *Darwinula* 组合为特征，3 属 18 种。见于漾江组、冯家河组和禄丰群中，与晚三叠世晚期介形类面貌相似。但 *Tungchuania*? 已消失，*Gomphocythere*? 大量出现；*Darwinula* 以个体大为特征。中科院南古所（1976）据该组合两代表属的发育程度，划分为早侏罗世早期 *G.* ? - *D.* (I_1) 及晚期 *D.* - *G.* ? (I_2) 两个亚组合。中侏罗世介形类最繁盛，分布也广，可称 *Darwinula* - *Metacypris* 组合，约 10 属 30 种。见于花开左组、张河组、禄丰群、沙溪庙组和遂宁组中，以大个体 *Darwinula* 占优势。特征分子 *Darwinula magna* 见于新疆中侏罗统；*Darwinula iucurva* 为英国 Bathonian 阶重要分子；*Metacypris menglaensis* 与英国牛津地区 Bathonian 阶的 *Timiriasevia mackerrowi* 很相似，后者也广泛分布于国内其他中侏罗统中。晚侏罗世以 *Darwinula* - *Damonella* 组合为代表，约 9 属 21 种。*Damonella* 是英国上侏罗统 Purbeck 层至下白垩统 Wealden 阶常见分子，*Djungarica*? *yunnanensis* 见于坝注路组，似与北美上侏罗统 Morrison F. 中的"*Bairdiacypris*" *morrisonensis* var. *equalis* 相似。

白垩纪介形类丰富，*Cypridea*，*Monosulcocypris* 占绝对优势。*Darwinula*，*Damonella* 虽仍占重要地位，与晚侏罗世相比，明显有大量新种出现 。由下而上可分 3 个组合。早白垩世早期 *Cypridea* (*Ulwellia*) - *Jingguella* - *Damonella* 组合，见于景星组、高丰寺组及普昌河组，常与双壳类 *Peregrinoconcha* 等共生，*Darwinula* 与侏罗纪时有明显区别，为壳体窄长的"*Darwinula contracta*"型；早白垩世晚期 *Monosulcocypris* - *Cypridea* (*Pseudocypridina*，*Morinia*，*Bisulcocypridea*) 组合，见于南新组、马头山组，以 *Monosulcocypris* 最丰富，达 18 种，多为新生成员，*Cypridea* 的三个新生特征亚属，其壳饰背部具有突出的单槽及双槽类型；晚白垩世 *Cristocypridea* - *Cypridea* (*C.*) - *Quadracypris* 组合，见于江底河组以及曼宽河组中，*Cristocypridea* 具特殊的"冠状喙"等装饰，为中生代晚期的特异属。

4. 腹足类

海相腹足类以 *Ataphrus* - *Neritoma* (*Neritomus*) 为代表，约 10 属 16 种，见于花开左组，其中重要属种 *Ataphrus labadyei* 等，见于英国等 Bathonian 阶内。淡水腹足类主要见于中侏罗世，分布较广，计 17 属 21 种，多为我国陆相盆地中常见属种，对地层划分对比有一定意义。

5. 叶肢介

侏罗纪叶肢介虽较丰富，但属型单调，分布在中、晚侏罗世，分为 4 个组合。中侏罗世早期的 *Palaeolimnadia diannanensis* 组合，见于花开左组，地方性色彩较浓厚；中侏罗世晚期 *Euestheria ziliujingensis* 组合，较稳定，见于张河组、禄丰群及沙溪庙组，国内分布广泛；晚侏罗世早期 *Nestoria* - *Keratastheria* 组合，见于禄丰群，省内首次发现；晚侏罗世晚期 *Eosestheria dianzhongensis* 组合与我国北部的东方叶肢介群有密切的亲缘关系，但具明显的"滨生长线瘤"装饰特征等地方色彩，广泛分布于滇、川晚侏罗世地层中，陈丕基等（1977）称为

"滇中东方叶肢介群",(1982)改称"似东方叶肢介群"。

白垩纪叶肢介与晚侏罗世相比，进入一个新阶段，直线叶肢介空前繁盛，大致可分为3个组合。早白垩世早期 *Orthestheria quadrata - Orthestheriopsis puchangheensis* 组合，见于景星组和普昌河组，也是我国东北、东南地区早白垩世主要叶肢介群的重要成员；早白垩世晚期 *Jilinestheria insculpta - Nemestheria yunnanensis* 组合，仅见于马头山组，与东北松辽盆地早白垩世叶肢介群非常接近；晚白垩世 *Aglestheria - Halysestheria* 组合，见于江底河组中，数量极多，均为新属种，与东北松辽盆地晚白垩世叶肢介群比较接近。

6. 轮藻

侏罗纪轮藻较单调，主要繁衍于中侏罗世，3属10种，见于花开左组、禄丰群中，与四川中侏罗统所含类型相同。

白垩纪以棒轮藻为主，可分3个组合。早白垩世早期 *Flabellochara - Nodosoclavator* 组合，分布在景星组、高丰寺组和普昌河组中。*Flabellochara grovesi* 最早报导于英国下白垩统中，该属也见于我国早白垩世地层中；*Nodosoclavator* 在美国、西班牙及英国早白垩世地层中有所发现。早白垩世晚期 *Atopochara* 组合，见于南新组和马头山组，也广泛分布于欧、亚、非洲大陆。晚白垩世 *Peckichara - Charites - Porochara* 组合，见于江底河组以及曼宽河组中，特点是棒轮藻完全消失，孔轮藻更繁盛，为我国华南地区晚白垩世常见。

7. 脊椎动物

主要包括爬行类、鱼类等。爬行类以禄丰群中著名的"禄丰蜥龙动物群"，研究较早（卞美年、杨钟健，1940、1951等）。后在冯家河组也有发现，已有28个属种，8种爬行类足迹。其群落组成有蜥脚类 *Kunmingosaurus*, *Chinshakiangosaurus*；原蜥脚类 *Lufengosaurus*, *Yunnanosaurus*, *Gyposaurus*, *Dachongosaurus*, *Oshanosaurus*；异齿类 *Diachungosaurus*；兽脚类 *Lukousaurus*, *Sinosaurus*；兽齿类 *Bienotherium*, *Oligokyphus*, *Lufengia*；鳞龙类 *Lufengocephalus*；古龙类 *Platyognathus*, *Microchampsa*；鸟龙类 *Tatisaurus* 及犬齿类 *Kunmingia* 等。特点是蜥脚类（Sauropoda）动物与原蜥脚类（Prosauropoda）动物共存，一般认为前者开始出现于早侏罗世，并由后者演化而来。此外景星组尚有爬行类发现。鱼类见于禄丰群、张河组、坝注路组以及江底河组，属种零星，分布范围局限，研究程度也较低。

（二）年代地层概况

按云南地矿局（1990）对侏罗、白垩纪年代地层的划分对比的意见。侏罗系采用三分，下侏罗统称 Lias 统，中侏罗统称 Dogger 统，上侏罗统称 Malm 统，白垩系采用二分，下白垩统和上白垩统。以上划分除考虑岩石、构造界面的客观存在之外，主要依据所含各门类生物组合，特别是腕足类、双壳类、叶肢介、脊椎动物中的爬行类生物组合来确定。其中海相生物组合在大范围内通过海、陆交互相—陆相的地层对比上，有着重要意义。比较岩石地层单位与年代地层划分，某些岩石地层单位，存在明显跨时和穿时特征，如柳湾组、张河组、蛇店组和妥甸组以及江底河组等。

1. 侏罗系下界

在地层发育完善的大盆地内，侏罗系与下伏三叠系为整合过渡的连续沉积，如漾江组与麦初箐组，冯家河组与白土田组、舍资组，其间存在厚度不等的岩性过渡层，较一致的认识是采用将过渡层向下划这一标准，但往往受认识不完全一致以及岩性变化、出露条件等限制，分界线的确切位置，是不一致的；在大盆地边缘常表现为平行不整合关系，如自流井组和须家河组间，界线也较明显，易于划分；在零星的小盆地等局限地区，地层发育不全，也不连续，明显存在地层缺失，中侏罗统超覆在三叠系或更老地层之上，如勐戛组、花开左组，禄丰群在一些地区也存在下部缺失，上部超覆现象。

2. 下、中侏罗统界线

普遍为中侏罗统平行不整合于下侏罗统之上，如花开左组与漾江组，张河组与冯家河组，沙溪庙组与自流井组，禄丰群发育完整地区，其内的相应位置也存在明显的地层沉积间断。在大盆地边缘和孤立的小盆地中，常见缺失下侏罗统，中侏罗统超覆现象，如勐戛组、花开左组和禄丰群上部等。在岩性上中侏罗统底部一般存在砾岩、砂砾岩等粗碎屑岩，之下具明显的冲刷面，中侏罗统为另一沉积旋回的开始。生物组合上最主要特征有两个方面。一是三叠纪末海水退出云南，早侏罗世时云南只存在含陆相生物的沉积，但中侏罗世时藏滇海域扩展，涉及云南西部，发育含腕足类、双壳类、介形类和腹足类海相生物组合的海相—海陆交互相沉积；二是东部早侏罗世时爬行动物繁盛，形成以“禄丰蜥龙动物群”为主的含龙层位，中侏罗世时则为含 *Hybodus houtienensis* 为代表的含鱼层位。对地层划分和对比提供了重要依据。

3. 中、上侏罗统界线

该界线为整合过渡性质，沉积上常表现为中侏罗统一个完整沉积旋回的结束，上部岩层具自下而上，由细—粗的反旋回特点，上侏罗统则为另一沉积旋回的开始，自下而上由粗—细，下部粗碎屑岩常表现出典型侧向加积特征。受上侏罗统分布范围的限制，该界线仅见于坝注路组与花开左组，蛇店组与张河组之间。划分中、上侏罗统的生物依据不够充分，故这一年代界线是不确切的。

4. 侏罗、白垩系界线

该界线为区域性平行不整合，下白垩统下部均为粗碎屑岩，如弄坎组、景星组、高丰寺组，底部常见砾岩。之下均可见冲刷面，界线清楚。白垩纪均为陆相生物，双壳类、介形类、叶肢介等主要生物组合，与侏罗纪有明显区别。昆明、曲靖、昭通地层小区，缺失早白垩世早期沉积，下白垩统上部马头山组不整合或平行不整合超覆于中侏罗统之上，界线明显。

5. 下、上白垩统界线

在楚雄地层小区，下统马头山组与上统江底河组呈整合过渡，岩性自下而上由粗—细，为另一明显的正向沉积旋回。生物上介形类、叶肢介等组合，上统与下统有别，但界线划分和时代依据并不十分严格，认识也不完全一致。兰坪-思茅地层分区内上白垩统称曼宽河组，该组分布较局限，对地层位置的认识也不一致，生物上靠介形类确定。

6. 白垩系上界

楚雄地层小区内，把江底河组中含盐层位及其以上划为第三系，江底河组为一跨时岩石地层单位，在连续剖面上，呈整合关系。江底河组及其上覆赵家店组与整个中生代盆地的发展联系密切，明显表现为盆地最后干涸、消亡阶段的特征。第三系中生物也很稀少，仅见少量介形类、叶肢介、植物以及孢粉等，对比为第三纪。兰坪-思茅地层分区内，第三系勐野井组也为一含盐地层，与下伏白垩系主要为平行不整合，局部为不整合或整合，界线较清楚。第三系中介形类、轮藻是确定时代的主要依据。

三、第三纪生物地层和年代地层

(一) 生物地层概况

云南第三纪生物较为繁盛，且为陆生生物，计有哺乳类、爬行类、鱼类、鸟类、介形类、腹足类、双壳类、叶肢介、昆虫、植物、孢粉、轮藻、硅藻十余个门类。其中以植物、轮藻、介形类、哺乳类较为发育，是地层划分和对比的主要依据，应该说具有一定的生物地层研究条件，然而这方面未系统地进行过研究。本书根据《云南省区域地质志》(1990) 和《怒江一澜沧江一金沙江区域地层》(1992) 的研究资料，按门类由老至新概述生物地层如下：

1. 植物

云南第三纪植物是以被子植物为主，裸子植物和蕨类植物少量。主要发育于晚始新世一上新世，可建立下列三个植物组合：

(1) *Eucalyptus* - *Palibinia* 组合

该组合为晚始新世植物群。在云南仅见于宝相寺组中。主要属种有 *Palibinia pinnatifida*，*P. korowinii*，*P. latifodia* 等。

(2) *Phoebe* - *Dryophyllum* - *Rhus trifolia* - *Sassafras paratsumu* 组合

该组合为中新世植物群。在云南中新世含煤地层中广泛发育，于南林组、双河组、三号沟组、小龙潭组中均可见及。组成该植物群的种类较多，其中有较老的、现已绝灭的 *Dryophyllum*，*Rhus trifolia* 等，也有少量现生种类，但原始的古老类型所占比例大，比上新世以高山栎类为主的植物群要早。

(3) *Quercus* - *Cyperacites* 组合

该组合为上新世植物群。在云南上新世含煤地层中较为发育，见于芒棒组、三营组、茨营组中。该植物群以高山栎类为主，主要属种有 *Quercus pannosa*，*Q. semicarpifolia*，*Q. spathulata*，*Q. gilliama*，*Q. relongtanensis* 等，其面貌和性质与西藏南部喜马拉雅山区的希夏邦马峰晚上新世博康加勒层以高山栎类为主的植物群极为相似。

2. 轮藻

云南第三纪的轮藻分布于兰坪-思茅地层分区以及扬子地层区。发育时限为古新世一早渐新世，可拟建三个组合。

(1) *Peckichara* - *Obtusochara* 组合

该组合为古新世轮藻植物群。产于勐野井组、江底河组中。主要属种有 *Peckichara uarians*，*P. serialis*，*Obtusochara lanpingensis*，*O. elliptica*，*O. jianglingensis*，*Stephanochara breviovalis* 等。该轮藻植物群在我国南方分布广泛，并与华南的 *Peckichara longa* - *Obtusochara elliptica* 轮藻植物群相似。

(2) *Gyrogona* - *Raskyaechara* 组合

该组合为早一中始新世轮藻植物群，产于等黑组中。主要属种有 *Gyrogona qianjiangica*，*Raskyaechara sinensis*，*Harrisichara jinghanensis*，*Charites* sp. 等。该轮藻植物群中的 *Gyrogona qianjiangica* 为我国华南始新世 *Obtusochara jianglingensis* - *Gyrogona qianjiangica* 轮藻植物群的主要分子。

(3) *Amblyochara* - *Maedlerisphaera* - *Harrisichara* - *Rhabdochara* 组合

该组合为早渐新世轮藻植物群。产于蔡家冲组中。该轮藻植物群以 *Rhabdochara*，*Harrisichara* 两属数量最多，处于繁盛阶段，并具有装饰。同时出现了 *Amblyochara*，*Maedlerisphaera* 等属种的新生分子。它们为我国渤海地区渐新世地层中的重要分子。

3. 介形类

云南第三纪介形类主要分布于兰坪-思茅地层分区，以古新世一始新世最为繁盛，上新世也较发育，可建立三个化石组合。

(1) *Sinocypris* - *Cypris* (*Cristocypris*) - *Parailyocypris* 组合

该组合为古新世介形类动物群。产于勐野井组中。重要分子有 *Sinocypris menglaensis*, *S. jinghongensis*, *S. yunlongensis*, *Cypris* (*Cristocypris*) *shiwenensis*, *C.* (*C.*) *subparallela*, *Parailyocypris glaber*, *P.* cf. *changzhouensis* 等。该组合的特点是中生代属种绝大部分趋于绝迹，新生代类群大为繁盛，而呈现全新的面貌。它在我国华南地区古新世地层中分布广泛。

(2) *Pinnocypris* - *Limnocythere* 组合

该组合为早—中始新世介形类动物群。产于等黑组中。特征分子有 *Pinnocypris gibba*, *P. yunnanensis*, *Limnocythere yunlongensis*, *L. menglaensis*, *L. spinosalata* 等。该组合的特点是 *Limnocythere* 属继续繁盛，*Sinocypris* 属趋于衰亡，*Pinnocypris* 属成为最特征的分子。它广泛分布于我国始新世地层中。

(3) *Candoniella* - *Cypridopsis* 组合

该组合为上新世介形类动物群。产于三营组中。特征分子有 *Candoniella hasachstania*, *Cypridopsis discorbis*, *Eucypris decurta*, *Leucocythere* cf. *mirabilis* 等。它们分布于新疆准噶尔盆地、伊犁盆地以及前苏联哈萨克斯坦、库尔斯克、吉尔吉斯等上新世地层中。

4. 哺乳类

云南第三纪哺乳动物较为发育，为该时期最繁盛的脊椎动物。主要分布于扬子地层区，在东南地层区也有少量分布。发育时限为晚始新世—上新世，可建立 6 个哺乳动物群

(1) *Lophialetes expeditus* - *Helaletes mongoliensis* 动物群

该动物群为晚始新世早期哺乳动物群。主要分布于路南、丽江盆地。产于路南组、宝相寺组中。该动物群主要有 *Protitan*, *Lophialetes*, *Helaletes*, *Breviodon*, *Prohyracodon*, *Teilhardia*, *Caenolophus*, *Amynodon*, *Gobiohyus* 等属。这些成员多数与内蒙古晚始新世早期的伊尔丁曼纳动物群有关种类相似，故该动物群相当于伊尔丁曼纳动物群。

(2) *Dianotiian* ("*Parabrontops*") *lunanensis* 动物群

该动物群为晚始新世晚期哺乳动物群。主要分布于路南盆地，产于路南组上部。主要有 *Teleolophus*, *Prohyracodon*, *Indricotherium*, *Ilianodon* 等属。这些化石表现了一种过渡类型的特点，接近早渐新世有关种类的色彩，但又比早渐新世有关种类原始。可能相当于内蒙古晚始新世晚期萨拉木仑动物群。

(3) *Cadurcodon ardynensis* - *Gigantamynodon* 动物群

该动物群为早渐新世哺乳动物群。主要分布于曲靖盆地，路南、罗平、广南等盆地也有少量分布。产于蔡家冲组、路南组顶部。主要有 *Cardurcodon*, *Gigantamynodon*, *Indricotherium*, *Lophiomeryx*, *Bothriodon*, *Eucriceton*, *Miomeryx* 等属。该动物群与蒙古国早渐新世阿尔丁鄂博动物群相似。

(4) *Dryopithecus keiyuanensis* 动物群

该动物群为中新世早期哺乳动物群。主要分布于开远盆地，产于小龙潭组中。主要有 *Dryopithecus keiyuanensis*, *Gomphotherium xiaolongtanensis*, *G. macrognathus*, *Zygolophodon chinjiensis*, *Chleuastochoerus* cf. *stehlini* 等。该动物群的大部分属种都是亚洲南部，特别是印度下锡瓦利克系上部庆吉层中的分子，其层位与庆吉层相当。

(5) *Ramapithecus* - *Sivapithecus* 动物群

该动物群为中新世晚期哺乳动物群。主要分布于禄丰一带。产于小龙潭组中。该动物群的类群众多，种类十分丰富，共有 101 个属种，许多新属新种为我国乃至世界上首次发现。它

是我国南方第一个比较完整的晚中新世哺乳动物群。主要有 *Ramapithecus*，*Sivapithecus*，*Laccopithecus*，*Hipparion*，*Hyotherium*，*Potamochoerus*，*Moschus*，*Dicrocerus*，*Ursavus*，*Sivaonyx*，*Indarctos*，*Ictitherium*，*Zygolophodon*，*Brachyrhizomy* 等属。该动物群中的多数种类见于我国北方保德期，印度次大陆中锡瓦利克系的那洛里层以及欧洲的土洛里、瓦里西期动物群中，其时代为晚中新世。

(6) *Stegolophodon* - *Stegodon* - *Chilotherium* 动物群

该动物群为上新世哺乳动物群。主要分布于扬子地层区，在保山地层分区也有少量分布。产于茨营组、芒棒组中。主要有 *Stegolophodon banguoensis*，*S. yangyiensis*，*Stegodon yuanmouensis*，*S. zhaotongensis*，*S. elephantoides*，*Chilotherium yunnanensis*，*Rhynchotherium hananensis*，*Enhydridon* cf. *falconeri*，*Sinocastor zhaotongensis* 等。该动物群中的有些种类与印度次大陆中锡瓦利克系上部的多克帕里层十分相似，其时代为上新世。

（二）年代地层概况

云南第三纪年代地层目前尚无专门研究资料，也未建立统一的年代地层单位。目前按国内外通用划分，也只划到统一级。

云南第三纪年代地层划分是以岩石地层为基础，生物地层为依据，结合地层层序、沉积特征、构造运动、接触关系等因素，加以综合考虑的。可划分为 2 个亚系 5 个统。二个亚系为下第三系和上第三系。5 个统为古新统、始新统、渐新统、中新统和上新统。除始新统细分为下一中始新统和上始新统，其余各统均未进一步划分。

1. 云南第三系的下界

即第三系与白垩系的分界。在兰坪-思茅盆地的大多数地区，下第三系古新统勐野井组与下伏白垩系之间，普遍存在着沉积间断，一般多表现为平行不整合，但在局部地区（如勐腊县尚勇一带）则为连续沉积，下第三系古新统勐野井组整合于上白垩统曼宽河组之上。无论何种接触关系，均以下第三系古新统勐野井组底部出现含盐泥砾岩为标志，作为下第三系的下界，并含 *Sinocypris* - *Cypris* (*Cristocypris*) - *Parailyocypris* 介形类组合和 *Peckichara* - *Obtusochara* 轮藻组合。在滇中盆地，下第三系和白垩系为连续沉积，其沉积物较细，以紫红色为主，夹灰绿、黄绿色岩层而显杂色，下部含晚白垩世化石，中上部含古新世化石并夹含盐泥砾岩，具体分界特征不甚明显，界线较难划定。因此，下第三系下界在江底河组内部。

2. 云南第三系的上界

即第三系与第四系的分界。在云南绝大多数地区，第三系和第四系之间普遍存在着沉积间断，表现为不整合接触关系。但在昆明、元谋、鹤庆等盆地则为连续沉积，以第四系下更新统滇池组、元谋组等之底部砂层或砂砾层作为第四系的下界，而与上第三系分界。据昆明、元谋、鹤庆盆地古地磁测定资料，该界面正好是古地磁极性世中的高斯正向极性世和松山反向极性世的分界面。该层面上下在岩石地层、生物地层、磁性地层、气候地层、年代地层等方面均有一个明显的变化。古地磁年龄值为距今 248 万年。

3. 云南下、上第三系的界线

即中新统和渐新统的分界。在云南下、上第三系之间存在着明显的沉积间断，表现为强烈的不整合接触，是喜马拉雅运动第Ⅱ幕作用的结果。该不整合界面上、下地层在岩性、岩相、沉积建造、生物化石、含矿性等方面均存在着明显的差异。渐新世地层乃至包含晚始新世地层主要为一套红色粗碎屑岩，以山麓相为主的沉积，具磨拉石建造特点，生物化石贫乏；中新世地层则为一套灰色砂泥质岩，为湖沼相沉积，具含煤建造特征，含 *Phoebe* - *Dryophyl-*

lum - *Rhus trifolia* - *Sassafra paratsumu* 植物群和 *Dryopithecus keiyuanensis* 动物群。以南林组、三号沟组、双河组、小龙潭组之底部不整合界面作为上、下第三系的分界。

4. 云南古新统和始新统的界线

云南古新统和始新统为连续沉积，整合接触。古新世地层最为显著的特征是一套红色含盐系地层，广泛发育的泥砾岩为盐系地层的重要标志。含盐系地层之上沉积的一套淡化期的红色砂泥岩地层为始新世地层，它常作为含盐系地层之盖层，含 *Pinnocypris* - *Limnocythere* 介形类组合和 *Gyrogona* - *Raskyaechara* 轮藻植物群，并以等黑组、赵家店组底部大套厚层块状砂岩的出现作为与下伏勐野井组、江底河组之分界。这一界线在区域上是清楚、稳定的。

5. 云南下—中始新统和上始新统的界线

在云南，喜马拉雅运动第 I 幕的强烈差异性升降运动并不表现在始新统和渐新统之间，而是反映在始新统内部，即表现在下—中始新统和上始新统之间。由于这一运动的强烈影响，沉积环境发生了明显转变，堆积了一套厚度巨大的具磨拉石建造特点的红色粗碎屑物，含 *Lophialetes expeditus* - *Helaletes mongoliensis* 和 *Dianotiian*（“*Parabrontops*”）*lunanensis* 晚始新世哺乳动物群，它普遍不整合于早—中始新世地层之上。这一不整合界面为勐腊组、宝相寺组、路南组、砚山组的底界，也就是下—中始新统和上始新统的界线。

6. 云南中新统和上新统的界线

云南的中新统和上新统均为含煤砂泥质沉积，其岩性、岩相、沉积特征差异不大，它们的划分主要是根据空间位置和生物化石。中新统和上新统均不整合于不同时代的老地层之上，中新统和上新统之间也表现为不整合接触。以 *Stegolophodon* - *Stegodon* - *Chilotherium* 哺乳动物群、*Candoniella* - *Cypridopsis* 介形类动物群、*Quercus* - *Cyperacites* 植物群的出现作为上新世的开始。以芒棒组、三营组、茨营组底部之不整合面作为上新统和中新统的分界。

第三节　地层横剖面、划分对比及问题讨论

一、云南东部晚三叠世地层横剖面图

云南东部晚三叠世地层横剖面图（图 5-2），反映了印支旋回晚期构造活动和沉积的特点，以及受上述控制，晚三叠世各岩石地层单位横向上的展布和相互关系。主要有以下几点。

（1）云南东部在华力西旋回，同整个华南一样，达到最大范围和程度的稳定之后，受华力西末到印支早期构造运动影响，巴颜喀喇海和广西海在早中三叠世到达云南西北、东南地区，形成明显的海进，那里沉积了下、中三叠统。但中部的康滇古陆，仍未接受沉积。

（2）在印支晚期构造运动活动时期，晚三叠世云南地壳表现出明显的整体上升趋势，海水分别向西北、东南后退，上三叠统普遍为海退层序，西北、东南部均缺失晚三叠世晚期沉积。

（3）横剖面图还明显的反映出晚三叠世时，云南东部在整体上升的同时，局部断陷活动。断陷活动首先表现为康滇古陆边缘断裂带的活动，西北、东南两大海域的海水先后沿断陷带分别到达古陆边缘，形成祥云、元谋——平浪地区晚三叠世早、中期沉积，超覆于古老基底之上。继后在古陆边缘断陷的基础上，晚三叠世晚期，康滇古陆整体下陷，西北、东南海水退去的同时，古陆两侧残留的海水连成一片，渐渐演变成大型盆地，普遍发育晚三叠世晚期沉积。

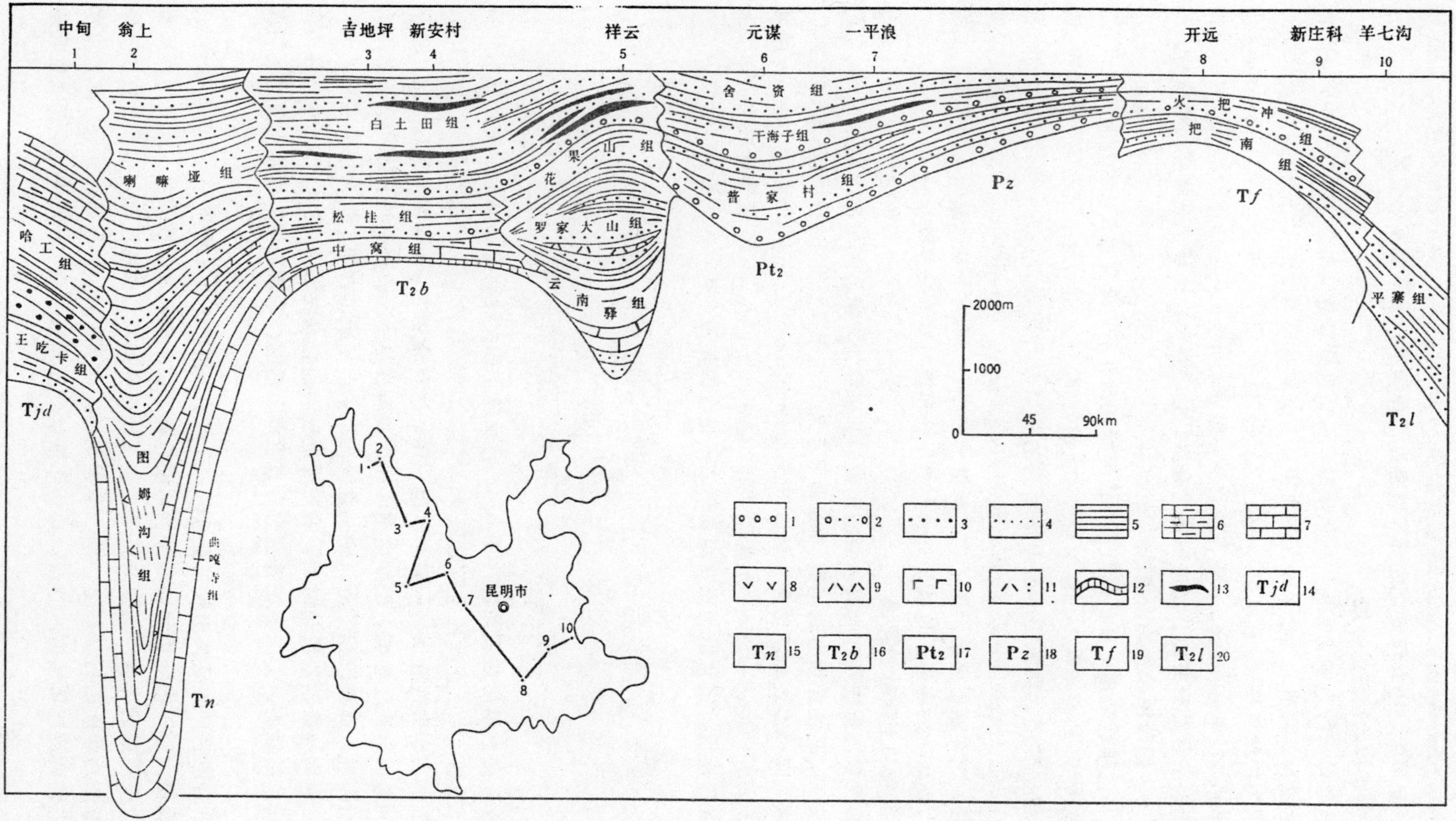

图 5-2　云南东部晚三叠世地层横剖面图

1. 砾岩；2. 砂砾岩；3. 砂岩；4. 粉砂岩；5. 页（泥）岩；6. 泥灰岩；7. 灰岩；8. 中性火山岩；9. 酸性火山岩；10. 基性火山岩；11. 火山碎屑岩；12. 铝土层；13. 煤层；14. 洁地组；15. 尼汝组；16. 北衙组；17. 中元古界；18. 古生界；19. 法郎组；20. 兰木组

(4) 晚三叠世早、中期断陷活动，在深、大断裂的局部地段，曾发生明显的火山活动，在西北部翁上一带的图姆沟组和喇嘛垭组下部，可见到中性、酸性以及基性熔岩和火山碎屑岩夹于沉积岩中，同时还发育次火山相岩层。在祥云地区的罗家大山组下部，也夹大量的火山碎屑岩。反映了断陷活动的强烈程度。

(5) 晚三叠世海退过程中，形成的沉积间断面上，部分地段如中窝组底部发育铝土质沉积，局部形成铝土矿层。在海、陆交互过程中，从滨海—内陆湖沼沉积环境下，形成不同的含煤层位，如松桂组、花果山组、普家村组、火把冲组及其上的白土田组、干海子组等，均含有数目不等的煤层。具有工业意义。

二、云南侏罗纪地层横剖面图

云南侏罗纪时主要已进入内陆盆地时期，以兰坪—思茅、楚雄大型盆地为主，通过东北部小盆地区，与四川大盆地相连，主要为陆相红色岩层。三叠纪末地壳一度上升，海水退出，部分地区缺失早侏罗世沉积。中侏罗世时，藏滇海域边缘再次到达云南西部，那里发育海相、海陆交互相沉积。云南侏罗纪东西向地层横剖面图（图 5-3），反映了燕山旋回早期构造活动和沉积特点，以及侏罗纪各岩石地层单位横向上的展布和相互关系。主要有以下几点。

(1) 晚三叠世末，在断陷的基础上，形成云南中部的大型盆地。该盆地以楚雄为中心，南北向展布，东部边缘受元谋—绿汁江断裂控制，西侧北段被程海—宾川断裂所限，南段边缘至少位于阿墨江断裂，很可能受控于兰坪—思茅中生代盆地中的兰坪—景东—江城这一中轴构造带。盆地与海隔绝，环境改变，连续于三叠系之上，沉积了早侏罗世的陆相红色岩层。即横剖面图上以漾江组、冯家河组为代表的断陷盆地沉积。元谋—绿汁江断裂以东的小盆地群内沉积了禄丰群下部，滇东北与四川盆地相连区域沉积了自流井组。受断陷前古地形等因素影响和古构造的控制，这一时期的沉积横向上岩性、厚度等变化极大。

(2) 早侏罗世在兰坪—景东—江城中轴断裂以西的地区，则普遍隆起，未接受沉积。

(3) 中侏罗世受燕山早期构造运动的影响，地壳普遍下降，藏滇海由西向东到达云南西部，滇中大盆地及以东的小盆地中经早侏罗世沉积的填平补齐，在此基础上形成广泛而相对稳定的，自西向东由海—陆的中侏罗世沉积，包括勐戛组和柳湾组、花开左组、张河组、禄丰群上部，以及沙溪庙组和遂宁组。也是盆地发展和侏罗纪沉积的鼎盛时期。

(4) 晚侏罗世时，地壳逐渐上升，元谋—绿汁江断裂以东地区未接受沉积，藏滇海也退出了云南西部。

(5) 受燕山中、晚期构造运动的影响，金沙江—哀牢山构造带渐渐强烈活动，除分割、破坏盆地之外，由于哀牢山的不断上升，使滇中大盆地的主体部分的沉积中心，在中侏罗世以后，不断向北、向东迁移，盆地范围逐渐缩小。

(6) 晚侏罗世沉积在滇中大盆地的蛇店组、妥甸组中，表现出极典型的侧向加积特征。

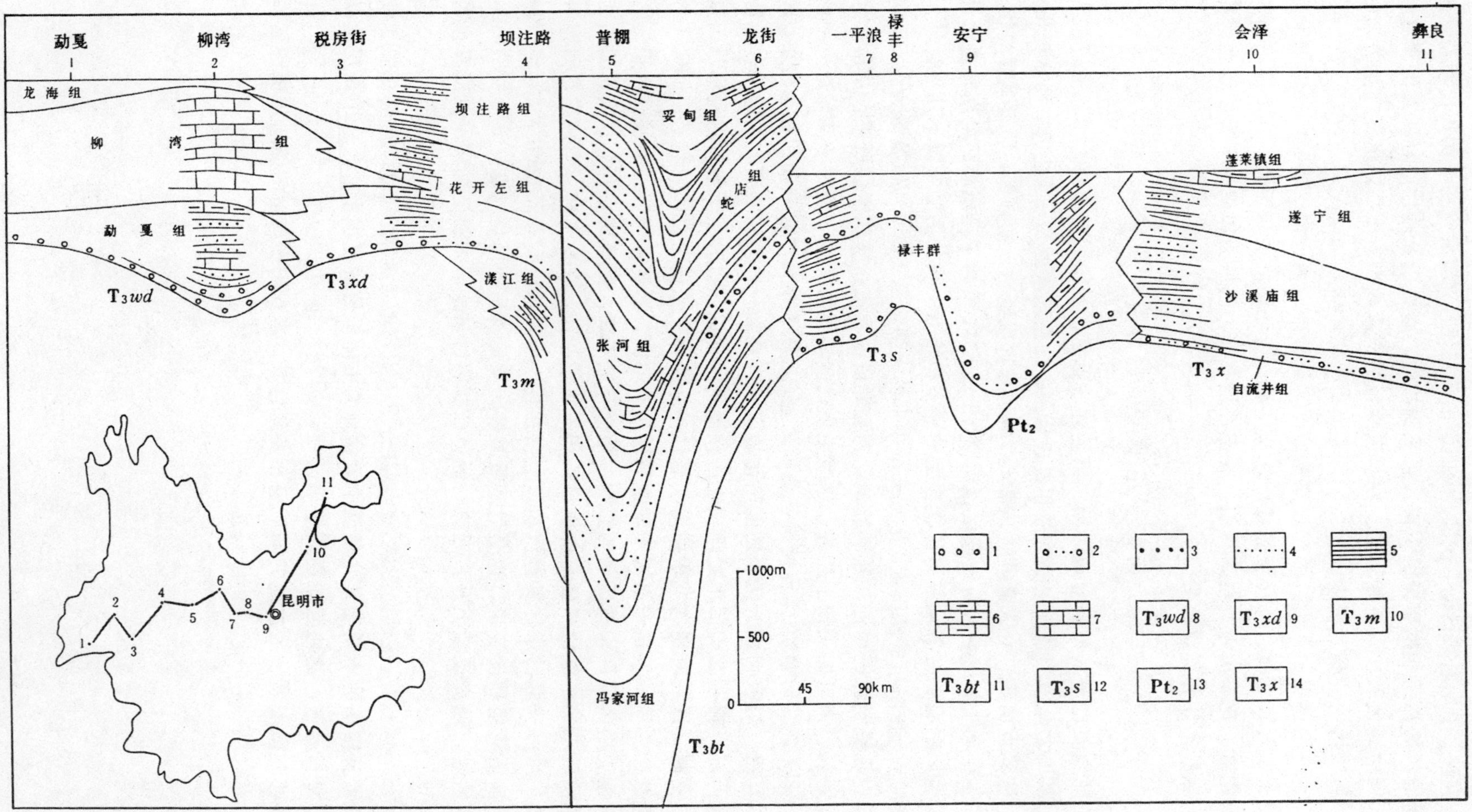

图 5-3 云南侏罗纪地层横剖面图

1. 砾岩；2. 砂砾岩；3. 砂岩；4. 粉砂岩；5. 页（泥）岩；6. 泥灰岩；7. 灰岩；8. 弯甸坝组；9. 小定西组；10. 麦初箐组；11. 白土田组；12. 舍资组；13. 中元古界；14. 须家河组

第六章
构造-地（岩）层

根据《全国地层多重划分对比（清理）研究项目总体设计》和项目第一次工作会议纪要中，“对于中元古代以前，高度变质变形且尚未合理划分的地层、近年来未做过深入研究划分的花岗岩、研究程度较差划分意见不一的第四纪地层等，从整体上讲，这次原则上不进行清理研究，待日后条件成熟时再做……”的精神，《云南省岩石地层单位清理研究设计书》和《云南省地层多重划分对比研究补充设计书》中，未列入清理研究范围的，除花岗岩类、第四系之外，还有一些高度变质变形地层。按《云南省区域地质志》（1990）包括了10个群，属下元古界的有：哀牢山群、苍山群、瑶山群、大红山群和苴林群，均出露于华南地层大区内；属中元古界的有：高黎贡山群、崇山群、西盟群、大勐龙群和澜沧群，出露于藏滇地层大区。以往按统一地层划分，还在群内建立了一些组、段等地层单位。还有展布在构造活动带上的时代更晚的一些地层，过去也按统一地层划分方法，进行研究，常以地理名称暂称为“哀牢山浅变质岩”、“雪龙山变质岩”、“无量山变质岩”等非正式地层单位。这些地层均遭受不同程度变质和强烈变形，其原始层理被置换，无可靠层序。按新的理论，它们均属构造-地（岩）层，应依据新的方法重新划分和建立新的地层单位。但受当前工作程度限制，此次对比研究过程中，只反复收集和研究已有资料，将澜沧群归入了上元古界，进行补充清理。同时，尽量结合近年1：5万区调填图中取得的新进展，对采用构造-地（岩）层方法重新研究、划分并修改、命名的一部分构造-地（岩）层，进行了尝试性研究。即1986年以来，通过学习、运用当前地质科学中的新理论、新观点、新技术和新方法，结合云南实际，在1：5万区调填图中对哀牢山北段变质变形强烈的原哀牢山群的研究和修订，改称“哀牢山（岩）群”。特别是对变质浅但变形十分复杂的原“哀牢山浅变质岩系”，采用构造-地（岩）层法，进行了系统、深入的研究，重新划分和建立了构造-岩层单位，分割为四个（岩）组：外麦地（岩）组、转马路（岩）组、大平坝（岩）组和岔河（岩）组，又将其合并称“马邓（岩）群”，归入古生界。还根据不整合接触关系分出干坝塘（岩）群，归入三叠系。这些构造-岩层是在自然剖面上分割的，单位之间均为断裂带或韧性剪切带。因原生层理被置换，没有可靠的示顶构造，故无原沉积层序可言，但剖面上分割的构造-岩层单位，在一定范围内能适当延伸，具有可填图的适用性。从区域展布看，沿构造带延伸可因断裂带割切、合并而使构造-岩层消失，也可见向一定方向出现岩石变质、变形渐渐变弱，过渡为正常沉积地层。哀牢山北段构造-地（岩）层分布见图6-1。

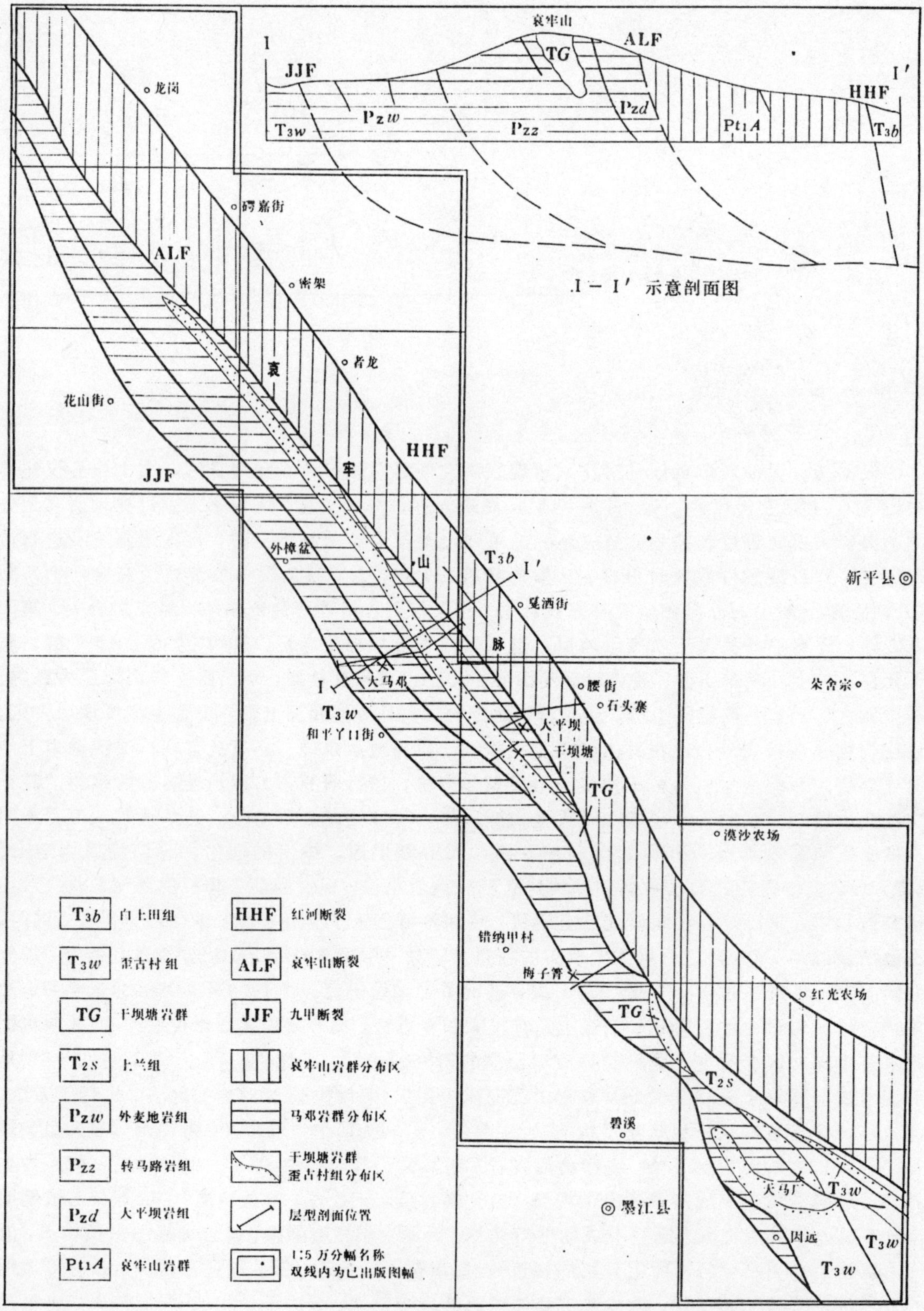

图 6－1　哀牢山北段构造-地（岩）层分布图

第一节　构造-地（岩）层单位

哀牢山（岩）群　Pt_1A　（53－1542）

【创名及原始定义】　全国地层委员会（1962）在《全国地层会议学术报告汇编·中国的前寒武系》中，将哀牢山中深变质岩系创名称为“哀牢山杂岩”。原始定义分两部分：上部为片麻岩（花岗质）、角闪石黑云母片麻岩、角闪石片岩与云母片岩、含磁铁矿及赤铁矿角闪石片岩及石榴石片岩、大理岩、绿泥石片岩、石英云母片岩、石英片岩、石英岩、千枚岩和凝灰质片岩。下部以混合岩为主，变质程度深，有角闪岩、注入片麻岩等，另有矽线石黑云母片岩、花岗片麻岩等。

【沿革】　云南区测队（1965）在1：100万下关幅地质图说明书中，将哀牢山北段中深变质岩称“哀牢山群”，并指出：由于研究程度较差，构造亦甚复杂，根据野外观察可划分为混合岩带、深变质带和中变质带。云南二区测队一分队（1970，1973）、六分队（1972）、八分队（1975），在进行1：20万区域地质调查中，同时又组成专题调查组，对哀牢山变质岩的地层层序、构造、岩石及矿产等方面作了进一步研究，初步建立了哀牢山高温变质带（即前人沿用的深变质带）的地层系统，划分为四个组，即：小羊街组、阿龙组、凤港组和乌都坑组，有些组还划分二、三个亚组。云南地矿局（1990）在《云南省区域地质志》中，对已有资料进行系统总结，将哀牢山群概括为“为一套混合岩化强烈的深变质岩系，原岩面貌改变较大，难以建立确切的地层层序”。沿用了组、亚组的划分，并列述了剖面。认为阿龙组和乌都坑组的岩石类型及其组合特征十分接近，两者有可能属同一地层经后期构造作用而使其重复出现。云南区调队九分队（1990）、二分队（1990）、七分队（1991）在哀牢山北段的1：5万区调填图中，运用构造-岩石法重新研究哀牢山群，得到一些新认识，将原哀牢山群修订为哀牢山（岩）群，还根据变质岩石的组合特征，划分了（岩）组、（岩）段。

【现在定义】　按构造-岩石法修订后的定义是：“为一套角闪岩相为主的变质岩系，在多期变形和变质作用影响下，岩石的结晶片理、片麻理（S_{n+1}）已全面取代原生层理（S_0），其间出现不同尺度的韧性剪切带，岩性单元间均被构造分割，已无层序可言”。

【层型】　云南二区测队1973年将哀牢山群自下而上划分为小羊街组、阿龙组、凤港组、乌都坑组时，将哀牢山深变质带作为一个向北东倾斜的单斜构造看待，所依据的正层型是：个旧—金平公路大平台乌都坑组剖面，元阳县大文迷河凤港组、阿龙组剖面，元江县小羊街南满河小羊街组剖面。修订后的哀牢山（岩）群所依据的参考剖面为新平县石头寨、安定剖面，由云南区调队九分队1990年测制。

【地质特征及区域变化】　哀牢山（岩）群岩石变质、变形十分强烈，韧性变形尤为显著，糜棱岩化现象普遍。早期形成的结晶片理、片麻理置换和全面取代了原生沉积层理，现在自然剖面上可见的“层状”不是原沉积层理，也无可靠的示顶构造。以S_{n+1}为变形面形成的紧闭—等斜褶皱及平行褶皱轴面的小型韧性剪切带特别发育，岩石层间均以次生构造面理相接触。自然剖面上的岩性分层以及试图划分的（岩）组、（岩）段都是改造重建的岩石组合，没有上、下层位联系。哀牢山（岩）群为一构造岩带，展布范围北起弥渡，向东南延入越南，两侧受哀牢山断裂和红河断裂控制。东南端红河断裂之东的瑶山群，西北方大理点苍山的苍山群以及更北维西雪龙山变质岩，可能与之相当。

【其他】　目前对哀牢山（岩）群的研究还是初步的，地域上也较局限。综合已有资料，问题尚多，认识也不一致，原1：20万墨江幅区调报告（1973）中提到：曼费剖面上相当于小羊街组的碳质片岩类夹层中采集的孢粉，经中科院南古所孢粉室鉴定，发现含古孢子：?*Trachysphaeridium* sp.，?*Globophycus* sp.，后者见于澳大利亚上元古界，而前者则见于四川下寒武统。鉴定者认为含古孢子的地层是否可能属晚元古代至早寒武世？同时又称：据最近报导，*Trachysphaeridium*，在河北蓟县震旦系上统中大量发现。总之，以上两属似乎都接近晚元古代色彩。说明哀牢山（岩）群的一部分，其时代可能为晚元古代。

近年1：5万区调填图中，于腰街幅哀牢山（岩）群的均质混合岩中测得锆石（U-Pb法）同位素年龄值为1 736.9 Ma（变质年龄），相当于中元古代早期。再参考该（岩）群南延到越南范士皈地区绥青系中角闪石（K-Ar法）同位素年龄值2 070～2 300 Ma。将哀牢山（岩）群暂置于早元古代。但需指出，随着研究工作的继续和深入，该（岩）群有解体的可能。

马邓（岩）群　PzM　（53-1506）

【创名及原始定义】　云南区调队二分队、九分队①（1990）创名于镇沅县马邓。这是近年采用构造-地（岩）层法进行1：5万区调填图，对哀牢山北段浅变质岩系进行系统研究，建立的构造-岩层单位，为区别正常地层，而称（岩）群。原始定义：变质砂岩、千枚岩、板岩为主，夹少许透镜状产出的碳酸盐岩和变基性火山岩。岩性单一。

【沿革】　该（岩）群长期未建立正式地层单位，也未进行合理划分，往往被称为"哀牢山浅变质岩系"。1：20万区域地质调查结果，新平幅（1970）、墨江幅（1973）将其归入志留系和二叠系，因为存疑都加疑问号表示。北部的景东幅划为下古生界。云南地矿局（1990）在《云南省区域地质志》所附1：100万云南省地质图中，划为下古生界。

【现在定义】　该（岩）群包括四个（岩）组：岔河（岩）组、大平坝（岩）组、转马路（岩）组、外麦地（岩）组。（岩）组间皆由断裂或韧性剪切带分割，无上、下层位概念。岩层新老关系，以及地层层序较难恢复。

【层型】　正层型为云南省镇沅县马邓实测剖面，由云南区调队九分队1990年测制。云南区调队二分队（1990）重测时称镇沅县者东外麦地剖面。补充参考剖面为新平县腰街大平坝石头寨剖面，由云南区调队九分队1990年测制；新平县建兴梅子箐剖面，由云南区调队七分队1991年测制。

【地质特征及区域变化】　为一套变形强烈的低绿片岩相变质岩系，其间韧性剪切带发育。经过多次变质和变形作用，不但缺乏古生物化石和示顶标志，原始沉积层面（S_0）已无法辨认，自然剖面上的岩石分层界面多为流劈理面（S_1）。据构造解析，至少经受四次主要构造变形，（S_1）流劈理全面顺层置换层理（S_0），$S_1//S_0$；（S_2）褶劈理部分纵向置换先存面理。构造十分复杂。该（岩）群分布范围有限，北起南涧牛街，南至墨江安定，沿哀牢山北段绵延180 km，东西两侧分别受哀牢山断裂和九甲断裂限制，宽约10 km，两端因断裂交切而消失。其本身就是构造活动带上的一个大的岩片，因而也决定了（岩）群边界及其内部划分都为断裂等构造分割这一特点。

【其他】　1986年以来，云南区调队在哀牢山中、北段先后开展了10幅1：5万区调填图，1990—1991年已出版的外樟盆幅、和平丫口街幅和腰街幅、错纳甲村幅和碧溪幅，包括了"哀牢山浅变质岩系"分布区的大部分。一通过对自然剖面的深入研究，利用具有区域意义的断裂和韧性剪切带进行分割，并在区调填图中加以运用；二以马邓实测自然剖面等为代表，根

① 云南地矿局区调队二分队、九分队，1990，1：5万外樟盆幅、和平丫口街幅、腰街幅区域地质调查报告（内刊）。

据构造界面的控制性及岩石组合特征，划分建立了外麦地（岩）组、转马路（岩）组、大平坝（岩）组和岔河（岩）组四个（岩）组，又合并统称为马邓（岩）群。通过探讨原岩特征、与附近正常地层宏观上对比，认为该（岩）群所包括的地层，大致为志留系—二叠系，故以古生代代表其时限。

岔河（岩）组　Pzĉ　（53－1510）

【创名及原始定义】　云南区调队七分队①（1991）创名于新平县建兴岔河，为马邓（岩）群的一个（岩）组。主要岩性：灰黑、灰绿色粉砂质绢云板岩，硅质绢云板岩夹灰、深灰色变质中细粒石英杂砂岩，变质粉砂岩。板岩与变质粉砂岩常形成毫米级的复理石韵律。

【沿革】　原哀牢山浅变质岩系的一部分。在1∶20万区域地质调查报告中。在新平幅（1970）划为有疑问的志留系和二叠系，墨江幅（1973）归入上志留统。云南地矿局（1990）在《云南省区域地质志》所附1∶100万云南省地质图中，划为下古生界。

【现在定义】　同原始定义。

【层型】　正层型为新平县建兴乡梅子箐剖面，由云南区调队七分队1991年测制。

【地质特征及区域变化】　板岩与变质粉砂岩所保留的复理石韵律特征，与附近墨江一带志留系中的沉积特征颇为相似，这一部分岩石未改造前有属志留系的可能。所夹绢云板岩中获孢粉 *Pseudozonosphaeca aspesella*，*Prototeiosphaesidium solidum*，*Trachysphaesidium simplex* 等，也说明其时代相当于早古生代。该岩（组）仅见于马邓（岩）群分布区的南部，呈岩片状产出，范围有限。

【其他】　该岩（组）并为马邓（岩）群的一部分，由于处于（岩）群分布区南端，构造活动带两侧边界断裂撒开，内部动力作用变弱，岩石变形也逐渐减弱，保留原沉积构造和特征较明显，继续向南和正常地层有渐渐过渡和连续之势。这对研究构造活动带变型特征和原岩时代等，有重要意义。

大平坝（岩）组　Pzd　（53－1509）

【创名及原始定义】　云南区调队九分队②（1990）创名于新平县腰街大平坝，为马邓（岩）群的一个（岩）组。主要岩性：浅灰、灰色片理化变质细砂岩，片理化变质粉砂岩，绢云千枚岩，石英千枚岩，片理化结晶灰岩及千糜岩，糜棱岩等。

【沿革】　原哀牢山浅变质岩系的一部分。在1∶20万区域地质调查报告中，新平幅（1970）划为有疑问的志留系和二叠系，墨江幅（1973）归入有疑问的下、中志留统。或者均因对哀牢山断裂位置划法上的不同，而误划为元古宇。云南地矿局（1990）在《云南省区域地质志》所附1∶100万云南省地质图中，划为下古生界。

【现在定义】　同原始定义。

【层型】　正层型为新平县腰街石头寨剖面，由云南区调队九分队1990年测制。

【地质特征及区域变化】　该（岩）组据岩性特征可划分两个（岩）段。a（岩）段以变质碳酸盐岩为主，夹碎屑岩。b（岩）段则以碎屑岩为主。主要分布在马邓（岩）群展布区的东侧，靠近哀牢山断裂带或处于断裂带上，岩石被强烈改造，多成千糜岩，千糜理全面置换了原生层理。区域上呈向北东陡倾的假单斜状，南北向延伸较长，约达150 km。

【其他】　该（岩）组处于哀牢山断裂及其西侧的大光山断裂间，东西平均宽仅约2 km，

---

① 云南地矿局区调队七分队，1991，1∶5万错纳甲村幅、碧溪幅区域地质调查报告（内刊）。
② 云南地矿局区调队九分队，1990，1∶5万和平丫口街幅、腰街幅区域地质调查报告（未刊）。

其间又常有大量花岗岩占据，实际上是一个构造带。北部①岩石劈理 S_2 十分发育，局部尚可见到 S_1 劈理与 S_2 劈理斜交，并认为自然剖面上普遍见到的面理都是 S_2。这种认识还不完全一致。

转马路（岩）组 Pzẑ （53－1508）

【创名及原始定义】 云南区调队二、九分队（1990）创名于镇沅县马邓，为马邓（岩）群的一个（岩）组。原始定义：一套变质细碎屑岩。主要岩性为灰色石英千枚岩、千枚岩、片理化变质粉砂岩、绿片岩和糜棱岩。

【沿革】 原哀牢山浅变质岩系的一部分。在1：20万区域地质调查报告中，新平幅（1970）划为有疑问的志留系和二叠系，墨江幅（1973）归入有疑问的下、中志留统。云南地矿局（1990）在《云南省区域地质志》所附1：100万云南省地质图中，划为下古生界。

【现在定义】 同原始定义。

【层型】 正层型为云南省镇沅县马邓剖面，由云南区调队九分队1990年测制。云南区调队二分队（1990）重测时称镇沅县者东外麦地剖面。

【地质特征及区域变化】 该（岩）组据岩性特征可划分两个（岩）段。a（岩）段以深灰色变质泥质粉砂岩和变质石英砂岩为主，其次为绢云千枚岩和变质碳质泥质粉砂岩；b（岩）段灰、灰绿色变质石英砂岩、变质粉砂岩、千枚岩和绿片岩为主，夹少量板状硅质岩，以及浅一深灰色变质泥质粉砂岩、绢云板岩和片状石英岩，有时夹薄板状泥灰岩及钙质板岩。展布于马邓（岩）群分布区的中部，属哀牢山山脉主山脊地区，呈带状展布，东、西分别为大光山断裂和转马路韧性剪切带所限。上三叠统白石崖（岩）组不整合覆于其上。沿西侧喜马拉雅期平移剪切活动带中，可见绿片岩、超基性岩断续分布，岩石强烈糜棱岩化。东侧紧靠断裂带发育一条燕山期低压区域动热变质作用形成的变斑矿物带，其中石榴石、黑云母变斑分布稳定，易于识别。

【其他】 该（岩）组的a（岩）段是马邓（岩）群中可见经受四期变质作用叠加的地段，对研究马邓（岩）群的变质、变形期次及相互关系有益。另外从岩石组合面貌看，与附近的中、上泥盆统相近，似乎有可比之处。

外麦地（岩）组 Pzw （53－1507）

【创名及原始定义】 云南区调队二、九分队（1990）创名于镇沅县外麦地，为马邓（岩）群的一个（岩）组。原始定义：变质碎屑岩为主，部分碳酸盐岩。主要岩性为浅灰、灰色片理化变质细砂岩，片理化变质粉砂岩，绢云石英千枚岩，绢云千枚岩，深灰色片理化结晶灰岩及少量碳质、硅质板岩。

【沿革】 原哀牢山浅变质岩系的一部分。在1：20万区域地质调查报告中，新平幅（1970）划为有疑问的志留系和二叠系，墨江幅（1973）归入有疑问的下、中志留统。云南地矿局（1990）在《云南省区域地质志》所附1：100万云南省地质图中，划为下古生界。

【现在定义】 同原始定义。

【层型】 正层型为云南省镇沅县马邓剖面，由云南区调队九分队1990年测制。云南区调队二分队（1990）重测时称镇沅县者东外麦地剖面。

【地质特征及区域变化】 该（岩）组据岩性特征可划分三个（岩）段。a（岩）段为变质细粒石英砂岩、变质泥质粉砂岩及千枚岩；b（岩）段以片状绢云石英岩、变质细砂岩、变质

---

① 云南地矿局区调队二分队，1990，1：5万外樟盆幅区域地质调查报告（内刊）。

含砂粉砂岩为主，夹较多千枚岩、绢云千枚岩，偶见薄层细晶灰岩；c（岩）段以深灰色千枚岩、变质钙质粉砂岩为主，夹变质砂岩，局部见较多薄层结晶灰岩。东、西两侧为转马路韧性剪切带和九甲断裂所限，（岩）段间也均为同构造分割。岩石经历多期构造活动，构造置换强烈，不同时期变形叠加，$S_1/\!/S_0$，以 S_1 为变形面，可见 S_2 轴面劈理，在后期逆冲断裂发育的强变形地段，S_2 也发生变形。岩层原始沉积面貌已不存在，各类岩石间均为非正常沉积关系。能干性较差的灰岩、千枚岩等流变复杂，呈现宽窄不一、形态各异的条带、透镜或不规则状。它们存在于能干性较强的变质砂岩、粉砂岩中。后者又常在变形过程中被拉断，呈透镜、香肠或团块状。该（岩）组在马邓（岩）群分布区的西侧，沿九甲断裂呈带状展布。

【其他或问题讨论】 《1：5 万外樟盆幅区域地质调查报告》中称：在北部新村南的水头河河谷皱灰岩中采到牙形石，经中科院南古所王成源鉴定，发现 *Paragnathodus commutatus*，*Diclinognathodus noduliferus inaequalis*，*Gnathodus bilineatus* 化石。时代为 Namurian 晚期。这一发现尚属首次，至少说明有下石炭统卷入。

干坝塘（岩）群 TG (53-1501)

【创名及原始定义】 云南区调队二、九分队（1990）创名于新平县干坝塘。原始定义：下部灰白、灰色厚层—块状劈理化石英质砾岩，变质石英砂岩；中、上部灰白色劈理化石英岩，灰色绢云石英千枚岩，绢云千枚岩。与下伏古生界马邓（岩）群为区域性不整合接触。

【沿革】 原归入哀牢山浅变质岩系，未单独划分。云南二区测队一分队（1970）归入有疑问的志留系，云南二区测队一分队（1973）划为有疑问的上三叠统。云南地矿局（1990）在《云南省区域地质志》所附 1：100 万云南省地质图中，划为中三叠统和上三叠统下部。云南区调队二分队（1990）在《1：5 万外樟盆幅区域地质调查报告》中，暂置中三叠世。云南区调队九分队（1990）在《1：5 万和平丫口街幅、腰街幅区域地质调查报告》中，暂置中—晚三叠世。云南区调队七分队（1991）在《1：5 万错纳甲村幅、碧溪幅区域地质调查报告》中，也置于中—晚三叠世。

【现在定义】 同原始定义。

【层型】 正层型为云南省新平县干坝塘剖面，由云南区调队九分队 1990 年测制。参考剖面为云南省镇沅县外麦地剖面，由云南区调队二分队 1990 年测制；云南省新平县建兴梅子箐剖面，由云南区调队七分队 1991 年实测。

干坝塘（岩）群	总厚度＞510.83m
10. 灰色薄层状千糜岩化石英千枚岩夹同色千糜岩化千枚岩	＞85.07 m
9. 灰色变质砂岩与深灰色千糜岩化千枚岩互层	81.95 m
8. 深灰色千糜岩化千枚岩夹少量灰色变质石英砂岩	68.23 m
7. 灰色中厚层状变质砂岩夹深灰、灰黑色千枚岩	57.17 m
6. 深灰色千枚岩和变质砂岩夹变质石英质砾岩	34.04 m
5. 灰绿色中厚层状变质砂岩夹同色千枚岩	60.19 m
4. 灰绿色薄层状千枚岩	66.44 m
3. 灰白色中—厚层状变质砾岩	12.38 m
2. 上部灰白色薄—中层状石英千枚岩；下部灰绿色中—厚层状含硬绿泥石千枚岩	16.25 m
1. 灰色中—厚层状变质砾岩夹同色薄—中层状变质砂砾岩	29.11 m

～～～～～～ 不整合 ～～～～～～

下伏地层：马邓（岩）群转马路（岩）组 绢云千枚岩和变质粉砂岩

【地质特征及区域变化】 这一套底部以灰白色变质石英质砾岩为醒目特征的变质碎屑岩，岩性组合面貌稳定，在哀牢山山脉北段主山脊形成陡峭石崖，一些制高点多被名以白石岩、大白岩等，十分特征。底部砾岩的砾石成分较单一，主要为石英质，砾径一般0.5～2 cm，大者可达4 cm以上，分选、磨圆均较好。受变质和变形的影响，岩石劈理发育，砾石被压扁、拉长和更明显定向排列，胶结物硅化，其泥质成分变成绢云母、绿泥石和雏晶黑云母。砾岩具海、湖滨岸沉积特征，属底砾岩，以上的碎屑岩具陆源碎屑沉积特征。干坝塘（岩）群的变质强度为低绿片岩相，一般发育一组劈理。该（岩）群靠近哀牢山断裂西侧呈狭窄长条状展布，南北长达100 km，东西宽一般2 km。在南部元江大马厂一带，变质、变形明显减弱，出现上部紫红色碎屑岩层，岩石组合特征与上三叠统歪古村组完全可以对比。

【其他】 1∶5万区域地质调查中，创建干坝塘（岩）群时，还划分建立了两个（岩）组，即白石崖（岩）组和大马厂（岩）组，分别在干坝塘（岩）群分布区的北部和南端。从层位上看，两者相当，唯后者较前者上部出露更全；从变质、变形强度看后者更弱，渐渐过渡为正常地层。它们均相当于歪古村组，但因此其时代应为晚三叠世早期，但因为被卷入哀牢山构造活动带，经受变质、变形而形成构造地层。因此，保留（岩）群有特定的意义，（岩）组则没有保留的必要。1∶5万错纳甲村幅、碧溪幅区域地质调查报告中，还谈到和该（岩）群相伴出现产状不清的千糜岩化酸性斑岩。并将其与附近未变质地层对比，认为干坝塘（岩）群时代属中—晚三叠世，从构造地层的实际情况这是可以理解的。但从该（岩）群下限及其接触关系来看，千糜岩化酸性斑岩应排除在（岩）群之外，（岩）群的时代应主要为晚三叠世为宜。

第二节 划分对比及问题讨论

此次地层对比研究和本书涉及构造-地（岩）层3个（岩）群，即哀牢山（岩）群、马邓（岩）群和干坝塘（岩）群。3个（岩）群同处于金沙江-哀牢山构造活动带内，时代跨度很大，包括了元古宙、古生代和中生代。由于它们处于构造活动带上，岩石经受多期变形和不同程度变质，原始沉积层理（S_0）被置换，现存为不同期次的变形面理（S_n），沉积地层层序无法恢复。地层单位之间均为同构造分割。依据不同尺度的构造、分割的不同岩石组合、不同级别地层单位的自然状态和位置进行划分和对比。将有关问题讨论如下。

一、哀牢山（岩）群

哀牢山（岩）群展布在构造活动带东侧，主体部分从元江—墨江一线分成北、南两段，在构造活动性质、时间乃至原岩时代等方面，不完全相同。北段在中生代以来的构造活动中更活跃。（岩）群北东带相对更老，主要时代为早元古代，南西带较新，可能包括晚元古代在内。进一步划分可建（岩）组并重新归并亚（岩）群或建新的（岩）群。

哀牢山（岩）群沿构造活动带延伸，可能包括东南方的瑶山群、西北方的苍山群乃至雪龙山等变质岩带。

二、马邓（岩）群

分布于构造活动带哀牢山北段西侧，范围十分局限，两侧分别以哀牢山断裂和九甲断裂为界，两端随断裂交切而消失，长达180 km。为由东向西逆冲推覆的构造活动前缘带。在自然剖面上位于东侧哀牢山（岩）群之下，其本身又由同构造分割成大小不一的岩块，构造界面和变形面也向东倾，划分和建立的各（岩）组成叠覆状；将其与相近未变质地层相对比，也显示原岩面貌东老西新的特点。（岩）群原岩所涉及的时代为志留纪—二叠纪。上被自西而东命名为外麦地（岩）组、转马路（岩）组和大平坝（岩）组（参见图6-1），加上南部的岔河（岩）组，该（岩）群现分割为四个岩组。（岩）群内的构造界面和变形面理，稳定地倾向东，与推覆带的宏观构造协调一致。各（岩）组为西侧在下、东侧在上的叠覆状。岩层的原始层理（S_0）均被S_1变形面理置换，还出现了S_2变形面理，说明了变形的多期性。原沉积层理已难辨认。岩石变质程度较低，原始沉积地层层序虽已不能建立，但从推测的原岩面貌与相近未经变质、变形地层相对比，以及零星见于一些岩块中的生物所提供的证据，显示出（岩）群西侧新、东侧老的特点。所涉及的地质时代为志留纪—二叠纪。

马邓（岩）群本身就是一个透镜状的构造岩块，是构造活动带上活动性大，应力集中条件下产生的，有其特定性，向外也较难延伸。

第七章
结　语

一、重要地层问题的研究进展及讨论

(1) 此次地层多重划分对比研究，较系统地清理了云南中元古界昆阳群—第三系，共涉及地层单位817个，重点放在岩石地层上，选出311个岩石地层单位和7个构造-地（岩）层单位，建议采用。初步建立和完善了云南的岩石地层系统，具体表现在“云南省岩石地层单位序列表”上。并对各岩石地层单位位置及其纵、横两个方向上的相互关系，有了明确的认识。通过地层区划，对岩石地层外延和引用省外岩石地层单位等也有了进一步的认识。

(2) 愈来愈清楚地认识到，云南境内扬子地层区西北，东南方向的中甸地区和滇东南地区各断代岩石地层有很大的共性，其地质发展、演化历史相似，都与扬子地层区有着密切的联系，进而扩大到金沙江—哀牢山以西的兰坪—思茅地区，属于华南地层大区的组成部分，和扬子地层区也有着密切的联系。云南境内华南地层大区范围岩石地层的进一步划分、对比研究，对探讨兰坪—思茅地区地质特征是有益的。

(3) 通过收集研究和利用近年1∶5万区域地质调查新成果，引入了构造地层，并尝试性地放入岩石地层单位序列表中。这是当前提倡和运用新理论、新方法的结果，并给构造活动带地层研究和划分、对比开辟了新的路子，为深入认识研究和探讨一些问题创造了条件。

(4) 对一些岩石地层单位在剖面上的跨时性和区域展布上的穿时性，通过清理研究，得到了进一步认识，并较明确地反映在地层序列表中。其中较有代表性的有：博菜田组、红石崖组、巧家组、大箐组、西冲组、柳湾组、蛇店组等。

二、主要结论和问题

1. 主要结论

(1) 云南岩石地层单位序列的初步建立和完善，其科学性和适用性是十分明显的，对促进地层研究工作和满足基础地质填图需要有很大的意义。

(2) 根据云南地层发育、分布实际情况，通过云南地层区划和大区乃至全国大范围地层区划的结合，以澜沧江断裂为界，将云南划分为两个大区。从而将兰坪—思茅地区地层、中甸地区地层、滇东南地区地层和扬子地层区地层有机而紧密地联系在一起。对进一步研究云南地层划分、对比和探讨云南地质历史演化以及深入研究有关地质问题，有着深远的影响，即将改变习惯上从地质角度对云南东、西部划分的认识，也就是说，云南地质上的东、西分界，划在澜沧江断裂带上，将更具有科学性和适用性。

(3)金沙江断裂带—哀牢山断裂带的主要活动时期表现在燕山运动以来，尤以喜马拉雅运动最为明显。它对地层沉积的控制并不明显，远不如云岭断裂(北段)和阿墨江断裂(南段)。

(4) 金沙江断裂带—哀牢山断裂带与云岭断裂和阿墨江断裂间挟持的地带，受多期构造作用的影响，地层经受变质和强烈变形，是一个构造活动带。它包括的地层时限较长，但由于原始层理大都被置换，层序难于认识和恢复，不能按正常的地层研究方法划分对比。因此，采用构造分割，建立岩石地层单位是有意义的。

2. 遗留问题和解决建议

云南地层多重划分对比研究工作，暂告了一个段落，但地层和地层清理工作还存在一些问题。

(1) 关于地质年代划分

按全国地层多重划分对比研究项目第三次工作会议（1994）纪要附件中所提出地质年代划分的要求，主要按照《中国地层指南及中国地层指南说明书》(1981) 第 11 页附表执行，元古宇则按 1989 年全国地层委员会前寒武纪专业讨论会的划分意见执行。

云南省岩石地层单位序列表的现行划分有两个问题需要说明：

①将 800～1 000 Ma 时限间划为晚元古代早期，同青白口纪相当，但云南境内究竟所指是什么，以什么地层为代表，均未解决。这反映在序列表中，扬子地层区内澄江组和陆良组下限超过 800 Ma 和羌南—保山地层区内澜沧群下延到近 1 000 Ma，此仅是一种认识和处理意见，未能解决地层划分对比上的问题。还有一种看法，认为扬子地层区内昆阳群顶部柳坝塘组及其相应层位，可能相当于青白口纪的沉积，应上移在 1 000 Ma 之上，也值得研究。

②此次地层序列表中，对石炭纪采用两分，与《中国地层指南及中国地层指南说明书》第 11 页附表规定的三分不一致，值得讨论。

(2) 其他地层问题

①此次清理中涉及的石鼓群、澜沧群以及勐统群，由于均无确切的顶底和可靠的古生物化石等年代依据，其地层位置和对比意见的可靠性是有问题的，可以说这只是一种认识。其中有的地层经受明显的变质、变形，甚至其层序也不可靠。这些都有待进一步研究中注意，以期获得更多更新的实际资料来证明或者修订。

②依据近年 1∶5 万区域地质调查新成果，采用的哀牢山（岩）群、马邓（岩）群等构造岩石地层单位，其划分、对比以及延展、使用范围，还存在一定的问题和不同的认识。从广义地层的角度看，应承认变质、变形等改造后的层状现实，才能合理和正确地划分。改造前的状态，改造后与改造关系的研究是另外的问题，应加以区别。构造岩石地层的位置和对比也应同改造作用的时间相联系，应与改造前的地层位置和对比相区别。如是，现行序列表上所列的位置也是大有问题的。

③尚有极少数地层单位的地层位置、分布范围，乃至是否存在该地层单位，有待今后深入工作查证，例如兰坪-思茅地层分区中的曼宽河组。

④关于群级单位和并组为群的问题。目前使用的群，还不是并组为群的群级单位，为适应小比例尺编图，并组为群应列入日程。我们认为：并组为群的群级岩石地层单位，应包括纵、横两个方向，即群内的若干个组展布在纵、横两个方向上。

参 考 文 献

卞美年，1940a，云南新生代地质初步观察。中国地质学会志，20（2）：179—204。

卞美年，1940b，云南禄丰三叠纪恐龙及原始哺乳动物之发现。中国地质学会志，20（3—4）：225—234。

卞美年，1941，云南之［红色岩层］。中国地质学会志，21（2—4）：157—198。

曹仁关，1980，云南昆阳群叠层石的补充资料及其地层意义。见：中国地质科学院地层古生物论文集编委会著，地层古生物论文集第八辑。北京：地质出版社。

曹仁关，1987，云南东川上前寒武系的划分与对比。中国区域地质，（2）：113—118。

曹仁关，1991，云南西部公养河群遗迹化石的发现。地层学杂志，15（1）：65。

曹仁关等，1980，云南晋宁王家湾震旦系。见：中国地质科学院天津地质矿产研究所主编，中国震旦亚界。天津：天津科学技术出版社。

曹仁关等，1992，云南华坪震旦系的新资料。地层学杂志，16（1）：55—59。

柴登榜等，1942，云南昭通龙洞附近地质。地质论评，7（1—3）：51—66。

陈根宝等，1989，滇东南地区“马平群”的划分。云南地质，8（2）：117—129。

丁文江，1919，扬子江下游之地质。汪胡植译，1919。太湖流域水利季刊，1（2）：1—36。

丁文江等，1936—1937，云南马龙曲靖之寒武纪及志留纪地层。中国地质学会志，16：1—28。

董致中等，1987，滇西北石炭系和二叠系牙形刺序列。古生物学报，26（4）：411—416。

段锦荪，1987，云南前震旦系同位素年龄地质解释的初步探讨。云南地质，6（2）：179—188。

段丽兰，1985，云南保山、施甸地区早石炭世珊瑚化石。见：地质矿产部青藏高原地质文集编委会著，青藏高原地质文集（17）。北京：地质出版社。

段新华，1982，云南西部的陆相泥盆系。见：地质矿产部青藏高原地质文集编委会著，青藏高原地质文集（10）。北京：地质出版社。

方润森等，1985，云南曲靖地区中志留世—早泥盆世地层及古生物。昆明：云南人民出版社。

葛利普 A W，1928，云南东部志留纪动物群。中国古生物志，乙种 3 号 2 册。

耿良玉，1984，云南曲靖玉龙寺组几丁虫化石。微体古生物学报，1（1）。

顾知微，1949，云南婆兮之泥盆纪地层，并讨论滇东泥盆纪含鱼层之层位。中国地质学会志，29（1—4）：75—84。

顾知微，1962，中国的侏罗系与白垩系，全国地层会议学术报告汇编。北京：科学出版社。

顾知微，1982，中国非海相中生代双壳类与地层分布及发展。中国科学，B 辑（1）。

广西壮族自治区地质矿产局，1985，广西壮族自治区区域地质志。北京：地质出版社。

贵州省地质矿产局，1987，贵州省区域地质志。北京：地质出版社。

贵州省地层古生物工作队，1970，贵州省区域地层表。北京：地质出版社。

郭福祥，1985，云南的双壳类化石。昆明：云南科技出版社。

郭文魁，1941，昆明二村奥陶纪地层。中国地质学会志，21（2—4）：261—268。

国家地质总局书刊编辑室，1977，全国同位素地质年龄数据汇编第二集。北京：地质出版社。

侯鸿飞，1983，介绍国际泥盆纪地层委员会的几个决定。地质论评，29（3）：298—301。

侯鸿飞等，1988，中国的泥盆系，中国地层（7）。北京：地质出版社。

胡荣民等，1982，滇、川边境“大箐组”新知。中国区域地质，（1）：117—118。

胡世玲等，1989，据 $^{40}Ar/^{39}Ar$ 快中子年龄新资料讨论震旦系底界年龄。地质科学，（1）：16—24。

花友仁，1959，对东川铜矿区地层划分和区域构造的探讨。地质论评，19（4）：155—162。

江能人等，1964，滇东区寒武纪地层的探讨。地质学报，44（2）：137—155。

江能人等，1986，对昭通盆地晚新生代地层的一些看法。云南地质，5（3）：260—269。

江能人等，1989，云南元谋盆地晚新生代地层和古生物。云南地质，（增刊）。

金苏华，1985，云南保山清水沟早石炭世杜内期的腕足动物。见：地质矿产部青藏高原地质文集编委会著，青藏高原地质文集（16）。北京：地质出版社。

孔磊等，1985，滇西宁蒗、永胜地区的泥盆系。地层学杂志，9（2）：136—141。

赖才根等，1984，中国的奥陶系，中国地层（5）。北京：地质出版社。

蓝朝华等，1983，滇西镇康、潞西地区的石炭二叠系。见：地质矿产部青藏高原地质文集编委会著，青藏高原地质文集（11）。北京：地质出版社。
李承三等，1940，云南北部之泥盆纪。中国地质学会志，20（3—4）：275—281。
李光勋等，1989，对哀牢山老王寨一带（含金）地层层序及时代的认识。云南地质，8（2）：178—180。
李四光，1924，长江峡谷（从宜昌至秭归）地质（特别谈到峡谷的发展）。中国地质学会志，3（3—4）：350—392。
李四光、朱森，1930，栖霞灰岩及其有关地层。中国地质学会志，9（1）：37—43。
李希绩等，1953，云南东川铜矿地质。地质学报，33（1）：76—84。
李希绩等，1984，昆阳群的层序及顶底问题。地质论评，30（5）：399—408。
李玉文等，1985，四川中江侏罗—白垩系过渡层及其介形类。见：中国地质科学院地层古生物论文集编委会著，地层古生物论文集第21辑。北京：地质出版社。
李悦言、陈秉范，1939，四川北部之沥青石。地质论评，4（5）：339。
李云通等，1984，中国的第三系，中国地层（13）。北京：地质出版社。
李宗凡，1994，四川木里一带石炭纪邛依组的建立。中国区域地质，（4）：363—365。
廖卫华等，1978，西南地区泥盆纪地层的划分与对比。见：中国地质科学院地质矿产研究所主编，华南泥盆系会议论文集。北京：地质出版社。
廖卫华等，1979，西南地区几个泥盆系基础剖面的论述。见：中国科学院南京地质古生物研究所著，西南地区碳酸盐生物地层。北京：科学出版社。
林宝玉等，1984，中国的志留系，中国地层（6）。北京：地质出版社。
刘鸿允，1991，中国震旦系。北京：科学出版社。
刘鸿允等，1963，云南中东部震旦纪地层的组成、划分与发育。地质学报，43（1）：53—75。
刘鸿允等，1983，云南东部下震旦统地层复议——牛头山区下震旦统层序的确定。地质科学，（2）：103—114。
刘时藩，1984，中国下泥盆统脊椎动物化石组合层序。古脊椎动物学报，22（2）：103—107。
刘玉海等，1973，滇东泥盆系地层中几个问题讨论。古脊椎动物与古人类，11（1）：1—17。
卢衍豪，1941，云南昆明附近下寒武纪之地层及三叶虫群。中国地质学会志，21（1）：71—90。
卢衍豪，1959，中国南部奥陶纪地层的分类和对比。北京：地质出版社。
卢衍豪，1962，中国的寒武系，全国地层会议学术报告汇编。北京：科学出版社。
卢衍豪等，1974，生物环境控制论及其在寒武纪生物地层学上和古生物地理上的应用。中国科学院南京地质古生物研究所集刊（5）。北京：科学出版社。
罗惠麟，1984，滇东南寒武系的划分与对比。地质学报，58（2）：87—96。
罗惠麟，1985，滇西寒武系的划分与对比。云南地质，4（1）：69—81。
罗惠麟等，1980，云南晋宁梅树村、王家湾震旦系-寒武系界线研究。地质学报，54（2）：95—111。
罗惠麟等，1982，云南东部震旦系-寒武系界线。昆明：云南人民出版社。
罗惠麟等，1984，中国云南晋宁梅树村震旦系-寒武系界线层型剖面。昆明：云南人民出版社。
罗惠麟等，1987，云南晋宁梅树村剖面研究新进展。地层学杂志，11（4）：301—304。
罗惠麟等，1988，扬子地台震旦系-寒武系界线剖面地层对比的新认识。云南地质，7（1）：13—27。
罗惠麟等，1994，中国下寒武统建阶层型剖面。昆明：云南科技出版社。
蒙义峰，1990，滇东南地区非碳酸盐相下石炭统的发现。云南地质，9（4）：313—320。
孟宪民等，1936—1937，云南个旧锡矿地质述略。中国地质学会志，16：421—427。
米士P，1946，滇东昆明区之石炭纪岩相并专论铝土矿之生成。中国地质学会志，26：1—64。
米士P，1946，滇西上二叠纪乐平统之发现。中国地质学会志，26：65—82。
穆道成，1978，中国南方泥盆系竹节石化石带。见：中国地质科学院地质矿产研究所主编，华南泥盆系会议论文集。北京：地质出版社。
穆道成等，1983，广西南丹罗富泥盆纪竹节石。中国科学院南京地质古生物研究所集刊，18号。北京：科学出版社。
穆恩之，1964，中国的志留系，全国地层会议学术报告汇编。北京：科学出版社。
倪寓南等，1982，云南西部的志留系。古生物学报，21（1）：119—131。
潘江等，1978，华南陆相泥盆系。见：中国地质科学院地质矿产研究所主编，华南泥盆系会议论文集。北京：地质出版社。
裴文中等，1963，中国的新生界，全国地层会议学术报告汇编。北京：科学出版社。

钱方等，1977，云南元谋盆地第四纪冰期与地层。中国地质科学院地质力学研究所编，中国第四纪冰川地质论文集，北京：地质出版社。
覃加铭等，1980，云南前震旦系昆阳群同位素地质年代学的初步研究。中国地质科学院院报，成都地质矿产研究所分刊，1（1）：22—31。
全国地层委员会，1962，中国的前寒武系，全国地层会议学术报告汇编。北京：科学出版社。
全国地层委员会编，1981，中国地层指南及中国地层指南说明书，北京：科学出版社。
全国同位素地质年龄数据汇编第三集编辑小组，1983，全国同位素地质年龄数据汇编，第三集。北京：地质出版社。
沈权，1991，曲靖附近的中、上泥盆统。地层学杂志，15（4）：270—277。
盛金章，1964，中国的二叠系，全国地层会议学术报告汇编。北京：科学出版社。
盛莘夫，1974，中国奥陶系划分和对比。北京：地质出版社。
盛莘夫等，1962，川滇中生代红层与煤系的时代和对比。地质学报，42（1）：31—56。
斯行健等，1962，中国中生代陆相地层，全国地层会议学术报告汇编。北京：科学出版社。
四川省地质矿产局，1991，四川省区域地质志。北京：地质出版社。
四川省区域地层表编写组，1978，西南地区区域地层表·四川省分册。北京：地质出版社。
孙艾玲等，1985，禄丰蜥龙动物群的组成及初步分析。古脊椎动物学报，23（1）：1—12。
孙家聪，1985，云南罗茨澄江组下部火山岩系的发现与震旦系底界年龄讨论。地质科学，（4）：354—363。
孙云铸，1945，古生代初期华缅大向斜之范围及性质。中国地质学会志，25：1—7。
孙云铸，1947，云南古生代地层问题。地质论评，12（1—2）：73—84。
孙云铸，1961，中国寒武纪地层划分问题。地质学报，41（3—4）：285—289。
孙云铸等，1946，云南东部马龙曲靖之志留纪地层。中国地质学会志，26：83—99。
谭锡畴，1943，云南易门安宁禄丰主要铁矿矿床述要。地质论评，8（1—6）：41—66。
谭雪春等，1982，滇西保山地区下泥盆统兼论志留、泥盆系的分界。地层学杂志，6（3）：199—208。
唐鑫等，1964，华南早第三纪脊椎动物化石地点及动物群的分布和性质。古脊椎动物与古人类，8（2）：119—133。
田奇瑰，1938，中国之泥盆纪。地质论评，3（4）：355—404。
王伴月等，1983，云南曲靖蔡家冲地区下第三系。古脊椎动物与古人类，21（2）：119—126。
王成源，1981，云南曲靖玉龙寺组时代的新认识。地层学杂志，5（3）：240。
王成源，1982，云南丽江上志留统和下泥盆统牙形刺。古生物学报，21（4）：436—445。
王福星等，1988，中国西南前寒武纪藻类化石及其地质意义。重庆：重庆出版社。
王鸿祯，1942，滇东泥盆纪含鱼化石层之层位及湖南中部跳马涧系之讨论。中国地质学会志，22（3—4）：217—226。
王鸿祯，1945，云南石炭纪地层概论。中国地质学会志，25：9—36。
王鸿祯，1945，云南弥勒三叠纪剖面。中国地质学会志，25：37—46。
王鸿祯，1956，地史学教程。北京：地质出版社。
王俊卿，1984，我国泥盆纪鱼类的分布、组合和性质。古脊椎动物学报，22（3）：219—228。
王文彬，1963，云南含油地层的初步认识及在构造单元上的划分，全国地层会议学术报告汇编（沉积矿产地层）。北京：科学出版社。
王钰等，1964，中国的泥盆系，全国地层会议学术报告汇编。北京：科学出版社。
王曰伦，1941，云南磷矿之成因及时代。地质论评，6（1—2）：73—94。
王增吉等，1990，中国的石炭系，中国地层（8）。北京：地质出版社。
吴懋德等，1990，云南昆阳群地质。昆明：云南科技出版社。
吴汝康，1958，森林古猿牙齿化石首次在中国的发现及其意义。古生物学报，6（2）：117—121。
鲜思远等，1978，云南东北部早泥盆世地层的划分与对比。见：中国地质科学院地质矿产研究所主编，华南泥盆系会议论文集。北京：地质出版社。
项礼文等，1981，中国的寒武系，中国地层（4）。北京：地质出版社。
谢家荣，1941，云南矿产概论。地质论评，6（1—2）：1—42。
熊秉信，1940，昆明县内古生代下部地层之初步研究。地质论评，5（1—2）：37—44。
熊家镛，1982，关于牛头山组。地层学杂志，6（2）：152—155。
邢裕盛等，1989，中国的上前寒武系，中国地层（3）。北京：地质出版社。

徐余瑄等，1962，云南路南早第三纪哺乳动物．古脊椎动物与古人类，6（4）：313—325。
许德佑，1938，中国南部三叠纪化石之新材料。地质论评，3（2）：105—118。
许德佑等，1940，云南呈贡附近之地质。地质论评，5（5）：399—414。
鄢芸樵等，1986，云南陆良牛头山地区浅变质岩系的地层时代及对比。中国地质科学院成都地质矿产研究所所刊，7号。北京：地质出版社。
杨敬之等，1962，中国的石炭系，全国地层会议学术报告汇编。北京：科学出版社。
杨式溥等，1980，中国的石炭系。地质学报，54（3）：167—175。
杨武旭等，1978，滇东泥盆系的几个问题。见：中国地质科学院地质矿产研究所主编，华南泥盆系会议论文集。北京：地质出版社。
杨暹和等，1985，川滇地区震旦纪冰碛层的初步研究。见：地质矿产部《前寒武纪地质》编辑委员会著，中国晚前寒武纪冰成岩论文集。北京：地质出版社。
杨钟健，1932，云南哺乳动物化石。中国地质学会志，11（4）：383—394。
杨钟健，1951，禄丰蜥龙动物。中国古生物志，新丙种第13号。
杨钟健，1982，云南禄丰蜥龙动物研究的新发展及其年代问题。杨钟健文集。北京：科学出版社。
杨钟健等，1939，路南新生代地质。地质论评，4（3—4）：165—172。
杨宗仁，1983，云南保山地区石炭系的划分。见：地质矿产部青藏高原地质文集编委会著，青藏高原地质文集（11）。北京：地质出版社。
叶伯丹等，1986，全国同位素地质年龄数据汇编第四集。北京：地质出版社。
殷鸿福等，1988，中国古生物地理学。武汉：中国地质大学出版社。
尹集祥等，1973，滇西海相侏罗系。地质科学，（3）：217—237。
尹赞勋，1936，云南地质研究的进展。地质论评，1（3）：277—294。
尹赞勋，1936—1937，施甸之奥陶纪及志留纪化石述略。中国地质学会志，16：281—302。
尹赞勋，1938，云南东部坡脚页岩泥盆纪动物群。中国地质学会志，18（1）：33—66。
尹赞勋，1949，中国南部志留纪地层之分类与对比。中国地质学会志，29（1—4）：1—62。
尹赞勋等，1936—1937，云南施甸之奥陶纪及志留纪地层。中国地质学会志，16：41—56。
尹赞勋等，1945，湄潭县之寒武纪地层。地质论评，10（5—6）：205—220。
尹赞勋等，1966，中国地层典（七）石炭系。北京：科学出版社。
尤玉柱等，1978，云南元谋、班果盆地晚新生代地层与脊椎动物化石。见：中国地质科学院地层古生物论文集编委会著，地层古生物论文集第七辑。北京：地质出版社。
俞昌民，1978，云南丽江阿冷初下泥盆统四射珊瑚。古生物学报，17（3）：245—261。
云博，1975，云南象类化石的新资料。古脊椎动物与古人类，13（4）：229—233。
云南省地质矿产局，1990，云南省区域地质志。北京：地质出版社。
云南省地质局等，1974，云南化石图册。昆明：云南人民出版社。
云南省区域地层表编写组，1978，西南地区区域地层表·云南省分册。北京：地质出版社。
云崖，1978，滇东泥盆系的划分与对比。见：中国地质科学院地质矿产研究所主编，华南泥盆系会议论文集。北京：地质出版社。
张文堂，1962，中国的奥陶系，全国地层会议学术报告汇编。北京：科学出版社。
张云湘等，1958，力马河铜镍矿床成矿规律的初步探讨。地质月刊（6）：19—28。
赵国光，1965，滇西北大理丽江地区新生代地层及构造的初步观察。地质论评，23（5）：345—358。
赵金科等，1962，中国的三叠系，全国地层会议学术报告汇编。北京：科学出版社。
赵自强等，1985，长江三峡地区生物地层学震旦纪分册（1）。武汉：中国地质大学出版社。
郑家坚等，1978，云南路南盆地的早第三纪地层。见：中国地质科学院地层古生物论文集编委会著，地层古生物论文集第七辑。北京：地质出版社。
郑荣才等，1991，滇东南墨江下泥盆统大中寨组深海浊积扇沉积特征。见：地质矿产部成都地质矿产研究所主编，中国西部特提斯构造演化及成矿作用。成都：电子科技大学出版社。
中国地质科学院成都地质矿产研究所等，1992，怒江-澜沧江-金沙江区域地层。北京：地质出版社。
中国地质学编辑委员会等，1956，中国区域地层表（草案）。北京：科学出版社。

中国地质学编辑委员会等，1958，中国区域地层表（草案）补编。北京：科学出版社。

中国科学院北京植物研究所等，1978，中国新生代植物。北京：科学出版社。

中国科学院南京地质古生物研究所，1976，云南中生代化石。北京：科学出版社。

中国科学院南京地质古生物研究所等，1975，云南中生代红层。北京：科学出版社。

周明镇，1957，云南、广西发现的几种始新世和渐新世哺乳类化石。古脊椎动物学报，1（3）：213—214。

周明镇，1958，云南路南几种渐新世哺乳类化石。古脊椎动物学报。2（4）：263—267。

周铁明，1982，云南盐津地区的志留系。地层学杂志，6（3）：161—173。

Brown J C. 1913. Notes on the Stratigraphy of the Ordovician and Silurian Beds of Western Yunnan. Rec. Geol. Surv. India，43：327—334.

Brown J C. 1916. Contributions to the Geology of Province of Yunnan in Western China，V. Geology of Parts of the Selween and Mekon Valley，Rec. Geol. Surv. India 47（pt. 4）：205—266.

Deprat J et Mansuy H. 1912. Etude Geologique du Yun-nan Oriental，I[re] partie，Geologie Generale（Par J. Deprat），Memoives du Survice Geologique de L'Indochine，volumel，Fascicwe 1. imprimerie d' Ex treme-orient. Hanol-Haiphong.

Grabau A W. 1923－1924. Stratigraphy of China，Pt. 1，Palaeozoic and Older. Geol. Surv. China.

Grabau A W. 1931. Problems in Chinese Stratigraphy Ⅳ-e. The Devonian of China. The Science Quarterly of the National University of Peking，2（2）：91—162.

Gregory J W & Gregory C J. 1925. The Geology and Physical Geology of Chinese Tibet，and its Relations to the Mountain System of Southeastern Asia，from Observations Made During the Percy Seaden Expedition，1922. Phil. Trans. Royal Soc.，London，Ser. B，Vol. 213.

Misch P. 1942. Sinian Stratigraphy of Central Eastern Yunnan. Nat.，Univ. Peking，Contr.，Coll. of sci.，No. 4.

Misch P. 1947. Red beds and marime Triassic of Yunnan. Science Record Academia Sinian，2（1）.

Reed F R C. 1927. Palaeozoic and Mesozoic Fossils from Yunnan. Pal. India，N. Ser.，10（1）：6—20.

地质图说明书及区测报告

广西壮族自治区地质局等，1965，1:100万凭祥幅地质图说明书.地质部地质研究所发行。

广西壮族自治区地质局区测队，1972，1:20万西林幅区域地质调查报告。

贵州省地质局等，1965，1:100万昆明幅地质图说明书.地质部地质研究所发行。

贵州省地质局区调队一分队，1979，1:20万威信幅区域地质调查报告。

贵州省地质局108地质队六分队，1973，1:20万水城幅区域地质调查报告。

贵州省地质局108地质队一分队，1973，1:20万盘县幅区域地质调查报告。

四川省地质局航调队，1977，1:20万綦江幅区测报告。

四川省地质局航调队，1980，1:20万遂宁、自贡、内江、宜宾、泸州幅区测报告。

四川省地质局航调队，1980，1:20万仪陇、通江、南充、广安、重庆幅区测报告。

四川省地质局三区测队，1974，1:100万昌都幅区域地质调查报告。

四川省地质局三区测队三分队，1977，1:20万得荣幅区域地质调查报告。

四川省地质局一区测队，1970，1:20万会理幅区域地质测量报告。

四川省地质局一区测队六分队，1973，1:20万筠连幅区域地质测量报告。

四川省地质局一区测队五分队，1970，1:20万雷波幅区域地质测量报告。

四川省地质局一区测队一分队，1972，1:20万盐边幅区域地质调查报告。

云南省地质矿产局区域地质调查队八分队，1983，1:20万思茅幅区域地质调查报告。

云南省地质矿产局区域地质调查队二分队，1985，1:20万中甸幅区域地质调查报告。

云南省地质矿产局区域地质调查队九分队，1981，1:20万景谷幅区域地质调查报告。

云南省地质矿产局区域地质调查队九分队，1985，1:20万贡山幅、福贡幅区域地质调查报告。

云南省地质矿产局区域地质调查队七分队，1984，1:20万南伞幅、耿马幅区域地质调查报告。

云南省地质矿产局区域地质调查队三分队，1985，1:20万碧江幅、泸水幅区域地质调查报告。

云南省地质矿产局区域地质调查队十一分队，1982，1:20万古学幅区域地质调查报告。

云南省地质矿产局区域地质调查队四分队，1984，1:20万维西幅区域地质调查报告。
云南省地质矿产局区域地质调查队五分队，1986，1:20万沧源幅、上班老幅区域地质调查报告。
云南省地质矿产局区域地质调查队一分队，1985，1:20万德钦幅区域地质调查报告。
云南省地质局第二区域地质测量队八分队，1969，1:20万建水幅区域地质调查报告。
云南省地质局第二区域地质测量队八分队，1975，1:20万元阳幅、大鹿马幅区域地质调查报告。
云南省地质局第二区域地质测量队二分队，1970，1:20万个旧幅区域地质矿产调查报告。
云南省地质局第二区域地质测量队二分队，1976，1:20万马关幅区域地质调查报告。
云南省地质局第二区域地质测量队二分队，1976，1:20万文山幅区域地质调查报告。
云南省地质局第二区域地质测量队六分队，1969，1:20万武定幅区域地质调查报告。
云南省地质局第二区域地质测量队六分队，1972，1:20万金平幅、河口幅区域地质调查报告。
云南省地质局第二区域地质测量队六分队，1975，1:20万弥勒幅区域地质调查报告。
云南省地质局第二区域地质测量队七分队，1969，1:20万玉溪幅区域地质测量报告
云南省地质局第二区域地质测量队七分队，1971，1:20万昆明幅区域地质调查报告。
云南省地质局第二区域地质测量队七分队，1973，1:20万宜良幅区域地质调查报告。
云南省地质局第二区域地质测量队七分队，1976，1:20万镇雄幅区域地质调查报告。
云南省地质局第二区域地质测量队一分队，1970，1:20万新平幅区域地质调查报告。
云南省地质局第二区域地质测量队一分队，1973，1:20万墨江幅区域地质调查报告。
云南省地质局第二区域地质测量队一分队，1976，1:20万普洱幅区域地质调查报告。
云南省地质局第二区域地质调查队八分队，1976，1:20万勐腊幅、尚勇幅区域地质调查报告。
云南省地质局第二区域地质调查队八分队，1976，1:20万江城幅区域地质调查报告。
云南省地质局第二区域地质调查队八分队，1978：1:20万曲靖幅区域地质调查报告。
云南省地质局第二区域地质调查队二分队，1978，1:20万富宁幅区域地质调查报告。
云南省地质局第二区域地质调查队六分队，1977，1:20万罗平幅区域地质调查报告。
云南省地质局第二区域地质调查队七分队，1978，1:20万昭通幅区域地质调查报告。
云南省地质局第二区域地质调查队一分队，1978，1:20万鲁甸幅区域地质调查报告。
云南省地质局区域地质测量队，1965，1:100万下关幅地质图说明书。地质部地质研究所发行。
云南省地质局区域地质测量队，1965，1:100万普洱幅地质图说明书。地质部地质研究所发行。
云南省地质局区域地质测量队二分队，1965，1:20万大姚幅地质报告书。
云南省地质局区域地质调查队八分队，1980，1:20万东川幅区域地质调查报告。
云南省地质局区域地质调查队二分队，1979，1:20万景洪幅区域地质调查报告。
云南省地质局区域地质调查队六分队，1980，1:20万丘北幅区域地质调查报告。
云南省地质局区域地质调查队三分队，1980，1:20万保山幅区域地质调查报告。
云南省地质局区域地质调查队三分队，1981，1:20万凤庆幅区域地质调查报告。
云南省地质局区域地质调查队四分队，1980，1:20万永宁幅区域地质调查报告。
云南省地质局区域地质调查队五分队，1979，1:20万勐海幅区域地质调查报告。
云南省地质局区域地质调查队五分队，1982，1:20万孟连幅区域地质调查报告。
云南省地质局区域地质调查队一分队，1979，1:20万永平幅区域地质调查报告。
云南省地质局区域地质调查队一分队，1982，1:20万腾冲幅、盈江幅区域地质调查报告。
云南省地质局第一区域地质测量大队二分队，1966，1:20万鹤庆幅地质报告书。
云南省地质局第一区域地质测量队三分队，1974，1:20万兰坪幅区域地质调查报告。
云南省地质局第一区域地质测量队四分队，1966，1:20万永仁幅地质报告书。
云南省地质局第一区域地质测量队四分队，1975，1:20万巍山幅区域地质调查报告。
云南省地质局第一区域地质测量队五分队，1965，1:20万楚雄幅地质报告书。
云南省地质局第一区域地质测量队五分队，1973，1:20万大理幅区域地质调查报告。
云南省地质局第一区域地质测量队一分队，1966，1:20万潞西幅、瑞丽幅、弄岛幅地质报告书。
云南省地质局第一区域地质调查大队二分队，1977，1:20万景东幅区域地质调查报告。
云南省地质局第一区域地质调查队四分队，1977，1:20万丽江幅区域地质调查报告。

附录Ⅰ 云南省地层数据库的建立及功能简介

云南省地层数据库的建库工作，与云南省地层多重划分对比研究工作同时进行，为该项目的组成部分。由承担该项目的云南省地质矿产局区域地质调查所负责建立，具体任务由云南省地层多重划分对比研究组完成，并得到全国地层多重划分对比研究项目办公室，西南大区、中南大区项目办公室和云南省领导小组的指导和大力支持。

建立各省基础地层数据库，在《全国地层多重划分对比研究总体设计》(1992)中，就已经提出。首先，全国经历了一段研建过程，研建小组提交的设计于1993年3月审查通过后全面开展工作。云南省地层数据库的建立，是从1993年11月全国地层数据库录入培训班之后，于12月开始的。1993年12月—1994年4月，使用Compaq386/20e型微机；1994年5月—1994年10月，同时使用Compaq386/20e、Super486/66型微机和LQ系列24针打印机。

到1994年10月云南省地层多重划分对比研究报告验收时止，云南省地层数据库已录入经清理的地层单位817个。建议使用的岩石地层单位311个，其中中元古代14个、震旦纪（含晚元古代）24个、寒武纪24个、奥陶纪25个、志留纪15个、泥盆纪51个、石炭纪32个、二叠纪30个、三叠纪54个、侏罗纪15个、白垩纪9个、第三纪18个；尚有建议使用的构造地层单位7个。建议本省不采用的地层单位497个，还有本省不采用的构造地层单位2个。录入地层剖面1004条。

参加地层数据库的录入人员为：夏迎红、贺天全。进行数据卡片填制并审核校对的人员为：张定辉（中元古代、震旦纪），张远志（晚元古代、构造地层），贺天全（寒武纪），张绍华（奥陶纪、志留纪），黄铭卿（泥盆纪），杨宗仁（石炭纪），彭厚斋（二叠纪），薛国安（三叠纪），李云（侏罗纪、白垩纪），刘世荣（第三纪）。

云南省地层数据库目前的主要功能是将输入的原始数据还原制表，输出打印以下文件：

岩石地层单位卡片的封面；

卡Ⅰ 岩石地层单位的综合信息；

卡Ⅱ 岩石地层单位的地层划分沿革；

卡Ⅳ 岩石地层单位的地层剖面；

卡Ⅴ 岩石地层单位的参考文献。

该数据库还处于初期阶段，尚需进一步补充、完善和开发利用。目前迫切要进行的工作主要包括：

1. 补充工作

①全国地层清理统一的数据卡片Ⅲ（岩石地层单位剖面分布图和柱状对比图），暂未填写，应加以补充；

②尚有较多的地层剖面，以及区调等基础地质工作中新增加的地层剖面，需及时补充；

③对尚未进行清理的前震旦纪中深变质地层、第四纪地层以及其他块状地（岩）层，随着工作的深入，应予清理并补充到数据库中。

2. 完善工作，应在全国统一部署下进行，需增加：

①地层信息的查询检索功能。按照用户选择的地区、断代（纪）等不同控制参数，在数据库中查询、检索出满足要求的岩石地层单位信息，并能按用户选择的不同内容自动制表，对数字型数据自动统计汇总。

②岩石地层单位的命名监控功能。根据用户选择的不同控制参数，用几种方法对新建岩石地层单位进行命名监控。

云南省地层数据库今后由云南省地质矿产局区域地质调查所负责管理维护。

附录Ⅱ 云南省采用的岩石地层单位

附录Ⅱ-1

序号	岩石地层单位名称		编号	代号	地质时代	创名人	创建时间	所在省	本书页数
	英 文	汉 文							
1	Banan Fm	把南组	53-0446	T_3b	T_3	许德佑	1944	贵州	289
2	Bada Fm	*坝达组	53-0755	C_1b	C_1	云南第二地质大队 (蒙义峰)	1990 (1990)	云南	191
3	Baliu Fm	坝溜组	53-0616	P_1bl	P_1	云南地矿局	1990	云南	136
4	Bazhulu Fm	*坝注路组	53-0306	J_3b	J_3	云南一区测队	1973	云南	234
5	Baitutian Fm	*白土田组	53-0436	T_3bt	T_3	云南区测队	1965	云南	267
6	Baizitian Fm	稗子田组	53-1006	S_2b	S_2	四川区域地层表编写组	1978	四川	51
7	Banmandaodi Fm	*班满到地组	53-0822	Db	D_{1-2}	段彦学等	1974	云南	150
8	Banna Fm	板纳组	53-0451	T_2bn	T_2	陆中求等	1961	广西	293
9	Baota Fm	宝塔组	53-1120	Ob	O_{2-3}	李四光等	1924	湖北	70
10	Baoxiangsi Fm	*宝相寺组	53-0112	E_2b	E_2	云南一区测队三分队	1974	云南	259
11	Baoshan Fm	*保山组	53-1201	$\in_3b$	$\in_3$	孙云铸	1939	云南	37
12	Beiya Fm	*北衙组	53-0430	T_2b	T_2	P Misch	1947	云南	257
13	Benzilan Fm	*奔子栏组	53-0619	P_2b	P_2	云南省地层多重划分对比研究组	1993	云南	142
14	Bingfeng Fm	冰峰组	53-0622	P_1b	P_1	四川三区测队	1974	四川	148
15	Bingma Fm	*丙麻组	53-0604	P_1bm	P_1	云南区测队 (云南区调队三分队)	1960 (1980)	云南	111
16	Bocaitian Fm	*博菜田组	53-1218	$\in Ob$	$\in_3—O_1$	广西地质局等	1965	云南	84
17	Bulun Fm	*布伦组	53-0420	T_1b	T_1	云南区调队二分队	1985	云南	246
18	Caidiwan Fm	*菜地湾组	53-1012	S_3c	S_3	云南二区测队七分队	1976	云南	73
19	Caijiachong Fm	蔡家冲组	53-0116	E_3c	E_3	杨钟健	1932	云南	280
20	Cangna Fm	苍纳组	53-0818	D_2c	D_2	四川三区测队	1977	四川	145
21	Canglangpu Fm	*沧浪铺组	53-1213	$\in_1c$	$\in_1$	丁文江等	1936 —1937	云南	63
22	Changning Fm	*昌宁组	53-1303	$Z\hat{c}$	Z	云南区调队三分队	1980	云南	33
23	Changyucun Fm	*长育村组	53-0823	$D\hat{c}$	D_{2-3}	云南一区测队五分队	1973	云南	153
24	Chengjiang Fm	*澄江组	53-1321	$Z_1\hat{c}$	Z_1	谢家荣	1941	云南	55
25	Chongzhuang Fm	*冲庄组	53-1223	$\in_1\hat{c}\hat{z}$	$\in_1$	云南二区测队六分队	1972	云南	79

注：*代表原始定义已查阅原始文献。
创名人栏（ ）内为介绍人；创建时间栏（ ）内为介绍时间。

序号	岩石地层单位名称		编号	代号	地质时代	创名人	创建时间	所在省	本书页数
	英　文	汉　文							
26	Choushui Fm	*臭水组	53-0412	$T_2\hat{c}$	T_2	云南区测队	1965	云南	225
27	Chujiashan Fm	*储家山组	53-1304	$Z\hat{c}j$	Z	云南区调队三分队	1980	云南	32
28	Chuandong Mem	*穿洞段	53-0839	$D^{\hat{c}}$	D_{1-2}	云南二区测队八分队	1978	云南	166
29	Ciying Fm	*茨营组	53-0113	N_2c	N_2	谢家荣等	1941	云南	282
30	Cuifengshan Fm	*翠峰山组	53-0840	D_1c	D_1	丁文江 (A W Grabau)	1914 (1923 -1924)	云南	162
31	Daliantang Fm	*达莲塘组	53-0851	Dd	D_{1-2}	中科院南古所西南队泥盆系研究组	1974	云南	189
32	Daba Fm	*大坝组	53-0601	P_1db	P_1	云南区调队六分队	1985	云南	106
33	Dadongchang Fm	*大东厂组	53-0602	P_1dd	P_1	云南区调队三分队	1985	云南	105
34	Dakuangshan Fm	*大矿山组	53-1102	O_1d	O_1	云南区测队一分队 (云南地矿局)	1963 (1990)	云南	38
35	Dalongkou Fm	*大龙口组	53-1411	Pt_2d	Pt_2	黄懿	1940	云南	13
36	Daluzhai Fm	*大路寨组	53-1011	S_2d	S_2	云南二区测队七分队	1976	云南	73
37	Damingshan Fm	*大名山组	53-0607	P_1d	P_1	云南区调队七分队	1984	云南	116
38	Dapingzhang Fm	*大平掌组	53-0415	T_3d	T_3	中科院南古所等	1975	云南	226
39	Dapingzi Fm	*大坪子组	53-1110	$OSdp$	O_3—S_1	云南二区测队八分队	1975	云南	49
40	Dapu Fm	大埔组	53-0749	Cd	C_{1-2}	张文佑	1941	广西	178
41	Daqing Fm	*大箐组	53-1115	OSd	O_2—S_1	郭文魁等	1942	云南	54
42	Dashuijingshan Fm	*大水井山组	53-0411	T_2d	T_2	云南区调队八分队	1983	云南	224
43	Daxinshan Fm	*大新山组	53-0614	P_1dx	P_1	云南地矿局	1990	云南	133
44	Dayangchang Fm	*大羊场组	53-0742	C_1d	C_1	云南省地层多重划分对比研究组	1994	云南	146
45	Dayingpan Fm	*大营盘组	53-1404	Pt_2dy	Pt_2	地质部西南地质科学研究所	1965	云南	18
46	Dazhai Fm	*大寨组	53-1222	$\in d$	$\in_{1-2}$	广西地质局等	1965	云南	80
47	Dazhaimen Fm	*大寨门组	53-0803	D_3d	D_3	云南区调队三分队	1980	云南	109
48	Dazhongzhai Fm	*大中寨组	53-0815	D_1d	D_1	云南二区测队一分队	1976	云南	130

序号	岩石地层单位名称		编号	代号	地质时代	创名人	创建时间	所在省	本书页数
	英文	汉文							
49	Dengying Fm	灯影组	53-1315	$Z\in d$	$Z-\in$	李四光　赵亚曾	1924	湖北	60
50	Denghei Fm	·等黑组	53-0107	E_2d	E_2	云南区测队	1965	云南	242
51	Dingjiazhai Fm	·丁家寨组	53-0704	C_2d	C_2	云南区调队三分队	1981	云南	110
52	Dingpo Fm	顶坡组	53-0741	Cdp	C_{1-2}	四川三区测队	1977	四川	147
53	Dongchuan Fm	·东川组	53-0440	Td	T_{1-2}	孟宪民等	1948	云南	284
54	Donggangling Fm	东岗岭组	53-0847	D_2d	D_2	乐森珣	1928	广西	187
55	Dongliji Fm	·东立吉组	53-0845	D_1d	D_1	方润森	1976	云南	169
56	Douposi Fm	·陡坡寺组	53-1210	$\in_2d$	$\in_2$	卢衍豪、王鸿祯（谢家荣）	1939（1941）	云南	66
57	Doushantuo Fm	陡山沱组	53-1319	Z_2d	Z_2	李四光、赵亚曾	1924	湖北	58
58	Dushuke Fm	·独树柯组	53-1125	O_1ds	O_1	云南二区测队	1974	云南	85
59	Emeishan Basalt Fm	峨眉山玄武岩	53-0629	Pe	P_{1-2}	赵亚曾	1929	四川	182
60	Etouchang Fm	·鹅头厂组	53-1407	Pt_2e	Pt_2	云南地质局	1966	云南	16
61	Falang Fm	法郎组	53-0445	Tf	T_{2-3}	乐森珣	1928	贵州	288
62	Feixianguan Fm	飞仙关组	53-0441	T_1f	T_1	赵亚曾	1929	四川	284
63	Fengjiahe Fm	·冯家河组	53-0318	J_1f	J_1	云南区测队	1963	云南	269
64	Fuliangpeng Fm	·富良棚组	53-1412	Pt_2f	Pt_2	云南二区测队七分队	1969	云南	12
65	Gangou Fm	·干沟组	53-0826	Dgg	D_{2-3}	云南一区调队四分队	1977	云南	157
66	Ganhaizi Fm	·干海子组	53-0438	T_3g	T_3	陈光远	1943	云南	268
67	Gangdagai Fm	冈达概组	53-0621	Pg	P_{1-2}	四川三区测队	1977	四川	149
68	Gaofengsi Fm	·高峰寺组	53-0209	K_1g	K_1	云南区测队	1962	云南	275
69	Gaojingchao Fm	高井朝组	53-0618	P_1g	P_1	云南地矿局	1990	云南	136
70	Gedang Fm	·革当组	53-0846	D_3g	D_3	云南二区调队二分队	1978	云南	188
71	Gejiu Fm	·个旧组	53-0454	T_2g	T_2	孟宪民等	1936	云南	287
72	Gongyanghe Gr	·公养河群	53-1204	$Z\in G$	$Z-\in_2$	云南区测队	1965	云南	35

序号	岩石地层单位名称		编号	代号	地质时代	创名人	创建时间	所在省	本书页数
	英 文	汉 文							
73	Guandi Fm	*关底组	53-1013	S_3g	S_3	丁文江等	1937	云南	74
74	Guanling Fm	关岭组	53-0444	T_2gl	T_2	许德佑	1939	贵州	287
75	Guanshang Fm	*关上组	53-0801	D_1g	D_1	云南区调队一分队	1982	云南	102
76	Guanyinya Fm	观音崖组	53-1318	Z_2g	Z_2	张云湘等	1958	四川	59
77	Gumu Fm	*古木组	53-0848	Dg	D_{1-2}	方润森	1976	云南	186
78	Guijiatun Mem	*桂家屯段	53-0842	D^g	D_1	云南石油地质队六分队	1961	云南	164
79	Hagong Fm	*哈工组	53-0423	T_3ha	T_3	云南区调队二分队	1985	云南	249
80	Haidong Fm	*海东组	53-1107	O_1h	O_1	盛莘夫	1973	云南	47
81	Haikou Fm	*海口组	53-0835	D_2h	D_2	J Deprat 等	1912	云南	160
82	Heyuanzhai Fm	*何元寨组	53-0804	Dh	D	孙云铸等	1947	云南	108
83	Hewanjie Fm	*河湾街组	53-0401	Th	T_{1-2}	云南区调队三分队	1980	云南	211
84	Hetaoping Fm	*核桃坪组	53-1203	$\in_3h$	$\in_3$	罗惠麟 (云南地质局等)	1967 (1974)	云南	35
85	Heinishao Fm	*黑泥哨组	53-0626	P_2h	P_2	P Misch	1946	云南	182
86	Heishantou Fm	*黑山头组	53-1413	$Pt_2h\hat{s}$	Pt_2	云南二区测队七分队	1969	云南	10
87	Hengjing Fm	*横阱组	53-0745	C_1h	C_1	云南省地层多重划分对比研究组	1994	云南	154
88	Honghuayuan Fm	红花园组	53-1117	O_1hh	O_1	张鸣绍、盛莘夫 (刘之远)	1940 (1948)	贵州	68
89	Hongshiya Fm	*红石崖组	53-1112	$O_1h\hat{s}$	O_1	郭文魁	1941	云南	52
90	Hongyapo Fm	*红崖坡组	53-0828	D_2hy	D_2	云南二区调队七分队	1978	云南	171
91	Hutousi Fm	*虎头寺组	53-0203	K_1h	K_1	云南一区测队综合组	1973	云南	238
92	Huaguoshan Fm	*花果山组	53-0435	T_3hg	T_3	云南区测队	1965	云南	266
93	Huakaizuo Fm	*花开左组	53-0305	J_2h	J_2	云南一区测队	1973	云南	232
94	Huangcaoling Fm	*黄草岭组	53-1414	Pt_2h	Pt_2	温杰史	1961	云南	9
95	Huanggexi Fm	*黄葛溪组	53-1009	S_1h	S_1	云南二区测队七分队	1976	云南	72

序号	岩石地层单位名称		编号	代号	地质时代	创名人	创建时间	所在省	本书页数
	英　文	汉　文							
96	Huanglong Fm	黄龙组	53-0748	Ch	$C_{1\text{-}2}$	李四光、朱森	1930	江苏	179
97	Huitoushan Fm	*回头山组	53-1302	Zh	Z	云南区调队三分队	1980	云南	34
98	Huimin Fm	*惠民组	53-1383	Pt_3h	Pt_3	云南区调队二分队	1979	云南	28
99	Huobachong Fm	*火把冲组	53-0447	T_3h	T_3	孟宪民	1936	云南	290
100	Jidonglong Fm	*吉东龙组	53-0610	P_1j	P_1	云南区调队一分队	1985	云南	120
101	Jialingjiang Fm	嘉陵江组	53-0443	Tj	T_{1-2}	赵亚曾、黄汲清	1931	四川	286
102	Jianshanying Fm	*尖山营组	53-0746	Cj	C_{1-2}	云南一区调队四分队	1977	云南	158
103	Jianchuan Fm	*剑川组	53-0109	N_2j	N_2	P Misch	1947	云南	263
104	Jiangdihe Fm	*江底河组	53-0206	KEj	K_2—E_1	云南区测队	1965	云南	277
105	Jiedi Fm	洁地组	53-0421	Tjd	T_{1-2}	四川三区测队	1974	云南	246
106	Jinsichang Fm	*金丝厂组	53-0111	E_3j	E_3	云南区调队四分队	1984	云南	261
107	Jingxing Fm	*景星组	53-0205	K_1j	K_1	云南区测队	1965	云南	235
108	Kadabeng Fm	*喀大崩组	53-0620	P_1k	P_1	云南区调队二分队	1985	云南	141
109	Kanglang Fm	*康廊组	53-1005	Sk	S_{2-3}	云南一区测队五分队	1973	云南	50
110	Kongshuhe Fm	*空树河组	53-0701	C_2k	C_2	云南区调队三分队	1985	云南	104
111	Kunyang Gr	*昆阳群	53-1401	Pt_2K	Pt_2	朱庭祜	1926	云南	8
112	Laba Fm	*拉巴组	53-0608	Pl	P	云南区调队五分队	1982	云南	119
113	Lazhuhe Fm	*拉竹河组	53-0615	$P_1l\hat{z}$	P_1	云南地矿局	1990	云南	134
114	Lamaya Fm	喇嘛垭组	53-0427	T_3lm	T_3	四川一区测队 (四川三区测队)	1961 (1974)	四川	255
115	Lanmu Fm	兰木组	53-0452	Tl	T_{2-3}	陆中求等	1961	广西	293
116	Lancang Gr	*澜沧群	53-1381	Pt_3L	Pt_3	云南区测队	1965	云南	24
117	Lanniqing Fm	*烂泥箐组	53-0827	Dln	D_{2-3}	云南一区测队四分队	1977	云南	156
118	Langmuqiao Fm	浪木桥组	53-1224	$Z\in l$	Z_2—$\in_1$	广西地质局等	1965	云南	78

序号	岩石地层单位名称		编号	代号	地质时代	创名人	创建时间	所在省	本书页数
	英文	汉文							
119	Laojianshan Fm	*老尖山组	53-1101	O_1lj	O_1	云南区调队三分队	1981	云南	38
120	Laowangzhai Gr	*老王寨群	53-0714	CL	C_{1-2}	李光勋等	1989	云南	132
121	Laozhai Fm	*老寨组	53-1127	O_1l	O_1	云南二区测队	1974	云南	86
122	Lengshuigou Fm	*冷水沟组	53-1128	O_2l	O_2	云南二区测队	1974	云南	86
123	Liguo Fm	*立果组	53-1305	Zl	Z	云南区调队三分队	1980	云南	32
124	Lichaiba Fm	*栗柴坝组	53-1002	Sl	S_{2-3}	云南20地质队 (王举德)	1963 (1977)	云南	42
125	Lianhuaqu Fm	*莲花曲组	53-0824	Dl	D_{1-2}	云南一区测队五分队	1973	云南	152
126	Liangshan Fm	梁山组	53-0631	P_1l	P_1	赵亚曾、黄汲清	1931	陕西	180
127	Linghao Fm	领薅组	53-0632	Plh	P_{1-2}	贵州区调大队联测分队	1980	广西	194
128	Liujiang Fm	榴江组	53-0850	Dl	D_{2-3}	冯景兰	1929	广西	189
129	Liubatang Fm	*柳坝塘组	53-1405	Pt_2lb	Pt_2	邓家藩 (云南地质局)	1961 (1966)	云南	17
130	Liuwan Fm	*柳湾组	53-0302	J_2l	J_2	J C Brown	1916	云南	218
131	Longbie Fm	*龙别组	53-0814	D_1lb	D_1	云南二区测队一分队	1976	云南	131
132	Longdonghe Fm	*龙洞河组	53-0710	C_2l	C_2	云南区调队八分队	1983	云南	126
133	Longhai Fm	*龙海组	53-0303	J_3l	J_3	尹集祥等	1965	云南	219
134	Longha Fm	*龙哈组	53-1220	$\in l$	$\in_{2-3}$	广西地质局等	1965	云南	82
135	Longkan Fm	*弄坎组	53-0201	K_1l	K_1	尹集祥等	1965	云南	219
136	Longmaxi Fm	龙马溪组	53-1122	OSl	$O_3—S_1$	李四光、赵亚曾	1924	湖北	70
137	Longtan Fm	龙潭组	53-0628	P_2l	P_2	丁文江	1919	江苏	184
138	Longwangmiao Fm	*龙王庙组	53-1212	$\in_1l$	$\in_1$	卢衍豪	1941	云南	64
139	Longba Fm	*陇巴组	53-1308	Zlb	Z	云南区调队二分队	1985	云南	44
140	Loushanguan Fm	娄山关组	53-1207	$\in Ol$	$\in_2—O_1$	丁文江	1930	贵州	67
141	Luliang Fm	*陆良组	53-1323	Z_1l	Z_1	刘鸿允等	1983	云南	56
142	Lufeng Gr	*禄丰群	53-0320	JL	J_{1-2}	卞美年	1940	云南	270

序号	岩石地层单位名称		编号	代号	地质时代	创名人	创建时间	所在省	本书页数
	英文	汉文							
143	Lunan Fm	*路南组	53-0117	El	E_{2-3}	杨钟健等	1939	云南	280
144	Luxi Fm	*潞西组	53-1103	Ol	O_{2-3}	云南区测队一分队 (胡荣民)	1963 (1976)	云南	39
145	Luzhijiang Fm	*绿汁江组	53-1406	Pt_2lz	Pt_2	冶金昆明地质勘探公司303队	1956	云南	16
146	Luojiadashan Fm	*罗家大山组	53-0434	T_3l	T_3	云南区测队	1965	云南	265
147	Luolou Fm	罗楼组	53-0449	T_1l	T_1	李四光等 (赵金科)	1941 (1959)	广西	291
148	Luohong Fm	*倮红组	53-0816	D_1lh	D_1	云南二区测队一分队	1976	云南	129
149	Luoxue Fm	*落雪组	53-1408	Pt_2l	Pt_2	孟宪民等	1944	云南	15
150	Madi Fm	*麻地组	53-1402	Pt_2md	Pt_2	黎功举等 (张伟寮等)	1964 (1972)	云南	20
151	Mapin Fm	马平组	53-0747	C_2m	C_2	丁文江	1928	广西	179
152	Matoushan Fm	*马头山组	53-0207	K_1m	K_1	云南区测队	1961	云南	276
153	Maichuqing Fm	*麦初箐组	53-0419	T_3m	T_3	云南一区测队	1974	云南	230
154	Manbing Fm	*曼丙组	53-0711	Cm	C_{1-2}	云南地矿局	1990	云南	125
155	Mankuanhe Fm	曼宽河组	53-0202	K_2m	K_2	云南地质局第16地质队	1966	云南	239
156	Manlai Fm	*曼来组	53-1384	Pt_3ml	Pt_3	云南区调队五分队	1979	云南	27
157	Manxin Fm	*曼信组	53-0808	Dm	D_{2-3}	云南省地层多重划分对比研究组	1993	云南	113
158	Manbo Fm	*漫波组	53-1004	Sm	S_{2-3}	云南省地层多重划分对比研究组	1993	云南	128
159	Mangbang Fm	*芒棒组	53-0101	N_2m	N_2	云南区调队一分队	1982	云南	221
160	Manghuai Fm	*忙怀组	53-0407	T_2m	T_2	云南一区调队二分队	1977	云南	222
161	Meitan Fm	湄潭组	53-1118	O_1m	O_1	俞建章	1933	贵州	69
162	Meidang Fm	*美党组	53-1410	Pt_2m	Pt_2	云南二区测队七分队	1969	云南	14
163	Menghong Gr	*勐洪群	53-0702	DCM	D-C	方仲景	1962	云南	103
164	Mengjia Fm	*勐戛组	53-0301	J_2m	J_2	尹集祥等	1965	云南	217
165	Mengjingshan Fm	*勐井山组	53-1385	Pt_3m	Pt_3	云南区调队五分队	1979	云南	26
166	Mengla Fm	勐腊组	53-0105	Em	E_{2-3}	云南区测队三分队 (云南二区测队一分队)	1964 (1973)	云南	243

序号	岩石地层单位名称		编号	代号	地质时代	创名人	创建时间	所在省	本书页数
	英文	汉文							
167	Mengtong Gr	*勐统群	53-1301	ZM	Z	云南区测队变质岩组	1965	云南	31
168	Mengyejing Fm	*勐野井组	53-0108	E_1m	E_1	云南地质局第16地质队	1963	云南	240
169	Miaogao Fm	*妙高组	53-1014	S_3m	S_3	丁文江 (A W Grabau)	1914 (1923-1924)	云南	75
170	Mojiang Gr	*墨江群	53-0812	SDM	S—D	云南区测队	1965	云南	127
171	Muguahe Fm	*木瓜河组	53-0106	E_1mg	E_1	云南区调队三分队	1981	云南	220
172	Mutong Fm	*木同组	53-1129	O_2m	O_2	云南地矿局	1990	云南	86
173	Naqing Fm	*那箐组	53-0611	P_2nq	P_2	云南省地层多重划分对比研究组	1993	云南	139
174	Nanbanhe Fm	南板河组	53-1109	On	O_{2-3}	云南二区测队八分队	1975	云南	49
175	Nanbianshan Fm	*南边山组	53-0813	Dnb	D_{2-3}	云南省地层多重划分对比研究组	1993	云南	131
176	Nanduan Fm	*南段组	53-0709	Cn	C_{1-2}	云南区调队五分队	1982	云南	118
177	Nanguang Fm	*南光组	53-0810	D_3n	D_3	云南二区调队八分队	1976	云南	123
178	Nankenghe Fm	*南坑河组	53-1382	Pt_3nk	Pt_3	云南区调队二分队	1979	云南	30
179	Nanlin Fm	*南林组	53-0102	N_1n	N_1	云南省石油会战指挥部地质队	1972	云南	220
180	Nanmuling Fm	*南木岭组	53-1386	Pt_3n	Pt_3	云南区调队五分队	1979	云南	26
181	Nanpanjiang Mem	*南盘江段	53-0838	D_2^n	D_2	孙云铸	1945	云南	166
182	Nanpihe Fm	*南皮河组	53-0606	P_2n	P_2	云南区调队七分队	1984	云南	117
183	Nanshuba Fm	*南梳坝组	53-0403	T_3n	T_3	云南一区测队一分队	1966	云南	214
184	Nantuo Fm	南沱组	53-1320	Z_1n	Z_1	Blackwelder	1907	湖北	57
185	Nanxin Fm	*南新组	53-0204	K_1n	K_1	云南一区测队综合组	1973	云南	236
186	Niru Fm	*尼汝组	53-0424	Tn	T_{1-2}	云南地矿局	1990	云南	250
187	Niuhetang Fm	*牛喝塘组	53-0402	T_3nh	T_3	云南区调队七分队	1984	云南	213
188	Niutitang Fm	牛蹄塘组	53-1217	$\in_1n$	$\in_1$	刘之远	1942	贵州	62
189	Niutoushan Fm	*牛头山组	53-1322	Z_1nt	Z_1	刘鸿允等	1963	云南	57
190	Padang Fm	*怕当组	53-0811	Dp	D_{1-2}	云南省地层多重划分对比研究组	1993	云南	122

序号	岩石地层单位名称		编号	代号	地质时代	创名人	创建时间	所在省	本书页数
	英文	汉文							
191	Papai Fm	*怕拍组	53-0405	T_1p	T_1	云南区调队五分队	1986	云南	216
192	Pantiange Fm	*攀天阁组	53-0428	T_2p	T_2	云南区调队二分队	1985	云南	228
193	Penglaizhen Fm	蓬莱镇组	53-0387	Jp	J_{2-3}	杨博泉等	1946	四川	274
194	Pingzhai Fm	*平寨组	53-0453	$T_3p\dot{z}$	T_3	云南区调队六分队	1980	云南	294
195	Pingzhang Fm	*平掌组	53-0708	$C_1p\dot{z}$	C_1	云南区调队三分队	1981	云南	114
196	Pingbian Gr	*屏边群	53-1324	ZP	Z	云南区测队四分队 (广西地质局等)	1964 (1965)	云南	77
197	Pojiao Fm	*坡脚组	53-0852	D_1p	D_1	尹赞勋	1938	云南	186
198	Posongchong Fm	*坡松冲组	53-0853	D_1ps	D_1	中科院南古所西南队泥盆系研究组	1974	云南	185
199	Pupiao Fm	*蒲缥组	53-1105	Op	O_{2-3}	J C Brown	1913	云南	40
200	Puchanghe Fm	*普昌河组	53-0208	K_1p	K_1	云南区测队	1961	云南	276
201	Pujiacun Fm	*普家村组	53-0437	T_3p	T_3	陈光远	1943	云南	267
202	Pumenqian Fm	*铺门前组	53-0705	C_1p	C_1	云南区调队三分队	1981	云南	110
203	Qiaojia Fm	*巧家组	53-1114	Oq	O_{1-2}	郭文魁等	1942	云南	53
204	Qingshan Fm	*青山组	53-0825	SDq	$S_3—D_1$	云南一区测队五分队	1973	云南	151
205	Qingtianbao Fm	青天堡组	53-0429	T_1q	T_1	四川一区测队	1964	四川	256
206	Qingxudong Fm	清虚洞组	53-1214	$\in_1qx$	$\in_1$	尹赞勋等	1945	贵州	64
207	Qingmen Fm	*箐门组	53-0830	Dqm	D_{1-2}	贵州石油指挥部	1972	云南	170
208	Qiongyi Fm	邛依组	53-0743	Cq	C_{1-2}	李宗凡	1994	四川	149
209	Qiongzhusi Fm	*筇竹寺组	53-1215	$\in_1q$	$\in_1$	卢衍豪	1941	云南	61
210	Qiongcuo Fm	穷错组	53-0819	D_2qc	D_2	四川三区测队	1977	四川	145
211	Qugasi Fm	曲嘎寺组	53-0425	T_3q	T_3	四川三区测队 (四川三区测队)	1967 (1974)	四川	251
212	Qujing Fm	*曲靖组	53-0834	D_2q	D_2	A W Grabau	1923—1924	云南	172
213	Ranjiawan Fm	*冉家湾组	53-0820	D_1r	D_1	云南区调队四分队	1984	云南	143
214	Renheqiao Fm	*仁和桥组	53-1001	OSr	$O_3—S_1$	尹赞勋等	1937	云南	41

序号	岩石地层单位名称		编号	代号	地质时代	创名人	创建时间	所在省	本书页数
	英文	汉文							
215	Sanchahe Fm	*三岔河组	53-0408	$T_3s\hat{c}$	T_3	云南区调队三分队	1981	云南	216
216	Sanhaogou Fm	*三号沟组	53-0104	N_1sh	N_1	云南地矿局	1990	云南	245
217	Sanhedong Fm	*三合洞组	53-0417	T_3sh	T_3	云南一区测队	1974	云南	229
218	Sanjiacun Fm	*三家村组	53-1205	$\in_3s$	$\in_3$	云南地矿局	1990	云南	46
219	Sanying Fm	*三营组	53-0103	N_2s	N_2	云南第12地质队	1962	云南	264
220	Shahechang Fm	*沙河厂组	53-1202	$\in_3\hat{s}h$	$\in_3$	云南区调队三分队	1980	云南	36
221	Shamu Fm	*沙木组	53-0609	$P_2\hat{s}m$	P_2	云南区调队一分队	1985	云南	122
222	Shaximiao Fm	沙溪庙组	53-0385	$J_2\hat{s}x$	J_2	杨博泉、孙万铨	1946	四川	272
223	Shazipo Fm	*沙子坡组	53-0603	$P\hat{s}$	P_{1-2}	云南一区测队一分队	1966	云南	112
224	Shanpianshan Fm	*闪片山组	53-1126	$O_1\hat{s}p$	O_1	云南二区测队	1974	云南	86
225	Shanglan Fm	*上兰组	53-0406	$T_2\hat{s}$	T_2	云南一区测队三分队	1974	云南	227
226	Shangshuanghe Mem	*上双河段	53-0837	$D_2^{\hat{s}}$	D_2	云南二区测队八分队	1978	云南	167
227	Shedian Fm	*蛇店组	53-0321	$J_3\hat{s}$	J_3	云南区测队	1961	云南	274
228	Shezi Fm	*舍资组	53-0439	$T_3\hat{s}$	T_3	陈光远	1943	云南	269
229	Shenluogong Fm	*申洛拱组	53-0716	$C_1\hat{s}$	C_1	云南省地层多重划分对比研究组	1994	云南	140
230	Shizishan Fm	*狮子山组	53-0802	$D_1\hat{s}$	D_1	段新华	1982	云南	101
231	Shidian Fm	*施甸组	53-1104	$O\hat{s}$	O_{1-2}	J C Brown	1913	云南	39
232	Shizipu Fm	十字铺组	53-1119	$O\hat{s}z$	O_{1-2}	乐森璕	1928	贵州	69
233	Shideng Gr	*石登群	53-0717	$C\hat{S}$	C_{1-2}	云南一区测队三分队	1974	云南	124
234	Shifodong Fm	*石佛洞组	53-0605	$P_2\hat{s}$	P_2	云南区调队七分队	1984	云南	118
235	Shigu Gr	*石鼓群	53-1306	$Z\hat{S}$	Z	P Misch	1947	云南	42
236	Shilongdong Fm	石龙洞组	53-1211	$\in_1\hat{s}l$	$\in_1$	王钰	1938	湖北	65
237	Shipai Fm	石牌组	53-1216	$\in_1\hat{s}$	$\in_1$	李四光等	1924	湖北	63

序号	岩石地层单位名称		编号	代号	地质时代	创名人	创建时间	所在省	本书页数
	英 文	汉 文							
238	Shipao Fm	石炮组	53-0450	$T_1\hat{s}$	T_1	张振贤	1982	广西	292
239	Shuanghe Fm	·双河组	53-0110	$N_1\hat{s}$	N_1	云南第12地质队	1963	云南	262
240	Shuanglongtan Fm	·双龙潭组	53-1208	$\epsilon_2\hat{s}$	ϵ_2	江能人等	1964	云南	66
241	Shuichangjing Fm	·水长阱组	53-0744	$C_2\hat{s}$	C_2	云南省地层多重划分对比研究组	1994	云南	155
242	Shuiqing Fm	·水箐组	53-1003	$S\hat{s}$	S_{1-2}	云南省地层多重划分对比研究组	1993	云南	127
243	Shundianhe Fm	·顺甸河组	53-0754	$C\hat{s}d$	C_{1-2}	云南区调所五分队	1993	云南	191
244	Sifengya Fm	·嘶风崖组	53-1010	S_2s	S_2	云南二区测队七分队	1976	云南	72
245	Songgui Fm	·松桂组	53-0432	T_3sg	T_3	P Misch	1947	云南	259
246	Suining Fm	遂宁组	53-0386	J_2s	J_2	李悦言等	1939	四川	273
247	Suotoushan Fm	·缩头山组	53-0829	D_2st	D_2	鲜思远等	1974	云南	171
248	Tapi Fm	·他披组	53-0753	CPt	C_2—P_1	云南区调所五分队	1993	云南	193
249	Tacheng Fm	·塔城组	53-1307	Zt	Z	云南区调队二分队	1985	云南	45
250	Talipo Fm	塔利坡组	53-0817	D_3t	D_3	四川三区测队	1977	四川	146
251	Tangchi Fm	·汤池组	53-1111	O_1t	O_1	边兆祥等	1940	云南	52
252	Tangjiaba Fm	·唐家坝组	53-1219	ϵ_3t	ϵ_3	广西地质局等	1965	云南	82
253	Taozishu Fm	·桃子树组	53-0414	T_3tz	T_3	云南区调队八分队	1983	云南	226
254	Tianpeng Fm	·田蓬组	53-1221	ϵ_2t	ϵ_2	广西地质局等	1965	云南	81
255	Tongzi Fm	桐梓组	53-1116	O_1tz	O_1	张鸣绍、盛莘夫 (刘之远)	1940 (1948)	贵州	68
256	Tumugou Fm	图姆沟组	53-0426	T_3t	T_3	四川三区测队 (四川三区测队)	1967 (1974)	四川	253
257	Tuodian Fm	·妥甸组	53-0322	J_3t	J_3	云南区测队	1961	云南	275
258	Waluba Fm	·挖鲁八组	53-0418	T_3wl	T_3	中科院南古所等	1975	云南	229
259	Waigucun Fm	·歪古村组	53-0416	T_3w	T_3	云南一区测队	1974	云南	228
260	Wandianba Fm	·弯甸坝组	53-0404	T_3wd	T_3	云南区调队三分队	1981	云南	215
261	Wanshoushan Fm	·万寿山组	53-0751	C_1w	C_1	边兆祥	1940	云南	176

序号	岩石地层单位名称		编号	代号	地质时代	创名人	创建时间	所在省	本书页数
	英　文	汉　文							
262	Wangchika Fm	·王吃卡组	53-0422	$T_3w\hat{c}$	T_3	云南区调队二分队	1985	云南	247
263	Weiyuangjiang Fm	·威远江组	53-0413	T_3wy	T_3	中科院南古所等	1975	云南	225
264	Wenquan Fm	·温泉组	53-0809	D_1w	D_1	云南区调队三分队	1980	云南	113
265	Woniusi Fm	·卧牛寺组	53-0703	C_2w	C_2	云南区调队三分队	1981	云南	111
266	Wujiaping Fm	吴家坪组	53-0625	P_2w	P_2	卢衍豪	1956	陕西	184
267	Wuzhishan Fm	五指山组	53-0849	D_3w	D_3	张兆瑾	1941	广西	190
268	Xichong Fm	·西冲组	53-0836	Dx	D_{1-2}	廖卫华等	1979	云南	165
269	Ximenyazi Fm	·西门崖子组	53-0712	C_2xm	C_2	云南地矿局	1990	云南	126
270	Xitun Mem	·西屯段	53-0843	D_1^{xt}	D_1	张欣平	1966	云南	163
271	Xiwangmiao Fm	西王庙组	53-1209	$\in_2x$	$\in_2$	张云湘等	1958	四川	67
272	Ximatang Fm	·洗马塘组	53-0442	T_1x	T_1	尹赞勋等 (许德佑)	1935 (1938)	云南	287
273	Xiamidi Fm	·下密地组	53-0713	C_2x	C_2	云南二区测队一分队	1976	云南	133
274	Xiamududi Fm	·下木都底组	53-1124	O_1xm	O_1	云南二区测队	1974	云南	84
275	Xiapotou Fm	·下坡头组	53-0410	T_2x	T_2	云南区调队八分队	1983	云南	223
276	Xiaxishancun Mem	·下西山村段	53-0844	D_1^x	D_1	云南石油地质队六分队	1961	云南	162
277	Xianrendong Fm	·仙人洞组	53-0617	P_1x	P_1	云南省地层多重划分对比研究组	1993	云南	135
278	Xiangshan Fm	·香山组	53-0706	C_1x	C_1	云南区调队三分队	1981	云南	109
279	Xianggu Fm	·响姑组	53-0715	Cx	C_{1-2}	云南省地层多重划分对比研究组	1994	云南	140
280	Xiangyangsi Fm	·向阳寺组	53-0807	D_1x	D_1	云南区调队三分队	1980	云南	107
281	Xiangyang Fm	·向阳组	53-1108	O_1x	O_1	孙云铸	1945	云南	47
282	Xiaodingxi Fm	·小定西组	53-0409	T_3xd	T_3	云南一区调队二分队	1977	云南	223
283	Xiaohekou Fm	·小河口组	53-1403	Pt_2x	Pt_2	王可南等	1963	云南	19
284	Xiaolongtan Fm	·小龙潭组	53-0115	N_1x	N_1	熊永先等	1956	云南	281

序号	岩石地层单位名称		编号	代号	地质时代	创名人	创建时间	所在省	本书页数
	英文	汉文							
285	Xintan Fm	新滩组	53-1008	S_1x	S_1	Blackwelder	1907	湖北	71
286	Xujiahe Fm	须家河组	53-0448	T_3x	T_3	赵亚曾等	1931	四川	271
287	Xujiachong Mem	*徐家冲段	53-0841	D_1^{xj}	D_1	张欣平	1966	云南	164
288	Xuanwei Fm	*宣威组	53-0627	P_2x	P_2	谢家荣	1941	云南	183
289	Yantou Fm	*岩头组	53-0633	P_1yt	P_1	云南区调队五分队	1993	云南	193
290	Yanfag Fm	*炎方组	53-0752	DCy	$\dot{D}_3—C_1$	云南省区域地层表编写组	1978	云南	175
291	Yanshan Fm	*砚山组	53-0118	E_2y	E_{2-3}	云南二区测队二分队，	1976	云南	295
292	Yangbazhai Fm	*羊八寨组	53-0613	P_2y	P_2	云南地矿局	1990	云南	137
293	Yangpo Fm	*羊坡组	53-1309	Zy	Z	云南区调队四分队	1984	云南	43
294	Yangxin Fm	阳新组	53-0630	P_1y	P_1	谢家荣	1924	湖北	181
295	Yangjiang Fm	*漾江组	53-0304	J_1y	J_1	云南一区测队	1973	云南	231
296	Yidade Fm	*一打得组	53-0833	D_3y	D_3	孙云铸	1945	云南	173
297	Yiji Gr	*依吉群	53-0821	DY	D	云南区调队四分队	1980	四川	148
298	Yinmin Fm	*因民组	53-1409	Pt_2y	Pt_2	孟宪民、许杰	1944	云南	15
299	Yinchanggou Fm	*银厂沟组	53-1206	$\in_2y$	$\in_2$	云南区调队四分队	1984	云南	46
300	Yutangzhai Fm	*鱼塘寨组	53-0707	Cy	C_{1-2}	云南区调队七分队	1984	云南	115
301	Yulongsi Fm	*玉龙寺组	53-1015	S_3y	S_3	丁文江等	1937	云南	76
302	Yunnanyi Fm	*云南驿组	53-0433	T_3y	T_3	谢家荣	1942	云南	265
303	Zaige Fm	*宰格组	53-0831	D_3z	D_3	边兆祥	1940	云南	160
304	Zaijieshan Fm	*在结山组	53-0832	$D_3\dot{z}j$	D_3	方润森	1963	云南	174
305	Zhanghe Fm	*张河组	53-0319	$J_2\hat{z}$	J_2	云南区测队	1965	云南	270
306	Zhaojiadian Fm	*赵家店组	53-0114	$E_2\hat{z}$	E_2	云南区测队	1961	云南	279
307	Zhongcao Fm	中槽组	53-1007	$S_3\hat{z}$	S_3	四川省区域地层表编写组	1978	四川	51

序号	岩石地层单位名称		编号	代号	地质时代	创名人	创建时间	所在省	本书页数
	英　文	汉　文							
308	Zhongwo Fm	*中窝组	53-0431	$T_3\hat{z}$	T_3	云南一区测队二分队	1966	云南	258
309	Zhongyicun Mem	*中谊村段	53-1316	$Z\in^{\dot{z}}$	Z—∈	罗惠麟	1975	云南	61
310	Zimenqiao Fm	梓门桥组	53-0750	Cz	C_{1-2}	田奇瑰	1929	湖南	177
311	Ziliujing Fm	自流井组	53-0384	J_1z	J_1	A Heim	1931	四川	272

附录Ⅲ　云南省不采用的地层名称

附录Ⅲ-1

序号	地层单位名称		编号	地质时代	创名人	创建时间	所在省	不采用的理由
	英文	汉文						
1	Aganlan Fm	阿橄榄组	53-0243	K_1	冶金地勘公司309队	1966	云南	相当于普昌河组的上部
2	Ake Fm	阿克组	53-1393	Pt_3	云南区调队五分队	1979	云南	澜沧群上部的构造重覆
3	Akebei Fm	阿可悲组	53-0342	J_2	云南石油地质队一分队	1960	云南	相当于张河组的下中部
4	Alengchu Fm	阿冷初组	53-0918	D_1	段彦学等	1974	云南	相当于青山组的下部
5	Ainishan Fm	爱尼山组	53-0345	J_2	常芝瑞等	1962	云南	相当于张河组
6	Anning System	安宁系	53-0363	J_{1-2}	朱庭祜	1926	云南	相当于禄丰群
7	Anrencun Fm	安仁村组	53-0171	E_3^1	徐余瑄等	1962	云南	相当于路南组的顶部
8	Aodiju Mem	凹地苴段	53-0244	K_1	冶金地勘公司304队	1966	云南	相当于普昌河组的下部
9	Badaohe Bed	八道河层	53-0242	K_1	滇中地质队（549队）	1959	云南	相当于普昌河组的上部
10	Bapanzhai Fm	八盘寨组	53-0576	T_3	云南地矿局	1990	云南	相当于法郎组上部和把南组
11	Bawei Fm	巴尾组	53-0572	T_1	云南第三地质大队区调四分队	1990	云南	相当于河湾街组下部
12	Baye Fm	巴夜组	53-1391	Pt_3	云南区调队五分队	1979	云南	澜沧群上部的构造重覆
13	Bajiaoqing Fm	芭蕉箐组	53-0959	D_1	云南二区测队二分队	1976	云南	相当于古木组的下部
14	Baliangzi Bed	坝梁子层	53-0360	J_{1-2}	段国璋等	1942	云南	相当于冯家河组和张河组一部分
15	Baide Gr	白得群	53-1236	$\in_1$	昆明工学院地质系	1960	云南	相当浪木桥组和大寨组的下部
16	Baijiawan Fm	白家湾组	53-0783		云南二区测队二分队（介绍）	1978	云南	含义不明，地点不详
17	Baijizu Fm	白基阻组	53-0570	T_3	中科院南古所等	1975	云南	包含多个组，挖鲁八组等
18	Bailongkou Limestone	白龙口灰岩	53-0510	T_1	苏良赫等	1942	云南	嘉陵江组的一部分
19	Baimazhai Fm	白马寨组	53-1167	O_1	云南二区测队八分队	1975	云南	相当于向阳组
20	Baishanluoke Fm	白山落可组	53-0507	T_1	李代芸	1977	云南	青天堡组的同物异名
21	Baita Fm	白塔组	53-0247	K_1	常芝瑞等	1962	云南	相当于普昌河组
22	Baiyang Limestone	白羊灰岩	53-0514	T_2	P Misch	1947	云南	相当于北衙组
23	Baiyanshao Mem	白岩哨段	53-1333	Z_2	王竹泉等	1945	云南	岩性与灯影组总体难分
24	Baiyunsi Bed	白云寺层	53-0517	P_1	谢家荣	1942	云南	层位有误，应为下二叠统阳新组一部分

序号	地层单位名称		编号	地质时代	创名人	创建时间	所在省	不采用的理由
	英文	汉文						
25	Baicaoping Fm	百草坪组	53-1148	O_2	胡荣民	1976	云南	岩性与巧家组相似
26	Baizitian Fm	稗子田组	53-0228	$K_2—E_1$	云南石油地质队五分队	1960	云南	相当于江底河组中上部
27	Bangdu Fm	帮读组	53-0722	C_1	云南区调队六分队	1985	云南	相当于勐洪群的一部分
28	Banglu Fm	邦路组	53-0331	J_1	中科院古脊椎动物研究所（介绍）	1969	云南	相当于冯家河组的下部
29	Bangsha Fm	帮沙组	53-0545	T_2	云南二区测队八分队	1976	云南	已划归上兰组和小定西组
30	Baotaichang Fm	宝台厂组	53-1461	Pt_2	冶金东川地质队	1965	云南	未被广泛采用，昆阳群的一部分
31	Beiyinshan Fm	背阴山组	53-0222	K_1	成都地质学院	1965	云南	相当于景星组的上部
32	Bianqinggou Fm	边箐沟组	53-0932	D_1	鲜思远等	1974	云南	相当于箐门组的下部
33	Binchuan Gr	宾川群	53-1024	S_2	穆恩之（介绍）	1962	云南	相当于康廊组的一部分
34	Bingdou Fm	兵斗组	53-1135	O_1	盛莘夫	1963	云南	相当于老尖山组
35	Boji Fm	簸箕组	53-0237	K_1	常芝瑞等	1962	云南	相当于马头山组
36	Buzhaoba Fm	布沼坝组	53-0189	N_1	王竹泉等	1940	云南	大致相当于小龙潭组
37	Caiditian Fm	莱地田组	53-0192	E_2	成都地质学院	1965	云南	相当于等黑组的上部
38	Caiyuanwan Fm	莱元弯组	53-1447	Pt_2	陈天佑等	1985	云南	相当于大龙口组
39	Caizitang Fm	莱子塘组	53-0544	T_3	郭福祥	1987	云南	相当于法郎组上部
40	Caobashantou Fm	草坝山头组	53-0657	P_1	云南区调队七分队	1984	云南	大名山组的下部
41	Chahe Bed	岔河层	53-0335	J_{1-2}	云南石油地质队五分队	1960	云南	相当于冯家河组和张河组下部
42	Changpeng System	长蓬系	53-1238	$\in_{2-3}$	J Deprat	1915	云南	地点不详
43	Changpo Sandstone-clay Bed	长坡砂岩粘土层	53-0188	N_2	王竹泉等	1940	云南	相当于茨营组的一部分
44	Chutougou System	锄头沟系	53-1034	S_2	周德中等	1942	云南	地点不详
45	Cuiyibi Fm	崔依比组	53-0549	P—T	云南区调队二分队	1985	云南	三叠系的一部分
46	Dagun System	打滚岩系	53-0394	J_2	张春林	1956	云南	相当于花开左组
47	Dala Bed	打腊层	53-0341	J_2	云南石油地质队五分队	1961	云南	相当于张河组的中部

序号	地层单位名称		编号	地质时代	创名人	创建时间	所在省	不采用的理由
	英　文	汉　文						
48	Damoshan Mem	打磨山段	53-0356	J_2	蒋志文等	1984	云南	相当于张河组的下部
49	Damoshan Fm	打磨山组	53-0248	K_1	常芝瑞等	1962	云南	相当于高丰寺组
50	Da'aozi Fm	大凹子组	53-0653	P_1	云南区调队三分队	1981	云南	相当于沙子坡组的下部
51	Daba Fm	大坝组	53-0560	T_3	云南区调队四分队	1980	云南	大致相当于喇嘛垭组下部
52	Dacaozi Fm	大槽子组	53-1147	O_3	胡荣民	1976	云南	相当于大箐组
53	Dacaozi Fm	大槽子组	53-0922	D_2	云南一区测队四分队	1972	云南	相当于箐门组的一部分
54	Dacun Mem	大村段	53-0235	K_2	冶金地勘公司304队	1966	云南	相当于江底河组的底部
55	Dadilu Bed	大滴鲁层	53-0351	J_2	云南第11地质队	1964	云南	相当于张河组的中部
56	Dafengkou Phyllite	大风口千枚岩	53-1438	Pt_2	黄懿	1940	云南	黑山头组和黄草岭组的一部分
57	Dafengkou Shale	大风口页岩	53-1451	Pt_2	孟宪民等	1944	云南	大营盘组的一部分
58	Dafengshao Phyllite	大风哨千枚岩	53-1439	Pt_2	黄懿	1940	云南	黄草岭组的一部分
59	Daguaping Fm	大瓜坪组	53-0921	D_1	云南一区测队四分队	1972	云南	相当于坡松冲组和坡脚组
60	Daguan Gr	大关群	53-1035	S_2	郭文魁等	1942	云南	包含多个组
61	Dahai Mem	大海段	53-1331	$\in_1$	罗惠麟等	1982	云南	相当于灯影组顶部
62	Daheidi Bed	大黑地层	53-0973	D_3	A W Grabau（介绍）	1923—1924	云南	在结山组的一部分
63	Daheishan Fm	大黑山组	53-0219	K_1	中科院南古所等	1972	云南	相当于南新组的上部
64	Dajianshan Mem	大尖山段	53-0314	J_2	尹集祥等	1973	云南	相当于花开左组下部
65	Dajie Fm	大街组	53-0140	N_1	中国地质科学院成都地矿研究所等	1992	云南	三号沟组的同物异名
66	Dalongtan Coal-bearing Series	大龙潭含煤系	53-0670	P_2	王竹泉等	1940	云南	宣威组的同物异名
67	Dalubian Fm	大路边组	53-0554	T_3	云南二区调队八分队	1976	云南	大致相当于桃子树组
68	Dameishan Coal Series	大煤山煤系	53-0764	C_1	王曰伦等	1945	云南	相当于万寿山组
69	Damuchang Fm	大木场组	53-0719	C_2	云南区调队六分队	1985	云南	近似于空树河组
70	Dapingzhang System	大平掌系	53-0529	J_2	王超翔等	1942	云南	层位有误，应属中侏罗统花开左组
71	Dashankou Sand-shale	大山口砂页岩	53-0509	T_1	苏良赫等	1942	云南	飞仙关组的一部分

序号	地层单位名称		编号	地质时代	创名人	创建时间	所在省	不采用的理由
	英文	汉文						
72	Dashuitang Fm	大水塘组	53-0539	T_3	云南一区测队一分队	1966	云南	南梳坝组的一部分
73	Dawanpo Fm	大湾坡组	53-1432	Pt_2	温杰史	1961	云南	未被后人采用，昆阳群的一部分
74	Dawantang Fm	大弯塘组	53-0136	E_{2-3}	云南二区测队八分队	1976	云南	勐腊组的同物异名
75	Daxingshan Fm	大兴山组	53-0194	E_{2-3}	成都地质学院	1965	云南	相当于勐腊组的中部
76	Daxueshan Limestone	大雪山灰岩	53-0908	D—C	P Misch	1947	云南	包括多个不同层位的地层
77	Daxueshan Fm	大雪山组	53-0377	J_3	冶金地勘公司304队	1966	云南	相当于妥甸组的上部
78	Dayakou Fm	大丫口组	53-1228	$\in_2$	云南地质局等(介绍)	1974	云南	相当于大寨组的上部
79	Dayalonggu Fm	大丫陇鼓组	53-0541	T_2	云南区调队二分队	1985	云南	已划归上兰组和忙怀组
80	Daoshitou Fm	倒石头组	53-0677	P_1	王鸿祯等	1939	云南	与梁山组同物异名
81	Dianji Mem	甸基段	53-0338	J_1	蒋志文等	1984	云南	相当于冯家河组的上部
82	Dianwei Mem	甸尾段	53-0358	J_2	蒋志文等	1984	云南	相当于张河组的下中部
83	Dongba Fm	东坝组	53-0668	P_2	云南区调队四分队	1980	云南	与冈达概组岩性相似
84	Dongchuan Gr	东川群	53-1464	Pt_2	曾仁关	1987	云南	未被广泛采用，昆阳群的一部分
85	Dongguaping Gravel Bed	东瓜坪砾石层	53-0161	N_2	郭文魁等	1942	云南	相当于茨营组
86	Dongguazhuang Fm	东瓜庄组	53-0250	K_1	云南石油地质队一分队	1960	云南	相当于普昌河组和高丰寺组
87	Donghuacun Fm	东华村组	53-1242	$\in_2$	黄源铱等	1966	云南	陡坡寺组的同物异名
88	Donglongtan Fm	东龙潭组	53-1335	Z_2	何春荪	1942	云南	实为灯影组的下部
89	Dongshan Bed	东山层	53-0340	J_2	云南石油地质队五分队	1961	云南	相当于张河组的下部
90	Dongshan Limestone	东山石灰岩	53-0939	D_2	A W Grabau	1923—1924	云南	相当于曲靖组
91	Dongshan Limestone	东山灰岩	53-1342	Z_2	谢家荣等	1941	云南	未被后人采用，地点不详
92	Dongshan Fm	东山组	53-0251	K_1	云南区测队	1962	云南	相当于高丰寺组
93	Dongshengqiao Clay Bed Bearing Sand and Gravel	东升桥砂砾岩粘土层	53-0184	N_1	熊永先等	1956	云南	相当于小龙潭组的下部
94	Dongwang Fm	东旺组	53-0138	E_{2-3}	云南区调队十一分队	1982	云南	勐腊组的同物异名
95	Dongyou Fm	董有组	53-0781	C_1	云南二区测队二分队	1976	云南	炎方组的一部分

序号	地层单位名称		编号	地质时代	创名人	创建时间	所在省	不采用的理由
	英文	汉文						
96	Dongzonghe Fm	懂棕河组	53-0931	D_3	刘殿升	1992	云南	相当于干沟组的上部
97	Douyanshan Limestone	陡岩山石灰岩	53-1435	Pt_2	黄懿	1940	云南	大龙口组的一小部分
98	Douzuipo Limestone	陡咀坡石灰岩	53-1436	Pt_2	黄懿	1940	云南	大龙口组的一小部分
99	Doudingshan Fm	斗顶山组	53-0740	C	云南第三地质大队区调一分队	1990	云南	尖山营组的一部分
100	Dounan Fm	斗南组	53-0543	T_2	郭福祥	1987	云南	相当于法郎组下部
101	Dujiacun Gr	独家村群	53-0903	C_1	方润森	1976	云南	应属下石炭统香山组
102	Dushitou Fm	独石头组	53-0176	E_{2-3}	云南省区域地层表编写组	1978	云南	大致相当于砚山组
103	Dunren Fm	敦仁组	53-0154	E_2	云南省石油地质队一分队	1960	云南	大致相当于赵家店组
104	Duoshan Fm	驮山组	53-0957	D_3	云南二区测队八分队	1969	云南	相当于在结山组的一部分
105	Ercun Bed	二村层	53-1159	O_1	胡荣民（介绍）	1976	云南	相当于红石崖组
106	Fenshuiling Fm	分水岭组	53-0962	D_2^2	中科院南古所西南队泥盆系研究组	1974	云南	榴江组的一部分
107	Fengmi Limestone	逢密灰岩	53-0518	T_2	P Misch	1947	云南	相当于北衙组中部和上部
108	Fudong Fm	福东组	53-0147	N_2	云南地矿局	1990	云南	三营组的同物异名
109	Funing Fm	富宁组	53-0682	P_1	钟碧珍等	1980	云南	相当于阳新组底部
110	Ganhe Sandstone	干河砂岩	53-0930	D_2	方润森（介绍）	1976	云南	构造复杂，顶底不全，无法引用
111	Gantang Fm	甘棠组	53-0158	N_2	江能人等	1989	云南	大致相当于茨营组的上部
112	Ganlanba Fm	橄榄坝组	53-0548	T_{2-3}	云南区调队二分队	1979	云南	已分解为多个组，大水井山组等
113	Gaolacun Fm	高拉村组	53-0151	E_2	云南地矿局	1990	云南	层位相当于赵家店组
114	Gaoshanzhai Fm	高山寨组	53-0550	T_3	云南二区测队八分队	1975	云南	相当于歪古村组
115	Gelanghe Fm	格浪河组	53-0166	E_3^1	王伴月等	1983	云南	相当于路南组的顶部
116	Gengma Fm	耿马组	53-0178	N_2	地质部西南地质科学研究所	1965	云南	相当于芒棒组的下部
117	Guzhuang Slate	姑庄板岩	53-1453	Pt_2	孟宪民等	1944	云南	大致相当于美党组
118	Guanyinsi Bed	观音寺层	53-0227	K_2-E_1	云南石油地质队五分队	1960	云南	相当于江底河组的中上部
119	Guangtoupo Fm	光头坡组	53-0911	D_2	云南区调队四分队	1984	云南	相当于穷错组

序号	地层单位名称		编号	地质时代	创名人	创建时间	所在省	不采用的理由
	英文	汉文						
120	Guishan Fm	圭山组	53-0669	P_2	王竹泉等	1940	云南	宣威组的同物异名
121	Guogaishan Fm	锅盖山组	53-0255	K_2	蒋志文等	1984	云南	相当于江底河组的下部
122	Guolang Gr	果郎群	53-0132	E_2	云南一区测队五分队	1973	云南	等黑组的同物异名
123	Hailuo Fm	海落组	53-0913	D_1	云南区调队四分队	1984	云南	归属冉家湾组
124	Haizidi Fm	海资底组	53-0349	J_2	中科院古脊椎动物研究所（介绍）	1969	云南	相当于张河组的上部
125	Haojiahe Bed	郝家河层	53-0239	K_1	滇中地质队（549队）	1959	云南	相当于马头山组的下部
126	Hepingxiang Fm	和平乡组	53-0308	J_2	地质部第四普查勘探大队滇黔队	1964	云南	花开左组的同物异名
127	Heshan Fm	合山组	53-1140	O_1	胡荣民（介绍）	1976	云南	海东组的同物异名
128	Hetou Coal Series	河头煤系	53-0165	N_2	熊永先等	1956	云南	茨营组的同物异名
129	Heqing Bed	鹤庆层	53-0527	T_3	P Misch	1947	云南	松桂组的同物异名
130	Heihuijiang Fm	黑惠江组	53-0567	T_3	郭福祥	1972	云南	麦初箐组的同物异名
131	Heishan Fm	黑山组	53-1449	Pt_2	花友仁	1959	云南	相当于鹅头厂组
132	Heishan Limestone	黑山灰岩	53-1455	Pt_2	孟宪民等	1944	云南	相当于绿汁江组
133	Hengshuitang Limestone	横水塘灰岩	53-1134	O_{2-3}	尹赞勋等	1937	云南	相当于蒲缥组和施甸组中上部
134	Honglukou Shale	红路口页岩	53-0519	T_2	苏良赫等	1942	云南	相当于关岭组下部
135	Hongmiao Gr	红庙群	53-1030	S_3	云贵石油勘探处	1965	云南	相当于妙高组和玉龙寺组
136	Hongpo Fm	红坡组	53-0552	T_3	云南区调队一分队	1985	云南	相当于多个组
137	Hongqiao Mem	红桥段	53-0788	C	董致中等	1987	云南	尖山营组的一部分
138	Hongshan Basalt	红山玄武岩	53-0673	P_2	王曰伦等	1945	云南	峨眉山玄武岩的同物异名
139	Hongshan Fm	红山组	53-0355	J_2	王大纯	1943	云南	相当于张河组的中部
140	Hongxi Fm	红溪组	53-0516	T_2	王鸿祯	1945	云南	相当于关岭组的下部
141	Hutiaojian Greenschist	虎跳涧绿片岩	53-0688	P	P Misch	1947	云南	冈达概组的同物异名
142	Huajiaqing Fm	华家箐组	53-1444	Pt_2	李希绩等	1984	云南	未被广泛采用
143	Huaning Fm	华宁组	53-0948	D_2	云南省区域地层表编写组	1972	云南	包含多个组

序号	地层单位名称		编号	地质时代	创名人	创建时间	所在省	不采用的理由
	英文	汉文						
144	Huarong Fm	华荣组	53-1247	$\in_1$	云南地矿局	1990	云南	相当于筇竹寺组中上部和沧浪铺组下中部
145	Huajiaoping Mem	花椒坪段	53-0786	C	董致中等	1987	云南	尖山营组的一部分
146	Huazhige Fm	花枝格组	53-0174	N_1	云南二区测队二分队	1976	云南	小龙潭组的同物异名
147	Huangjiaping Mem	黄家坪段	53-0785	C	董致中等	1987	云南	尖山营组的一部分
148	Huangzhulin Fm	黄竹林组	53-0574	T_2	云南地矿局	1990	云南	相当于下坡头组和大水井山组
149	Huilong Fm	回龙组	53-1394	Pt_3	云南地质局805地质队	1979	云南	惠民组的一部分
150	Huixian Fm	回贤组	53-0902	D_2	云南一区测队一分队	1966	云南	相当于何元寨组的一部分
151	Huixing Fm	回行组	53-0659	P_1	云南区调队五分队	1982	云南	大名山组的同物异名
152	Huizicun Fm	回子村组	53-0364	J_3	云南石油地质队一分队	1960	云南	相当于张河组上部和蛇店组
153	Jijiacun Fm	纪家村组	53-0218	K_1	成都地质学院	1965	云南	相当于南新组和虎头寺组
154	Jianshan Fm	尖山组	53-0652	P_1	云南区调队三分队	1981	云南	相当于沙子坡组的上部
155	Jianchuan Fm	剑川组	53-0569	T_3	中科院南古所等	1975	云南	歪古村组的同物异名
156	Jiangbian Fm	江边组	53-0344	J_2	云南石油地质队五分队	1960	云南	相当于张河组的下中部
157	Jiaodingshan Limestone	轿顶山灰岩	53-0531	T_3	西南地质局501地质队	1956	云南	相当于法郎组
158	Jieyi Bed	解衣层	53-0368	J_3	云南石油地质队五分队	1961	云南	相当于蛇店组上部和妥甸组底部
159	Jindouchong Fm	金豆冲组	53-0229	K_2-E_1	云南石油地质队一分队	1960	云南	相当于江底河组的中上部
160	Jinmenguoka Fm	金门过卡组	53-0555	T_3	云南区调队四分队	1980	云南	包含多个组，曲嘎寺组等
161	Jinzigou Fm	金子沟组	53-0738	C	董致中等	1987	云南	尖山营组的一部分
162	Jinggu Gr	景谷群	53-0210	K_1-E_1	云南区测队	1965	云南	包含多个组，南新组等
163	Jingkan Fm	景坎组	53-0901	D_1	云南一区测队一分队	1966	云南	向阳寺组的同物异名
164	Jingmao Fm	景冒组	53-0658	P_1	云南区调队五分队	1982	云南	大名山组的上部
165	Jiucheng Mem	旧城段	53-1334	Z_2	王曰伦	1941	云南	岩性、厚度不稳定
166	Jiucheng Limestone	旧城灰岩	53-0974		王竹泉等	1940	云南	层位不明
167	Junshao Phyllite	军哨千枚岩	53-1441	Pt_2	黄懿	1940	云南	约相当于黄草岭组

序号	地层单位名称		编号	地质时代	创名人	创建时间	所在省	不采用的理由
	英文	汉文						
168	Junshao Fm	军哨组	53-1422	Pt_2	谭锡畴	1943	云南	分属于柳坝塘组、美党组、黑山头组
169	Kayitou Bed	卡以头层	53-0671	P_2	王竹泉等	1940	云南	宣威组的上部层位
170	Kaiyuan Limestone	开远灰岩	53-0532	T?	王竹泉等	1940	云南	可能为嘉陵江组的一部分
171	Kebaocun Lignite Series	可保村褐炭系	53-0185	N_1	王曰伦等	1945	云南	相当于小龙潭组的上部
172	Kebaocun Coal Bed	可保村煤层	53-0765	C_1	P Misch	1946	云南	相当于万寿山组
173	Kongke Fm	空渴组	53-0374	J_3	云南石油地质队五分队	1960	云南	相当于妥甸组及蛇店组上部
174	Kuaxingshan Bed	夸兴山层	53-0940	D_2	A W Grabau	1923—1924	云南	曲靖组的同物异名
175	Kuangshan Fm	矿山组	53-0675	P_1	孟宪民等	1948	云南	梁山组的同物异名
176	Lagu Bed	拉姑层	53-0373	J_3	云南石油地质队五分队	1961	云南	相当于妥甸组的下部
177	Lagude Fm	拉古得组	53-0923	D_2	云南地质局实验室地层古生物组	1972	云南	相当于烂泥箐组的大部分
178	Laluobu Fm	拉落布组	53-0666	P_1	云南区调队二分队	1985	云南	喀大崩组的一部分
179	Lashiba Bed	拉石坝层	53-0502	T_1	P Misch	1947	云南	青天堡组的同物异名
180	Lamasi Bed	喇嘛寺层	53-0504	$T_1—T_2$	P Misch	1947	云南	全国地层委员会已建议废弃
181	Lalei Fm	腊垒组	53-0906	D_1	云南区调队五分队	1982	云南	相当于温泉组
182	Lamei Fm	腊美组	53-0505	T_1	云南一区调队四分队	1977	云南	青天堡组的同物异名
183	Lanping Fm	兰坪组	53-0525	T_3^1	赵金科等	1962	云南	中窝组的同物异名
184	Lanniqing Limestone	烂泥箐石灰岩	53-0950		J Deprat 等	1912	云南	层位不确切，从未被采用
185	Langheng Fm	郎恒组	53-1235	$\in_2$	黄佑文等	1959	云南	相当于田蓬组和龙哈组
186	Laogongzhai Fm	老公寨组	53-0662	P_2	云南地矿局	1990	云南	羊八寨组的同物异名
187	Laojingzhai Fm	老阱寨组	53-0927	D_2	云南二区测队六分队	1972	云南	相当于烂泥箐组的大部分
188	Laojunshan Fm	老君山组	53-0139	E_3	李云通等	1984	云南	金丝厂组的同物异名
189	Laolongdong Fm	老龙洞组	53-0737	C	董致中等	1987	云南	尖山营组的一部分
190	Laolongzhai Mem	老龙寨段	53-0221	K_1	中科院南古所等	1972	云南	相当于景星组的上部
191	Laozhouzhai Mem	老周寨段	53-0309	J_2	云南第16地质队	1976	云南	相当于花开左组的中部

序号	地层单位名称		编号	地质时代	创名人	创建时间	所在省	不采用的理由
	英文	汉文						
192	Lema System	乐马系	53-1151	O_{1-2}	周德中等	1942	云南	相当于红石崖组和巧家组
193	Leibu Fm	雷布组	53-0328	J_1	云南石油地质队	1960	云南	相当于冯家河组
194	Leidashi Mem	雷打石段	53-0225	K_1	云南第16地质队	1976	云南	相当于景星组的下部
195	Lengshuiqing Series	冷水箐统	53-0391	J_1-K_1	黄源铱等	1958	云南	包含多个组
196	Lijiang Bed	丽江层	53-0503	T_1	P Misch	1947	云南	青天堡组的同物异名
197	Lijiang Fm	丽江组	53-0134	E_2	赵国光	1965	云南	宝相寺组的同物异名
198	Liangzizhai Fm	良子寨组	53-0558	T_3	云南二区测队八分队	1975	云南	相当于挖鲁八组及麦初箐组一部分
199	Lingpaishan Fm	令牌山组	53-0910	D_2	云南区调队四分队	1984	云南	苍纳组的同物异名
200	Liushui Fm	柳水组	53-1239	$\in_3$	云南地质局等（介绍）	1974	云南	相当于沙河厂组
201	Longchuan Fm	龙川组	53-0156	N_2	钱方等	1977	云南	大致相当于茨营组的底部
202	Liziyuan Fm	李子园组	53-0739	C	云南第三地质大队区调一分队	1990	云南	尖山营组的一部分
203	Longhuashan Bed	龙华山层	53-0937	D_1	A W Grabau（介绍）	1931	云南	相当于徐家冲段
204	Longtan Fm	龙潭组	53-0563	T_3	云南一区测队（介绍）	1974	云南	同名异物，相当于歪古村组
205	Longtoushan Sandstone	龙头山砂岩	53-1456	Pt_2	范承均	1956	云南	相当于小河口组
206	Longyang Fm	龙洋组	53-1237	$\in_{1-2}$	黄佑文等	1959	云南	相当于浪木桥组、冲庄组、大寨组
207	Longzhang Fm	龙丈组	53-0538	T?	滇黔桂石油地质科学研究所	1976	云南	相当于石炮组中上部
208	Luguhu Fm	泸沽湖组	53-0736	C	董致中等	1987	云南	尖山营组的一部分
209	Luguhu Fm	泸沽湖组	53-0506	T_1	陈鼎昌	1983	云南	青天堡组的下部
210	Luxi System	泸西系	53-0508	T_1	王竹泉等	1940	云南	相当于嘉陵江组上部和飞仙关组下部
211	Luziqing Fm	芦子箐组	53-0313	J_2	云南区调队三分队	1981	云南	花开左组的同物异名
212	Lunasi Fm	鲁拿寺组	53-1337	Z_2	罗惠麟等	1984	云南	观音崖组的同物异名
213	Lujuhoushan Mem	六苴后山段	53-0234	K_2-E_1	冶金地勘公司304队	1966	云南	相当于江底河组的中上部
214	Lue Coal-bearing Series	六峨含煤系	53-0187	N_2	郭宗山	1942	云南	相当于茨营组的中、上部
215	Luquan Black Shale	禄劝黑页岩	53-0943	D_3	田奇瑞（介绍）	1938	云南	相当于一打得组

序号	地层单位名称		编号	地质时代	创名人	创建时间	所在省	不采用的理由
	英文	汉文						
216	Luma Fm	路马组	53-0559	T_3	云南二区测队一分队	1973	云南	相当于挖鲁八组和部分麦初箐组
217	Lumeiyi Fm	路美邑组	53-0167	E_2^3	中科院路南队	1971	云南	相当于路南组的大部分
218	Lunan Bed	路南层	53-0970	D	A W Grabau	1931	云南	具体层位不明
219	Lunan Limestone	路南石灰岩	53-0685	C—P	王竹泉等	1940	云南	地层含义不明
220	Luhe Fm	吕合组	53-0179	N_2	地质部西南地质科学研究所	1965	云南	大致相当于茨营组
221	Ludouzhuang Mem	绿豆庄段	53-0951	D_2	中科院南古所泥盆系研究组	1974	云南	可能相当穿洞段
222	Ludun Shale	绿墩页岩	53-1454	Pt_2	孟宪民等	1944	云南	地层位置和层序不清楚
223	Luogengdi Fm	罗埂地组	53-0721	C_1	云南区调队六分队	1985	云南	勐洪群的一部分
224	Luojiucun Fm	罗旧村组	53-0566	T_3	郭福祥	1972	云南	包含多个组，歪古村组等
225	Luojumei Fm	罗苴美组	53-0231	K_{1-2}	云南石油地质队五分队	1960	云南	相当于江底河组的下部和马头山组
226	Luohe Fm	洛河组	53-1431	Pt_2	温杰史	1961	云南	相当于大龙口组和部分美党组
227	Luohuachong Fm	落花冲组	53-0376	J_3	常芝瑞等	1962	云南	相当于妥甸组
228	Luoshuidong Fm	落水洞组	53-0964	D_3	云南区测队四分队	1964	云南	相当于革当组的一部分
229	Mamuchu Fm	麻木杵组	53-0180	E_1	樊希全	1975	云南	相当于勐野井组的下部
230	Ma'anshan Bed	马鞍山层	53-0520	T_1^3	谢家荣	1942	云南	相当于云南驿组的上部
231	Ma'anshan Fm	马鞍山组	53-0348	J_2	中科院古脊椎动物研究所（介绍）	1969	云南	相当于张河组的中部
232	Macun Bed	马村层	53-1245	$\in_1$	熊秉信	1940	云南	沧浪铺组的同物异名
233	Maiyu Bed	麦雨层	53-1244	$\in_1$	熊秉信	1940	云南	筇竹寺组的同物异名
234	Mage Fm	马革组	53-0965	D_3	方润森	1976	云南	相当于革当组的一部分
235	Malong Limestone	马龙灰岩	53-1037	S_3	A W Grabau（介绍）	1928	云南	相当于妙高组
236	Malong System	马龙系	53-1038	S	丁文江等	1937	云南	相当于关底组、妙高组、玉龙寺组
237	Maludong Fm	马鹿洞组	53-0928	D_1	云南二区测队六分队	1972	云南	相当于青山组的大部分
238	Malutang Fm	马鹿塘组	53-0904	D_{1-2}	侯鸿飞等	1988	云南	归属何元寨组底部
239	Malutang Fm	马鹿塘组	53-0330	J_2	云南石油地质队一分队	1960	云南	相当于冯家河组的上部

序号	地层单位名称		编号	地质时代	创名人	创建时间	所在省	不采用的理由
	英文	汉文						
240	Mangang Fm	曼岗组	53-0220	K_1	中科院南古所等	1972	云南	相当于南新组
241	Manhei Fm	曼黑组	53-1146	O_1	云南区调队五分队	1986	云南	相当于老尖山组
242	Manhei Fm	曼黑组	53-0196	E_2	云南第16地质队	1966	云南	大致相当于等黑组
243	Manli Fm	曼里组	53-0655	P_1	云南一区测队一分队	1966	云南	丙麻组的同物异名
244	Mantang Fm	漫塘组	53-1138	O_1	云南区调队三分队	1980	云南	老尖山组的一部分
245	Manghui Fm	芒回组	53-0143	N_1	云南区调队五分队	1986	云南	南林组的同物异名
246	Manghuihe Fm	芒汇河组	53-0575	T_3	云南地质局	1990	云南	相当于小定西组
247	Mangjiu Fm	芒究组	53-1137	O_3	胡荣民（介绍）	1976	云南	潞西组的上部
248	Maomaotou Fm	猫猫头组	53-1229	$\in_1$	云南二区测队六分队	1972	云南	相当于浪木桥组的上部
249	Maopuzi Fm	茅铺子组	53-0329	J_1	云南石油地质队一分队	1960	云南	相当于冯家河组的下部
250	Maolu Fm	茂鹿组	53-1457	Pt_2	王可南等	1963	云南	相当于大营盘组
251	Maotianshan Shale	帽天山页岩	53-1241	$\in_1$	何春荪	1942	云南	筇竹寺组的同物异名
252	Meilishi Fm	梅里石组	53-0553	T_3	云南区调队一分队	1985	云南	麦初箐组的同物异名
253	Meizizhai System	梅子寨系	53-0528	T	王超翔等	1942	云南	大致相当于南梳坝组
254	Meile Fm	美乐组	53-0135	E_2^3	云南区调队四分队	1984	云南	相当于宝相寺组的下部
255	Meiyipo Mem	美宜坡段	53-0246	K	冶金地勘公司304队	1966	云南	相当于高丰寺组的下部
256	Menggu System	蒙姑统	53-0936	D_{1-2}	孟宪民等	1948	云南	现已解体为坡脚组、缩头山组、红崖坡组
257	Mengbin Fm	勐滨组	53-0145	N_2	云南区调队五分队	1982	云南	相当于芒棒组的一部分
258	Mengman Fm	勐满组	53-1395	Pt_3	云南地质局805地质队	1979	云南	曼来组的同物异名
259	Mengwang Fm	勐旺组	53-0141	N_1	云南地矿局	1990	云南	南林组的同物异名
260	Mile Fm	弥勒组	53-0954	D_3	中科院南古所西南队泥盆系研究组	1974	云南	相当于在结山组
261	Miandian Fm	丏店组	53-1036	S_3	A W Grabau（介绍）	1923—1924	云南	相当于玉龙寺组
262	Miaogaoshan Sandstone	妙高山砂岩	53-0938	D_1	孙云铸	1945	云南	全国地层会议已建议取消

序号	地层单位名称		编号	地质时代	创名人	创建时间	所在省	不采用的理由
	英文	汉文						
263	Minjia System	民家系	53-0907	D—P	J W Gregory 等	1925	云南	包含多个地层
264	Minshao Sandstone	民哨砂岩	53-1440	Pt_2	黄懿	1940	云南	相当于黑山头组
265	Minglang Fm	明郎组	53-0573	T_2	云南第三地质大队区调四分队	1990	云南	河湾街组的夹层
266	Mingyin Fm	鸣音组	53-0917	D_1	穆道成	1978	云南	相当于青山组的下部
267	Mudi Fm	木底组	53-0961	D_2	云南二区测队二分队	1974	云南	榴江组的一部分
268	Muhuaguo Bed	木花果层	53-0173	N_1	孟宪民	1939	云南	相当于小龙潭组的底部、下部
269	Mupangpu Fm	沐滂铺组	53-0523	T_3	韩仲诚等	1962	云南	花果山组的同物异名
270	Naluqing Mem	那六箐段	53-0310	J_2	云南第16地质队	1976	云南	相当于花开左组上部
271	Naruan Bed	那阮层	53-0366	J_3	云南石油地质队五分队	1961	云南	相当于张河组的上部
272	Nasaba Lignite Bed	那撒坝褐炭层	53-0142	N_2	王超翔等	1942	云南	相当于芒棒组的下部
273	Nasuo Fm	那梭组	53-0681	P_2	云南区调队六分队	1980	云南	领荮组的同物异名
274	Nayin Fm	那印组	53-0782		云南二区调队二分队（介绍）	1978	云南	含义不明
275	Nazhang Fm	纳章组	53-1338	Z_2	刘鸿允	1973	云南	相当于观音崖组
276	Nanle Fm	南勒组	53-1392	Pt_3	云南区调队五分队	1979	云南	澜沧群上部层位的构造重覆
277	Nansan Fm	南伞组	53-0654	P_2	云南第三地质大队区调四分队	1990	云南	与沙子坡组岩性相似
278	Niaoge Shale	鸟格页岩	53-0521	T_3	王竹泉等	1940	云南	把南组的同物异名
279	Nieertangdao Fm	聂尔堂刀组	53-0623	P_2	云南区调队四分队	1980	云南	冈达概组的一部分
280	Ninglang Fm	宁蒗组	53-0150	K_1-E_1	云南一区调队四分队	1977	云南	相当于马头山组和江底河组
281	Niuchangping Fm	牛厂坪组	53-1460	Pt_2	冶金东川地质队	1965	云南	相当于大营盘组
282	Niujie Fm	牛街组	53-0155	E_2	云南石油地质一、三分队	1961	云南	相当于赵家店组的下部
283	Niushang Fm	牛上组	53-0540	T_2	云南二区测队八分队	1975	云南	上兰组的同物异名
284	Niushiping Fm	牛屎坪组	53-1028	S_3	谭雪春	1982	云南	相当于栗柴坝组的上部
285	Nuguishan Fm	奴贵山组	53-0226	K_1	云南第16地质队	1966	云南	景星组的同物异名
286	Nuoduo Fm	诺多组	53-1152	O_{2-3}	云南区测队	1965	云南	大箐组的一部分

序号	地层单位名称		编号	地质时代	创名人	创建时间	所在省	不采用的理由
	英文	汉文						
287	Pashahe Fm	扒沙河组	53-0215	K_1	云南第16地质队	1975	云南	虎头寺组的同物异名
288	Pingbahe Fm	平坝河组	53-1169	O_3	胡荣民	1976	云南	相当于大坪子组
289	Pingdingshan Fm	平顶山组	53-1448	Pt_2	陈天佑等	1985	云南	基本与美党组相当
290	Pingtoushan Fm	平头山组	53-0337	J_1	王大纯	1943	云南	相当于冯家河组的上部
291	Pozheluo Fm	坡折落组	53-0960	D_2	中科院南古所泥盆系研究组	1974	云南	相当于达莲塘组的上部
292	Poxi Gr	婆兮群	53-0946	D_2	A W Grabau	1923—1924	云南	相当于曲靖组
293	Pupeng Gr	普朋群	53-0379	J	云南区测队	1962	云南	包含多个组，蛇店组等
294	Pusidian Bed	铺司店层	53-0352	J_2	云南第11地质队	1964	云南	相当于张河组的中上部
295	Qinglongshan Fm	青龙山组	53-1450	Pt_2	王可南等	1963	云南	相当于绿汁江组
296	Qingshuigou Fm	清水沟组	53-0729	C_1	金苏华	1985	云南	相当于香山组的一部分
297	Qingshuihe Bed	清水河层	53-0238	K_1	滇中地质队（549队）	1959	云南	相当于马头山组的上部
298	Renzhixueshan Fm	人支雪山组	53-0551	T_3	云南区调队一分队	1985	云南	暂归人攀天阁组上部
299	Sahaigou Fm	洒海沟组	53-1445	Pt_2	陈天佑等	1985	云南	相当于黄草岭组
300	Sanchalu Mem	三岔路段	53-0934	D_2	鲜思远等	1974	云南	相当于缩头山组
301	Sandaoqing Mem	三道箐段	53-0953	D_2	云南二区测队六分队	1975	云南	相当于曲靖组的上部
302	Sanjiachang Fm	三家厂组	53-1420	Pt_2	冶金昆明地勘公司303队	1956	云南	已划分为多个组
303	Sanjiacun Sandstone Fm	三家村砂岩组	53-0182	N_1	云南第12地质队	1963	云南	相当于双河组的下部
304	Sanjianshan Fm	三尖山组	53-1425	Pt_2	邓家藩等	1963	云南	大致相当于黑山头组
305	Sanxiangu Gr	三仙姑群	53-0909	D_{1-2}	云南区测队	1965	云南	未被后人采用
306	Sanyuangong Limestone	三元宫石灰岩	53-1437	Pt_2	黄懿	1940	云南	相当于大龙口组的上部
307	Sanglongtan Fm	桑龙潭组	53-0926	D_{2-3}	云南地质局实验室地层古生物组	1972	云南	归属干沟组
308	Shagou Fm	沙沟组	53-0157	N_2	周明镇等	1962	云南	大致相当于茨营组的上部
309	Shabajiao Fm	沙坝脚组	53-0966	D_1	云南区调队三分队	1980	云南	相当于向阳寺组的一部分
310	Shawan Fm	沙湾组	53-0326	J_1	张植俊等	1962	云南	相当于冯家河组的下部

序号	地层单位名称		编号	地质时代	创名人	创建时间	所在省	不采用的理由
	英文	汉文						
311	Shayijiu Bed	沙依旧层	53-0240	K_1	段国璋等	1942	云南	相当于马头山组
312	Shazijing Fm	砂子阱组	53-0920	D_3	云南一区测队五分队	1973	云南	归属长育村组上部
313	Shanbeihou Fm	山背后组	53-0334	J_1	云南第11地质队	1964	云南	相当于冯家河组的上部
314	Shanhou Mem	山后段	53-0947	D_2	中科院南古所泥盆系研究组	1974	云南	相当于上双河段
315	Shanjiang Fm	山江组	53-0916	D_1	云南一区调队四分队	1977	云南	相当于青山组的下部
316	Shanglufengcun Bed	上禄丰村层	53-0971		A W Grabau	1931	云南	层位不明
317	Shangmaoniuping Fm	上毛牛坪组	53-0925	D_3	云南地质局实验室地层古生物组	1972	云南	相当于烂泥箐组的上部
318	Shangpinfang Fm	上品房组	53-0332	J_1	中科院古脊椎动物研究所（介绍）	1969	云南	相当于冯家河组的中部
319	Shizong Fm	师宗组	53-0172	E_3	地质部西南地质科学研究所	1965	云南	相当于路南组的顶部
320	Shidongsi Fm	石洞寺组	53-0730	C_2	云南区调队七分队	1982	云南	已归人鱼塘寨组
321	Shigaohe Fm	石膏河组	53-0195	E_1	云南第16地质队	1966	云南	大致相当于勐野井组
322	Shiguanshan Fm	石关山组	53-0956	D_3	云南二区测队八分队	1969	云南	相当于在结山组的一部分
323	Shihuadong Fm	石花洞组	53-0724	C_1	段丽兰	1973	云南	相当于香山组的一部分
324	Shihuiba Fm	石灰坝组	53-0159	N_1	张兴永	1980	云南	小龙潭组的一部分
325	Shihuigang Sandyconglomerate Fm	石灰岗砂砾岩组	53-0181	N_2	云南第12地质队	1962	云南	相当于三营组的上部
326	Shihuiyao Fm	石灰窑组	53-0316	J_2	成都地质学院	1965	云南	花开左组的同物异名
327	Shikanzi Sandstone	石坎子砂岩	53-0501	T_1	P Misch	1947	云南	青天堡组的同物异名
328	Shilongshan Coal Series	石龙山煤系	53-0530	T_3	金耀华等	1942	云南	相当于火把冲组
329	Shimenkan Fm	石门坎组	53-0224	K_1	成都地质学院	1965	云南	相当于景星组的下部
330	Shimen Series	石门系	53-0232	K_1	卞美年	1941	云南	相当于马头山组
331	Shimocun Fm	石磨村组	53-0336	J_1	王大纯	1943	云南	相当于冯家河组的下部
332	Shizhongshan Fm	石钟山组	53-0557	T_3	云南区测队	1965	云南	已分解为几个组，歪古村组等
333	Shujie Fm	鼠街组	53-1340	Z_1	鄢芸樵等	1986	云南	相当于陆良组的上部

序号	地层单位名称 英文	地层单位名称 汉文	编号	地质时代	创名人	创建时间	所在省	不采用的理由
334	Shuangbai Gr	双柏群	53-0380	J_{2-3}	张植俊等	1962	云南	相当于张河组、蛇店组、妥甸组
335	Shuangheyan Fm	双河岩组	53-0651	P_1	云南区调队六分队	1985	云南	大东厂组的同物异名
336	Shuangjing Mem	双阱段	53-0955	D_2	云南二区测队八分队	1969	云南	大致相当于上双河组
337	Shuanglongsi Limestone	双龙寺石灰岩	53-1434	Pt_2	黄懿	1940	云南	相当于大龙口组的一小部分
338	Shuanglongzhai Fm	双龙寨组	53-1433	Pt_2	温杰史	1961	云南	相当于黑山头组的大部分
339	Shuangmaidi Gr	双麦地群	53-1248	$\in_3$	云南区调队三分队	1980	云南	核桃坪组的同物异名
340	Shuangqiao Fm	双桥组	53-0791	P—T	尹赞勋等（介绍）	1966	云南	经查明，为二叠、三叠系
341	Shuicheng Fm	水城组	53-0216	K_1	云南第16地质队	1963	云南	相当于虎头寺组
342	Shuijingbian Mem	水井边段	53-0933	D_2	鲜思远等	1974	云南	相当于箐门组的上部
343	Shuitang Red Bed	水塘红层	53-0361	J_{1-2}	许德佑等	1940	云南	相当于冯家河组和张河组下中部
344	Shuixue Coal Series	水穴煤系	53-0763	C_1	董申葆等（介绍）	1942	云南	万寿山组的同物异名
345	Shuifangjie Mem	税房街段	53-0315	J_2	尹集祥等	1973	云南	相当于花开左组下部
346	Siguaping Fm	丝瓜坪组	53-0720	C_1	云南区调队六分队	1985	云南	勐洪群的一部分
347	Songjie Bed	松街层	53-0526	T_3	P Misch	1947	云南	相当于松桂组
348	Songjiazhai Fm	宋家寨组	53-0929	D_2	云南二区测队六分队	1972	云南	相当于莲花曲组的上部
349	Tapili Fm	他皮里组	53-0372	J_3	云南石油地质队	1960	云南	相当于妥甸组
350	Tanshanping Fm	碳山坪组	53-0924	D_2	云南一区测队四分队	1972	云南	相当于烂泥箐组的一部分
351	Tangdan Shale	汤丹页岩	53-1463	Pt_2	谢家荣	1938	云南	未广泛采用，昆阳群的一部分
352	Tangfang Sandstone	塘房砂岩	53-0214	K_1	四川石油局云贵勘探处云南大队	1959	云南	相当于虎头寺组
353	Taohuacun Fm	桃花村组	53-0254	K_1	蒋志文等	1984	云南	相当于马头山组
354	Taoyuan Slate	桃园板岩	53-1452	Pt_2	谢家荣	1938	云南	相当于鹅头厂组
355	Taoyuan Fm	桃园组	53-0230	K_2	云南石油地质队五分队	1960	云南	相当于江底河组的下中部
356	Taozishu Bed	桃子树层	53-0533	$T_2—T_3$	谢家荣等	1941	云南	相当于须家河组
357	Taojiacun Fm	陶家村组	53-0191	E_2	成都地质学院	1965	云南	相当于等黑组的下部

序号	地层单位名称		编号	地质时代	创名人	创建时间	所在省	不采用的理由
	英 文	汉 文						
358	Tiankou Fm	田口组	53-0307	J_{1-2}	中科院南古所等	1975	云南	相当于漾江组和花开左组下部
359	Tianxin Fm	田心组	53-1423	Pt_2	易门铜矿地质勘探队	1958	云南	地层位置不确切
360	Tiechang Fm	铁厂组	53-0564	T_3	云南一区测队（介绍）	1974	云南	三合洞组的同物异名
361	Tongchang Fm	铜厂组	53-1168	O_2	胡荣民	1976	云南	相当于南板河组
362	Toucun Bed	头村层	53-1240	$\in_2$	郭文魁	1941	云南	相当于陡坡寺组和双龙潭组
363	Tuqiao Bed	土桥层	53-0689	P_1	廖士范等	1954	云南	梁山组的同物异名
364	Tuanshan Bed	团山层	53-0249	K_1	云南石油地质队五分队	1960	云南	相当于普昌河组和高丰寺组
365	Tuobuka Fm	拖布卡组	53-0162	N_2	孟宪民等	1942	云南	相当于茨营组的一部分
366	Tuowei Fm	拖味组	53-0542	T_2	云南区调队六分队	1980	云南	相当于关岭组上部
367	Tuoshao Bed	妥哨层	53-0367	J_3	云南石油地质队五分队	1961	云南	相当于蛇店组的下部
368	Wase Fm	挖色组	53-1023	D_{2-3}	孙云铸	1945	云南	包含多个组，莲花曲组等
369	Wanyaoshu Fm	弯腰树组	53-1136	O_3	胡荣民（介绍）	1976	云南	相当于仁和桥组
370	Wanziwa Fm	湾子洼组	53-1426	Pt_2	邓家藩等	1963	云南	已被分解为几个组，昆阳群一部分组
371	Wannianqing Fm	万年青组	53-0333	J_1	中科院古脊椎动物研究所（介绍）	1969	云南	相当于冯家河组的上部
372	Wangjiacun Fm	王家村组	53-0967	D_1	云南区调队三分队	1980	云南	相当于向阳寺组的一部分
373	Wangjiafen Fm	王家坟组	53-0190	E_1	成都地质学院	1965	云南	相当于勐野井组
374	Wangjiaheba Fm	王家河坝组	53-1166	O_3	胡荣民等	1982	云南	相当于大箐组的中部
375	Wangjiawan Fm	王家湾组	53-1336	Z_2	曹仁关等	1980	云南	观音崖组的同物异名
376	Wanglizhai Fm	王里寨组	53-1428	Pt_2	邓家藩等	1963	云南	相当于黄草岭组和黑山头组一部分
377	Wangchang Fm	望厂组	53-1446	Pt_2	冶金东川地质队	1965	云南	相当于黑山头组
378	Weishan Fm	巍山组	53-0568	T_3	中科院南古所等	1975	云南	已分解为多个组，歪古村组等
379	Weixi Gr	维西群	53-0577	T_2-J_2	云南区测队	1965	云南	包含不同层位的变质地层
380	Wenshan Fm	文山组	53-0175	N_1	云南省区域地层表编写组	1976	云南	相当于小龙潭组的底部、下部

序号	地层单位名称		编号	地质时代	创名人	创建时间	所在省	不采用的理由
	英文	汉文						
381	Wobei Fm	窝碑组	53-0369	J_3	云南石油地质队一、三分队	1961	云南	相当于蛇店组及张河组上部
382	Wulongba Fm	乌龙坝组	53-0676	P_2	云南第三地质大队区调一分队	1990	云南	峨眉山玄武岩的同物异名
383	Wulong Fm	乌龙组	53-0163	N_2	云南省区域地层表编写组	1978	云南	相当于茨营组的一部分
384	Wumulong Gr	乌木龙群	53-0392	J_2	云南第四地质队	1968	云南	相当于花开左组
385	Wushahe Fm	乌沙河组	53-0223	K_1	云南二区调队八分队	1976	云南	相当于景星组的最上部
386	Wudaoban Fm	五道班组	53-0571	T_3	云南第三地质大队区调三分队	1987	云南	挖鲁八组的同物异名
387	Wujie Fm	五街组	53-0323	$T_3—J_1$	云南石油地质队一分队	1960	云南	相当于舍资组及冯家河组下部
388	Wutaipo Fm	五台坡组	53-0347	J_2	中科院古脊椎动物研究所（介绍）	1969	云南	相当于张河组的中部
389	Wuding Gr	武定群	53-0941	D_2	昆明工学院地质系	1966	云南	包含多个组，海口组等
390	Wuding System	武定系	53-0942	D_1	王鸿祯	1942	云南	坡脚组的同物异名
391	Xi'anchang Fm	西安厂组	53-1424	Pt_2	易门铜矿地质勘探队	1958	云南	层位不确切
392	Xibiantang Fm	西边塘组	53-0905	D_1	侯鸿飞等	1988	云南	归属何元寨组底部
393	Xicheyi Bed	西扯邑层	53-0975	D_2	J Deprat 等	1912	云南	相当于曲靖组的一部分
394	Xiding Fm	西定组	53-1396	Pt_3	云南地矿局	1990	云南	惠民组的一部分
395	Xier Bed	西洱层	53-0945	D_2	田奇瑪（介绍）	1938	云南	相当于曲靖组的一部分
396	Xipiaoluo Fm	西漂落组	53-0675	P_1	云南区调队四分队	1980	云南	为峨眉山玄武岩的一部分
397	Xishan Limestone	西山石灰岩	53-0686	C—P	边兆祥（介绍）	1940	云南	地层含义不明
398	Xilaping Fm	昔腊坪组	53-1149	O_1	胡荣民	1976	云南	岩性与红石崖组相似
399	Xiyangtang Bed	洗羊塘层	53-1170	O?	J Deprat 等	1912	云南	层位不可靠
400	Xialufengcun Bed	下禄丰村层	53-0972		A W Grabau	1931	云南	层位不明
401	Xiapangluo Fm	下胖罗组	53-1041	S_2	倪寓南	1983	云南	相当于稗子田组
402	Xiashuanghe Fm	下双河组	53-0968	D_2	段新华	1979	云南	南盘江段的同物异名
403	Xiangposhan Fm	香坡山组	53-0152	E_2	云南石油地质队	1960	云南	相当于赵家店组的上部
404	Xiangshanzhai Fm	香山寨组	53-0958	D_2	云崖	1978	云南	相当于古木组的上部

序号	地层单位名称		编号	地质时代	创名人	创建时间	所在省	不采用的理由
	英文	汉文						
405	Xiangyun Coal Series	祥云煤系	53-0522	T_3	谢家荣	1942	云南	已分解为多个组
406	Xiangshui Marl	响水泥灰岩	53-0183	N_1	王竹泉等	1938	云南	相当于小龙潭组的上部
407	Xiaoxiangshuiku Fm	潇湘水库组	53-1032	S_3	云贵石油勘探处	1965	云南	妙高组的一部分
408	Xiaobeishan Fm	小北山组	53-1341	Z_1	鄢芸樵等	1986	云南	为陆良组的下部
409	Xiaohaikou Mem	小海口段	53-0339	J_1	蒋志文等	1984	云南	相当于冯家河组的下部
410	Xiaohebian Mem	小河边段	53-0357	J_2	蒋志文等	1984	云南	相当于张河组的下部
411	Xiaohongqiao Fm	小红桥组	53-0311	J_2	云南二区调队八分队	1976	云南	相当于花开左组下部
412	Xiaohuatian Fm	小华田组	53-1042	S_2	周铁明	1982	云南	相当于嘶风崖组和大路寨组
413	Xiaojiangcun Fm	小江村组	53-1459	Pt_2	王可南等	1963	云南	未被广泛采用，昆阳群组的一部分
414	Xiaopuhe Mem	小普河段	53-0359	J_2	蒋志文等	1984	云南	相当于张河组的中上部
415	Xiaopuji Bed	小普吉层	53-0362	J_{1-2}	王鸿祯等	1939	云南	相当于冯家河组和张河组下中部
416	Xiaotun Fm	小屯组	53-0168	E_3	中科院路南队	1971	云南	相当于路南组的顶部
417	Xiaowaitoushan Mem	小歪头山段	53-1332	Z_2	罗惠麟等	1980	云南	岩性与灯影组总体难分
418	Xiaoyakou Fm	小丫口组	53-0133	E_2	云南二区调队八分队	1986	云南	等黑组的同物异名
419	Xiaoyangchang Fm	小羊场组	53-0912	D_3	云南区调队四分队	1984	云南	塔利坡组的同物异名
420	Xiechang Fm	歇场组	53-1234	$\in_3$	广西地质局等	1965	云南	相当于唐家坝组的下部
421	Xin'ancun Fm	新安村组	53-0562	T_3	云南一区调队四分队	1977	云南	白土田组的同物异名
422	Xincun Bed	新村层	53-1339	Z_2	孟宪民等	1948	云南	未广泛采用
423	Xincun Fm	新村组	53-0565	T_3	云南一区测队（介绍）	1974	云南	已分解为挖鲁八组和麦初箐组
424	Xinyang Fm	新阳组	53-0148	N_2	云南省区域地层表编写组	1978	云南	大致相当于三营组
425	Xionghuangchang Mem	雄黄厂段	53-0353	J_2	云南第11地质队	1965	云南	相当于张河组的上部
426	Xuanwei Extrusive Rock	宣威喷出岩	53-0672	P_2	王竹泉等	1940	云南	峨眉山玄武岩的同物异名
427	Xuanwutian Fm	宣武田组	53-0952	D_2	云南二区测队六分队	1975	云南	相当于西冲组

序号	地层单位名称		编号	地质时代	创名人	创建时间	所在省	不采用的理由
	英文	汉文						
428	Yaqi Fm	雅期组	53-0312	J_2	云南二区测队一分队	1976	云南	相当于花开左组下部
429	Yanpeng Fm	烟棚组	53-0164	N_2	云南省区域地层表编写组	1978	云南	相当于茨营组的一部分
430	Yanqing Fm	岩箐组	53-1139	O_1	云南区调队三分队	1980	云南	老尖山组的一部分
431	Yanshiling Mem	岩石岭段	53-0776	C	云南二区调队六分队	1977	云南	黄龙组的一部分
432	Yanzipo Fm	岩子坡组	53-0718	$C_2—P_1$	云南区调队六分队	1985	云南	相当于空树河组及大东厂组底部
433	Yanfeng Gr	盐丰群	53-0252	$K_1—E_1$	云南区测队	1962	云南	相当于马头山组和江底河组
434	Yanjin Fm	盐津组	53-1150	O_3	孙云铸	1953	云南	宝塔组的一部分
435	Yanxing Series	盐兴统	53-0236	$J_3—K_1$	地质部地质力学研究室云南调查队	1957	云南	相当于蛇店组、妥甸组、高丰寺组
436	Yanshan Fm	砚山组	53-0683	P_2	陈庚保等	1989	云南	属阳新组底部
437	Yangguangcun Fm	杨广村组	53-0375	J_3	云南石油地质队五分队	1960	云南	相当于妥甸组
438	Yangjiaping Fm	杨家坪组	53-0674	P_2	云南区调队四分队	1980	云南	为峨眉山玄武岩的一部分
439	Yangliucun Fm	杨柳村组	53-0354	J_2	王大纯	1943	云南	相当于张河组的下部
440	Yangxingzhuang Limestone	杨兴庄灰岩	53-1442	Pt_2	谭锡畴	1943	云南	绿汁江组的一部分
441	Yangyi Coal Series	羊邑煤系	53-0146	N_2	云博	1975	云南	大致相当于芒棒组
442	Yangbi Red Bed	漾濞红层	53-0390	$J_1—K_1$	黄源铱等	1958	云南	包含多个组，花开左组等
443	Yaojiaying Mem	姚家营段	53-0784	C	董致中等	1987	云南	尖山营组的一部分
444	Yelangshan Fm	野狼山组	53-0177	E_2	云南第16地质队	1963	云南	等黑组的同物异名
445	Yeniuchang Bed	野牛厂层	53-0350	J_2	云南第11地质队	1964	云南	相当于张河组的下部
446	Yeka Fm	页卡组	53-0149	N_2	云南区调队十一分队	1982	云南	三营组的同物异名
447	Yipinglang Coal Series	一平浪煤系	53-0578	T_3	王恒升等	1936	云南	已分解为几个组，普家村组等
448	Yiwanshui Fm	一碗水组	53-0556	T_3	云南区测队	1965	云南	已分解为几个组，歪古村组等
449	Yiliu Fm	依柳组	53-0731	C_1	云南区调队五分队	1982	云南	平掌组的同物异名
450	Yilu Bed	宜路层	53-1158	∈—S	朱庭祜	1926	云南	不符合地层规范要求
451	Yinawei Shale	矣那味页岩	53-0511	T_1	王竹泉等	1940	云南	相当于飞仙关组

序号	地层单位名称		编号	地质时代	创名人	创建时间	所在省	不采用的理由
	英文	汉文						
452	Yinachang Fm	迤纳厂组	53-1429	Pt_2	西南地质局527队	1956	云南	为多个组的构造混杂
453	Yibi Fm	易比组	53-0547	T_2^2	云南二区调队八分队	1976	云南	相当于臭水组
454	Yilong Limestone	易隆灰岩	53-1039	S_3	A W Grabau（介绍）	1928	云南	相当于妙高组
455	Yimen Fm	易门组	53-1421	Pt_2	冶金昆明地勘公司303队	1956	云南	已划分为多个组
456	Yingchunli Fm	迎春里组	53-1243	$\in_2$	黄源铱等	1966	云南	双龙潭组的同物异名
457	Yingpanshan Fm	营盘山组	53-0524	T_3	韩仲诚等	1962	云南	白土田组的同物异名
458	Yingpan Fm	营盘组	53-0144	N_2	云南区调队三分队	1981	云南	相当于芒棒组的中部
459	Yongde Fm	永德组	53-0656	P_1	云南区调队七分队	1984	云南	相当于丙麻组
460	Yongping Gr	永平群	53-0317	J	云南区测队	1965	云南	包含多个组，花开左组等
461	Yongren Gr	永仁群	53-0378	$J_2—K_1$	云南石油地质队	1960	云南	包含多个组，张河组等
462	Yulucun Bed	余六村层	53-0515	T_2	P Misch	1949	云南	相当于青天堡组上部和北衙组下部
463	Yubacun Fm	鱼坝村组	53-0324	J_1	云南区测队	1962	云南	冯家河组的同物异名
464	Yudong Fm	鱼洞组	53-0725	C_1	段丽兰	1973	云南	相当于香山组的一部分
465	Yuhucun Fm	渔户村组	53-1330	$Z—\in$	何春荪	1942	云南	灯影组的上部
466	Yuzidian Fm	渔子甸组	53-0944	D_2	方润森	1976	云南	相当于缩头山组
467	Yugong Fm	禹功组	53-0660	P_1	云南区调队一分队	1985	云南	吉龙东组的一部分
468	Yuluocun Bed	玉洛村层	53-0513	T_2^1	P Misch	1947	云南	相当于青天堡组上部和北衙组下部
469	Yuxi Lakebed	玉溪湖积层	53-0186	N_2	郭宗山	1942	云南	相当于茨营组的一部分
470	Yuxi Gr	玉溪群	53-1443	Pt_2	曹仁关	1987	云南	未广泛采用，昆阳群的一部分
471	Yuxi Fm	玉溪组	53-1430	Pt_2	云南地质局	1966	云南	未广泛采用，昆阳群的一部分
472	Yuanyongjing Fm	元永井组	53-0153	E_2	云南石油地质队	1960	云南	相当于赵家店组的下部
473	Yuejiadashan Gr	岳家大山群	53-1031	S_2	云贵石油勘探处	1965	云南	大致相当于关底组
474	Yuejinxincun Fm	跃进新村组	53-0756	C	云南第三地质大队区调一分队	1990	云南	尖山营组的一部分